汝信文集

第六卷

美学（下）

商務印書館
创于1897 The Commercial Press

图书在版编目(CIP)数据

美学.下/汝信著.—北京:商务印书馆,2021
(汝信文集;第6卷)
ISBN 978-7-100-19533-1

Ⅰ.①美… Ⅱ.①汝… Ⅲ.①美学-文集 Ⅳ.①B83-53

中国版本图书馆 CIP 数据核字(2021)第 032411 号

汝信文集

第六卷

美学(下)

商 务 印 书 馆 出 版
(北京王府井大街 36 号 邮政编码 100710)
商 务 印 书 馆 发 行
北京新华印刷有限公司印刷
ISBN 978-7-100-19533-1

2021 年 6 月第 1 版 开本 710×1000 1/16
2021 年 6 月北京第 1 次印刷 印张 47¾ 插页 7

定价:259.00 元

斯芬克斯和金字塔　埃及

开罗梯(古埃及第五王朝的一位驸马)墓中的浮雕(约公元前 2600 年)

德尔–埃尔–巴哈里哈兹希普苏特女王灵庙

阿蒙–赫–柯彼切王子墓壁画(拉美西斯向伊西斯女神介绍死去的王子)

卡尔纳克多柱大所一角(左图)

费莱神庙全景

位于阿布-辛培尔的拉美西斯二世及涅弗塔丽王后灵庙

《米洛斯的阿芙洛狄忒》

米开朗琪罗:《Pieta》中圣母正面与头部特写　梵蒂冈圣彼得大教堂

米开朗琪罗:《Pieta》　梵蒂冈圣彼得大教堂(左图)

米开朗琪罗:《圣母与圣子》侧面头部特写

米开朗琪罗:《圣母与圣子》正面(左图)

米开朗琪罗:《亚当的诞生》

米开朗琪罗:《末日审判中的基督》(细部)　梵蒂冈西斯廷教堂(右图)

米开朗琪罗:《大卫》(局部)

米开朗琪罗:《大卫》(左图)

米开朗琪罗:《垂死的奴隶》 巴黎卢浮宫

目　录

美的找寻

第一版序言　美的找寻 …… 3
第二版序言 …… 9

永恒性的追求——尼罗河流域古埃及文化艺术遗址考察纪行 …… 11
那里永远是春天——卢浮宫希腊雕塑的启示 …… 91
人的重新发现——在意大利看米开朗琪罗 …… 107
在莎士比亚故乡看《麦克白斯》——关于悲剧的一些思考 …… 127
对印象派绘画的一些印象——奥赛博物馆观后感 …… 162
《吃土豆的人》的启示——参观凡高博物馆有感 …… 199
罗丹博物馆参观记 …… 212
《天鹅湖》的悲剧结尾和莎乐美的爱——看维也纳国家歌剧院演出有感 …… 223
一颗寂寞的心——克列绘画展览观后 …… 253
20世纪艺术之谜的初步探索——参观毕加索博物馆后的思考 …… 275

毕加索再探索——谈立体主义后的毕加索…………………… 306
重访埃尔米塔日博物馆——在俄罗斯看法国绘画…………… 330
思想家和诗人的摇篮——参观图宾根神学院的
追忆………………………………………………………… 348

美学论文

关于当前美学研究中的几个问题……………………………… 357
论尼采悲剧理论的起源——关于《悲剧的诞生》一书的
研究札记之一………………………………………………… 386
西方美学史上"美"的概念的发展…………………………… 414
尼采的美学和文艺思想………………………………………… 476
西欧美学………………………………………………………… 496
德意志观念论美学对俄国的影响……………………………… 511
关于尼采美学的几个问题……………………………………… 587
关于黑格尔《美学》的若干问题………………………………… 618
尼采的美学思想………………………………………………… 644
关于西方美学理论中的无意识问题的历史考察……………… 684

美育人生

《当代西方电影美学思想》序………………………………… 707
第五届全国美学会议"走向21世纪的中国美学"开幕式
致辞…………………………………………………………… 711
陶冶情操 完善品格——《全彩艺术史系列》丛书序………… 715
21世纪中国美学的使命 ……………………………………… 717

“美学与文化：东方与西方”国际学术研讨会致辞 …………… 720
向往艺术——《艺术学：问题域和焦点的扫描》序 …………… 722
“美学与多元文化对话”国际学术研讨会致辞…………………… 724
富有创新精神的美学论著………………………………………… 727
美学也应关心民生………………………………………………… 730
《新中国美学六十年：全国美学大会（第七届）论文集》
序…………………………………………………………… 733
近代西方美学转型的启迪………………………………………… 737
《当代中国美学研究（1949-2009）》序 ………………………… 740
从科学发展观的高度看美育……………………………………… 744
中国现代“人生艺术化”探究——评《人生艺术化与
当代生活》 ……………………………………………… 748
《中国当代美学口述史》序……………………………………… 751
《美学何为》序…………………………………………………… 754
“人生论美学”与时俱进………………………………………… 756

美的找寻

国外美学散记

IN QUEST OF BEAUTY

第一版序言　美的找寻

许多年来，我一直在寻找美。

美是什么？美在哪里？这是从古至今经常使人们感到困惑的问题。早在柏拉图对话《大希庇阿斯篇》里，哲学家苏格拉底和诡辩派希庇阿斯就此问题进行过一场有趣的讨论。思想浅薄而又盲目自大的希庇阿斯原先以为这个问题很简单，狂妄地发表了一通意见，但是他的种种说法在喜欢寻根究底的苏格拉底的诘难下，都显得破绽百出，根本站不住脚，就是苏格拉底自己为了启发对方而提出来讨论的一些可能的定义，经过认真的进一步探究，也都证明是不能令人满意的。苏格拉底和希庇阿斯虽然费了很大劲去讨论美，可是最后却没有得出什么肯定的结论，美还是从他们手里“溜脱了”，他们只能无可奈何地承认“美是难的”。

自从柏拉图写下这些对话到现在，两千多年过去了。在这期间，人类的认识有了突飞猛进的发展，科学以令人目眩的高速度大踏步地前进。借助于现代科学技术，人类实现了多少年来的梦想，登上月球，开始进入宇宙空间，同时又深入研究原子结构，探索微观世界的秘密。可以说，人类在20世纪获得的新知识远远超过了以前几十个世纪所积累的知识的总和。然而，人类对美的认识又前进了多少呢？在我看来，这方面的记录是不够好的。关于美的问题，人们确实谈论得很多，特别是近代以来写下了大量著作，真可谓汗牛充栋，可是究竟美是什么却依然是没有解开的谜。我们今天离这个古老而又常新的问题的真正解决仍很遥远，但是尽管如此，只要人类继续生存，这种关系到人生基本价值的问题看来还会一直探讨下去。这是可以告慰于柏拉图的。

我曾经试图到书本里去寻找答案。在关于美的问题上，车尔尼雪夫斯基的著作使我受到最初的启迪，而古希腊的智慧则为我提供了进入美学大门的阶梯，苏格拉底、柏拉图的机智和辩难，亚里士多德的严密论证，教人如何思考。普罗提诺、奥古斯丁、阿奎那对美的神化和爱慕，令人深感美的魅力。文艺复兴和启蒙运动的那些思想巨人从达·芬奇到狄德罗、莱辛的论著，开阔了我的视野。休谟的怀疑精神和柏克的求实态度，使我看到感觉经验的重要，而以康德、席勒和黑格尔为代表的德国古典美学，则使我认识到理性的无穷的威力。正当我沉醉于黑格尔博大精深的宏伟的美学体系中的时候，叔本华、尼采、克尔凯郭尔、弗洛伊德却向我展示了理解美的另一种非理性方式的可能性。为了了解 20 世纪以来人们对美的认识的进展，我也曾广泛地向现代哲学和美学著作求教，从克罗齐、杜威、桑塔耶拿、科林伍德、海德格尔、萨特，直到普列汉诺夫、阿多尔诺、马尔库塞、卢卡奇和伽达默尔，他们的理论有的发人深省、颇有教益，有的则令人失望，反而增加了几分困惑。但是，我在书本的海洋中漫游了一阵之后终于醒悟到，不管书本里包含着多少睿智卓见，能够提供关于美的各式各样的丰富知识，然而即使皓首穷经也不可能使人真正懂得究竟美是什么，不可能告诉我们怎样才能找到美，因为美是需要你去亲自体验的，是必须通过你的亲身感受才能找到的，而不是可以由别人教授的东西。比如说，一个人可以从书本获得关于苹果的许多知识，从植物分类直到栽培技术，可是要知道苹果的滋味，就非得要亲口去品尝才行。同样的道理，书本中的理论体系和概念，无论多么高超，也无法真正满足人们对美的渴求，正如一位哲学家所说，靠朗读烹调书和食谱决不能解决饿汉的需要。读了一大堆书之后，我才充分领会到“理论是灰色的，而生命之树常青”的道理，美还得到现实中去寻找。

于是我把目光转向大自然，投身于大自然的怀抱中，我才真正开始领略到什么是美。它像是挟有万钧之力的迅电，突然从天而降，照亮了你的心扉，使你震惊而慑服；它又像润物无声的细雨，点点滴滴一直渗透到你的心头，使你不知不觉地受到潜移默化。它有时艳丽夺目，光彩照人，使你不由自主地拜倒在它脚下；它有时却又显得如此平易可亲，以其娓娓细语使你感到亲切温暖。它有时像一服兴奋剂，刺激你去奋进追求；有时又像一杯多年的陈酿，把你慢慢地送进醉乡而帮助你施展无穷的遐想。它时而显得这样真，时而又像是一场梦。它似乎无所不在，却又这样难以捕捉。为了到大自然中去寻找美，我曾经长途跋涉，不惜辛劳，而有时却又偶尔得之，全不费功夫。我曾站在泰山之巅，迎着凛冽的寒风，苦苦地等待着朝阳。我也曾漫步在月光下的西子湖畔，夜阑人静，仰望那深不可测的星空。长江三峡的雄伟奇观令我赞叹，细雨朦胧中的阳朔山水使我迷醉。在尼亚加拉，如万马奔腾倾泻而下的大瀑布使我在惊心动魄状态下感受到大自然伟大力量的美；在那波利，宁静的碧海和旖旎的风光把我带进了梦幻般的世界。我曾在西奈的荒漠里欣赏到“大漠孤烟直”的苍凉之美，也曾在新英格兰连绵数百里的染红了的枫林中领略到“霜叶红于二月花”的美景。但是，大自然之美不一定要这样费力去寻找，只要你是有心人，就能在看似平凡的事物中发现美。一条无名的小溪，一丛带着朝露的野花，沐浴在阳光下的原野，出现在地平线上的晚霞，有时同样能给予你非凡的美的享受。那无限多样的大自然确实是取之不竭的美的宝库，任何一个人即使毕其一生走遍天涯也不可能穷尽对自然美的探寻。人们把自然界当作美的源泉不是没有道理的，因为大自然母亲总是以她丰富的乳汁哺育着我们这些美的渴求者。但是，大自然的美虽然使我钦慕和赞叹不已，却同时也往往伴随着一种不满足感，看得多了总感到它不能充分满足人的更高的精神需要。原因很简单，因为它缺乏人的参与，不是由人的自由的自觉活动创造出来的那种美。

这样，我最后把兴趣转向了艺术。正是在艺术里，我才觉得真正回到了自己的精神家园，才开始懂得美的真谛究竟何在。艺术是人的创造，通过艺术，我明白了人之所以为人的道理，也弄清楚了应该到哪里去寻找真正的美。人既然是从动物进化而来的，那么使人和一般动物区别开的又是什么呢？是人的物质生产劳动。人借助于自己的劳动改造了周围的客观世界，同时也改造了自己，使人成为人。诚然，动物为了维持生命和种的延续也要进行生产，但正如马克思所指出，动物的生产是片面的，只是在直接的肉体需要的支配下生产，而人之所以为人，就因为他超越了动物的这种局限性。人的生产是全面的，他甚至不受肉体需要的支配也进行生产，而且只有在这时才进行真正的生产。动物只是无意识地适应自然界，仅仅按照它所属的那个种的尺度和需要来生产，而人则不同，人类的特性是自由的自觉的活动，人“懂得按照任何一个种的尺度来进行生产，并且懂得怎样处处都把内在的尺度运用到对象上去；因此，人也按照美的规律来建造”①。当然，人的自由的自觉的活动并不限于艺术创作，人按照美的规律来建造的也不止艺术，而且艺术所表现的也不仅仅是美，可是艺术作为人的一种最富有代表性的自由的自觉的活动，确实以最精炼、集中、凝聚的形式把美提供给我们了。人在自由的自觉的艺术创作活动中，能动地、现实地复现自己，把自己的本质对象化了，并在自己所创造的艺术世界中直观自身。因此在某种意义上说，一部艺术史就是人在漫长的历史过程中自由的自觉活动的真实记录，是人的精神成长史，同样也是美的创造史。人们不是要寻找美吗？就请到这里来探索吧！

作为一个艺术的业余爱好者，我这些年来因工作的关系常有机会到国外去访问，利用空闲的时间，参观了不少世界著名的文化遗址、博物馆、美术展览，甚至私人的收藏，②观看了一些文艺团体的高水平的演出，使我大开眼界。从埃及的神庙、古希腊人的雕刻直到莎士比亚的悲剧和毕加索的绘画，这些人类艺术的瑰宝不仅给予我极大的美的享受，而且也使我感到艺术之海的深邃广大，实在令人望洋兴叹。我多少还有一点自知之明，不敢说自己在艺术的王国里已经登堂入室，更不敢自诩已经掌握了艺术之美的奥秘。

---

① 《马克思恩格斯全集》，第 42 卷，人民出版社，1997 年，第 97 页。

② 例如我曾在伯尔尼的一位收藏家汉洛塞–萨巴基斯的家里观赏到博物馆里见不到的印象派以来的现代画家的许多珍品。

有时偶有所感，便拉杂地写下了一些散记，这些文字现在收在这个集子里，只能算是一个门外汉在探索艺术美的过程中的学习札记而已。

美，我还在继续努力寻找。

第二版序言

《美的找寻》初版问世已经十多年了，出版社的朋友建议还可以再出新版，我听了自然是高兴的。不过我知道，这并不是我的文章里有什么了不起的高明见解，而是因为文章所涉及的对象都是具有恒久价值的人类文化艺术的优秀结晶，所以总是会引起读者的兴趣。

集子里所收的是我在国外访问后写的一些美学散记，为了求得体例一致，这次再版时将初版中两篇学术论文性质的文章作为附录，同时增加几篇同样属于散记性质的东西，有的是过去的存稿，有的是近年来新写的。对于初版中已发表的文章，再版时除了作个别技术性改动外，均保持原貌，未作修改。我还是相信车尔尼雪夫斯基的话，人到老年时不宜回过头来修改自己过去写下的文字。

回想当初写这些散记的时候，我国实行改革开放还不很久，国外许多文化艺术珍品还是不容易观赏到的。那时像鲁克苏、阿布-辛培尔那样的地方，显得离我们如此遥远，听使馆的朋友说，即使在埃及工作多年的同志也不是都有机会到那里参观的。一些著名的西方艺术杰作，则往往无缘亲眼目睹，只能在画册上见到。那时能有难得的机会直接面对这些伟大的人类文明成果时，其欣喜的心情真是难以用言语来形容的。如今情况完全不同了，随着我国国际地位和国力的提高，以及国际文化交流和旅游事业的蓬勃发展，现在即使不出国门，在北京也能看到印象派大师们和毕加索的作品，能观赏到国外艺术团体的高水平演出，甚至连国外也难得演出的《尼伯龙根指环》那样的大型歌剧也在北京上演了。如果有条件的话，到国外文化遗址去实地考察一番也并非难事。因此今天人们的审美视界已经大大地扩展了，直接欣赏真正的艺术美的机会也和过去不可同日而语了，问题在于我们是否真正地热爱美。

所以我说，美就在我们面前，美就在我们的生活里，愿我们大家一起去努力寻找吧！

2007 年 12 月

永恒性的追求

——尼罗河流域古埃及文化艺术遗址考察纪行

一、海上的日出与太阳崇拜

波音747民航机在夜空中翱翔，飞向遥远的目的地开罗。舷窗外一片漆黑，宽敞的机舱里除了走廊尽头透过帷帘射入的一线灯光外也笼罩在朦胧的幽暗中。座前案头上的一枝鲜红的玫瑰花正在盛开怒放，这是我在曼谷作短暂停留等待转机时泰国航空公司热情地赠给旅客的礼物，此刻它似乎以其生命的全部力量，不断散发出一丝丝甜蜜而醉人的芬芳，叫人想起那炎热而活跃的南国都市的绚烂多彩的夜晚。夜已经很深了，阵阵传来的均匀而单调的飞机引擎声，催人昏昏欲睡，邻座的一位可敬的老先生已经发出轻微的鼾声。经过一整天的劳顿，我也感到很疲乏了，却又辗转不能入眠。我即将去访问的那个国家，从我的儿童时期起就一直向往的那个有着金字塔和谜一样的斯芬克斯的神秘而又古老的国家，究竟会是什么样的呢？一连串的问题在我的脑海里不断闪现，兴奋的心情久久不能平静，只得闭目养神，独自沉醉在冥想里。

忽然间，我感到周围有一阵轻微的骚动，似乎发生了什么不平常的事情。睁开双眼，发现前几排临窗的一些座位上的旅客已经推上舷窗的塑料挡板，在向外眺望。有些人正在唤醒同伴，指点着窗外的景色。我猛然意识到，黑夜已经走到尽头，黎明即将来临，一次壮丽的日出就要开始了。

朋友，你可曾有过从数千米的高空观赏海上日出的经验？那真是使人毕生难忘的宇宙奇观啊！

当夜色开始消逝、晨光熹微的时候，透过舷窗向下俯视，还是黑沉沉的一片，一切都难以分辨。下面仍然是无边无际的黑色世界，只有上空已开始泛出最初的晨曦，在幽蓝的天穹上镶嵌着稀疏的几颗星星。慢慢地在远处天边出现一抹淡淡的红色，似乎预示着在这个寂静的宇宙中正在酝酿着一个新生命。淡红色逐渐由浅变浓，一步步扩大蔓延，形成了一条绛红色的长带，转眼间浩淼的大海也开始和天空分离，变得依稀可辨。大海在期待着，长空在期待着，机舱里的人们屏着呼吸，也在期待着。仿佛在这个宇宙大剧场里，幕布正在拉开，主角就要登场了。突然，一轮红色的圆弧形的物体冒出远处的海平线。透过薄薄的雾气，它显得并不十分明亮，却红得出奇。它似乎是以跳跃式冉冉上升，那硕大的星体倒像孩子们喜爱的红色大气球。但顷刻间这圆球就开始发挥出它的神奇的威力，它仿佛是永不枯竭的红色的源泉，不断地向外流溢。它映红了半边的天穹，它染红了大片的海洋，它照红了整个机舱，它就是那主宰着全球的红色精灵。低头往下看，不知从什么时候起那黑沉沉的夜已经被驱赶得干干净净，世界已经撩开自己神秘的面纱展现出它全部的美。正当我沉浸在那奇异的红色氛围中而感到一种说不出来的幸福和欣喜，转眼之间，那初升的太阳已经高高地跃出海面，通红的火球燃烧得越来越炽烈，迸射出耀眼的光芒，红色的世界一变而为金黄色的天地。整个宇宙显得一片光明透亮，在朝阳的照耀下，万里晴空开始变得越来越蓝了，只有飘浮着的几朵白云作为点缀，下面则是一望无际的海洋，从高空看去，它那阵阵激起的波浪就像金色的鱼鳞那样在阳光下闪闪发亮。现在，世界已经完全从漫漫的长夜里苏醒过来了，仿佛像火中再生的凤凰一样又获得了新生命。目睹这日出的瑰丽景象，我被深深地感动了，觉得对生活的意义又增加了新的一层认识。邻座的那位老人，似乎也动了感情，阳光照射在他的饱经风霜、似乎毫无表情的脸上，看来就像一尊铜铸的头像，但是双眼里却闪耀着激动的泪花。这时从耳机里传来飞机上广播的音乐，大概是巴赫的乐曲吧。说老实话，平日我并不特别喜爱巴赫，总觉得他的音乐有点宗教的味道。然而此时此刻它却以其神圣、庄严、华美征服了我，也许是因为它正好契合我当时的心情。我当时竟有这样一种奇异的感觉，似乎在自己心里也充满着阳光，正在升起一个小小的太阳。

飞机继续向开罗逼近，我逐渐从内心的激动中平静下来，开始思索刚才见到的日出景象给予我的启迪。我想起了太阳崇拜的意义。

作为一种社会历史现象，太阳崇拜从远古时代起就曾在许多民族和地区普遍盛行，并构成原始宗教信仰的重要基础。对古埃及来说，情况尤其如此。据考证，古埃及的太阳崇拜约始于公元前3500年。以后则愈演愈烈，至中王国末期达到最高峰，一直持续到整个新王国时期结束之后许多年，直到亚历山大征服埃及，建立托勒密王朝，大规模推广希腊文化，最后埃及被罗马吞并，太阳崇拜才逐渐湮灭。在前后长达三千多年的时间内,太阳崇拜几乎统治了埃及人的精神生活,成为古埃及文化的灵魂。离开了太阳崇拜,埃及人的宗教、哲学、文学艺术、伦理习俗以及价值观念,都无从理解。到底是什么原因使埃及人如此崇拜太阳?

古埃及人曾创作过不少热烈地赞颂太阳的颂歌,这些流传至今的宗教诗歌可以称得上是埃及文学的瑰宝。我们或许能从中获得一些信息,有助于理解太阳在古埃及人心目中的真实意义。例如,有一首献给阿顿神的颂歌这样写道:

> 您辉煌地出现在天国的地平线上是多么的美啊!
> 哦,阿顿,您活着,您是生命的本原!
> 您从东方的地平线上升起时就用您的美洒满每一块土地;
> 您光芒四射,伟大而又灿烂,高悬在大地之上,
> 您的光笼罩着所有的土地包括您所创造的一切;
> 您是太阳,您以您的爱把人们所需要的带给他们;
> 您把您的光芒伸展至大地。
> 当您是在大地之上时,白昼跟随着您的脚步;
> 当您在西方地平线上落下时,大地就像死去一样进入黑暗。

在颂歌的作者看来,是太阳发出光辉,使"每天这世界都充满了欢乐";是太阳照亮了整个大地,使人们得以工作,牛羊得以在牧场歇息,鸟兽各得其所;是太阳使男女多生子女,使雏鸡生存发育以便破壳而出。不仅如此,太阳还是宇宙间一切的创造者,创造了大地和人、飞禽走兽,把一切安顿在各自的恰当位置上。连埃及所赖以生存的尼罗河也是太阳创造的,使它下降到人间去灌溉人们

的田野。太阳还创造了一年四季，让所创造的万物生存；还创造了铺展的苍穹，使自己得以在其中升起，能看到自己所创造的一切。因此，太阳是所有万物之主、众神之父。颂歌最后以无限崇拜的心情说：

您以活的阿顿的形状升起，辉煌灿烂，光芒四射。
这时您就是唯一的神。
您创造了在您之中的万物的形式。
在城市、田野、道路和尼罗河的航道上您是唯一的神。
所有的都在他们之中看到您，因为您是地上白昼的阿顿。
您升起时，一切都有了生命；
您落下时，一切都因您而死。①

从这里可以看出，古埃及人是把太阳（特别是日出）作为美的对象来歌颂的，在他们的太阳崇拜中无疑有审美的因素在内。但是，无论如何，这种审美的因素只占次要的地位，构成太阳崇拜的真正基础的是人对异己的自然力量的依赖。我们可以想象得到，在当时原始的生产力水平和埃及严酷的自然条件下，作为一个古老的农业民族，埃及人的生存和发展在多大程度上依赖于太阳的光和热以及尼罗河水。所以他们把太阳看作生命的源泉和一切事物的创造主，把支配他们的生活的自然力量加以神化而向它崇拜，是完全可以理解的。换言之，太阳崇拜实质上是人对生命的崇拜。当然，埃及人对太阳的崇拜经历了一个历史发展过程。在不同时

---

① 雷蒙德·范·奥弗编：《太阳之歌——世界各地创世神话》，中国人民大学出版社，1989年，第270－273页。

期，太阳神以不同的名称和不同的形象与各个地方神和图腾崇拜错综复杂地结合在一起，像赖神、阿蒙神、阿蒙-赖神、阿顿神、荷鲁斯神、阿图姆神等等，都是太阳崇拜的不同形式。他们以不同的动物的形象出现，被描画为人形、狮、牛、羊、鹰等等。随着埃及各地区在政治上的统一，建立起以法老为首的王国中央政权，太阳神也越来越被提升到至高无上的地位，成为王朝的最高保护神。与太阳被神化相适应，这种自然生命力的异化发展成为人的异化，最高统治者个人也被神化而与太阳相联系，从古王国第四王朝开始，法老就以太阳神之子自居，借助于宗教崇拜来论证其政权的合法性，似乎法老统治全埃及之权是由太阳神授予的。于是，太阳就成为人间统治者的象征，而太阳崇拜也就由对自然生命力的崇拜转化为个人崇拜。从审美的观点去赞赏壮丽的日出景象，到用功利的观点去把人神化为太阳而加以崇拜，这二者之间的距离又何止十万八千里，但谁能说它们之间没有内在的联系呢？审美的东西和功利的东西并非截然对立，它们可以相互转化，而且在原始民族那里往往是功利的东西在先，这是普列汉诺夫早已证明了的。

其实，在审美意识更为发达的近代人的心灵深处又何尝没有非审美的太阳崇拜的残余呢？生活条件的变化使我们更有可能从审美的角度去看太阳（例如乘坐喷气式客机观赏日出），我们确实也对它作出审美的评价。然而无可否认的是，这种审美的评价往往和一些纯粹是非审美的联想联系在一起，说明功利的因素并未完全消失。当然，现在不会再有人像路易十四那样仿效埃及法老把自己比作太阳，让百姓顶礼膜拜，可是把太阳和其他事物作非审美的比拟的却到处可见，而且除了少数例外，一般都是借此进行歌颂。黑格尔是一个明显的例子，他把法国大革命比作一次“壮丽的日出”。他说，成长着的精神慢慢地静悄悄地向着它新的形态发展，一块一块地拆除旧有的世界结构，但只有个别征象才预示着旧世界行将倒塌，而这种并未改变整个面貌的渐进过程突然为日出所中断，“升起的太阳就如闪电般一下子建立起了新世界的形相”[①]。黑格尔一反过去对统治者的歌功颂德，化腐朽为神奇，把对太阳的礼赞变为对法国大革命的哲学论证，这确实是太阳崇拜的新发展。尼采则是另一种例子。这位以竭力宣扬“上帝死了”闻名的叛逆者，在倡导对一切价值进行重新评估时，却未能摆脱他自己意识深处的太阳崇拜。我们可以回想一下《查拉图斯特拉如是说》一书的序言，他笔下的查拉图斯特拉在隐逸山林十年之后，有一天清晨面对旭日东升而受到启示，对太阳说：“你这伟大的星球，如果失去了你所照耀的人们，你的幸福何在呢？”于是决定下山，走向人间。尼采也是以太阳自喻的，虽然他想要实现价值的转换和创造新价值，看来却忘记了对这种自比太阳的古老崇拜先进行一番批判。

正当我独自沉浸于因观赏日出而引起的关于太阳崇拜的思考时，从机上的广播传来了飞机即将到达，请乘客系好安全带的通知。飞机正在下降，向窗外看，碧波粼粼的大海已经看不见了，代替它的是一片黄沙，远处出现了一个大城市，开罗就要到了。

---

① 黑格尔：《精神现象学》，上卷，商务印书馆，1979年，第7页。

二、金字塔下的沉思

到了埃及，首要的愿望当然是早日一睹金字塔的真面目。我利用国际会议的间隙，在一个星期天抽空去访问了举世闻名的基泽的金字塔群。没有想到，金字塔原来就在开罗附近。开罗是一个拥有近一千万人口的大城市，既有不少现代化的高层建筑，也有一些充满阿拉伯情调的熙熙攘攘的街区，而谁都知道，金字塔是矗立在沙漠里的。只有亲自走一趟，才能领会到开罗这个繁华的大都市竟然离沙漠多么近，实际上它就处在沙漠的边缘。从开罗市内莫卡塔姆高地古堡里的穆罕默德·阿里清真寺可以清楚地远眺金字塔，而从我国驻埃及使馆文化处办公楼瞭望，金字塔更显得近在咫尺，由此乘车前往只需十几分钟的时间。但是，从开罗市内望见的金字塔似乎并不像预想的那样令人震惊，必须走到它跟前，才能真正感受到它的伟大，在内心里被它的难以抗拒的力量所征服。

金字塔给人们造成的第一个印象就是它的体积庞大，它确实大得可观。就拿基泽的三个大金字塔中最大的齐阿普斯金字塔来说吧，它原先高达 146 米，经过四千多年岁月的侵蚀，它现在的高度为 137 米，被时间老人削去的塔尖形成了一个大约 10 米见方的平台。但因为它的塔底宽达 225 米，所以这样一个庞然大物从远处看并不显得很高，必须在一定距离内。特别是同塔底附近的景物如人、骆驼等作比较，才能充分见出它的高大。康德在《判断力批判》里曾经引用别人的报告说：“人们要想从金字塔的全面的大受到感动，不可走得太近，也不要离得太远。”[①]为什么呢？按康德的意见，这是因为“在后面这场合里被把握的各部分（相互积累的石块）只是模糊地被表象着，它们的表象对于主体的审美判断不产生影响了。但是在前面那场合里眼睛需要一些时间才能完成从基础到顶尖的把握，而当构想力尚未把握上面顶尖时，下层却又部分地消失掉了，全面的把握永远不能完成”[②]。为了验证康德的看法，我特意在抵达金字塔前下车步行，以便从远至近、从不同的距离去进行观察。只见在一望无际的平坦的荒漠上兀立着大小不等的几座用巨石堆砌成的方锥形建筑，它们朴实无华，整齐单一，笔直的线条，单纯的色调，严格地按比例构成的几何图形，给人以一种特别沉重的质感，加上周围因强烈的阳光的照射而耀眼的黄色沙海，陪衬着碧蓝的晴空作为背景，真显得无比庄严、宏伟，令人赞叹不已。

康德把金字塔归入与“美”不同的“崇高”的范畴，这是颇有见地的。不过，康德本人没有去过埃及，他的结论不是根据亲身的经验，而是从书本上的记载推导出来的。因此，他的解释虽有一定的道理，根本上却不能令人满意。按照康德的说法，古埃及的金字塔是所谓“数学的崇高”的一个范例，而“数学的崇高”的特性就是绝对的大。单是“大”还不能认为是崇高，崇高必须是“无比的大”，“是一切和它较量的东西都是比它小的东西”。自然界本来没有绝对大的东西，任何事物不管我们把它评判为多么大，如果在另一关

---

① 康德：《判断力批判》，上卷，商务印书馆，1964年，第91页。

② 同上。

系中去看，即用另一更大的尺度去衡量它，它就会降为小的东西。这种通过数的概念而作的估量是数学的，对于数学的估量来说是没有最大量的。但是，康德认为，除了数学的估量外，还有审美的估量，即在单纯直观里依据眼睛而作的估量，而对这审美的估量来说则确有一个最大量。审美的估量有一个饱和点，它虽然不是数学上的无限大，却是视觉器官所能掌握的极限。如果这个最大量已被判定为绝对的限度，对于下判断的主体来说不可能有主观上更大的东西，那么它自身就带有崇高的观念而引起那通过数学的估量所不能引起的感动。在这里，康德明显地受英国经验派美学家，特别是柏克的影响，[①]他们都认为审美判断里的无限大和感官的极限有关，都把感官所把握的无限大作为崇高观念的基础。但是，康德的进一步的结论却和经验派分道扬镳了。因为在他看来，崇高观念归根结底不能用感官的本性去解释，而是由于我们对感官世界事物的估量能力不适合于绝对整体的观念，在我们内心唤醒了一种超感性能力的感觉。因为想象力虽然不能把超出它的极限的对象作为一个整体来把握，却仍然能把它作为一个整体来思想，所以康德说："崇高是：仅仅由于能够思维它，证实了一个超越任何感官尺度的心意能力。"[②]换言之，崇高不存在于客观对象，而是包含在我们的心里。

我站在金字塔面前，再三玩味康德的理论，却怎么也无法证实它的正确，因为它并不符合审美经验的实际。古老的金字塔向我

① 参阅柏克：《我们关于崇高与美的观念的起源的哲学探讨》，伦敦，1958年，第73页。

② 康德：《判断力批判》，上卷，1964年，第90页。

诉说的是另一种真理。

金字塔为什么在人们的心目中显得如此崇高呢？它的巨大的体积对我们的视觉造成的印象当然是因素之一，但绝不是决定性的因素。以它的绝对高度而论，一百多米并不是多么了不起的事，康德所说的审美估量的极限只有在较近的距离内才能成立，即是证明。退一步来说，即使我们承认康德的说法有一定的道理，那么用他的理论也无法说明为什么和金字塔同样大，甚至比它大得多的物体并不一定能对人产生崇高感，更无法说明由自然物引起的崇高感和由金字塔造成的崇高感之间究竟有什么区别。我想，假如在我们面前的不是金字塔，而是同样形状、同样大小的土堆，那么我敢肯定崇高感也就荡然无存了。因此，离开具体对象的形式和内容的统一，单纯从对象体积的大小对人造成的视觉印象和心理影响去解释崇高，不是从社会实践的观点，而是从直观的观点去看这个问题，是永远说不清楚的。不仅康德的唯心主义美学在这里表现得苍白无力，而且柏克以至车尔尼雪夫斯基的唯物主义美学也同样碰了壁，因为它们都不能揭示出像金字塔那样的对象所引起的崇高感的丰富复杂的内涵。

我想，问题的关键在于，金字塔不仅是具有高大的体积和一定几何形状的物体，而且更重要的是，它是人的活动的产物，是四千多年前手工劳动的结晶。正是后面这一点，对理解由金字塔引起的崇高感的实质具有决定性的意义。早在公元前五世纪，也就是在齐阿普斯大金字塔建成后两千多年，当时去过埃及的古希腊人、被称为“历史学之父”的希罗多德，曾根据埃及的传说记载了建造金字塔的艰难的经过。他在《历史》中写道，直到拉姆普西尼托斯的时候,埃及在一切方面都治理得很好并且十分繁荣,但是齐阿普斯继任法老当政,人民就大倒其霉了。齐阿普斯强迫所有的埃及人为他做工,以十万人为一批,三个月进行一次轮换,从阿拉伯山中的采石场把石料拉到尼罗河岸,装船运过河后再拉到利比亚山修建金字塔。单是修筑通往金字塔的运石的道路就工程浩大,它长 900 余米,宽 18 米,最高处达 15 米,全部用磨光并雕刻上动物图像的石块筑成,修路就花费 10 年之久。金字塔本身的修建又用了 20 年,它也是用精心磨光的巨石块极其精确地砌筑而成,每块石头长度都超过 9 米。希罗多德接着描述了当时依靠人力修筑金字塔所使用的原始的技术,以及为了供应被役使的劳工所需的食物而花费的巨额费用(光是买萝卜、葱、蒜就花费了 41884 公斤白银)[①]。在希罗多德之后又过了四个世纪,西西里的历史学家狄奥多罗斯于公元前一世纪去埃及访问了金字塔,他见到金字塔也像希罗多德一样感到惊愕万分而为之倾倒,把它称之为世界的七大奇迹之一。他说:"必须承认,这些纪念物比人们在埃及所见到的任何东西都更为卓越,不仅是因为它们的宏大的规模和所花费的惊人的费用,而且是因为它们建筑的美。"很明显,古代世界的这两位著名历史学家都是把金字塔作为人的伟大创造而加以赞颂的。

古代人究竟怀着怎样的心情去看金字塔,我们今天是很难体会的。事实上,经过历史的风风雨雨,整个金字塔建筑群的外观已经起了很大的变化。希罗多德所描绘的通往金字塔的辉煌的大道

① 参阅希罗多德:《历史》,商务印书馆,1965 年,第 331 – 333 页。

已经不复存在了。一些附属建筑物也都已残破不堪，塔身表层本来都是用磨光的石料建成，有的是使用精密地加工过的红色花岗岩。可以想象，当时的金字塔群在阳光的照耀下闪闪发亮该是一幅多么光辉壮丽的图景！所以古埃及人把金字塔看作太阳的象征。据说，直到16世纪，三个大金字塔中规模最小的美凯里诺斯金字塔还保存着磨光的花岗岩表层，可是现在除了齐夫林金字塔顶端仍能看到一些残存的表层外，三个金字塔的光滑的表层都已剥落，裸露出堆砌的粗糙的巨石，可以任人攀登了。坦言之，2000年前使狄奥多罗斯为之叹服的那种美业已消失，现在展现在我们眼前的只是严格意义上的崇高，时间的消逝似乎并没有降低，却反而增加了这种崇高的美学价值。

如果仔细推敲的话，那么金字塔对不同时代的人所引起的崇高感也肯定是有差别的。很难想象，匍匐在法老的陵寝面前、虔诚地相信人间的统治者是太阳神之子的古埃及人，会和习惯于雅典城邦生活的古希腊旅行家对金字塔产生同样的观感，至于现代人的心情与古代人之间的距离之大，那就更不用说了。据我看，金字塔就像一部打开着的古老的书，各个不同时代的人都会结合自己的生活经验去阅读和理解这个“历史本文”。但是，尽管在理解中有新的创造和各种各样的差异，我总觉得金字塔对人们的魅力能够历几千年而不衰必然有其客观的原因。那么，其原因何在呢？

我想，最显而易见的一个原因在于，金字塔是人的力量的象征。金字塔本身凝结着难以想象的大量人类劳动。我们每一个人从亲身经验中都可以体会到用体力去搬运沉重的巨大物体是多么困难，用手工去磨平坚硬的石块需要多大的耐性和时间，而齐阿普斯大金字塔是用平均重达两吨半的230万方巨石堆砌成的，这该要付出多少劳动呢？当然，在古埃及，这些工程浩大的建筑都是依靠奴隶劳动来完成的，整个古埃及文明也像古希腊罗马文明一样，都建立在奴隶制的基础之上。① 但是，我们今天从金字塔所感受到的却不是可以驱使无数奴隶去为自己修筑陵墓的法老们的至高无上的威势和权力，而是建造了这些人类文明纪念碑的人的伟大力量。人，尽管是在鞭笞的逼迫下，能够干出多么辉煌的业绩啊！我忽然领悟，上帝是人塑造的，崇拜上帝实际上是人崇拜自己。同样的道理，金字塔是人创造的，金字塔在人们心中引起的崇高感归根到底是出于对人的本质力量的崇敬。人通过金字塔看到了自己的力量，意识到自己身上潜藏着的无穷无尽的可能性，因此在庞大的金字塔面前，人并不觉得自身的渺小，而是真正感到了作为人的骄傲和自豪。这大概是产生崇高感的主要原因吧。

其次的一个原因，我认为是金字塔表现了人企图超越自身而作的最初的努力，也就是对永恒性的追求。谁都知道，人是由高等动物进化而来的。人属于动物界，因此在他身上始终有动物性的一面，但人之所以为人，又是因为他高出于一般的动物界。动物都具有维持自己的生存和种的延续的本能，可是只有人才自觉地有超越自身的要求，而其他动物，即使是高等动物也都没有这种精神

① 关于这一点，恩格斯在《反杜林论》中作了精辟的阐述，他指出："在当时的条件下，采用奴隶制是一个巨大的进步。人类是从野兽开始的，因此，为了摆脱野蛮状态，他们必须使用野蛮的、几乎是野兽般的手段，这毕竟是事实"（《马克思恩格斯选集》，第3卷，人民出版社，1995年，第524页）。

需要。企求摆脱自然的局限，超越时间而进入永恒，追求不朽，便是人类最初要求超越自身的表现之一。灵魂不死和冥世生活的观念发源于古埃及，而且成为对社会生活发生巨大影响的普遍信仰，这正是人类希望超越自身的自我意识开始觉醒的标志。尽管在今天看来，这种信仰显得愚昧落后(用制作木乃伊来保存死者遗体的办法尤其令人憎恶)，并且整个社会都为此而付出了可怕的沉重代价，可是在当时却是人类自我意识向前迈进的一步。[①] 我们今天去看金字塔，已经不会再去考虑它的安置法老木乃伊的功能，而只是把它作为体现人类精神需要的宏大建筑物来观赏。埃及人有一句话："人人都惧怕时间，时间却惧怕金字塔。"人皆有一死，但人在内心里却又渴望永恒，建造金字塔正是表达了这种对永恒的追求。在时间的长河里，一切物质的存在都会朽坏，金字塔也不例外，可是它作为永恒性的象征在人们心目中却始终是崇高的源泉。

再一个原因是金字塔所特有的那种巨大的历史感。看到金字塔，就会想起人类悠久的文明，它本身就代表着历史，像里程碑一样标志着人类漫长的历史上的整整一个时代。人是能够进行回忆的，有的哲学家甚至把这一点看作人所独具的特殊能力。我们从亲身经验中可以知道，人作为一个个体在回忆过去生活中值得怀念的东西时在内心里会引起怎样一种感情。同样，作为一个生物的种，人类在回忆自己在历史上创造过的业绩时也会产生某种敬佩和尊崇之感，它自觉地或不自觉地出现在人们的意识深处，可能

① 用汤因比的话来说，"伟大的金字塔正是这种用建筑上的豪华企图取得个人不朽的标志"(《历史研究》，上卷，上海人民出版社，1997 年，第 40 页)。

成为崇高感的来源之一。而且时间愈久远的事物，往往能对人造成更强的心理效果，这大概是因为时间的距离更使历史事物的不可重复性显得突出了。就拿建筑来说吧，芝加哥的西尔斯大厦和纽约的世界贸易中心大楼无疑要比金字塔更为高大宏伟，可是谁都知道，这些所谓“摩天大楼”是现代建筑技术的成果，只要有足够的资金和需要，就能够把它们重复地建造起来，甚至建造比它们更高更大的建筑物，在技术上也并没有多大的困难。① 然而要回到遥远的历史时代去重建金字塔那样的建筑，却是永远不可能的了。这种不可重复性对审美价值无疑是起作用的，因此美国的摩天大楼尽管能使人感到新异和惊愕，却产生不了像埃及金字塔那种凝聚着巨大历史重量的崇高感。

金字塔下的沉思，使我得到这样的启示：作为复合观念的崇高，必须从社会的、历史的观点去看才能得到合理的解释。单纯从形式因素去进行考察，就只能停留于肤浅的理解，尤其是对作为人的创造物的艺术品来说，更是如此。

为了进一步了解金字塔，在它周围绕行一周后，我决定深入到它内部去看一个究竟。和以后王朝法老的地下宫殿不同，金字塔并没有墓门，也没有任何内部的艺术装饰。看来在把法老的木乃伊安置在塔中间后就把进口密封起来，现在的入口是后人开凿的，因此在到达通往墓室的塔内原有的宽阔的甬道前，有些路段十分狭窄陡峭，游人必须匍匐前进。经过十来分钟的攀登，最后进入了

① 据报道，美国工程师勒梅热勒等人正计划建造各种超高层大厦，他们认为，利用现在掌握的技术可以轻而易举地建造起 150 层至 200 层的大厦（目前世界最高的西尔斯大厦为 110 层）。

塔中心的墓室。墓室并不很大，大约只有50平方米，这是可以理解的，因为它要承受顶上数十万吨巨石的沉重压力。室内除了一个空石棺椁以外已无一物，四周的石壁默默无言，在这里统治着的是死一般的寂静。我突然感觉到，时间仿佛停止了流动，凝结在永恒之中了。也许，古埃及人所追求的就是这种境界。在世界各民族中间，恐怕没有一个民族比古埃及人更注重来世，即死后的所谓冥世生活。他们虽然也尽情地享受现世生活中的欢乐，却认为自己只是尘世间的匆匆过客，只有不死的灵魂到西方另一个世界才享有永久的生命。他们生活在现世，目光却注视着来世，一心向往着永恒，这种心态构成了古埃及人（至少是统治阶层）的特殊品格，而表现在他们的艺术里。正如狄奥多罗斯所指出，埃及人把住房看作临时落脚的地方，而把坟墓看作永久的住宅。希腊、罗马和其他古代文明遗留给我们一些供日常生活之用的宏大建筑物，如大剧场、竞技场、公共集会广场、公共浴室、宫殿等等，而法老时期的埃及在几千年的漫长岁月里留给后世的耐久的巨大石建筑，就只有陵墓和神庙这些为来世的永恒生活服务的宗教性设施。这种宗教世界观对埃及艺术的影响，必须身历其境才能充分体味。希罗多德说，埃及人“比任何民族都远为相信宗教”，这从他们留下的艺术可以得到证明。

走出阴森森的墓穴，回到阳光灿烂的世界，我不禁松了一口气。其实，为法老们准备的那个永恒世界，决不是什么令人羡慕的场所，而且用耗尽国家资财的野蛮手段去建筑金字塔，不仅不能使个人真正得到永恒，反而使整个民族陷于水深火热之中而精疲力竭，盛极一时的古王国第四王朝就此衰落了[①]。这不是历史的讽刺么？我这样想着，信步走到了大金字塔南面不远的一个博物馆，那里专门保存着 1954 年才发掘出土的齐阿普斯的巨大的木船。木船长达 46 米，在干燥气候和沙土的掩埋下经数千年之久仍保持完好无损。历史学家通常认为，古埃及人是世界上最早掌握了航海术的民族，从这艘木船可以充分看出当时的造船技术已经达到了相当高超的水平。不过，这却并没有因此而创造出某些人所想象出来的所谓“蔚蓝色文明”。根据古埃及的宗教信仰和传说来推断，这艘殉葬的木船可能与赖神（太阳神）的太阳船传说有关，或者是用来运载死者魂灵前往冥世的殡葬船。如今笼罩着它的神秘色彩已经消退了，留给我们思考的是：在人类文明早期生产力水平不高的状况下，究竟有多少精力浪费在这种无谓的宗教目的上。

当然，在金字塔附近地区内最令人感兴趣的还是那举世闻名的斯芬克斯或称狮身人面像。埃及有许多斯芬克斯像，这是其中最大的一尊。它用一整块巨石雕凿而成，高约 20 米，长达 72 米。它面向东方，每天早晨注视着初升的太阳，据说，狮身上的人面是依据法老齐夫林的容貌雕成的，为的是守卫他自己的陵墓，威吓那些胆敢来犯者。这也许有一点道理，因为阿拉伯语把这座雕像叫作 Abu el-Hol，意即“恐怖之父”，可见人们是感受到它的威慑力

---

① 在建造了大金字塔之后约一千年间，历代王朝的法老们仍然继续为自己营造金字塔，但规模都远逊于大金字塔，这显然是由于国家财力不堪负担这样大规模的建筑工程。至于某些西方学者认为，建造大金字塔是为了吸收当时社会的过剩劳动力，那分明是用现代凯恩斯主义观点去曲解古埃及历史了。

量的。不过，斯芬克斯究竟象征着什么，恐怕谁也说不清。它在长时期内一直披着神性的外衣，埃及人把它称作“站在地平线上的荷鲁斯神”，由于许多世纪内它的狮身常被黄沙掩埋，只有谜一样的面部露出地面，更增加了它的神秘性。新王朝时期的法老图特摩斯四世有一次曾在梦中受命于哈玛基斯神，令其重新恢复斯芬克斯的风姿，成为历史上有关这座雕像的佳话，但也有一个时期它并不受人尊敬，马木留克兵甚至把它作为训练炮兵射击的目标。在我们今天看来，它也仍然是一个不解之谜。我倒同意黑格尔的看法，他说，“埃及艺术作品包含一些谜语，要正确地解释这些谜语，有时不仅我们，就连创造这些作品的艺术家们也大半办不到”。这正是象征艺术的特征，而斯芬克斯则可以被看作“埃及精神所特有的意义的象征，它就是象征方式本身的象征”[①]。据我看，象征艺术的魅力也就在于它的意义的模糊、暧昧和不确定，它似乎暗示着某种意义，却又无法明确地说出个究竟来。它耐人寻味，又令人捉摸不定。所以在希腊神话里，斯芬克斯是以吞食人的怪物的面貌出现的，它要人们猜智慧女神缪斯教给它的隐谜，而一旦俄狄浦斯猜破了它的谜，它也就无地自容而跳崖自尽了。这个神话故事本身也是一个象征，它标志着新的希腊精神的兴起。埃及虽然代表着高度的古代文明，但在那里人的自由意识毕竟还没有充分觉醒，狮身人面的形象也说明人尚未摆脱半人半兽状态，还在为脱离一般动物界而苦苦挣扎。只有随着希腊文明的兴起，人才真正地在精神上站立起来，发展起独立意识而取得了前所未有的自由。希

---

① 黑格尔：《美学》，第2卷，商务印书馆，1997年，第76－77页。

腊艺术正是这种自由精神的体现，而这是我们在埃及艺术中所看不到的。

埃及狮身人面像

三、神秘的阿布-辛培尔

国际会议结束后，我幸运地参加了会议组织的尼罗河中、上游地区埃及古文化遗址的参观考察。我们的参观路线是由南向北，第一个目标是处于上埃及的阿布-辛培尔。

由开罗出发搭乘埃及航空公司的班机抵达阿斯旺正好是中午时分，虽然在中国已进入初冬季节，当地的气温却仍高达摄氏30度。阿布-辛培尔还在阿斯旺以南约300公里，属热带地区，可以说已接近非洲内陆，距埃及与苏丹的国境线不远了。从阿斯旺换乘小型旅游客机去阿布-辛培尔，仅需40分钟。一路上低空飞行，但见苍莽大地一片荒凉，渺无人烟，甚至看不到多少生命的迹象，很难想象几千年前这里曾一度是人类文明的摇篮之一。阿布-辛培尔的小小的简易机场看来是为旅游专用的，实际上除了旅游者之外，谁也不会长途跋涉到这穷乡僻壤来。我们冒着酷热的天气，行程数百里，只是为了参观这里举世闻名的传奇式的神庙。神庙离机场不远，经过十几分钟的颠簸，旅游车就把大家送到一个小山坡脚下，下车步行翻过山坡，一个一望无际的巨大的湖泊展现在我们眼前，湖光潋滟，热带非洲的强烈的阳光照得水面闪闪发亮，这就是以已故埃及总统命名的纳赛尔湖。我们神往已久的阿布-辛培尔神庙就在面向纳赛尔湖的山坡上。

所谓纳赛尔湖其实是一个大水库。完成于1971年的阿斯旺高水坝把来自中部非洲的尼罗河上游的极其丰富的水资源蓄积起来，形成了一个长达500公里的人工湖(据说在全世界大水库中名列第二)。随着大量蓄水而造成的水位的提高，原来处于该地区内的数十处古代文化遗址都将被淹没，阿布-辛培尔神庙便是其中最重要的一个。它在很长时期内曾被沙土覆盖而不为世人所知。直到一个半世纪以前才被意大利探险家贝尔佐尼所发现，尔后考察者和参观者络绎不绝，被公认为至今保存完好的最伟大的古埃及宗教建筑，为了挽救这个著名的文化遗址，埃及政府通过联合国教科文组织向全世界发出呼吁，请求共同协力完成神庙的迁移工作。这是一个极其复杂和艰巨的浩大工程。由于原来的神庙是利用整片石崖雕凿而成的，因此迁移工程就意味着要把石山搬家，先将神庙的各部分切割成巨大的石块，然后运到新址按原样把它们重新装配起来。新址距旧址180米，高出旧址64米，神庙的各个部件总重量为40万吨，工程的繁重和要求的精密度都是前所未有的。

在50个国家的支援和直接参与下，整个迁移和复原工作从1963年开始，花了整整9年时间，当时耗资达3600万美元。为了恢复神庙原有的外观，还在它上面堆了一个人造的小山，内部用钢筋水泥支架。总之，保存这个无比珍贵的文化遗址，可以说是不惜工本，尽了最大的努力。这确实称得上现代工程技术的一大奇迹。

阿布-辛培尔神庙系新王国时期第十九王朝拉美西斯二世所建。这位号称拉美西斯大帝的一代名王在他统治的77年期间，除了对外军事扩张、到处征伐之外，最了不起的业绩就是进行大规模的建筑，阿布-辛培尔神庙仅是其中之一。至于这位显赫一时的统治者为什么要在人烟稀少的荒凉的努比亚沙漠地区建造这座辉煌宏大的庙宇，我想除了宗教的原因之外，恐怕还出于政治上的考虑。从新王国时期开始，埃及进入了建立强大的奴隶制军事帝国的时代，第十八王朝的法老们用火与剑的手段对周围各民族发动大规模侵略战争，南征北伐，把埃及帝国的版图扩至努比亚，向南一直推进到第四瀑布。拉美西斯二世继承了前一个王朝的军事扩张路线，力图重振国威，恢复了过去埃及的庞大版图。他在阿布-辛培尔建筑的神庙，在某种意义上说，乃是夸耀自己的赫赫武功的纪念碑，同时又对被征服的努比亚起着威慑作用。

我们在导游的带领下先来到神庙的主庙，这是拉美西斯二世为他自己建的灵庙，名义上是供奉阿蒙-赖神、哈玛基斯神和卜塔神的。在主庙门前的小广场抬头望去，但见这个用整块巨石雕凿成的、宽达38米的神庙正面，端坐着四尊巨大的石像，除了一尊已因长期风沙侵蚀而遭到损坏，其余三尊基本上仍完好无损。它们都是坐在王位上的拉美西斯的雕像，每尊高达20米，面部两耳之间宽4米。这些雕像不仅是艺术品,而且还起着支持高达31米的整个神庙正面的石柱的作用,足以见出当时建筑师们的匠心和技巧。在法老的那些巨型雕像的腿旁,树立着他的母亲和王后的较小的雕像,还有阿蒙神和哈玛基斯神的象征物(如鹰)。在王座上和神庙正面外壁以及一些石碑上,都满布着精美的浮雕和象形文字。整个布局场面恢宏,气势磅礴,确实不同凡响,给人以一种无比庄严、凝重的印象。

巨大雕像

处于巨大的雕像之间,本来相当宽大的庙门相形之下显得窄小了。进了庙门,才充分意识到这个宗教建筑工程的伟大,还不仅在于门前的那些巨像,原来这个用当时的原始工具在石崖上雕凿成的神庙包含好些厅室,全部纵深达60余米,内部除了陈列着一些精心制作的雕像外,在石柱、墙壁和天花板上都装饰着浮雕和壁画,堪称为古埃及艺术的殿堂。庙内深处十分幽暗,靠了庙门射入的自然光，才能依稀看到神庙内部的轮廓。也许正是因为神庙长期封闭，庙内漆黑无光，才挽救了那些珍贵的壁画，使之历经三千多年的岁月而仍然保存着相当不错的色彩。我们在进入前厅后，在导游的手电筒的照射下，首先观赏了壁画。壁画除了敬神的宗教内容（实际上是宣扬法老和神们的亲密关系）外，给人以最深刻印象的是描绘惊心动魄的威武雄壮的战争场面和令人惨不忍睹的残酷的杀俘祭神仪式的图景。这些壁画按照古埃及艺术的传统，把法老拉美西斯二世表现得十分高大，远远超出他的敌人，乘着马拉的战车往来驰驱，如入无人之境，真显得威风凛凛。与壁画相配合，在墙上还刻着一首为拉美西斯歌功颂德的长诗。这首用象形文字写成的史诗为宫廷诗人潘陶所作，记述法老率领大军远征叙利亚的军事功勋。在拉美西斯二世即位后第 5 年，埃及军队和当时正处于全盛时期的赫梯帝国（赫梯人是叙利亚的一个好战的部落，与其邻近的一些民族结盟）在卡叠什城进行决战。通过导游的讲解和提供给参观者的英译文，这首史诗的内容大致如下：

拉美西斯二世受到被赫梯国王收买的贝都因族奸细的欺骗，落入了敌人的圈套而遭伏击，突然被占绝对优势的敌军所包围。随同这位法老的只有他自己的卫士们，总共只有 75 辆战车，而他面对的强大的敌人却拥有 2000 余辆战车之多。“于是，法老把自己的身体伸展到最高度，披上令人自豪的战士的盔甲，鞭策双马牵引的战车，勇往直前，投入战斗。他单身一人，身旁没有任何随从！当他像一个英雄那样投入进攻和保卫他自己的时候，他的士兵和卫士们都在远处看着。敌军的 2500 辆战车，每辆战车上载有三名战士，把他团团包围，企图降服他，而他却毫不畏惧，虽然身旁没有一个皇子、将军或士兵。”在这极度危急的时刻，拉美西斯向至高无上的神热情地祈祷：“啊！神圣的阿蒙神，永恒的主、世界的创造者和组织者、提供一切的上帝、地上所有王国的主人，请您看吧，我是孤身一人！难道您不是我的父亲，我不是您的儿子？我的手臂永远是为了实现您的意志而行事。难道我没有奉献祭品向您表示尊崇吗？请记住我为您而祭献的3万头牛以及我为您而建的用巨大石块筑成的庙宇！请您数一数我为您的荣耀而树立的那些方尖碑吧！啊，神圣的阿蒙神，现在我是孤身一人，被所有人所抛弃，我只得向您伸出双手，向您祈祷。难道您不是比一千名弓箭手、一千个英雄更强有力吗？”拉美西斯的祈祷终于感动了阿蒙神，阿蒙神回答说：“我是你的父亲——太阳，我的右手和你在一起，正如你所说，我比一百万名武士更珍贵！当我降临到包围你的那些战车中间时，你就将看到它们纷纷坠地，并在你的马蹄下像陶器那样被粉碎！我将使你的无数敌人的心脏凝冻成冰，我将使他们的四肢失去力量，我将使他们手中的长矛和箭囊坠地，我将把他们像鳄鱼那样掷入水中……他们将自相残杀，互相割断咽喉，倒下后将长眠不起！”在得到神佑之后，拉美西斯就向那些没有参战的将军和骑士们大声呼喊：“前进！告诉我，你们之中谁像我那样为自己的国家作出牺牲。当你们安静地坐在营帐里的时候，我却独自一人迎战敌人。如果不是因为有我，你们都将死亡！”这时天已傍晚，拉美西斯命全军停止后撤，重新转入进攻。“他们在尸横遍野、血流成河的大地上前进，几乎无处落脚，死人实在太多了！”当战斗结束后，将军们为胜利而向法老欢呼，赞颂他说：“啊！勇敢的拉美西斯，您一个人所完成的业绩比全军所能做的还要多。在您的胜利之剑面前，赫梯人的土地已俯首称臣！当您在那天战斗中为您的人民而战的时候，谁也比不上您！”在领袖的范例的激励下，埃及骑兵像捕食的老鹰那样投入战斗。法老表现出无比的英勇。接近他的敌人都在他的打击下纷纷倒地。很快敌人的尸首堆积成山。

我在这里详细地引述这首史诗的梗概，是因为它在我国还鲜为人知，同时也因为它很能说明古埃及艺术的本质特征（至少是本质特征之一）。特别要指出，这是有确定的作者（而不是凭传说），有文字依据的（而不是凭口头流传的）古代史诗，从创作年代来说，比古希腊著名的荷马史诗《伊利亚特》还要早几个世纪，其中对战争的描写也并不比后者逊色多少。可见在古代世界，埃及文学特别是诗歌曾经有过光辉灿烂的发展，已达到相当高的水平，只是后来被湮没了。当然，我们不能用现代的眼光去看古埃及的文学艺术。正如一位研究者所说，埃及的所有艺术都服务于实际的目的，我们今天所理解的那种意义上的艺术，在古埃及是不存在的。[①]就阿布–辛培尔神庙里的壁画和史诗而言，它们的实际目的是很清楚的，那就是为了炫耀埃及的强大的军事力量以及把统治者个人神化。战争的残酷性毫无掩饰地得到了表现，甚至在现代文明社会被公认为违反战争准则、受人谴责的大规模屠杀战俘的暴行，在当时却被当做对神的感恩和虔敬而反映在艺术里。战争的狰狞面目揭露无遗，但又被作为这个民族引以为自豪和骄傲的事情而大加宣扬。不过更突出的还是对法老个人的神化，在战争中他不是人，而是半神半人。他不仅在生理上有凡人所没有的特异功能，能

---

① 参阅阿尔德里特:《埃及艺术》，伦敦，1985年，第11,12页。

把躯体伸展得十分高大，而且有超人的勇气，单独向几千敌人挑战，而整个埃及大军、包括那些将军们相形之下都成了临阵怯战的懦夫。当然，拉美西斯能够取得伟大胜利，最关键的一点还是因为他是太阳神之子，有那位无所不能的太阳神的大力协助，而他的所作所为也都是为了实现神的意旨，因此也是天然合理的。[①] 对太阳神的崇拜，归根到底还是为了确立法老在人间的统治，艺术作为一种手段也服务于这个目的。如果用“为艺术而艺术”论者的标准去衡量，古埃及艺术确实是不大符合他们的基本要求的，但是艺术从来不是他们所设想的那种东西，艺术之所以强大有力，能发挥巨大的社会作用，也绝不是靠了“为艺术而艺术”。我还是相信艺术是对现实的审美反映的看法，当然艺术所反映的现实不应狭隘地理解为客观事物，同时也应包括时代的精神方面。也就是说，艺术还应反映特定时代人们的思想、感情、心理、信仰、价值观念等等。如果用这一观点去看古埃及艺术，那就可以充分理解其真实的意义而给予应有的评价。我觉得神庙里的艺术作品正是反映了拉美西斯时代的重大历史事件和当时人们的精神状况，以艺术的形式把那充满血腥味的时代表现出来，因而具有不朽的价值。

神庙的建造者竭力神化个人，提倡对法老的绝对服从和奴隶般的崇拜，这当然只能引起现代人的反感，但我也在神庙里看到了拉美西斯并非天下无敌的证据，说明他毕竟是一个人而不是神。导游引我们去看刻在墙上的拉美西斯二世和赫梯国王哈吐什尔缔

① 如果与古希腊神话和《圣经·旧约》作比较，我们可以发现类似的情况，古希腊英雄和以色列人打仗也依靠神助，战争的结局也体现着神意。这恐怕是古代相当普遍的观念。

结的和约，原来埃及与赫梯进行了十几年战争，最后并未取得胜利而以双方妥协告终。据说这是有文字记载留传下来的最早的一部国际条约。

穿过前面的大厅，我们进入第二个厅，它比前厅要小得多，大约只有90平方米，但有一些刻画拉美西斯和王后焚香场面的精美浮雕很值得一看，法老的形象也由叱咤风云的统帅一变而为虔诚的宗教信徒。再向前走，到神庙的内殿，则是最神圣的圣坛，其中并排供奉着阿蒙-赖神、哈玛基斯和卜塔三个神像和拉美西斯二世自己的雕像。显然，人间的统治者并不满足于充当太阳神之子，而把自己提升到与这些神平起平坐的地位。我不知道当时享有特权才能进入内殿的高级祭司们在向这些雕像膜拜时怀着怎样的心情，反正今天它们对我已不能留下什么深刻的印象。人们对它们感兴趣的倒是所谓“太阳的奇迹”，即每年有两天（春分和秋分）在清晨5时58分一道阳光能通过大门穿透神庙内65米深处，直射到阿蒙-赖神和拉美西斯的雕像，使之沐浴在阳光之下，几分钟后阳光还将转移到哈玛基斯神像上，共历时20分钟，然后消失。奇妙的是，阳光永不触及并排而坐的卜塔神像，因为卜塔是冥世的黑暗之神。在三千多年以前，埃及的建筑师们已经具备这样的天文学知识并能进行精确的计算，不能不令人惊叹，不过这和艺术实在没有多大关系。

离开主庙往北不远，还有一座小庙。那是拉美西斯二世为他的王后涅弗塔丽所建的灵庙，名义上是供奉哈托尔神。这座庙同样是利用整块的岩石雕凿而成，只是规模要比主庙小得多，内部装饰也较为简单。值得一提的是门前的六座雕像，其中四座是拉美西斯像，二座是涅弗塔丽像。按照古埃及的惯例，神庙正面是不能放置法老的妻子的雕像的，只有涅弗塔丽破例获此殊荣，在神庙里还有这位著名的王后和女神们的一些非常美丽的浮雕，表明当时的艺术家已经熟练地掌握了表现女性形象的高度艺术技巧。

阿布-辛培尔神庙可以说是埃及宗教艺术的代表作，也是拉美西斯二世为自己建立的一座永久性的纪念堂。参观神庙后得到的一个突出的印象是神权和王权的紧密结合，这也许是埃及宗教艺术的最鲜明的特点。

四、夜游费莱神庙

当天傍晚，我们从阿布-辛培尔回到了阿斯旺，登上"伊西斯与奥西里斯号"旅游船，开始了水路参观考察。船上良好的设备和希尔顿饭店系统的一流的服务，使这次参观活动成为一次有丰富收获的愉快的旅行。以埃及神话中两位最重要的神命名的这艘现代化的旅游船，把我们带回到遥远的历史时代，恰好我们乘船去参观的第一个遗址就是供奉伊西斯神的费莱神庙。

费莱神庙位于尼罗河上两座阿斯旺水坝之间的一个小岛上。1902 年第一座阿斯旺低水坝建成后，由于水位的提高，神庙在每年大部分时间内都遭水淹，只有在枯水季节才可供参观。随着阿斯旺高水坝的建筑，神庙将全部淹没在水中。因此不得不把它整个地迁移到原址以北 150 米的另一个地势较高的爱盖利加岛上去。拆迁费莱神庙也是一个浩大的工程，只是因为当时人们更注意阿布-辛培尔神庙的迁移工作而没有像后者那样有名气罢了。

我们是在晚上去参观费莱神庙的，去那里要到特定的渡口搭乘渡船。那是一个月色皎洁的夜晚，星星从暗蓝的天空向人们不断地眨眼，船在河上平稳地滑行，微风习习，驱散了白天的炎热，乌油油的尼罗河水在轻轻地拍打着船舷，周围万籁无声，一片寂静。远处小岛上的神庙在月光和聚光灯的照射下，犹如浮出水面的一朵洁白的睡莲，令人疑为梦幻里看到的仙境，真是美极了。

渡船停靠小岛后，我们循着石阶拾级而上，来到了费莱神庙。与其他古埃及神庙遗址相比，它的规模不算很大，但保存相当完好，是托勒密王朝时期典型的宗教建筑。尽管托勒密王朝是希腊人征服埃及以后建立的，把希腊文化的影响带到了埃及，然而这些来自马其顿的征服者自身在很大程度上也逐渐埃及化了，他们不仅保持了法老专制制度，而且继承了埃及的宗教信仰和习俗。费莱神庙就清楚地说明了这一点。庙宇的大门完全是古埃及的传统式样，左右两座高耸的门墙，上面装饰着神和法老的巨大的浮雕像。在两座高墙中间留下一个缺口。进入庙宇的大门就设在这里。我们在导游的带领下从大门鱼贯而入，走进了这个被古埃及人视为圣地的庙堂。据说按古老的传统，虔诚的埃及人一生中至少要去费莱神庙朝拜一次，可见它的影响之大。但和埃及其他众多的神庙相比，它却并不显得有什么特别突出的地方。它之所以如此著名和重要，并不是由于建筑的宏伟或华丽(一般地说，它在神庙中还是比较简朴的)，而是由于它所供奉的伊西斯神在古埃及宗教信仰中所占的特殊的地位。在神庙内部的装饰性的浮雕中，我们可以看到一幅展开双翼的初升的太阳的形象，这正是古埃及最盛行的太阳崇拜和伊西斯神崇拜相结合的象征。那至高无上的太阳仍需借助于伊西斯的羽翼，由此也可见出这位女神的神力的伟大。

晚间参观神庙，当然不可能充分欣赏建筑的精微之处，例如靠灯光的照射就很难看清它的著名的圆柱的柱冠上精美的雕刻。但是，我们却有机会观赏一场别开生面的声光表演。这是利用现代化技术手段向旅游者介绍参观对象的一种艺术性方式，在埃及的一些名胜古迹每逢夜晚都有这样的表演节目。优美的音乐，配上诗一般的语言，外加戏剧性的灯光效果，把人们带进了古埃及神话世界。当然，严格地说，这种现代化的表现方式似乎与远古的历史时代不太协调，但确实比一般讲解员的解说要生动得多。通过声光表演，这个在埃及广泛流传的关于伊西斯和奥西里斯的美丽动人的神话故事给人留下了深刻难忘的印象。

奥西里斯是地神塞伯和上天女神娜特的私生子，他还有弟弟和两个妹妹。他和自己的妹妹伊西斯结为夫妻，而他的弟弟塞特则和另一个妹妹纳芙蒂斯结了婚。奥西里斯在埃及称工治国，使当时处于野蛮状态的人民开化，他和伊西斯一起发现了野生的小麦和大麦，教人民耕种谷物，以粮食为食物，放弃了过去吃人生番的习惯。他还教人采集果实，种植葡萄，酿制啤酒和葡萄酒。在他的治理下，制定了法律，供奉诸神，创造了稳定和繁荣的局面，因此受到国人的拥戴和崇敬。这就引起了他的邪恶的弟弟塞特的嫉妒，塞特和坏人勾结，设计谋杀了奥西里斯，并将他的尸体扔进尼罗河。伊西斯得知自己的丈夫和哥哥奥西里斯被害，悲痛欲绝，到处寻找他的尸首。当她化身为鹰，在她死去的丈夫的遗体上空飞翔时受孕，在沼泽地里生下了一个儿子，名叫荷鲁斯。后来几经曲折，伊西斯终于找到了丈夫的遗体，可是当她不在时遗体又被塞特发现，这个凶手竟丧心病狂地把他的兄长的尸首剁成十四块（另一种说法是四十二块）分散扔掉，以图毁尸灭迹。伊西斯用纸莎草编成小船，在沼泽地里到处寻找和收集尸块，她在妹妹纳芙蒂斯的帮助下把尸块拼拢起来，用麻布包好，为奥西里斯举行葬礼。她们的伤心恸哭感动了太阳神，从天上派豹头神阿努比斯来参与。伊西斯用双翅扇着坟墓的冷湿的泥土，她的真挚的爱竟使奥西里斯得以复活，从此就成为统治阴间的国王，主持对死人灵魂的审判（在费莱神庙里有一幅浮雕正是描绘伊西斯使奥西里斯复活的感人场面）。荷鲁斯在长大成人后，为父复仇，诛杀了他的叔父塞特，夺回了统治权，埃及又重新恢复了昔日的繁荣。

关于伊西斯和奥西里斯的神话在埃及成为一种热烈的宗教崇拜，其影响深深地渗透到社会生活的许多方面。例如，每一个法老都以这两位神的儿子荷鲁斯的名义治理国家，去世以后就成为奥西里斯，统治冥间世界，而新登基的法老则又以荷鲁斯的身份进行统治。不仅法老们在政治上企图到神话中去寻找自己的统治的合法根据，而且他们也把神话中所表现的伦理观念，如伊西斯的忠贞、奥西里斯的善良公正、荷鲁斯的为父复仇等等，奉为埃及社会所尊崇的普遍伦理准则。甚至这个神话也在普通埃及人的日常生活和习俗上留了深刻的烙印，伊西斯哀哭奥西里斯的悼词，成为一般埃及妇女哀哭死去的丈夫时的典型用词。埃及人为死者举行的葬仪也完全照抄为奥西里斯死去时所举行的仪式。在历史上，这一埃及神话对其他民族的宗教和神话也有广泛的影响，是后来衍生的一些神话传说的原型。费莱神庙作为宗教神话的物质体现对埃及社会生活所起的作用，确实是深远而多方面的。英国文化人类学家马林诺夫斯基在谈到神话时指出，神话“不是闲来无事的诗词，不是空中楼阁没有目的的倾吐，而是若干且极其重要的文化势力”，“神话给原始文化的最大帮助乃是与宗教仪式、道德影响、社会原则等协同进行的”①。对关于伊西斯和奥西里斯的神话，也要从它所起的社会文化功能去给予评价。但是，为什么这个神话会有如此巨大的影响呢？这还是因为它深深地扎根于埃及的现实生活。根据弗雷泽的看法，奥西里斯作为埃及诸神中最出名的一个神，乃是“每年自然伟大变化的化身，特别是谷物的化身”。奥西里斯是天与地的儿子，他教人食用谷物，被杀害、肢解、残躯四散地埋在土地上，又死而复生，这正表明他是谷神。伊西斯也是谷物女神，据说她是小麦和大麦的发现者，在碑刻上被称为“绿色物的创造者”②。按神话传说，尼罗河每年的泛滥是由于伊西斯恸哭丈夫的泪水所造成的。考虑到埃及的农业生产几乎完全依赖于尼罗河水的定期泛滥，伊西斯神对于很早就主要以农业为生的埃及人所具有的重要意义，就可想而知了。在埃及人的心目中，伊西斯和奥西里斯意味着保证农作物的丰收以及由此而来的旺盛的生育繁殖能力，甚至在人死后还能在冥间世界使人得以永生。所以在古埃及，许多神只是在各自的地区受到敬奉，对他们的崇拜也随着时代和政治的变迁而起伏，而伊西斯和奥西里斯则为全埃及人所膜拜，并且历久不衰，其原因恐怕就在这里。马克思说过，“任何神话都

① 马林诺夫斯基：《巫术、科学、宗教与神话》，中国民间文艺出版社，1986年，第82，83页。

② 参阅弗雷泽：《金枝》，上册，中国民间文艺出版社，1987年，第38－41章。

在想象里并借助想象以征服自然力，支配自然力；赋予自然力以形体”[①]。对关于伊西斯和奥西里斯的神话，亦当作如是观。古埃及人和其他民族一样，并不缺乏想象力这一人类的伟大天赋，他们的神话和诗歌就充分证明了这一点。

五、尼罗河沿岸的科姆·翁博、伊德富和埃斯纳

我们回到游船已近深夜，神话的魅力就像浓郁的美酒，很快把我送入睡乡。次日早晨醒来，走上甲板，才发觉游船昨夜不知何时启程，早已驶离阿斯旺，正在尼罗河上平稳地行进。我沐浴在朝阳下，眺望着两岸的景色，关于伊西斯和奥西里斯的故事还在脑海里回旋。过去也曾经从书本上得到一些有关尼罗河的知识，但是我觉得，只有亲眼目睹之后，才能真正深切地理解这条河流对埃及的特殊意义。希罗多德把埃及称为“尼罗河的恩赐”，这一说法毫不夸大。可以断言，如果没有尼罗河，那么几乎终年无雨的极其干旱的上埃及，肯定将成为不毛之地。从阿斯旺向北，尼罗河流经沙漠地带深割出来的河谷，两岸形成了一条细长的绿洲，这就是古埃及文明的发源地，也是唯一适宜于农耕和人们居住的地带。在这绿色的生命带以外，则是一片荒漠或高耸的峭壁。这种强烈的对比，充分地说明了为什么这条大河在埃及人心目中占有如此崇高的位

---

① 《〈政治经济学批判〉导言》，《马克思恩格斯论艺术》，第1卷，人民文学出版社，1982年，第195页。

置。在第十九王朝遗留下来的一首《尼罗河颂》中赞颂说：

啊！尼罗河，为你欢呼，你这条光辉灿烂的河流为整个埃及带来了生命……

你神秘而又隐蔽，[①]给果园施肥，使牲畜得以生存……

你生产出大麦和小麦，使庙堂里充满欢乐……

你装满了上、下埃及的谷仓，使穷人得以维持生计……

当你的水流静止的时候，无论贵贱人等都将为之悲哀……但当你泛滥溢出两岸的时候，大地就将为之欢欣

啊！尼罗河，祝你兴隆昌盛，使人们能依赖畜群谋生，使畜群能靠草原生存……

请满足所有人的愿望吧！祝你的流水不倦地滚滚而来……直到永远，永远……[②]

这首颂诗所表达出来的埃及人对尼罗河的眷恋和崇敬，除非亲历其境，是很难充分体会的。一个民族，一个国家，其国计民生和一条河流这样紧密地联系在一起，在世界历史上亦属罕见。一年一度的尼罗河洪水泛滥，不仅使干旱的土地得到灌溉，而且带来肥沃的淤泥，使土壤肥力永不耗竭。但洪水水位如果过高，就会淹没村庄，造成很大灾害，而水位过低，则会使播种面积减少而导致饥荒。一般说来，一个社会越是处于生产力水平低下的初级发展

① 在长时间内，古埃及人一直对尼罗河的发源地和上游的情况几乎一无所知，他们相信尼罗河水是从第一瀑布附近的地下冒出来的，所以这条大河在他们心目中带有浓厚的神秘色彩。

② 引自恰拉比：《埃及》，英文版，第5页。

阶段，其地理环境对它的影响就越大。不过像古埃及社会那样全面地受地理环境影响，确实可以作为一个突出的例子。地理环境不仅对经济生活起巨大作用，而且还直接或间接地影响埃及人的思想感情、社会习俗、政治制度、文化艺术以至审美观点和宗教观念。一句话，整个古埃及文明乃是独特的地理环境下人的劳动的产物。我想，单纯地强调地理环境决定论自然是片面的、不正确的，然而离开特定的地理环境的因素，恐怕也难以解释埃及文明的特殊性吧。古代的埃及人在活着的时候，他的欢乐和悲伤、幸福和灾难都和尼罗河息息相关，甚至在他死去之后，人们还要依照他的遗愿，在他的坟墓里放上一只船，或者在墓室的墙壁上装饰着划船的浮雕和壁画，好让死者泛舟尼罗河上，前往冥间世界。如果考虑到埃及的特殊的地理环境，那么这些现象都是容易理解的了。

我这样想着，游船已驶近旅程的第一站，那是一处孤零零的神庙遗址，名叫科姆·翁博。它位于尼罗河东岸的一个沙丘上，附近没有村镇。船停靠简易的码头后，我们就通过船上的跳板登岸，循着一条小道爬上沙丘，来到了这个神庙遗址。实际上，这里曾经是几个神庙的遗址。新王朝时期的几位法老如阿蒙荷特普一世、图特摩斯三世和拉美西斯二世等，都曾在此建庙，不过那个时期的建筑现已荡然无存了。现存的遗址是托勒密王朝时期的建筑，后来又经过罗马帝国几位皇帝饬令加工修造，因此它在基本上保持了古埃及传统建筑风格的同时，又羼入了一些希腊和罗马的因素。这个遗址其实包括两座神庙，右面的那座供奉塞贝克神，亦即鳄鱼神，左面的那座则供奉大荷鲁斯神或鹰神，两座神庙由一堵巨大的外墙围在一起，有两个门道通向尼罗河。这两座庙看来享有同等的地位，因此在这里有两套规模相仿的前庭、门廊、大厅和内殿。当然，由于岁月的悠久和人为的摧残，有些建筑物只剩下断柱残垣，但从留下的雕刻精美的柱冠和浮雕仍可窥见神庙在当时的盛况。遗址中最使人感兴趣的是与鳄鱼有关的残存物，有一个据说是供养鳄鱼的水池，当时与尼罗河相通，从水池便可测量尼罗河水位，由于尼罗河水每年的定期泛滥关系到农业收成的丰歉，所以测定水位对法老政权预测年成来说是很重要的。另有一个不大的石室则存放着不少大大小小的鳄鱼木乃伊，原来古埃及人不仅相信人的灵魂不朽，因此要保存他的躯体，制成木乃伊，以便他有朝一日得以复生，而且他们对所崇拜的神圣的动物，也给予同样的待遇。鳄鱼崇拜明显是原始民族的图腾崇拜之一，在埃及有很古老的历史，大约始于前王朝时期。在古代，科姆·翁博这个地方曾名为派·塞贝克，意为塞贝克神之家，可见该处后来虽然同时供奉塞贝克神和大荷鲁斯神，但从时间上来说，鳄鱼崇拜在当地要早于鹰的图腾崇拜(它是司战争的太阳神的一种形式)。当然，鳄鱼崇拜是一种地方性的信仰，主要盛行于底比斯一带，而在某些地区则不然，根据希罗多德的记载，有的地方的居民并不认为鳄鱼是神圣动物，甚至肆无忌惮地加以宰杀和食用。那么，鳄鱼崇拜究竟是出于什么原因呢？这个原因应留待埃及学的专家们去考证和研究。现在科姆·翁博一带的地理环境和气候条件与古代相比已发生了不小的变化，当时这里曾是鳄鱼出没和繁殖的地方，如今这一段尼罗河里却已找不到鳄鱼的踪影。不过鳄鱼崇拜的产生显然是和尼罗河密切相关的，值得注意的是，古埃及人心目中的鳄鱼，并不像现在我们通常认为的那样是一种令人可怕的凶恶的动物，而是世界的创造者和丰产之神。他们崇敬鳄鱼,不是因为它的凶猛和强壮有力,而是企望它能带来丰收。据说人们在底比斯供养的鳄鱼是非常驯服的,它们毫无凶悍之气,平时养尊处优,人们甚至给它们戴上耳环,在脚爪上戴金戒指,装饰得像贵妇人一样。人们这样厚待鳄鱼,就是为了讨好或酬谢这位丰产之神。考虑到尼罗河对当地农业的决定性作用,人们把生活在尼罗河的鳄鱼视作左右河水的神物来加以崇拜也是可以理解的。还有一个传说把鳄鱼同奥西里斯和伊西斯联系在一起,说奥西里斯被谋害并碎尸后,是鳄鱼帮助伊西斯去寻找和收集她丈夫的尸体的。前面已经指出,奥西里斯和伊西斯是以农业为生的原始民族的谷神,因此在伊西斯最后使奥西里斯得以复生的过程中曾经助一臂之力的鳄鱼,自然也是与农业生产有关的神物了。为鳄鱼而建筑的神庙,其实是为了人自己。宗教崇拜,无论崇拜的是原始的动物图腾或是更高级的抽象而普遍的神,归根到底是人的本质力量的一种异化。这样去看古埃及的宗教建筑,或许能更深地领会其真实的意义。

这个遗址中另一处令人感兴趣的是墙上的一块浮雕,上面雕刻着古埃及当时使用的各种外科手术工具,这些工具也被用来解剖尸体,制作木乃伊。我们的导游带着几分自豪向大家介绍说,古埃及的医学曾代表世界医学的最高水平,这块浮雕便是最好的证据,上面雕刻的某些外科工具从形状来看竟和几千年后的今天使用的手术工具相仿。我觉得,古埃及医学的成就确实值得骄傲,但给我以深刻印象的却是埃及艺术和现实生活的紧密联系及其所反映出来的实用目的,即使是神庙那样的宗教建筑中的艺术装饰也不例外。

离开科姆·翁博，游船向下一个目标伊德富进发。这是尼罗河西岸的一个小镇，但却有着光辉的过去，它曾经是古代上埃及第二省的首府，并且拥有一个巨大的神庙。我们登岸后搭乘马车，通过嘈杂而又尘土飞扬的街道，不一会儿就来到了有名的荷鲁斯神庙。神庙建立在高地上，俯视着村镇、田野和尼罗河，规模宏大，气势磅礴。它长137米，宽79米，尤其是庙宇大门两侧高耸的门墙竟高达36米。相等于十几层楼房的高度，而在由巨石块砌成的门墙上又布满着大大小小的神像浮雕，真是蔚为壮观。据导游介绍，这个荷鲁斯神庙也建于托勒密王朝时期，是在图特摩斯三世时所建的一个古庙的原址上另建的，但基本上保持了古埃及宗教建筑的风格，看不到有多少古希腊建筑艺术的影响。神庙主要建筑完成于公元前三世纪，一些附属建筑则陆续修建到公元前57年才全部竣工，前后延续二百余年，可见工程之浩大。它不仅以规模巨大著称，而且也是至今保存得最完好的古埃及神庙，其他的神庙如鲁克苏神庙比它更宏伟壮丽，也重要得多，可惜都已毁于历代变乱和战火，残破不堪，难以表现古埃及宗教建筑的全貌。所以在这个意义上说，伊德富的这个神庙对古埃及建筑研究者具有特殊的价值。不过从美学的观点去看，除了神庙结构的各部分之间的比例设计得极好，使这个庞大的建筑物显得十分匀称之外，它的艺术装饰、雕刻和浮雕却比较一般，因此未能在埃及艺术史上占有更重要的位置。

伊德富的神庙所奉祀的是荷鲁斯，他是通常以鹰头人身的形象出现的太阳神；也是历代法老喜欢自封的头衔，因此在埃及宗教所崇拜的众多复杂的神祇中身份很高。不过这里尊崇的荷鲁斯神，原先是作为太阳崇拜的一种形式，后来却又跟奥西里斯和伊西斯的儿子荷鲁斯混杂在一起。埃及宗教中诸神的互相融合重叠真使人感到扑朔迷离，从神庙的雕像、浮雕和艺术装饰就可以看到兼有以上两个荷鲁斯神的特征。最美的是神庙大门两侧的两尊用黑色花岗石雕成的猎鹰雕像，它们比人还高，神采奕奕，似乎是庙门的守卫。我在埃及见到不少古代的动物雕刻，这一对石鹰可以说是其中第一流的精品。一般表现鹰的艺术作品大多着重突出这种猛禽的雄威和凶残迅猛的特性，这里的雕像则不然，它们显得这样安详深沉，仿佛在思考着什么。它们给人留下的印象不是强大的力量，而是深邃的智慧，这也许是更符合于太阳神的特性吧。

进了庙门，有一个宽敞的前院，许多巨大的石柱支撑着建筑物，两个空荡荡的大厅和一些较小的厅堂还保持着原貌，这是当时供一般民众进行宗教活动的场所。内殿则更精致得多，四周石壁上密布美丽的浮雕和镌刻在上面的象形文字，特别是有一座用整块灰色花岗岩雕成的巨大的神龛，高达四米，完成于公元前360年，称得上精美绝伦。可惜的是，内殿通常是最神圣的地方，不仅一般民众严禁进入，而且低级僧侣也被拒之门外，只有高级祭司才有权进内殿向神像膜拜。我想，当年能有缘见到这个神龛的人大概为数不多。古埃及的许多艺术品都不是为了供公众欣赏的，这一点与古希腊艺术有很大的区别。

经过历史的变迁，古埃及宗教信仰虽已消失，其影响却残留至今。听导游介绍，现在仍有人在夜晚来神庙秘密地朝拜。根据传说，荷鲁斯神是每天都要重新出生的（这显然是从太阳每天升起的活动规律得到的启示），所以庙前被象征地看作婴儿出生的地方。

一些希望生育的妇女来此求子，就像中国人拜观音菩萨一样。人们总是从自身的需要出发去拜神，这又是一个证明。

我们告别伊德富神庙回到船上，时间已近傍晚，在暮色苍茫中的尼罗河上航行，别有一番滋味。游船停靠埃斯纳时已过半夜，翌日清晨，我们步行通过这个小镇的热闹的狭窄街道，来到一个大坑，坑底矗立着一座神庙，必须沿着阶梯往下走到坑里才能进庙参观。原来这座神庙在长时间内一直掩埋在沙土下，后来在上面又盖起居民的住房，经过发掘才恢复了它的原貌。也许正因为长期被埋在地下，使它免遭破坏。在众多的埃及神庙中，它不算很大，也不太著名，但它所奉祀的却是一个相当重要的神——克纳姆。根据神话传说，克纳姆是创世神，常被描绘成公羊的模样（埃及人认为公羊多子多孙，有很强的繁殖力），也正是这个神用尼罗河的泥土塑造了人。大约在公元前 1500 年左右图特摩斯三世时期，这里就建有克纳姆神庙，但现在这座建筑是后来在托勒密王朝时重建的，大概不早于公元前 180 年，而且陆续修建直到公元 250 年才由罗马统治者最后完成，在庙里的一块浮雕上就刻着罗马皇帝德修斯的名字。由于从神庙的建筑风格上可以看出希腊罗马的强烈影响，所以人们认为它是表明真正的埃及艺术没落的典型。尽管如此，它还是很有埃及特色的，气派也颇为不凡。它的大殿长 33 米，宽 18 米，24 根大石柱，每根高达 13.5 米，柱冠上都有精美的雕刻，饰以各种花的图案。这些雕刻的花实际上是王权的象征。按埃及的传统，上埃及以荷花为象征，下埃及则以纸草花为象征，两种花的结合表明法老是上、下埃及唯一的统治者，这正如埃及成为统一的帝国后，法老的王冠上同时装饰着兀鹰（代表上埃及）和蛇(代表下埃及)一样。埃斯纳原系上埃及第三省首府,这里盛行对兀鹰女神涅凯勃的崇拜,在神庙的门上也雕刻着兀鹰,据说可以驱赶一切恶鬼。古埃及人所崇拜的大大小小的神,往往直接或间接地和法老政权相联系,这是政教合一的必然现象。

六、底比斯——阿蒙神的故乡

我们匆匆地访问了埃斯纳神庙后,游船就向这次参观考察的中心——鲁克苏进发。中午时分,我们就到达了目的地。与前两天经过的那些荒僻的小村镇迥然不同,鲁克苏是载入史册的赫赫有名的大城市。不过这里以前叫底比斯,在历史上它曾经是强大的埃及王国的首都,前后历时一千年之久。当然,这个城市的发展也有一个过程。在孟斐斯时期,它还仅仅是个小村庄,原先是崇拜战神蒙托的地方,大约从第十王朝开始,它的地位越来越重要,直到最后成为新王国时期埃及的政治和宗教中心。底比斯是阿蒙神的发源地,在中王国建立前,底比斯和阿蒙神都还默默无闻。由于中王国的法老们发迹于底比斯,因此随着他们的统治的扩大,阿蒙神崇拜也扩展到全国各地,甚至其影响还远达埃及境外某些地区。阿蒙神最终与太阳神赖合而为一,上升到至高无上的地位。而底比斯的重要性也就更加突出,特别是在公元前十六世纪中叶,新王国的第一个朝代第十八王朝在这里兴起并建都于此,底比斯城的建设进入了鼎盛时期。一次又一次的军事胜利和对外征服,都被法老们认为是靠了阿蒙的神佑,为了答谢阿蒙神而不断地兴建宏伟的庙宇和其他宗教纪念物。许多法老和后妃的陵墓和地下宫殿也建筑在这里。当时埃及全国的一大部分豪富之家都在城内居住，是财富的集中地，甚至在荷马的《伊利亚特》中也提到过这个闻名遐迩的“有着一百个城门的底比斯”。但是，这一昔日的大都市的繁华景象早已烟消云散，二千多年前（确切地说是公元前672年），入侵的亚述人洗劫了底比斯城，这是它没落的开始，以后历经战乱，最后由新的征服者托勒密王朝的统治者们彻底毁灭了这座城市，到罗马人来到时，这里已成为一片废墟。底比斯的悲剧性的命运，恰恰应验了早些时候流传的一个预言：“底比斯将被化为齑粉。”罗马人在这里驻军，筑起营垒，鲁克苏这个地名即源自拉丁语castrum（营垒）的阿拉伯语译文EL Qousour。

今天的鲁克苏可以说完全是一个旅游城市。在这里有宽广的河滨大道，难得的绿色草坪和各种艳丽的花卉，以及一些为游客服务的五星级豪华旅馆、饭店和商店等等。与这些现代化建筑遥遥相对的则是几千年前古埃及文明的残骸，它虽然默默无言地沉睡在那里，可是它的每一根柱子，每一块石头，每一尊雕像，都仿佛是在诉说着以往光辉的历史，使人置身其间感到无比的激动。我们沿着河滨走向那一片废墟，首先为它的宏大的规模所惊到，那是浩瀚的石的海洋、茂密的石的丛林，要不是有导游引路，说不定会迷失在这复杂的石的迷宫中。到处都是巨大的石块，不过那些不是自然的石块，而是经过熟练的能工巧匠之手精心加工和雕琢过的各种形状的石头。它们有的虽然已经残缺不全，却仍然可以看出当初用它们构造的建筑物的壮丽雄伟。以前我也曾有机会在著名的古罗马集会广场的废墟旁漫步，当时我为这遗址上留存的断垣残壁所反映出来的罗马帝国的宏伟气派所折服，可是它如果和眼前的底比斯遗址相比，那就不啻小巫见大巫了。

古埃及首都底比斯原址现在被一条运河分割为二，运河以南的部分即鲁克索，以北的部分则称为喀尔纳克。我们的考察参观从南面开始，首先去访问的是鲁克索的阿蒙神庙，它被埃及人叫作“阿蒙的南宫”，因为在北面的喀尔纳克还有一座规模更为宏大的阿蒙神庙。在这两座神庙之间相隔约三公里，有一条石铺的宽广的甬道相通，不过这条用巨石砌成的道路曾长期被掩埋在废墟下，目前还没有完全复原，仍在继续发掘中。在已经清理出来的路段两旁，整齐地排列着面对面的两长列斯芬克斯石雕像，只是这里的斯芬克斯并非我们所熟悉的狮身人首，而是颇为别致的狮身羊首。据说这些斯芬克斯雕像原先是人首，到第二十王朝才换成公羊首。当时埃及人的信仰尚未摆脱原始宗教的影响，他们崇拜的神往往以动物的形象出现，阿蒙本是隐蔽神，但有时显现为人形羊头，这大概是崇拜公羊的生殖力的缘故罢。我觉得，这一群羊头斯芬克斯倒更接近于现实生活，然而斯芬克斯特有的人兽混合体的神秘意味却丧失无遗了。

当我们穿过斯芬克斯的行列沿着大道走向鲁克苏神庙时，远远地就看到它的高耸的门墙和在门前竖立着的直指蓝天的方尖碑和巨大的雕像。这座神庙最初为公元前十五世纪时第十八王朝的法老阿蒙霍特普三世所建，后来又经图特摩斯三世扩建，最后由拉美西斯二世完成。这门墙和门前的石雕就是拉美西斯下令构筑的。方尖碑原有两座，如今却只剩左面的那一座，另一座于 19 世纪 30 年代由穆罕默德・阿里作为“礼物”送给了法国国王路易・菲力普，由勒巴工程师把它树立在巴黎的协和广场中央。方尖碑用整块石料琢成,高达25米,上面精细地镌刻着美丽的象形文字,它孤傲地挺立在那里,仿佛是在为它被夺走的伙伴而悲哀,又仿佛是在蔑视那些践踏昔日光荣历史的不肖后代。在方尖碑后面庙门两侧,安放着两座庞大的拉美西斯坐像,底座高1米,雕像则超出15米。原先在这两尊坐像旁边还竖立着用红色花岗岩雕成的四尊巨大的人像,其中有这位法老的妻子和女儿,不过现已残缺不全。门墙则基本保持完好,它气势雄伟,宽达65米,墙上装饰着描绘拉美西斯征讨赫梯人的各种战争场面的浮雕,还同样刻着我们在阿布-辛培尔已经看到过的那首潘陶的颂诗。看来这位法老对于炫耀武功、为自己树碑立传有着一种永无餍足的欲望。他还有一个坏习惯,不仅好大喜功,而且常把前人的成果据为己有,占用过去庙里的石料,甚至篡夺别人的纪念碑,刻上他自己的名字。这种行为虽不值得称道,但他对巨大建筑的狂热的爱好确实在埃及许多地方留下了他个人不可磨灭的印记,在古埃及建筑艺术的发展中构成一个所谓"拉美西斯时代"。当时埃及帝国正处于强盛时期,不断向外扩张,称雄古代世界,统治阶级和整个社会的那种充分自信和无限骄傲的心理状态,在庞大厚重、宏壮雄伟的建筑风格中得到了体现。

进了庙门,我们先来到一个很大的庭院,这也是拉美西斯二世时期所建。庭院里有两排粗大的圆柱,系用巨石块经过打磨雕砌而成,柱冠则雕成纸草花蕾的形象,圆柱之间则树立着一些奥西里斯的雕像。在庭院的一侧还有一座由图特摩斯三世所建造的小庙,它是供奉阿蒙、穆特和月神柯恩索的场所,据宗教传说,这后面两位神是阿蒙神的妻子和儿子。从外观来看,图特摩斯庙保存得尚称完好，不过它规模不大，在建筑艺术上也并无多大特色。更引人注目的倒是一条二十余米长的柱廊，沿着柱廊可通向阿蒙霍特普三世庙的庭院，那里有更多的一排排石柱。这些石柱造型较为复杂，挺拔秀丽，耐人寻味，它们虽然比不上后来古希腊建筑的石柱那样给人以美感，却可以明显地看出它们对后者的影响。据导游介绍，整个庭院的设计也是很巧妙的，原先有一部分是露天的，另一部分则有顶盖，顶盖外高内低，逐渐向里倾斜，与寺庙相连。每当举行盛大的宗教活动时，一般民众只准集结在露天的庭院内，只有高级僧侣和社会上层人士才能进入庙堂，但庙里举行宗教仪式的音乐和歌声却能无阻碍地像通过扩音机那样传送到外面等候着的民众耳朵里。整个建筑就像一个由里向外张开的传声筒，古埃及的建筑师在三千多年前已经懂得怎样使建筑符合于声学原理，这不能不令人钦佩。当然，如今顶盖都已不复存在，庭院中的石柱和神庙本身亦已残破，在断垣颓壁之间偶尔可见一些杂草野花仍在顽强地生长，除此以外已没有其他生命的迹象。然而从庙内石碑上的文字记载却可以想象当时这座庙宇富丽堂皇的盛况，在那里有这样一些话为阿蒙霍特普三世建庙歌功颂德："看哪，法老陛下对建造这样一座伟大的庙宇很满意，从古到今还没有出现过这样的奇迹。他把这座庙宇作为他的父王阿蒙神——底比斯之王——的纪念碑。"接着它描述了建庙用料的讲究和奢华，说这座雄伟的庙宇是用上好的白沙岩建筑的永久性堡垒。到处有黄金闪耀，地板用白银装饰，正门和庙前竖立的旗杆都用金银熔合铸成，无数王族的石像都用昂贵的石料雕就，足以与天地同寿，而庙内的"法老宝座"则用黄金和宝石打造。经过历史上多次劫掠，这些宝物早已荡然无存，现在很难考核石碑上的记载有无夸大之处，但从开罗博物馆和西方国家一些著名博物馆保存的一些古埃及稀世珍宝来推测，这段记载还是有一定可靠性的。只是当年的统治者耗费了这许多国家财富建成的企图“与世长存”的纪念碑，如今却成为供后人凭吊的废墟，这恐怕是这些东方专制君王所没有想到的吧！

我们离开鲁克苏神庙后接着去喀尔纳克，那里的庙宇比鲁克苏更为古老，规模也更大。据说这是世界上现存的最大的宗教建筑群遗址，整个地区分为三大片，互相用墙隔开。中间的一片占地最广，面积达30公顷，一些最重要的建筑包括阿蒙神庙都集中在这里，相对地说保存得也较好。北面的一片呈长方形，是供奉战神蒙托的庙宇，面积最小，只有约2.5公顷。南面的一片约9公顷，主要有供奉阿蒙神之妻穆特女神的庙宇，还有一个碧波如镜的美丽的圣池。据狄奥多罗斯的说法，在底比斯的所有庙宇中，以这里的阿蒙神庙最为古老。实际上，这座神庙不断改建和扩建，前后历时近两千年之久。最初从中王国第十二王朝（约公元前2000年）开始时，它只是一座小庙，它供奉的阿蒙也只是一个地方性的不著名的小神。后来经过历代法老苏特谟斯一世、哈兹希普苏特女王、苏特谟斯三世的扩建，形成了一个庞大的建筑群，特别是到了第十九王朝，塞蒂一世及其继承者拉美西斯二世，又增建了一座举世无双的多柱式大堂，使阿蒙神庙成为埃及以至全世界最宏伟的宗教建筑，带领我们参观的那位埃及导游多少有点自豪地指出，就其体积来说，可以毫不费力地把以巨大著称的巴黎圣母院装进这个神庙的大堂里。来这里参观的人的首要目标也就是这个著名的多柱式大堂，它确实大得惊人，大得超出人们一般的想象。当我踏进大堂的时候，产生的第一个感觉就仿佛是迷失在原始森林里，周围粗大的圆石柱犹如参天巨木把人压抑得几乎喘不过气来，下午的阳光透过早已坍塌的屋顶照射下来，组成一幅光与影的奇异的图景。大堂长达102米，宽53米，其中排列着134根圆柱，每根柱高23米，柱冠形如盛开的纸草花，圆周长度为15米，足可供50人站立其上，可见整个建筑工程之浩大。从美学的观点来看，这个建筑以其结构的严谨和规模的无比宏大，显得十分庄严和崇高，充分表现出阿蒙神的伟大和建庙的法老的权势，使人在这些巨大的石柱之间自惭形秽，觉得自身的渺小，而拜倒在神及其人间代理人的脚下，这恐怕正是神庙建筑者所希望产生的心理效果。就此而论，应该说阿蒙神庙在同类建筑中是无与伦比的。它在内部装饰艺术上也颇有特色，在每一根圆柱、每一条横梁上都布满精美的浮雕和象形文字，描述法老崇敬阿蒙神的情景。这样巨大规模的石刻艺术并不多见，该要花费多少劳动，简直是很难想象的。不过我觉得，从建筑艺术的角度来看，阿蒙神庙作为一个整体并不是一个成功的范例。这首先是由于它是历经好几个王朝的许多法老陆续修建的，为了欢庆战争的胜利，对阿蒙神表示感恩之情，几乎每一个法老都要在这里增添一点什么东西，或者是修建一座新庙，或者是增加一座塔门，或者是竖立一座方尖碑，或者是建筑一道柱廊，以及如此等等。因此整个神庙建筑群缺乏统一的总体设计，它虽然无比庞大，占地极广，约18万平方米，但它的各个组成部分之间却看不到有机的联系，似乎是偶然的凑合。作为一个建筑的整体，它是缺乏生命力的，除了它的巨大规模令人惊叹之外，很难给人留下更深刻的总体印象。其次，我想是由于古埃及人的审美观念的相对不够发达。阿蒙神庙充分证明,当时埃及的建筑技术已经达到很高的水平,否则根本不可能建造如此宏大雄伟的庙堂,可是他们主要地更多是从实用的观点,而不是从审美的观点去从事建筑的。在他们看来,神庙是神居住的处所,和法老的宫殿并无不同,只是按宫殿的格式放大,用石料来代替泥砖以求永恒而已。除了少数例外,埃及的统治阶层的审美趣味并不高,他们建神庙热衷于表现法老的威严和对神的虔敬,而较少地考虑建筑物本身的美。如果把阿蒙神庙和古希腊建筑,例如帕特农神庙相比较,前者的规模比后者大得多,从建筑技术上讲也绝不亚于后者(西方艺术史学者也都承认,希腊人曾向埃及学习建筑和雕刻的技巧),可是就缺少后者的那种高度的优美、和谐、明亮和典雅。就拿那个著名的多柱式大堂来说吧,这许多巍然高耸的粗大石柱密集地排列在一个有限的空间里,人们从远处无法看清它的全貌,进入里面则更加被束缚在柱与柱之间的狭隘的范围内,尽管大堂的每个局部显得如此宏伟卓越,置身其中却只能感到压抑,仿佛是被禁锢在阴森森的牢笼里。一句话,帕特农神庙表现的是自由的美,阿蒙神庙所表现的则是令人恐惧的崇高。当然,不应该忘记二者之间相隔千年。从这一比较也可以看到,人类审美意识的发展中所取得的这样的进展曾经在历史上花费了多长的时间。

离开多柱式大堂,重新走到灿烂的阳光下,精神为之一振。在大堂的西边,有一片更为古老的废墟。引人注目的是图特摩斯一世建立的一些纪念碑,如今残存的只有一座方尖碑,它高达 23 米,重达 143 吨。另一座更高大的石尖碑高 30 米,重 323 吨,则是他的女儿哈兹希普苏特所建,据历史记载,这位著名的女王为阿蒙神庙作贡献是毫不吝啬的，她挥金如土，提供“大量的黄金，把整袋黄金当作普通谷物那样”。那座方尖碑确实非常壮观，它矗立在周围的一片废墟中间，更显得卓尔不群。再往前走，是中王国时期所建古庙遗址，大概是阿蒙神庙最初的发源地，不过因为年代久远，现已残破不堪，没有留下多少像样的建筑物了。倒是附近的一座由图特摩斯三世所建的宴会大厅还可供浏览，它也是一座多柱式的建筑，四周是32根巨大的矩形石柱，中间是两排圆柱，每排10根，上面都有精美的装饰。这个大厅后来曾被基督教僧侣改为教堂，因此还能看到约公元六世纪时留下的一些绘画的痕迹。想当年这位叱咤风云的法老在这里举行盛宴的景况一定是场面浩大的，每当他对外征伐取得胜利，都要犒赏三军，并将战利品奉献给阿蒙神。僧侣阶层、特别是那些高级祭司从战争中取得极大的好处，他们对财富贪得无厌，往往成为对外扩张和战争的狂热拥护者。在中王国时期以后，神庙不仅成为宗教活动的中心，而且形成一股重要的政治势力和经济势力。阿蒙神庙在第十九王朝时达到极盛，当时在该庙工作的全部人员，包括僧侣、守卫以及为神庙服役的工匠、农夫在内，为数竟达81322人之多，堪称“国中之国”。到了新王国末年，神庙的田产经过祭司们长期聚敛财富和法老的赏赐已扩大到惊人的规模，据某些埃及学者的估计，当时埃及全部土地的百分之三十均属阿蒙神庙所有，阿蒙大祭司已成为仅次于法老的特大地主。埃及宗教建筑及其附属艺术的繁荣，是离不开这一特定的社会经济基础的。在埃及史上展开重要一页的阿肯纳顿宗教改革，其原因之一就是阿蒙神庙僧侣集团的势力过分膨胀，直接威胁到法老的绝对统治地位。这次改革的影响不限于政治和宗教信仰的领域，同时也促进了千百年来传统的审美观念和艺术创作原则的变革。但是，这样一场具有重要历史意义的改革只是昙花一现，在阿肯纳顿去世后就不幸夭折了，阿蒙神庙僧侣集团又恢复了权势，保守主义势力的复辟同时也把埃及艺术发展中本来很有希望的新生的萌芽扼杀了。

我们在暮色苍茫中离开了阿蒙神庙，回到船上进晚餐后略事休息，又出发去喀尔纳克参观声光表演。在朦胧的月光下夜游阿蒙神庙，别有一番滋味。穿行在这规模宏大的废墟中，我感受到一种前所未有的奇特的心理经验，白天在阳光照射下看得一清二楚的东西，如今都披上了一层神秘的面纱，巨大的雕像、石柱由于它们所造成的颀长的阴影而显得更加庞大了，残缺的石块变得狰狞可怖，像是远古时期的怪兽。最后我们来到那著名的圣池，这是一个长约 120 米的人工湖，据古希腊历史学家希罗多德的记载，神庙的祭司们当时是在圣池旁举行夜间宗教仪式的。现在供旅游者观赏的已不是宗教仪式，而是现代化的声光表演。在一个多小时内，按程序控制的各种灯光和事先录制好的解说词和音乐，绘影绘声地叙述了底比斯城和阿蒙神庙兴衰的历史，昔日的荣耀仿佛又恢复了生气。但最后一曲终了，呈现在我们眼前的却是反映在圣池湖面上的一片废墟的倒影，使人不胜感慨，深感历史就是这样残酷无情。

当我们怀着惆怅的心情回到游船停泊的码头时，途经附近的一座不大的现代化建筑，虽然时间已经相当晚了，里面却仍灯火辉煌。出于好奇，我和几个同伴走进院子，才发现它原来就是当地小有名气的鲁克苏博物馆。就其规模来说，这个博物馆当然无法跟开罗的埃及博物馆相比，它的展品虽然不多，可是质量都是属于第一流的。开罗美国大学的埃及学专家和考古学者对创建该馆曾经出过不少力，据说它是埃及管理得最好、布置得最美的博物馆之一。我们抓紧时间，在闭馆前匆匆地作了半小时的参观，结果证明确实不虚此行。

进了博物馆的门厅，首先映入眼帘的是一个玻璃的柜橱，其中陈列着一个极其精美的包着金箔的木雕牛头。虽然这是从法老图坦哈蒙墓中发掘出来的三千多年前的艺术作品，它却依然闪耀着金光，看来就像崭新的一样。我知道，按埃及神话，这牛头应该是哈托尔女神化身的象征，但从这个木雕上却看不到神化的痕迹，而称得上是现实主义的杰作。它极其忠于自然，显得栩栩如生，一对长而弯曲的尖角，一双温驯的大眼睛，把这种动物的特征表现得很充分，它并不单纯是模仿，而是用写实的手法表达了动物的神态。这说明古埃及的艺术家们早就掌握了熟练的雕刻技巧。

博物馆里有不少价值连城的珍宝，但最令人感兴趣的是与阿肯纳顿法老有关的陈列品。有一面经过复原而仍有残缺的墙，它由 283 块画砖组成，长达 18 米，原先是阿肯纳顿在底比斯建造的一座庙里的装饰，后来遭到破坏，一度充作阿蒙神庙的门墙的填充料。这幅砖墙画包括成百个当时埃及社会生活的场景，从田野上的耕作、手工匠人的劳动直到阿肯纳顿和他的王后著名美人尼费尔提提向太阳礼拜的场面，多方面地展示了这位法老统治下的埃及社会的众生相。尤其值得注意的是阿肯纳顿的改革时期的一些雕刻作品，包括这位法老本身的雕像，它们一反埃及艺术的传统，打破陈规，大胆地使用新的创作方法，其特点就是高度的真实。且看陈列在那里的石雕阿肯纳顿头像，清瘦狭长的脸，颧骨突出而显得有点丑，忧郁的眼神似乎透露出内心的苦闷和烦恼。看到这样的雕像，人们会容易地得出结论说，这是一个人，是一个具有自己独特的个性和丰富的内心生活的人。这和我们常见的传统的埃及法老雕像大相径庭，形成强烈的对照。埃及人把法老看作人间的神祇为了表现统治者的这种身份和气质，往往在艺术创作中加以理想化或神化。因此，传统的埃及雕刻艺术的基本法则也是为此目的服务的，它着重表现人物的庄重、神圣、威严、凌驾于一切之上的尊贵身份，首先突出法老所应有的永恒的形象，而往往忽略他们的不同的个性和内心活动。在这些君主们的雕像里普遍性压倒了个别性，难免给人以外貌的程式化、类型化和大同小异、千篇一律的感觉，而那些生动而有活力、富有个性的作品倒是小人物（如村长、文书甚至奴仆）的雕像。阿肯纳顿带头破除传统的束缚，提倡在艺术创作中面向自然和社会现实，对文学艺术中的革新运动起了很大的促进作用，形成了当时的所谓“阿马尔纳风格”（以阿肯纳顿建立的新都泰尔-埃尔-阿马尔纳而得名）。据现存的铭刻的记载，阿肯纳顿的首席雕刻师巴克的技艺就是由法老本人传授的。当然，这种革新不限于雕刻，也同样涉及绘画、诗歌和其他手工艺，可惜的是，埃及艺术发展中的这一黄金时代实在太短暂了，不过它还是在历史上留下了不可磨灭的印记。[①] 阿肯纳顿是埃及历史上

---

① 弗洛伊德在《摩西与一神教》一书中提出了一个很有趣的大胆设想，认为犹太民族的导师和先知摩西原来是一个埃及人，而且是阿肯纳顿的宗教改革的追随者，在改革失败后，是他带领犹太人离开埃及，并变相地保存了阿肯纳顿提倡的一神教。如果这一见解能够成立，那么可以说阿肯纳顿的改革后来以另一种形式在犹太文化中开花结果了。

的悲剧人物，他所发动的轰轰烈烈的改革终于失败了，但如果我们不以成败论英雄，那就不得不钦佩这个体格有点畸形的瘦弱的人却有如此强大的精神力量，竟有勇气毁灭历来对旧神的信仰而去树立一个新神。他死后被人咒骂为“天下的罪人”，这正是改革家的普遍的命运。

七、阿比道斯和丹德拉

游船在鲁克苏停泊一晚，翌日凌晨又起锚航行。我们要去参观的是阿比道斯和丹德拉。

阿比道斯位于尼罗河西岸，离河还有十余公里，需乘车前往。由于交通不太方便，游客较少，但很值得一去，因为这里是埃及历史的发源地之一。阿比道斯是希腊人取的名字，原先这个古老的城市叫作底尼斯(当然现在已经荡然无存)，它是人类在尼罗河谷最早建立的居民点，也是最初的几个王朝的诞生地。在孟斐斯建成以前，来自上埃及的统一的埃及王国的法老们死后都埋葬于此。它还是古埃及的一个宗教圣地，当时盛行的奥西里斯崇拜就是从这里向各地传播开的。根据传说，奥西里斯被他的弟弟塞特谋杀后被剁成碎块分散扔在各地，伊西斯神把她丈夫的遗体收集起来后就放在阿比道斯，尤其是遗体的最重要的部分头颅即保存在该地的奥西里斯圣坛里。所以过去阿比道斯曾是朝拜的中心，每个埃及人一生中至少要设法到那里去朝拜一次。如今那些古埃及早期建筑均已不见踪影，唯一保存完好的是第十九王朝的法老塞蒂一世所建的一座神庙。这座庙供奉奥西里斯神，是为了纪念塞蒂一世去阿比道斯朝拜而建，但在他生前并未完成，后来又由他的儿子拉美西斯二世续建。庙里的壁画和浮雕十分精美，某些埃及学家认为它是现存的埃及神庙中最好的一个，因为建造它的时候正值法老时代艺术的高峰期。

塞蒂一世庙是在更早的一个古建筑的原址上修建的，它很好地表现了新王国时期埃及建筑艺术的典型风格：凝重、庄严、装饰华美。人殿正面十四根用石块砌成的巨大的方柱和后面的墙壁，构成了一条长长的外廊，石柱和墙壁上都布满浮雕，仿佛是雕刻艺术的展览橱窗。走进庙门，除了主殿以外，还有若干旁室，四周墙上都绘有巨幅的壁画，这些壁画配合着一些着色浮雕和象形文字，真是蔚为大观。壁画基本上用黄、蓝、绿、棕几种颜色绘成，色彩还相当鲜艳，它们历经三千多年而能够保存下来，自然是有赖于当地干燥的气候条件。今天来这里的参观者，主要也是为了欣赏那些辉煌的壁画。壁画的内容则几乎无例外地描绘诸神的生活以及法老和神祇的亲密关系，例如有一幅画描绘的是法老向伊西斯女神敬献供物的情景，以表现法老对神的虔诚，而另一幅画则描绘坐在王位上的荷鲁斯神授予法老以王节（权力的象征）的场面，无非是说明君权神授，因而法老的统治权神圣不可侵犯。实际上，通过这些描绘，法老本人也被神化了，变成了诸神中间的一员。在神庙里除了祭祀各位神祇的专室之外也为法老设立了一间祭室，就证明了建庙者的这一真实意图。当然，由于阿比道斯是奥西里斯崇拜的中心，壁画和浮雕中有许多是反映有关奥西里斯和伊西斯的神话故事的，在我们今天看来，这些表现真挚爱情的作品无疑要比那些神化统治者的政治宣传有艺术价值得多。

离开阿比道斯，我们继续乘车前往丹德拉。原先这里的地名是登底里斯，后来希腊人把它叫作丹德拉。这个城市在当时被视为圣地，是由于这里有三座神庙，分别祭祀伊希神、荷鲁斯神和哈托尔神。如今前两座神庙已不复存在，只有哈托尔神庙保存得比较完好，它建于托勒密王朝时期，但实际上它是在过去很古老的一座庙宇（可能早至齐阿普斯和配比一世时期）的基础上重建的，而且它的建筑时间延续很久，直到罗马人统治时期才全部完工。因此，在建筑艺术上，哈托尔神庙是埃及传统的古典建筑风格和晚起的希腊罗马建筑风格的混合物，某些埃及艺术的研究者认为它正是标志着埃及艺术传统的没落的代表作，它表明希腊罗马的外来影响越来越大了。

丹德拉神庙外面有高高的围墙，导游先带领我们绕墙一周，观赏墙上的大大小小的各种浮雕。这仍是古埃及传统的格式，雕的是诸神和法老们的形象，特别令人感兴趣的是靠近一处墙角的克丽奥佩特拉七世和她的儿子恺撒里昂的大型浮雕。这位在历史上以美貌著名的倾国倾城的女王曾经以她特有的魅力先后征服了罗马的两位统治者，她和恺撒所生的儿子恺撒里昂险些成为庞大的罗马帝国的继承人，可是由于历史的捉弄，不仅建立霸权的梦想化为泡影，而且延续近三百年的托勒密王朝反而断送在这位野心勃勃的女王手里，埃及从此丧失了独立，沦为罗马帝国的一个行省。克丽奥佩特拉把她自己和儿子的形象雕刻在神庙墙上，当然是希冀神佑，并企图证明她和未来继承人的统治的合法性，如今却只能供后人凭吊了。

神庙里最为壮观的是一座用花岗石筑成的多柱式大厅，它向前面的广场敞开着，远看相当宏伟。这座大厅宽 25 米，长 42.5 米，高 18 米，有着 24 根巨大的石柱，每根石柱都有立方形的柱冠，上面雕刻着哈托尔女神的脸面。这位埃及神话里头上长牛角的爱情女神，专司快乐、舞蹈和音乐，刻在柱冠上的形象却不带双角，圆圆的面孔看起来乐呵呵的，确实像个快乐女神。据说古时候在丹德拉每年尼罗河水泛滥季节第一个月的第十二天，都举行规模盛大的民众性的“醉酒”节欢庆活动，它和古代一些东方民族中盛行的酒神崇拜是否有什么关系，就不得而知了。但是，音乐、舞蹈往往和醉酒联系在一起，这倒是耐人寻味的，也许可以为探溯艺术的起源提供另一条线索吧。

神庙内部还有一个小小的圣殿，它是整个神庙中最隐蔽、最神圣的场所，供奉的是苍天女神奴特。殿内并无什么陈设，容纳不了多少人，通过七级石阶进入殿内，可以看到墙上和天花板上的精美的装饰，描绘这位苍天女神从原始的混沌中创造宇宙秩序的情景。奴特细长的身体弯成拱形，形成覆盖大地的苍穹，她每天在日落时吞食太阳，太阳在她身中运行半周，次日清晨又被她重新生出。这样地解释日出和日落的现象，的确表现出原始民族的丰富的想象力。当然，神话和以此为基础的宗教崇拜归根到底只不过是一种虚幻的想象或幻想，可是当这些人类童年时代的虚幻想象转化成为艺术形象而呈现在我们面前时，却往往以它们的稚气、简朴和率真而显示出一种特有的美，就像某些儿童的创作给予我们的艺术享受一样。

八、死者之城

经过一天的奔波，我们在晚上又回到了鲁克苏，准备次日对尼罗河西岸的一些文化遗址作最后的巡礼，以结束这次内容丰富的考察旅行。

按照古埃及的习俗和关于冥间世界的观念，人死后应该埋葬在西方。这想必是和日落的现象有关，人们相信在日落后太阳每夜通过冥间世界的旅程是从西方开始的。在古城底比斯，人间世界和冥间世界之间的界线是泾渭分明的，繁华的都市集中在尼罗河东岸，西岸的广大地区则是"死者之城"，在那里分布着各种坟墓，上至帝后贵族官吏，下至商贾平民百姓，都埋葬在不同的区域。在古代，西岸也有少数居民，但他们全都从事于殡葬业，如办理丧事的祭司、制作木乃伊的技师和掘墓的工匠等等。由于埃及人对冥世生活的重视，他们花费很多的人力、物力去经营死后的居所，给后世留下了宏伟的灵庙、工程浩大的地下宫殿以及安置在墓穴里的许多精美的艺术作品和工艺品，为高度发达的古埃及文明提供了令人信服的实物证据。

我们一早就乘车出发，去探索那"死者之城"。车行不久，就进入了干燥的荒漠地带，一路上人烟稀少，到处都是黄色的沙石，几乎见不到绿色的生命。途中稍作停留，去参观那著名的"美姆农巨像"。只见在一片荒凉的旷野上端坐着两尊巨大的石像，它们高达20米，仅脚部就长2米，用整块石英岩雕刻而成，原本是第十八王朝阿蒙奥菲斯三世的灵庙前的雕像，表现的是端坐在王座上的这位法老。如今灵庙早已毁坏，不见踪影，剩下的只有这两尊巨像，它们都已遭到严重损坏，南面的那尊稍好，但也满布裂缝，面目已模糊难辨，只是双手放在膝盖上挺坐的姿势仍充分表现出君主的威严。据说是公元前27年的一次强烈的地震使石像受到破坏，但这很难得到证实，因为那里并不位于地震带。不过石像的破损却产生了一个意想不到的效果，就是每天清晨当太阳刚刚升起时石像就会发出一种模糊而持续不断的声音，叫人听起来就像是在唱一首悲哀的歌。到过那里的古希腊诗人很快就运用他们丰富的想象力移花接木编造了一则哀婉动人的传说，后来又被一些著名的历史学家如斯特拉波、塔西陀、菲洛斯特拉特等人引用过。实际上，美姆农的名字也是希腊人取的，这是神话传说中的英雄，是黎明女神和特洛伊王子提桑的儿子。他奉父命前去救援被希腊军围困的特洛伊城，立下辉煌战功，杀死了涅斯托的儿子安提洛刻，但他自己又死于前来复仇的希腊勇将阿喀琉斯之手。他的母亲黎明女神悲痛欲绝，恳求主神朱庇特使她的儿子每天复苏一次。朱庇特答应了这一请求，因此每天早晨当黎明女神以她的阳光抚摸她的爱子时，美姆农石像就发出长长的哀伤的哭声来回答他的母亲。当然，谁都明白，阿蒙奥菲斯灵庙前的法老雕像和希腊史诗中传说的英雄是风马牛不相及的，可是美丽的神话确实赋予这对残破的古老雕像以一种特殊的神秘色彩。我们虽然因为去晚了没有听到石像的歌唱，但在耳边似乎也回荡着那哀切的声音。至于为什么美姆农巨像会发出声音，现代科学家已经作出了解释。由于当地的沙漠气候条件，日夜温差很大，石像的裂损面经夜间的寒冷骤然受到灼热的阳光照射而产生的振动，就会发出这种奇特的声音。

只是经过科学的解释，这对巨大的雕像在人们心目中的审美价值也就大为减色了。美不能到科学中去寻求，这又是一个证明[①]。

告别了美姆农巨像，我们的车驶向帝王谷，那是埋葬着许多法老的地方。所谓帝王谷，其实只是一条荒僻的山沟，从外观上看，那里仿佛是被人遗忘的角落，不仅没有一般陵墓所有的郁郁葱葱的林木，而且可以说是寸草不长，有的只是裸露的山岩和乱石。除了为旅游者服务的个别现代建筑外，在地面上也看不到有任何古代建筑物的遗迹，所有的墓穴都深深地隐藏在地下，迄今为止已发现的法老墓共达六十四座之多，而构筑地下墓宫的始作俑者则是图特摩斯一世。这位法老打破了过去一千七百年的传统，不再为自己修建金字塔式的坟墓，而把坟墓建在远离灵庙的一个秘密的场所。他这样做显然是有鉴于历代王朝的陵墓在战乱中屡遭劫掠的教训，想使自己在身后受到更好的保护。于是他的一位建筑师伊奈尼就选择了一个偏僻的山谷，为法老建造地下墓宫，办法是先在地面上往下打一口竖井，然后在地下向前掘进，在岩石中开凿出通道和墓室，以后的法老们差不多都沿用这种办法来修墓。可是，事与愿违，这并不能使他们的坟墓免遭偷盗之灾，尽管采取了保密和严密守卫的措施，帝王谷的那些法老墓除了个别例外都曾不止一次地被盗，随葬的珍宝和文物基本上已被劫掠一空，许多珍品现在陈列在开罗的埃及博物馆和世界各地的著名博物馆里，这里供人欣赏的只有无法盗走的墓室的艺术装饰。据说，早自公元前十三世纪起，帝王谷附近的古尔纳村的几乎全部村民即以盗墓和贩

---

①　尽管有的同志主张有所谓“科学美”那样的东西，我却始终对此表示怀疑。

卖文物为生，而且父子相传形成了世袭的职业。这也许是目前所知的有关盗墓业的起源的最早的材料。帝王谷的存在竟造就了一个新的行业，这大概是这些权倾一时的统治者所始料不及的吧。[①]

在帝王谷，人们首先要去参观的是图坦哈蒙的陵墓，这倒不是因为这位法老在历史上有什么名望，也不是因为他的陵墓在建筑艺术上有什么特殊的价值。事实上，图坦哈蒙是个相当平庸的人物，他是著名的宗教改革家阿肯纳顿法老和尼费尔提提王后的小女婿。本来阿肯纳顿已决定传位于大女婿斯曼赫卡列，可是他们两人差不多同时去世，因此由年仅九岁（一说十岁）的图坦哈蒙继位，他在位九年就死去了，在此期间他所做的唯一载入历史的事情就是废止宗教改革，把首都迁回底比斯，重新恢复对阿蒙神的崇拜（有的研究者认为，连这件事情也是在尼费尔提提指使下干的）。与某些法老的陵墓相比，图坦哈蒙墓的规模较小，装饰也较简朴，[②]它之所以蜚声世界，是因为它是近代新发现的几乎原封未动的一个法老陵墓，其中共有陪葬的珍宝和文物二千余件之多，因此

① 有趣的是，一大批法老的木乃伊在近代的发现应归功于盗墓人。在古时候，有一个盗墓世家把偷盗来的36个法老的木乃伊存放在一个人们不知道的偏僻的洞坑里，并世代相传，严守秘密。直到1881年，经过长时间的盘问，该家族的一个成员终于吐露真情，并带领开罗博物馆副馆长前往这个秘密地点，这个学者吃惊地发现许多威震古代世界的法老的遗体杂乱地堆放在一起，其中有著名的阿摩西斯一世、阿蒙奥菲斯一世、图特摩斯三世和拉美西斯大帝等等。一周后，由二百人护送，把这些木乃伊运下山，装船运往开罗，周围地区的居民闻讯后自动集合在尼罗河两岸为过去的法老们送行，男人向空中鸣枪致敬，妇女们则按传统习惯高声恸哭并在脸上抹灰表示哀悼。在运输途中，一位埃及税吏决定对这些木乃伊按进口干鱼课税，使法老们在几千年后蒙受了最后一次人身侮辱。

② 研究者有根据认为，由于图坦哈蒙出人意料之外地早逝，没有事先准备好他的陵墓，因此临时把他埋葬在别人未使用的墓穴里，连有些葬具也是借用别人的。

被誉为近代考古史上最重要的发现之一。现在，墓中发现的那些无价之宝绝大部分收藏在开罗的埃及博物馆内，辟专室展览，但图坦哈蒙本人的木乃伊和陪葬的若干精品仍保存在陵墓里，成为参观的热点。

图坦哈蒙陵墓的发现过程本身就是一个生动的故事。过去许多考古学家都曾在帝王谷进行过发掘工作，其中最著名的有贝尔佐尼、戴维斯等人，经过长期勘探，他们大多认为那里已没有未发现的陵墓了。只有英国考古学家卡特根据以前别人在那里找到的带有图坦哈蒙名字的零星物件，坚信还有图坦哈蒙墓未被发现。他以极大的毅力到处挖掘，花费了整整六年，终于在 1922 年 11 月 4 日找到陵墓的入口，而据他自己说，以前有两次他曾挖到离入口处第一石阶只有两码远的地方都未能完成这一发现。当他找到了入口，打开墓室，看到这许多珍贵的随葬物品，“到处都有金子的闪光”，简直惊呆了。这一重大考古发现轰动了全世界，而卡特则以严谨的科学精神又用了八年时间对这些文物一一加以清理、修复、编目，最后把它们搬移到博物馆。有一件奇怪的事更为陵墓的发现增添了神秘色彩，就是除了卡特本人外参加发掘工作的其他大多数人都先后突然暴死，因此人们就流传说这是死去的法老进行的报复，由于他的永恒的安眠受到了侵扰。

我们聆听了这个故事后，在导游的引导下参观了图坦哈蒙的陵墓。到了现场，才明白为什么这座陵墓能在漫长的时间内侥幸地免于被盗墓者劫掠，原来在它上方不远有一座拉美西斯六世墓，建墓时开凿出来的大量碎石正好对下面的图坦哈蒙墓起了掩护的作用。我们进了陵墓入口，沿着在石灰岩上开凿出来的十六级阶

图坦哈蒙像

梯拾级而下，然后通过一条短短的甬道，进第二道墓门就来到陵墓的前室。前室不大，约三十平方米，连接着一个仅十来平方米的附室，这两间墓室主要用于存放法老的各种生活用品，从宝座、战车、武器直到装饰品、化妆品和玩具，几乎无不具备，以供这位死去的君主一旦醒来可以使用。不过现在这里已空无所有，这些文物都已运走。前室北面还有第三道墓门，通向安放棺椁的灵堂，灵堂也只有二十多平方米，高约二米七，图坦哈蒙安卧在巨大灵柩里供人瞻仰。他虽然只是一个普普通通的法老，但他的葬具之奢华精美却达到了令人吃惊的程度。在刚发现的时候，法老的木乃伊被密封在重重棺椁中，最外面的是四层木椁，椁上镶有金箔，四角刻着象形文字，周围内外都雕刻着描述冥间世界的各种景象。中间是一具用红色石英岩制成的石椁，四角都雕刻着一位展开双翼的女神，石椁的两头则刻着密密麻麻的象形文字，行家认为这样的设计是典型的"阿马尔纳风格"，在艺术上达到了相当高的水平。但是，最令人叹为观止的是石椁里面的三重棺椁，这些棺椁是按木乃伊的形状制成，就像是法老的雕像，它们一个套着一个，层层镶嵌成一体。外层是镀金的木棺，中层也是包有金箔的木棺，镶嵌着一些浅蓝、深蓝和红色的琉璃装饰。最里层则是直接装着木乃伊的黄金棺，重达二百余磅，堪称历史上留传下来的金器中的最伟大的杰作。金棺制成奥西里斯神的模样，双手交叉置于胸前，手执权杖，在前额王冠上则有兀鹰和眼镜蛇的形象，其制作之精美使人难以相信它竟是三千多年前的作品。木乃伊的头部还套着一个黄金面具，这个面具是根据图坦哈蒙的容貌制作的，戴着法老们传统的假须，显得神采奕奕，确是不可多得的佳作。这些棺椁现在大多陈列在开罗博物馆内，只有石椁和一具镀金的木棺还伴随着图坦哈蒙留存在地下陵墓里，作为王家的豪华葬礼的物证。据说，几十年前当考古学家卡特初次进入灵堂时，最使他深受感动的倒还不是这些价值连城的文物，而是这位死去的年轻法老的王后献的一个早已干枯的小小的花圈。法老虽然被尊为神，他毕竟仍然是人，他同样要过人的家庭生活，需要人的感情。陵墓里发现的一个宝座，椅背上装饰着一幅描绘法老夫妻生活的十分生动的画像，法老很随便地坐着，王后站在他面前，一手持瓶，一手轻轻地抚摸着丈夫的左肩，这对年轻的夫妇无拘无束地沐浴在阿顿神照射的阳光下，显得这样自在、幸福。我想，那个枯萎的花圈也许比这些用成百斤黄金制成的棺椁更能表达真正的感情吧。

灵堂里还有一道门通向一个十余平方米的内室，这是贮藏死去的法老的内脏的地方。按照古埃及制作木乃伊的办法,人体的内部器官除了心脏留在木乃伊体内以外,其他器官都要取出。贮藏室里有一座镀金的木制神龛,周围由四位美丽的女神雕像守护着。法老的肝、肺、胃、肠分别存放在小型的黄金容器里,不过这些东西都已移至开罗博物馆,现在使大家感兴趣的当然不是那些肠胃内脏,而是那几尊金色的守护女神像,只有她们才依然具有永恒的艺术魅力。

离开图坦哈蒙陵墓后,我们又参观了帝王谷的其他几座陵墓。给人留下较深印象的是阿蒙奥菲斯二世墓,它位于一座石山脚下,通过一条长长的陡峭的走廊,转一个弯就可以进入陵墓的大厅,其规模要比图坦哈蒙墓大得多。在整个走廊和大厅的墙壁和天花板上都布满着各种装饰性的图案、绘画和象形文字,确实蔚为大观,特别是还保持着鲜明的色彩,就像是不久前才完工的那样。大厅里有六根巨大的方形石柱,四面画着哈托尔女神迎接法老并使之获得死后幸福、安宁的场景,线条明快流畅。四周的壁画中则除了法老和各种神祇的形象外,还有蛇和一些神秘的符号,这些大概是用以使死去的法老复活的。如果要和其他陵墓中的壁画相比较,那么它们确实各有特色,并非千篇一律。像图特摩斯三世墓壁画所描绘的七百四十个守护神、戴着王冠的公羊行列等等,塞蒂一世墓壁画中表现的阴阳二界的不同景色,都是在别处不多见的。其实,身份比法老低的一些贵族的陵墓,甚至工匠的墓穴,虽然墓室离地面浅,规模也小,可是有的也装饰着非常漂亮的壁画,尤其是这些壁画除了传统的宗教和神话的内容外,还描绘了人们的日常生活和生产劳动的场面,比那些法老陵墓里的壁画更富于生活气息。

参观了那些地下的坟墓，我们又去拜访附近的一些地上建筑的遗址。旅游车先把我们带到美迪奈哈布，那里有拉美西斯三世所建的一座神庙，前面还有图特摩斯一世时期的一座小庙。神庙高耸的庙门是典型的埃及建筑风格，庙门两侧的墙高达 63 米，形成两座高塔，进入庙门的通道似乎成为一条峡谷，两旁端坐着一对黑色的石雕像在看守着门户。这座神庙给人的一个突出的印象就是军国主义的好战精神，因为在它的墙面上装饰着许多描绘战争和屠杀战俘作为献给阿蒙神的牺牲的场景的浮雕，有的赤裸裸地歌颂残暴、炫耀战功的场面简直令人作呕。例如，有一幅很大的浮雕表现法老在亲自清点一大堆看来像小萝卜似的东西，经同行的埃及学专家解释，才知道这是在清点被割下的敌人的男生殖器的数量，据说那是当时计算战功的最方便可靠的办法①。这样不堪入目的场景居然堂而皇之地雕刻在神圣的庙堂里作为永久性的庆功丰碑来夸耀，所谓“拉美西斯时代”的精神风貌究竟如何，也就可想而知了。

当然，美迪奈哈布也有一些值得一看的真正代表古埃及艺术成就的东西。整个神庙结构宏大，气派雄伟，是埃及国力强盛时期的典型建筑风格。进了庙门，遇到的第一个广场就给人以一种宽旷开阔的感觉，广场的一面有一道柱廊，前面一排方柱是用巨大的石块砌成，每根方柱前都附有奥西里斯神的立像，现在有些雕像已

① 古埃及也曾采用根据斩首、砍手、割耳的数量来计算战功的办法，但有的不够方便，有的容易被冒功领赏（如手、耳就难以分辨敌我、男女），男生殖器就无法冒充，因为埃及人和周围其他民族不同，是实行割礼的。

经残破不堪，但整个柱廊仍充分表现出古朴的美。在神庙的各个部分也能看到一些很美的装饰，例如在一个门框上端有一化身为鹰的涅赫贝特女神的彩绘，她展开双翼保护着整个上埃及，也保护着神庙。到神庙的最里面，原先这里是一座多柱式大厅，今已不存，还剩下一对端坐着的石雕像，是拉美西斯三世和神并坐在一起，雕像的头部、腿部破损严重，但依然表现出当时这个神庙里最神圣的崇拜对象的庄严静穆的神态。

这个地区还有一个拉美西斯时代的著名遗址，那就是位于古尔纳村和沙漠之间的拉美西斯二世庙。这位好大喜功的法老在建筑方面一向是不惜工本、刻意追求宏伟巍峨的风格的，这里的神庙也不例外。在古代当历史学家狄奥多罗斯来此见到这座建筑时曾为之惊羡不已，可惜的是，它损毁严重，如今留存的部分已经不多了。从它的多柱式大厅的正面还可以看到一排粗大的石柱以及附有奥西里斯雕像的方柱，虽然残缺不全，但气势恢宏，不同一般。在废墟中还躺着一尊雕像犹如一个倒地的巨人，它原先是坐在宝座上的拉美西斯二世的巨型石雕，从破碎的部分来推测，这个雕像至少高达 17 米，重量超千吨。在当时的技术条件下，把这样笨重的巨大石料运送到庙里并加以雕琢，其工程之浩大可想而知。至于庙中的装饰，则多半还是老一套的吹嘘这位法老的战争业绩，较有特色的是描绘节日祭神的场面。还有多柱式大厅墙上的一幅浮雕，把拉美西斯二世的众多子女按继承的先后次序排成两列，有趣的是，经过埃及学家的考证，真正继承王位的竟是占第十八位的米尼普塔。

告别了拉美西斯二世庙，我们前往这次参观旅行的最后一个目的地——德尔埃尔巴哈里。那里有埃及历史上著名的女王哈兹希普苏特的灵庙，人们公认它是埃及建筑艺术的伟大杰作。

灵庙的地点选择得非常恰当。德尔埃尔巴哈里位于尼罗河西岸一片平坦的沙滩和帝王谷边缘的山峦之间，在哈兹希普苏特决定在这里建庙之前五百年，孟托荷太普一世已经在该地另一侧建造了一座半金字塔式的灵庙，不过现在那座灵庙只剩下地基，建筑物已不复存在，只有哈兹希普苏特的灵庙还傲然屹立在这里独领风骚了。我们在离灵庙数百米处下车，远望这座奇妙的建筑。它面向东方，前面是金黄色的沙海，背靠百丈悬崖，那高耸的峭壁就像是天然的屏障，把灵庙衬托得格外宏伟。灵庙用底比斯出产的白色石灰石筑成，在阳光的强烈照耀下显得圣洁而崇高。它的整个结构的设计和一般的古埃及庙宇很不相同，无怪乎有些研究者认为它在当时建筑思想上的创新造成了一场革命，而负责这项工程的大臣森穆特，则被看作继第三王朝负责修建萨克拉的阶梯金字塔的大臣殷霍太普之后的最伟大的埃及建筑师。灵庙由依次上升的上、中、下三层构成，每层正面都有柱廊，顶部形成广大的平台，在各层平台之间有宽阔的坡道相通，构成整座建筑的垂直的中轴线，这中轴线和各层的水平线相结合，呈现在高峻的峭壁之间，表现出高度的和谐。这座灵庙的规模相当惊人，仅最上层的平台即宽达一百米左右，但从远处眺望，它作为一个整体的全貌又可一览无余，尽收眼底。它不仅宏伟豪华，富有帝王气派，而且表现出似乎是女性所特具的典雅和秀丽，也许这也正好表达了哈兹希普苏特女王的审美趣味。她和父亲苏特漠斯一世以及继任者苏特漠斯三世不同，偃武修文，停止对外征战，给埃及带来了二十年的和平生活。她本人高度的文化素养在这座灵庙中得到充分的体现，在我所见到的古埃及建筑中，它可以说是最美的登峰造极之作。就其审美价值来说，它不亚于雅典全盛时期的那些优美的希腊建筑，而从年代上说，它却早于后者差不多一千年。

我们沿着通向灵庙的大道行进，道路两旁排列着斯芬克斯和方尖碑，有些业已残缺，但雕刻精美。灵庙的底层是宽阔的柱廊，巨大的石柱打磨成十六边形，在柱廊的墙上则装饰着有色的浮雕。长长的斜坡通往中层和上层，一直导至一座多柱式大厅和在山岩中开凿出来的祭坛。此外，还有几座附属的小庙，分别供奉阿奴比斯神、哈托尔神等。整个建筑的布局相当复杂，可是各个部分组成合理、匀称，构成一个统一的整体。尤其是，它和一般的埃及庙宇不同，毫无阴森、压抑的神秘气息，柱廊和殿堂高大、明朗、畅快，在阳光的沐浴下一切都一目了然。当然，除了整个建筑的美之外，它的各个细部的漂亮的装饰、精美的着色浮雕和雕像也是第一流的。最有意思的是为女王歌功颂德、树碑立传的一系列浮雕，首先从她的出生开始，表明她是得到阿蒙神承认的神的直接后裔，因而也是埃及王位的合法继承人。其次的一组浮雕描述她自幼年起接受的各种教育和训练，证明她是一位合格的统治者。还有一组浮雕是宣扬她即位后的伟大业绩的，其中包括在阿斯旺采石场雕琢两座巨大的方尖碑并将它们运往底比斯，以及她所组织的前赴神秘的国度蓬特的远征以获取没药和香木的情景。有的研究者认为，这个神秘的国度可能是索马里或中部非洲的某个地方，因为在图面上可以看到有长颈鹿、猴子、豹皮和象牙。尽管这位女法老不尚武功，却仍然以国家保卫者的形象出现，化身为一头斯芬克斯把埃及的敌人踩在脚下。灵庙里还有她的许多雕像，有立、坐、跪各种姿势，有的穿戴法老的男式服饰、戴着假须，有的化身为人面的斯芬克斯，有的则乔装为奥西里斯神的形象。所有这一切都带有强烈的政治性，目的是为了论证哈兹希普苏特篡夺国家政权的合理性和合法性。不过这些并不是低劣的政治宣传，而是真正的艺术品，有着很高的艺术水平。

有趣的是，与这座灵庙相关还有一段罗曼史。负责建筑灵庙的森穆特原是女王的宠臣，又是她的情人，他曾备受恩宠，身兼许多要职，包括充当诺富罗丽公主的教师（现在还存有他抱着小公主的雕像）。他忠诚地为女主人效劳，在她的亲自监督下精心设计和建造这座灵庙，同时又想分沾神恩和女王的荣光，竟偷偷地在一扇门后的墙上刻上他自己的肖像和向女王表达爱情的情书。哈兹希普苏特发现了这种大胆的僭越行为后勃然大怒，派人捣毁了这位宠臣的坟墓，打碎了他的石棺，把他刻在灵庙墙上的肖像和名字削去，使这个忘乎所以的痴情人充分领略了君主的威严。

在古埃及历史上不乏著名的女性，然而像哈兹希普苏特那样直接当上法老、集神权与政权于一身的却不多见。她精明能干，是古代的女强人，不过她执掌政权是不大合法的。她是苏特漠斯一世法老的女儿，又是异母兄弟苏特漠斯二世的王后（古埃及王族仿效奥西里斯和伊西斯的故事，盛行兄妹结婚以保持血统的纯洁。奇怪的是，从历史记载上找不到这种近亲婚姻对遗传的不利影响）。苏特漠斯二世即位不久就去世了，由他和后宫一个妃子所生的儿子苏特漠斯三世继任法老，因年幼由母后哈兹希普苏特摄政，可是她很快就废黜了他，自己篡夺了王位。苏特漠斯三世也是一个了不起的人物，他等待了二十年终于纠集足够的力量夺回了政权。他上台后对他的继母兼姑妈的报复，就是削掉她为自己树碑立传而建的各种纪念物上所刻下的她的名字，恰好像她对待森穆特的做法一样。这真是历史的讽刺！现在，三千多年过去了，宫廷丑闻和统治集团内部钩心斗角的故事早已湮没，美艳的女王及其宠臣也都已化为尘土，只有他们留下的伟大建筑依然存在，使来到这里的人们还想起它的创造者。埃及人不是向往永恒么？德尔埃尔巴哈里则告诉我们：永恒存在于真正的艺术里，与短促的生命相比，艺术才是真正不朽的。

九、归来后的思索

访问归来后，古埃及文化艺术的宏伟形象还一直在我的脑海里萦绕着。在世界史上，古埃及文明确实可以说是一种独特的现象。它是人类最古老的文明之一，在公元前四千年间诞生于尼罗河下游，延续了很长时间，至公元五世纪而终于死灭。正如汤因比所指出："它的全部生存时间比我们西方社会迄今为止的寿命至少长三倍。这个社会既无亲体社会又无子体社会；没有一个现存的社会可以称它为自己的祖先。它利用了石头并且用石头取得了辉煌的不朽。"[①]埃及人用石头为我们留下的不仅有金字塔，还有许多其他建筑物、雕像和方尖碑等等，我们今天看这些古代文明的结晶，就仿佛是看早已灭绝的古生物的化石一样。但是这正是人类在脱离原始状态后真正自觉地、系统地、有目的地从事艺术创造活

---

① 汤因比：《历史研究》，上卷，上海人民出版社，1997 年，第 38 页。

动的开端。埃及艺术不可避免地带有人类早期艺术活动的特点，同时又有它自身的特殊性。那么，经过这次考察，埃及艺术给予我最深的印象是什么呢？

第一个突出的印象是埃及艺术在长期历史发展中的稳定不变。当然，法老时代的古埃及艺术前后历经三千余年，决不能说它没有发生丝毫变化，无论是在艺术风格或艺术技巧方面还是有所前进的，可是令人惊异的是这种发展变化竟如此缓慢和微小，始终看不到有什么质的飞跃和突破。艺术史家里德把西欧艺术和埃及艺术作对比时说："在西欧艺术方面，我们在艺术史上每十年就能看到一些特点，而一个世纪则往往在审美趣味方面发生完全的革命。然而在埃及，时间可能过去二千年而在艺术风格上却不带来任何明显的变化。"[①]这究竟是什么原因？一个显而易见的原因是埃及的独特的地理环境以及由此制约的社会经济结构。在古代生产力低下的条件下，埃及社会经济生活极端依赖于尼罗河的定期泛滥，一方面固然为辉煌的古埃及文明提供了物质基础，另一方面却严重地制约着社会发展，使它长期处于简单重复的停滞状态。尽管王朝更迭频繁，甚至不乏外族的入侵和统治，古埃及的社会政治结构却基本上保存下来了，这就是它的艺术长期稳定不变的重要社会原因。但是，我总觉得除此以外还须进一步寻找其他更具体的原因。首先是在创作思想上，埃及人把表现永恒作为艺术的最高理想，他们的宏大的建筑从金字塔、神庙、灵庙到地下宫殿以及与这些建筑紧密相连的雕刻和壁画，都是为冥世的永恒生活服

① 里德：《艺术的意义》，英文版，1966年，第68页。

务的。这种对永恒生活的向往和追求构成了古埃及艺术的本质特征，而永恒生活在埃及人心目中就应该是超越时间、静止不变的，那些有资格享受未来永恒生活的特权阶层，包括法老、贵族、高官和上层僧侣，极不愿意看到他们向往的永恒生活受到任何侵扰或发生任何变化，他们把传统的宗教信条奉为神圣不可侵犯的东西，就是为了维护自己生前和死后的特权。他们当然也不希望表现永恒生活的艺术发生变革，除了个别的例外，他们在艺术趣味上都是反对和仇视革新的保守派，因此在长时期内一些传统的艺术规则一直被奉为圭臬也就不足为奇了。其次的原因是古埃及的画师和雕刻匠在当时的社会里地位低下，他们没有艺术家的独立个性，只是被迫劳动或受雇佣的工匠而已。我们从现存的浮雕和壁画中可以看到他们工作的情景，许多人集中在工场里（这种工场通常附属于王宫和寺院），在师傅的指点下忙碌着，他们不像是在从事艺术创作，而是按指令在完成例行的劳动。因此，他们所追求的不是作品的独创性，也不是通过艺术来表现自己的个性，而是严格地和准确地执行指令，按传统的规则进行操作。这就导致了古埃及艺术作品的公式化和标准化，甚至有的大件雕刻作品是由按统一格式在不同地点完成的部件组合而成的。这种按固定程式来进行创作的方法，当然不利于艺术的革新和发展，但通过许多世代的经验的积累和传授，那些古埃及的工匠艺术家大多具有相当熟练的技巧。所以有一位研究者指出，由于古埃及艺术的这种传统方法，一方面产生了过多的平庸之作，另一方面却又保证了较高的平均水平。[①]

① 参阅谢弗：《论埃及艺术》，德文版，1930 年，第 68 页。

作为人类艺术发展的初始阶段来说，达到这样高的水平确实是不容易的，后来希腊人正是在这一坚实的基础上大踏步前进，创造出一种更为自由、更为个性化的艺术。

另一个深刻的印象是古埃及艺术所具有的强烈的功利性和实用性目的。这里所说的功利性和实用性首先是明显的政治目的，其次是浓重的宗教色彩、宣传宗教意识形态，再次才是反映日常生活中人的需求。在许多场合下，政治目的和宗教目的在古埃及艺术中又是密不可分地交织在一起的，政治披着宗教的外衣，宗教为政治张目，二者紧密结合又通过艺术的形式表现出来。古埃及的例子充分说明，在艺术发展的早期阶段，非功利的观念、艺术的目的在于自身的观念等等都是根本不存在的。这当然不是意味着古埃及艺术没有审美价值或丝毫不反映当时人们的审美观念和趣味，但我们决不能以晚近出现的审美观念和标准去衡量或评判古埃及艺术，只有把它放在当时特定的社会历史环境里去理解它的价值和意义，放在特定的历史条件下去看，才能作出比较客观和公正的评价。其实，世界上本来就没有什么“纯艺术”，艺术总是要为一定的目的服务，只不过在不同的时代、不同的情况下其服务的目的不同罢了。

我们从现存的古埃及艺术中看到，它的一个最重要的主题就是颂扬和神化统治者。这首先表现在不遗余力地歌颂统治者的武功和宣扬赤裸裸的暴力征服上，目前在博物馆里保存的最早的埃及浮雕、即著名的所谓那莫调色板（约公元前 3200 年）就充分说明了这一点。这一调色板是第一王朝法老在举行宗教仪式前用来调制脸部化妆用的颜料的，用石料雕琢而成，在石板正反两面均有精美的雕刻。在石板正面上部,雕刻着头戴下埃及王冠的法老在清点排列成行的被杀戮的敌人的无头尸首,在下部则法老象征性地化身为一头勇猛的公牛,正在摧毁敌人的城墙。在石板的另一面,法老头戴上埃及的王冠,一手紧紧抓住下跪在他面前的敌人的头发,另一手则高举权杖作捶击状,脚下还躺着二个战败的敌人,荷鲁斯神化身为鹰在上方注视着法老征服敌人,充当法老的保护神。为了突出法老的特殊地位和身份,他的体形要比普通人高大得多,这种表现方法成为以后埃及艺术的通则,可以说是以最原始而粗陋的方式来为统治者做宣传。在那莫调色板出现后的许多王朝的漫长期间,描写残酷的暴力镇压和流血的战争场面一直是埃及艺术的重要题材,其目的无非是企图证明统治者通过武力征服而建立的政权的天然合理性。在人类历史上,国家这个怪物的出现总是伴随着暴力,上、下埃及两顶王冠是建立在火与剑的基础之上的,这都在艺术里得到了如实的反映。

至于说到埃及艺术与宗教的联系,那是十分明显的,恐怕世界上没有哪一种艺术像埃及艺术那样在如此长久的时间内一直处于宗教的强烈影响之下,正如有一位研究者所指出,"如果古埃及人曾知道有所谓'艺术'的话,那么这种艺术也决不可能超出他的宗教经验的意识之上"①。当然,谁都知道古埃及宗教是以其繁复杂乱著称的,不仅信奉的神祇众多,而且彼此之间缺乏有机的联系和明确的区别,经常互相混杂在一起。埃及诸神往往具有动物或半人半兽的形象,一般都认为是原始氏族部落社会图腾崇拜和祖先

① 阿尔德里得:《埃及艺术》,英文版,1985 年,第 11 页。

崇拜的象征性表现，随着统一国家的建立，原始氏族宗教也逐渐向国家宗教发展，同时又保留了旧的宗教崇拜的残余。由于各地区政治力量的消长和地位的转换，有的地方保护神就升格成为全埃及的最高神或和原先普遍崇拜的神混同起来，因此埃及宗教中的神祇崇拜呈现出十分错综复杂的图画，反映在艺术中也同样如此。我们在这里不去讨论艺术怎样体现这种宗教意识的发展和变化，这个问题有待于专家们去解决。这里只打算指出，埃及艺术有着相当实用的宗教目的，不仅它的思想内容在于宣扬宗教信仰，而且许多艺术作品本身就是为了举行宗教仪式使用的。例如，埃及的许多雕像不是像古希腊罗马和文艺复兴时期的作品那样置放在公共场所供人观赏，而是深藏在庙宇的密室或墓穴中，纯粹是为了宗教目的而制作。[①] 因此，虽然有些雕像具有相当高的审美价值，它们最初却并不是作为审美对象而创作出来的。埃及艺术中所反映出来的宗教观念的功利性还表现在它起源于原始人的自然崇拜，在特定的环境下尤其是对太阳、尼罗河的依赖。[②] 后来这种自然崇拜逐渐发展为人格化的神灵崇拜，又同人间的政治统治者相结合而带有强烈的政治目的性。在埃及艺术里，神权和王权是合一的，法老被神化而与神并列，或是表明法老本是神的后裔以论证其统治的合法性，或是描述法老对神的虔诚崇敬因而获得神的保佑。

---

① 参阅勃列斯特德：《埃及史》，英文版，1909 年，第 102 页。古埃及人相信，除了木乃伊之外，雕像也有助于使死者复生，死者的灵魂回归时可有所依托。

② “太阳和尼罗河，它们的升降，就是埃及土壤上的两大自然威力，埃及人就用伊西斯和奥西里斯的拟人化的故事，把这两大自然威力象征地表现出来。”（黑格尔：《美学》，第 2 卷，商务印书馆，1997 年，第 75 页）

由于艺术是通过具体生动的形象去体现一定的观念和宗教情感的,因此它能起到其他东西所不能起的作用而为当时的现实政治服务。

当然,除了宗教性和政治性的题材外,埃及艺术、特别是装饰性的浮雕和绘画里也有许多描绘日常生活的各个方面的场景,诸如渔猎耕作、手工业制造、家务劳动、医疗及木乃伊制作、出殡送葬、喜庆宴会等等,均在艺术中有所反映,为后人提供了关于古埃及社会生活的生动景象。在这方面,埃及艺术也是很着重实用的,这些主要用于装饰墓穴和灵庙的作品目的仍在于使死者在冥世能同样享受到现世生活的欢乐。埃及人虽然追求死后的永恒,却依然流露出对生的留恋。

最后,使我感受很深的是埃及艺术所采用的独特的表现方法。这种表现方法贯彻始终,历经许多世纪而基本不变,成为普遍应用的创作规则。埃及艺术之所以不同于其他艺术,也正是由于它的这种颇有特色的表现方法。

作为黑格尔所说的象征艺术的一种,埃及艺术就其蕴含着的宗教观念而论确实带有朦胧、暧昧、神秘的色彩,然而奇怪的是,它在艺术表现方法上却采取高度的理性主义态度。当然,这种在艺术创作中表现出来的理性态度还是素朴的,带有人类认识初始阶段的特点,然而有时又显得相当成熟,普遍地存在于建筑、雕刻、绘画等各种艺术形式中。从金字塔的时代起,我们就可以在一些巨大的建筑物的设计中看到理性思考的印记:严格的几何图形、简单笔直的线条、对称与平衡、精密的计算等等。这个时期的一些非常美的雕像似乎也证明艺术家们在创造这些作品时的理性态度,它们是高度典型化的，集中表现作者认为是本质的东西，而忽略掉一些次要的细枝末节。这些雕像虽然不一定酷肖原来的人物，却以极其精炼和简洁的方式很好地表现了这些人物应具有的理想的品质，如一位法老的威严、庄重和公正，一位大臣的忠贞、德行和智谋，一位书记的干练、谦恭和顺从，如此等等。如果作者没有理性的高度概括能力，是很难做到这一点的。

埃及艺术的这种理性的表现方法，还体现在对自然的敏锐的观察上。我们从古代墓穴的墙饰可以看到一些绝妙的绘画，把自然事物描绘得十分精细，例如在梅杜姆的依泰特墓中发现的墙饰(约作于公元前 2630 年)把几只鹅表现得栩栩如生，无论是外形或神态都画得惟妙惟肖，不能不令人钦佩那些古代艺术家观察和模仿自然的非凡才能。在表现自然对象方面，埃及艺术家采用的方法也是很独特的，他们不是按照自己当下的直接视觉印象去描绘对象，而是根据他们通过长期观察而获得的关于对象的全部知识，用他们认为是恰当的方式去表现对象。以底比斯的古墓里的一幅描绘花园景色的画(约作于公元前 1400 年)为例，这幅画是从多种不同的视角画成的，长方形水池周围的各种树木是从不同角度由侧面来加以表现的，水池则由空中向下俯视的角度来表现，水池中的水禽和鱼则又从侧面来表现，这样的艺术处理可以使各种对象以最完整的形象得以表现，树木不会互相遮挡，也不会遮住水池，而水池中的生物又能历历在目。只要为了艺术表现的需要，画家可以自由选择不同的视角去表现各个对象而把它们组合在同一幅画面里，丝毫不受他从一定的视角用自己的肉眼看到的景象的束缚。正如有的研究者所指出，埃及艺术家所遵循的原则正和许多儿童画相类似，只是他们更自觉地贯彻这种方法而已。其实这种方法不仅应用于描绘同一画面中的不同事物，而且也应用于描绘同一个人的不同部位。埃及绘画和浮雕中对人体的表现具有与众不同的特色，为了取得最佳的效果，人的头部通常是从侧面来表现，可是头部侧面像上的眼睛却是从正面来表现的，因为这样才能使眼睛显得完整；人体的上半身包括双肩和胸部是从正面来表现的，这样可以使人清楚地看到连接人体的双臂；但双臂和双腿又都是从侧面来表现以取得更好的效果，尤其是双腿前后分开都从腿部内侧来加以表现，这样从大脚指向上直到大腿的轮廓显得比较好看，可是看来这个人就像长着两只左腿一样。埃及艺术家当然知道这与人的视觉经验相悖，但他们对艺术表现的方法有自己的看法，他们所要表现的不是事物在特定情况下被人看到的那个样子，而是事物实际上的那个样子。在他们看来，这是更高的真实。既然埃及艺术的理想是表现永恒，那么当然把对象描绘得越真实越好，这就不能单靠感性经验，而必须求助于理性，平心而论，埃及艺术的这种表现方法虽然带有原始的素朴性和幼稚性，却也能给我们以新的启示，使人摆脱固定观点的狭隘性，尝试从更多的角度去观察和表现事物，而这正是艺术中的现代精神所要求的。

在谈论埃及艺术的表现方法时，不能不提到“正面律”的作用。所谓“正面律”，是朗格和埃尔曼在研究了大量古代东方，特别是埃及艺术作品后所发现的一条创作法则，即表现人体的雕刻作品不论采取什么姿势，整个胸部总是面向观看者，而且想象中有一条从头顶、鼻尖到肚脐的垂直线，把人体的上半身分为对称的两部分。这一法则虽然在现存的埃及文献中找不到佐证，却无疑地被绝大多数雕刻家所遵奉。这里不可能详细讨论这个问题,[1]只打算指出以下几点:第一,“正面律”的存在又一次说明埃及艺术家对创作的理性的态度,因为这一法则的应用是以平衡、对称、恰当的比例为基础的。第二,“正面律”特别适合于表现处于静态下的人物,无论是站姿、坐姿或跪姿,都显得端庄、稳重、威严,这正体现了埃及上层社会向往和追求永恒生活的审美理想。第三,“正面律”的产生是长期艺术实践经验的结果,它为艺术表现人体提供了在一定情况下较为完美的形式,使埃及雕刻艺术具有自己的特色。它在历史上对埃及艺术的发展起过积极作用,但是当它成为人们必须遵奉的创作法则后,它就转化为阻碍艺术发展的僵死的教条,埃及艺术在长期内停滞不前,显得单调、呆板、千篇一律,不能不说与此有关。

我们今天还能从埃及人那里获得什么有益的教训呢?埃及人渴望和追求永恒,把表现永恒作为自己的艺术理想,但究竟应该到哪里去寻找永恒呢?埃及人显然找错了地方。永恒不是静止,不是停滞,不是循环的重复。永恒只存在于不断的运动中,只存在于前进、发展和创造中。任何一种文化,任何一种艺术,不管它曾经多么辉煌,一旦它停止了创新,停步不前,也就难以逃避灭亡的命运。古老的埃及文明并非毁于异族入侵,而是毁于自身创造力的枯竭。历史的辩证法就是如此无情。这就是我在这次古埃及文化艺术遗址考察后所得到的一点启示。

---

① 如果读者对此有兴趣,请参阅张禾:“古代埃及艺术法则初探——试释‘正面律’”,载于《外国美学》,1986 年第 3 期。

那里永远是春天

——卢浮宫希腊雕塑的启示

巴黎的深秋，阴雨连绵，昨夜窗外又是斜风细雨，一直点滴到天明。今晨起来，但见满地黄叶，阴沉沉的天丝毫没有放晴的迹象。在国际会议间隙中好不容易得到的自由活动的周末该如何利用是好，可是碰上这样倒霉的天气又能上哪儿去呢？考虑再三，还是决定重访卢浮宫。是的，卢浮宫确实是个百看不厌的好去处，而且不受任何恶劣气候的影响，因为那里永远是春天，艺术的春天。

过去有机会去巴黎，总要参观卢浮宫。但前两次参观都未能尽兴。为了在有限的时间内尽量多看馆内展出的那些稀世艺术珍品，只能走马看花地浏览，未能细细观赏，留下了太多的遗憾。特别是在建筑大师贝聿铭为卢浮宫设计建造了新入口——一个现代化的玻璃金字塔后还无缘亲眼目睹，很想体验一下这个引起诸多争议的建筑会给人以怎样的感受。这样，我就乘车来到了塞纳河畔的这座艺术殿堂。

卢浮博物馆原先是法国皇宫，在历史上屡经改建和扩建，其建筑风格却基本上仍遵循传统的古典主义样式，充分体现了宫殿建筑雄伟庄严的气势。它一向被奉为古典主义建筑的典范之作，法国百科全书派的领袖人物狄德罗则把它作为客观存在的所谓“实在的美”的证明，他说：“我的理智没有给事物添一点东西进去，也没有去掉一点东西。不管我想到或一点也没有想到卢浮宫的建筑正面，其一切组成部分照旧有这种或那种形式，其各部分间也照旧有这种或那种安排。不论有没有人去看它，卢浮宫的建筑正面并不减其美。”[①]狄德罗企图以卢浮宫为例来论证美是不依赖于人的主观的客观存在，这一想法不能说没有一点道理，可是他离开人的社会实践去谈有关美的问题，是不可能说清楚的。卢浮宫是人的艺术创造，体现着一定时代人的审美观念和审美趣味，能说它的美是不依赖于人的主观而存在的吗？卢浮宫作为一个建筑物在建造完成后，我们可以说它是一个独立的客观存在，可是关于它的美恐怕就不能这样说了。就拿眼前的那座玻璃金字塔来讲，由于贝聿铭大师的新的艺术创造，整个卢浮宫建筑群无疑是在相当程度上改变了容貌，现代化的金字塔已和卢浮宫旧建筑连成一体成为客观的存在，然而卢浮宫的美却成了问题。赞成者对之颂扬备至，认为传统与现代性的结合创造了新的美，反对者则伤心欲绝，指责说破坏了原有的古典美。狄德罗所说的那种客观存在的“实在的美”似乎难以捕捉到，看来只是人们的一种假设。据我看，赞成和反对这两种意见孰是孰非，并无评判的绝对标准，它们只是反映了不同的审美观念和审美趣味而已。卢浮宫的整体建筑基本上完成于路易十四时代，它所体现的正是那个法国历史上的辉煌时期的主流社会的审美观念和趣味。可以断言，当时决不可能会有玻璃金字

① 狄德罗：“美之根源及性质的哲学的研究”，《文艺理论译丛》，1958 年第 1 期，第 19 页。

塔那样的构思（当然也不具备所需的技术条件）。但是从那个时代到现在，几百年过去了，人们的审美观念和趣味发生了很大的变化，为了适应这种变化，同时也是为了满足实际的需要（必须考虑到建筑比其他艺术更偏重于实用），是否可能对这座古老的著名建筑进行加工，使之增添新的意味、获得新的生命力呢？贝聿铭大胆地进行尝试，他的创造性的构思和设计实际上是对传统文化艺术成果的新诠释。玻璃金字塔是他的一种选择，是他对传统的一种新理解。不管你赞成还是不赞成，都应充分肯定他勇于对传统作新诠释的创造精神，因为任何传统文化都需要有新的诠释，否则就只是一堆僵死的遗产，缺乏自我更新的旺盛生命力。

头脑里带着这个问题，我走进了卢浮宫博物馆。这次我打算把希腊雕塑作为参观的重点，试着从那些二千多年前的艺术珍品中获得一些新的启示。雕塑一向被人们公认为希腊艺术的传世之绝，也是卢浮宫收藏的艺术品中最珍贵的部分之一。卢浮宫引以自豪的三件“镇馆之宝”中，希腊雕塑即占其二（另一件是举世闻名的绘画《蒙娜·丽莎》）。在古希腊，雕刻享有崇高的地位，受到人们的高度尊敬和重视，普罗塔克赞扬雕塑作品“具有永恒的生命”，蕴藏着“永生的活力和不朽的精神”。历经历史洗劫和战乱残存下来的希腊雕塑作品使无数后人为之激动不已，激发了许多诗人、作家和艺术家的创作热情和灵感，参与推动了文艺复兴运动的诞生。法国诗人戈蒂耶在诗中曾这样赞颂雕刻艺术：

一切都将逝去，永恒
只属于强的艺术品；

雕像

比城市更能永存。

——《艺术》

戈蒂耶的话并不夸大，当初陈列那些精美雕像的城市，如今有的已不复存在，有的已沦为一片废墟，有的也已变得面目全非了，只有雕像还保存在博物馆里，作为已经逝去的时代精神的见证。

说到“永恒”这个话题，就不禁要想起马克思对希腊艺术的评话。马克思充分肯定希腊艺术的“永久的魅力”，我以为这也就是认可它的“永恒”，但是马克思深刻地提出了一个问题：社会发展早已越过了当时古希腊社会的阶段，希腊艺术何以仍然能够给我们以艺术享受，而且就某方面说还是“一种规范和高不可及的范本”[①]？这个问题提得非常好，抓住了本质。我们今天观赏希腊雕像而深受感动时，除了认真品味它们给予我们的审美感受外，还要问一个为什么。这样，才能真正加深对这些艺术作品的理解。本着这个想法，我怀着一个小学生的心情开始了自己的学习和探索。

卢浮宫收藏的希腊雕塑作品确实是相当丰富的，在博物馆的古希腊罗马展厅中，希腊雕塑就满满地占了三个展室，其中有最为古老的《奥克谢尔妇女像》、装饰帕特农神庙的大理石浮雕断片、《阿尔斯的维纳斯》以及其他许多神像、人像和半身胸像。由于古希腊雕塑艺术全盛期的一些最杰出的艺术家如菲狄亚斯、米隆、波利克里托斯、普拉克西特列斯等人的原作绝大多数已荡然无存，现有的只是罗马时期后人的复制品，因此原创于希腊化时期的两座

① 参见《马克思恩格斯选集》，第2卷，人民出版社，1972年，第114页。

《萨莫色雷斯的胜利女神》

雕塑杰作，即《萨莫色雷斯的胜利女神》和《米洛斯的阿芙洛狄忒》(或称《米洛斯的维纳斯》)，便成为举世瞩目的希腊雕塑的典范，被视为卢浮宫的“镇馆之宝”。说实在的，这两件作品虽然创作于希腊雕塑艺术巅峰期业已过去的公元前2世纪左右，但它们仍然充分体现了人们所想往的希腊精神，在它们身上凝聚了希腊人关于美的崇高理想。

《萨莫色雷斯的胜利女神》似乎在卢浮宫中享有特殊的位置，它不像其他艺术品陈列在展厅里，而是被单独放置在博物馆宽大的楼梯上方。我站在楼梯的台阶上仰望这位胜利女神，油然产生一种说不出来的崇敬和倾慕之情。这座雕像原来是小亚细亚的统治者德梅特里奥斯为纪念在一次海战中大败托勒密王国舰队而制作的，被安放在萨莫色雷斯岛上面向大海的悬崖上。尽管雕像已严重残缺，失去头部和双臂，左翼和右胸也经修复过，但这并没有从根本上损害其大气磅礴的整体形象。可以想象，这位带来胜利的女神高傲地屹立在战舰的船头上，迎着汹涌的海洋，展开双翼，引导舰队乘风破浪勇往直前，这该是多么壮美的场景。女神身穿薄薄的衣裙，在海风劲吹下显示出在飘扬的衣衫掩盖下的她的美丽的躯体。她似乎是在向世界宣告：胜利来之不易，人哪，还需继续努力！

告别了胜利女神，再去参拜《米洛斯的阿芙洛狄忒》。阿芙洛狄忒是希腊神话中爱与美的女神，约相等于罗马神话中的维纳斯。这位相传是从大海浪花里诞生的女神以她的美貌而受到奥林匹斯山众神的追捧，很有一些浪漫史，又是那个喜欢玩弄弓箭的调皮的小爱神厄洛斯的妈妈。用她的形象去表现希腊人的美的理想，真是再合适不过了。事实上在现存的古希腊女性雕像中,这也是公认最美的一座。著名的雕塑艺术大师罗丹在卢浮宫见到这座雕像时情不自禁地对之赞不绝口,他说,这是"神奇中的神奇!美妙的节奏和刚才我们欣赏过的那些雕像的节奏很相似,但是多了一些沉思。我们看到的这位女神,身子不是向前挺,而是微弯,好像基督教艺术中的雕像那样,但丝毫没有不安和苦痛。这是古代的神品:被节制了的热情,为理智所调节的生之愉快"[①]。连罗丹那样的巨匠都在这座美丽的维纳斯像面前为之折服,那就更不用说我们这些凡夫俗子了。说实话,我是怀着近似宗教徒的虔敬心情把美当作上帝那样去崇拜而面对这座雕像的。

这座雕像是大家早就熟悉的,在有关西方艺术史的画册中总少不了她的倩影。可是,在原作面前,你还是会有一种难以名状的美的感受。那不是一种艳丽夺目、倾国倾城的美,也不是一种娇媚迷人、勾魂摄魄的美,而是一种秀丽端庄、素朴纯真的美。女神半裸着身子,展现她那美丽的躯体,匀称而又富有节奏感。她怡然自得地站在那里,既不像名模那样忸怩作态,也不想炫耀自己,亮相作秀。她不是一个神,而是一个人,一个自由自在地生活的美丽的女人。雕像也是残缺不全的,双臂已经被毁,据说原来左手还握着一个苹果,人们曾想方设法修复这尊"断臂的维纳斯"而终归失败,我倒认为让它保持现状不失为明智之举。我不知道是否有所谓"残缺美"那样的东西,不过缺失双臂确实并没有根本损害整个雕像的美,因为她的美本来就不在躯体的这一部分或那一部分,而在

① 《罗丹艺术论》,人民美术出版社,1978年,第115-116页。

于她的神态气质和风韵。她看似平凡、亲切，却又显得如此高贵，内在的、精神性的东西都融化在整体的形象里。她体现了普遍的美的理想，同时又是高度个性化的。对于这样一件尽善尽美的艺术品，我只想说，假如真的有柏拉图所说的“美本身”的存在，那么这就是最接近于“美本身”的一个摹本了。

看过了《胜利女神》、《米洛斯的阿芙洛狄忒》以及其他一些雕塑作品，我开始思考：究竟这些希腊雕塑能告诉我们什么？为什么至今希腊艺术仍然对我们具有如此感人的魅力？

希腊雕刻作品的一大特点是自由生动的形象，与较早的古埃及法老时期的雕塑相比，这一特点尤为明显。在历史上，埃及雕刻艺术曾经历过自己的辉煌时期，无论在创作技巧和艺术风格方面都达到了相当高的水平，并在艺术实践中积累了丰富的经验，特别是制作了不少具有纪念碑意义的巨型雕像。希腊雕刻是以埃及雕刻作为出发点和源泉的，从早期（古风时期）希腊雕刻作品中就可以清楚地看到来自埃及的深刻影响，希腊人确实从埃及学习到不少雕刻的技巧。但是，不管埃及雕塑在技巧上多么完善成熟，它的一个根本的缺陷就是程式化和标准化，墨守成规，千篇一律，历经许多世纪而很少改变，无论是神像或是人像，除了个别的例外，都仿佛是按统一的模型雕成的，缺少自己鲜明的个性，而给人以单调、呆板、一般化的感觉。黑格尔早已指出，埃及雕刻之所以如此，是由于它缺乏内心方面的自由和表达方面的自由的形式。这是因为在古埃及从事雕刻工作的不是具有创作自由的艺术家，而是世代相传、严格按自古以来的创作程式、奉命行事的工匠。这些身心都没有自由的人只能机械地进行重复性劳动，自然不可能创造自由生动的艺术形象。反之，古希腊的雕刻家则享有崇高的社会地位和充分的创作自由，他们可以自由地发挥自己的想象力和创造力，施展自己的创作个性。用黑格尔的话来说，希腊雕塑在“自由生动方面达到了最高峰，艺术家把灵魂灌注到石头里面去，使它柔润起来，活起来了，这样灵魂就完全渗透到自然的物质材料里去，使它服从于自己的驾驭”。在他看来，这些雕刻作品之所以生动，“是由于它们是从艺术家的心灵自由地产生出来的”①。这些话说得很精辟，希腊雕塑之所以感人至深，就是因为艺术家把灵魂渗透到作品中去，仿佛作品是从心灵自由地产生出来。无论是展开双翼的胜利女神，或是断臂的维纳斯，她们的自由生动的美的形象都是艺术家心灵的显示。

但是，我们还要进一步追问，那出自希腊艺术家灵魂、心灵的究竟是什么？雕刻家把灵魂灌注到他所处理的物质材料中去，就是说把自己的理想和他所珍视的精神价值赋予他创造的雕像，使之不仅在形体上按照本来的样子把人表现出来，而且具有深刻而丰富的精神内容。根据黑格尔的说法，雕刻作为一门艺术来说不宜于表现个人的主观精神，而只宜于表现精神的客观性，亦即是指“具有实体性的、真正的、不可磨灭的东西”。所谓具有实体性的客观精神就是社会普遍承认和尊崇的理想、价值和信仰，可以说就是民族精神的具体体现，雕刻作品归根结底要表现的正是这个东西。如果要问，希腊雕塑所表现的最重要的精神内容是什么，那么我认为确切的回答是：自由。

---

① 黑格尔：《美学》，第3卷(上册)，商务印书馆，1979年，第137页。

自由是希腊人最珍视的价值，也是所谓希腊精神的真正的基础。在盛行奴隶制的古希腊社会，自由不仅仅是衡量人的政治权利和社会地位的标准，而且更重要的是区分人和非人的一条界线，因为丧失自由的奴隶只是"会说话的工具"，是不被当作人来看待的。在希腊人心目中，只有自由的人才是真正的人，而失去自由，沦为奴隶，使人不成其为人，则是最不能忍受的耻辱和人生最大的恐惧。正因为如此，希腊人为了自由不惜牺牲生命，在实力悬殊的战争中义无返顾地抱着必死的决心抗击波斯百万大军，建立了彪炳千古的可歌可泣的英雄业绩。历史学家希罗多德曾记述了希波战争期间一个斯巴达人的话，说明自由的理念如何激励希腊人去战斗，那个斯巴达人说："如果作一名奴隶，那你是知道得十分清楚的，但是你却从来没有体验过自由，不知道它的味道是不是好的，如果你尝过自由的味道的话，那你就会劝我们不单单是用枪，而且是用斧头来为自由而战了。"①当时希腊的政治领袖也是高举自由的旗帜来号召群众的，著名的统帅和政治家伯里克利就在悼念阵亡将士的演说中大声疾呼："你们要下定决心：要自由，才能有幸福；要勇敢，才能有自由。"②在希腊人心目中，没有什么比自由更重要的了。可以说，希腊人是人类历史上最早懂得自由的意义的民族。

人们常说，雕塑是希腊精神的充分体现。在希腊雕刻艺术家的灵魂深处，自由意识始终是居于主导地位的潜台词。且看他们

---

① 希罗多德：《历史》，商务印书馆，1979 年，第 682 页。

② 修昔底德：《伯罗奔巴撒战争史》，商务印书馆，1960 年，第 135 页。

所创造的主要艺术形象，无论是神是人，是男是女，实质上都是自由的人，都是享受自由生活和得到自由发展的人。古希腊人对自由的理解是素朴的，不像近代那么复杂。所谓自由，无非是指不受奴役和压迫，摆脱外来的强制和束缚，可以自我决定自己的行为，自觉、自愿、自主、自律地参加社会活动，自由自在地生活。在他们看来，只有这样的生活才是值得过的生活，才能实现人的价值和尊严。按车尔尼雪夫斯基提出的定义，美是生活。但他又说，只有“应当如此的生活”才真正是美的。希腊人认为“应当如此的生活”，就是能使人享有自由的生活，他们所塑造的美的形象仿佛是在提醒人们自由的可贵。希腊雕塑的特点之一，是美和崇高的结合，二者往往融为一体，在美中见出崇高，而崇高则表现为美。说到底，希腊式的美和崇高都是以自由为基础的。当自由无阻碍地在生活中实现时，人可以悠然自得地享用自由的成果，充分地施展自己的才能，自由地发挥自身的潜能，展示出自己身体和心灵的美，他（她）们之中的出类拔萃的优秀者便成为雕刻艺术家创作的原型。雕像之美无非是现实生活中的美的艺术的再现。由于这样的美代表着希腊人的生活理想，是他们所崇敬的人的价值和尊严的体现，所以美自然就具有庄严和崇高的性质。但是，自由并不是天赐的免费午餐，它需要人们去努力争取，甚至要为之战斗而做出牺牲。所以当自由遭到压制和面临严重威胁时，热爱自由的希腊人便会奋不顾身地为自由而抗争，这是雕刻艺术家在创作中所表现的崇高精神的重要源泉。在希腊雕塑作品中，美是至高无上的法则，崇高也是一种美，不过是一种特殊的美，有人称之为壮美。如果要以具体的例证来说明，那么《米洛斯的阿芙洛狄忒》无疑是自由的美的化身，而《胜利女神》则可以作为崇高之美的体现。

想到这里，我觉得也许可以对希腊雕塑何以有“永久的魅力”的问题得出一个答案了。道理其实很简单，我们内心里都有一种对自由的渴望和期求，不过有的自觉，有的比较不自觉而已。但是作为一个人，即使他失去自由而受奴役，甚至沦为奴隶，也还是会抱有对自由的希望和憧憬，斯巴达克斯即是著名的例证，如果连争取自由的意愿都灭绝了，那真可谓哀莫大于心死，没有比这更可悲的了。按其本性来说，人是自由的生物，人的最高理想是由必然王国进入自由王国，本身得到自由全面的发展。因此，符合自由观念、表现自由理想的艺术作品，只要它们具备高超的艺术形式，就能对我们产生强大的感染力和吸引力。古希腊雕刻作品的魅力历两千多年而不衰，其根本原因在此。

说到希腊的自由，需要作历史的、具体的分析。世界上没有抽象的、绝对的自由，自由总是受一定的社会历史条件的制约，对希腊的自由亦当作如是观。应该承认，在奴隶制占统治的古代世界，希腊与其周边的那些实行君主专制的庞大的奴隶制国家相比，可以称得上是自由度最大的一片乐土。特别是在以雅典为代表的实行民主共和制的希腊城邦，公民们确实享有广泛的自由，希腊被誉为民主自由的故乡不是没有道理的。但是，即使在以政治民主著称的雅典，自由也只是供少数人享受的奢侈品。根据历史学家的研究，在当时雅典全盛时期总人口 40 万人中，约有半数是完全丧失人身自由的奴隶，而享有充分自由和一切权利的公民仅约 4 万人，只占总人口的十分之一，其余则是具有部分权利和有限自由的异邦人和公民以外的其他平民。因此，希腊的自由并非人人共享的普遍的自由，它在历史上虽然意味着巨大的进步，但实质上只是建立在多数人不自由的基础上的少数人的自由。这少数人的自由正是多数人付出了沉重的代价才取得的，所以要看到它的历史局限性，不能把它理想化、绝对化，尤其不能把它奉为我们今天的准则。对于体现自由观念的希腊雕刻作品，虽然它们在雕塑艺术史上代表着难以企及的高峰，我们也仍然应当根据历史条件采取客观的具体分析的态度。在这方面，我们应该向罗丹大师学习。

当罗丹在卢浮宫看到《萨莫色雷斯的胜利女神》像时，表示十分欣赏，并想象如果把这座雕像移置在美丽的金黄色的海岸上该有多么美，因为美术馆里过于昏暗，而阳光普照的大地和邻接地中海的波光，则为雕像戴上神采夺目的光环。罗丹不愧为思想敏锐的艺术大师，他一眼就看透了《胜利女神》的精神实质，而径直地称之为"自由女神"。但是他又精辟而深刻地指出，"她不是所有人的'自由女神'，而是高贵人的'自由女神'。哲学家非常欣赏她；但是那些被损害者，被她所鞭笞的奴隶，则和她是格格不入的。"罗丹认为，这就是希腊人理想的缺点。他批评希腊人所理解的美仅仅服务于奴隶主上层社会中那些有学识的人，这种美轻视贫苦的灵魂，对于受损害者的良好愿望毫不动情，而且不明白每个人心中都有灵光。这种美只求形式完善，而不懂得一个受辱者的表情也是崇高的，它把不中意的孩子残忍地投进深渊。[1] 就其观点来说，罗丹不是一个马克思主义者，而是民主主义者，但他对希腊雕塑作品的分析却接近于阶级分析法。他明确地指出，希腊人的这位"自由女

---

① 参阅《罗丹艺术论》，1978年，第116－117页。

神”是属于上层社会的，她穿的是飘飘欲仙的纱衣，而不是粗布，她的娇躯生来不是要做家务的，她表现的是上层社会的美的理想，这与我们今天的自由女神迥然不同，“她绝不会撩起长袍，越过街垒”，同群众一起参加战斗。

罗丹对《胜利女神》的评论虽然近乎苛刻，却鞭辟入里、切中要害。他揭露并说明了希腊雕刻的历史局限性，却无损于这些艺术作品的伟大。他使人们加深了对这些作品的理解，却丝毫没有降低它们的永久的魅力。说穿了，在时间的长河中，什么事物能够避免历史的局限性呢？在人类的幼年时期由于自由的灌溉而盛开的艺术之花，尽管有这样那样的缺陷和不足，作为前人留下的宝贵精神财富难道不值得我们珍惜和崇敬吗？人类不可能回到自己的童年时代，但童年时代创造的一切美好的东西将永远保存在历史的记忆里。更何况那给予希腊艺术家以创作灵感的自由理念并没有随着时代的消逝而死亡，它与时俱进爆发出新的活力，不断地激励一代又一代的艺术家、作家和诗人创作出许多壮丽的作品和诗篇，为世界艺术史和文学史添加了不少光彩。当然，自由理念本身也随着时代而发展，现代自由女神的形象也和古希腊时期大为不同了。罗丹所说希腊自由女神绝不会撩起长袍，越过街垒，我想他是以此暗指卢浮宫展出的德拉克洛瓦的名画《自由引导人民》，因此在观赏希腊雕塑之后，我又特地去看了那幅画。

那是怎样的一幅画啊！画面上展示的是法国 1830 年 7 月革命中巴黎人民起义推翻波旁王朝的街垒战的场景。自由女神出现在街垒前带领群众英勇地向敌人冲击，她半裸着上身，右手高举作为共和制象征的三色旗，左手提着上了刺刀的步枪，在号召战士们

德拉克洛瓦:《自由引导人民》

前进。在她身旁跟随着一起进行战斗的有拿着猎枪的大学生,也有挥舞战刀的工人和普通平民,在她脚下躺在街垒上的还有挣扎着的伤员和战死者的尸体。整幅画面上洋溢着激烈的战斗气氛和壮烈的牺牲精神。德拉克洛瓦所描绘的这个自由女神确实和希腊的自由女神迥然不同,这表明人们对自由的理解已经前进了一大步。实际上,德拉克洛瓦笔下的不是神,而是人,他描绘的对象是实有其人的,是一位在巷战中勇敢地高举三色旗参加战斗的名叫克拉纳·莱辛的姑娘。他把这幅画命名为《自由引导人民》,用意深远。自由不应属于少数人,自由应该属于人民,自由鼓舞人民去战斗,自由的实现归根到底要靠人民自己。这就是我从希腊雕塑的启示中引申出来的对自由的理解，也算是这次重访卢浮宫的一点小小的收获吧。

自从法国大革命把自由作为口号以来，自由已成为最热门的话题之一，人们关于自由写下的文字真可谓汗牛充栋，多不胜数。但同时也开始了对自由的种种曲解和滥用，把自由糟蹋得不成样子，在当代甚至有人把自由用来作为发动侵略战争的借口，"自由，自由，多少罪恶借汝之名以行！"假如罗兰夫人活到今天不知会发出怎样的感叹。不过我还是相信，真正的自由是值得我们去努力追求的，它首先存在于我们的心里，体现在真正的艺术里。我这样想着，当离开卢浮宫的时候，脑海里忽然回荡着我所喜爱的法国作家艾吕雅的著名诗句：

凭着一个词儿的力量
我重新开始我的生活
我生到世上来就为了认识你
为了呼唤你的名字
自由

走出卢浮宫，雨已经停了。

人的重新发现
——在意大利看米开朗琪罗

一、圣彼得的 Pieta

当你初次踏进梵蒂冈圣彼得大教堂的时候,你会身不由己地感到震惊和惶惑。这个建筑的宏伟和豪华,确实超出普通人的想象力,置身其中,不禁使人自惭形秽,觉得自己生命的渺小和短暂。康德在《判断力批判》里所说的"数学的崇高",在这儿充分显示了它的威力。无比庞大的结构,加上富丽堂皇的装饰和许多精美绝伦的艺术品,仿佛到处都在夸耀人间的上帝代理人的显赫的权势和财富。跪着向上帝膜拜,人在心理上首先就得矮一截。宗教建筑,尤其是中世纪基督教建筑艺术的秘密之一,就在于造成这样的心理效果。它使亲历其境的人产生自卑感,由于自我贬损而丧失他自己,从而俯首皈依万能的上帝。然而人向上帝供奉得越多,留给自己的就越少,人替上帝建造了巍峨的宫殿,自己却居住在简陋的茅棚里,这不是莫大的讽刺么?我就是带着这种异教徒的心情在这个堪称为宗教建筑艺术的登峰造极之作的圣彼得大教堂里漫步,一面细细琢磨着它的美学含义,一面在头脑里产生了一个问题：难道在这个人们用双手建造的宗教殿堂里，人果真消失了吗？人，你在哪里？

《圣母怜子像》

突然间，我看到了人。那是米开朗琪罗的雕刻作品 Pieta，母亲与儿子，人的存在的永恒的象征。一位看来还年轻的妇女，穿着像丧服似的长袍，坐在一块岩石上，右手把她死去的儿子抱在自己的怀里，左臂低垂，张开着手，仿佛表现出她内心的悲痛。她侧着头，双眼微睁，注视着躺在怀里的儿子的赤裸的躯体。儿子显然是刚刚从受刑的十字架上放下，手脚上都带有钉子的伤痕。他无力地依偎着母亲，生命已经离开了他的躯体，只是从他的修长而匀称的形体还能想象出其中曾经跳动着一颗炽热的心。但是，对于母亲来说，这不是一具冷冰冰的尸首。不！这是她的生命的一部分，她的亲骨肉，我们从她的爱抚的目光中就可以感觉到她对儿子倾注了全部的爱。她默默地忍受痛苦，这痛苦的深度只有她才能体会到，因为被钉上十字架的不是别人的儿子，而是她的儿子。这种个人的痛苦是无法代替的，任何人也不能分担，然而母亲却正是在这样沉重的痛苦里保持着人的尊严。没有哀号，没有哭泣，有的只是无言的悲伤和无边的爱。整个雕像群构成了一个不可分割的和谐的整体，内容与形式、精神与形体、理想与现实、深刻的思想性与精湛的技巧在这个作品里得到了高度的统一。内心的激动与希腊式的静穆、悲剧的崇高与温柔的女性美奇妙地结合在一起，使这个作品达到了尽善尽美的境界。米开朗琪罗在完成这个杰作时年仅26岁，这简直令人难以相信。要把一块卡拉拉的大理石变成这样一件举世无双的艺术品，这需要一双多么神奇的手啊！

大家知道，所谓 Pieta 是指表现圣母玛利亚抱着耶稣基督的尸体而悲伤的艺术作品。在西方艺术史上，艺术家们创作的这一主题的作品何止千百，其中虽不乏著名的佳作，但都无法与米开朗琪罗的作品相匹敌。这是为什么？在我看来，米开朗琪罗的伟大在于他在 Pieta 中表现的不是宗教传说中的圣母和基督，而是有血有肉的活生生的普通人。玛利亚不是那个由圣灵而受孕的童贞女，而是一位因失去儿子而悲伤的母亲；耶稣也不是那个传说能用五个饼和两条鱼使几千人饱餐一顿的救世主，而是一个死于酷刑的无辜受难者。宗教本来就是人的本质的异化，在宗教中，人一方面丧失了自己，另一方面却被加以神化和偶像化了。一旦解除了这种神化，偶像就倒塌了，于是真正的人就站在我们面前。米开朗琪罗在被基督教神化和偶像化了的人身上重新发现了人，在他的艺术作品中用人性代替了神性，这个功绩是值得大书特书的。我不是说，米开朗琪罗自觉地要这样做。他没有放弃过宗教信仰，可是他毕竟是自己时代的儿子。即使他自己没有意识到他是在传统的基督教主题中注入了新的世俗的内容，文艺复兴时期的时代精神也推动着他去这样做。那个时期的一些卓越的人文主义者都没有完全摆脱宗教神学的影响，无神论思想只是刚开始在酝酿，神权统治的残余和人的觉醒还错综复杂地交织在一起。人文主义者的这种思想矛盾也同样反映在文学艺术中，人的诞生还得通过宗教的胚胎，米开朗琪罗的理想的女性只能披着圣母玛利亚的外衣出现。

在圣彼得大教堂的 Pieta 这个雕像群中，玛利亚的形象无疑地占着最突出的位置。这也是米开朗琪罗所创造的女性美的最高典型。一般说来，对女性的崇拜是文艺复兴时期许多诗人和艺术家的共同特点，但丁对贝雅特丽齐的倾倒和彼特拉克对劳拉的赞颂是意大利文学史上著名的例子。米开朗琪罗的创作显然受到但丁和彼特拉克的这种影响，他也把自己对美的追求体现在女性形象的创造上。在当时的历史条件下，这种对女性的崇拜，不论它属于什么性质，都是对压制人性、否定人的正常感情的宗教禁欲主义的反抗，表现出人类对生活的热爱和幸福的向往。根据专家的研究，Pieta 中的玛利亚的原型实际上是米开朗琪罗的母亲。这位大艺术家幼年丧母，他的母亲去世时正是雕刻中的玛利亚的年龄，因此玛利亚显得如此年轻，看来和她的三十几岁的儿子不大相称。事实上，当时有个名叫阿斯卡尼奥·康迪维的人，就曾为此提出疑问，而米开朗琪罗的回答是：像这样一位圣女是不受时间和物质规律的支配，不会年老的。这当然是遁词，但也只有像康迪维那样对真正的艺术缺乏真知灼见的人，才会提出这样的问题来。艺术有它自己的规律，有时并不能用我们日常生活的尺度去衡量它。至于说到像雕刻那样的造形艺术，那么正如莱辛在《拉奥孔》中所说，美就是造形艺术的最高法律，“凡是为造形艺术所能追求的其它东西，如果和美不相容，就必须让路给美；如果和美相容，也至少须服从美”[①]。应该说，米开朗琪罗是遵守造形艺术的这一最高法律的。不过他在玛利亚的形象的创造中所追求的不仅仅是美，更本质的东西是他长年来对他没有享受到的母爱的渴望，这完全是一种世俗的人的自然感情的体现。Pieta 之所以感人至深，其奥秘就在于此。

看了这个雕刻的杰作，使我想起了米开朗琪罗所创造的另一个玛利亚的形象，那就是我在比利时布鲁治的圣母院里见到的《圣母与婴儿》。它也是米开朗琪罗青年时代的著名雕刻作品，创作的时间比 Pieta 要晚 3 年。“圣母与婴儿”在技巧上略有改变，但却同样体现着艺术家的那种世俗的感情。一个健壮而活泼的男孩光

---

① 莱辛：《拉奥孔》，人民文学出版社，1982 年，第 14 页。

着身子倚立在母亲的双膝间，玛利亚左手握着儿子的小手，右手轻按着一本书，似乎在沉思。这是一个普普通通的家庭生活场景，母亲和儿子都浸沉在人间幸福之中。米开朗琪罗再度把他对已故的母亲的亲切回忆塑造成圣母玛利亚的形象，她不像 Pieta 中的玛利亚那样富于悲剧性，相反，她充分享受着生活，为有这样一个可爱的儿子而心满意足。两个玛利亚虽然不同，却都是人，不是神，是人的母亲，不是圣子的圣母。米开朗琪罗使历来被神化了的玛利亚重新变成了人。

二、亚当的诞生和最后的审判

凡是去梵蒂冈参观的人，都一定会慕名前往西斯廷教堂，因为那里装饰着世界上最伟大的绘画（如果不是“最伟大的”，至少也是“最伟大的”之一）。正是在这些绘画中，米开朗琪罗的天才得到了最充分的发挥。诗人歌德说得好：“没有看过西斯廷教堂的人，就不能理解单单一个人能完成什么样的成就。”

其实，西斯廷教堂在建筑方面并无出色之处，而且有点比例失调，有人曾讥讽地说它像一座有拱顶的谷仓。可是在这个“谷仓”里，从周围的墙上直到拱顶，布满雄伟而瑰丽的绘画，是一个名副其实的西方艺术宝库。根据历史的记载，米开朗琪罗曾前后两次从事西斯廷教堂壁画的绘制，第一次画了拱顶，足足花费了 4 年时间，过了 24 年，他又画了教堂正面祭坛墙上的壁画，用了 5 年才完成。可以说，这位艺术巨匠把他一生中相当一部分最好的年华都贡献给这些绘画了。原先在教堂两侧的墙上已装饰着一些著名画家如波蒂切利、罗赛利、平图里奇奥和彼鲁奇诺等人以摩西和耶稣的生平为题材的 12 幅精美的画，当时的教皇优里乌斯二世对拱顶花板上的平庸的绘画感到不满，把重新装饰天花板的重任交付给米开朗琪罗，并给予他创作的自由。米开朗琪罗本来不愿接受这一任务，认为自己是雕刻家，并不擅长绘画，他甚至怀疑这件事背后有阴谋诡计，是著名的圣彼得大教堂的建筑师勃拉曼特出的坏主意，存心要看他出丑。为了争一口气，他勇敢地接受了挑战，施展出他的全部才华，在脚手架上辛勤地工作了一千多天，终于完成了这一包括 343 个人物形象的鸿篇巨制，(平均每四天创造一个人物形象!)证明他自己不仅是一位伟大的雕刻家，而且同时也是举世无双的最杰出的画家。西斯廷教堂由于天花板上米开朗琪罗的绘画而在艺术史上永垂不朽，两侧墙上的那些名家的精品都相形见绌，显得黯然无光。无怪乎来到教堂参观的人，都抬头仰望，直到颈酸眼花而后已，我自己就有幸享受过这种颈脖发酸的乐趣，留下了永远难忘的印象。

一天下午，我随着参观的嘈杂人群走进了西斯廷教堂，午后的光线从教堂上端的拱形长窗射入，把整个教堂照亮。人们忽然鸦雀无声，一片寂静，因眼前所展现的一派雄伟的景象而目瞪口呆。这真是前所未见的旷世奇观！数百个栩栩如生、神态各异的人物，从拱顶的天花板上俯视着我们，他们好像来自另一个世界，但看来又如此面熟。每个人物都有这样强烈而鲜明的个性，同时又是高度典型化的。米开朗琪罗以宏大的气魄，根据《旧约》中的圣经故事，描绘了宇宙和人的生成。从开天辟地到泛滥全球的大洪水等九个场面，形象地表现了人的诞生、堕落、苦难和斗争的历史，向人们提供了一部关于人的壮丽诗篇。米开朗琪罗的这一作品被誉之为“画中之王”，托尔奈把它称之为“文艺复兴的神曲”，这些崇高的评价确是它当之无愧的。中世纪以来有多少画家曾经以圣经故事作为题材，可是谁也没有取得像米开朗琪罗那样的成功。这是为什么？我想，答案很简单，那就是因为他把人放在中心的地位，使人摆脱以往的屈辱状态而重新恢复了应有的尊严，他以前的画家，谁也没有能像他那样以高超的艺术手段去表现人的胜利。有的评论家指出，在米开朗琪罗的这一系列壁画里，一切都是围绕着人而展开的。这一看法颇有道理。实际上，画中真正的主角是人，不是上帝，尽管从画面上看上帝是整个宇宙和人的创造主。上帝被描绘成一个长着大胡子的孔武有力的老汉，他确实法术无边，制造光明，开天辟地，创造日月星辰，在创造中表现了旋风般的强大力量。但是，他的最高创造是人，所以人的诞生被放在整个壁画的中央，特别是亚当的诞生自然而然地成为观赏者们注意的中心。请看亚当这个人类的祖先，他是一个多么了不起的杰作啊！他赤裸着身体侧卧在真正养育他的大地上，用右臂支撑着上半身，左手伸向远方，与此相对称，右腿贴着地面伸直，左腿则高高蜷起，仿佛他刚刚从睡梦中苏醒，准备站立起来了。他显得这样年轻美貌，聪明的面孔，发达的肌肉，强健的气魄，充满着青春的活力。相形之下，处于画面上方的那个万能的造物主却须发皆白，老态毕露，似乎他在创造出人类以后也就耗尽了他的力量。人诞生了，他将成为大地的主人，上帝却老了，要退出历史舞台了。我想，这大概不是米开朗琪罗的本意，可是在他的画里却不自觉地隐伏着这种异教的叛逆精神的萌芽，这是他极力提高人的地位所造成的必然结果。

米开朗琪罗所创造的亚当不是上帝的作品，而是文艺复兴时期人的理想的充分完美的艺术体现。人们常说，所谓文艺复兴是复兴在漫长的中世纪被遗忘了的希腊、罗马的古典文化，包括恢复古典文化中对人的地位的尊重和强调。这话有一定的道理。索福克勒斯在悲剧《安提戈涅》中说："世界上奇物珍宝可真不算少，像人这样微妙的却很难找。"哲学家普罗泰戈拉则宣称"人是万物的尺度"。这种把人看得高于一切事物、以人为本位的思想，确实在古典文化中有深远的影响。文艺复兴时期的思想家和艺术匠师们，不仅从幸免于毁灭而保存下来的古代文献，而且从罗马废墟中发掘出来的古代雕刻中获得启示，重新发现一个人的世界。这些都是确定无疑的。但是我总觉得米开朗琪罗所描绘的人有着过去所没有的新东西。这究竟是什么呢？我陷入了沉思。

按照《旧约》中《创世记》的说法，人是上帝照着自己的形象造的，因此人在所有的生物中最接近于上帝。所以，人作为万物之灵高于一切生物的看法并不新鲜，而且完全可以在宗教神学中找到根据。文艺复兴时期的伟大思想家们对人的理解的主要之点不在这里，米开朗琪罗通过他的艺术告诉我们的也不是这一点。不，人的伟大并不在于他是什么，而在于他能够成为什么，能够做什么。米开朗琪罗的年长的同时代人皮科·米朗多拉，在他的著名的论人的尊严的演说中最清楚地说明了对人的这种新的理解，后来布克哈特把这一重要演说称之为"那个伟大时代的最高贵的遗产之一"。皮科说："人是不能被赋予以任何固有的东西的。所以上帝把人作为一个具有不确定本性的生物来对待，并把他放在宇宙的中间，这样对他说：亚当呀，我们不给你固定的地位、固有的形态和任何一个特殊的职守，以便按照你的志愿，按照你的判断，取得和占有你自己所希望的那种地位、那种形态和那些职守。其他所有事物的本性都是受限制的，被限制在我们所规定的那些法则的范围内。你却不受任何限制，可以按照我们给予你的自由意志去规定你自己的本性。我们把你放在世界的中央，为的是使你能够更方便地观察世界上的一切。我们把你造成为既不属于天上也不属于地上、既不是与草木同腐也不是永远不朽的生物，为的是使你有选择的自由和荣誉，作为你自己的创造者和铸造者，能够把你自己铸造成你想要的那个样子。你有力量堕落到生命的低级形式，成为野兽，你也有力量出于你灵魂的判断而在更高级的形式中再生，成为神明。"①

我认为，皮科的这番话为我们理解米开朗琪罗以至整个文艺复兴时期的艺术提供了入门的钥匙。在古希腊罗马世界，人（当然是指自由民，奴隶不包括在内）曾是一个崇高的称号，不过他始终生活在命运的阴影下，他的自由未能摆脱这种超自然的力量的摆布，由此产生了像俄狄浦斯那样的悲剧性的艺术形象。斯多葛派哲学家辛尼加于是发出了"愿意的人，命运领着走；不愿意的人，命运拖着走"的感叹。文艺复兴时期理想的人，决不是这种古代意义上的人的复活，他不再受命运的支配，而反过来要由自己决定自己的命运。人的尊严正在于他的自决的能力，其他一切生物终生都要服从于它们从母体承受得来的天性，唯有人能够自由地发展自

---

①　卡西勒、克里斯泰勒、伦德尔编：《文艺复兴时期人的哲学》，英文版，1967年，第224－225页。

己、选择自己的道路。这正是人超越于一切生物之上的原因。在这个意义上说，人不是上帝的创造，而是自己创造自己；人的价值也不是上帝所赋予的生而俱来的东西，而是人自己所创造。人并没有抽象的、固定不变的人性，一切都有待于人自己去创造。这样理解的人不是更伟大、更崇高么？米开朗琪罗笔下的人的形象，其最大的特色就是具有自主的创造性，人的所作所为不管是好是坏都是出于自己的选择，换句话说，也就是人成为真正自立的主体。那个亚当身上就蕴藏着多么巨大的创造力量，看到他就可以想象这位大地的新主人将会干出何等轰轰烈烈的事业来。说穿了，就连这个开天辟地的上帝也无非是人的无限的创造能力的幻想化，是人的本质力量的投射。有一位法国哲学家说，每个人内心里都想成为上帝。这句话听起来狂妄，倒也有一定的道理。米开朗琪罗的作品启示我们的不是上帝的万能，而是人的伟大。从这里如果再前进一步，那就会引申出青年黑格尔派的结论：上帝已经死了，只有人还活着。①

上帝死了，人只能自己照顾自己。人既然被给予了选择的自由，那无论他行善或作恶，他都必须为他自己的一切行为负责。用这样的观点去看西斯廷教堂里米开朗琪罗的另一幅巨型壁画《最后的审判》，就可以得到一种新的理解了。《最后的审判》是米开朗琪罗刚进入老年时期的杰作，完成于1541年。新任的教皇保罗三世把绘制这幅装饰教堂正面墙的壁画的重任交付给他，为的是想

① 人们通常把“上帝死了”这句名言归功于尼采，其实这是一个误解。早在尼采之前，青年黑格尔派鲍威尔就说出了同样的话。

《最后的审判》(1535-1541 年)

借助于这一艺术作品来宣传同异端思想作斗争和整肃教会内部的道德。有的研究者也根据米开朗琪罗本人的宗教信仰，解释成他反对宗教改革、放弃文艺复兴时期人道主义思想的重要例证。我倒不这么看，我觉得对这个作品完全可以从另一种不同的观点去理解。让我们来看一下这《最后的审判》的浩大场面吧。米开朗琪罗向我们展示了一幅人间的众生相，画面上密密麻麻地满布着上百个处于各种运动状态的人物，有的喜出望外，有的惊恐万状，有的在祈求和期待，有的因绝望而悲伤，有的在冷眼旁观，有的在抱头反省，有的在努力奋进，有的在痛苦挣扎，有的在向天堂飞升，有的在向地狱沉沦。站在他们中间上方的则是末日的审判者耶稣基督，但这是一个什么样的基督呀！他不是那个甘愿为承担人类的罪恶而被钉上十字架的基督，也不是那个以慈悲为怀、劝恶行善的基督。他倒像一个复仇之神，魁梧的身材，表现出充沛的力量，他高举右手，根据人们的行为无情地进行判决。他和大家所熟悉的作为受难的救世主的传统的基督形象相距何止千百里，甚至可以说在他身上散发出异教的气息。有人说这个基督看来像带着钉痕的阿波罗，这是有道理的。无怪乎当时教廷的一位高级人士对这幅壁画感到不满，挖苦地把它称之为“充满裸体的公共浴场”，他正是意识到了这一作品中与宗教格格不入的世俗精神。在米开朗琪罗的这个最富于宗教性的作品中，非宗教性的东西最多，这似乎是矛盾，然而却又是事实！

所谓“最后的审判”或“末日审判”当然是基督教的基本教义之一，而且同“世界末日”的虚幻概念紧密地联系在一起。米开朗琪罗通过他的壁画告诉我们的，却不是上帝对人的审判，而是人对自己的审判。因为人可以自己决定自己所走的道路，堕落为野兽或上升为神明，所以他对自己的行为负有严重的道德责任。其他动物则不然，它们的行为只是出于它们的自然本性，弱肉强食，大鱼吃小鱼，不存在什么道德责任问题，也用不到接受什么审判。唯有人才要为自己的行为受审判，不过这不是由上帝来判决，而是由历史来判决。根据《新约》的说法，罗马总督彼拉多在审判耶稣时曾提出“什么是真理?”的问题，当时耶稣并没有回答。米开朗琪罗的画似乎对这个千百年来令人困惑的问题提供了一个简捷的答案：真理在人间，在人自己的实践中，要由人自己去判断。

我知道，以上对米开朗琪罗的壁画的理解可能是相当主观而片面的，许多人会有不同意见。我不想把这种解释强加于人，或强加于米开朗琪罗的作品。应该说明，这不是经过历史的研究而作的科学的阐释，而只是一个无神论者在有机会观赏了这位文艺复兴的巨人的创作后所得到的个人感受和由此而引起的反思。

三、佛罗伦萨的大卫和自由

如果说佛罗伦萨不是意大利最美的城市，它至少也是最富于艺术性的城市。在这个文艺复兴的起源地和中心，从大大小小的博物馆、教堂、市政厅到街头广场，到处都可以看到那个时期艺术天才们的劳动结晶，其中最美而又最引人注目的仍然是米开朗琪罗的雕刻。

文艺复兴时期的佛罗伦萨和美第奇家族的名字是分不开的。这个权倾一时的豪富之家一直扮演艺术庇护人的角色，用他们的权势和财富帮助了包括米开朗琪罗在内的一些杰出的艺术家，不管他们的真正意图何在，客观上总算为艺术的发展做了好事。米开朗琪罗为美第奇家族的家庭专用小教堂设计和建造的该家族两个成员朱利亚诺（纳莫尔斯公爵）和洛伦佐（乌尔比诺公爵）的墓堂，现在已成为这个显赫的家族遗留下来的永恒的纪念碑。其实，在美第奇家族中，这两个人无论在事业和个人性格方面都是相当平庸的，而且都在青壮年时期早逝。米开朗琪罗为这两个平庸之辈所创作的两组雕像却被公认为艺术史上的不朽之作。

当我来到美第奇家族的教堂时，先参观了它的主要大厅，人们把它称之为“公侯教堂”，那里陈列着美第奇家族从考西莫一世到考西莫三世等6个最著名的大公的石棺。整个建筑内部都装饰着各种绚丽多彩的珍贵大理石和镀金的铜料，简直穷奢极侈到令人难以置信的程度。可是，尽管它闪耀着宝石般的光辉，却不知为什么给人以一种虚假的浮华之感。离开那里走到米开朗琪罗所设计的小教堂，则仿佛进入了另一个世界，这里没有豪华的装饰，庄严而简朴，深灰色的直线条的背景衬托着白色大理石的人物雕像，表现出一种静穆的古典美。这里笼罩着宁静的气氛，似乎摆脱了尘世间的一切纷扰，而把人们带进了永恒。两位公爵的雕像与其说是描绘他们个人的形象，倒不如说是揭示了人的普遍的精神本质。尤其是那位死于疯狂的年轻的洛伦佐，坐着用左手托脸，在进行沉思，似乎在思考那生活的意义。所以有人认为，后来罗丹的《思想者》曾深受《洛伦佐》的影响。斜身卧在两位公爵脚下的四个著名的雕像，象征着昼与夜、黎明与黄昏，略带一点神秘的意味，富有深邃的哲理性。白天过后是茫茫的黑夜，送走黄昏又迎来黎明，短暂的人生就在这循环往复中消磨殆尽。人为什么要活着？怎么才能生活得有意义？米开朗琪罗迫使我们去思考这些问题。要做一个真正的人，就不能不去思考这些问题。这是人的不幸，因为这给予他这么多的苦恼；但这又是人的骄傲，因为这使他超越于其他一切动物而成为如此高贵。那位发疯的公爵在精神失常前曾经写下了他的这种苦恼，他感叹人生的无常，甚至一个幸福的人也不知道期待着他的是什么，因此发出这样痛苦的呼喊："没有感觉的石头啊，我真羡慕你！"石头的确没有感觉，没有痛苦，不会发疯，但如果人真的变得像石头一样，那就没有比这更可悲的了。有的研究者说，米开朗琪罗在创作这些雕像时期，经常想到死的问题。这话也对，不过他绝没有对生活抱悲观的否定态度。这些雕像启迪我们的决不是逃避生活而向往虚无缥缈的来世，而是对短暂的人生的意义的积极探索。

美第奇家族墓堂里的雕像固然发人深思，但我以为最能代表米开朗琪罗的人的理想的艺术作品，还要首推艺术学院陈列馆里的那座举世闻名的雕像《大卫》。

《大卫》原先是佛罗伦萨共和国委托米开朗琪罗作为自由的象征而创作的。他用 4 年时间从一块被别人雕刻过而受到损坏的巨大的大理石中，塑造出文艺复兴时代人们热烈向往的理想的人的典型形象。可是，这座雕像完成后放在广场上供公众欣赏却引起了很大的争议，它宛如晴天霹雳使某些人感到震惊，它不仅遭到反对，甚至有人还向它投掷石块，而不得不派人守卫。后来这场争议才告平息，《大卫》被人们普遍地接受而被尊崇为热爱自由的时代精神的体现。19 世纪 70 年代，为了保护这座雕像免遭风雨的侵蚀，决定把它移置于艺术学院而在原处用复制品代替。说实在，艺术学院陈列馆里精彩的艺术作品并不多，它的收藏根本不能和佛罗伦萨的两大艺术中心乌菲齐和皮蒂相比，川流不息的人群来到这里就是专程来看《大卫》的。它之所以能够成为人们景仰的艺术殿堂，就是因为它拥有《大卫》这尊"主神"。

在艺术学院陈列馆里，《大卫》这座雕像确实享受着特殊的待遇。它被单独安放在一间宽敞而明亮的圆顶大厅里,这是建筑师埃米利奥·德·法布利斯专门设计的。光线从四面投射在洁白的大理石雕像上,使它显得格外光彩照人。我怎么也没有想到《大卫》是这样地高大,但这首先不是指尺寸上的高大,而是精神上的高大。他赤身裸体站在那里,安详自若,朝气蓬勃,英姿焕发,但又带有几分稚气。他看来充满着自豪,甚至略有一点儿自我满足的味道,却毫无骄矜之气。他表现出充分的自信、勇敢和沉着,而又并不鲁莽。健美的体魄和崇高的精神结合成一个和谐的整体,雄劲而刚强的身躯中又含有秀美的成分。看到这样的一个形象,人人都会说:这是一个自由的人,只有在自由的环境下才能生长和发展起来的人。面对着《大卫》,我觉得似乎一切赞美的言词都变得苍白无力而成为多余的东西了,如果一定要用一句话去形容他,那么我想说:他就是一个真正的人应该是的那个样子。

我在西方国家的一些博物馆里看到过不少以牧童大卫为题材的艺术作品,大多是描述这位牧羊青年在战胜了强敌歌利亚之后的情景,米开朗琪罗的这个雕像则是奔赴战场前的大卫。我们可以想象得到,迎接这个年轻人的是一场多么残酷的战斗和严峻的考验。从表面上看,决斗的双方确实力量悬殊,大卫还未经过战争的洗礼,毫无经验,他不穿战衣,唯一的武器是一个投石器,而他的对手歌利亚则身高力大,披甲戴盔,手持重武器,仗着武艺超群,骄横不可一世。但是,从精神上来说,大卫这个初生之犊却比他的武装到牙齿的凶恶敌人高得无可比拟。看到他,就会使人相信他将是这场战斗的胜利者,因为他代表着人的未来。米开朗琪罗选择的场面不是凯旋的大卫,他用不着把歌利亚作为陪衬去表现大卫的力量。大卫的强大是内在的，首先就在于他所体现的那种本身自足的自由的精神。米开朗琪罗没有辜负人们的期望，创造了这样一个自由的象征。我不知道这样卓越的艺术作品在当时为什么居然有人反对，我想，它的鲜明的思想倾向也许是一个重要原因吧。

黑格尔在某一个地方说过，“人是自由的生物。这是人的本性的基本定义”。这种说法虽然略嫌空泛，却代表一定的真理。人固然不是像卢梭所断言的那样生而自由，他的自由是经过许多世代的斗争(与自然的斗争和人与人的斗争)争取得来的，可是如果没有自由，人也就不成其为名副其实的真正的人。正是在这个意义上可以说，人的历史就是实现自由的历史，从必然王国走向自由王国的历史。米开朗琪罗未必已经达到这样的哲学认识，但他的某些作品却仿佛为此提供艺术的例证。就拿陈列在艺术学院里的另一些米开朗琪罗的未完成的杰作来说吧。那是他为教皇优里乌斯二世墓创作的以战俘(奴隶)为题材的一组雕像，其中已完成的两座现存于巴黎卢浮宫博物馆，即享有盛誉的《英雄的战俘》和《垂死的战俘》，其余4座未完成的雕刻作品则由艺术学院收藏，陈列在通往《大卫》展览厅的廊道两侧。我觉得它们具有深刻的象征意义，似乎在告诉人们，人在通往自由的道路上需要付出多么昂贵的代价。

按照黑格尔《精神现象学》里的说法，主人与奴隶的区分是两个自我意识进行生死斗争的结果，主人之所以成为主人，是因为他不害怕死亡而甘冒自己生命的危险，奴隶之所以成为奴隶，则是因为他害怕死亡并把自己的生命看得高于一切。黑格尔的这种见解并不高明，他的伟大之处在于深刻地论述了奴隶通过强迫劳动在改造客观世界的劳动过程中获得了独立的自我意识，而成长为真正的人，从而使主人和奴隶的地位发生相互转化。在奴隶由一个物变成真正的人的过程中，黑格尔强调劳动的陶冶作用和对死的恐惧这两个环节。这里面包含着深刻的道理，只是后一个环节被后来某些存在主义者所极度夸大和歪曲了。米开朗琪罗的这组雕塑，则仿佛向我们揭示了真理的另一面：奴隶要摆脱身上的桎梏，恢复独立意识而成为真正的人，还需要通过不断的反抗和斗争。我还记得在卢浮宫看到的米开朗琪罗的那两座奴隶战俘的雕像，英勇的战士被反绑着双臂，还在极力挣扎，那充分表达叛逆精神的眼光简直叫敌人胆战心惊，而另一个战士虽然在受尽折磨后奄奄一息，却还在勉强支持宁愿站着死去。在他们身上看到的不是屈服顺从和对死亡的恐惧，倒是愤怒、抗拒和反叛。艺术学院里陈列的同一组作品都未完成，有的只经过粗粗雕凿，刚刚显出人形，但却别有艺术趣味。那粗糙的大理石块就像无形的枷锁那样束缚着人的形体，而人仿佛在其中死命地挣扎，这样痛苦而又这样坚忍不拔，为的是要摆脱那沉重的压迫而成为一个真正的人。尽管这些未完成的作品在审美价值上不能和卢浮宫里米开朗琪罗的雕刻相比，它们却给我留下了同样的印象。我大胆地设想，如果把这一组雕刻作品命名为《自由》，倒也许是恰当的。

除了这一组雕像以外，米开朗琪罗同时还替优里乌斯二世墓创作了著名的《摩西》。在访问佛罗伦萨后回到罗马，我特地慕名前往文珂利的圣彼德罗教堂去观赏那座雕像。我满怀希望而去，结果却失望而归。坦率地说，这是米开朗琪罗作品中唯一使我不满意的作品。它在艺术上是高超的，无可挑剔，表现了纯熟的技巧。可是那个摩西却实在令人生厌，他太聪明了，显得这样老谋深算，睿智超人，似乎生来就是以色列人的领袖和救星，专门教训人，为人们制定诫命的。他不像一个人，倒像一个神。他不会给人们带来真正的自由，倒在为人们锻造新的思想枷锁。要是一个人的成熟意味着精神上的僵化和衰老，我宁可不要这种成熟，而选择牧童大卫的那种幼稚的思想青春。作为人的艺术形象，《大卫》无疑要比《摩西》具有更大的魅力。

布克哈特曾经把意大利文艺复兴时期的文化概括为人的发现。这是一个很精辟的见解。我只想补充一句：这是人的重新发现，因为人的第一次发现已经在古希腊艺术中实现了，而米开朗琪罗则在这第二次发现中扮演了最重要的角色。把神变成人，用人性去代替神性，把自由作为人的本性，确立人的自主的创造性，引导人们去思考人生的意义——这就是我在意大利看了米开朗琪罗的作品后所获得的一些粗浅的印象。

在莎士比亚故乡看《麦克白斯》

——关于悲剧的一些思考

到了希思罗机场，刚踏上英国的国土，就想起了莎士比亚。过去有人说，英国宁愿失去印度，也不能没有莎士比亚。这话有一定的道理。大英帝国在印度的殖民统治固然在一个时期内给它带来了巨大的财富和霸权，却在世界历史上留下了遭人唾骂的可耻的一页，而莎士比亚则为英国赢得了真正的光荣，历数百年而不衰，其影响之深远在文学史上也是少见的。因此，如果要在二者之间进行选择的话，我看选择后者倒是更为明智的。

出于对莎士比亚的崇敬，我利用学术访问的间隙，在一个周末专程前往他的故乡斯屈拉福德参观，度过了难忘的两天。尤其是，我受到英方邀请单位的盛情款待，在举世闻名的皇家莎士比亚剧院看了一场戏，留下了不可磨灭的印象。

位于艾冯河岸的斯屈拉福德是个不大的市镇，似乎到处都能看到莎士比亚的印记：莎士比亚故居、莎士比亚博物馆、莎士比亚念过书的学校，以莎士比亚的名字作为招牌的商店、饭店、旅馆，在礼品店里摆满着与莎士比亚有关的纪念品，甚至在餐厅里的菜单上也印着莎士比亚的肖像，在我住宿的莎士比亚旅馆里每个房间都以他笔下的剧中人命名如哈姆雷特间、罗密欧与朱丽叶双人间等等。我觉得,为了适应于旅游业的需要,莎士比亚在这里已经在相当程度上被商品化了,变成了招徕顾客的手段,只有在剧院里这位伟大的诗人才仍然保持着自己充分的尊严,没有沾上多少铜臭味。

皇家莎士比亚剧院是一个历史悠久的艺术演出团体,一向以其表演艺术的精湛和严肃而享有很高的国际声誉。自从 60 年代以来,它所获得的各种国家奖和国际奖即超过二百次。剧院的创始一直可以追溯到一百多年前,1864 年在斯屈拉福德举行了一次莎士比亚戏剧节,演出包括 6 个剧目,后来当地的一位殷实的酒商捐赠了一块地皮并发起募捐运动建立一个永久性的剧院,1879 年剧院建成,但于 1926 年毁于大火,现在的剧院是后来重建在 1932 年启用的,当时是英国设备最好的剧场,可容纳 1100 位观众,今天当然已经显得陈旧了。30 年前,剧院改组扩大成为演出公司,把活动范围扩大到伦敦,又陆续兴建了几个大小剧场,除了演出莎士比亚的戏剧外,也演出莎翁同时代其他作家的剧本和现代西方戏剧作品。古典传统与现代性的结合,是他们的宗旨。就拿他们演出的莎剧来说吧,在忠实于原著精神的同时总是力求作出新的解释,在可能范围内使之具有一些现代生活的气息。

那天晚上我看的戏是《麦克白斯》,这是我有机会第二次观赏这部悲剧的舞台演出,前一次是好几年前在美国波士顿看一个美国剧团演的,似乎并没有什么特别感人之处。这次皇家莎士比亚剧院的演出要成功得多,演员阵容坚强,扮演麦克白斯的普莱斯和扮演麦克白斯夫人的柯莎克这两位男、女主角,都有丰富的舞台经验,担任过其他莎剧中的一些重要角色如哈姆雷特、理查三世、苔丝德蒙娜、朱丽叶等等，而且经常参加电影、电视的演出。其他演员也都称职，配合默契，演技纯熟。有点出人意料的是导演对该剧的处理，过去我看过的那次演出比较含蓄，突出阴险密谋的气氛，这次的演出则火药味十足，演员的舞台动作的幅度大，调门高，突出的是狂妄的野心和凶残的暴力，很有几分现代的风格。不过据我想，这也并不违背莎士比亚原著的精神，因为照布雷德莱在其权威性著作《莎士比亚悲剧》一书中的看法，《麦克白斯》是一部最激烈、最浓缩、最可怕的悲剧。①

在莎士比亚的悲剧中，《麦克白斯》是最短的一部，这次演出时又删节了原本中的大约150行对白，因此全剧演出一气呵成，没有幕间休息，仅两小时就结束了。可这是多么令人难忘的两小时，散戏后回到旅馆之后，我的心情仍久久不能平静。我反复思考这样的问题：为什么莎士比亚能把《麦克白斯》写成一部悲剧？而这部悲剧给人们的启示又究竟是什么？

在莎士比亚的所有悲剧中，至少是在人所公认的四大悲剧中，恐怕《麦克白斯》是最不适宜于作为悲剧题材的。麦克白斯在历史上倒确有其人，他在1040年谋杀了邓肯，当上了苏格兰国王，在位17年，是个相当能干的君主。莎士比亚编写这个剧本主要取材于霍林雪德的《编年史》，当然也增添了许多艺术虚构的情节，但麦克白斯弑君篡位的基本事实是不错的。如果用传统的世俗观点去看的话，麦克白斯显然不是"好人"、"忠良"，而属于"坏人"、"奸雄"的范畴。自从亚里士多德的《诗学》问世，人们对什么样的人能充当

---

① 布雷德莱：《莎士比亚悲剧》，英文版，第276页。

悲剧人物的问题似乎就形成了一个固定的看法，认为恶人不宜于充当悲剧的主角，理想的悲剧人物应如亚里士多德所说："他不十分善良，也不十分公正，而他之所以陷于厄运，不是由于他为非作恶，而是由于他犯了错误，这种人名声显赫，生活幸福，例如俄狄浦斯、提厄斯忒斯以及出身于他们这样的家族的著名人物"[①]。就莎士比亚悲剧中的主人公来说，大多数是基本上符合这个要求的，如哈姆雷特、奥赛罗、李尔王等等。理查三世的情况当然不同，但是《理查三世》这个戏能否算作悲剧还有争议。麦克白斯和理查三世有几分相似，为了实现自己的政治野心可以不择手段，借助于暗害凶杀而爬上王位，双手沾满鲜血，无疑是属于亚里士多德所指出的"为非作恶"之辈。那么，为什么这样的人居然能成为悲剧的主人公呢？

记得有一位研究悲剧理论的哲学家曾经指出，在古希腊以后的悲剧诗人中，莎士比亚之所以独步剧坛，高人一头，并不是由于他在安排戏剧的情节和结构方面有什么高超之处(例如他的名剧《哈姆雷特》的结构就不够严谨)，而是由于他所塑造的人物性格和诗的语言使其他人相形见绌。[②] 这个看法是很有见地的。我们在这里且不谈莎士比亚的语言，因为根据译文，哪怕是第一流的译文去鉴赏诗的语言几乎是不可能的。就《麦克白斯》来说，重要的是人物的性格，正是莎士比亚在很大程度上成功地塑造的男女主人公的悲剧性格造就了这部誉满天下的悲剧。我以为，酿成这场悲

---

① 亚里士多德：《诗学》，7，1453a。

② 参看考夫曼：《悲剧与哲学》，纽约，1968 年，第 272 页。

剧的与其说是麦克白斯夫妇的所作所为，倒不如说是他们的复杂而矛盾的可怕性格，悲剧只不过是这种性格发展的自然的结果罢了。

麦克白斯是怎样的人呢？莎士比亚的悲剧里有一些纯粹的恶徒充当反面角色，如克劳狄斯、亚果、爱德蒙等等，麦克白斯却不是他们这一类人。在悲剧的第一幕，这位主人公是以战功卓著的英雄的面目登场的，他外御强敌，讨平叛逆，屡战屡胜，为国家立下了汗马功劳，他的爵位并不是靠钻营拍马得来的，正如他的表兄邓肯国王所说："你的功劳太超越寻常了，飞得最快的报酬都追不上你……一切的报酬都不能抵偿你的伟大的勋绩。"[①]可是正当麦克白斯加封晋爵，开始飞黄腾达的时候，他对权力的欲望也无限地膨胀起来，在剧中这是以女巫们的预言的形式向人们宣示的。从表面上看来，麦克白斯的政治野心似乎是由于女巫预言他将成为未来的君王而引起的，实际上莎士比亚借助于这种超自然的因素只是为了揭露悲剧主人公久已在内心深处萌发的欲念而已。女巫的祝福最多只是促使麦克白斯加快行动的外部因素，况且女巫给他的只是模糊的暗示，并没有明确叫他做什么，因此他以后的所作所为，一连串的密室策划和谋杀，都出于他和妻子两人自己的选择，绝对没有什么力量迫使他们这么做，只能由他们自己负责。这样看来，他们后来遭到的悲剧结局是他们自身的行动造成的，他们既然作出了实现自己野心的可怕的选择，就必须为自己的选择承担责任。麦克白斯自己也清楚这一点，他说："没有一种力量可以鞭

① 本文中引自《麦克白斯》的文字均采用朱生豪的译文。

策我实现自己的意图，可是我的跃跃欲试的野心，却不顾一切地驱着我去冒颠踬的危险”。尽管在过去弑君篡位一直被视为大逆不道的头等大罪，但是总有人甘冒这样的风险，在中外历史上，统治集团内部为了觊觎王位而骨肉相残、兵戎相见的事例难道还少见吗？成功的，成了“真命天子”，失败的，当然就是万人唾骂的叛贼，官方的历史就是这样写的。如果《麦克白斯》写的仅仅就是这么一个历史上屡见不鲜的野心家阴谋篡权的故事，那它也未必能成为一部传世之作。这部悲剧之所以取得成功，是因为它极其深刻而生动地刻画了麦克白斯及其夫人这一对阴谋家的复杂性格和犯罪前后的矛盾的心理状态。在世界文学提供给我们的丰富多彩的人物群像中，像这样的典型确实还不多见。

我们先来看麦克白斯。这个在战场上所向披靡的勇士其实内心里并不像表面上看来那么勇敢刚强，他野心勃勃，阴险残忍；可是同时在精神上却是一个懦夫。当他听到女巫的预言，产生想篡夺王位的邪念时，就不由自主地感到心惊胆战，他自问：“假如它是吉兆，为什么那句话在我脑中引起可怖的印象，使我毛骨悚然，使我的心全然失去常态，卜卜地跳个不住呢？想象中的恐怖远过于实际上的恐怖；我的思想中不过偶然浮起了杀人的妄念，就已经使我全身震撼，心灵在胡思乱想中丧失了作用，把虚无的幻影认为真实了。”但是，权力的诱惑实在太强烈了，使这个内心里相当怯懦的人变得大胆起来，干出他自己也害怕的事情。他作了这样的自白：“星星啊，收起你们的火焰！不要让光亮照见我的黑暗幽深的欲望。眼睛啊，别望这双手吧，可是我仍要下手，不管干下的事会吓得眼睛不敢看。”应该说，最了解他的还是他的妻子麦克白斯夫人，这个一直在撺掇他篡位的女野心家所担心的，也就是她丈夫的性格中的这怯弱的一面，所以她说："我却为你的天性忧虑：它充满了太多的人情的乳臭，使你不敢采取最近的捷径；你希望做一个伟大的人物，你不是没有野心，可是你却缺少和那种野心相联属的奸恶；你的欲望很大，但又希望只用正当的手段；一方面不愿玩弄机诈，一方面却又要作非分的攫夺；伟大的爵士，你想要的那东西正在喊：'你要到手，就得这样干！'你也不是不肯这样干，而是怕干。"麦克白斯确实是陷于想干而又怕干的矛盾之中，迟迟下不了决心去采取坚决的行动。这不是出于道德的考虑，也不是出于怜悯和同情，因为对他那样的人，所谓良心是没有什么约束力的。那么，他怕的什么呢？怕的是报应，这是在当时历史条件下一个个大野心家所唯一害怕的东西。用现代的语言来说，就是他怕承担自己行动的后果，因为他知道"在这种事情上，我们往往逃不过现世的裁判；我们树立下血的榜样，教会别人杀人，结果反而自己被人所杀；把毒药投入酒杯里的人，结果自己也会饮鸩而死，这就是一丝不爽的报应"。一方面他明明知道使用非法手段攫取权位就像是"穿上借来的衣服"；另一方面他又克制不了自己强烈的权力欲，总是跃跃欲试。同时又怕受报应，想偷火里烤着的栗子，又怕烫了自己的手。这种矛盾的心理构成了麦克白斯的特殊性格。

在这部悲剧里，麦克白斯的这种性格有时是以他的幻觉的形式表现出来的，多次出现的幻觉使这部戏更富于神秘的意味，同时也更形象地揭示出主人公的内心世界。他第一次出现幻觉是在他打算谋刺邓肯国王的那个恐怖的夜晚，他正在犹豫的时候，在他眼前突然晃动着一把匕首，他想抓住它却又抓不住，仿佛是在指示他所要去的方向，告诉他应当用什么利器。关于这把浮现在幻觉中的匕首，布雷德莱说得好：麦克白斯不是因为看到空中有把匕首，就去刺杀邓肯；而是因为他要去刺杀邓肯，才看见空中有把匕首。[①] 在他杀了邓肯之后，他又陷于极度的神经紧张之中，心惊肉跳，耳朵里又仿佛听见一个声音喊着"麦克白斯已经杀害了睡眠"，"麦克白斯将再也得不到睡眠！"自己这双沾满血迹的手，也使他惊恐万状，且听他说："这是什么手！嘿！它们要挖出我的眼睛。大洋里所有的水，能够洗净我手上的血迹吗？不，恐怕我这一手的血，倒要把一碧无垠的海水染成一片殷红呢。"这场戏事实上是全剧的高潮，麦克白斯的性格在这里表现得淋漓尽致。当然，这不是说他的性格在以后没有进一步的发展。他用阴谋暗杀和栽赃陷害、杀人灭口的手段攫取了王冠之后并未到此止步。权力使人腐蚀，绝对的权力使人绝对地腐蚀。为了维护和巩固他篡夺得来的权力，他不惜以血腥手段消灭一切被他怀疑为潜在威胁的过去的战友，用他自己的话来说，"以不义开始的事情，必须用罪恶使它巩固"，"我已经两足深陷于血泊之中，要是不再涉血前进，那么回头的路也是同样使人厌倦的"。但是，不断地杀人却并没有使他感到更为安全，在他伪善地为招待群臣而举行的盛筵上，他再一次产生幻觉，看到刚被他派刺客谋杀的大将班柯的鬼魂坐在他自己的座位上，使他大惊失色，在群臣面前大为失态，精神上几乎濒于崩溃。麦克白斯虽然最后败于众叛亲离，战死疆场，实际上在内心的痛苦折磨下早已是一个半死的人了。他对妻子说："我们为了希求自身

---

① 布雷德莱：《莎士比亚悲剧》，第 21 页。

的平安，把别人送下坟墓里去享受永久的平安，可是我们的心灵却把我们折磨得没有一刻平静的安息，使我们觉得还是跟已死的人在一起，倒要幸福得多了。”这个野心家和阴谋家费尽心机，用亲友和同伴们的尸体铺路，爬到了权力的顶峰。到头来却发现这毫无意义，直至决战之前他终于认识到这一点，说出了自己的心里话：“我们所有的昨天，不过替傻子们照亮了到死亡的土壤中去的路。熄灭了吧，熄灭了吧，短促的烛光！人生不过是一个行走的影子，一个在舞台上指手画脚的拙劣的伶人登场片刻，就在无声无息中悄然退下；它是一个愚人所讲的故事，充满着喧哗和骚动，却找不到一点意义。”莎士比亚对麦克白斯性格的刻画到这里才最后完成了。试问，一个人作了这么巨大的努力(尽管干的是坏事)，付出了这么高昂的代价，流了这么多的血，承受了这么痛苦的内心折磨，最终却是一场空，这难道不是悲剧性的么？

我们再来看麦克白斯夫人。这位贵夫人的权力欲似乎比她的丈夫还要强烈，她心狠手辣，不受任何道德观念的约束，用她自己的话来说，“我曾经哺乳过婴孩，知道一个母亲是怎样怜爱那吮吸她乳汁的子女；可是我会在它看着我的脸微笑的时候，从它的柔软的嫩嘴里摘下我的乳头，把它的脑袋砸碎”。她不仅是和麦克白斯一起策划弑君篡位的同谋犯，而且在某种意义上可以说是幕后的唆使者，因为当麦克白斯犹豫不定的时候，她指责他是懦夫，“宁愿像一头畏首畏尾的猫儿”，说“是男子汉就应当敢作敢为”，竭力怂恿他去暗杀邓肯。她又教她丈夫如何扮演两面派、伪君子以骗取信任，口蜜腹剑：“您要欺骗世人，必须装出和世人同样的神气；让您的眼睛里、您的手上、你的舌尖，随处流露着欢迎；让人家瞧您像一朵纯洁的花朵，可是在花瓣底下却有一条毒蛇潜伏”。在那可怕的月黑杀人夜，她的表现似乎比麦克白斯更坚强。当他谋刺国王后惊慌失措、无法自持时，她冷静沉着地叫他不要胡思乱想，去拿些水来，把手上的血迹洗净，一点点水就可以替我们泯除痕迹。她甚至还替他去把凶器放在两个熟睡的侍卫身旁，在他们身上涂一些血，以布置伪证，嫁祸于人。在整个谋刺过程中她始终保持清醒，冷酷无情，工于心计，面对流血惨状而镇定自若，真是一个了不起的“女强人”。她事前是做好充分思想准备的，请听她的独白："来，注视着人类恶念的魔鬼们！解除我的女性的柔弱，用最凶恶的残忍自顶至踵贯注在我的全身；凝结我的血液，不要让怜悯钻进我的心头，不要让天性中的恻隐摇动我的狠毒的决意！来，你们这些杀人的助手，你们无形的躯体散满在空间，到处找寻为非作恶的机会，进入我的妇人的胸中，把我的乳水当作胆汁吧！”这一段独白确实是绝妙的自供状，把这个毒如蛇蝎的女人的可怕的性格揭露无遗。但是，莎士比亚笔下的麦克白斯夫人却并不仅仅是这样的一个女人，如果仅仅是这样，她就成不了一个悲剧人物。问题在于，前面所述只是她的性格中的一面（虽然是主要的一面），实际上她的内心生活要比这复杂得多。她和丈夫合谋弑君篡位，欺骗了世人，掩盖了罪行，当上了王后，似乎如愿以偿，可是并没有得到她预想中的幸福，却反而失去了心理平衡。她在公开场合善于隐藏真实的自我，应付得很好，还帮助丈夫掩饰，但在一人独处时却吐露出自己的失落感："费尽了一切，结果还是一无所得，我们的目的虽然达到，却一点不感觉满足。要是用毁灭他人的手段，使自己置身在充满着疑虑的欢娱里，那么还不如那被我们所害的人，倒落得无忧无虑”。这个十分要强的女人，批评自己的丈夫在众人前失态，失掉了“男子气”，实际上内心里也遭受着痛苦的折磨，不过她的内心活动不像她丈夫那样以幻觉的形式、而是以潜意识的形式表现出来。我觉得，麦克白斯夫人的梦游症是全剧中最令人惊心动魄的场面之一。在寂静的夜晚，女主人公身披睡衣，手持蜡烛，面色惨白，双眼直勾勾地望着前方，一方面做着洗手的动作，一方面在自言自语，唠叨着自己手上总是有洗不净的该死的血迹，埋怨说手上还是有一股血腥气，所有的阿拉伯香料都无济于事。这种梦游症是她的心灵的揭示，在舞台上虽然没有迅猛的动作和激动的语言，但却比其他场面更深刻地暴露出隐藏在她的意识深层里的秘密。麦克白斯请医生替她治病，要求医生医治她的病态的心理，消除她的根深蒂固的忧郁和烦恼，“用一种使人忘却一切的甘美的药剂，把那堆满在胸间、重压在心头的积毒扫除干净”。医生则表示无能为力，说她并没有什么病，只是思虑太过、不断的幻想扰乱了神经，使她不得安宁，这只能靠病人自己去治。麦克白斯夫人最后的死也不是由于外部原因，而是她自己毁灭了自己。据我看，这倒应了《红楼梦》里的那句话：“机关算尽太聪明，反误了卿卿性命”。像这样一位精明能干的女性，本来可以做一番有意义的事业，却经不住权力的诱惑，把精力无谓地耗费在上层贵族社会的内部争斗上，到头来还是害了自己。我们把这叫作悲剧，不是有充分理由吗？

布雷德莱在论及莎士比亚的这部悲剧时曾经指出：“麦克白斯夫人原以为她能够把自己正在吃奶的小孩的脑袋砸得稀烂，后来却被一个陌生人的鲜血的气味一直追逐到死为止。她的丈夫原想跳过生活的轨道以取得王冠，后来却发现王冠为他带来了生活的一切恐怖。在这个悲剧世界里，不论在什么地方，人的思想一旦见诸行动，就转变为它的对立面……不论他梦想作什么事情，他最终达到的总是他最少梦想到的事情，那就是他本人的毁灭。”布雷德莱的这一看法是颇有见地的，指明了悲剧中事物向对立面转化的辩证法，而且到人物的性格中去寻求悲剧的原因。只是他对莎士比亚悲剧的实质的进一步解释是不能令人满意的，因为他未能摆脱传统的命运观念，把它和道德秩序联系起来，并给悲剧增添了一层神秘主义色彩。他对悲剧性格的分析脱离一定的社会历史条件，没有注意到性格本身是在客观环境的强大影响下形成的。当然，莎士比亚的悲剧并不忠实于历史，不能把它们当作历史来看，但他在塑造悲剧性格时，从来都是把特定的社会环境作为性格的形成和发展的客观条件。在《麦克白斯》里，虽然着墨不多，但一开始就通过女巫们之口点明了那时代的特征就是："美即是丑，丑即是美"。发生惨祸的那天晚上，出现了许多奇怪的凶兆，有人听见一个可怕的声音，"预言着将要有一场绝大的纷争和混乱，降临在这不幸的时代"。在战乱频仍，统治阶级内部互相争斗激烈，巧取豪夺，不择手段的社会环境下，人们的价值观念也发生很大变化，是非颠倒，真假难辨，美丑混淆，这正是培养阴谋家和野心家的温床。因此，像麦克白斯夫妇那样的人物的出现并非偶然。莎士比亚的伟大在于，他一方面通过个人的悲剧写出了时代的悲剧，另一方面则深入到个人的内心世界，揭示出最隐秘的心理活动，赋予他们以鲜明的个性，以高超的艺术手段使他们活生生地出现在舞台上。尽管世界文学曾经创造过不少阴谋家、野心家的形象，我们还是可以毫不费力地把麦克白斯夫妇从中辨认出来。这两个艺术形象之所以具有不朽的审美价值，其原因就在这里。

因此，在我看来，《麦克白斯》得以成为一部成功的悲剧，是由于莎士比亚成功地塑造了一对有血有肉的悲剧人物的形象，而这种人物性格在特定的社会条件下是有典型意义的。生活的逻辑比一切理论更强有力得多，莎士比亚没有读过亚里士多德的《诗学》，他的《麦克白斯》中的男女主人公都不符合《诗学》对悲剧人物的要求，[①]可是却符合于生活，而对于一部悲剧来说这就已经足够了。

至于说到《麦克白斯》这部悲剧给予我们以什么启示，或者说它起什么社会作用或功能的问题，那就更复杂一些，要作出恰当的回答也困难得多。几种传统的悲剧理论似乎都不太适用于这部悲剧，我们不妨来进行一番考察。

在美学史上影响最大的当然首推亚里士多德关于悲剧的"净化"作用的学说。照他的说法，悲剧唤起人们的怜悯与恐惧之情，这些情感是自然产生的，不能加以强制地消灭或压制，但过分强烈的情感不利于人们的心理健康，而通过悲剧则可以把这些过度的情感宣泄掉，给人以一种"轻松舒畅的快感"，同时又把自然情感保持在适度的范围内，使之得到正常的调节，符合于社会道德的要求。这就是悲剧的"净化"作用。如果用这一理论去解释《麦克白斯》，就很难说得通。首先，这部悲剧中的男女主人公不管怎样承受内心的痛苦，都未必能引起观众的怜悯，更不用说"过度"的怜悯

① 萨缪尔·约翰森在他编辑的莎士比亚著作集的前言中指出，莎士比亚不知道"古人的规则"。

了。其次,至于说到恐惧,那么当我们看到这部悲剧所揭露的人性中的罪恶的黑暗面时倒确有令人不寒而栗之感,这也正是该剧的成功之处,如果要"净化"它,那就反而会削弱悲剧的效果。因此,悲剧的"净化"作用论是不适用于《麦克白斯》的,即使按席勒对亚里士多德悲剧理论的修正的解释,也还是不能适用,因为席勒虽然不再谈"净化"作用,可是他坚持认为悲剧的目的在于唤起人们的同情心,①而这恰好是同《麦克白斯》背道而驰的。

在历史上可以和亚里士多德的学说并驾齐驱的是黑格尔的悲剧理论。黑格尔用矛盾冲突的辩证法观点去看悲剧,这是他比别人高明的地方,不过他把悲剧的本质看作不同伦理力量之间的冲突,斗争的双方是同样正义的,但由于各自有片面性,因而又都是不正义的,并要为了自己的片面性而受到惩罚,个人作为伦理力量的代表者由于坚持这种片面性而遭到毁灭,但通过悲剧人物的毁灭,片面性就被扬弃了。于是矛盾达到了和解,最后是永恒正义取得了胜利。显而易见,黑格尔的理论也完全不能解释《麦克白斯》,因为这部悲剧里的主人公们尽管有其一定的才华,却根本谈不上代表什么伦理力量,他们所犯的罪也决不是由于什么片面性。其实,黑格尔自己也意识到,他的这一套理论只适用于古希腊悲剧(严格地说,也不是所有的古希腊悲剧,而只是适用于像索福克勒斯的《安提戈涅》那样的悲剧),并不适用于近代悲剧,因为近代悲剧一开始就在自己的领域里采用主体性原则,把人物的主体方面的内心生活作为对象和内容,而不像古典悲剧那样去体现一定的

① 参看席勒:"论悲剧艺术"一文。

伦理力量。[1] 莎士比亚悲剧的特点恰恰在于深刻地刻画主体的内心生活，在这方面黑格尔的理论是无能为力的，它不仅解释不了《麦克白斯》，而且也解释不了《哈姆雷特》和《李尔王》。

坚决反对黑格尔悲剧理论的有俄国的车尔尼雪夫斯基，他对黑格尔的批判是有力的，可是他自己提出的悲剧定义也完全不能令人满意。他认为，"悲剧是人生中可怕的事物"，悲剧中没有任何必然性。[2] 说悲剧是人生中可怕的事物，这并不错，可是它过于一般化，不能说明任何问题，也很难给人以什么有益的启示。就拿《麦克白斯》来说，剧中发生的一系列事件，从一开始女巫们的阴森的预言到接二连三的血腥的谋杀，直至最后主人公的战死，无一不是人生中的可怕的事物。因此，与这些事件有关的一切人物，不仅是麦克白斯夫妇，而且连被害的邓肯、班柯、麦克德夫家属等人也都是悲剧性人物了。这就使悲剧的范围过于宽泛，而丧失了它的特定的意义。普列汉诺夫曾批评车尔尼雪夫斯基的这种观点，指出人生中的一切可怕的事物并不都是悲剧性的，构成悲剧还需要有其他的因素，而真正的悲剧是以历史必然性的观念为基础的。[3] 像车尔尼雪夫斯基那样否认悲剧中的必然性，就只能把麦克白斯的所作所为解释成由于偶然遇见女巫、受她们挑唆而偶然造成的结果。这样去看这部悲剧显然是一种非常肤浅的理解。

奇怪的是，车尔尼雪夫斯基对悲剧的看法在某些方面与黑格

① 参阅黑格尔：《美学》，第3卷（下册），商务印书馆，1982年，第319页。

② 参阅车尔尼雪夫斯基的学位论文《艺术与现实的美学关系》。

③ 参阅普列汉诺夫：《尼·加·车尔尼雪夫斯基》，《普列汉诺夫哲学著作选集》，第4卷，三联书店，1974年，第67页。

尔的另一个反对者叔本华有相近之处，虽然他们在基本的哲学倾向方面是完全相反的。叔本华也认为，悲剧的目的就是要展示生活的可怕方面。正是在悲剧中，人类的各种痛苦和不幸、恶的胜利、偶然事件对人的嘲弄、正义者和无辜者的毁灭等等，都残酷无情地呈现在人们面前。但是，叔本华的结论则和车尔尼雪夫斯基截然不同，他要通过悲剧使人们认识到这个世界根本就没有什么正义，生活本来就是一场恶梦，因此他劝人们不仅要抛弃生活，而且要根本抛弃生活的意愿，说什么悲剧的精神正在于把人们引向"退让"的思想，使之心甘情愿放弃生活之欲，这样就获得解脱而得到快感。[①] 但是，叔本华的这种悲观主义理论是和莎士比亚悲剧的精神完全格格不入的。莎士比亚虽然对社会与人生的阴暗面有深刻的认识和揭露，尤其是在《麦克白斯》、《李尔王》和《哈姆雷特》等悲剧中对生活中的丑恶和虚伪进行了无情的鞭挞，然而他决不全盘否定生活，决不把人们引向对生活的绝望，而是重新确立起对生活的美好的信念和信心。就这一点而论，尼采对叔本华的批评倒是有理的，他认为悲剧决不是为悲观主义服务，"悲剧决不教人退让"[②]。因此，在我看来，用叔本华学说去解释《麦克白斯》也将是徒劳的。

除了一些从哲学上去解释悲剧的理论以外，还有人企图从心理学的角度去说明悲剧，例如英国经验派的休谟和柏克。他们感兴趣的主要是悲剧欣赏所取得的情感经验，即何以能产生悲剧快

---

① 参阅叔本华：《作为意志和表象的世界》。

② 尼采：《权力意志》，纽约，1968 年，第 434－435 页。

感的问题。[1] 研究这类问题是有意义的,但却无助于在更深的层次上揭示悲剧的本质。以我观看《麦克白斯》后的亲身体验来说,所得到的决不是什么快感,它的效果倒是使人心情沉重,发人深思。所以我倒赞成现象学派麦克斯·舍勒在"论悲剧现象"一文中提出的意见:且把悲剧给人造成什么情感效果和为何人们能欣赏悲剧的问题撇在一旁,而去认真地研究一下什么是悲剧的问题。[2]

考察了以上这几种西方主要的悲剧理论,我感到竟没有哪一种理论可以圆满地解释《麦克白斯》,这给予我这样的启示:现实生活是无限地丰富多彩的,艺术也同样如此,哪怕是高度抽象的理论也难以概括所有特殊的生活现象和艺术现象。《麦克白斯》这部悲剧正是非常特殊的艺术作品,要理解它不应求助于某一种悲剧理论,而应求助于生活本身。悲剧的力量不在于美学家们为它设定的种种规则和这样那样的功能,而在于它真实地反映了生活。整个世界都充满着矛盾,人类社会以至个人生活也不例外,而一切发展都是通过矛盾和斗争而进行的。因此,人们所经历的道路往往不是平坦笔直、一帆风顺,有时难免会有崎岖曲折、艰难险阻。在人生的历程上,既有前进、成功和欢乐,也有后退、失败和痛苦。这样看来,悲剧性的因素是内在于世界发展进程的,是客观地存在于社会生活和个人经历中的。当人的主观意愿和由他的行动所造成的客观后果不相符合或甚至正相反的时候,他往往要为此而付出

---

① 休谟在《论悲剧》、柏克在《我们关于崇高与美的观念的起源的哲学探讨》中都讨论过这样的问题。

② 当然,舍勒也只是提出了而未能解决这个问题。

沉重的代价和牺牲，这就是形成悲剧的生活基础。悲剧从一个侧面揭示了客观世界的一个本质的方面，使人更深刻地认识社会，认识生活，也认识人自己。由于悲剧这种艺术形式特别容易唤起人们强烈的激情，所以它常常能够起到其他艺术形式所起不到的作用。与其他成功的悲剧演出相比，看了《麦克白斯》也许不大可能使人感动落泪，可是它却更为深沉，给人以一种说不出来的压抑感，甚至最后阴谋家的覆灭也并没有真正带来欢庆，因为在这场浩劫过后留给人们的依然是一个被权欲和野心玷污了的世界。我想，一部悲剧所引起的思考远比眼泪更重要，其作用也更深远。莎士比亚的悲剧之所以令人回味无穷，这恐怕也是原因之一吧。

结束了在斯屈拉福德的参观访问之后，我们驱车前往考文垂，在那里转乘火车返回伦敦。利用候车的两小时，我们在夜色苍茫中匆匆地对这座城市作一巡礼。考文垂在第二次世界大战中是德国纳粹空军进行毁灭性轰炸的重点目标，城市的大部分都毁于战火，以此而闻名于世。经过战后许多年的重建，如今已看不到什么战争的痕迹了，唯一保存下来的废墟是该市著名的大教堂遗址，想必是为了教育后人莫忘那场残酷的战争吧。废墟旁矗立着一座新建的大教堂，那是与传统风格迥然不同的巨大的现代化建筑，里面宽敞明亮，伴随着管风琴的演奏，唱诗班正在排练，准备迎接临近的圣诞节。当我参观后走出教堂来到那一片废墟时，仿佛走进了另一个世界。在惨淡的月光下漫步于断垣残壁之间，听着远处传来教堂里悠扬的音乐声，真是别有一番滋味在心头。我突然又想起昨晚观看的《麦克白斯》，追求统治世界的无边的权欲和野心曾经毁灭了多少美好的事物，制造了多少悲剧啊！我面前的这些饱经战火洗礼的残缺的石柱便是证明，它们仿佛是在默默地诉说着人间的罪恶。尼采说，悲剧死了。不，悲剧并没有死，麦克白斯也没有死，他的幽灵还在世界上游荡，只要这个世界不彻底改变，还会演出一幕幕这样的悲剧来。

马奈:《莫奈和夫人在浮动画室》

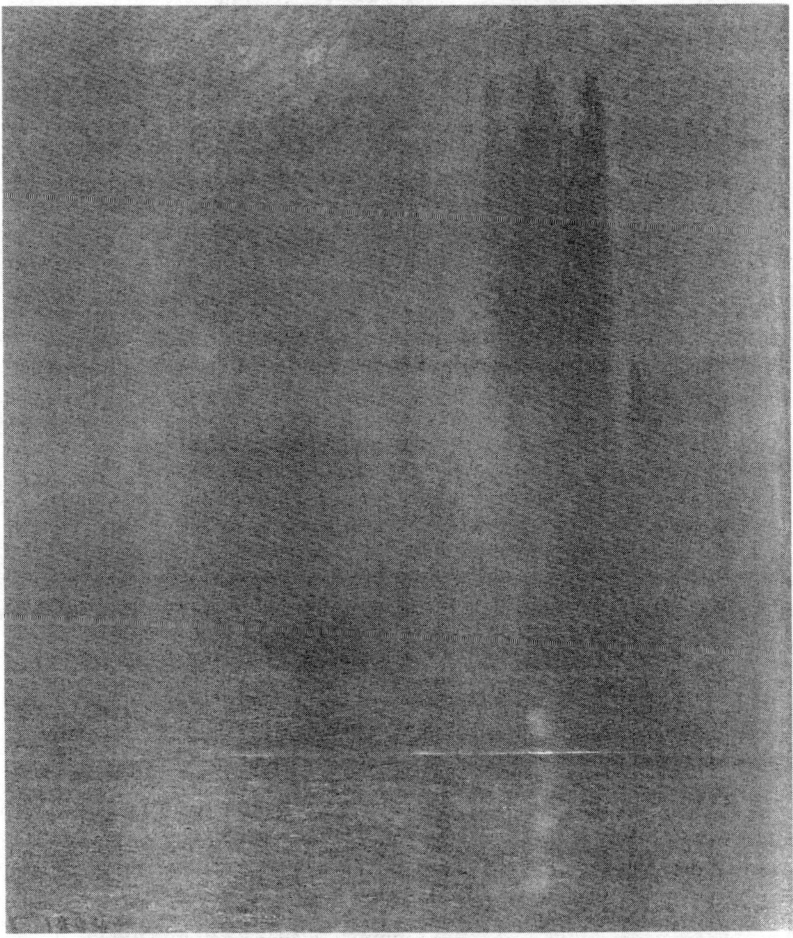

莫奈:《伦敦国会大厦》(1904)巴黎奥塞美术馆

莫奈:《睡莲》组画之一

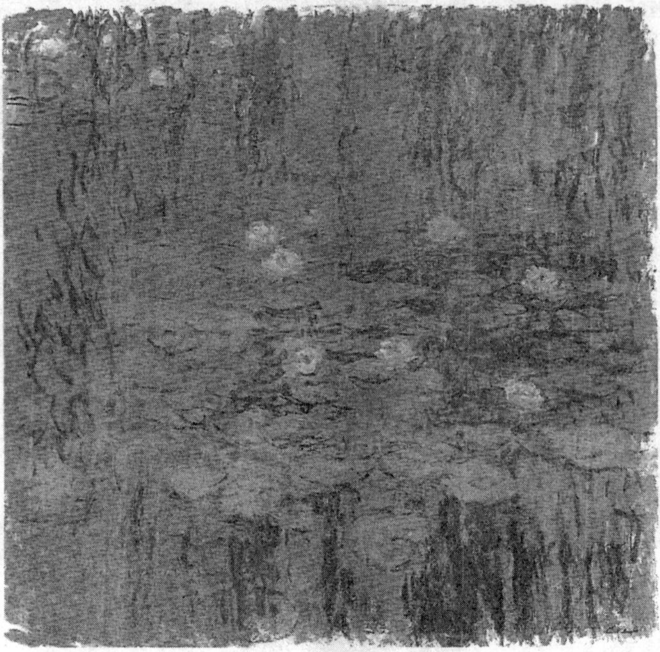

莫奈:《蓝色睡莲》(1916-1919 年) 巴黎奥塞美术馆

莫奈：《蒙基隆的池塘》(1876-1877 年) 圣彼得堡埃尔米塔日博物馆

修拉:《大碗岛的星期日下午》(细部特征)

修拉:《大碗岛的星期日下午》

修拉:《模特》

高更:《塔希提田园风光》(1893 年)　圣彼得堡埃米尔塔日博物馆

塞尚:《圣维克多山》

塞尚:《吸烟者》(1895-1900 年) 圣彼得堡埃米尔塔日博物馆

塞尚:《苹果与篮子》(1890-1894 年) 圣彼得堡埃米尔塔日博物馆

塞尚:《窗帘前的静物》(1898-1899 年) 圣彼得堡埃米尔塔日博物馆

塞尚:《蓝色花瓶》

雷诺阿:《拿扇子的女郎》(1880 年) 圣彼得堡埃米尔塔日博物馆

凡高:《自画像》(1889 年)　巴黎卢浮宫

凡高:《果园》(1888 年)　阿姆斯特丹凡高博物馆

凡高:《麦田上的乌鸦》(1890 年)　阿姆斯特丹凡高博物馆

凡高:《夜晚室外的咖啡馆》

凡高:《吃土豆的人》(1885 年) 阿姆斯特丹凡高博物馆

对印象派绘画的一些印象

——奥赛博物馆观后感

最近一次去巴黎之前，有位朋友对我说："你务必要想法去看一看新落成的奥赛博物馆，去那里参观真是一种艺术享受。"遵照他的劝告，我在进行学术访问时忙里偷闲，特地登门造访，确实不虚此行，在那里度过了一个愉快的下午。

奥赛博物馆并不是新造的建筑，它是利用一个弃置不用的旧车站改建而成的，经过巧妙的改造和装饰，成为非常适合于艺术展览的场所，显得十分漂亮、高大、宽敞、明亮。奥赛博物馆的展品是以原先著名的网球场博物馆的收藏为基础而加以扩充的，仍然以法国印象派的作品为主。老实讲，以前的网球场博物馆虽然一直以印象派艺术的宝库著称于世，可是那里并不适宜于展出印象派的绘画。它本来是奉拿破仑三世之命于 1862 年修建的专供贵族游玩的室内网球场，地方不够宽敞，光线欠佳，使人感到闷气。据说这正是法国大革命的恐怖时期罗兰夫人上断头台的原址，到那里去参观不禁会想起她临刑前发出的"自由，自由，多少罪恶借汝之名以行！"的感叹。相比之下，现在的奥赛博物馆要好得多，它的环境和气氛与印象派艺术更为协调，使印象派绘画所特有的优点更能得到充分的发挥。

到了奥赛博物馆，只见大门口早已排起了一字长蛇阵。在法国，排队现象是不常有的，为了参观艺术展览而排长队更属少见。前些时候我去威尔逊总统大街的国立现代艺术博物馆参观时，那里的展品尽管是世界第一流的，观众却寥寥无几，与这儿门庭若市的景况恰成强烈的对照。有人也许会以阳春白雪、下里巴人为理由来解释这种现象，这可能有几分道理，因为20世纪某些西方现代艺术流派的作品确实荒诞不经，光怪陆离，难以理解，使人望而却步，不敢问津。可是印象派艺术却决不是像波普艺术那样的通俗的玩意儿，它之所以能够吸引广大的观众，并不是因为它粗浅庸俗，而是由于它具有雅俗共赏的艺术特质。因此，印象派成为西方社会里人们普遍喜爱的影响极大的艺术派别并非偶然，而是有其深刻原因的，这原因只有当你亲眼欣赏了他们的作品之后才能有所理解。

奥赛博物馆似乎就是为了使人们可以更充分地全面理解印象派艺术而设立的。它的陈列自然以印象派的作品为中心，但并不仅限于这个派别。博物馆的第一部分是从19世纪中叶的一些流派和艺术家的创作开始的，首先是新古典派的安格尔、浪漫派的德拉克洛瓦和1850-1880年间的历史画和肖像画，其次是杜米埃的讽刺画、柯罗和巴比松画派的米勒、卢梭，接着是写实派大师库尔贝以及夏凡诺、莫罗的作品，然后是德加、马奈、莫奈、巴齐依、雷诺阿等人在1870年以前、亦即他们加入印象派阵营之前的作品，还有与马奈关系密切的方丹-拉托尔和在巴黎走向成熟的美国画家威斯特勒的绘画以及当时的一些户外风景画。楼上是展览的核心部分，这里荟萃着法国印象派的珍品，是整个博物馆的精华所在，真可谓琳琅满目，美不胜收。在这第二部分展品中有莫奈、雷诺阿、毕沙罗、西斯莱、基约曼等人的代表作和德加、马奈的1870年后的作品，还有新印象派修拉、西涅克、克罗斯、雷当等人以及图鲁兹-劳特累克的一些杰作，印象派之后的代表人物凡高、塞尚和高更的作品也有陈列，直到19世纪末至20世纪初的其他一些画家如亨利·卢梭、贝尔纳和纳比派的作品。博物馆的第三部分的展品相对地说比较薄弱（可能是因为避免和其他博物馆重复），主要是1900年以后的一些流派如自然主义、象征主义、新艺术派（Art Nouveau）的作品，但也清楚地展示了西方艺术在20世纪发展的新趋向。我觉得，博物馆的整个陈列是相当成功的，比原来的网球场博物馆更好，因为它能帮助观众更易于理解印象派艺术的渊源、形成和发展，知道它的前因后果和来龙去脉，使人们更清楚地认识它在现代西方艺术发展中的影响和地位。尤其是，博物馆的展品虽然以绘画为主，但还有雕塑和装饰艺术，甚至有19世纪下半期的一些著名建筑的模型，这就使一般观众能够对那个时代的整个文化艺术氛围有个粗略的概念，从而加深对印象派绘画的理解。通过这次参观，我自己感到不仅得到了一次艺术享受，而且对印象派艺术有了进一步的认识。我不是研究绘画的专家，谈不出像吴甲丰先生在《印象派的再认识》一书中所发表的那种真正内行的意见，只能说一点感想，算是看了印象派绘画后得到的一些印象吧。

一

我的第一个印象是感到印象派的出现是一种合乎规律的艺术现象，一方面印象派是近代西方艺术发展中的一个转折点或根本变革的开始，另一方面它又是这一发展的必然结果，是经过长期酝酿而成熟的产物。且看印象派诞生前的整个艺术发展的状况吧。西方绘画艺术自从文艺复兴以后得到了迅速的发展，进入了繁荣时期，首先是在意大利，然后逐渐扩展到欧洲其他国家和地区，产生了一系列举世闻名的伟大画家和众多的画派，并且形成了一套共同遵守的规则、技法和传统。但是，到了 18 世纪末 19 世纪初，西方绘画艺术在传统框架内的发展差不多已经走到了尽头，除非对传统来一个重大的突破，就很难继续前进。当时人们虽然按习惯还是把意大利当作西方世界艺术的中心，可是实际上那里的创造性动力已经枯竭，中心的地位已逐渐向法国转移。法国大革命来得非常及时，它不仅在欧洲历史上展开了新的一页，而且也为西方艺术的发展提供了新的动力。这场改变了整个欧洲面貌的革命，也同时改变着人们的观念和审美趣味，使艺术得以从过去的传统中解脱出来。法国革命的艺术代言人、画家达维德明确地把攻击的矛头指向代表传统势力的皇家美术学院，他在国民公会上大声疾呼："让我们以人类的名义，为了正义，为了有生命的艺术——首先是为了青年，结束所有一切有害的学院吧；在一个自由人的社会里，它们是不允许存在的。"这种对传统的挑战首先表现在绘画题材的选择上，过去传统的学院派绘画的题材是有很大限制的，它们主要取自圣经故事和有关圣徒们的传说，或者来自古希腊罗马神话和历史传说，再就是一些家喻户晓的寓言故事，肖像画也大多是帝王将相和社会上层人物。法国大革命打破了这种局限，大大地扩展了绘画题材的范围，现在艺术家可以自由地选择他感兴趣的题材，去自由地表现历史事件、时事以至文学虚构和人们日常生活中的场面。他们现在有更大的自由去通过创作充分地发挥自己的想象力，表达自己的看法，表现自己的艺术家的个性。这可以说是一次思想的解放，当然思想解放不是一下子完成，而是逐步进行的。就拿达维德的名作《马拉之死》来说，画家把这位遇刺牺牲的革命领袖、"人民之友"描绘成为了自由的事业而殉难的烈士，对当时群众起了直接的鼓动作用，把画笔当作武器，这在过去是难以想象的。可是在艺术方面却基本上还是遵循古典派的传统表现方法，本来死在浴盆里的场景并不适宜于表现人物的尊严和伟大，达维德却参照古希腊罗马雕塑的表现方式，尽可能排除一切无关的细节，而集中于表现本质的东西，通过描绘这一悲剧性的场面而充分展示一种简朴而庄严的美。达维德力求借助于历史的和现实的题材去歌颂英雄气概，这是适应法国大革命的需要，正如马克思所说："不管资产阶级社会怎样缺少英雄气概，它的诞生却是需要英雄行为，需要自我牺牲、恐怖、内战和民族间战斗的。在罗马共和国的高度严格的传统中，资产阶级社会的斗士们找到了理想和艺术形式，找到了他们为了不让自己看见自己的斗争的资产阶级狭隘内容、为了要把自己的热情保持在伟大历史悲剧的高度上所必需的自我欺骗。"[①]达维德是最明显的一个例子，当现实生活难以满足他时，他就到古罗马历史中去寻找英雄主义的诗情，但归根到底还是为了要激励当代人的革命热情。随着法国革命浪潮的衰退，已经掌握了政权的资产阶级不再需要为事业献身的英雄主义，

① 《路易·波拿巴的雾月十八日》，《马克思恩格斯选集》，第1卷，人民出版社，1995年，第586页。

古典派在艺术中的统治也就临近末日了。在达维德的后继者安格尔的作品中，已经看不到那种震撼人心的激情，他在绘画技巧上也许更加成熟，有的画也确实很美，可是思想内容平庸，带有拘泥于规则的学究气，并且给人以一种华而不实的感觉。这说明古典派已经发展到尽头了，它已不能继续推动艺术前进，反而成为束缚艺术的新的桎梏，所以后来作家维克多·雨果指责说，达维德是“法国艺术的断头台”，他是站在继起的浪漫主义的立场上这样说的。

第一个向古典主义的统治提出挑战的是一位年轻的画家席里柯，他在 1819 年展出的一幅画《梅杜萨之筏》取材于当时引起人们热烈争议的一次海难事件。[①] 这幅画在各方面都不符合古典派的要求，主题既不崇高，亦非古代轶事，而属于时事新闻的范围。它所描绘的人物形象也毫无古典派所推崇的那种肃穆宁静的神态和高尚的情操，画面上那些半裸的人体互相纠缠在一起，像发热病似的表现出垂死挣扎的狂暴的生命力。由于这幅画明显地背离古典主义的原则，所以有的研究者认为它在法国绘画史上标志着一种新的艺术方法的出现。不过席里柯的画展出后虽然在公众中引起了强烈的兴趣和反应，在当时艺术家和评论家的圈子里却十分孤立，受到他们普遍的指责，使这位画家极感失望，甚至说他将永远不再作画。他不得不背井离乡，远走异国，英年早逝，年仅三十三岁。可是席里柯的冲击所造成的影响却无法消除，终于发展成为

---

① 法国船梅杜萨号在海上遇难，149 人登上救生筏，但最后获救的幸存者仅 15 人。在等待救援期间曾发生人吃人的现象，此事在报刊上报道后引起轩然大波，关于事件的责任问题争论不休，有人猛烈抨击当局的官僚主义作风。

一股强大的浪漫主义的浪潮，浪漫派的首领德拉克洛瓦最初就是受到席里柯的启发而走上自己的艺术道路的，用他自己的话来说，他看了《梅杜萨之筏》后兴奋万分，“像一个疯子那样在巴黎街道上奔跑”。他的第一幅被“沙龙”接受展出的画《但丁的小舟》显然是在席里柯的影响下创作的，它打破陈规，充分发挥自由想象，引起了保守派的愤慨，而被斥之为“荒谬，夸张，令人讨厌”。然而他在1824年“沙龙”展出的第二幅画《希阿岛的屠杀》却引起了更大的争议，有人干脆把它说成是“对绘画的屠杀”，咒骂作者是野蛮人和“丑的倡导者”。这幅画确实与古典主义相距甚远，可以说是浪漫主义的代表作。德拉克洛瓦把当时希腊和土耳其的战争中悲惨残酷的一幕表现在巨幅画面上，他不像古典派画家那样注重理性，而是让感情自由地流露出来，把人的苦难表现得淋漓尽致。特别是在用色方面，他和古典派迥然不同，把色彩由辅助手段上升为绘画的主角。在技法上他不仅参考过去的威尼斯画派和鲁本斯，而且直接受到当时在“沙龙”里展出的英国画家康斯太勃的作品的启发，在《希阿岛的屠杀》这幅画上增加新的色彩，取得了光和色的强烈效果①。德拉克洛瓦在以后的一系列作品中（例如《萨达那派洛斯之死》、《自由引导人们》等），进一步打破了古典主义的条条框框，运用鲜明的色彩和纵横笔触，充分表现光色变化，在绘画中灌注强烈的激情。尽管艺术界对德拉克洛瓦的评价不一，一直存在着争议，但古典主义的统治已经从根本上被动摇了。

---

①　有的研究者把这件事看作以康斯太勃和透纳为代表的英国画派对法国印象派的影响的开始。

正当古典主义传统在浪漫主义的严重挑战下摇摇欲坠的时候,又受到了一股新浪潮的强有力的冲击。这新浪潮就是以库尔贝为代表的现实主义(或译写实主义)。其实,关于现实主义的思想产生比较早,还在1833年,拉维龙和加尔巴卓就曾表述了这一艺术派别的创作原则:“我们要求于艺术家的,首先是现代意义,因为我们希望艺术家能够对社会发生影响,把社会引上进步的道路;我们要求艺术家表现得真实,因为要让人们看得懂,就必须接近生活。其他一切东西,我们再说一遍,都属于空想和抽象的范围。”[①]但是,真正推动现实主义绘画发展的是1848年法国革命,这次推翻七月王朝、建立第二共和国的群众运动实际上是法国大革命的余波,经过反复的较量,资产阶级才真正执掌了政权。适应于新兴资产阶级的要求,当时一批倾向进步的艺术家毅然走出画室,来到民间,并用新的眼光观察自然。他们不再到神话和帝王将相的历史故事中去寻找题材,而在绘画中如实地反映普通人的日常生活和直接观察到的自然。他们反对矫揉造作的虚饰的美,而追求素朴的真实。如巴比松派的风景画,米勒描绘农村生活的作品(像著名的《拾穗者》等)都是明显的例子。但是,现实主义的最杰出的代表还是库尔贝,这不仅是因为他创造了“现实主义”这个名词,[②]而且因为只有他充分自觉地把它作为一种新的艺术理论原则而提出来,并在自己的艺术实践中加以贯彻。首先,他在题材上彻底打破

① 转引自文杜里:《西欧近代画家》,上册,人民美术出版社,1979年,第173页。

② 1855年,库尔贝为了与传统的学院派唱对台戏,有意标新立异,在当时巴黎的世界博览会对面举办个人画展,展出他的近四十幅绘画,在门口写着:“库尔贝:现实主义”。研究者一般把这看作现实主义成为一种艺术潮流的标志。

了过去的清规戒律。几个世代的法国画家一直把普桑的一句名言“必须选择一个摆脱日常生活尘垢的高雅的题材”奉为圭臬，库尔贝却反其道而行之，着意去描绘那些普通的劳动人民(《石工》)和民间生活场景(《奥尔南的葬礼》，它打破了过去巨幅画只能表现“高贵”题材的不成文的惯例)。在艺术上，他极力主张创新，认为“艺术家的最珍贵的东西就是他的独创性、他的独立性”，甚至提出“应该把博物馆关闭二十年，让今天的画家可以开始用他们自己的眼睛去看世界”。他自己说，“我画我所看到的东西”，“我按自己的理解去描绘我们时代的风尚、观念和面貌，去创造活生生的艺术，不仅是作为一个画家，而且是作为一个人”。库尔贝在理论上也对他所理解的现实主义作了明确的阐明，他说:“美在自然之中……画家无权对自然的表现增添什么，无权改变自然的形式从而削弱它。自然提供的美高于一切艺术公认的标准。这就是我关于艺术的信念的基础”。他自称是“纯粹的现实主义者”，主张忠于实际存在的现实。他尊崇现实而否认空泛的抽象的理想，认为现实主义的原则就意味着对这种理想的否定。在他看来，“现实主义本质上是民主的艺术。它是靠表现艺术家能够看到和把握的东西而存在的。绘画是一种全然物质性的语言，抽象的或隐藏着的东西是不属于它的”。库尔贝的这些理论观点使人想起俄国革命民主主义者车尔尼雪夫斯基，他们不仅在美学思想方面相近，而且在社会政治观点方面也颇有相似之处，如激进的民主思想、平民主义、倾向于社会主义(在当时条件下当然是空想社会主义)等等。他们的个人生活道路也同样坎坷，不过库尔贝要幸运得多，他对西方艺术发展的巨大影响至今为人所公认。在库尔贝之后，西方艺术的根本

库尔贝:《石工》

变革已经是不可避免的了。他自己也多少意识到这一点,用他的话来说,“我使整个世界茫然不知所措。我不仅战胜了古代人,而且也战胜了近代人”,“我使艺术世界惊恐万状”。

浏览了奥赛博物馆的第一部分展品,我感到对印象派产生的艺术背景有了更深的理解,这部分陈列可以说是印象派的酝酿和准备的阶段。只要不抱成见,看了这些19世纪中叶不同艺术流派的作品就不难懂得,印象派的出现决不是偶然的,决不是一批“堕落的”艺术家一时心血来潮、标新立异而臆造出来的。我很赞成吴甲丰先生的看法,印象派的产生“遵循着不以人们意志为转移的客观规律,无论你喜欢它也罢,赞扬它也罢,咒骂它也罢,它总是要产生的”。这是一种客观的科学态度,我们研究艺术史就需要这种态度。

二

在把印象派和它以前的各个艺术派别的作品作一对比后，我所获得的另一个印象是：它既是对传统的一定的继承，又是对传统的背叛与革新。我觉得，决不能简单地把印象派看作脱离西方艺术发展大道的"异端"，仿佛它的出现造成了优秀传统的断裂。尽管当它呱呱落地时曾引起各种非议和嘲讽，但实际上它是当时西方绘画艺术在已取得的成就的基础上进一步向前发展的必然结果，它和以往的艺术传统还是有着这样或那样的内在联系。印象派的画家们大多倾向于现实主义画派，尤其是尊崇库尔贝。他们也在不同程度上受到浪漫派画家以及英国画派（特别是透纳）乃至当时传入欧洲的日本绘画的影响。所以印象派并不是凭空冒出来的，而是吸收和综合了既有的一些艺术因素后完成的一次新创造。就拿印象派所特别擅长的对自然的描绘来说吧，他们对待自然的基本态度其实是和现实主义派一脉相承的。现实主义派直接把自然当作范本，而浪漫派在很大程度上也抱有这种看法，他们都主张要在自己熟悉的世界里选取题材，强调要依靠自己直接的视觉经验去表现自然，反对过去学院派在描绘自然事物时所遵循的关于构图和用色的固定不变的人为的规则。他们不是在画室里按陈规和想象去作画，而是到户外阳光下按自己肉眼所看到的去描绘自然，像库尔贝所主张的那样，结果就在绘画领域中完成了一些很令人振奋的重大发现。

在我们今天看来，画家按自己所看到的去进行创作，这似乎是合情合理的事，可是在当时却被视为大逆不道的狂妄行为。印象派的先行者马奈作于1863年的两幅画曾引起轩然大波，遭到暴风雨般的抗议和指责，便可说明一个艺术上的新事物要得到人们的承认是多么困难。那一年拿破仑三世为了显示自己的“开明”，平息人们对保守的学院派把持的官方“沙龙”评审会的不满，下令举办“落选作品沙龙”。马奈把题为《沐浴》(Le Bain)的一幅画(后改名为《草地上的午餐》)送去展出，引起了前往参观的拿破仑三世及其皇后欧仁妮的极大反感。趋炎附势的评论界随即发动了一场围剿，群起而攻之，从各个方面把这幅作品说得一钱不值。两年后，马奈把另一幅画《奥林匹亚》送去展出，又遭到了他们的恶毒攻击和谩骂。现在这两幅画都陈列在多尔赛博物馆里，成为人们愚昧保守的历史见证。我在它们面前思索良久，反复琢磨，为什么这两幅今天看来极其平常的画在当时竟会掀起这么大的风波？据我看，这可能主要是由于两方面的原因。首先是因为马奈对社会传统观念提出了大胆的挑战，法国贵族资产阶级上流社会尽管道德沦丧，人欲横流，可是那些内心里男盗女娼的伪君子们表面上却偏要装扮成道貌岸然的道德捍卫者。[①]《草地上的午餐》这幅画里有两个衣冠楚楚的绅士和一个裸体的妇女一起坐在林间草地上野餐，附近池塘边还有一个半裸的少女正在洗浴，这在那些“卫道士”看来简直是不能容忍的伤风败俗的“下流”。《奥林匹亚》画的是一个躺在床上的俗气的裸体女人，配上站在床边的手捧鲜花的黑人女仆和一头竖起尾巴的黑猫，那裸女的骄矜冷漠的目光和坦然自

① 这在巴尔扎克、司汤达、左拉等人的小说里得到了淋漓尽致的描写。

若的神态似乎是在公然蔑视上流社会的虚伪道德说教。无怪乎这两幅画激起了那些“正人君子”的愤慨，因为他们本能地感觉到这是对他们所维护的传统道德秩序的讽刺。其次，马奈在绘画艺术技巧方面的创新也是当时墨守成规的保守派所无法接受的，他违

马奈：《草地上的午餐》

反传统的画法，直接用黑色入画，与人体的明亮的色彩形成强烈的对比。这些画缺少精心润饰的光滑的表面和完美地勾画的轮廓，而是用最单纯的方式去表现我们的视觉经验，有时甚至用平面平涂来处理色彩和光线，因为马奈意识到人的肉眼所看到的只是有色的平面所构成的形式。对他来说，重要的并不是看到的是什么，而是以怎样的方式去看和怎样去表现自己所看到的东西。他所要求的是观察方法的自由和表现方式的自由，反对束缚着艺术家头

脑和手脚的陈规俗套。他曾经自我表白说,他的反对者"都是以传统观念来理解绘画的形式、手法和观点的,他们从不承认其他的理解方法。他们在这方面表现了一种幼稚的偏见。除了他们的公式,一切都毫无价值。他们不仅成了批评家,而且也成了反对派,并且还是积极的反对派……马奈先生一向承认别人的才识,从不妄想消灭先前的绘画或创造新的绘画。他只不过是要做他自己,而不要做某一个别人……"①

我以为,马奈主张一个画家"要做他自己,而不要做某一个别人",提倡用自己的眼睛去看世界,以自己的方式去解释和表达他所描绘的现实,这对印象派的出现起了决定性的催生作用。实际上,印象派在西方绘画史上的真正意义也就在于它朝着马奈所指出的方向坚定地迈出了最初的一步。这一步看似简单,实则不然,因为它标志着西方艺术发展中的一个重要的转折,意味着艺术家的自我意识的新的觉醒和艺术个性的进一步发扬。对艺术家来说,这是又一次思想解放,然而它又必然会和人们所习惯的传统发生冲突,被看作对传统的反叛。其实,在那个时代里新的一代艺术家中间,对传统的反抗意识是相当普遍的,正如文杜里所说,"当时,每一个头脑清醒的年轻人都曾是一个造反派",不过印象派画家们的叛逆精神主要只表现在绘画上而已。当马奈首先起来发难的时候,虽然获得一批激进的青年艺术家的热烈响应和拥护,在知名的文化人士中却得不到理解和支持。甚至对他的艺术抱有好感的朋友诗人波特莱尔也并不理解他,错认为他属于过去而不属于

① 引自文杜里:《西欧近代画家》,下册,1979年,第4页。

未来。唯一的例外是作家左拉,只有他认识到了马奈的艺术革新的意义,还在1866年他就写了一系列评论文章,无情地攻击那些统治画坛和"沙龙"的旧派艺术家,不遗余力地赞扬马奈,他当时就预言《奥林匹亚》这幅画将来总有一天会挂在卢浮宫内,[①]有些人认为这简直是疯话,可是历史却终于证明了究竟谁具有艺术上的真知灼见。

莫奈:《日出·印象》

① 1907年,当时法国的总理克里孟梭下令把这幅画陈列在卢浮宫,实现了左拉的预言。

在马奈的影响下，一群对学院派传统心怀不满的不知名的青年画家集合在一起，形成了后来的所谓印象派。他们之中有些人以后成为名人，如莫奈、德加、雷诺阿、毕沙罗、西斯莱、塞尚和女画家摩莉索(她是马奈的亲戚)。这些画家并没有统一的纲领或理论，艺术风格也不一样，本来很难说得上组成一个严密的画派，只是由于他们有着反传统的共同倾向，又同病相怜，都处于受排斥的地位，因此联合起来举办"无名艺术家"的作品展览会。他们的精神领袖马奈虽然为这次展览帮了不少忙，自己却不愿与这些青年为伍，没有展出他的作品。当展览会在 1874 年 4 月开幕时，立刻在评论界引起了一片喧哗，人们用十分刻薄的语言对展出的作品极尽讽刺、挖苦和嘲笑之能事，力求把这些新生的艺术幼苗扼杀在摇篮里。结果却事与愿违，反而替这个新画派充当了义务宣传员。连"印象主义"这个名称也是一位不怀好意的评论家勒罗阿为了贬损这次艺术展览而特意创造的，他利用展览会上莫奈的一幅画《日出·印象》大做文章，发表了一篇题为《印象主义者的展览会》的评论，除了对展览会大泼脏水外，还着重攻击莫奈的画说："这幅画既模糊又粗野，在我们看来似乎是对无知的肯定，同时又是对美和真的否定。我们被它的那种矫揉造作的古怪折磨够了，它太容易引人注意了，因为从来还没有任何人敢画得这么糟。"今天我们来看这幅画，时间老人已经驱除了偏见，就觉得它既不粗野、也不古怪，而是一幅写实的风景画。至于说它模糊，那倒是事实。画面上的日出景象不是某些人所喜欢的那种一轮红日喷薄而出、霞光万道的宏壮场面，而是初升的太阳透过清晨笼罩着大地的浓浓的雾霭映红一片水面的景色，在朦朦胧胧的背景下，晨曦投射在港口水面上所形成的水的反光和光的颤动，使人仿佛置身于幻梦中。但这决不是离开现实的杜造，而是在特定的自然条件下我们的视觉经验的如实的表现，它不仅没有否定美和真，倒是艺术家通过个人体验对美和真的肯定，只不过在当时得不到公众的认同罢了。

可以毫不夸大地说，印象主义是在辱骂声中诞生的。印象派在1876年举行的第二次画展仍然遭到激烈的攻讦。当时的《费加罗报》有一篇评论写道："彼勒蒂埃路是一条不幸的街道。歌剧院失火焚毁了，而现在新的灾难又降临该区。在丢朗-吕厄画店举行了一个据说是绘画的展览会。无辜的参观者走进画店，残酷的景象使他大吃一惊。在这里有五六个疯子、其中还有一个女的在展出他们的绘画。有些参观者在看到这些作品时放声大笑，至于我则为它们感到悲伤。那些所谓的艺术家自称为'不妥协者'、'印象派'。他们拿起颜料、画笔和画布，随便把一些彩色摔在画面上，然后签上他们的名字。疯子和他们一样，在路上捡起小石子，相信它们是钻石。"今天我们回过头来读这种偏颇的评论，免不了要哑然失笑，看来要辨别什么是石子、什么是真正的钻石也不是容易的事，即使头脑正常的人也不见得一定具有这种鉴别的能力。在艺术上尤其如此，要识别真正有审美价值的东西并不能依靠人的天赋才能，而且审美判断还往往受到习惯势力的影响，不容易接受艺术现象中背离传统的新事物，所以新事物要能得到社会的确认往往需要时间，这就是人们所说的艺术作品的"超前性"。但是，历史毕竟是公正的，它就像大浪淘沙一样，把那些风靡一时却没有持久价值的东西冲刷干净，而留下那些永久闪光的真正的人类精神的结晶。现在，当时那些受蔑视的小人物、后来被承认为印象派大师们的作品陈列在世界各地的著名艺术博物馆里，而站在他们的对立面指手画脚的那些趾高气扬的“权威”的作品又在哪里呢，难道我们不应该从这段历史中得到一些启示吗？

三

在仔细观赏了奥赛博物馆里陈列的众多的印象派作品后，我得到的又一个印象是：它们既有值得肯定的明显的优点，也有不容否认的弱点。就我个人的爱好来说，印象派绘画给予我很大的审美享受，但我总觉得它们缺少了一些什么。那么它们的长处和短处究竟在哪里呢？

印象派绘画的优点是很明显的，但必须要你亲自去看原作才能欣赏到它们的美，绘画是视觉艺术，但没有哪一种绘画像印象主义那样强烈地直接诉诸人的当下的视觉经验。有的绘画作品也许可以借助于复印图片去欣赏（当然这也必定会比直接欣赏原作大为逊色），而如果根据复制品（不管复制得多么精美）去评判印象派绘画则非造成极大谬误不可，因为复印品根本不可能像原作那样给人们提供如此生动而鲜明的视觉印象。可是离开了这种活生生的视觉效果，印象派绘画的最重要的特色也就丧失无遗了。我觉得，印象派作品之所以具有诱人的感染力，就在于紧紧抓住当前的一瞬间，充分反映于此时此地的人的直接视觉经验。我们每一个人从亲身经验中都能体会到，生活中有这么一些瞬间对个人往往具有非同寻常的特殊意义，有时短暂的一瞥竟能留下终生难忘的深刻印象。一瞬间获得的印象常常以其生动、具体、直接、真实而耐人寻味，而且浓缩地凝结着感觉经验的全部丰富性。印象派大师们擅长于捕捉特别令人感兴趣的瞬间，把人们所没有充分注意的此时此地的大自然的美发掘出来，如实地展现给人们去看。他们的创作方法也是为了这样的目的服务的，莫奈总是劝告他的同道们抛弃画室，走到大自然中去现场作画，为了正确而逼真地描绘大自然景物在瞬息间的各种变化，如阳光在不同时刻和不同角度的照射所产生的光与色的不同效果，他要求绘画必须"当场"完成，否则就难以确切地表达自然界的那些丰富而微妙的变幻。因此，印象派画家们的许多作品都是匆促地完成的，他们并不注重具体事物的形状和细节的描绘，而着力于取得整体的效果。他们不像传统的画家那样精心调色和细描匀抹，而是用粗疏的笔触把颜料直接涂在画画上，使色彩对人们的视觉显得更为鲜明。莫奈倡导的这种新技法确实使人耳目一新，他在艺术实践中也身体力行贯彻自己的主张。例如他为了描绘河上景色，专门准备了一只小船，供他在船上作画，马奈去拜访他时对此大为赞赏，特地为莫奈画了一幅描绘他在船上工作情景的油画。由于莫奈坚持这种在户外现场作画的创作方法，他的有些作品确实不同凡响，显得特别真实而生动。就像活生生地展现在我们眼前的有生命的大自然一样。且看他在阿尔让特依创作的一系列描绘塞纳河上景色的作品，虽然画面上并没有什么惊涛骇浪或奇峰峻岭，而是普普通通的日常生活中常见的风光，却十分亲切动人，在平凡中透露出一种人人都能享受到的美。作于1874年的《阿尔让特依的塞纳河》是这方面的一个典型，我们从画面上看到：晴朗的天空，飘浮着的云，远处河岸上的树林和房屋，侧面的大桥，近处停泊的小船，所有这一切反映在缓缓地游动着的水面上形成的倒影，同周围的景象交织在一起而浑然一体，把光和色的丰富多彩和变化表现得淋漓尽致。甚至有的本来并不美的生活场景，通过莫奈的画笔，也能给人以一种特殊的美感。如《圣拉扎尔车站》(1877)描绘的是火车进站的杂乱喧闹的场面，画家感兴趣的不是车站、火车或人物，而是透过车站的玻璃顶棚射入的光线和进站的火车头产生的蒸汽汇合在一起所形成的那种奇妙的效果。莫奈确实善于把捉住稍纵即逝的瞬间的美，把大自然在不同时刻的变化表现在画面上。他不止一次地反复描绘同一对象，由于在不同的时间从不同的角度去观察事物，而得出了迥然不同的印象，结果就产生了一系列组画如《干草堆》、《卢昂大教堂》、《泰晤士河景》和《睡莲》等等。这些组画各有特点，但都非常注重光和色的表现，尤其是展览馆里陈列的脍炙人口的《睡莲》，在湛蓝的水面上漂浮着绿色的叶和火红的花，而这一切又都笼罩着一层薄薄的雾气，构成一种幽静而深邃的意境。有的评论家说，印象派关于色彩中的光的发现是从乔托的时代开始的对自然界的分析中的最后一个伟大的建树，据我看这种评价是有一定道理的。

印象派的这种新的创作方式和技法不仅应用于风景画，而且也应用于人物画，不仅用来描绘自然界，而且也用来描绘城市风光。像毕沙罗那样的印象派画家，除了创作过一些反映田野景色的美妙的风景画外，也擅长描绘街景。他笔下的巴黎蒙玛特大街把当时欧洲的这个繁华的大都市的热闹景象表现得十分出色，如果近看的话，似乎画面上的街道行人都是不成形的斑点，但是后退到一定的距离去看，这些斑点一下子都活了起来，变成了街上熙来攘往的人群。这正是得力于印象派的技法，把画家从高处观察得来的视觉经验真实地传达给观众，假如袭用传统的画法，就难以创造出这种大街上喧腾的气氛。一般说来，印象派绘画以其鲜明的光色变化特别适宜于表现人们的欢乐场面，往往使画面上充满浓厚的生活气息。像马奈的《女神游乐场的酒吧间》(1881)，通过酒吧柜台女郎身后的一面大镜子反映出各个餐桌上的许多顾客饮酒取乐的热闹场面，由于是镜中的映像，特别利用了光的效果，使画面上呈现出一种梦幻般的朦胧的美。但是在这方面最为突出的是雷诺阿的作品，他喜欢画阳光照耀下的人物，善于表现强光，大胆使用热烈的色彩，无论是裸体的或穿衣的人物在晴天丽日之下都显得那么青春焕发，健康而有活力。他的代表作之一《加列特磨坊的舞会》(1876)尤其给人深刻的印象。它描绘的是一个普通平民的露天舞会，欢乐的人群在无忧无虑地尽情享受，有的围坐在桌旁戏谑聊天饮酒，有的男女在翩跹起舞，阳光通过树荫洒落在游客们身上，各种鲜明的颜色交相辉映，显得如此丰富多彩，烘托出整个舞会上热烈愉快的氛围。应该说这是一幅相当成功的反映近代西方社会日常生活的一个侧面的民间风俗画，也是雷诺阿应用印象主义技法发挥得较好的作品。其实，虽然大多数印象派画家崇尚户外写生，但有个别著名代表人物如德加却对此不感兴趣而同样取得了成功。印象派画家一般都热爱大自然，德加则对大自然表示十分冷淡，看不起风景画家，不赞成到户外作画，说“绘画不是一种运动”。德加受过安格尔画派的熏陶，在素描方面功底很深，有较好的古典文化修养，是个典型的城里人。可是在印象派的影响下，他和印象派走到一起去了，并且在技法上从他们那里吸收了很多东西。他虽然避开户外的阳光，却热衷于研究室内的人造光，着意表现剧院舞台上的灯光效果，把光线和素描很好地结合起来，他所创作的一系列描绘芭蕾舞女的作品堪称这方面的杰作。舞台灯光的明暗和空间深度的展开，芭蕾演员的动态变化的婀娜多姿，以及整个剧院中舞影婆娑朦胧的气氛和色彩缤纷的艺术气息，在德加的画里表现得十分完美，对观众具有强烈的感染力。以上这些都无可争辩地表明了印象派绘画所特具的优点。

应该承认，印象派画家们潜心于研究色彩，使用新的技法去谋求更鲜明的光与色的效果，在这方面对绘画艺术的发展是有相当贡献的。他们简化调色板上的颜色（仅使用七八种接近于太阳光谱的颜色），分解色彩，借助于视觉调和，专门使用强烈的颜色等等，创造出具有真实阳光感的风景画和人物画。用一位印象派画家自己的话来说，在他们的整幅作品上"闪耀着阳光，流动着空气，光线笼罩着、抚拂着、辐射着所有的物象，渗透到画面的各处，甚至照亮着阴影"[①]。俄国的普列汉诺夫虽然对印象主义评价不高，可是他也不能不承认印象主义所提到日程上来的技术问题是有相当大的价值的，他指的主要就是这种表现光色变化的新技法。普列汉诺夫说，"注意光的效果，可以扩大自然界给人提供的享受范围。因为在'将来的社会'里，自然界对于人比现在大概要珍贵得多，所以必须承认，印象主义也是为着这个社会的福利工作的"，他引用一个评论家的话说，"它给我们带来阳光照耀下的生活的抚爱"。[②]

---

① 西涅克：《从德拉克罗瓦到新印象派》，人民美术出版社，1986年，第39页。

② "无产阶级运动和资产阶级艺术"，《普列汉诺夫美学论文集》，人民出版社，1983年，I，第506页。

看了印象派的绘画，我们就不由得要作出这样的结论：他们是真诚地热爱大自然、热爱生活的，否则就不可能把大自然描绘得这样美，就不可能把生活表现得如此欢快蓬勃。

但是，正如对待世界上一切事物一样，对印象派绘画也要一分为二，在肯定它们的优点时也不能不看到它们的弱点，尤其是本来是它们的长处的东西如果被过分强调和夸大到不适当的程度，就会走向自己的反面而成为一种缺陷。就拿色彩的处理来说，印象派在技法上确有新创造，而且基本上是合乎科学原理的，不过早期的印象派画家在利用视觉调和去处理色彩时，主要是凭经验和直觉，而不是依据任何精确的科学方法，正如有人所说，“他们作画就像鸟儿歌唱一样”。可是他们把主要的注意力都放在表现光与色的效果上，特别是到后来的修拉和西涅克等所谓新印象派那里，更发展到登峰造极的地步。新印象派认真地研究过当时自然科学家的色彩视觉理论，自觉地运用色彩和谐规律以达到视觉调和，他们只用纯色，应用“分割”的基本原理（有人把这称作“点彩派”，新印象派自己则喜欢“分割派”这个名称），在画面上得到了比以前的印象派绘画更鲜亮和谐的效果。修拉的大幅油画《大碗岛的星期日》可以说是新印象派的代表作，此画在1886年展出于第八届，亦即最后一届印象派画展，是第一次公开展出严格贯彻“分割派”原理的作品，在当时引起了轰动效应，一些人表示激烈反对，另一些人则热情欢迎。我们今天来看这幅画，时间已经过去一百年，能够比较冷静客观地对它作一评价。我们站在它面前，首先被它的鲜明夺目的色彩所吸引，仿佛亲身沐浴在灿烂的阳光下，作者对光与色的运用确实是成功的，给人以一种特别惬意的快感。可是，在这幅画前伫立良久，当这种快感逐渐消失的时候，就觉得它没有给我们留下什么值得玩味的东西，使人有怅然若失之感。甚至过去印象派大师们笔下的人物所特有的那种生动活泼的生活气息也看不到了，在岸边休息的男女就像是一群阳光下的玩偶，呆板而无生气，变成了没有情感的彩色的人影。有一位评论家曾经指出，“为了题材的色调特点而处理题材，不是为了题材本身——这就是印象派画家不同于其他画家的特点”。这一看法是很有见地的，如果说当初印象派绘画带有这样的特点问世时确实对传统起了革新作用的话，那么这一特点进一步向极端的发展则充分暴露出这个画派的弱点，而终于把它引向绝路。

印象派主张捕捉当前的一瞬间，着重表现大自然在瞬息间的千变万化，传达人在霎时间的视觉经验，对此也同样要作具体的分析。应该说，他们反对学院派脱离现实的僵死的艺术教条，崇尚大自然真实的美，提倡离开画室，走向现实，直面人生，这些对打破过去长期的思想禁锢，推动绘画艺术的发展是起了积极作用的。但是，当他们把当前的直接经验夸大成为绝对，把表现瞬间印象过分强调到不适当地步的时候，原先合理的东西就被推向片面而转化为缺陷。我总觉得，印象派绘画虽然常使人喜爱，却很少真正使人感动，更难得令人深思。这究竟是什么原因？据我看，原因就在于它们往往仅停留于事物的表面现象，而未能深入到现象的背后把更深刻、更本质的东西揭示出来，因此它们所描绘的大自然和生活现象尽管真实生动，色彩缤纷，赏心悦目，却总是使人感到只是浮光掠影，缺乏坚实的、恒久的东西。可是，人却不能满足于这种表层的美，他还有更高的追求，要想探索更深层次的美，这样他就会对印象派绘画感到不满意了。这使我想起黑格尔在《精神现象学》里对“感性确定性”的批评。黑格尔说，作为全部认识过程出发点的“感性确定性”，是直接的知识，亦即对于直接的或者现存着的东西的知识，我们对待它“必须采取直接的或者接纳的态度，因此对于这种知识，必须只像它所呈现给我们那样，不加改变，并且不让在这种认识中夹杂有概念的把握”[①]。他指出，这种“感性确定性”看起来好像是最丰富、最真实的知识，因为它对于对象没有省略掉任何东西，而让对象整个地、完备地呈现在它面前，事实却不然，它所提供的真理是最抽象而贫乏的，因为它所告诉我们的只有这么多：事情存在着。黑格尔通过对“感性确定性”的两种形式，即“这时”和“这里”的分析，揭露了它们的局限性。什么是“这时”？如果回答说：“这时是夜晚”，那么到了“这时”是正午时，这个回答就失去真理性，变为陈旧过时了。同样，如果问：“这里是什么”？回答说：“这里是一棵树”，但一转身，这一真理就消失了，因为这里已不是一棵树，而是一座房子了。由此黑格尔得出结论认为，“感性确定性”之所以贫乏肤浅。是因为它局限于“这时”“这里”的暂时现象，缺乏内在的普遍性，而普遍性则应是“感性确定性”的真理。很明显，黑格尔是从客观唯心主义立场去批评“感性确定性”的，而且他谈的是认识论问题，与艺术创作不是一回事。但是，他从深刻的辩证法观点对“感性确定性”所作的剖析，对我们理解印象派绘画的根本弱点是有参考价值的。印象派过于信赖直接感觉，过分热衷于描绘“这时”“这里”，不管他们把“这时”“这里”表现得多么美，

① 黑格尔：《精神现象学》，上卷，商务印书馆，1979年，第63页。

它们毕竟如过眼烟云，缺乏那种厚重的历史感，进入不了更深的历史的层面。在他们的作品里似乎只看到单纯的偶然性和个别性，而见不到深层的必然性和普遍性的力量，因此成不了黄钟大吕那样的气象，总给人以一种轻飘飘的感觉。实际上，曾经为印象派的诞生热情辩护的左拉也早就觉察到它的这一致命的弱点。就在1880年他已指出，印象派的运动“看来已经完成了它的历史使命”，而非常不幸的是，这一画派之中无论谁“都使人感觉不出一个艺术巨匠的铁腕”。他心目中的理想是要创作出真正能够震撼人们心灵的雄伟壮丽的绘画，这是印象派所不可能提供的。

黑格尔在《美学》中讨论绘画艺术时曾谈到过“色彩的魔术”。他说，在这种情况下，“对象的实体性和精神性仿佛已经渗透到着色方面的构思和处理中去而蒸发掉了”，而这种魔术就在于“把各种颜色处理得当，从而产生一种色彩现象方面的本身无目的的游戏，这是色彩的一种飘忽荡漾的顶峰”[①]。当时黑格尔仿佛是预见到了数十年后印象派的产生，印象派正是把这种“色彩的魔术”发展到登峰造极的地步（黑格尔指出，这种魔术会越界到音乐的领域，甚至这一点也在印象派那里应验了，德彪西就是例证）。在某些印象派画家那里，色彩确实成为本身无目的的游戏。普列汉诺夫批评他们对作品的思想内容漠不关心，这种说法也许有些偏激片面，确切地说，印象派绘画是有一定思想内容的，不过由于过分强调艺术作品的形式的方面而被“蒸发掉了”。

---

① 黑格尔：《美学》，第3卷（上册），商务印书馆，1979年，第281页。

四

印象派绘画的长处和短处都是比较突出的，它的长处使它盛极一时，它的短处则又使它迅速衰落。它兴起于十九世纪六十年代，到七十年代趋于繁荣，可是到八十年代就已成为强弩之末，没有多少后劲了。所以它从诞生到没落也就是二十来年的时间，这在历史长河中可以说只是昙花一现，然而它在西方艺术史上的影响竟如此巨大，这究竟是什么原因？我参观了奥赛的展览后反复思考这个问题，我得到的印象是：印象派的历史意义和影响还不在于它本身在绘画艺术中的建树，而在于它为以后西方艺术的发展开辟了一条崭新的道路，具体地说，就是哺育了一整批所谓印象派后的伟大画家，直接或间接地激励了二十世纪一些重要画派的诞生。

法国绘画史专家弗朗卡斯泰尔在谈到印象主义的影响时指出，印象主义的历史作用在于一劳永逸地战胜了一切学院风格，学院风格虽然还在苟延残喘，却已无足轻重，从此以后绘画领域内的一切莫不与印象主义有关，而不再同先前的艺术形式有什么瓜葛，印象主义成为一种人们必须参考的价值标准。它仿佛在过去和它所开创的新探索时期之间，筑起一道堤坝。“它在多产的二十年中，形成一套革新的原则、思想和作品。以后，不论是继承者，或是反对者，都从印象主义中有所吸取。”[①]这些见解是很精辟的。印

① 弗朗卡斯泰尔：《法国绘画史》，上海人民美术出版社，1979年，第487页。

象主义的出现确实结束了一个旧时代，西方绘画史上从文艺复兴开始的那个时代，不管它曾经取得了多么辉煌的成就，但到了印象主义登上历史舞台，一切明白事理的人就不难看清，过去的那个时代是永远一去不复返了，任何想原封不动地保持或回到过去的传统去的企图都将是徒劳的。严格地说，印象主义还不属于西方现代绘画的范畴，可是如果没有它的推动，也就不可能有真正美学意义上的现代绘画。没有印象主义运动，就很难想象会出现塞尚、高更和凡高，也就不会有马蒂斯、毕加索，甚至也不会有康定斯基、克列……告别了旧时代，为新时代的来临打开门户，向人们展示了绘画艺术发展的新的无限多样的可能性，我以为这才是印象主义的历史意义之所在。对西方现代绘画尽可以作这样或那样的评价，可以喜爱也可以反对，然而印象主义在促进它诞生的过程中所起的关键性作用则是不容否认的。

印象主义运动的直接艺术成果就是产生了一批印象派后的绘画大师，他们在艺术上的贡献无疑地要超过印象派。大家知道，“印象派之后”这个名词是罗杰·弗莱创造的，用来为他于1910年在英国伦敦格拉夫顿画廊举行的一次展览命名（这次展览的名称是“马奈和印象派之后的画家们”）。这个名词本身的含义是有些含糊的，指的是作为对印象主义和新印象主义的反作用而发展起来的运动，[①]其主要代表人物是塞尚、高更和凡高。这三位画家在艺术风格方面很难说得上有什么共同之处，但他们都掌握了印象

① 有人把 Post-Impressionism 译作“后期印象派”，吴甲丰先生已指出这是误译。西方有的研究者把修拉也列为印象派之后的画家，亦不甚妥。

派处理光和色的高明技巧，同时又觉察到印象主义的偏颇和缺陷，力求以各自不同的方式去补救和纠正，表现出他们各自的强烈的艺术个性。正是由于他们在艺术上的孜孜不倦的追求和努力，才出现了名副其实的现代绘画。

看了这几位印象派之后画家的作品，首先感到他们确实没有白白地受过印象主义运动的洗礼，他们从技巧上吸收了印象派的最优秀的东西，都称得上是善于运用色彩的艺术大师。然而从根本方向来说，他们却是同印象派相左的。他们不再去着力表现自然界的变幻无常的光的效果，而努力去寻求和塑造变易不居的现象背后的坚实的结构和形状。他们不赞成印象派过于依赖直接经验，认为一幅绘画不应该是艺术家的本能反应的产物，而应该是经过深思熟虑后的创造。他们不像印象派那样比较忽视作品的思想内容，而重视赋予作品以深邃的意义。凡此种种，都与印象派迥然不同，因此有的研究者认为，与其把他们叫作“印象派之后画家”，倒不如称之为“反印象主义画家”更为贴切。我倒不主张这样走极端，但应该承认这些印象派之后的画家朝着新的方向迈进了一大步，无疑是对印象主义的重大的超越。20 世纪西方的一些重要画派或者直接来源于这些画家，或者是在他们的强烈影响下形成的。因此，研究印象派之后的画家们的创作，乃是理解整个现代西方绘画艺术的关键。

在印象派之后的画家中，首先值得注意的是塞尚。塞尚原来和印象派有密切的关系，特别是他曾经在毕沙罗的劝导下采用印象派的方法作画，并参加 1874 – 1877 年间最初几次印象派画展，他的一幅参展的画《现代奥林匹亚》还激怒了当时的观众。正因为他曾经属于印象主义的营垒，所以他对这个画派的根本缺陷也就体会得更加深切，最后终于决心走自己的路，与印象派分道扬镳了。塞尚说明自己的意图是“想使印象主义成为坚实、耐久、像博物馆里的那种艺术”。他不满足于描绘外部世界的表面现象，而力求从明暗变化中去发现每一个形体的本质，我们从他的作品中可以看出他对结构的注意，他所创造的形象给人以重量感、体积感、稳定感，甚至具有一种宏伟感。且看塞尚的风景画，圣维克多瓦山在他的笔下显得这样庄严雄伟，巍然屹立着，就像是一座永恒的神圣的纪念碑，其厚重雄浑的风格和我们习见的印象主义风景画相距何止千里。他的静物画也体现了他的艺术特色，结构严谨，坚实浑厚，富有重量感，看了他画的苹果，似乎能感到握在手里那种沉甸甸的感觉。[①] 塞尚的绘画基本上仍然是写实的，它建立在对自然的直接观察的基础之上，但却决不是冷漠的纯客观态度，而是带有强烈感情的。正如他自己所说，“强烈地感受对象（而我的感受当然是强烈的）是任何一种艺术观念的必要基础，未来的作品的美和伟大就建筑在这个基础上。熟悉表现我们的情感的各种手段也同样重要”[②]。因此，他的作品不是单纯地反映现实，相反，他竭力避免对自然的任何模仿，而力图创造新的现实。在他的画里我们不仅可以看到经过再创造的严峻凝重的现实，而且也能感受到画家的那种创造的激情。塞尚在颜色的运用方面对绘画艺术的发展作出了巨大的贡献，可以说纠正和弥补了印象派的失误。他敏锐

---

① 塞尚曾经说：“我要用一个苹果使巴黎吃惊。”

② 转引自文杜里：《西欧近代画家》，下册，第 114 页。

地看出，印象主义的主要问题是“光吞掉了形”，物体的富有特征的形式都被溶解为捉摸不住的、无意义的色点。他充分认识到，印象派的一大贡献在于恢复了色彩作为绘画的基本因素的地位，可是他们忽视了事物的轮廓和形式的界限，使形式本身成为模糊不清和无实体性的东西。他则用色去获得形，并把颜色作为造型的手段，作为可见物的基本形式的终极表现。塞尚竭力反对形被光和色所吞没，而力求形、光、色之间的统一。在他那里，色彩和素描是紧密地结合在一起的，他在致贝尔纳的信中说：“随着我们画色彩，我们也在同时画素描。色彩越协调，素描也就越准确。色彩丰富时，形也就饱满了。”[①]为了造型的需要，他特别注意表现颜色的质感，喜欢使用浓厚的颜料，有时甚至不用画笔，而直接用调色刀作画，这形成了他个人独特的风格。塞尚是一位极富探索精神的画家，他在处理绘画中的空间的问题上也进行了很有创造性的各种试验，取得了新的卓越成果。他还着力表现对象的立体感，有时不惜采用“变形”的手法，他关于“要在自然中看出圆柱体、球体和锥体”，要用这些几何形体去描绘对象的著名论点，一般被人们看作以后立体主义的滥觞。但是，塞尚的历史作用决不止于引发了立体主义，他的影响要广泛得多，像野兽派、表现派以至某些抽象派的画家都或多或少地受到他的启迪，因此人们有理由把他称之为“现代绘画之父”。塞尚自己倒有自知之明，他曾对加斯盖说：“我太老了，来得也太早，但我指明了道路，别人会跟着走的。”他的历史作用正在于他充当了现代绘画的引路人。

---

① 转引自弗朗卡斯泰尔：《法国绘画史》，1979年，第493页。

另一位印象派之后的画家高更也和印象派有相当深的交往，并在好几届印象派展览会上展出过自己的作品，这些作品都是用的印象主义手法，特别是受毕沙罗的影响。他是自学成才的画家，青年时代曾长期在银行工作，做过证券交易的经纪人，却毅然抛弃舒适的资产阶级生活，抛弃温暖的家庭，投身于艺术，过着极其穷困潦倒的生活。在他的艺术生涯中，1888 年是一个重要的转折点，从此他摆脱了印象主义的影响，而走上了他自己独特的艺术发展道路。促使他转变的重要因素之一是他对当时社会生活和艺术状况的强烈不满，这终于使他成为上流社会的叛逆者。高更曾经沉痛地指出："在欧洲，为未来的这一代准备着一个可怕的时代：金钱统治的时代。一切都腐烂了，人和艺术都腐烂了。在这里，使人不断地感到心烦意乱。"但是，他的叛逆精神不是表现为对丑恶现实作积极的抗争，而是力图逃避现实，远离罪恶的西方文明社会，返回到原始的、自然的素朴生活状态中去。他远涉重洋，告别巴黎繁华的都市生活，前往大洋洲的塔希提岛，在那里进行创作。他满怀希望地写信给妻子说，他很快就将在一个小岛上愉快地、安静地生活，从事自己的艺术，远离家庭，远离欧洲人的这种为金钱的斗争，"在那里，在塔希提岛，我将能在寂静的可爱的热带夜晚，聆听我的心灵运动的柔和低微的音乐，与我周围的神秘的存在亲密和谐。我终于摆脱了金钱的烦恼，我将能够去爱，去歌唱，去死……"① 怀着这种返璞归真的强烈愿望，他当然不可能像印象派那样满足于描绘当前瞬间的表面生活现象，而力求去探索和表现人生的真

① 转引自里德：《现代艺术的哲学》，英文版，1967 年，第 151 页。

谛和奥秘。如果说，印象派主要依赖感觉，强调如实地描绘所见到的自然，那么高更则反其道而行之，重新把思想因素引进绘画，并更多地依靠想象，创造出富于理想的、具有象征意味的作品来。在题材上，高更也和印象派不同，他作于海外的那些绘画充满热带的异国情调，散发着粗野而率真的原始气息，人又成为绘画的中心，那些尚未受现代文明污染的似乎不开化的土人竟表现出这样丰满的人性。高更在艺术上同样有不少创新，他用综合去代替印象派的分析，抛弃印象派所注重的光影效果，喜欢采用纯色，平涂勾边，透视的多样化，使作品富有装饰性并带有壁画那样的宏伟风格。在他那里，形和色达到了新的统一，艺术家可以发挥想象力而得到创造形的充分自由。人们把他的这种风格称为“釉彩派”或“综合法”，或者叫作“象征主义”。西方现代绘画中的象征主义是以他为代表的，可是他的影响比这要深远得多，20 世纪西方现代艺术家往往在精神上是与社会格格不入的无家可归的人，这种精神趋向是从高更开始的。高更在生命行将结束前曾对自己的艺术创作活动作了总结，他说，他想要争取的是想干什么就敢干什么的权利，尽管他的才能未能使他获得很大的成果，但机器毕竟是开动了，“今天那些正在享受自由的艺术家们，是应该感谢我的”。在某种意义上讲，高更以自己的榜样指明了艺术家创作的自由，这对 20 世纪西方绘画的发展起了不可估量的影响。

印象派之后的第三位、也是最重要的画家是凡高，这位“疯狂的荷兰人”在现代艺术中举足轻重的历史地位恐怕是人所公认，毋庸多说的了。凡高也是自学成才的艺术家，他虽然没有正式参加过印象派的活动，却分享了他们的贫困潦倒的生活。他和某些印

凡高：《星夜》

象派圈子里的画家如图鲁兹-劳特累克、毕沙罗、德加、修拉等人都有交往，特别是和高更曾经有过一段一起工作而又终于吵架分手的故事。印象主义对凡高的绘画风格的变化和发展显然有深刻的影响，我们看他的早期作品，颜色偏于阴暗沉重，笔法朴拙，到了巴黎接触了印象主义之后，他的色彩变得明亮而强烈、鲜艳，笔触也流畅生动得多，这些都得益于印象派。但是，尽管他吸收和应用了某些印象主义的技法，他却始终保持和发展了他自己独一无二的艺术个性。凡高从来不像印象派画家那样停留于客观地描绘所见到的现实，他在描绘景物的同时更着力于表现自己的情感，通过他所创造的现实来表现自我。他并不十分关心准确地反映现实，对

凡高:《夜间咖啡馆》

照相式地提供有关自然的准确图像丝毫不感兴趣。在他那里，色彩和形式都被用来向人们传达他对所描绘的景物的情感，并希望别人能感受到他的这种情感，为了达到这一目的，他不惜采用各种手段去夸张地表现或甚至改变事物的形状。他在一封信里阐明了自己的创作方法，他说，“我并不着力谋求准确表现我眼前所见的事物，我是在相当随心所欲地运用着色彩，我是要更有力地表现自己。”譬如要为一位画家朋友画像，就要把对这个人所怀有的全部感情都贯注到画中去，可以随心所欲地使用颜色，加重他的头发的淡黄色，使之变成明亮的柠檬黄色，在他的头后面造成一个丰富而强烈的蓝色背景，从而这个光辉的金发头像就会给人造成神秘的印象，宛若挂在万里碧空上的一颗星。[1] 凡高的许多作品都借助于强烈的色彩和遒劲有力的笔触去抒发他的激情，表达他自己的主观精神状态。正如他自己所说，“有时情感竟如此强烈，以致在工作时没有意识到自己在工作”。他笔下的向日葵，仿佛是一片金黄色的小太阳，就像是他自己的生命在燃烧；蓝色和绿色错综交叉的鸢尾花，则充分表达了他内心里的烦躁与不安。他所描绘的春天里的桃树，繁花似锦，动人地展现出生活的欢乐，而苍劲的橄榄树则以它的弯曲的线条象征着生命的挣扎与抗争。凡高的《星夜》显得这样幽深神秘，那漩涡般的旋转的天空似乎表示着艺术家内心的激动，《夜间咖啡馆》则“借助于红色和绿色去表现人类可怕的激情”，在那样的地方，人可能毁灭他自己、发疯或犯罪。他的肖像画也带有极大的感情色彩，著名的《加谢医生肖像》带着他所说的“我们时代的令人伤心的表情”，在某种意义上是画家的另一个自我的表现。他的那些自画像，则使我们看到了他的灵魂深处的痛苦和绝望。可以毫不夸大地说，凡高的全部创作是他的人生悲剧的真实记录，也是他的矛盾复杂的心灵活动的形象化的展示。在西方艺术家中间，恐怕没有哪一个人的作品像凡高那样富有浓厚的个人色彩。对凡高来说，绘画已不再是一种职业或技艺，而是毕生的使命和生活的意义所在，他不仅是把时间和精力，而且把自己的全部生命都投入了艺术创作。尼采说，他爱读血写的书，如果真的有这样的作品的话，那么凡高的画就是用他自己的鲜血绘成的画。我们从这位艺术家在短暂的一生中创作的众多作品中，到处

---

① 参看《凡高给他兄弟的信，1886－1889 年》，第 520 封信（伦敦 1929 年版）。

可以看到他自己的影子，不论在风景画、静物画、世俗生活画或肖像画里都无所不在，他的绘画确实是高度个性化的，但同时又从一个侧面反映出时代的精神面貌，以及西方社会里现代人的境遇、思想感情和心理状态，从而具有普遍的意义。就这一点而论，凡高真正实现了向现代绘画的过渡，是对印象派的名副其实的超越。印象派的著名人物毕沙罗后来在回忆他和凡高初次见面的情况时说："我知道他将会要么发疯，要么超越我们所有人。但我没有想到他竟然两方面都做到了。"这样一个推动了世界艺术前进的天才艺术家，生前却得不到社会的承认，在那个环境里不得不发疯以至自杀，这不仅是凡高个人的悲剧，也是整个时代的悲剧。现代艺术的诞生也是曾经以其先驱者的血作为牺牲的。

看了印象派之后大师们的作品，我觉得对20世纪西方绘画的发展线索有了更深一层的理解。这些大师们是吮吸印象派的乳汁成长起来的，最后又完成了对印象主义的超越，指明了在新的基础上继续向前探索的各种可能性，以后陆续出现的许多西方现代艺术流派无非是这种趋势的合乎逻辑的发展而已。参观了奥赛博物馆后，我对此更深信不疑了。

《吃土豆的人》的启示

——参观凡高博物馆有感

在阿姆斯特丹访问荷兰皇家科学院的时候，承蒙院长维德教授陪同，我去参观他们的旧会议厅。古色古香的陈设，简朴而又庄严，一批曾经为荷兰科学赢得世界声誉的卓越人物的肖像画悬挂在会议厅两侧，用严峻的目光俯视着我们这些来自异乡的客人。维德教授对这个会议厅的光荣历史作了简单介绍，然后指着一面空空的墙壁向我说，这里原来悬挂着伦勃朗的《夜警》，后来经荷兰政府作出特别决定，这幅珍贵的绘画名作已经被移至国家艺术博物馆保存和展出了。他多少有点遗憾地说，这里的自然光线特别适合于《夜警》这幅画，大家久已公认把它挂在这里能取得最佳的艺术效果，移至博物馆展出后，专家们为了摹拟这里的自然光线还煞费一番苦心呢。

伦勃朗，这位17世纪荷兰画派的巨匠，历来是艺术爱好者所景仰的人物。前几天，我去著名的莱顿大学汉学研究院访问之后，曾在莱顿市街头漫步，还特地去寻访伦勃朗故居，凭吊这位在西方绘画史上作出了重要贡献的艺术大师。应该说，伦勃朗的作品在国外一些著名的博物馆里并不少见，但既然到了荷兰，在这位画家出生、工作和生活的土地上欣赏他的作品也就具有特殊的意义了。

因此，当接待我们的主人征询关于活动日程安排的意见时，我就表达了想参观一下伦勃朗和荷兰画派的作品的愿望，同时也提出希望能看看我所十分喜爱的凡高的绘画。热心的主人表示一定要满足我的要求，他对我喜爱凡高的作品尤其感到意外的高兴。他说，想不到来自中国的客人不仅对伦勃朗、而且也对凡高感兴趣，可惜你们来早了几天，不可能去参观即将在荷兰举行的国际性大规模的凡高画展，不过在阿姆斯特丹的凡高博物馆里也有不少珍品，包括那幅著名的《吃土豆的人》。他还告诉我，在他的青年时代，凡高的那幅画曾经对他产生过巨大的思想影响。

第二天，我们从海牙出发，沿着高速公路又驱车来到了阿姆斯特丹。原来排得满满的活动日程，经过主人努力压缩，终于挤出了一段时间供我们去国家艺术博物馆和凡高博物馆作走马观花式的参观。可是，拥挤的市内交通偏偏又耽误了我们的宝贵时间，等我们赶到目的地，离博物馆闭馆时间已不足一小时，要想在这短促的时间内到两处参观显然是不可能了。于是，我就不得不面临二者择一的难题：

伦勃朗，还是凡高？

《夜警》，还是《吃土豆的人》？

怎么办？既然二者不可得兼，就只得舍鱼而取熊掌了。我充分尊敬伦勃朗，也同样尊敬凡·爱克兄弟、哈尔斯、吕斯台尔等荷兰画派的古典大师们，但他们离我们的世纪已经如此遥远（这与其说是时间上的距离，倒不如说是思想感情上和心理上的距离），他们的作品里反映出来的现实（甚至纯粹的自然）、社会生活、人物性格、内心活动以及表现的感情，都已经令人有隔世之感了。或许可以说，他们所体现的那个时代精神早已演完了自己的戏，退下了世界历史舞台。而凡高这个“疯狂的荷兰人”，虽然在他生时不能被人们所理解，却是资本主义发展中的一个新时代的预告者。我想，要了解什么是西方社会里的“现代人”，要了解他们的境况、思想、感情和心理，恐怕最好还是到凡高的创作中去寻找启示。这样，我就作出了去凡高博物馆的选择。

其实，凡高博物馆就在国家艺术博物馆附近。不过国家艺术博物馆是一座华丽的大厦，而凡高博物馆则是一座外观朴实无华的现代化建筑，相形之下甚至显得略为有些寒碜，但倒很符合这位穷画家的身份。据陪同的荷兰朋友告诉我，这座博物馆的建筑造价不高，同它收藏的凡高绘画目前的市价相比，简直算不了什么（顺便提一下，这位自学成才的画家生前一共只售出一幅画，价格四百法郎，而目前在西方的艺术品拍卖市场上，一幅凡高的作品价值竟高达数千万美元。可以断言，他一辈子也没有见到过这么多钱）。博物馆的凡·德·奥德先生出来热情地迎接我们，并且为我们引路和讲解。正由于这位内行的指点，才使我们能够尽量利用短促的时间充分领略凡高艺术的那种非凡的美。

我们急着去欣赏的首先当然是陈列在底层左侧大厅里的《吃土豆的人》。尽管我早已从画册上熟悉了那幅画，但站在它面前，仍然不由自主地被它的那种震撼人们心灵的强大力量所压倒。一间简陋的农舍，在昏暗的灯光下，一个农民家庭的五个成员围着桌子在吃土豆。呈现在画面上的是一幅普普通通的农家生活的图景，并没有什么戏剧性的情节，却笼罩着一种不可名状的紧张气氛。这是一群为生存而苦苦地挣扎的可怜的小人物。生活的艰辛和过度的劳动，明显地在他们的肉体上和精神上都留下了深刻的印痕。那疲惫的神态，滞重的目光，迟钝到近于麻木的表情，关节突出的粗糙的手，以及粗鲁而笨拙的形体，都充分说明那严酷的生活重担可以把人扭曲成什么模样。据凡高自己在通信中说，他试图在这幅画中强调，在灯光下吃土豆的那些人，正是用挖掘土地的同样的手伸向餐盘的，因此这幅画是表现体力劳动，表现劳动者如何诚实地挣得他们的食物。我相信凡高的这些话，画家的真诚是无可怀疑的，他曾经分享这些普通劳动者的贫困，和他们同生活、共命运，对他们抱着如此炽烈的爱和深厚的同情，这些都能从画面上感受得到。不过，我玩味再三，总觉得这幅画里还有更深一层的东西，那么，这究竟是什么呢？

人们常说，艺术是生活的反映。这是一个素朴的真理，尽管多少年来一直有人提出异议，却很难把它推翻。据我看，问题倒在于艺术怎样去反映生活，去反映什么样的生活，通过反映生活又想去说明什么。按车尔尼雪夫斯基的著名的提法，美是生活，但严格地说，只有“应当如此的生活”才真正是美的。然而不幸的是，在艺术家眼里，“应当如此的生活”在现实中却又往往如此稀少。怎么办？是为了追求美而把生活理想化，还是忠于现实而不加掩饰地去揭示生活的本来面目？凡高选择的显然是后一条路，这是一条荆棘丛生的艰难的路，但也是把他引向艺术巅峰的路。通过他的画笔，生活以其全部严酷性展示出来。请看那是什么样的生活呵。《吃土豆的人》指给我们看的恰恰不是“应当如此的生活”，而是它的反面——“不应当如此的生活”。我以为凡高的这幅画所以发人深思，也就在于它告诉我们：人不应该这样地生活。

《吃土豆的人》细部特征

人，这是多么高贵的称号！为了歌颂这个上帝按照自己的形象创造出来的万物之灵，人们曾经写过多少优美的诗篇、用过多少华丽的词藻啊！千百年来向人作出了各式各样的许诺，从无忧无虑的幸福天堂、西方极乐世界直到理想的自由王国，可是到头来这么多人却依然生活在地狱里。克尔凯郭尔曾经讽刺哲学家说，他们建造了巨大的华丽宫殿，自己却满足于居住在附近简陋的窝棚里。这是多么荒谬、多么矛盾，然而应该为这无情的现实负责的又岂止是哲学家！《吃土豆的人》的伟大之处在于，它不仅使我们认识到人的真实处境，而且雄辩地证明，人即使生活在地狱里也仍然可以保持人的尊严，正是在这些被剥削和被损害的普通人身上闪耀着真正的人性的美。但同时凡高又迫使我们去思考人的生活目的究竟是什么？人活着难道就是为了苦苦地维持这种动物式的生存么？不！人不能这样屈辱地生活，人要配称为人，其自身应该有更高的目的，应该有趋向于自我完善的更高的精神追求。凡高画中的人物形象不能引起传统意义上的所谓美感，甚至使人感到有点丑，但他这样做决不是要贬低人、丑化人，而是要提高人的地位，要求真正把人当做人来看待。我想，《吃土豆的人》这幅画的深刻的人道主义精神也许就在这里吧。

记得费尔巴哈有过一句名言“人就是他所吃的东西”(Der Mensch ist，was er isst)。这句引起很多争议的话虽然包含部分的真理，却充分暴露了旧唯物主义的根本缺陷。如果它能够成立，那么按逻辑的推理，吃土豆的人就是土豆了。人固然首先必须满足自己的肉体需要，要有食物才能维持生存，然后才能去从事各种活动。但正如马克思所指出，在直接的肉体需要支配下的活动还不是真正的人的自由的活动，而人之所以区别于一般的动物，即在于他甚至不受肉体需要的支配也进行的那种改造客观世界的活动。因此，人不止是他所吃的东西；相反，人愈是超越他所吃的东西,他就愈是成为真正的人。在这里,问题不在于人吃的是什么,而在于资本主义社会里的异化劳动把人的自由活动贬低为单纯维持肉体生存的手段,从而使人丧失了自己。凡高以他特有的艺术家的敏感觉察到近代西方社会里的人的异化状态,并加以充分的艺术的表现,这正是他的作品的伟大和深刻之处。只要人的这种异化状态一天不消灭,凡高的画就依然保持着现实的意义。因此,尽管今天西方国家大多数人已不再以土豆充饥,在他们的餐桌上甚至不乏美味的食品,但《吃土豆的人》这幅画却并没有过时,而仍然激动着我们的心。

我觉得,看了《吃土豆的人》,再去欣赏凡高其他的绘画,对这位艺术天才的理解就更加深了。按有些艺术史家的说法,凡高在创作早期还没有形成自己的艺术风格,如果单纯用这种尺度去衡量,那么《吃土豆的人》就只能算是不成熟的作品了。想必安特卫普艺术学院的那些目光短浅的教师也是这样看问题的,因此已经创作了这样卓越的杰作的凡高就只能被编入初学班,而终于无缘进入学院的艺术殿堂。我以为,艺术技巧当然是重要的,但单纯掌握技巧,至多只能造就出够水平的画师,却成不了真正的艺术天才。对于一个伟大的画家来说,艺术技巧只不过是一种必要的手段,更本质的东西是要能够用自己的眼睛去观察世界,通过自己的思考去理解生活、去理解人,并且在认识和反映现实的同时善于深刻地剖析和表现艺术家的自我。也可以说,要做一个真正的艺术家,首先必须做一个具有自己独特个性的真正的人。如果说,凡高在创作《吃土豆的人》时绘画技巧还没有完全成熟,那么他作为一个人来说则已经成熟了。在他决心献身于艺术之前,艰难坎坷的生活经历和个人的不幸早已把他磨炼得成熟了,无怪乎他在从事绘画的短短几年内就令人难以置信地创作出这许多确实称得上是不朽的杰作。当然,凡高的早期作品和他后几年的作品相比,在艺术技巧和风格、特别是色彩的运用上是有很大变化的,但作为一个人,凡高却始终是凡高,在他的每一幅画中都能毫不费力地辨认出那个凡高来。一个画家的个性在作品中表现得这样淋漓尽致、光彩夺目,这在西方艺术史上恐怕也是少见的吧。

奥得先生带我上楼浏览了博物馆内的陈列品,其中绝大部分是该馆珍藏的原作,也有少数质量颇高的复制品。展览厅宽敞明亮,周围的艺术品琳琅满目,可是置身于这充满着美的空间里,我却有一种说不出来的受压抑的感觉。传统的美学,特别是从托马斯·阿奎那开始,通常把美界说为一眼见到就使人愉快的东西。凡高的作品则仿佛是对这种传统美学观念的挑战,他向我们提供另一种截然不同的美,那是一种看了使人直想流泪的美,令人难以忍受的美,叫人简直喘不过气来的美。凡高曾经告诉他的弟弟,“无论在人物画或风景画中,我希望表现的不是感伤的忧郁,而是沉重的悲哀”,他又把自己的画叫做“苦闷的呼喊”。他的作品当然不仅是个人情绪的表现,而且也表达了他对生活本质的看法。这种看法早在他成为画家之前就已经形成,他在青年时代传教时就曾强调指出,“我们的本性是悲哀的”,“悲哀要比欢乐更好”。有一本凡高的传记引用凡高自己的话,把他称为“人世间的陌生人”。这倒是很妥帖的,可以说是一语道破了这位画家的悲哀的本质。这不是由于个人厄运所引起的一般的悲哀,而是处于更深层次上的悲哀,所谓“世纪的悲哀”,资本主义社会里异化的人的悲哀。人生活在这个世界上，就像一个陌生人落入一个异己的环境，对他来说，一切都显得如此格格不入、冷漠、无情，甚至荒谬，他不能不感到孤独、苦闷、失望，这难道还不够悲哀吗？到这样的世界里去发掘美，把这样深沉的悲哀提炼成美，恐怕只有凡高才做得到。我认为，凡高艺术之所以具有如此巨大的感染力，之所以在现代西方世界使这么多人为之倾倒，其秘密即在于此。这也正是贯彻在凡高全部创作中使凡高之所以成为凡高的决定性的东西。

因此，凡高的作品大都具有一种特殊的悲剧性因素，只不过有时十分明显，有时比较隐蔽罢了。例如，博物馆里有一幅石版画就是以《悲哀》作为标题的。一个年轻的孕妇，侧身坐在地上，低垂着头，把脸深深地埋在胸前，手臂挡住了面容，使人看不到她的表情。但是，凡高借助于简洁的线条，就把一个饱经风霜、备受侮辱的妇女形象生动地勾画出来了。通过这个形象，不仅可以看到生活对她的残酷，尤其使我感到震惊的是，凡高在这个人物身上所表现的那种深刻的绝望。大家知道，这幅画的模特儿是一个名叫西恩的被人遗弃的怀孕的妓女，凡高出于怜悯收容了她，尽力给予她以人的温暖，想重新让她过真正人的生活而终于失败。就我所见到过的同一类主题的作品而言，能够与之相比美的只有罗丹的《欧米哀尔》。不过我觉得罗丹比较偏重于刻画那种人间地狱的生活对一个人所造成的肉体上的摧残，而凡高则更着重表现被蹂躏者所受到的心理上和精神上的摧残（这可能在某种程度上与雕塑和绘画的区别有关，姑且不论）。《欧米哀尔》和《悲哀》这两个作品都是对那野蛮残忍的反人道的资本主义社会的无声的抗议，但前者带有强烈的揭露性，而后者则更富于悲剧性，因而也就更深沉，特别是我们在这《悲哀》中看到了凡高自己。人们常把色彩的运用看作凡高艺术的本质，然而这幅石版画却证明，即使离开了色彩，凡高仍然是那个凡高。

《悲哀》是凡高早期的作品，但和他在临终前两个月创作的另一幅油画《永恒将临》却惊人地相似。这是又一幕感人肺腑的内心悲剧。一个快要走到生命尽头的老人，孤独地坐在火炉旁，同样是低垂着头，双手紧捂着脸。他究竟为什么而伤悲？是为虚度了一生而悔恨，还是为即将跨入那未知的"永恒"而战栗？或者是二者兼而有之？不管怎样，从他身上看到的是一种绝望的痛苦，我总觉得这在某种程度上就是凡高自身的写照。凡高没有活得像这位老人那么久，他结束自己的生命时只有37岁，但我相信，他能作出这样的画，他本人也必定亲自体验过这种残酷的精神折磨。凡高的一些自画像，包括在这个博物馆里陈列的几幅，也都可以作为他所经历的精神悲剧的佐证。不修边幅，满面须毛丛生，脸上流露出来的烦躁苦恼的表情，都充分地表现出这位生活中的失败者的内心世界，但最叫人受不了的是那因绝望而近于疯狂的眼神。人们往往把凡高看作病态的人，在精神上有缺陷的人（事实上，他也确实进过精神病院，据近人研究，他患的可能是早发性痴呆症），可是却很少去考虑，真正有病的是这个不合理的社会，它的根本缺陷就表现在造成这么多人的不幸，甚至连刚刚懂事的儿童也难逃厄运。凡高笔下的《学童》，脸上虽然稚气未消，却丝毫没有天真活泼的神情，他不知道什么是童年的欢乐，一副受人欺侮的样子，看了简直令人心酸。我们可以完全想象得到，在这样的环境下成长起来的人，将来会成为怎样的精神上的畸形儿。资本主义制度的罪恶不仅在于对人的剥削和压迫，而且还在于它扭曲了和压制了人的正常自由发展，使人越来越变得片面和畸形，导致了整个人类的沦丧和奴役。马克思说得好，资本主义"只有通过最大地损害个人的发展，才能在作为人类社会主义结构的序幕的历史时期，取得一般人的发展"。[①] 用这个观点去看，凡高所描绘的人物，包括他自己在内，都无非是在资本主义制度下其发展受到最大损害的那些个人的群像。可以说，他的作品向我们提供了关于资本主义制度的反人道性质的生动的证明。

面对凡高的这些绘画，使我回想起30年前在莫斯科的普希金博物馆里第一次看到凡高原作时的感受。那是一幅描绘监狱中犯人放风情景的油画：周围是砖砌的高墙，一群囚徒在看守的监视下围成圆圈沿着墙根走步，那沉重的步伐，沮丧的神态，死气沉沉的脸，好像是走向自己的坟墓，而囚犯之一就是凡高自己。那幅画给我留下了永远难忘的印象，至今犹历历在目。但是，那时我还太年轻，还不能理解凡高艺术的深刻的内涵，总以为这位画家过于悲观，把世界描绘得过于阴暗、过于残酷。现在我的看法和过去不一样了。哈姆雷特说，世界是一所大监狱，丹麦是其中最坏的一间囚室。如果我们承认丹麦王子有充分的理由这样说，而且说得深刻透辟，那么为什么凡高就不能把世界看成一个大监狱呢？诚然，凡高不是英雄，他和哈姆雷特一样，不能忍受这个牢笼，竭力想冲破它，却又缺乏刚强的意志和力量，终于在力量悬殊的斗争中遭到悲惨的毁灭。但真正可悲的却是那些生活在牢笼中而安然自得的庸

① 《马克思恩格斯全集》，第47卷，人民出版社，1979年，第190页。

人，是那些力求爬上看守的位置以鸣鞭为职业的小人。

在凡高的许多作品里，人的命运往往是他感兴趣的主题，即使在没有人的形象出现的某些画里，也还是使人感觉到人的存在。作于1886年的一幅画，画的是一双破旧的皮靴，丑陋不堪，肮脏变形，磨损的鞋带耷拉在地上，仿佛是在哀叹自身的毫无价值。它不像卓别林《淘金记》中那双著名的皮靴那样带有喜剧性，看了只能使人心情沉重，联想起这双旧皮靴的主人公的遭遇，联想起他穿着它走过了怎样艰难的人生道路。我们关心的与其说是这双皮靴，倒不如说是皮靴的主人。另一幅脍炙人口的名作《在阿尔的凡高卧室》，在画面上也没有人物，空空的房间里摆着几件家具。凡高的这幅画构思简单，取消了阴影和投影，用没有明暗浓淡的平涂的纯色去描绘事物，取得了类似日本版画那样的艺术效果。在这幅画里，色彩主宰了一切，各种色彩构成了奇特的和谐，而富于鲜明的表现力。这种对色彩的独创性运用，确实证明凡高是擅长驾驭色彩的大师。他自己也认为这幅画是他的最好的作品之一。然而除了色彩之外，这里也还是有更多的东西。有一位评论家指出，在画中笼罩着一片寂静，而在这种寂静中洋溢着全然绝望的气氛。这是颇有见识的。凡高固然不在卧室里，但这里又到处可以见到凡高。对于凡高来说，色彩是他的生命的表现，我们正是从色彩缤纷的画面中直接感受到他的心灵的搏动。因此，看了这幅画就使我们想起凡高这个人，并且明白了这就是他的卧室、他的栖身之地。

谈到色彩，就不能不提起凡高的那些美妙无比的风景画和静物画。尤其是他在巴黎和阿尔创作的几幅画，显然吸取了印象派的长处，把色彩和光运用处理得如此完美，简直达到了令人迷醉的地步。看看那上空有着云雀飞翔的麦田，鲜花盛开的桃树，田野里的一片丰收景象，或是那插在瓶里的向日葵，心中真有一种说不出来的复杂感情。想不到这个生活中从来没有阳光的人，竟在他的画里注入了这么多的阳光，把生活表现得这样美！像凡高那样热爱生活、热爱美的人，决不可能是一个颓废派或厌世主义者。也许正因为他过于热爱生活而又不得不生活在丑恶的现实里，所以才对世界抱有悲观的看法。这不是他的过错，而是他的不幸。当他受不了生活的压力而临近精神崩溃时，自然界在他眼里也变得如此森严、疏远、可怕。他在自杀前不久创作的《蓝天下的原野》和《麦田上的乌鸦》，借助于强烈的色彩和狂放的笔触，充分展示出他的内心激动和痛苦。天是那样出奇地蓝，狂风在麦田里掀起层层波浪好像不平静的海洋，一群黑色的乌鸦象征着死亡将临的凶兆。我想，这就是凡高为自己留下的墓碑吧。

我一边看画，一边想得很多很多。不知不觉已经过了闭馆的时间，奥德先生领我乘内部工作人员专用的电梯从旁门离开了凡高博物馆。在归途中路过大门紧闭的国家艺术博物馆，不禁为失去访问的机会而惋惜，但同时又感到心满意足，因为我终究看到了《吃土豆的人》。

罗丹博物馆参观记

访问巴黎的外国人，都免不了要去参观一下残废军人院，因为那里安葬着一代风云人物拿破仑。古色古香、巍峨雄壮的建筑，盛有法兰西帝国皇帝遗躯的其大无比的红色石棺，装饰着地下圆形大厅周围墙壁的替这位“骑马的世界灵魂”歌功颂德的许多精美的浮雕，确实给人以深刻的印象。但是，镌刻在棺材四周地上的一系列载入拿破仑史册的光辉战役的名字：奥斯特利茨、耶拿、莫斯科……对现代人来说毕竟已经离得如此遥远，除了能够引起人们历史的回忆和遐想以外，很难使人从中得到什么新的启示了。我就是这样想着，带着多少有点惆怅的心情离开了这个寺院的大门。

“还是上罗丹博物馆去吧，在那里保证你可以得到艺术上的满足。”——同行的一位熟悉巴黎的同志这样建议说。罗丹，这个为法兰西雕塑艺术赢得世界声誉的大师，只要对西方艺术稍有知识的人，谁能不知道他在近代艺术史上的地位呢？能够有机会去欣赏这位伟大雕刻家的作品，这对于任何一个艺术爱好者来说不是极大的乐事吗？

罗丹博物馆原来就在附近，出了残废军人院向东走不远，一拐弯就看到对面路边有一座带花园的双层宅邸。僻静的街道，幽美的庭园，在这个繁华的都市里难得有这样一个适合于艺术的环境。

我们这就来到了有名的罗丹博物馆。法国政府为了表彰罗丹的艺术，做了一件大好事，把罗丹主要雕塑作品集中在这里展出。虽然这是一个个人作品的展览馆，就其规模来说远不能和卢浮宫那样综合性的大博物馆相比，但就其展品的艺术质量来说同样可以称得上法国文化的骄傲。

才进大门，一抬头就发现庭院右侧的一个台座上坐着一尊十分眼熟的青铜雕像。啊！那不是著名的《思想者》吗？是的，正是他。他在沉思，这样痛苦地思索着。在他的角斗士般的强健的躯体上，每一块肌肉仿佛都处于极大的紧张状态中，似乎他不仅是在用头脑、而且是在用他全身的力量在思想。他究竟在思索着什么呢？探求着什么呢？虽然我清楚地知道，罗丹的这个作品取材自但丁的《神曲》，但是不知怎的，它却叫我想起了斯巴达克斯。我想，这位"古代无产阶级的真正的代表"在发动震撼整个罗马世界的奴隶起义的前夕，大概就是这样思想的吧。思想不再是远离体力劳动、悠闲终日的哲学家们的特权了，请看这个"思想者"，他是一位多么出色的战士啊！他的身体里就像尚未喷发的火山那样蕴藏着多么巨大的力量！他厌恶那浑浑噩噩的生活，开始思考生活的意义了，不管思想会给他带来多大的痛苦和烦恼，他还是要思想，因为他是一个"人"。哲学家笛卡儿说："我思故我在。"这尊青铜雕像却仿佛告诉我们相反的真理：我思想，不是为了证明我存在，而是为了要做一个真正的人，高尔基所说的那个大写的"人"。

《思想者》的思想深深地感染着我，我在沉思中信步向前，在草坪上又看到了一个立像。是谁披着睡衣站在那里，用嘲讽的眼神注视着那个资本统治一切的花花世界？哦，久违了，原来是巴尔扎

罗丹:《思想者》

克老人。夜已经很深了,这位《人间喜剧》的作者却还没有结束一天辛勤的工作,为了清偿他那还不清的债,他不得不牺牲自己的睡眠。今天也许他喝了过多的咖啡,显得格外精神。他微昂着头,蓬乱的长发,愤世嫉俗的表情。好一副决心要向整个资本主义社会挑战的神气!他似乎是在喃喃自语:我早已看透了这个人欲横流的社会,等着瞧吧,看我用笔尖无情地挑破你们那层温情脉脉的面纱,让你们那套虚伪道德、买卖婚姻、商品艺术、拜金主义统统见鬼去吧!

“这真是一个杰作”,我的同伴感慨地说。“当初法国作家协会竟然拒绝接受这样一件伟大的艺术品,真叫人难以理解。这也算是‘偏见比无知离开真理更远’的又一证明吧。”我们谈着话,绕到了庭院的另一面。

庭院的左侧陈列着罗丹的两个大型作品:《地狱之门》和《加莱义民》。前者虽然是他长期从事创作而终于未能完成的作品,但它的宏伟的气魄和业已完成的部分雕像,已足以使它进入世界雕塑杰作之林而了无愧色。至于《加莱义民》,那是反映百年战争中的一个历史性事件的有口皆碑的名作。六位加莱市民,为了同胞免遭围城的敌军屠杀,毅然地自愿献出自己的生命。这是一个令人惊心动魄的悲壮场面:六个普普通通的人在走向死亡的道路上行进,有的刚强不屈,有的软弱犹豫,有的视死如归,有的强烈求生,生与死的搏斗在他们的灵魂里激烈地进行,精神的痛苦在折磨着他们。但是,尽管有着内心的矛盾和斗争,他们却为了挽救更多人的生命而义无反顾地去迎接死亡。罗丹证明给我们看,英雄既不是天神,也不是超人。做一个英雄或是做一个懦夫,完全决定于自己,只要愿意,每一个普通人都能表现出高度的英雄主义。这样的英雄主义难道不是对我们更真实、更有说服力的吗?我们一边议论,一边穿过庭院走进了博物馆的展览厅。

展览厅里可真是琳琅满目,美不胜收。楼上楼下十来间展览室,陈列着成百件大大小小的雕塑作品,还有墙上悬挂着的不少非常美妙的绘画和素描,其中包括罗丹私人收藏的印象派大师雷诺阿、莫奈和凡高的几幅原作,简直使人们的眼睛应接不暇,不知如何是好。我们小心翼翼地在这艺术品的丛林里慢慢移动着脚步，几乎屏住呼吸，免得惊动了旁边那位沉醉在冥思中的美丽的少妇。她低垂着头，像花一样的温柔，她没有身体，没有手足，只有思想展开双翅自由地飞向遥远的地方。罗丹用完全和《思想者》不同的方式，在一块白色大理石上同样表现了“思想”这个主题。如果说前面这个青铜雕像属于美学中所谓“崇高”的范畴，那么后面那个大理石女性头像则属于“美”的范畴，二者都堪称典范之作，这需要有多么巨大的艺术才能啊！

在左面的展览室里，晚秋的柔和的阳光透过落地式长窗照射进来。一个年轻人站在窗边，好像是大梦初醒，刚刚自觉到自己在这个现实世界里的存在。要知道这是多么漫长的梦，不是以天数来计算而是以好多个世纪来计算的噩梦呀！但是，现在他终于已经醒来了。他侧仰着脸，右手抱头，似乎是要用手臂挡住那一下子还没有习惯的炫目的阳光，左手半举微握着拳，显然表示出他那青春的活力还没有在他身上完全苏醒过来。年轻人，快清醒吧！世界是属于你的，你很快就会知道，在这个世界上生活有多美！我站在这位年轻人面前细细地玩味着罗丹用艺术语言想对我们说的话。老实讲，我不知道罗丹把这个青铜雕像命名为《青铜时代》的确切用意何在。不过我想，青铜时代既然标志着人类文明发展的一个转折点，那么把这个作品理解为表现“人的觉醒”大概不至于是歪曲原意的；我甚至认为，罗丹的这个早期作品所以在当时遭到保守派的责难和诽谤，除了它的高度现实主义的表现方法以外，它的思想倾向恐怕也是一个重要原因吧。

我把这个想法轻声地告诉了我的同伴，他点了点头，表示同意我的意见，然后说："其实，'人的觉醒'是一个大题目，不仅是这个《青铜时代》，而且罗丹的其他一些作品也可以归入这个主题。就拿我们刚才见到的那几个作品来说，都是在表现人怎样由'自在'的人变成'自为'的人。如果在《青铜时代》里，人还刚刚开始获得自我意识，那么到了《思想者》，他就完全自觉地在探究人应该怎样生活了。那个《巴尔扎克》则已经清醒地认识他周围的世界，准备与不合理的社会较量一番。至于《加莱义民》里的那六个人，可以说是达到了更高的觉醒，因为他们不仅通过了生活的考验，而且懂得了怎样去死。"对他的话我无法提出异议。莎士比亚在《哈姆雷特》里有一段著名的台词说，人类是一件多么了不起的杰作，高贵的理性、伟大的力量、优美的仪表奇妙地结合在一起。真是宇宙的精华、万物的灵长！罗丹的这些作品不是和莎翁的剧本一样响彻着对于人的热烈的礼赞吗？

看来我的那位朋友还没有把话说完，他停顿了一下接着说道："高尔基讲，文学是'人学'。这是一个简单的真理。其实'人学'这个提法更适合于雕塑艺术，人始终是雕塑艺术的中心，不研究人，不研究人体，还搞什么雕塑！"他越说越激动。"近十几年'四人帮'横行，乱打棍子，弄得人家谈'人'色变，似乎必须目中无'人'才能站稳阶级立场。其实连'人'都没有了，还谈得上什么'阶级'。'四人帮'那一伙连做人的起码道德都不讲，居然还要批判什么'人性论'。人性在他们身上已经灭绝。无怪乎就只剩下兽性了！"我觉得他的话有道理。"人性论"当然还是要批判的，但过去的那种简单、片面而又粗暴的所谓"批判"是根本要不得的，我们这么多年来艺术创造的人物形象之所以这样苍白无力、贫乏干瘪，不能说不与此有关。因此我回答说："我和你有同感。目前我们文学艺术的主要问题不是'人性'讲多了，而是用大量空洞抽象的政治概念和关于阶级斗争的'革命'，空谈代替了活生生的具体的人，结果就弄得人不像人，连当'时代精神的号筒'，都不够资格。如果不打破'人'这个禁区，文学艺术就很难出现新气象。"我的朋友却感叹道："要打破的禁区又岂止这一个，大大小小的禁区可真不少，你看，那边不又是一个禁区么？"

我顺着他的手指望去，在中央陈列厅里有一群参观者在观赏一座大理石雕像，我顿时明白了他的意思，原来他所说的又一个禁区指的是"爱情"。我们挤进人丛，以便从近距离更真切地观察罗丹的这个名作《吻》。一对热恋着的青年男女拥抱在一起，尽情地亲吻，似乎忘却了周围的一切。他们的爱情显得这样纯洁、这样真诚，简直洁白晶莹得像他们借以显形的那块白色大理石一样。人体的美和道德的纯真奇妙地结合在一起，使这个作品无论在审美价值上或是在伦理意义上都达到了很高的境界。这里并没有丝毫庸俗的低级趣味或黄色情调，我真不懂为什么这样严肃的艺术作品在某些人眼里会被看作比洪水猛兽还可怕。据我想，马克思主义者不是清教徒，也不是满口仁义道德、内心却男盗女娼的假道学先生，他虽然不信奉"爱情至上"，却也充分承认真挚的爱情在人的生活中应有的位置。从历史上看，爱情自古至今始终是文学艺术的重要主题之一，而在社会主义的中国却一度成为不得问津的"禁区"，岂非咄咄怪事！

罗丹描写爱情的作品还有不少。除了这一个《吻》以外，如《永恒的春天》、《永恒的偶像》、《罗密欧和朱丽叶》等等，也都是精彩之

《吻》

作。尤其是《罗密欧和朱丽叶》这个不大的青铜雕像，以极其富有戏剧性的手法淋漓尽致地表现了一对不幸的恋人诀别的悲剧场面。面对着这尊雕像,我们耳边仿佛响起那位纯洁的少女感人肺腑的绝望的呼叫声:"窗啊,让昼进来,让生命出去。"记得黑格尔曾经说过,罗密欧和朱丽叶就像柔弱的玫瑰花种在不合适的土壤上,会不可避免地在偶然世界的山谷里由于暴风雨的袭击而受到摧残,因此他们的悲剧在那样的社会环境里是必然的。我们对罗密欧和朱丽叶的爱情悲剧当然要作具体的阶级分析,抽象的爱确实是没有的,人总是在一定的社会条件下生活,爱情也不能不带上社会的烙印。不过,莎士比亚和罗丹所歌颂的那种生死不渝的爱情,终究要比我们生活中还存在着的把妇女当做商品、热衷于收彩礼、计算多少条家具腿的丑恶现象高尚得不可比拟。因此,即使在爱情的描写方面,莎士比亚和罗丹那样的艺术大师也还是值得我们借鉴的。

我们在这个问题上取得了一致意见,就继续上楼参观。走进陈列室,那里排列着八个不同姿态的巴尔扎克塑像,这说明罗丹为了寻找表现这位伟大作家风貌的最合适的艺术形式,曾经付出了多少心血和辛勤的劳动。其中特别引人注意的是一个巴尔扎克的全身裸体像,罗丹把巴尔扎克如实地、赤裸裸地展现在我们面前,肥胖,甚至显得有点臃肿,还带着一个难看的大肚皮。应该承认,它确实不大引得起人的美感。但是,它却也确确实实雄辩地证明给我们看,巴尔扎克就是这么一个人,一个平凡的,然而是真正的人,而不是一个神。罗丹用不着替他掩饰什么生理上的丑,因为这位作家的伟大文学天才本来就不表现在肚子上,可是如果没有这样一个难看的大肚子,巴尔扎克也就不像那个真正的巴尔扎克了。

我的朋友又说话了:"你觉得吗?真实是艺术的生命。单有真实当然还成不了艺术，但只要抛弃了真实，艺术也就完结了。虚假、谎言是和艺术的本性不相容的，哪怕是你用‘革命’的名义撒谎也不行。罗丹作品所以取得伟大成功的秘密，除了他的高超的艺术技巧之外，就是因为它真实。要做一个真正的艺术家，就必须敢于面对真实，甚至有时是丑恶的、可怕的真实。像罗丹那样杰出的资产阶级艺术家都能够做到这一点。那边陈列的一个作品就是最好的证明。"他指着《欧米哀尔》，赞赏地叹了一口气。

我从来没有见到过一个雕塑作品竟能产生如此巨大的震撼人们整个心灵的作用。一个骨瘦如柴的老妇人，弯腰偎踞着，羞愧地低着头，充满着见不得人的内心痛苦。干瘪的胸脯，枯瘦的身躯，活像挤干了的柠檬。这是一个妓女，是生活在阶级社会底层的人间地狱里的人。她受侮辱，受损害，受蹂躏，已经失去了人的形状和人的尊严，变成了一具丑得可怕的活骷髅。这哪里是一个单纯的艺术品，简直是对整个资本主义的控诉状啊！罗丹在这有限的空间里，再现了资产阶级社会里的血淋淋的现实，把可怕的真实无情地揭露出来。看，不合理的社会制度竟然会把一个活生生的人摧残到什么样的地步！这不是对这个野蛮残忍的社会的有力谴责吗？在罗丹的这个作品里，强烈的政治倾向性是完美地体现在生动的艺术形象之中的，因此它具有一篇犀利的政论所不可能有的感染力。

面对着这样的艺术作品，我感觉到自己已经被真理的力量所征服了。我不由得想起罗丹自己的话："艺术是一门学会真诚的功课。……我从没有说过谎话。我从没有阿谀我同时代的人。……美只有一种，即宣示真实的美。当一个真理，一个深刻的思想，一种强烈的感情，闪耀在某一文学或艺术的作品中，这种文体，色彩与素描，就一定是卓越的。显然，只有反映了真实，才获得这种优越性。”这位艺术家的经验之谈说得多么好啊！是的，真和美是辩证的统一，真是一切美的基础，没有真也就没有美、没有艺术。靠“三突出”、“大树特树”永远不能达到真正的美，最多只能得到肥皂泡的绚丽光彩，因为谎言、虚假的东西不可能是美的。

铃声把我从沉思中惊醒，该是闭馆的时候了。我们在这个艺术的殿堂里度过了一个十分愉快的下午，上了很有教益的一课，终于依依不舍地在暮色苍茫中离开了罗丹博物馆。当我们转上大道时，远处的蒙派纳斯高楼已经是一片灯火辉煌的景象，艺术性很少的巴黎之夜就要降临了。

《天鹅湖》的悲剧结尾和莎乐美的爱
——看维也纳国家歌剧院演出有感

维也纳的国家歌剧院是奥地利的骄傲。在这个世界的音乐之城里，音乐家的纪念碑几乎比比皆是，而国家歌剧院无疑是其中最美、最宏伟的一座。有多少音乐家、指挥家、歌唱家、舞蹈家在这里成长，从这里出发去征服欧洲、征服世界，又有多少人渴望着能够有机会在这里演出，把这看作要努力争取的殊荣。有一位奥地利朋友对我说，访问维也纳而不去国家歌剧院，就等于没有到过这个城市一样。从他的话里，可以充分感觉到奥地利人对国家歌剧院的热爱和自豪。所幸的是，在我近年来两次访问维也纳时，感谢主人的盛情招待，都曾被邀请观看了国家歌剧院的演出，使我度过了两个美好的夜晚，留下了难忘的印象。

国家歌剧院坐落在维也纳最繁华的市中心。从著名的圣斯泰芳大教堂往南，是一个以出售各种高级商品著称的商业区，沿着一条步行街走到尽头，就到了国家歌剧院。这是一个巍峨华丽的建筑，落成于 1869 年，在第二次世界大战中部分毁于盟军的轰炸，战后完全按原貌修复。经过许多年来的风风雨雨，还能依稀看出当时奥匈帝国的非凡气派。无论是装饰着剧院正面大门的雕像，或是富有艺术趣味的宽广的大理石楼梯，绘有美妙壁画的富丽堂皇的回廊，以及布置得美轮美奂的演出大厅，都使每一个身历其境的人得到一种高尚的精神享受。但是，在这个崇高的艺术殿堂里，最美的当然是音乐，还有那音乐的伴侣——舞蹈。

《天鹅湖》能够成为悲剧吗？

我在维也纳国家歌剧院观看的第一场演出是《天鹅湖》。老实讲，《天鹅湖》虽然是一部令人百看不厌的名作，但我原先并没有对这次演出抱很高的期望。我总以为，在看过莫斯科大剧院和乌兰诺娃的表演后，恐怕很难再从这个芭蕾舞剧得到同样艺术上的满足了。当然，对于努列耶夫这位风靡西方世界的芭蕾舞大师，我是早已慕名已久的，可是我确实想不出他还能给《天鹅湖》增添什么新的光彩。自柴可夫斯基时代以来，经过这许多艺术家的辛勤劳动和艰苦探索，这一芭蕾舞艺术的瑰宝似乎已经达到了尽善尽美的境界，对这样公认的典范难道还能有所创新吗？我就是抱着这样的想法等待开幕的。

演出的结果却超出我的预料，推翻了我的这个想法。这倒不是由于这次演出在艺术上达到或超过了莫斯科大剧院的水平，而是由于努列耶夫在导演这部舞剧时对它所作的新解释。应该说，演出是成功的，歌剧院的乐团和指挥都是第一流的，扮演白天鹅和黑天鹅的青年舞蹈家施塔德勒的表演十分精彩，无怪乎人们誉之为一颗正在上升的新星。努列耶夫本人扮演的王子，动作优美、准确，无懈可击，在技艺上可说已达炉火纯青的地步，虽然由于年龄的关系，已经可以看出他力不从心的最初迹象。整个高水平的演出确实使人陶醉，美的旋律，美的舞姿，一切都美，但真正激动人心的却是全剧的悲剧结尾。

《天鹅湖》的故事情节是大家都熟悉的，在这里不用多说。不过我们向来习惯于这样的结尾：王子在殊死的搏斗中最后战胜了恶魔，白天鹅摆脱了魔法而恢复人形，与王子成婚。所以人们在解释这部舞剧时常说，它的主题思想是：善战胜恶，爱情战胜死亡。讲得粗俗一点，这样的结尾就是使人皆大欢喜的“大团圆”。努列耶夫则向我们提供了另一种可能性：王子在发觉自己受骗后，在绝望中发狂似的奔向湖畔，向白天鹅忏悔并取得了谅解，这时恶魔出现，迫使白天鹅离去，王子舍命追赶，恶魔施展魔法制造一条河流挡住王子的去路，王子面对激流，悲痛欲绝……这样的结局多少有点令人出乎意外，“大团圆”变成了悲剧。

国家歌剧院的这次演出雄辩地证明，把《天鹅湖》作为悲剧来演是可能的。同时它也给了我新的启发，就是对任何一个真正卓越的艺术作品，甚至久已闻名世界的伟人作品，也还是有可能作新的理解。无论是一座雕像、一幅画、一首诗，或是一部小说、一个戏剧，经过人们新的探索，总能不断地发掘出新的东西来。任何一个艺术作品，作为具体的社会存在，当然有它的客观内容和特定的意义，但这内容和意义并不是僵死的凝固不变的，而总是可能随着人们认识的深化、实践的发展和再创造而愈益丰富，所谓不朽的艺术作品的万古长青的生命力的秘密也许就在这里吧！

我决不想否定或贬低过去对《天鹅湖》结局的那种传统的处理，应该说那样的处理也同样很美。我只想指出，《天鹅湖》的结局并非只有一种可能性，除此以外，也还允许有其他的可能性，只要它符合艺术本身的规律就行。在这里需要思考的问题倒是：为什么《天鹅湖》能够成为悲剧？

《天鹅湖》是一个童话，在童话里，想象力可以充分地展开双翼自由翱翔。不仅儿童喜爱童话，而且成人也需要童话。童话使看来不可能的事成为可能，能够使人们内心深处的善良的愿望更容易实现。因此，《天鹅湖》里王子和白天鹅奥杰塔的美满幸福的结局是符合于童话的自然规律的。在这里，文艺理论中的所谓"诗的正义"以比较自然的方式得到体现。但是，童话毕竟只是童话。人在生活中需要童话，向往童话中的生活，却不可能生活在童话中。童话之所以是童话，就是因为它总是和现实保持着这么大的距离，所以当人们回到现实中去的时候，童话也就破灭了。在现实生活中，往往不像童话里那样一切都按我们的愿望实现，"诗的正义"也往往是可望而不可即的一种幻想。有席勒的诗为证：

生活使多少善良的人凋谢了，
命运饶恕过多少卑劣的人！①
伟大的帕特洛克拉死去了，
卑鄙的迭尔特却竟然生存！

幻想的破灭是痛苦的，但它的好处是叫人清醒，可以去勇敢地面对现实。如果加以成功的艺术处理，就更能取得震撼人们心灵的效果。所以悲剧永远有它存在的理由，只要产生它的土壤仍然存在，人的幻想和意愿同现实之间的矛盾无法消除，或者更科学地

---

① 席勒：《胜利者的凯旋》，德文版。

说，当历史必然的要求与这个要求实际上不可能实现之间的矛盾得不到解决时，悲剧总是要一次又一次地重演。努列耶夫当然还是把《天鹅湖》当作童话来对待的，他在这个舞剧中所表现的那种对美的执着的追求和忠贞不二的忘我的爱，把人们带进了一个理想的梦幻世界，然后全剧的悲剧结尾又重新把人们带回到无情的现实，这就像是在一杯甜蜜的美酒里加上几滴生活的苦汁，令人回味无穷。梦醒了，幻想破灭了，我们失去了可爱的天鹅，英俊的王子失去了他的爱，但我们并没有失去一切，而是有了新的收获，因为我们更深刻地认识了生活。

我不知道努列耶夫对《天鹅湖》的这种解释是否有他个人的因素在起作用，只是觉得从艺术上说他这样处理是相当成功的。有些人不赞成悲剧，总以为悲剧叫人灰心丧气，起不到好效果。其实这种看法由来已久，可以追溯到两千多年前的柏拉图，这位祖师爷就是以此为理由主张把悲剧诗人逐出“理想国”的。可是历史并不能证明柏拉图的正确。说来也怪，希腊悲剧的繁荣时期正好也就是古希腊城邦国家国力空前强盛的时期。在当时实行奴隶主民主制的雅典，观剧是公民的一项义务，正是那些在露天剧场里向悲剧喝彩的自由民，在人数悬殊的战斗中打败了庞然大物波斯帝国的百万雄师。可见悲剧并没有败坏希腊人的士气，降低他们的战斗力。当然，我们也不能反过来说，正是靠悲剧的力量击败了武装到牙齿的强敌。悲剧并没有那么大的神通。不过我倒赞成尼采的意见，悲剧的作用决不是否定生活，而是肯定生活，决不是使人颓丧消沉，而是使人积极振奋，决不是使人变得软弱，而是使人变得坚强。一个社会能够欣赏和接受悲剧，正是说明社会意识的清醒、成熟、健康和强大有力，如果连悲剧也使它无动于衷，那它就未免冷漠和麻木到可悲的地步了。

人们常说，人间的痛苦莫过于生离死别。这一类伤心事是生活中难以避免的，也不是单靠爱情所能战胜的。所谓爱情战胜死亡云云，只不过是人们制造出来的自我安慰而已。其实，重要的倒是，爱情也没有被生离死别所战胜，这就已经足够了。鲁迅说："悲剧将人生的有价值的东西毁灭给人看。"这话讲得很深刻，不过我还想补充一句。个人的失败和毁灭，并没有降低或消灭这种植根于我们人性深处的价值，而是相反地使它显得更崇高、更伟大了。因此，我们在目睹了悲剧人物的不幸之后，并不被痛苦所压倒，而是更加珍视那遭受蹂躏的价值，决心为在生活中实现它而斗争。仅此一点，难道不足以说明《天鹅湖》的悲剧结尾的合理性吗？

什么是莎乐美的爱？

过了一年，我又重访维也纳国家歌剧院，这次看的是理查德·施特劳斯的歌剧《莎乐美》。这也是他的最著名的歌剧代表作。

《莎乐美》的故事出自《圣经》的《马可福音》，原来的情节比较简单，经过英国作家奥斯卡·王尔德的改铸，成为一部描写爱情的独幕剧，歌剧《莎乐美》就是根据王尔德的作品改编的。剧情大致如下：

犹太加利利的分封王希律娶了自己兄弟腓力的妻子希罗底为后，施洗约翰指责希律的婚姻不合法，违背道德。希律王恼羞成怒，把约翰囚禁于宫廷地牢中。希罗底是个阴险毒辣的女人，竭力怂恿希律杀掉约翰，但一直未能得逞，因为约翰在群众中颇有威望，被犹太老百姓目为先知，希律对这位以正直著称的圣者有所顾忌，不得不敬畏他，虽然把他监禁，但暗中还要保护他。有一天，希律举行盛大晚宴，庆祝自己的生日，文武官员和贵族们都应邀赴宴。希罗底和前夫所生的女儿莎乐美中途离开宴会来到庭院，听到地牢中传来的先知约翰的声音，便向负责看守的叙利亚人卫队长纳拉鲍斯要求见一下约翰，纳拉鲍斯正狂热地迷恋着莎乐美，因此擅自违反希律的禁令把约翰带出地牢与莎乐美见面。莎乐美对约翰一见钟情，为他神魂颠倒，表示热烈的爱慕，遭到约翰严词拒绝后仍一往情深，纳拉鲍斯在绝望中愤而自杀，莎乐美竟无动于衷，置之不理。警卫将约翰送回狱中，希律和希罗底以及参加宴会的宾客都走出大厅，聚集在庭院里。这时又传来了约翰的声音，希罗底乘机再次鼓动希律杀约翰，仍遭拒绝。希律王酒兴大发，要莎乐美当众表演舞蹈，并向她起誓在跳舞后满足她的一个愿望。莎乐美的热情奔放而带有野性美的舞姿，使全场为之倾倒。然后她竟向希律提出了这样的要求：以施洗约翰的头颅作为报酬。希律大惊失色，恳求莎乐美改变主意，甚至答应把国土的一半给她。她却不为所动，坚持原来的要求。希律不能当众违反自己的誓言，出于无奈只得下令杀约翰。当行刑者托着盛有人头的银盘送给莎乐美时，她亲吻约翰的唇，说了这样一句话："因为爱的秘密比死的秘密更伟大。"莎乐美自己也很快就领略了死的秘密，因为希律在盛怒之下处死了她。全剧就以这样的大悲剧告终。

在原先的圣经故事里并没有莎乐美的爱，约翰的死是由于希罗底教唆的结果。王尔德大胆地把一个暴君加坏女人一起作恶的故事改造成热烈歌颂爱情的诗篇，在当时保守的英国起了惊世骇俗的作用，剧本遭到禁演。施特劳斯是在著名的戏剧革新家马克斯·赖因哈特所办的柏林"小剧院"里，首次看到《莎乐美》的演出，便起了把它改编成歌剧的念头。他经过两年的劳动完成了这部歌剧，才使《莎乐美》广为流传。维也纳国家歌剧院素来以演出德奥学派的作品见长，那天晚上的演出也确实十分成功，扮演莎乐美的女歌唱家阿姆斯特隆表演尤为出色。不仅音乐、歌唱、舞蹈达到了很高的水平，而且连舞台设计和服装也都给予人们以美的享受。西方绘画中也有以莎乐美作为题材的，但都没有像这部歌剧那样给人留下如此深刻的印象。这或许是因为施特劳斯作为音乐中的后浪漫主义的代表，他的风格特别适宜于表现莎乐美那种强烈的感情吧。

有人认为，莎乐美的爱有悖常理，是变态的爱，因此不适宜于在艺术中表现。想必当时那些充当卫道者的英国绅士们也是这样考虑问题的。他们的神经过于脆弱，在道貌岸然的外表下藏着一颗冰冷的心。他们在感到无聊的时候也需要来一点儿感伤主义的爱情故事作为饭后消遣，但决不能忍受那种要以生命为代价的炽热的爱。至于说莎乐美的爱是否属于变态，那就要看你拿什么标准去衡量了。老实讲，究竟什么是"常态"的爱，恐怕谁也说不清。我没有考证过爱情的历史起源，但我猜想这必定是人类的一种相当古老的感情。翻开我们老祖宗的第一部诗歌总集《诗经》，就可以发现不少男女言情之作。"关关雎鸠，在河之洲。窈窕淑女，君子好逑。""静女其姝，俟我于城隅。爱而不见，搔首踟蹰。"这些不是歌颂爱情的诗吗？可是，人们对爱情的看法从来就不一致，尽管后来《诗经》被奉为儒家的经典，其中的某些自然率真的大胆的爱情表白却仍被有些人看作“淫奔之诗”，主张予以删除。在这种“正人君子”眼里，大概爱情本身就是有失“常态”的行为，而逛窑子、娶姨太太倒反而是符合于人的“常态”的。如果用这种被扭曲了的人性作为衡量事物的标准，那么任何爱情就只能罪该万死了。当然，也有人并不是从封建卫道士的立场出发，他们只是感到莎乐美的爱和他们通常所习惯的不一样，所以就把这看作是反常的行为而予以否定。但是，难道只有符合一般人的平均数或是什么普遍适用的模式，才能算作“正常的”爱吗？奥林匹克运动会冠军比我们平常人跑得快、跳得高，难道他们不是“正常的”人吗？为什么我们不能以同样的眼光去看莎乐美呢？莎乐美比一般人爱得深、爱得强烈，这不是她的罪过，而是她的不幸。我的意思决不是说，非要像莎乐美那样把所爱的人的脑袋砍下来才能说明爱的深度和强度。莎乐美的行为离不开特定的社会环境和历史条件，至于她是否应该这么做，完全是另一个问题。在这里，感情和道德陷丁尖锐的矛盾冲突，从道德上来讲，莎乐美是应该受指责的，她离开康德伦理学的要求何止十万八千里，但是平心而论，她也不应为约翰的死负主要的罪责。甚至对这位圣者来说，与其长期被囚禁在暗无天日的地牢里，听任暴君和奸后的摆布，备受种种折磨和凌辱，最后瘐死狱中，倒还不如痛快地迎接一个壮烈的死，把该隐的印记永远留在暴君的身上。至于说到感情，那么就不能不承认它有自己的法则，莎乐美不仅没有违反，而且倒是完全遵循它的法则行事的。她不掩饰自己的真实感情，毫不虚伪，她大胆地去爱，勇敢地去追求，甚至不惜为了爱而毁灭自己，这是一般人所能做得到的么？也许，适当地约束感情是需要的，然而千百年来由于过度的压抑而造成的悲剧又有多少呢？莎乐美多少有点任性，但要知道她毕竟是一位犹太公主，处于她的地位而能够忠实于自己的感情，并且敢于用生命的冒险去证明自己的感情，承担一切可怕的后果，她在精神上比起她那荒淫暴戾的继父和母亲来真不知要高出多少倍。因此，莎乐美基本上符合于亚里士多德对悲剧人物的要求，王尔德和施特劳斯把她作为悲剧的主人公来加以艺术的表现是完全有理由的，她确实够得上悲剧的水平。

莎乐美的悲剧是所谓的性格悲剧。这是一位有自己的独立的坚强意志的女性，那种不顾一切的爱就出于她的个性，而在她的个性里也就埋藏着悲剧的种子，最终导致了大流血。我们从莎乐美那里知道，不仅恨可以杀人，而且爱也同样可以杀人。莎乐美的爱就牺牲了三条人命，不过这三个人的死情况又如此不同：卫队长纳拉鲍斯的死是由于得不到莎乐美的爱，施洗约翰的死是由于拒绝了莎乐美的爱，而莎乐美的死则是由于她要证明自己的爱。三个人虽然都蔑视死亡，但纳拉鲍斯内心里却是一个十足的懦夫，这种人确实不配得到莎乐美的爱，也不能博得观众的同情。约翰成功地抗拒了爱的诱惑，始终坚持了自己的原则，不失为大丈夫。而真正处于激烈的思想矛盾和精神痛苦之中、必须作出困难的决定的则是莎乐美，因为她所做的选择实在是太艰难而又可怕了，那就是要毁灭她所爱的人然后再毁灭自己。莎乐美经受了这一切，克服了畏惧，没有退缩，真是了不起的女性。正因为她有如此独特的个性，她才能成为黑格尔所说的“这一个”，而对观众具有一种特殊的魅力。施特劳斯的歌剧把莎乐美的个性表现得淋漓尽致，并且在某些场合成功地运用了不谐和音，取得了强烈的艺术效果。这在当时还是一种创新，无怪乎施特劳斯被视为现代音乐的前驱者之一。《莎乐美》在某些方面确实突破了以往传统西方歌剧的程式，称得上是歌剧艺术中的一朵奇葩。

关于爱与死的进一步思考

《天鹅湖》和《莎乐美》内容径庭，风格迥异，但都十分感人，其原因是它们以完美的艺术形式表现了人们普遍关心的两大问题：爱与死。在人的一生中，爱情和生命并不是至高无上的价值，这一点连资产阶级革命家也已经指出过，裴多菲的诗可作佐证。然而，应该承认，爱与死仍然是人生道路上最富有挑战性的问题。怎样去爱？怎样去死？对爱与死应该采取什么样的态度，每一个愿意自觉地思考生活意义的人，都不能回避这些问题。

有人说，爱与死是文学艺术的“永恒的主题”。我不知道究竟是否有所谓“永恒的主题”那样的东西，不过在文艺中这个主题确实出现相当早，而且历久不衰。西方文学的鼻祖荷马的史诗《伊利亚特》就是一个最早的范例，很好地反映了人类在开始取得自觉后对于爱与死的问题的最初的思考。随着人的自我认识的深化，哲学家们对这些问题作了更高层次的探讨，苏格拉底的申辩和临刑前的谈话，柏拉图的《会饮篇》中关于爱的著名篇章，表明了当时对爱与死的哲学思考所达到的深度。柏拉图在《斐多篇》里甚至替哲学家下了这样一个定义：哲学家就是懂得怎样去死这门最伟大而又最艰难的艺术的人。在这以后，关于爱与死的探讨一直在断断续续地进行，现代哲学家如麦克斯·舍勒和海德格尔也还是在讨论这些问题。可见，人类对于爱与死的思考至少已经有了二千多年的历史，而且这些问题又是亘古常新的，对于20世纪的人来说，爱罗斯（爱神）和塔纳托斯（死神）依然是一个谜。也许，像这样一些涉及人的感情和心灵的最深奥秘的问题永远不可能有最后的解答，然而人们还是会不断地进行思索，在不同的时代、从不同的立场和角度提出种种不同的看法。要真正了解人是什么，要研究人的哲学，就不能撇开爱与死那样的人生根本问题。遗憾的是，在我们的哲学和美学著作中，却几乎完全忽视了这些人人都要在人生道路上遇到的问题，这样就留下了理论上的空白地区，而听任各种非马克思主义学说在那里自由驰骋。这种状况决不能认为是正常的。我以为，马克思主义如果想要真正进入人们心灵深处，成为生活的指导，那就不仅要解决社会发展问题，而且也要回答使人们感到困惑的切身的个人问题，包括对爱与死提出自己的看法。这是有待于我们作出巨大努力的一个新的宽广的领域。

为什么爱与死在人的生活中占据这么重要的位置？为什么它们总是显得亘古而常新？西方思想家们曾经发表各式各样的看法，例如弗洛伊德提供过一种解释，他认为这是出于人的两种本能，即所谓生存的本能和死亡的本能。生存的本能实质上就是弗洛伊德所一贯强调的性爱本能，通过生殖而起保存种族的作用；死亡本能则相反，它的作用在于毁灭自己和周围的事物，使生命变为死亡。但是，像弗洛伊德那样把爱与死归结为属于无意识状态的生物性本能，是不能解决问题的。人是一种动物，因此他自然具有生物性本能这一面。然而人之所以为人，又高于一般的动物，如果人在爱与死那样一些人生根本问题上不能超越生物性本能，那么人就降低到一般动物的水平了。莎乐美是一个有个性的活生生的人，而不是受本能驱使的雌性动物。弗洛伊德主义不能解释什么是人，也不能解释人的复杂的内心活动，因为真正的人的生活，正是从超越本能（而不是如某些人所想的恢复本能）的那个时候开始的。

再来看另一种解释，那是由克尔凯郭尔提出的。这位丹麦哲学家认为，爱与死之所以如此重要，是因为它们对个人来说是最真实的东西。爱与死对每一个个人都具有其特殊性和唯一性，只能由这个个人通过亲自的经验去体会，也只对他本人才有意义，其他任何人都无法替代。比如说爱情吧，一个人不管他读了多少有关爱情的书，具有多少关于爱情的知识，他仍然不能算是一个恋人，除非他自己果真在谈恋爱，亲身领略了什么是爱情。死也是同样的道理。克尔凯郭尔说，虽然我知道人们关于死的问题一般所知道的知识，我知道如果吞服硫酸、投河或在充满煤气的空气中睡觉就会死亡；我知道拿破仑总是带着毒药，知道莎士比亚剧中的罗密欧服毒自尽，我知道斯多葛派把自杀看作勇敢行为，而另一些人则认为自杀是怯懦行为，以及如此等等，尽管如此，我还是不能认为我已经理解了死究竟意味着什么。对于我来说，当面临死亡的时候，死仍然是那样一种不确定的东西，始终是一个谜。因此，在爱之中和在死的面前，个人才真正意识到自己的存在。应该指出，克尔凯郭尔把个人夸大成为绝对，并把个人和集体对立起来，而且总的说来对人生持有一种悲观主义的看法，这些都是不足取的。但是，他突出地强调像爱与死那样一些个人问题的独特性及其对个人的意义，对我们还是有启发的。爱与死虽然对人们具有普遍性，可是对每个人来说却又紧密地和他的个别性相关联而显得如此独特。因此，在文艺创作中，有关爱与死的描写尤其要注意切忌千篇一律和公式化，而这正是我们某些作品中经常出现的弊病。

莎乐美说，爱的秘密比死的秘密更伟大。我想，通向这些伟大秘密的钥匙不在生物学和生理学，而在人学。古希腊德尔斐神庙里的著名题铭是："认识你自己"。两千多年来，人关于自己人身结构及其各种器官的知识无疑地已经取得了很大的进展，可是人对什么是人的认识却只能算是刚刚起步。人要认识自己，要对自身进行思考和探索，就不妨先从爱与死的问题开始吧！

克列:《植物》

克列:《死与火》

克列:《喜歌剧“航海家”中的战斗场景》

克列:《R 别墅》(1919 年)

毕加索:《酒徒》(1901 年) 圣彼得堡埃米尔塔日博物馆

毕加索:《丑角》(1917 年) 巴塞罗那毕加索博物馆

毕加索:《浴者》(1918 年)

毕加索:《希腊妇女》

毕加索:《花瓶》(水粉画)(1943 年)　巴塞罗那毕加索博物馆

毕加索:《风景》(1957 年)　巴塞罗那毕加索博物馆

毕加索:《霍塔的工厂》

毕加索:《垂死的公牛》

毕加索:《斗牛》(1934 年)

毕加索:《三个舞蹈者》

毕加索:《钢琴》(1957 年)　巴塞罗那毕加索博物馆

毕加索:《萨宾女人的诱惑》(1963 年)

马蒂斯:《红色房间》

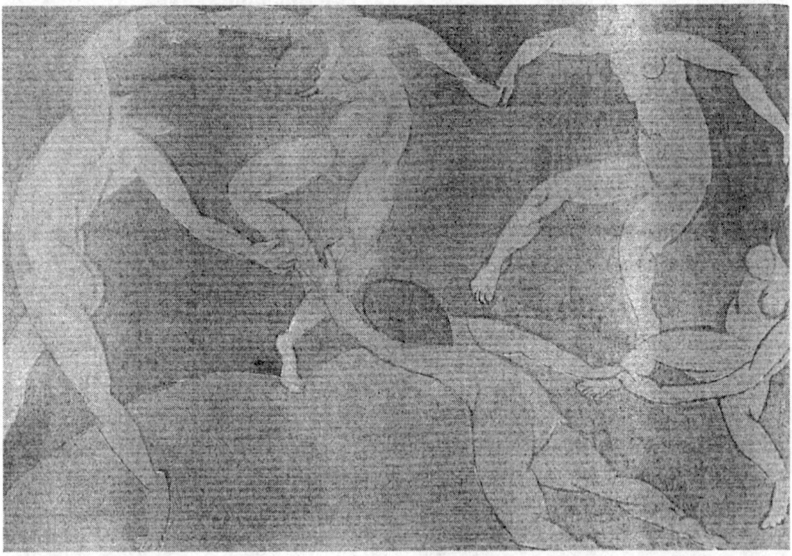

马蒂斯:《舞蹈》(1909－1910 年)　圣彼得堡埃尔米塔日博物馆

一颗寂寞的心

——克列绘画展览观后

九月的伯尔尼是异常美丽的。如果你有机会在著名的贝勒维旅馆的露天咖啡座歇息，那么一幅如画的美景就展现在你面前。[①]从阳台往下看，清澈的阿尔河水在不断奔流，冲击着岸边的岩石，激起细细的浪花。在对面高高的河岸上，一幢幢漂亮的房屋隐现在层层丛林中。极目眺望，遥远的群山戴着终年积雪的白色冠冕隐约可见，衬托着晴朗的蓝天，蔚为壮观。如果你有兴趣上街走一走，那么离旅馆不远就有一个热闹的小广场，这里到处都有花店和花摊，出售各色各样的花卉，抬头望去，周围楼房的每个窗台上也都摆满红艳艳的鲜花，仿佛是在争奇斗艳，欢庆花的节日。由此往西是繁华的商业街，精美的橱窗设计，丰富多彩的商品陈列，真是琳琅满目，令人眼花缭乱。人们说瑞士是欧洲生活水准最高的地方，这条商业街就是一个缩影，世界上一切名牌奢侈品在这里应有尽有，可以充分满足西方社会的高消费欲求，当然其前提是你的口袋里要有足够的钱。假若你对资本主义的这种商品拜物教感到厌烦，那么我劝你不妨去东面的旧城区观光，那里是个完全不同的世

---

① 贝勒维(Bellevue)按字面的意思就是“美景”。

界。古老的钟楼,街中心的雕像和小喷泉,传统的手工业行会的色彩缤纷的旗帜和标志,狭窄的街道和两旁简朴而整洁的古旧的房屋,置身其间使人怀疑是不是回到了中世纪。如果你余兴未尽,继续往东走,越过阿尔河上的尼德格桥,就来到吸引许多游客的熊园,那里饲养熊已有不少年的历史,因为熊是这个城市的象征,伯尔尼这个地名即来源于熊。再向前走,爬上一个小山坡,便是著名的玫瑰园,从那儿居高临下俯视全城,整个伯尔尼历历在目,尽收眼底。我相信,面对这样的景色,多数人都会感叹说,这个城市多美啊!

但是,如果你热爱真正的美,那么建议你到伯尔尼美术博物馆去寻找。博物馆位于市区北部的一条偏僻的街道上,这里既没有现代化城市的繁华和喧闹,也没有令人发思古之幽情的那种中世纪情调,周围环境谈不上优美,却很宁静。从外表上看,博物馆的建筑也并无特色,只是一幢普普通通的楼房,可是这里却荟萃着一批具有世界水平的艺术品,特别是一些西方现代绘画的精品,足以使参观者得到难以忘怀的美的享受。

伯尔尼美术博物馆的规模当然不能和一些国际著名的大博物馆相比,但是它的收藏和陈列突出重点,因而在某些方面形成自己的优势。实际上,到这里来的参观者的首要目标是为了欣赏克列的绘画,因为这家博物馆从 1952 年起在保罗·克列基金会的协助下集中收藏了克列各个时期的大量作品,它所陈列的克列创作堪称世界第一。要想了解这位艺术天才的坎坷的创作道路及其对西方现代艺术的影响,最好的办法莫过于到这家博物馆的一系列克列展室中去亲眼看一下。我正是抱着这样的愿望,踏进了博物馆的大门。

克列基金会在博物馆内设有专门的图书资料室，收集了有关这位艺术家的生平和创作活动的许多文献资料和研究著作，供参观者随意使用和查阅。其中有些未公开出版过的材料，对深入理解克列其人及其创作是颇有帮助的。由于克列的名字对中国大多数读者来说还比较生疏，所以有必要先作一个简略的介绍。

1879年12月18日，克列生于伯尔尼附近的明兴布赫齐，这是瑞士的德语区，他的父亲是德国人，母亲则是瑞士人，但祖先来自法国贝桑松，并带有地中海地区北非的血统。因此，从克列的外貌和精神气质方面都可以看到阿拉伯因素的影响。他的父母都有较高的音乐素养，他从小受到家庭的熏陶，也很有音乐的天分，后来当他准备献身于艺术时，还曾犹豫究竟是当一个画家还是当一个小提琴家。事实上，在他成为杰出的画家后，他也没有放弃小提琴，在演奏小提琴方面表现出高度的才能，这种对音乐的敏感和节奏感也体现在他的绘画作品里。1898年，克列在19岁时前往德国慕尼黑学习，这对他的一生具有决定性意义，当时他热爱音乐、文学、诗歌和绘画，但最后还是选择了绘画，因为他觉得绘画比音乐和诗歌更能充分表现他自己的个性，他并且立下雄心壮志，写信给父母说："我将把绘画向前推进。"在慕尼黑学习期间，他起初在欧文·克尼尔门下接受基本功训练，后来则进美术学院师从弗朗茨·斯托克。20世纪初的另两位先锋派画家康定斯基和贾伦斯基都曾参加斯托克教授的绘画班，不过当时克列似乎并不认识他们，直到1911年才和他们结交。1901年秋，克列去意大利游历，这对他在艺术上的成熟很有帮助，在半年内他去各地参观了许多艺术大师的杰作，除了列奥纳多、米开朗琪罗、平托里丘和波蒂切利的原作使他折服外，那玻利的水族馆内的汉斯·封·马莱斯的壁画和海洋生物也给他留下深刻的印象。次年5月他回到伯尔尼，对自己在艺术上的追求已经有了明确的认识，当时他写道："必须从最小的东西开始，这是极其困难又是极其必要的。我要像一个新生儿那样，对欧洲一无所知，绝对地一无所知；不顾一切事实和风尚，几乎像原始人一样。然后我要做某种很平凡的事，就是靠自己去完成一个细小的形式的主题，即使没有任何技巧也能用我的铅笔把它把握住。"在他的日记里，他表达出追求自我的强烈愿望，要求发展自己的个性，使自己成其为保罗·克列。关于绘画，他也发表了自己的看法，认为自己的任务不是去再现对象的外貌，因为那已经有照片就行了，他说："我想要深入到对象的最内在的意义中去。我想要达到内心深处。"克列的这些想法，实际上表达了20世纪现代西方艺术发展新趋向，不过他的成熟是个较缓慢的过程，他真正形成自己特有的风格并参加到新艺术运动中去，还是若干年以后的事。

1905年，克列第一次去巴黎，在卢浮宫、卢森堡博物馆等处观摩，戈雅、科罗、雷诺阿等人的作品使他很受感动。后来他更多地接触到一些现代画家的创作，凡高、恩索尔、塞尚都对他产生影响。但直到1911年，他结识了康定斯基、贾伦斯基、马尔克等人之后，才真正意识到自己是和他们朝着同一个方向前进的，因此就参加了他们的"蓝色骑士"集团，成为这个标新立异的艺术团体的一员。同时，他也密切注视着当时出现的其他一些新的艺术流派，毕加索和勃拉克的立体主义、意大利的未来主义特别受到他的重视，并对他的创作产生一定的影响。从1913年起,他创作了一些重要的作品,标志着他在艺术上的逐渐成熟,特别是1914年他和友人麦克等首次去突尼斯旅行,虽然只有短短的17天,却给他造成很深的印象。北非风光使他重新发现了自我中的某种因素,他甚至怀疑这里是他的真正的祖国,感到自己是"南方升起的月亮"。阿拉伯之夜的光与色深深地印入了他的意识,他说:"我已经被色彩所支配,我不需要再去追求它了。我知道,色彩将永远支配我。这是一个伟大的时刻:我和色彩已合而为一。我是一个画家了。"接着就爆发了第一次世界大战,他的亲密朋友麦克和马尔克先后死于战场,这两位艺术家的无谓牺牲使他深感悲痛,造成了心灵上难以愈合的创伤。但是,正是在战争期间,他终于完全成熟,真正成为保罗·克列。有一位评论家说,在战后克列就像"一株热带植物那样旺盛地成长"。从1921年到1931年,他应聘参加了著名的"包豪斯",先后在魏玛和德骚工作。这是他的艺术生涯中成果最为丰富的10年,他从事绘画创作和教学,不仅在纽约、巴黎等地成功地举行了个人画展,而且出版了一系列重要的理论著作,如《教学素描簿》、《论现代艺术》、《图像思维》等等。1931年他离开"包豪斯"去杜塞尔多夫国立美术学院担任教授,但是不久政治风云突变,德国法西斯上台,他事先未得通知即被解聘,被迫离开德国,于1933年回到伯尔尼。在法西斯统治下的德国,克列的作品被禁,公共博物馆里收藏的他的一百多幅作品被纳粹当局没收,他的17幅作品被陈列在纳粹举办的臭名昭著的慕尼黑"堕落艺术展览会"上供批判。他在伯尔尼度过的生命的最后几年是很不愉快的,他身患绝症,健康状况日益恶化,几次申请瑞士国籍均遭刁难和拒绝,他在困难的处境下仍努力创作，完成了一些重要的大幅作品，可是他生前在苏黎世举行的最后一次画展，却招致评论界的一些不公正的批评和误解。他终于在1940年6月29日默默地死去。只是在二次大战以后，人们才真正充分认识到克列的创作的意义和价值，承认他是20世纪西方艺术的最重要的人物之一。[1]

我怀着对这位画家的尊敬和同情走进了展室。克列的作品是按创作年代的顺序陈列的，仿佛是在展示他所经过的痛苦的精神历程。这里收藏的现存最早的作品，是他三岁时和小学生时期所作的一些图画，这些充满童年稚气的习作和一般儿童画无多大区别，当然说明不了什么问题。作于1896年和1898年的两幅风景素描，是他正式学习绘画前的作品，证明这位年轻的艺术学徒在去慕尼黑之前已经初具基本功。他自己编为"作品第1号"的一系列蚀刻版画，完成于1902－1905年，是真正开始具有他个人特点的作品。它们带有喜剧的夸张，又有强烈的讽刺色彩，这和他当时喜爱俄国作家果戈理的作品有关。其中有一幅题为：《两人相遇，彼此认为对方属于更高级别》的版画，描写两个骨瘦如柴的男子，互相卑躬屈节地弯腰施礼，脸上一付谄媚的神态，看了令人忍俊不禁。另一幅《独翼英雄》，表现一个战神模样的"勇士"，右臂是雄鹰的翼，左膀则缠满着绑带，想装扮英雄，却又掩盖不住狼狈相，真是对当时十分嚣张的德国军国主义的莫大嘲弄。据说这幅版画是克列售出的第一批作品之一，售价为300马克，这在当时是不小的数

---

① 赫伯特·里德在《现代绘画史》中把克列和毕加索、康定斯基并列为对现代艺术的发展作出最大贡献的三位艺术家。参阅里德：《现代绘画史》，英文版，1985年，第147页。

字了。看来他很有讽刺的才能，起初他为了维持家庭生活，曾打算为慕尼黑的一家讽刺刊物作画，但他送去的作品未被编辑部采用，而他又不愿按别人的意图来进行创作，坚持要忠于自己的艺术良心，所以他宁愿在一个夜校里以授课为生。如果他真的成为替报刊工作的讽刺画家，那么当然我们也就看不到作为艺术家的保罗·克列了。不过细察起来，即使在他后来成熟时期的作品中，也常常可以发现某种喜剧性夸张和讽刺的因素，按丹麦哲学家克尔凯郭尔的说法，讽刺是对现实的否定，是绝对的否定性，克列的讽刺也源自他对社会现实所抱的否定态度。我们从他的日记和书信里可以清楚地看到他对当时社会的不满情绪的流露，然而他从来也不是对现实做出激烈反应、要求变革社会的革命者，而是把这种对现实的否定深深地埋在自己的内心里，听任它慢慢地成熟而渗透在他的创作中。在艺术上，克列也有类似的情况，他并不缺少艺术家的敏感，可是他不像有些艺术家(如毕加索)那样把自己的感受和热情迅速地转化为艺术形象，而是相反地似乎有意让它们在自己心中冷却下来，仿佛一时没有合适的技巧和手段把它们表现出来，然后经过一个时期的等待，它们就像种子那样发芽生长，终于破土而出，成为一株株艺术奇葩。这也许是克列艺术的特殊品性，有一位评论者据此认为，毕加索是现代艺术的一极，而克列则无疑地代表另一极。[①] 在克列以后成熟时期的创作中，这一点尤为明显。

一般说来，在第一次世界大战以前，克列的作品还没有形成他

---

① 参阅拉扎洛:《克列》,英文版,1967 年,第 25,48 页。

个人的风格,他似乎是在不断地进行探索,试图寻找自己,同时又在努力从传统和当代艺术运动中吸取营养。作于1906年的两幅肖像画,基本上倾向于传统的写实主义风格,画的是他的父亲和妻子,从这些作品中可以感受到画家对亲人的温情。在这以后几年内的一系列素描和速写,描绘城市景色、车站、静物、躺椅上的年轻妇女、笼中鸟等等,画风在逐渐演变,由如实的描绘趋向于创造性的简化,构图越来越简单,线条越来越自由。1912年的一幅城镇街道的素描,只用寥寥的几笔,一些稀疏的线条,便把街道全景勾勒出来了。笔下的人物形象也开始出现变形,作于1913年的《人的软弱》和《头像》在这方面很有代表性,表现人的软弱的四个歪七竖八的人物形象就像是落在蜘蛛网上的可怜的昆虫一样。看来在这个时期内他已经学会把线条运用自如了,他要把自己内心里的感情用线条表现出来,他认为,只有这样他的个性"才能得到最充分的自由"。由于纯粹的线条并不存在于自然界,因此艺术家在运用线条去表现时具有更大的创造自由。当然,这决不意味着他不重视色彩。相反,在那些年代里他一直在研究色彩的运用,在充分发挥色彩的表现力方面下功夫。他在日记中写道:"比自然和研究自然更重要的是凝神专注于自己的颜料盒里的内容的能力。我应该能够在色彩的平面上进行自由的幻想。"他使用色彩有自己特殊的方法,常把油画颜料和水彩、胶和清漆混合在一起,有时甚至使用中国墨作画,因此有些作品很难说是油画还是水彩画。他对色彩的运用很有独到之处,有一位评论家认为克列是我们时代少见的善于运用色彩的大师，[1]这绝非夸大之词。我们在他那个时期的作品中也可以看到当时一些画派的影响，如作于1910年的《带罐的少女》完全是用表现主义的手法创作的，1913年的《采石场》和1914年的《小港》则带有塞尚的风格。1915年的《阿芙洛狄忒[2]的解剖》是一幅重要的抽象派作品，标志着克列创作中的抽象主义因素的开始出现。画面上找不到任何类似人的形象，主要由红、白、蓝、黄、紫、绿等各种颜色的条块组成。这不容置疑地是由于受了康定斯基的启发，不过除了个人的影响外，克列对抽象艺术的产生还作了更深一层的阐明，他在1915年初的日记中这样说："这个世界变得越是令人感到恐怖（正如它在近来这些日子里那样），那么艺术也就越是变得抽象；一个和平的世界则产生现实主义的艺术。"在这里他正是一语道破了导致抽象艺术出现的社会根源，抽象艺术并不是个别艺术家故意为了标新立异而做的别出心裁的游戏。不，它的产生不是偶然的，而是深刻的社会危机在人们的精神和心理上所造成的苦恼困惑、惶恐不安状态在艺术上的某种反映。克列自己的作品就是一个证明。

不过克列并没有在抽象主义的道路上走得太远，[3]除了极少数可以称作纯抽象的绘画外，他的大部分作品虽然含有抽象的因

---

① 拉扎洛：《克列》，1967年英文版，第102页。

② 阿芙洛狄忒是希腊神话中爱与美的女神，相当于罗马的维纳斯女神。

③ 克列和康定斯基之间存在着友谊和合作的关系，但他们在艺术上走的不是一条路。有的评论家如彼埃尔·伏波尔特甚至认为，这两位画家基本上是正好相反的，因为他们对世界的看法根本不同。在他看来，康定斯基的作品是处于时间之外，与我们所居住的世界毫无关系，其作品自成一个世界，在那个世界中人是不存在的；相反，克列却始终和现实世界保持某种联系，小心地不漏掉他的眼睛所看到的任何东西。

素，却仍有大量来自现实世界的事物形象出现，尽管这些事物形象是经过剧烈变形后在奇特的组合中被提供给人们的，有的则成为他个人使用的符号而在绘画中起着特殊的作用。1915 年的一幅水彩画《尼圣山》，山峰像一座蓝色的金字塔耸立着，前面堆砌着各种颜色的方块，上面高悬着月亮和一颗硕大的星。1918 年的几幅画如《埃及小景》、《动物园》、《在一颗黑星下》，基本上也是由各种色块组成，不过形状更加多样化，色彩更加凝重丰富，而且在画面上出现了人和动物，特别是一颗巨大的黑星占着突出的位置，似乎象征着什么。更令人感兴趣的是 1920 年的《带有针叶树的梦中风景》，它说明战后克列在艺术上更加成熟了。在红色的画面上有农舍、谷仓、树木、起伏的山峦、圆圆的太阳，一切显得那么亲切，同时又那么遥远，就像是梦中的景色一样。这幅画基本上摆脱了抽象主义，又回到了现实，不过这不是对现实的摹写，而是艺术家在内心深处经过长期酝酿成熟而创造出来的新的现实。克列有一句名言："艺术不是去再现可见的东西，而是去提供可见的东西。"如果用这一观点去看他的作品，或许能加深对它们的理解。

1921 年参加了"包豪斯"以后，克列的创作活动进入了全盛时期。大家知道，"包豪斯"的宗旨之一是去重新发现艺术的各个部门之间的和谐，首先是要消除严格的艺术活动和手工艺、美艺术和应用艺术之间的传统的区别。它在艺术创作方面进行过一些很有意义、有时是颇有成果的试验，这些都对克列的艺术风格的演变发展产生了影响。他在这个时期的大量作品的显著特点之一，是画面上充满着活力的运动。他把运动放在十分重要的位置，他所以赞赏德劳奈和意大利未来派的作品，正是为了其中的运动，而所以对立体派不满，则是为了它的静止性。我们看他画的随着风奏琴翩翩起舞的舞女，玩杂技的演员，跳舞的小孩，飞禽走兽和鱼类，生长茂盛的植物，随风飘扬的帐幕等等，无不充满生机和运动。甚至似乎是表现静止的风景画，也给人以运动感。1923 年所作的《北海》，远处是低垂的云层，右边是碧蓝的大海，近处则是笔直的大道直接通向远方。画面上虽然没有任何活动的东西，一切都处于静止状态，可是给人的感觉却像是乘车在高速公路上急驰。作于 1924 年的《托尔米那附近风光》，也是一幅以大海为背景的风景画，同样也看不到什么有生命的东西，然而组成画面的各种颜色和各种形状的色块却形成一种奇妙的色彩运动，这些色块仿佛是在互相挤压、吞并、融合、排斥，就像是有生命的一样。克列不仅在自己的艺术实践中注重运动，而且在理论上加以探讨和论证。他反对莱辛在著名的《拉奥孔》一书中所提出的空间艺术和时间艺术之间的区别，认为这完全是腐儒之见，因为在他看来，生成过程的根永远在于运动，时间与空间并非截然对立，“因为空间也是一个时间的概念”。他说，当一个点开始运动而成为一条线，就需要时间，同样地，当一条线运动而产生一个面，当面借助于运动而变空间，也都需要时间。因此他认为，任何人要真正理解一幅绘画就需要花时间，需要有一把椅子，“以免疲劳的双腿扰乱他的心”。总之，在绘画中，时间和运动无所不在，这是普遍的规律。“造型艺术是靠运动产生的，它本身就是被固定和被把握了的运动，并且是通过运动（眼肌运动）被人感知的。”所以观赏克列的作品需要用新的视角，就是不能用传统的静止的观点、而要用运动的观点去看。克列曾经用通俗的语言举例说明一幅绘画的创作过程，他建议观众陪同他到乡村去作一次短途的徒步旅行，就能看出自然现象是怎样由各种绘画的图解因素及其组合所表现出来的：先从某一点出发，然后就形成一条线，我们在途中停留一、两次，这条线就中断，然后又连接。我们乘船渡河，这是一个波动起伏的运动。路过一片耕地，它是满布线条的一块平面。山谷中的雾，则是一种空间性的要素。我们遇到人群，可以看到种种不同的运动，有人赶着马车回家（车轮的运动），有人带着卷发的孩子（螺旋状运动）等等。后来天气变得闷热、阴霾（空间因素），地平线上出现闪电（Z字形线），但在上空仍有星星闪耀（分散的点）。当这一天终结，我们到达旅舍，在入睡前白天旅途中获得的丰富印象又一一浮现在我们的记忆里。各式各样不同的线条，各种颜色的斑点，各种条纹的平面，起伏的运动，断续的运动，以及相反的运动等等，各种事物互相交织和组合在一起。所有这一切在艺术家的脑海里酝酿成熟而重新表现出来，由于这形式的交响乐的丰富性，它所产生的变化的可能性以及表现的可能性也就增加到无限。克列说："创作的冲动突然苏醒，就像火焰一样，通过手而传到画布上，在那里它像电火花开通电路那样进一步扩展，直到它返回到它的源泉：眼和心灵。"①

从上面所述可以看出，克列十分强调艺术家在创作过程中的主观作用，但是他并不否认艺术的源泉来自外部世界，这是他和某些现代西方艺术家不同的地方。他在"包豪斯"工作时期写过一篇题为《研究自然的途径》的文章，表明了他的这种立场。他说："对艺术家来说，与自然进行对话始终是一个必须条件。艺术家是一

---

① 参阅克列的第一篇美学论文"创作的表白"（Schopferische Konfession）。

个人，他自己是自然，是自然的一部分，处于自然的空间内。”这是一个普遍的永恒不变的真理，随着时间而发生变化的只是研究自然的方法而已，而研究自然则是艺术创作的必须条件。但是，在他看来，过去的艺术在对自然的关系方面主要只是勤勉而精细地研究了事物的外观，艺术家和他的对象之间只是建立了通过空气层的视觉的物理关系。这种方法的优点是向我们提供了关于事物表面现象的卓越的图画，而其缺点则是忽视了思考的艺术、揭露非视觉的印象和形象的艺术。因此他认为，一方面不能低估对现象的认识所取得的进展，另一方面又必须从现象更深入一步，今天的艺术已不再是“官方的摄影师”，他不能停留于现象，而应该深入到对象的内部，把外部的视觉和内部的思考综合在一起，他越是在对自然的观察和思考方面取得进展，他在组织各种抽象的形式组合方面也就越是自由，就能超越图式化和任意性而建立一个新的自然秩序，即艺术作品的自然秩序。不过，按照克列的意见，在艺术世界里重新诞生的自然必然会发生变形，而不是自然的简单的再现。1928 年他在耶拿所作的一次讲演（后来于 1945 年公开出版时题为《论现代艺术》）里，详细地阐明了他的观点。他以树作为比喻，把艺术家比作树干，艺术家生活在多样化的世界里，把各种现象和经验整理成序，这种在自然界和生活中的取向就可以比作树根的许多分叉。树液从树根向上吸收到树干，通过艺术家直达他的眼睛，在这强有力的激流的压力和刺激下，艺术家就把他所看到的东西转化为艺术作品，他的作品就像这棵树的树冠，它在时间和空间中伸展并且是可见的。没有人会要求一棵树的树冠生长得恰好和它的根一样，在上面和下面之间不可能有彼此间精确的镜子式的映像，在不同的因素下起作用的不同的功能必然会产生完全不同的东西，这是显而易见的。可是人们不准艺术家离开自然界这个范本，虽然他的艺术要求他这样做，而一旦他这样做了，他就被指责为无能或有意的歪曲。但实际上艺术家就像一棵树那样只是把来自树根深处的力量收集起来，并把它们转化成树冠而已。艺术家本人并不是树冠的美，只不过树冠的美是通过他表现出来罢了。

克列的艺术理论以及他根据自己的理论而进行的创作活动，对现代西方艺术的发展产生了深远的影响。他的理论著作曾启迪了整整一代艺术家，按里德的说法，"它构成了艺术新时代的美学原理，在这方面克列所占的地位可与牛顿在物理学领域中的地位相比。假如克列只提出了这些原理，别的什么也没有做，他也仍将是现代运动中最重要的人物"[①]。某些著名艺术家的看法似乎也印证了里德的以上评价，例如有人问毕加索对克列如何看，他简单地回答说，这是"帕斯卡尔-拿破仑"。谁都知道，帕斯卡尔和拿破仑在各自领域内的历史分量，毕加索把克列和这些巨人相比，足见克列在他心目中的地位。在我们今天看来，这些评价可能偏高，但克列的艺术理论中确有可取的积极的东西。比如说，在关于艺术的源泉这个关键问题上，他坚持认为现实是艺术的唯一的源泉，多样化的自然界和丰富多彩的人们的生活为艺术家提供的纷繁的现象和经验，乃是艺术创作的真正来源。他主张，艺术家必须扎根于现实的土壤，从中吸取丰富的营养，然后才能进行创作，艺术家的作用只是把来自现实的素材加工转换成艺术作品而已。这些观点

---

①　里德：《现代绘画史》，英文版，第186页。

虽然不是什么创新，可是在现代西方艺术家中间能坚持这些正确的主张是难能可贵的。克列还有一个卓越的思想也是应该肯定的，他指出，艺术家必须深入到生命力的源泉（他称之为“一切时间和空间的发电厂”）中去，这样他才能获得进行创造所必需的能力和自由，再加上合适的技术手段，方可创造出有生命力的艺术作品来。特别是，他清楚地意识到这靠艺术家个人的努力是不够的，因为艺术家的力量的最终源泉来自社会，而这正是现代西方艺术家们所缺少的。他坦率地承认，“我们仍然缺少最终的力量，因为我们没有人民的支持”。现代西方艺术家脱离人民，缺乏同为之工作并一起生活的人民结为一体的意识，这是他们的悲剧。应该说，克列已经看到问题的症结之所在，只是他并没有找到解决问题的正确途径，他寻找人民的支持，但他不了解人民，人民也不了解他的艺术，他始终在孤寂中默默地创作，由于他缺少那“最终的力量”，这就限制了他的艺术天才的充分发挥。有的评论家喜欢把他和毕加索作比较（如前引《克列》一书的作者拉扎洛），如果一定要作比较的话，那么我认为正是在这方面克列要比毕加索略逊一筹，因此在他的绘画中看不到像《盖尔尼卡》所具有的那种气势磅礴、震撼人心的力量。

在克列的艺术理论中可能引起异议的是他关于创作过程和艺术中的变形问题的见解。他虽然承认现实是艺术创作的源泉，但是艺术家在进行创作时却并不是直接从现实出发，创作的目的也不是去反映或再现那个直接的现实，而是把从现实中汲取的经验和印象贮存在记忆里，在那里酝酿成熟，一旦艺术家受到灵感驱使，在创作冲动的刺激下，这些不自觉地潜藏在记忆中的印象又突然重新浮现,化为图画的各种要素:点、线、面、色彩,构成新的组合,借助于艺术手段而创造出艺术作品来。在他看来,艺术创作的基本过程是在低于意识的水平进行的,自觉地有意识地抱特定目的去进行创作倒往往是不成功的。就这点而论,他的艺术创作论带有非理性的色彩,因此,有的评论者认为他接近于超现实主义派。不过,克列并不像某些非理性主义者那样走极端,他不认为艺术作品可以自动地从无意识中产生。按里德的解释,克列所说的艺术创作的领域相当于弗洛伊德精神分析学说中的"前意识"(preconscious),这个层次的精神活动既不同于意识(自觉的有目的的活动),也不同于无意识(原始本能、被压抑的欲望),克列正是从"前意识"这个储藏着大量过去的感觉、体验、情感、思考的记忆仓库里取材,充分施展自己自由的想象,而创作出一幅又一幅诡奇而又瑰丽的绘画。里德又指出,克列并不愿意把这个前意识的世界转化为意识,而是宁愿停留在那里,忘掉意识的世界。他要逃避到过去记忆的世界中去,因为那是一个幻想和神话的世界。所以里德认为,克列的艺术是一种形而上的艺术。① 里德的看法是很有见地的,它确实在一定程度上阐明了克列的绘画艺术的特质。就拿克列在20年代末至30年代初的一些作品来说吧。《南方植物的共鸣》(1927)和《颜色板》(1930)都是由不同颜色的方块组成,只是二者的色调迥然相异。《景泰蓝》(1928)、《相面术的起源》(1929)、《肥沃田野上的纪念碑》(1929)、《杂技演员》(1930)、《翱翔》(1930)则基本上是由不同方向的直线以及由直线构成的面所

① 参阅里德:《艺术的意义》,英文版,1949年,第169-170页。

组成。更有趣的是这样一些画如:《混合气候》(1929)、《装饰叶》(1929)、《孪生的地方》(1929),它们由曲线构成各种奇特的不规则的图形,配以令人意想不到的色彩,往往产生强烈的审美效应。这些作品似乎是在为克列的艺术理论提供例证,使我们得以体会到他的艺术的形而上的意味,同时也可看到他所创造的艺术作品和作为创作源泉的现实之间有着多么大的距离。

这就涉及到艺术中的变形问题了。在克列看来,虽然艺术扎根于现实,可是树根不同于树冠,因此源于现实的艺术发生变形是必然的、不可避免的。无可讳言,变形是艺术理论中的一个复杂的问题,也是相当普遍的现象。我们从原始艺术(如岩画、雕像、面具等等)中就已经可以看到变形的最初的表现,在法老时期的古埃及艺术中某些变形甚至成为创作规则而被固定下来,到了近代和现代,艺术中的变形现象就越来越多了。因此,问题并不在于是否应该承认这种艺术现象,而是应该对它作出合理的解释。克列为艺术中的变形作辩护,这没有什么不对,只是他过分夸大了这种艺术现象并作了不正确的解释,从而为形形色色的主观主义敞开了大门。问题的关键仍在于他不理解艺术与现实之间的能动的反映的关系,他由于把这种反映的关系仅仅简单地了解为“精确的镜子式的映像”而予以否定,实际上是因为反对机械的反映论而走向了另一种片面性,即从根本上否认艺术应该是现实的反映。尽管艺术源于现实,可是在他看来艺术的任务却不是以某种方式去反映那个现实,而是艺术家凭自己主观的经验和印象去重新创造出一个截然不同的新的现实。他所说的“艺术不是去再现可见的东西,而是去提供可见的东西”，其真意也就在这里。对他来说，艺术家在进行创作时不需要考虑忠于现实的问题，也不受现实的客观规律的制约，完全可以在艺术所允许的范围内充分发挥自己自由幻想和创造能力，所以有人把克列的耶拿讲演称为“艺术家的权利宣言”。不管克列的本意如何，这实际上是为艺术家凭主观意图随心所欲地改铸现实提供了理论上的根据。还应该指出，克列为艺术中的变形辩护而提出的另一个理由也是相当片面的。他认为，现实中的自然形式并不具有“现实主义者”赋予它们的那种决定性的重要意义，因为这些完成了的形式并不代表自然的创造过程的本质。他强调世界随着时光的流逝而不断变动，创造的过程并未在我们今天完成，过去、现在和未来的世界都不一样，今天看到的和另一天看到的可能十分不同，因此艺术家不应拘泥于现成的自然形式，而应更自由地去选择自己的创造活动所探索到的途径。克列看到了世界的发展，却过分夸大事物的流动性，忽视了自然形式的相定稳定性及其在艺术中的反映，这也为现代西方艺术中对现实世界的种种主观的歪曲制造了借口。

从上面所述可以看出，虽然克列肯定了艺术和现实之间的密切关系，但他的艺术理论与现实主义的创作方法是相距甚远的。可是有一位评论家施密特却认为，克列是“20 世纪最现实主义的画家”，把他称为“我们时代最伟大的现实主义者”。施密特是克列绘画艺术的著名的研究者和阐释者，他的某些评论也不乏精辟的见解，然而他的这个看法是难以令人信服的，除非我们像法国的加罗迪那样对现实主义这个概念作宽泛无边的解释。[①] 当然,正如有的评论家所指出,我们不能单纯地从克列的艺术理论的观点去评判他的作品。不过我走遍了几个展室,也实在找不到一幅可以真正称得上是现实主义的克列绘画。克列的作品丰富多样,风格殊异,很难严格地把它们归入某一艺术派别。作于1930年的《花瓶模型》十分接近于主体主义,而同一年的《歌唱家大厅》则完全属于另一种风格,有人说那轻松明快的画面就像莫扎特的一曲咏叹调。1932年的几幅画相互间也有很大差别。《多音曲》和《野蛮人首领》用不同的色块和色点组成几何形的画面,《礁湖城》则把各种颜色的横条叠砌在一起,这些画都带有很大的抽象性。另一些画则迥然不同,如《花园大门》这幅画,在以浅灰为底色的斑驳的画面上,错乱地分布着一些动植物的形象和令人莫解的符号,其中有隐约可见的浅灰和浅黄色的树木、黑色的蛇、红色的鸟、棕色和紫色的线条构成的多种符号,在上方还有一个黑色的惊叹号,仿佛更为这幅作品增添了几分神秘和紧张。他的另一名作《前往帕那苏斯山》以各种色彩的小块和线条组成了一幅绝妙的风景画,使人得到似乎置身于寂静的神话般的幻梦中那样的感觉。但给我以更深印象的是《幼树》这幅画,它比较接近于现实,在粉红的底色上挺立着一株茂盛的小树,那纤细而刚直的枝干上没有一片树叶,却结满了凸现的花蕾,展现出旺盛的生命力和无限的生机。从这些画里我

① 加罗迪在《论无边的现实主义》一书中主张"开放"和"扩大"现实主义的定义,使之包容从卡夫卡到毕加索的各种文艺派别。这样无限地扩大现实主义的范围,变得无所不包,实际上使这个概念丧失了任何意义。他的这种理论主张貌似胸襟宽广,实则眼界十分狭隘,即把现实主义看作唯一值得承认的审美价值。

们可以发现一种特殊的美的意境,这正是画家呕心沥血精心营造的。我们在现实中找不到这种美,它是作为艺术家的克列的心灵的创造。他的作品虽然不是现实主义的,却仍然应该在世界艺术宝库中享有一席位置。

克列的晚期作品似乎更侧重于表现艺术家本人的内心世界,看了使人心情感到十分沉重。正当他在艺术上趋于成熟并且最富有创造力的时候,德国法西斯却迫使他离开他长期生活和工作的第二故乡,他失去了一切财产和学院里的教职,不得不回到已经显得陌生的伯尔尼。他知道在德国已不再有他的位置,在日记里写道:“失去了德国,我将怎么生活?”他在这个时期的作品都在不同程度上带有这种心灵创伤的烙痕。作于 1934 年的《破碎的面具》充分表现出他的内心的痛苦,这幅水彩画和他以前的作品显然不同,在以灰黑和暗红为主要色调的画面上,遗弃着一个残损的面具,它仿佛因恐惧而在哭泣,在呼号。面对这样的作品,人们会得出这样的结论:不,这不是一个破碎的面具,而是画家自己的一颗破碎的心。同年的《秋风下的狄安娜》,画的是一个在萧瑟的秋风下衣衫凌乱、显得有点狼狈的人物形象,这在某种程度上似乎是反映画家自己在突如其来的时代风暴中感到手足无措的那种处境。一般说来,克列在这个时期的作品偏于采用阴暗的色调,适合于表达他当时忧郁和苦闷的心情,偶尔也有例外,如 1935 年的《终于找到了出路》。这幅画以几根简单的线条构成的框架作为背景,好像是象征着禁闭人的牢笼,然后用寥寥数笔勾画出三个人形,其中之一正在奋力奔跑,另二个已经在前面站停,张开双臂在欢呼胜利。我不知道这一作品是否与克列本人摆脱纳粹迫害的经历有关,不过画中所表现出来的那种终于获得自由的欢愉之情是很有感染力的。关于他的其他许多作品就很难这样说了，特别是他患病以后，死亡的阴影一直笼罩着他，在他的画里往往可以看到一种悲剧性的不祥的预感，正如施密特所指出，那些晚期作品中不包含任何新春的花蕾，它们是一个自知即将死亡的生命的终结。[1] 克列的画风似乎又回到在青年时代曾经影响过他的表现主义倾向，不过他现在的表现主义风格要更深沉得多，用色更强烈，在画面上还经常出现浓而粗的黑色线条和符号。但即使在病中，他也仍然创作了一些绝美的绘画，令人为之倾倒。作于 1937 年的《尼罗河传说》可以说是他对很久以前的埃及之行的美好的回忆，浅蓝色的河，绿色的田野，棕色的船、鱼、水、花草，加上一些象征性的符号，构成了他记忆中的阿拉伯世界的一幅风情画。1938 年的《杜尔卡马拉岛》是他晚年的名作，这是对 1913 年以来经常在他脑海里出现的一个神话中的小岛的抽象描绘，在色彩的运用上颇具特色，画面上粉红、浅绿、浅蓝各种颜色配合得十分和谐，中间夹杂若干樱桃似的鲜红的圆点，黑色的线条透迤在这些艳丽的色彩中，形成强烈的效果，堪称一绝。他的另一些作品则向我们展示了一种独特的悲剧性的美，如《墓地》(1939)和《死与火》(1940)都是以死亡为主题的。前者画面上展现一片浅色的墓地，还有棕色的树、黑色的十字架和棺材，那浓厚的悲剧性气氛感人至深，似乎这片墓地就是为画家自己准备的。后者的意味则更为深长，画家用粗黑的线条和阴暗的色彩表达他对死与火的理解，我觉得他用这种抽象的艺术语言向

---

① 这是施密特在参加克列葬礼时的讲话中说的。

人们倾诉的不仅是个人的悲惨结局，而是人类在当时业已爆发的第二次世界大战的战火下的悲剧命运。在他生命的最后一年所创作的这幅油画，仿佛是他为全人类留下的启示录。

看了克列画展，我的心情久久不能平静。我不敢说我真正看懂了他的画，但是从他的画里，我看到了他对生活的讽刺和幽默，他的孤独和忧伤，他的悲哀和痛苦，他的幻梦和追求，唯一没有看到的是希望。这也许是西方社会里一个天才艺术家的命运吧。人们常说，重要的在于理解，然而要真正理解像克列那样的艺术家又谈何容易啊！这使我想起了伯尔尼的施洛斯哈尔德公墓里克列墓碑上镌刻着的摘自他的日记的一段话："在这个世界上我是不能被人理解的，因为我和已死者在一起像和未生者在一起同样自在，或许我比普通人更接近于创造的心，但却仍然离它太远、太远。"他这样热爱世界，热爱人生，却又感到这样孤独、寂寞，表现在他的画里的就是这么一颗寂寞的心。

20世纪艺术之谜的初步探索
——参观毕加索博物馆后的思考

有人说，如果没有毕加索，就很难想象20世纪西方艺术会是什么样。这句话并不夸大。人们对这位著名的西班牙画家可能有各种不同的评价，但谁也不能否认他对现代西方艺术所起的极其重要而深远的影响。不管你喜欢还是不喜欢，撇开了毕加索就无法真正地理解现代西方艺术的发展，这就奠定了他作为本世纪最重要的艺术大师的历史地位。

毕加索同时又是20世纪现代西方艺术的一个伟大的谜，他的众多的作品以及他的长期创作活动给人们留下了一连串的问号。几十年来，艺术理论家和评论家研究解释毕加索的著作和文章可称得上汗牛充栋，他们苦苦地解剖、分析、探索甚至猜测，有的对他赞扬备至，誉之为旷世天才，有的则对他横加指责，斥之为天才的"误用"[1]。可是，毕加索艺术创作的千变万化的多样性，总是使他们感到困惑莫解，伤透脑筋。在艺术史上，恐怕没有哪一位伟大艺术家像毕加索那样变化无穷，叫人难以捉摸，无论从内容到形式、风格到技巧都在不断地变换，他不仅在不同时期、而且在同一时期

---

① 里德：《现代艺术的哲学》，纽约，1955年，第167页。

内创作出迥然相异的艺术作品。正如一位研究现代艺术的英国著名艺术理论家赫伯特·里德所指出,毕加索似乎不惜一切代价要避免固守一种风格,他能够像图鲁兹-劳特累克那样具有人情味和讥刺刻薄,能够像安格儿那样严谨,能够像米开朗琪罗那样坚强有力,也能够像格罗兹那样感伤;他还能够完全采用抽象的方式,并且除了对形式的单纯肉体反应外不要任何其他价值,然而毕加索本人却又宣布他自己从来不变。[①]

这个谜底究竟在哪里?我带着这个问题去参观了巴塞罗那和巴黎两地的毕加索博物馆。据我所知,这是世界上收藏毕加索作品最丰富的两个艺术宝库。

一

在毕加索的艺术创作生涯中,巴塞罗那和巴黎是对他来说具有特别重要意义的两座城市。因此,在那里建立专门的毕加索博物馆是有充分理由的。

毕加索于1881年生于西班牙南部的马拉加,据他的传记作者之一法勃尔的说法,"这是一次难产,当时接生婆没有去注意他,以为他已经死了,但他叔父萨尔瓦多医生正在吸香烟,便朝他脸上喷了一口烟,才使他哭出声。毕加索就是这样活了下来"[②]。当时谁也没有料到,这个侥幸成活的婴儿日后竟会成长为左右20世纪艺

① 里德:《艺术的意义》,巴尔的摩,1966年,第155页。

② 参阅法勃尔:《毕加索非凡的一生》。

术发展方向的关键人物。不过马拉加似乎并没有对这位未来的艺术大师留下多大影响。毕加索10岁时随全家北迁，在科伦那住了4年，他的艺术天才正是在那里初次显露出来。他的父亲是一位画师，也是他的启蒙老师。按照法勃尔的叙述，有一天毕加索的父亲终于意识到，他的儿子懂得比他还要多，已经无法再教他了，于是就把自己的画笔连同全部画具都交给儿子，从此搁笔不再作画。但是，毕加索真正在艺术上的成长还是在巴塞罗那。1895年，他的父亲去巴塞罗那艺术学校任教，14岁的毕加索也顺利地通过考试进入该校学习，这种正规的艺术训练给他打下了非常扎实的基本功。在这个时期内，他极其勤奋刻苦，用法勃尔的话来说，他"成年累月地强迫自己紧张地、几乎是狂热地进行工作，后来他毕生都是这样度过的"。在巴塞罗那的几年，毕加索在艺术上逐渐成熟，开始崭露头角，要振翅高飞了。他的一批成功的早期作品就是在那个时期内完成的，其中有的作品在马德里和马拉加等地的美术展览会上得到高度评价并获奖。1900年，他在巴塞罗那的"四猫"咖啡馆兼餐厅举行个人画展并取得成功，评论家科多拉在《先锋报》发表了一篇热烈赞扬毕加索作品的长文，这是这位年轻画家的艺术天才首次得到评论界的重视和承认。所以说，作为一个艺术家的毕加索是在巴塞罗那诞生的，正是从这里出发，他走上了征服世界的艺术道路。也就在那一年，19岁的毕加索和他的好友卡萨格马斯一起初次访问巴黎。当时巴黎是欧洲乃至整个西方世界的艺术中心，在这样一个艺术环境里，他身上的旺盛的创造力像喷泉那样迸发出来，而且持久不衰，使他迅速地攀登艺术高峰。在20世纪最初几年内，他轮流地在巴塞罗那和巴黎两地居住和从事创作活动，接着就在法国定居，度过了他的大半生。他到巴黎不久，很快就成为蒙玛尔特的文化人圈子里的活跃分子，加入到当时法国年轻一代最优秀的文学艺术精英集团中去，成为像阿波利奈尔、马克斯·雅各、保罗·艾吕雅和凡·唐根等日后成名的卓越人物的同道。正是在巴黎，毕加索赢得了世界性的声誉，他的绝大多数重要作品也是在法国创作的。有人甚至认为应该把他归入法国艺术家的行列，不过许多了解毕加索的人不同意这样的看法。例如苏联作家爱伦堡指出，毕加索“当然是一个西班牙人——这有他的外貌和性格、严峻的现实主义、高度的热情以及深刻而危险的讽刺为证”[①]。另一个研究者乌德则认为，毕加索一直保持了自己的民族特性，与其说接近法兰西精神，倒不如说接近日耳曼精神，因为在乌德看来，西班牙和日耳曼在精神上有共同的倾向，即“表现出对无限、对超越的东西的渴望”[②]。但是，无论如何，毕加索的创作活动和20世纪法国的文化环境和精神氛围有着密不可分的联系，巴黎总是他的第二故乡。

我去参观巴塞罗那和巴黎的毕加索博物馆，就是试图循着他的艺术足迹对他的创作道路做一个初步的探索。我不认为自己有能力去解开这个20世纪艺术之谜，只是想对这位艺术大师的复杂而深奥莫测的艺术个性增加一点了解。

巴塞罗那这个濒临地中海的城市是加泰罗尼亚的首府，它有着不同于西班牙其他地区的独特的文化传统，并以此作为它的骄

---

① 爱伦堡：《人、岁月、生活》，第1部，第294页。

② 参阅乌德：《毕加索和法兰西传统》。

傲。初到这个城市,会对它的欢快而活跃的生活节奏和古老而凝重的历史文化遗产之间的强烈对比感到惊奇。一方面是沿着通往港口的人行大道两旁五彩缤纷的热闹的市场、露天咖啡馆和餐厅,另一方面则是令人回忆起遥远的过去的古罗马时期的遗址、阴森森的大教堂和哥特区。好像是为了表明现代性和历史传统的这种奇妙的结合,毕加索博物馆也设在离哥特区不远的一所旧宅里。我靠了地图和路标的指引,穿过一条狭小的街道,找到了这个遐迩闻名的博物馆。一座普普通通的楼房,消失的岁月在石砌的灰墙上留下了时间的印痕,简单朴素,毫无装饰,除了大门旁钉着刻有这位艺术大师闪闪发光的名字的牌子以外,它似乎和周围的古老建筑没有什么两样。我没有料到,像毕加索那样一位在艺术上以不断的大胆创新而惊世骇俗的先锋派人物的作品,居然会在这样的场所展出。离开馆时间虽然还有半小时,门外却已排起长队,这是我在巴塞罗那停留期间看到的唯一需要提前排队的地方。进了人门,沿着一道石梯进入各个展览室,才发现这个建筑内部的装修和设备完全是现代化的。这里陈列着毕加索各个时期的各式各样的作品,但最重要的是他的早期作品和所谓蓝色时期和玫瑰色时期的作品,尤其是他在蓝色时期前的早期作品,别处并不多见,这里的收藏是世界上首屈一指的。此外,展品中的陶器部分也非常丰富,毕加索在 60 岁高龄时才开始学习制陶,这是他晚年的爱好。他制作的陶器,从形状到彩绘,都别具一格,奇特、粗犷、古朴,充分说明他的惊人的想象力并没有因年老而衰退。参观巴塞罗那的毕加索博物馆固然是一种难得的艺术享受,可是总觉得还不够满足,感到他在盛年期对 20 世纪艺术所完成的革命性转折还没有得到充分的反映。

这种不满足感终于在巴黎得到补偿。好像是无独有偶，巴黎的毕加索博物馆也设置在一个内部经过现代化改造的古老的邸宅里。这个建筑从外观来看不像巴黎其他著名古建筑那样堂皇，倒也有点名气。它建于1656年，属于当时因征收盐税而致富的阿贝·德·封泰纳所有，所以又名“盐屋”。选定这个馆址，据说是因为毕加索自己非常喜欢在这种具有历史意味的环境下生活和从事创作。我在一个雨天来到这里，却照样看到慕名而来的人群。人们确实可以大开眼界，观赏到毕加索的一些重要的代表作。三层建筑物里的20个展室，布满着绘画、雕塑、美术拼贴、版画、陶器以及用各种材料制成的艺术品，其中有的是占满整面墙壁的大型作品。有人告诉我，这个博物馆之所以能够搜集到这许多名贵的杰作，除了靠国家收藏和个人捐赠以外，主要还是靠法国的一项特别制定的法律，规定允许用珍贵的艺术品来顶替缴纳高额的遗产税。看来这项明智的法律起了良好的作用，应该说，用这种法律措施把供私人赏玩的艺术珍品变为公共的精神财富是值得称道的。谁说资本主义国家里没有一点可供我们借鉴的东西呢？

参观两个毕加索博物馆回来后，近来又有机会去马德里看到毕加索的不少作品，引起了我的一番思考。

二

看了毕加索几十年创作活动的结晶，成千的作品，从何谈起？这真是一个问题。

博物馆里的陈列既是按年代顺序、又是按艺术上的分期来编排的。比如说,从某年到某年属于蓝色时期,从某年到某年属于立体派时期,从某年到某年又转为古典派时期等等。为了展出的方便,这似乎是唯一切实可行的办法。但许多研究者费尽心机试图根据毕加索许多作品之间的差别(从极大的差别直到很细微的差别)来划分时期,①却遇到了料想不到的种种困难。问题在于,任何一个时期都并不是封闭的、专门限于某一种风格的,在每个时期内几乎都能看到风格上的变化。里德曾经指出,如果把毕加索的一千幅作品按风格的变化加以排列,从早年美术学院时期严格写实主义的习作一直到后来的纯粹几何形式的构图,是有艺术上的发展线索可寻的。在这个序列中任何两幅依次相继的绘画,看来都没有什么突然的急剧变化。但是,看一下作品的创作年代就会令人失望地发现,这个艺术风格发展变化的序列和作品编年顺序完全不相符合。② 因此,人们所习惯的那种毕加索作品分期法并不是严格科学的,只能作为研究的参考。实际上,重要的是作品本身,而不是贴在它身上的什么派或什么"主义"的标签。

据我看,要了解毕加索,恐怕还得从他的早期作品着手,正是在这些作品中开始显示出他作为一个人和作为一个艺术家的独特个性。毕加索自己说过这样的话:"我是不发展的,我就是我。"早年就已结识毕加索的爱伦堡也在他的回忆录中说,他还没有见过一个像毕加索那样转变得如此迅速、同时又那么坚定而忠于自己

① 例如巴尔在《毕加索艺术五十年》(纽约,1946 年)中曾做过这种不大成功的尝试。

② 参阅里德:《近代绘画史》,伦敦,1985 年,第 148 - 149 页。

的人，所以当他们分别多年后重新见面时发现，尽管全世界已发生了巨大的变化，而毕加索却依然同45年以前一模一样。有的评论家也认为，毕加索在艺术风格上的不断变化，归根结底只是他的特殊个性所采用的各式各样的面具罢了。因此，通过早期创作活动去认识毕加索，或许是探索这个20世纪艺术之谜的正确途径。

在巴塞罗那，我所见到的毕加索最早的作品是他10岁时在马拉加所画的一幅素描，画的是他后来一生中一直十分喜爱的斗牛和鸽子。这当然是儿童的习作，不必认真看待。其他展出的早期作品主要是他于1895年去巴塞罗那后创作的，其中有大量用木炭、铅笔、蜡笔、水彩和钢笔画的人物素描和写生，线条简洁、生动、正确、有力，说明这位年轻的美术学院学生对人体的结构和比例已经有了充分的知识，并表现出相当扎实的功力，这对他这样的年龄来说是很不容易的。但是，更值得注意的是他的一些最早的肖像画和油画。他完全用写实主义的方法去描绘人和自然，同时在他的绘画中又能看到丰富的感情流露。他给母亲画的几幅肖像灌注着一种亲子之爱，使人感到温暖、亲切。几幅父亲的肖像则给人以另一种印象，严肃、深沉而又带着几分忧郁，特别是这些作于1896年的父亲肖像画中，我们已可见到他在几年后开始的所谓蓝色时期和玫瑰色时期所喜用的色调。几幅风景油画，描绘的是阳光明媚的美丽的巴塞罗那海滩和有着悠久历史的古建筑，这些作品在光和色的运用上显然受到印象派的技法的影响。有一幅画描绘一位赤脚的小姑娘，可怜而又楚楚动人，充分表达了画家对这个贫苦不幸的弱者的同情。这个时期最重要的作品大概是标题为《科学与仁爱》的大幅油画，也正是这幅作品在马德里美展上为年轻的画家赢得了最初的声誉。毕加索为这幅画显然花费了不少心血，我们从他为准备创作而画的一系列草图就可以看出他的构思的过程。一个身患重病的中年妇女仰卧在病床上，左手放在胸前，年老的医生坐在病床右侧专心致志地一面看表，一面把着病人的右手为她诊脉。一位护士抱着孩子站在病床左侧，那个还不太懂事的孩子的幼小的心灵似乎已经模糊地感到要发生什么可怕的事，他惊恐地看着母亲，同时用小手紧紧地抓着护士的胸襟。母亲凝视着自己的孩子，却没有力气去拥抱他了，从她的充满着爱的目光里我们可以看到一个人对生的渴望和对死的恐惧。这幅画从整个构图到细节描写都是典型的现实主义风格，同时又表现出作者对人生中的悲剧的特殊的敏感。青年毕加索的艺术个性中的这一方面在他以后的作品中又有进一步的发展，这就是著名的蓝色时期和粉红色时期。

从展出的毕加索早期作品可以看到，在上个世纪最后两三年内，他的画风发生了变化。笔触变得更为简练、豪放、粗犷，色调低沉，画面上出现大量的黑色。他用泼辣的手法勾勒出来的人物形象，更偏重于表达神态，而不再注意细节的真实。1899 年为他的朋友卡萨格马斯画的一幅肖像油画，给人以这样一种忧伤抑郁的感觉，仿佛预示着那位朋友即将遭遇的悲剧命运，并且也反映出画家自己在世纪末的心理状态。与他上一年创作的另一幅油画《在灯下》相比，格调显然更为深沉凝重。同时，我们又可以从他的某些作品里看到他的个性的另一方面：对生活的幽默感和讽刺的态度。他为"四猫"咖啡馆设计的菜单封面，以及他初到巴黎后所创作的描绘蒙玛尔特的咖啡馆和淫荡的夜生活场面的作品，使人想起图鲁兹-劳特累克。看来劳特累克对巴黎资产阶级社会生活的骄奢淫逸和空虚无聊所作的深刻揭露和嘲讽，对这位年轻的西班牙画家产生过不小的影响。但是，毕加索在本世纪初的一些作品也有自己的艺术特色，像 1901 年的《等待》和《侏儒舞女》这两幅油画，笔法狂放不羁，色彩热烈奔放，无怪乎有的论者认为那些绘画是“野兽主义的先声”，也有人认为更与德国表现主义相近。[①] 不过，那时的毕加索在艺术上还没有充分成熟，还在努力形成他自己的风格，然而他对待现实生活的倾向性则已经形成了，正如希尔顿所指出：“如果说在这个阶段上毕加索的风格的基准线还没有确定，那么在他的艺术背后的并经常由他的艺术显示出来的他个人的社会立场则是十分明确的。他是明显地、带挑战性地反对资产阶级的。”[②]

紧接着的就是所谓蓝色时期，一般认为蓝色时期起自 1901 年秋至 1904 年末为止。这是毕加索创作活动中具有关键性意义的一个时期，正是在这时期内，毕加索才开始真正成为一个名副其实的大艺术家，成为后来举世闻名的那个毕加索。蓝色时期的特征是深刻地表现了他个人内心的悲哀，以及描绘了那些被生活的宴席所抛弃了的人们的不幸处境，揭露了现实生活的悲剧性的一面。经过几年的探索，他发现了适合于自己的艺术形式，并且把蓝色作为基调，因为蓝色被认为是最富于精神性的色调，往往使人联想起悲伤的事情。蓝色时期的开始和毕加索个人经历的不幸有密切的

---

① 参阅希尔顿：《毕加索》，伦敦，1985 年，第 18 页。

② 同上，第 15 页。

关系，在 1901 年，同他一起前往巴黎的密友卡萨格马斯因恋爱而自杀，这一事件对他来说是一个莫大的精神打击，使他的心灵受到难以愈合的创伤，并使他的生活蒙上了阴影。在该时期的三年多内，毕加索往返于巴黎和巴塞罗那两地，过着艰苦的生活。彼埃尔·达克斯在毕加索传记中说道："他在这两个城市里像奴隶那样地工作。这个时期他的生活极其贫困，每个冬天都寒冷挨冻。"不过达克斯又指出，蓝色时期不能仅仅用画家的个人原因来解释，他说："毕加索之所以投身于这蓝色的地狱，和自我怜悯、逃避生活和宗教信仰毫无关系；相反，这是一个人投身于人道主义，他注视着自己的同胞，在他研究了悲惨景况后把他们表现给我们看。因为这位 20 岁的青年走得比他的油画更远，如果说他是这样富于人道精神，那么这是因为他成功地保持了他的清醒的头脑，保持了他作为一个画家的独立精神。"①

我们先来看毕加索有关卡萨格马斯之死的几幅作品，这是他在这悲剧性事件刚发生不久的时候创作的，正是蓝色时期的开始。其中有的一直由他私人收藏，过去没有公开展出过。有的画草草画成，人们怀疑是直接以死者作为模特儿。卡萨格马斯的遗体浸沉在阴惨惨的青色里，在他的太阳穴上还带着枪伤。在另一幅画上这位自杀的青年画家安静地躺在打开的棺材里，周围站着垂首默哀的送丧者，这幅画也就被命名为《送丧者》。还有一幅大型作品《招魂》也是紧接在这事件后完成的，画面上由蓝色和玫瑰色占主导地位。在画的下半部，死去的卡萨格马斯躺在地上，旁边是哀

① 以上转引自克拉维尔：《毕加索》，巴塞罗那，1985 年，第 30、31 页。

悼的人们，在画的上半部，死者的灵魂跨上飞奔的白马直上青天，边上有几个妓女站在一旁。应该承认，这几幅画在艺术上还没有达到毕加索后来所表现的高度成熟的水平，从风格方面可以看出他受埃尔·格列柯和中世纪雕像的影响，但却出于真情实感，所以感人至深。这些画告诉我们：卡萨格马斯曾面临痛苦的抉择，他终于选择了死，现在他的灵魂获得了自由；活着的人们却为了他的死而陷于深沉的痛苦，然而与其说他们是为他而悲伤，倒不如说是在哀悼他们自己。这使我不禁想起画家凡高的话：去死是困难的，但活着却更难。

毕加索就是在这样的心情下开始了他的蓝色时期的创作活动。他在这个时期内的作品，几乎都是单色调的，而且绝大多数是人物画。可是他所描绘的是些什么样的人啊！那是一些被生活无情地抛弃的人，是在生活中备受折磨而精疲力尽的人，是内心里充满矛盾和痛苦的人。贫困、匮乏、不幸、孤独、没有欢乐、没有希望，毕加索笔下的人的处境就是如此。弹吉他的瞎乞丐，和修女并肩站立的妓女，（标题为《两姊妹》，这真是莫大的讽刺！）面对空盘食不果腹的男女，从别人手里接受一碗施舍汤的小女孩，脸色惨白、心灰意冷的酒徒，这些生活在蓝色地狱里的可怜虫，构成这个五光十色的资本主义社会的底层。画家的社会意识是很明显的，他对这些被损害和受侮辱的人寄予无限的同情，同时又在他（她）们身上深刻地表现了尚未熄灭的人性。在画家眼里，人们所居住的这个世界显得如此残酷可怕、冷漠无情、扼杀人性，甚至他在这一时期内极少创作的无人物的风景画，也给人以同样的印象。一幅题为《巴塞罗那的屋顶景色》的油画，把这个活跃的城市描绘得这样阴森、荒凉、空旷、死寂，活像一座无生命的坟墓。当然，毕加索描绘人的处境最为成功的作品是创作于 1903 年的两幅油画：《悲剧》和《人生》，它们也可以说是他在蓝色时期的最重要的代表作。《悲剧》以蓝色的大海为背景，一家三口默立在海滩上，衣衫褴褛的父亲满脸愁容，低垂着头，双臂交叉在胸前，生活的重担似乎已经把他压得喘不过气，母亲身穿丧服似的长衣裙与丈夫相对而立，同样低着头，好像在默默地分担生活的苦难，紧靠着父亲的男孩也显然过早地领略了生活的艰辛，从他哭丧的脸上找不到像他那样年龄的儿童所应有的天真。我们虽然不知道这不幸的家庭为什么聚集在海边，为什么而悲伤，但从画面上的人物形象就能感到他们的悲哀像大海一样地深沉。这真是一幕真正的人间悲剧。至于《人生》那幅画，它含义更深，是毕加索对卡萨格马斯之死进行反思的结果。毕加索自己说过："这幅画的标题不是我定的……我当然不打算去画象征；我只是去画在我眼前浮现的形象：到这些形象中去寻找某种隐藏着的意义，那是别人的事。"[①]但实际上这一作品却确实带有很大的象征性，而且从他为此而作的几幅草图可以看出，他有关这幅画的想法前后曾发生较大的变化。有人认为，《人生》实质上是一幅象征主义的生命循环画中的一个场面，所谓生命循环画是以人的一生（诞生、青年、成人、死亡、再生）为主题的大型绘画或壁画，在上世纪末至本世纪初这种体裁相当流行，最著名的如高更的《我们从何处来？我们是什么人？我们往何处去？》。和高更的画一样，毕加索的这幅作品也含有深邃的哲理。画的左侧站着

---

① 希尔顿：《毕加索》，第 32 页。

一对赤裸的青年男女，女的怀着身孕，悲哀地依偎着她的恋人，那个青年男子想必就是艺术家卡萨格马斯，微举左手，一副无可奈何的神态。画的右侧站着一个身穿长袍的木雕似的妇女，怀中抱着一个婴儿。这个抱着婴儿的妇女形象，也出现在毕加索有关卡萨格马斯的其他作品中，在《送丧者》和《招魂》里都能看到，大概具有某种象征的意义。在青年男女和妇女之间，作为背景置放着两幅画，上面一幅画描绘的是一对坐着的男女，伤心地拥抱在一起，下面一幅画则描绘一个人绝望地把自己的头深深地埋在双膝间。据我看，重要的不在于去寻找这幅画中隐藏着的意义，而在于去体会毕加索通过卡萨格马斯的个人悲剧对人生真谛的探求。尽管这位年轻的艺术天才对生活所固有的悲剧性早已有了深刻的认识，对人们所遭受的痛苦和不幸极其敏感，但他并没有对生活采取颓废、厌世的态度，而是把他对世界的悲观主义看法和内心的忧郁转化为一种高度的人道精神。毕加索的蓝色时期的作品之所以具有强烈的感染力，其原因就在于此。有些评论家总是喜欢强调他这个时期作品中表现出来的悲观、消沉以至绝望的情绪，这种看法如果不是肤浅的，至少是不全面的。实际上，他是热爱生活的。我在巴塞罗那见到他的一幅小画，在湛蓝的画面上只有一只酒杯，里面插着一枝正在怒放的红花，那红花就像是用画家的鲜血染成的。这种简直是神奇的美的意境难道是一个对生活感到绝望的人能够创造出来的吗？不，年轻的毕加索决没有厌弃生活，他也决不是多愁善感、无病呻吟。相反，他太依恋生活了。他对人们的爱太强烈了，因而当他看到周围他所爱的人不得不在地狱般的环境里生活时，他就感到不能忍受。我想，这才是理解他的蓝色时期作品的一个关键。

一般认为,毕加索创作活动中的蓝色时期是以《人生》这幅作品为终结的,紧接着的是所谓玫瑰色(或粉红色)时期,即1905-1906年,但有的研究者认为,真正称得上玫瑰色时期的时间很短,从1904年末到1905年夏大概只有6-9个月。[①] 不管怎样,他的画风开始发生值得注意的变化,当然这一变化不是急剧的,而是逐渐进行的。这首先表现在色调上,玫瑰色在画面上成为主导代替了原先的蓝色,似乎多少给人以一点温暖之感,使前一时期笼罩着他的创作的那种忧郁和哀伤的气氛淡化了。其次在描绘的对象上,马戏团杂技演员的形象和生活场面大量出现,似乎吸引了他的主要注意力(因此也有人把这时期称为马戏团时期)。然而更重要的还是整个风格上开始出现的变化,正如一位研究者马梯尼所指出,毕加索在这时期内力图"清除掉他的一切具有象征意义的语言,而走向一种形式上的透明的古典主义,以优美的轮廓去形成线条。以前构图是作为表现痛苦激情的工具来使用的,现在则趋向追求和谐的、优美的节奏,并巧妙地陪衬着谨慎小心的用色;这位艺术家已成功地使他的狂暴的感情暂时冷却下来,并在描绘马戏团、杂技演员、变戏法的艺人、马术师、踩绳索的艺人等等的生活中,去发现宁静和无忧无虑的欢乐的旋律"[②]。

玫瑰色时期的开始与毕加索个人生活中的两件事有关,这引起了他的艺术风格的变化。第一件事是他与费南德·奥莉维相

① 希尔顿:《毕加索》,第46页。

② 引自克拉维尔:《毕加索》,第34-35页。

恋，开始同居，他们的爱情一直持续了六年。第二是他在巴黎定居，建立了自己的画室，他的作品开始得到人们的赏识，经济上有了比较稳定的收入，在这方面，他和格特鲁德·斯泰恩姊弟两人的结识和友谊帮了他不少忙。但是，所有这些都只是外部原因，更基本的原因还在于毕加索艺术个性本身的内在需要。比较幸福和稳定的个人生活，当然影响了他的创作，正如彼埃尔·达克斯所指出，"毕加索的新生活与他的绘画的变化之间的一致并不是任意的。在毕加索那里，他的艺术的表现总是和他的生活环境有关，正如他自己所说的那样，这是'一个人保存他自己的日记的一种方式'。"[①]不过很难说毕加索对周围世界的看法有了什么根本的改变。作于1904年的《沉思》，尽管画面上充溢着玫瑰色，但那位右手托着下巴坐着沉思的青年却表现得那么忧郁、苦恼。作于1905年的《母亲和孩子》，病容满面的母亲以相同的姿势坐着发愁，靠在她怀里的那个瘦弱的男孩，也只能给人以愁苦和不幸的感觉。这些人物形象和蓝色时期十分相似，还是我们所习见的埃尔·格列柯式的拉长了的人体。个别的作品，例如《穿衬衫的女人》，则不仅在所描绘的人的形体上、而且在用色上都和前一时期没有多大差别。玫瑰色时期的作品的婉丽色彩，不知怎么总使人感到虚假不实，仿佛是要给这个过于丑恶的世界抹上一层薄薄的胭脂，使它变得可以为人们所忍受。这个时期内毕加索对马戏团里江湖卖艺人生活的浓厚兴趣，似乎也可以从另一方面说明他对现实社会生活的态度。他只有在那些为上流社会所不齿的流浪艺人的生活中，才能

---

① 引自克拉维尔:《毕加索》,第35页。

找到淳朴的美和未被扭曲的人性。马戏团好像是和现实世界正好相对立的另一个幻想世界，毕加索在现实世界中得不到的满足，只能到另一个世界中去寻求。根据格特鲁德·斯泰恩和罗兰·潘罗斯的回忆，毕加索及其同伙每星期都在密德拉诺马戏院聚会，同那些江湖卖艺人交朋友，甚至同马戏团中受过训练的动物也混得很熟，并以自己同杂技演员、丑角、马术骑手等等的亲密关系而洋洋自得。[①] 其实，描绘马戏团生活根本不是什么猎奇。在毕加索之前，不少法国著名画家如德加、修拉和图鲁兹-劳特累克曾多次以此为题材。但是，毕加索确实在这类题材的绘画中注入了前所未有的新东西，使之具有纪念碑式的庄严性和不朽意义。在人们一般认为是轻松、诙谐、滑稽的东西中，他发现了人的尊严和崇高，发掘出一向被忽视的真、善、美。

且看一幅题为《带猴子的杂技演员之家》的绘画(1905)，一对年轻的杂技演员夫妇并排坐着，母亲怀里抱着一个男婴，一只猴子蹲坐在一旁地上。那个男婴实际上是全画的中心，父母爱抚的目光集中在他身上，连那只懂事的猴子也友好地注视着它的小主人。这幅画的构图显然是参照传统的所谓“神圣家族”(Holy Family)的画法，尤其是男婴的姿势使人不由地想起文艺复兴时期的绘画，只是父母穿上了马戏班的服装而已。像这样一幅表现深刻人性的作品，竟借助于丑角的衣帽和猴子，不能不说是个新创造。另一幅名作《站在球上的年轻杂技演员》(1905)，在一个开阔的荒漠的背景下，一个苗条的小姑娘正站在球上练功，近处是一个背对观众侧

① 希尔顿：《毕加索》，伦敦，1985年，第50页。

身坐在方墩上的壮实的青年在注视着她，似乎是她的教练。他那强健的身材和发达的筋肉，与埃尔·格列柯式的人物形象迥然不同，又回到文艺复兴时期的那种古典式的强有力的男性美。不过，玫瑰色时期最重要的作品还是美国国家美术馆收藏的《萨尔丁朋克一家》(1905)，它甚至被人称为“十九世纪的最后一幅画”。它描绘的是一个马戏班在旅途中休息的情景，画面上共有六个人物。某些评论家认为，这幅作品与晚期象征派艺术有密切关系，它所描绘的实际上是以毕加索为中心的文人小集团。毕加索自己就是画中左侧的那个身穿花方格紧身服的小丑，在他旁边的那个胖丑角是诗人阿波利奈尔，另一个杂技演员是诗人萨尔蒙或雅各，右侧坐着的那位妇女则是毕加索的情人奥莉维。看来毕加索似乎想把艺术家在资本主义社会中的处境比作漂泊不定的流浪卖艺人的生活，这也从一个侧面说明他在玫瑰色时期内以马戏团生活为题材的那些作品的思想背景。

可以说，毕加索青年时代的创作活动到玫瑰色时期达到了一个高峰，以后他似乎突然朝着另一个方向攀登，造成了不仅他个人的艺术风格上、而且甚至整个现代西方艺术发展中的巨大转折。人们谈论毕加索，往往说的是以后的那个毕加索，至于青年毕加索则常常没有得到足够的重视，仿佛他那一时期的创作只是一个艺术学徒为日后成为世界艺术大师作准备。但是，看了他的许多青年时代的作品，我才领悟到，原来这里才是毕加索的艺术个性的真正诞生地和秘密。如果没有青年毕加索，也就不可能有后来作为世界艺术大师的毕加索。离开了他早期的创作，他后来在艺术上的创造都将成为无源之水而无法理解。不管他以后的艺术风格如何变化万千，万变不离其宗，毕加索总还是我们在他青年时代创作中看到的那个毕加索。他无限地热爱生活，热爱大自然和艺术，富于人道精神，对人民的苦难和不幸充满同情，同时又保持清醒的头脑去观察周围世界，而更重要的是，他有一颗热烈而真挚的艺术家的心。

三

毕加索在玫瑰色时期以后的艺术风格的急剧变化应该怎样去理解呢？或者更进一步，应该怎么去估价呢？

最重要的变化是立体主义的创立。实际上，毕加索作为一个艺术家的世界声誉是和立体主义的出现分不开的，他正是作为立体主义的首创者之一而载入史册。由于立体主义被认为是西方艺术自从文艺复兴以来所发生的最激烈的变革，毕加索也就被人们看作造成现代艺术中的重大转折的关键人物。

毕加索走向立体主义是经过一个准备阶段的。在玫瑰色时期结束后的一段时间里，我们可以看到他的画风正在酝酿着新的突破。他广泛地吸取各家艺术之长，从古典的传统到当代的创新，从古埃及艺术到马蒂斯，无不引起他的兴趣。尤其是 1906 年他在比利牛斯山区戈索尔村暂住，这个地处穷乡僻壤的小村的古老而原始的生活方式和荒野的自然景色，给他留下了深刻的印象。有的评论家甚至说，戈索尔村对毕加索所起的影响，正如塔希提岛对高更的影响一样。这种说法虽然是过于夸大的，不过毕加索从戈索尔回到巴黎后，他的画风发生了明显的变化，这从他的《自画像》和

毕加索:《阿维农少女》

《格特鲁德·斯泰恩肖像》这两个作品中可以看得很清楚。1906年底所作的《两个裸女》,更显示出他开始和塞尚相靠近。但是,朝着新方向的真正的突破是完成于1907年的《阿维农少女》,这幅画可以说是立体主义的序幕。

《阿维农少女》花费了毕加索的许多心血,他不仅为这幅画做了大量准备工作,画了不少草图,而且正式创作时间也拖了大约半年之久，在绘制过程中不断改变构思，进行重大修改。这幅画原先是描绘巴塞罗那的阿维诺街上的一家妓院，《阿维农少女》的名称是毕加索的朋友、诗人安德列·萨尔蒙定的，后来就以此闻名于世。据阿尔伯托·马尔蒂尼的说法，这幅画原来的主题是同一个水手和一个医科大学生在一起吃喝的一群妓女，那个大学生还面对着一个骷髅进行沉思。所以最初的构思显然还带着象征主义的诗意，具有暗示情欲、死亡、解脱的含义。然而在创作过程中，主题起了极大的变化而失去了一切象征性的含义，而且由于画家把兴趣完全放在描绘的对象上而毁了主题，这幅画作为一个被创造出来的现实，成为不依赖于事物外观、不依赖于纯粹视觉的东西。[①]事情确实如此，在最后完成的这幅画上已看不出有任何重大意义的主题思想了，水手、大学生连同骷髅都被取消，剩下的是五个裸体的妇女形象。她们的形体仿佛是由几何图形构成，僵直的线条，各个部分不合比例，面目丑陋，甚至狰狞可怕。有的人脸的颜色也很奇特，涂上蓝色、绿色、灰色，就像戴着面具一样。人物形象虽然还保留与人体相似之处，但已大大地变形了。这幅画在风格上也不是统一的，左面的三个女人的脸形无疑地受伊贝利亚（即古西班牙）雕刻的影响，毕加索曾在卢浮宫博物馆认真地研究过伊贝利亚雕刻，并在创作《阿维农少女》时自己拥有两件伊贝利亚雕刻作品。[②]右面的二个女人则明显地不同，她们的脸部酷似非洲黑人雕刻。为什么同一幅画中有这种风格上的差异？这个问题曾引起

---

① 参阅克拉维尔：《毕加索》，第 45 页。

② 关于这一点，可参阅斯威尼："毕加索和伊贝利亚雕刻"与戈尔丁："论《阿维农少女》"二文。

研究者们的热烈讨论，有人甚至断言毕加索在创作这幅画时还对非洲黑人雕刻一无所知，从而根本否认黑人雕刻对这一作品的影响。[①] 但是，现在借助于 X 光透视已经查明，起初右面的两个人物是和左面三个属于同一风格，而后来又重新画过，覆盖了原先画的那两个人，因此可以推测，右面两个人是毕加索于 1907 年秋看到黑人雕刻受启发后改画的。[②] 按里德的看法，随着《阿维农少女》这幅画出现的立体主义，乃是非洲艺术中的概念化因素（毕加索本人称之为“理性的”因素）同塞尚的绘画原理的融合。[③] 平心而论，毕加索确实从各种不同艺术中吸取了丰富的营养，然而一经他接受和消化就变成了他自己的东西，完全为他的艺术创作服务。总的说来，《阿维农少女》不是对过去艺术的继承，而是同以往一切传统的绘画模式彻底决裂，它的重要性也正在这里。达克斯评论说，这幅画和古典的透视画法中的空间与时间的确定性完全相决裂，它重新肯定了被文艺复兴所忽视了的问题，直接与一些古典大师们如维拉斯开斯和卡拉凡乔相对立。[④] 在毕加索之前，某些西方画家也曾试图摆脱以往的传统画法而另辟蹊径，但是谁也没有像他那样大胆地公开叛离传统，破坏当时人们公认的审美准则。无怪乎《阿维农少女》引起了人们激烈反对和争议。据诗人萨尔蒙说，当时看到这幅画的人并不太多，但他们都感到不满和失望。只

---

① 参阅库列科娃：《哲学与现代派艺术》，文化艺术出版社，第 37 页。

② 毕加索承认右面两个人是后来画的，但未说明画于何时。关于黑人雕刻对此画的影响，可参阅希尔顿：《毕加索》，第 82－32 页；里德：《近代绘画史》，第 67－68 页。

③ 里德：《近代绘画史》，第 68 页。

④ 参阅克拉维尔：《毕加索》，第 46 页。

有一位画家乔治·勃拉克从这幅画得到了深刻启发,他本倾向于野兽派,与马蒂斯、德兰、弗拉明克等人相接近,经阿波利奈尔介绍他结识毕加索后,他就开始改变画风,和毕加索一起成为立体主义的积极倡导者。

严格说来,《阿维农少女》还不能算是立体主义的作品,但它包含着几何学化的因素,是迈向立体主义的极其重要的一步。一般认为,立体主义正式诞生于 1908 年秋,当时勃拉克把他的几幅风景画送给"秋季沙龙",希望能在那里展出,却遭到评审委员会的拒绝,据说作为评审委员之一的马蒂斯曾批评这些画中的"小立方体"(petits cubes),而评论家路易·伏克赛莱就由此而创造出"立体主义"这个贬称。虽然这个名称并不确切,一直遭到人们反对,但后来也就普遍通行了。毕加索自已也不顾《阿维农少女》所遭到的批评,朝着自己所开辟的立体主义方向继续前进,在纯形式的方面进行一系列试验。他得到的结果可以说和勃拉克不谋而合,就是把现实世界的一切物体和现象都归结为几何图形,并借助于这些图形的组合和安排而创造出新的现实。他在平面上表现出立体感,追求雕塑性的效果,为了增强表现力而简化形状,破坏比例,使描绘的对象偏离原状而在很大程度上发生变形。起初,毕加索的立体主义作品无论描绘的是风景或人物,如作于 1909 年的著名代表作《水库》、《两个头像》和《女人和梨》,他所描绘的对象还没有完全脱离现实事物,但随后则现实的变形越演越烈,以致所描绘的事物达到难以辨认的地步。关于立体主义的这种演变过程,研究者们用不同的方法去划分阶段,比较流行的是把毕加索从 1909 年至 1912 年的作品称为"分析的立体主义",把 1912 年至 1914 年的作品叫作“综合的立体主义”;也有人另行划分出所谓“塞尚时期”和“美术拼贴时期”等等。但学者们对这种阶段的划分意见很不一致,例如里德指出,所谓“分析的”阶段的提法早已被毕加索和勃拉克所否认,而且实际上也不可能在前后两个阶段之间找到什么美学上的区别。[①] 有人则认为,毕加索后期立体主义的作品中的“分析的”成分比他的前期立体主义作品更多。一般说来,他的前期立体主义绘画的特点还是以他独特的方法去客观地描绘现实,因此客体本身仍起重要作用,“客体被分析和解释,但仍然保留着自己的客观现实性”;后期立体主义作品则更多地依赖于主题在他的思想、心理和回忆中所唤起的那些关系,因此显得更加自由,真正地把握了形式的现实性,因为“问题的实质在于形式属于思想领域,而不属于直接感受领域这一事实”[②]。不过,关于立体主义时期内毕加索艺术风格的演变是一个专门的问题,最好留给专家们去研究和讨论。这里我们感兴趣的是,他的立体主义创作究竟对现代西方艺术的发展产生了什么影响?

毕加索的密友、法国诗人阿波利奈尔一贯地为立体主义作热情的辩护和宣传,他认为,以毕加索为首的立体派创造了一种完全新的艺术,“它对绘画将会起的作用,正如迄今所看到的音乐对诗歌所起的作用一样”[③]。在他看来,立体派画家“是历来最勇敢的人,他们提出了美本身的问题,他们想把那样一种美具象化,那种美是与人给予人的快感无关的。这一点,自从最早的历史时期起,

① 参阅里德:《近代绘画史》,第75、78页。

② 参阅格莱:《立体主义美学理论》,巴尔的摩,1953年,第54页。

③ 参阅科兹洛夫:《立体主义与未来主义》,纽约,1973年,第7页。

就没有一个欧洲艺术家敢这么做……这是描绘一种新的整体的艺术,这整体的各种成分不是借自可见的现实,而是完全由艺术家所创造,并由他赋予它以强有力的现实"[①]。因此,立体主义与以往绘画的根本区别在于它不是模仿的艺术,它的基本准则也完全不同,以往的西方艺术都以古希腊艺术为楷模,"希腊艺术具有一种纯粹是属于人的美的概念。它把人作为完善的标准。新画家的艺术则把无限的宇宙作为理想"。其他一些西方艺术理论家也有类似的看法,例如格莱兹和梅津杰在他们为立体主义进行理论论证的著作《论立体主义》一书中说,艺术中唯一可能的迷误,就是模仿,而立体主义则真正摆脱了模仿的窠臼,从此绘画不再用线条和色彩去模仿物体,艺术家的任务就在于"用艺术手段去表现我们本能的可塑意识",因此主要的东西应当到艺术家的个性里去寻找。[②] 雷纳尔则指出,正是由于立体主义的出现,艺术才"不再是为了模仿自然,不再是为了布置自然,而是为了进行创造,也就是从事带有人的印记的创作"[③]。不管这些意见正确与否,它们确实抓住了立体主义的实质,那就是使艺术彻底地消除了模仿的性质,把注意力由外部客观世界的描绘转向艺术家的创造性主体。关于这一点,艺术评论家库伯写道:"勃拉克和毕加索创立立体主义的基本目的,不是仅仅去提供有关人物和对象的尽可能多的重要信息,而是尽可能完全地以一种自足、非模仿的艺术形式去重新创造

① 阿波利奈尔:《美学沉思录》,转引自谢耐:《近代艺术历程》,纽约,1941年,第457-458页。

② 参阅格莱兹、梅津杰:《论立体主义》,巴黎,1912年,第8-9,31页。

③ 雷纳尔:《1906年以来的法国绘画》,巴黎,1927年,第26页。

看得见的现实。”[①]另一位现代艺术家伯杰分析了立体主义的艺术特性，认为立体主义的模式是图形，而图形“是看不见的过程、力量、结构的一种看得见的、符号式的表现”，一个图形不必避开事物外观的某些方面，但那些方面只能象征性地被当作符号，而不是模仿或再创造。“图形的模式和镜子的模式的区别就在于，它所关心的是本身并非自明（self-evident）的东西”[②]。以往的艺术总是或多或少地以客观现实作为范本，所谓镜子的模式正是以对可见事物的一定程度的模仿为前提的。立体主义则完全打破了过去的艺术传统模式，把看不见的、本身并非自明的那个世界，用非模仿的艺术形式使之成为新的看得见的现实。这就使传统的艺术创作原则、审美观念以至审美标准都发生了根本的变化，其影响所及，决不仅限于创立一个独特的艺术流派，而是整个地扭转了现代西方艺术发展的方向，为20世纪形形色色的现代艺术流派的出现开辟了道路。

奇怪的是，毕加索自己对立体主义的估价倒并不认为它有什么了不起的创新的意义。他说：“立体主义和其他画派并没有区别。它们都同样具有相同的原则和因素。立体主义很长时间未被人们所理解，这个事实并不意味着它没有价值。我不能阅读德文，用德文写的书本对我来说只是白纸黑字，但这个事实并不意味着德文就不存在；我也不能因而去责备书本的作者，倒不如说我应该责备自己……立体主义既不是新艺术的种子，也不是正在孕育着

---

① 参阅希尔顿：《毕加索》，第109页。

② 参阅科兹洛夫：《立体主义与未来主义》，第6页。

的新艺术，而是原始的图画形式的一个方面，那些形式一旦得到实现，它们就具有独立存在的权利。”[1]为什么毕加索强调立体主义并非新事物？这倒不是出于他的谦逊，而是由于他对艺术的本质有自己的看法。他一直坚持自然和艺术是两种截然不同的现象，因此在他看来，任何真正的艺术都不应该是自然的模仿，艺术和自然之间的区别是本质的，而艺术内部的区别则只是表现的方法和方式不同而已。还有一点似乎很令人费解，毕加索和一些立体派同道时常强调他们的运动具有现实主义的目标或现实主义的出发点，[2]而他们的作品与通常的现实主义又相距何止千万里。毕加索终其一生对抽象派艺术一直抱不赞成态度，这是没有疑问的，但怎样去解释他自己所肯定和确认的现实主义意图呢？1971 年，他和现代艺术博物馆的负责人罗宾谈话时说：“在那时，每个人都谈论在立体主义中究竟有多少现实性。但他们并不真正地理解。这并不是一种你可以把它抓在你手里的现实性。它更像一种香水——在你的前后、两边。香气到处弥漫，但你却不知道它来自何方。”[3]由此可以看出，毕加索所主张的并不是人们通常所理解的那种现实主义，而是一种非镜子模式的现实主义。在他看来，这种超出对自然的模仿之上的现实主义，无疑是更高、更有价值的现实主义。人们尽可以对毕加索的作品有不同的看法和评价，但总不得不承认需要用一种新的观点去理解它们，而不能用我们所习以

---

① 转引自克拉维尔：《毕加索》，第 49－50 页。

② 阿波利奈尔首先声称，法国著名现实主义画家库尔贝是立体主义之父，格莱兹和梅津杰在《论立体主义》一书中亦持此说。

③ 转引自科兹洛夫：《立体主义与未来主义》，第 51 页。

为常的老一套观念去作为衡量的标准。

过去有人批评毕加索的立体主义作品单纯追求形式的创新，脱离生活，缺乏思想内容，崇尚非理性主义和无意识。据我看，所有这些批评都是似是而非的，都出于对毕加索缺乏真正的理解。毕加索确实非常注重形式，可是他的画决不是空无内容的纯形式，在他那里，形式始终只是表现一定内容、观念的手段，虽然形式也具有相对独立的存在。他说："每当我想说什么的时候，我就用我觉得应该用的那种方式去把它说出来。不同的主题不可避免地需要用不同的表现方法。这并不意味着艺术本身的演化或进步，而是意味着一个人想去表现的观念以及表现那个观念所用的手段。"①从这些话里是得不出他只重形式、不顾内容的结论来的，归根到底，立体主义也只是一种表现方法，重要的还是它所表现的那个观念。至于说他推崇非理性，也很难令人信服。他虽然强调艺术创作中的直觉的作用，(试问又有哪一位伟大的艺术家能不依赖于自己的直觉呢?)但绝不把它绝对化、神秘化。毕加索明确地指出，人们试图用数学、几何、三角、化学、精神分析学等等去解释立体主义，所有这些都是胡说，造成了很坏的结果，"对于我们来说，立体主义只不过是用来表现我们的肉眼和我们的心灵所感受到的东西的一种方法，尽量去利用图形和色彩本身所包含的一切可能性。我们在此找到了意想不到的乐趣和新发现的源泉。"他又说："我永远是为我的时代而画……我表现我所看到的东西，常常是以

① 转引自科兹洛夫:《立体主义与未来主义》，第33页。

不同的方式去表现。”[①]这里我们看到的正是艺术家的清醒的理性态度，冷静而犀利的目光，而决不是鼓吹非理性。

“我表现我所看到的东西”——这句话给我们理解毕加索的立体主义时期的绘画提供了线索。我相信他这样说是真诚的，有些人看了他的画觉得简直不能忍受，因为这和他们看到的世界相差实在太远了，甚至有的艺术评论家也认为他是故作惊人之笔，是为了哗众取宠。我以为这都是出于对毕加索的艺术个性的不理解，问题是作为一个真正的艺术家，他有没有权利用自己的眼睛去看世界，用自己的方式去表现自己所看到的东西。一般人总有一种素朴的想法，似乎所有人对世界的感觉都应该完全一样，千篇一律，其实不然。艺术家尤其不同于一般人，他应该具有更发达的审美的眼睛、更富于音乐感的耳朵，这种差别不是生理上的，而是他作为一个艺术家所应有的特质。因此，艺术家眼里的世界并不等同于一般人所看到的世界，而且在这方面各个艺术家也互不相同，这与各自的艺术个性有关。举一个简单的例子，格·斯泰恩曾向马蒂斯和毕加索提出同样的问题：你作为画家进行创作时和作为普通人吃东西时所看到的西红柿是否一样？马蒂斯回答说不一样，在前一种情况下用“审美的眼睛”去看，在后一种情况下用“普通人的眼睛”去看；而毕加索则回答说一样，可是他又补充说，我画的西红柿本身就包括“吃”在内。[②] 所以，艺术家看到的西红柿可能不同于一般人，而马蒂斯看到的西红柿则又不同于毕加索所看

① 引自克拉维尔：《毕加索》，第50页。

② 参阅海隆：《变化中的艺术形式》，纽约，1960年，第96页。

到的，杰出的艺术家往往以敏锐的眼睛看到我们一般人所没有看到的或被忽视了的东西，并且以他们独特的方式表现给我们看。艺术世界为什么呈现得如此绚烂多彩，人们在发明了照相术之后为什么还需要绘画，从这里可以求得基本的解答。

毕加索有句名言："我不是去探寻，我是去发现。"他最不能容忍别人说他在艺术上的创新是什么"探索"(就像我们今天把某些电影称为"探索性电影"一样)，他说："在人们指责我所犯的各种罪过之中，最荒唐的指责莫过于说我在自己的作品中是以探索精神为主要目的。当我绘画时，我的目的是去表现我所发现的东西，而不是去表现我要寻找的东西。"①毕加索向人们公开他的发现，供大家分享，至于他的发现是否被人所理解或喜爱，那完全是另一回事。

毕加索的立体主义作品内容复杂深奥，不是一眼就可以看清楚的，其中除了精细的观察、透辟入微的解剖之外，还有喜剧性的夸张、诙谐以至怪诞的成分，但最主要的是它们揭示了世界和人生的荒谬可笑的一面，因而带有一种深沉的悲剧性。超现实主义作家布勒东在谈到毕加索对他的影响时说："当我们还是儿童的时候，我们都曾有过一些玩具，这些玩具今天都会使我们恼怒而伤心流泪。也许，有一天我们将会看到我们一生中的玩具，就像我们童年时有过的玩具那样。是毕加索给予我这样的想法，毕加索是为成年人制作悲剧性玩具的人。"需要玩具的不仅仅是儿童，成年人有时也需要玩具，不过要求与儿童不同而已。如果成年人因看到

---

① 引自科兹洛夫：《立体主义与未来主义》，第11页。

毕加索为他们特意制作的玩具而伤心流泪，那他也算是遇到知音了。

在毕加索的漫长的艺术生涯中，立体主义也只是一个短暂的插曲。在这之后，他又不断地创新，朝着不同的方向前进，一会儿重新发扬古典主义，一会儿又倾向于超现实主义。不过，对于理解毕加索的艺术来说，立体主义时期的作品仍然具有特别重要的意义，它们标志着他的前期创作活动的革命性转折，意味着他的艺术个性的成熟。毕加索在谈到他自己的立体主义作品时说："有一些画家把太阳转化为一个黄色的点，但是还有另一些画家借助于他们的艺术和智慧，把一个黄色的点转化为太阳。"[①]他以后的许多杰作成功的奥秘，也就在于此。

① 引自里德：《艺术的意义》，第 156 页。

毕加索再探索

——谈立体主义后的毕加索

一

我们在前一篇文章①里把现代著名西班牙画家毕加索称作20世纪西方艺术的一个伟大的谜，并试图从他的前期作品中去寻找解答。我们的基本看法是：毕加索的青年时代，即从他的创作活动初期到所谓蓝色时期和玫瑰色时期，是他的艺术个性的真正诞生地和秘密，离开他的早期创作，他以后的艺术上的创造都将成为无源之水而无法理解。但是，毕加索在艺术上的真正突破是立体主义的创立，这不仅是他个人创作活动中的重要转折，而且在西方艺术史上造成了根本性的变革。立体主义的意义决不限于出现一个新流派，而在于它完全打破了过去传统的艺术模式（即所谓镜子的模式、模仿），使传统的艺术创作原则、审美观念和审美标准都发生根本变化，从而整个地扭转了现代西方艺术发展的方向。不过毕加索的艺术创新并未到此为止，因此要探索这个20世纪艺术之

① 拙文“20世纪艺术之谜的初步探索”。

谜,还须考察他的立体主义后的作品。

在毕加索漫长的艺术生涯中,所谓立体主义时期虽然十分重要,却终究只是一个短暂的插曲。他的宽广博大的艺术天才和取之不竭的创造力,使他不可能长期局限于一种艺术风格。他看到和表现的世界并不仅仅由阴暗呆板的色调、僵直的线条和笨重的几何图形所组成,相反,我们从他的创作实践中可以看到他企图摆脱这种心理重负的不断努力。他竭力想到现实中去发现真正的美,并在被他破坏了的世界里去重新建立和谐、平衡。这种英雄般的努力终于在第一次世界大战临近结束时开花结果,他的艺术风格发生又一个重要变化:所谓古典时期宣告开始。

毕加索这次画风的变化也和他的生活经历有关。1917 年,他和当时风靡巴黎的俄国芭蕾舞团合作,为芭蕾舞剧《检阅》(考克托编剧,萨蒂作曲)设计布景和服装。这出舞剧因其新奇大胆、打破一切传统程式而不能为人们所接受,在初演时被观众大喝倒彩,毕加索却继续与俄国芭蕾舞团合作,并且爱上了该团的女舞蹈家奥尔加·柯赫洛娃。1918 年,他们正式结婚,毕加索又开始过幸福的生活。在他的一生中,柯赫洛娃是对他起重大影响的第三位女性。他随同芭蕾舞团去意大利访问,看来意大利之行也对他的艺术风格的新转变起了促进作用。正当立体主义风行一时,其他艺术家开始仿效的时候,毕加索却开始发展一种类似文艺复兴时期绘画和新古典主义的新风格。在巴黎的毕加索博物馆,陈列着他为芭蕾舞剧绘制的各种草图,从这些丰富的收藏品中我们可以看出他在这方面灌注了多少心血。更引人注意的是作于 1917 年的一幅奥尔加·柯赫洛娃的肖像画,那是完全离开立体主义而返回到新古典主义的代表作。这幅肖像画充分证明画家多么娴熟地掌握了古典派的基本技法并有所创造,柔和流畅的画风,精确的描画,对造型和背景的处理,以及女舞蹈家依傍着椅子而站立的慵倦的姿态,都十分类似法国新古典派名家安格儿笔下的人物。无怪乎有人要把毕加索的这一新的艺术风格称之为"安格儿时期"。

这种新的古典主义风格一方面是出于毕加索本人的艺术追求,另一方面也是受当时的时代精神的影响。经过第一次世界大战的惨祸,不仅许多地方因遭战争破坏而满目疮痍,而且人们从肉体到心灵都深深地受到难以愈合的创伤。人们渴望和平、安定和幸福,渴望把在战争的铁锤下破碎了的生活重新黏合起来。因此,在战后的巴黎出现的一股古典主义复兴的潮流并不是偶然的,而且这一潮流也不仅仅表现在艺术领域内。毕加索的艺术风格的转变既适应了时代的潮流,同时又以自己的新创造推动了这一潮流。尽管他吸收了安格儿和其他古典派画家的许多东西,可是他决不是简单地重复或回到古典主义去,而是无论在内容或形式上都有所创新,赋予他的创作以一种前所未有的生命力。且看他在古典时期的一些具有代表性的作品。作于1919年的《睡觉的农民》,画的是辛苦劳动后午间在野外麦堆上酣睡的一对青年男女农民,他们沐浴在阳光下,自由自在,无忧无虑,安谧而宁静,展示出幸福的田园生活的景象。画中人物的壮实的身材和粗大的手足,和毕加索早期作品中习见的羸弱瘦长的人物恰好成为强烈的对比。1921年的一幅油画《梳妆》,更进一步发展了浑厚凝重的艺术风格。作为绘画中心的一位坐着由别人替她梳头的妇女,巨大而沉重的身体就像是一座大理石的雕像,背景则是辽阔的天空和永恒的蓝色大海。同年所作的另一幅画《泉边的三个妇女》和 1924 年的《希腊妇女》，使用单色去塑造几位妇女的形象，带有强烈的立体感，就像用大理石雕成或有色金属铸成的一样。那粗圆的肢体，无表情的脸，朴素的服装，庄重的姿态，都给人以一种似乎是纪念碑的印象。尤其是作于 1923 年的《牧神的风笛》，更使我们加深了这种印象。两个裸体的青年男子，右面的一个侧身坐在立方体的石块上吹着风笛，左面的一个站在一旁聚精会神地聆听。画面的左右是两块立方体的巨石，很像古代神庙的大门，远处则又是一望无际的平静的海洋。看来毕加索没有白白地经过立体主义的熔炉，他正是把立体主义中最好的东西吸取到他的新的艺术风格中去了。在那被称为古典时期的作品里，我总感到有比一般古典主义绘画更多的东西，甚至有比古希腊罗马的雕刻更深沉的一面，那就是在古典派通常所注重的和谐、统一和平衡之外，还有一种对于超越时间的永恒性的追求。

但是，如果把毕加索的古典时期的创作看做他和现实的妥协，那就错了。这些作品与其说是他对外部世界的描绘，倒不如说是他的内心要求的表现。就像一个经过长途跋涉的旅客需要暂时的休憩，毕加索生活在战乱后的欧洲也需要哪怕片刻精神上的安息。不过这种状况是不可能持久的，他的叛逆性格和充沛的艺术创造力使他不能满足于古典的艺术风格，而又一次进行创新。从 1925 年起，他开始放弃古典的形式，转而在创作中倾向于超现实主义。用达克斯的话来说："毕加索像超现实主义运动的年轻成员一样，同令人难以容忍的、不能接受的现实进行斗争，正与此同时，他比过去任何时候都更加感到美的魅力，更感到自己有向妻儿和世界上一切令人愉快的事物歌唱的欲望。”[①]

作为一个艺术流派，超现实主义兴起于20年代中期。1924年公开发表的《超现实主义宣言》把不少著名画家都列为超现实主义的同道，其中也包括毕加索。[②] 不过，严格地说，毕加索从来也不是一个超现实主义者，他一直置身于由安德列·布勒东所领导的超现实主义运动之外。他在有关艺术创作过程的源泉方面的某些看法和超现实主义派相近，然而他从不遵循布勒东所定的艺术原则。这个时期毕加索的创作活动确实受到超现实主义的强烈影响。正如马蒂尼所指出，毕加索“从当代超现实主义者所进行的研究中接受了相当不少的观念，特别是通过他和艾吕雅和布勒东的经常接触；但这是一种相互作用的关系，因为超现实主义画家们，特别是麦克斯·恩斯特和米罗也从毕加索的作品中得益颇多。对于这位西班牙画家来说，超现实主义是把他的思想从传统的认识结构中解放出来的刺激剂……是促使他去探究他的内心世界、探究个人的和集体的潜意识的秘密遗产的刺激剂。毕加索则在有关按照一个人在内心里对现实的构造去自由地编排艺术形式方面，用语言和重要的教训给超现实主义者上了一课，使之认识到一个人所掌握的唯一的现实就是存在于他的内心里的现实，而一切外部的东西只有借助于描画的过程才能被人所感受，在毕加索那里，这描画的过程不是应用于事物的外观，而是应用于它们在心理和

---

① 引自克拉维尔：《毕加索》，巴塞罗那，1985年，第57页。

② 参阅柳鸣九主编：《未来主义　超现实主义　魔幻现实主义》，中国社会科学出版社，1987年，第261页注①。

感情上所起的作用。"[1]马蒂尼的上述看法是符合事实的,毕加索和超现实主义派之间确实是相互影响和促进的关系,布勒东自己也承认,如果没有毕加索,超现实主义的出现或许会推迟。布勒东在《超现实主义和绘画》一书(1928)中,说明了毕加索给予超现实主义运动的启示,他指出,在当代艺术家中间,毕加索首先阐明了"内心里的模式"的概念,而且是为绘画找到真正理由的第一个人。他甚至明确地说,超现实主义必须走毕加索已经走过的和将来要走的路。

毕加索虽然没有正式参加超现实主义的阵营,但和其中某些主要人物过从甚密,而且参加过他们举办的几次展览。可以说,他在一段时间内确实是超现实主义派的同路人,他在这个时期的不少作品也被认为带有超现实主义的色彩。那么,他在哪些地方与超现实主义相一致或相接近呢?第一,他们都对资本主义社会的现实和传统的观念、文化、道德抱深刻的怀疑和否定的态度。第二,由于他们对社会现实的不满,要尽情地表达他们的反抗,同时又需要新的理想,这只能求诸自己的内心。其实,超现实主义本来就是一群小资产阶级知识分子对资本主义社会及其文化传统的反叛运动,他们从毕加索的艺术实践中获得启发,而他们对社会现实的不妥协立场又反过来使毕加索进一步解放思想。后来,超现实主义运动随着形势的变化而发生分裂,其中一些最卓越的代表(如艾吕雅和阿拉贡)和毕加索先后参加了共产党,这是他们对资本主义社会的激烈批判态度进一步发展的必然结果。但是,毕加索的

---

① 引自克拉维尔:《毕加索》,第 54 页。

艺术实践和超现实主义理论始终有所区别。超现实主义者受弗洛伊德学说的影响很深，他们鼓吹非理性的创作方法，强调要听从潜意识的召唤，追求所谓“纯精神的自动反应”。他们把本能、梦境、幻觉等等作为艺术创作的源泉，用主观联想去取代客观的逻辑联系，提倡描绘“事物的巧合”。[①] 这在米罗、达利和唐居依等人的作品中，表现得尤为突出。毕加索没有像他们那样走向极端，他从来不把非理性的创作方法奉为圭臬，也没有把内心里对现实的构造变为彻头彻尾的主观主义。他始终信守他自己的原则，去表现他所看到的东西，去表现他所发现的东西。

在毕加索受超现实主义影响的那些作品里，有一个鲜明的特点是以前很少见到的。用有的评论家的话来说，它们在某种程度上都是他“内心的独白”。可是，那是一种什么样的独白啊！仿佛是一个人经过长期抑郁后突然发出的痛苦的呼叫，郁积在内心里的一股出自本能的力量喷泻而出，结合丰富的想象，形成了一幅幅奇特的图景。且以1925年所作的《拥抱》为例，两个似人非人的生物紧紧地拥抱在一起，这样热烈而又这样粗野，简直达到令人难以忍受的狂暴的程度。两个形象盘绕交错，互相纠缠成为一体，一方面显得如此难分难离，另一方面又好像是要通过有力的拥抱扼死对方。毕加索对形式和色彩的大胆运用，充分表现了他内心的紧张和激动，不仅像《拥抱》那样表现动态的画给人造成强烈的印象，

① 在《超现实主义宣言》中，把超现实主义定义为：“纯粹的精神学自发现象，主张通过这种方法，口头地、书面地或以任何其他形式表达思想的实实在在的活动。思想的照实记录，不得由理智进行任何监核，亦无任何美学或伦理学的考虑渗入”（柳鸣九主编：《未来主义　超现实主义　魔幻现实主义》，第259页）。

而且连某些静物画也起着同样的效果。作于同一年的《带公羊头的静物》,尽管画面上并不表现激烈的运动,却同样使人感觉到其中野性的力量。评论家夏庇罗把这幅画称之为"残暴的静物画"的开端,并不是没有理由的。也许,毕加索在那一年最重要的作品还是《三个舞蹈者》。这是一幅大型绘画,其中所绘的人物与真人差不多大小,有的研究者认为它在某些方面受当时年轻的超现实主义画家米罗的影响。与他前几年的某些画里所描绘的优美的芭蕾舞姿相反,这幅画里的舞蹈则显得如此狂乱粗野、放诞不羁,那三个舞蹈者瘦长扭曲的体态毫无美感可言,和人们习见的象征美丽、温雅、欢乐的三位希腊女神相距何止千万里。他们与其说是在跳舞,倒不如说是在痛苦地挣扎,尤其是中间的那个舞蹈者高举双臂、直挺着身子,就像是被钉上了十字架。整幅画面上所表现出来的大胆的构思和诡奇的想象,加上独特的形式和色彩,确实把人们带进了一个前所未有的艺术境界。毕加索创作这幅画时,正值他的老友拉蒙·比肖去世(那个比肖和毕加索青年时代的好友、因自杀而死的卡萨格马斯的旧情人结婚),他深感悲痛,把比肖夫妇的形象放进绘画,以寄托他的哀思。研究者们认为,《三个舞蹈者》是最能体现"内心的独白"这个美学原则的。如果结合毕加索当时的心情和环境去看这幅画,那么他的"内心的独白"也就更容易被人所理解了。

毕加索在20年代末期的一些作品里越来越显示出他内心的苦闷与不安。第一次世界大战后资本主义相对稳定发展时期宣告终结,出现了新的社会危机和冲突,这在他的创作中不能不有所反映。此外,他的个人生活也起了波澜,他和妻子奥尔加的关系恶化而终于离异，使他前个时期建立起来的精神上的平衡又遭到了破坏。作于1929年的《坐在靠背椅上的女人》（研究者认为这幅画也明显地受米罗的影响），一个看来似乎没有骨骼的裸体像一堆抹布那样垂落在红色靠背椅上，怪诞可笑的小脑袋配上张开的大嘴，对着一面空空的镜子，仿佛在发出绝望的号叫。另一幅作于1930年的《耶稣被钉上十字架》，虽然画幅不大，却十分重要。尽管这是传统的基督教主题。但按哥尔定的说法，它"在精神上却是深刻的非宗教的作品，唤起某种残酷而带强制性的原始返祖仪式的感情激动"[①]。这幅画综合利用了许多不同的艺术风格，就整体来说基本上仍接近于超现实主义，而带有深刻的象征意义。那个被钉在十字架上的畸形生物，可以说是全人类苦难的象征。毕加索仿佛已经隐约地预感到一场空前的大灾祸就将来临了。

二

这场灾祸就是法西斯主义和战争。进入30年代以后，毕加索的心情是十分复杂和矛盾的。在私人生活方面，他又暂时找到了新的幸福，有了一位年轻的情人玛丽-特雷莎。她的形象经常出现在他这个时期的作品中（例如，作于1932年的《黑色躺椅上的裸体人像》和《坐着的女人》），温柔、美丽、丰满、浑圆的身体和肌肤，富于肉感，代替了前几年画中的丑陋可怖的妇女形象。他在1930年至1937年间为出版商伏勒所作的一百幅蚀刻版画即著名的《伏勒

---

① 参阅希尔顿：《毕加索》，伦敦，1985年，第212页。

组画》,其中有许多幅是属于古典主义风格,带有强烈的希腊、罗马艺术气味。看来他经过激烈的精神动荡不安后,又在努力寻求恢复内心的安宁和平衡。但是,我们总觉得在他的心灵深处有一个巨大浓重的阴影,使他焦虑、担忧、惶恐、烦恼。他的某些版画明显地受到戈雅的影响,我们在其中可以看到西班牙绘画所特有的神秘,噩梦中的魔怪形象以及人性与兽性的奇妙的混合。最典型的是作于 1935 年的《人身牛头怪物》,一头面目狰狞的半人半兽的凶恶怪物,虎视眈眈地向一位小姑娘逼近,小姑娘却一手举着蜡烛,一手捧着鲜花,毫无惧色地面对那凶残成性的庞然大物。在二者之间是一匹正在痛苦挣扎的马,背上驮着一位已经死去或丧失知觉的女斗牛士。一个长着大胡子的男子汉在小姑娘身后爬梯子逃命,一面还回过头来观望。在后上方,一座堡垒式的楼房的窗户敞开着,二位女士和栖在窗台上的鸽子在冷静地注视着这场似乎是与己无关的危险的对抗。我认为,这是一幅具有深刻政治含义的作品,明确地表达了毕加索对法西斯主义的猖獗和日益逼近的战争危险的警觉,以及他对当时各种人在这种形势下的不同态度的精辟的观察。奇怪的是,有的西方评论家(如里德和施奈德)竟完全无视这幅版画的社会政治意义,却用弗洛伊德学说把它解释成性意识的表露。[①] 其实,许多客观而无偏见的研究者都认为,从 1930 年的《耶稣被钉上十字架》到 1935 年的《人身牛头怪物》和后来作于 1937 年的《盖尔尼卡》,其中有着一脉相承的内在线索可

① 新近在西方出版了一本所谓“研究著作”,完全用性意识去解释毕加索艺术,几乎把他描述成一个色情狂。这本著作遭到一些正直的评论家驳斥是完全应该的。我们不否认性意识在毕加索的某些作品中的存在,但把它任意夸大就必然走向荒谬。

寻，而后两幅作品就其艺术内容来说是极其相近的。[①] 谁也无法否认《盖尔尼卡》是一幅带有强烈政治色彩的绘画，那么有什么理由把《人身牛头怪物》说成是非政治性的作品呢？

关于《盖尔尼卡》，人们已经谈论得很多，它不仅是毕加索最有名的作品，而且无疑是20世纪最激动人心、最有影响的绘画之一。毕加索过去一向不参加政治活动（这当然决不意味着他不关心社会问题），照他的老朋友和经售他的绘画的代理商卡恩威勒的说法，他是这位画商所认识的“最脱离政治的人”。可是法西斯主义的兴起和伴随而来的战争完全改变了他的态度，在西班牙内战中他开始公开站在共和派政府这一边，坚决反对弗朗哥。1937年在内战高潮期间，毕加索在致美国共和派艺术家大会的一封信中，清楚地表明了自己在这场斗争中的政治立场，他说：“我过去总是相信，现在也仍然相信，依照精神价值来生活和工作的艺术家们，对一场危及人类最高价值和文明的冲突，不可能、也决不能采取漠不关心的态度。”[②]他拿起画笔作为武器，勇敢地参加战斗。连环组画《弗朗哥的美梦和谎言》是他创作的带有强烈政治倾向性的宣传画，用夸张的手法无情地揭露了这个法西斯独裁者的愚蠢和狂妄。从这套组画中可以看出，以戈雅为代表的西班牙绘画的优秀传统在毕加索那里得到了继承和发扬。他应西班牙共和政府的约请，为巴黎国际博览会的西班牙馆作画，此时传来了德国纳粹空军兀鹰航空队对西班牙巴斯克城镇盖尔尼卡的和平居民进行灭绝人性

① 参阅希尔顿：《毕加索》，第226页。

② 引自克拉维尔：《毕加索》，第90页。

的野蛮轰炸的消息，这就成为他创作《盖尔尼卡》的直接导因。这幅画所表现的惨绝人寰的战争破坏和恐怖的场面，看了真令人惊心动魄，用威廉·波克的话来说，它是“对暴力的一份令人可怕的控告书”。当然，《盖尔尼卡》的意义决不仅限于为一个西班牙城镇的悲剧性毁灭而提出愤怒的抗议和谴责，它可以说是全人类在非正义的战争暴力下蒙受苦难的普遍性象征。如果说西班牙内战只是第二次世界大战的预演或序幕，那么毕加索以其伟大艺术家的敏感已经预先深刻地揭示出这场人类大悲剧的实质了。但是，我们也不能同意某些人把他说成是一般地反对战争的和平主义者。实际上，他爱憎分明，是非划得很清楚，他所坚决反对的是非正义的帝国主义侵略战争。在第二次世界大战中，他生活在希特勒军队占领下的法国，诗人艾吕雅认为他是在占领时期政治上表现最好、始终保持了人的全部尊严的少数伟大艺术家之一。他曾遭画家弗拉明克的告密，德国当局查询他有无犹太人血统，他勇敢地回答说，他虽然没有，但却希望有犹太人血统。当德国驻法大使阿佩兹去他寓所了解他的情况，看到他的工作室里有一张《盖尔尼卡》的照片，问他说：“这是你干的吗？”毕加索却冷冷地回答说：“不，这是你们干的。”只是慑于他的巨大的国际威望，纳粹分子才没有对他进行进一步的迫害。

尽管《盖尔尼卡》具有明确的政治倾向性，可是它像毕加索的其他某些作品一样，被人们加以各种不同的解释。尤其是几种不同的，甚至相反的解释都曾得到毕加索本人的支持，使问题更加复杂化了。例如，在这幅巨型作品左侧的那个雄赳赳的公牛头和中部的那个露牙狂嘶的马头，究竟象征着什么，一直是有争议的。曾

毕加索:《盖尔尼卡》

经写过一本有关《盖尔尼卡》的专著的诗人拉里亚认为,公牛代表西班牙人民,它正勇敢地准备搏斗,保护着下方的一个妇女和孩子,而那匹马则是弗朗哥主义的象征。他还亲自问过毕加索,并得到了肯定的回答,据说毕加索还对他说:“假如你看不出这一点,那你就是瞎子了。”但是,根据赛克勒的说法,毕加索却在 1945 年亲口告诉他,公牛体现着凶残和黑暗势力,而马则代表人民。除了这两种相互矛盾的解释以外,还有第三种说法,那是毕加索在 1947 年向画商卡恩威勒所作的解释,他干脆这样说:“那头公牛就是一头公牛,那匹马就是一匹马。”在我看来,对《盖尔尼卡》有各种不同的解释,是完全可以理解的,毕加索本人说过,这幅画是“象征的”、“寓意的”,因此对它的某个具体的细节,欣赏者当然可能按自己的理解从不同角度赋予不同的意义。但重要的是要把它作为一个整体来把握,而不在于去探究或猜测某个具体细节象征着什么。这就像听交响乐一样,有些肤浅的讲解者往往热衷于解释某个音符代表命运在敲门,某个音符代表打雷下雨,凡此等等。任何一个内行的音乐欣赏者都知道，这样地图解交响乐是不行的(狄斯耐虽然在动画制作方面极有才华，但他的《幻想曲》把音乐变成动画却并不成功，即为证明)，同样的道理也适用于绘画的欣赏。《盖尔尼卡》本身就像是一部伟大的交响乐，就其反映第二次世界大战中人的悲剧性命运的深刻性而言，恐怕只有肖斯塔科维奇的某些交响乐作品可与之相比。有的评论家谈到这幅画的一定的模糊性，如果把这理解为交响乐所具有的那种不确定性，那么这种看法是有道理的。《盖尔尼卡》像任何一个真正伟大的艺术作品一样，它的审美价值在某种意义上说是"不确定"的，它充分启发我们的想象力，令人回味无穷，经过我们新的探索总能不断发掘出新的东西来；但另一方面，我们又不能不看到它所含有的"确定的"社会政治意义，正如毕加索自己所说，这幅画"是为了明确地表现和解决一个问题的"[①]。某些西方评论家之所以对这幅画表示不满，是因为他们不能容忍毕加索在其中表现出来的反法西斯主义和亲共产主义的明确的政治倾向。然而对毕加索来说，这是他通过长期艺术实践而作出的选择。经过反法西斯战争的风雨后，他终于以60多岁的高龄参加了共产党。他自己认为这是十分自然的事，他说："我参加党，就像一个人走向泉水一样。"[②]共产主义正是他心中的生命之泉。

我以为，毕加索的艺术道路至少向人们证明，艺术和政治并不是敌对的、互不相容的。艺术固然不一定必须为政治服务，但为政

① 参阅巴尔：《毕加索艺术五十年》，纽约，1946年，第202页。

② 参阅希尔顿：《毕加索》，第260页。

治服务的未必不是伟大的艺术。从血管里流出来的都是血，问题在于你是不是真正的艺术家。毕加索在1945年的一篇文章里指出，一个艺术家如果他是画家而只有眼睛，如果他是音乐家而只有耳朵，那他就只是一个低能儿。相反，他必须同时是参与政治的人。他怎么可能对别人漠不关心，躲到象牙塔里脱离生活呢？"不，绘画不是为了用来装饰房子的。它是用来对敌人进攻或防御的一种战争工具。"[①]应该承认，毕加索是独一无二的，我们不能要求每个艺术家都像他一样。他把艺术作为政治武器，确实可以说是得心应手，运用自如，毫不使人感到牵强附会。除了《盖尔尼卡》之外，他还有另一些作品也带有强烈的政治色彩，虽然没有前者那样有名，却也获得相当大的成功。作于1944－1945年的《藏骸所》，是一幅深刻揭露纳粹集中营惨无人道的残暴罪行的绘画，呈现在画面上的是一大堆支离破碎的人的断肢残躯，看了令人毛骨悚然。另一幅作于朝鲜战争时期的大型绘画《朝鲜的屠杀》(1951)，愤怒谴责帝国主义侵略军屠杀手无寸铁的平民的暴行，一批穷凶极恶的士兵正举枪瞄准一群赤身露体的妇孺。这一灭绝人性的大屠杀场面使人想起戈雅和马奈的类似题材的绘画，但却更带有现代的特点，毕加索笔下的那些杀人凶手就像是机器人一样。科学技术的进步和人性的堕落形成强烈的对照，从一个侧面揭示出我们这个时代的悲剧的实质。毕加索没有活着见到美莱村的大屠杀、巴勒斯坦难民营的大屠杀……可是他的画却仿佛预言了这些人间惨剧的发生。如果我们把他的这些作品仅仅理解为他厌恶

---

① 参阅里德：《近代绘画史》，第160页。

战争，那就无法领会他对时代的深刻洞察，而把他降低到单纯的和平鸽宣传画作者的水平了。

毕加索晚年的艺术创作道路也不是平坦的。当他过去远离政治的时候，他曾博得西方资产阶级评论界的高度赞美和颂扬，在他公开加入共产主义队伍以后，各种各样的批评都落到他的头上。有的指责他背叛艺术，变成了政治宣传工具；有的批评他艺术创造力已经衰竭，丧失了对现代艺术进一步发展的影响。但最使他伤心的还是来自他自己阵营内的批评，某些"左"得出奇的评论家并不因为他在政治上转变立场而放松对他的艺术创作的攻击，仍然把他作为所谓社会主义现实主义的对立面、资产阶级颓废艺术的代表而加以批判。1953 年，斯大林去世，毕加索为阿拉贡主办的一家刊物画了一幅斯大林像，这幅肖像是他根据斯大林早年的一张相片画成的，发表后却引起轩然大波，用达克斯的话来说，它起了一发炮弹那样的效果。有些法国共产党人向毕加索提出强烈抗议，说他画的斯大林带有残忍的容貌。其实，毕加索的这幅肖像画十分平常，斯大林被表现为一个普通的年轻人，既没有被丑化，也没有被理想化。某些人之所以指责毕加索，大概是因为这幅画不符合于他们所习惯的伟人的形象，至于说它给人以残忍的印象，那平心而论倒不是出于画家的主观意图。不过斯大林的性格里是否有这样的因素，后来披露的历史已经作了最好的结论，我们只能对毕加索这样早就以一个艺术家不可思议的敏感无意识地表现了这一点而感到惊异。面对因这幅作品而引起的那些不公正的批评，毕加索感到苦恼和困惑，他说："我为葬礼献上我的一束花。他们不喜欢它，于是发生了这些事。可是一个人通常不会因为他不喜欢别人的花而粗暴地侮辱别人的。”关于如何表现斯大林，毕加索原来还有另一些设想。他告诉达克斯，他曾想在斯大林头上加一个花冠，不过他认为这也无济于事，情况仍是一样。他说：“我还想过把他画成裸体。英雄们总是赤裸裸的。如果我把他画成全身赤裸，你能想象事情会怎样吗？”[①]对毕加索来说，1953 年是他处于“伟大的孤立”的时期，不过他顶住了来自各方面的强大压力，保持了作为一个艺术家的尊严。尤其难能可贵的是，在苏共二十次代表大会揭露了斯大林问题之后，西方国家共产党内一些著名知识分子因幻想的破灭而纷纷脱离革命队伍，例如作家法斯特就由于发现了“赤裸裸的上帝”而背弃了自己原先的信念，毕加索却如中流砥柱，经受住了严峻的考验，比那些一度表现得十分“革命”的逃兵要坚定得多。

50 年代以后，毕加索在艺术风格上虽然不再有重大的变革，可是在创作中却仍然不断有所创造。有一个时期，他热衷于对过去的一些绘画大师的作品进行重新解释和再创作，依据德拉克洛瓦的《阿尔及尔的妇女》、维拉斯开斯的《宫女们》和马奈的《草地上的午餐》，画了一系列风格殊异的作品，有的似乎是有意同这些前辈唱反调，同他们展开热烈辩论，揭示出伟大艺术奥秘的反面，令人信服地证明了艺术创作的无限的可能性。毕加索的丰富的想象力和旺盛的艺术创造精神，并未随着他进入高龄而衰退。他在晚年创作的各种艺术作品数量之多，简直令人难以置信。他有关《宫女》的一组绘画共计达 58 幅，竟然是在 4 个多月的短时间内完成

---

① 参阅克拉维尔：《毕加索》，第 64 页。

的。据统计，他在1966年至1970年间，一共完成了200多幅油画、500多幅素描、350幅版画以及大量艺术陶器作品。艺术创作几乎成为他的生活的第一需要，有时他狂热地工作，仿佛是受一种内在力量的驱使，他自己说："绘画比我更强大有力，它迫使我去做它要做的事。"

在毕加索晚年的作品中，给我印象最深的是他作于戛纳私人别墅"加利福尼亚"的一些绝妙的油画。一幅以大海为背景的风景画，树木在强劲的海风下剧烈摇动，好像是在为生命而竭力挣扎和抗争，那粗犷而狂放的笔触，充分显示出画家内心里汹涌澎湃的激情。一位年近八旬的老人，居然还能保持这种青春的活力，确实是不多见的。与此成对比的是另一幅同样以蓝色的海洋为背景的《鸽子》。一群洁白的鸽子栖息在临海的阳台上，明媚的阳光，郁郁葱葱的灌木林，和平欢快的气氛，鲜明的色彩，把生活表现得多么蓬勃，多么美。还有一幅题为《加利福尼亚别墅的画室》的油画，展示了艺术家的典型的杂乱无章的生活秩序，这幅画在色彩、光和线条的运用上完全可以和马蒂斯的一些最佳作品相比。由于时代的前进，毕加索的晚期作品没有再产生像过去那样惊世骇俗的作用，但就其艺术价值来说，仍然称得上是现代西方艺术的珍品。有一位评论家在谈到毕加索的晚年时写道："他经常为了他的共产主义政治观点而受到批评。在这些年内，他的艺术既受到赞扬，又受到谴责，但从未遭到忽视。尽管关于他有各式各样的争议，他在1973年4月9日逝世无疑在艺术世界留下了一个空白。"[①]我认

① 考夫曼：《毕加索》，英文版，1980年，第8页。

为,这是对毕加索晚年艺术活动的一个比较客观公允的评价。任何一位艺术家,如果能得到这样的评价,也就应该心满意足了。

三

纵观毕加索一生的创作活动,丰富多彩、变化无穷、风格各异的大量作品,都以各种不同的方式反映着他的时代,反映着他生活在这时代中内心的感受和情绪。毕加索公开宣告:"我永远是为我的时代而画"。他是认真地实现了他的诺言的。他自己说得好:"艺术既没有过去,也没有未来。没有力量在现在肯定自身的艺术,也就永远不可能时来运转。希腊艺术和埃及艺术并非属于过去:它们在今天比它们在昨天更具有生命力。变化不是进化。如果一个艺术家改变他的表现手段,这并不意味着他改变了他的想法。"①这一番话也许可以为他的变幻莫测的创作活动作注解吧。

毕加索是时代的产儿,毕加索艺术的伟大在于它表达了他的时代中最本质的东西。这就涉及到这个 20 世纪艺术之谜的谜底究竟何在的问题了。我们认为,对一个伟大的艺术家或一种伟大的艺术,可以有不止一种解释,在这里提出的是对毕加索艺术的一种可能的新解释,也就是用马克思的异化理论去说明毕加索的创作。就我们所知,似乎还没有人做过这样的尝试,这多少是有点奇怪的,因为在我们看来毕加索的作品无疑是异化理论在艺术领域中的最有力的例证。

---

① 转引自里德:《艺术的意义》,巴尔的摩,1966 年,第 156 页。

如果要问，在毕加索不同时期的各种风格的众多作品中贯彻始终的东西是什么，我想可以用简单的一句话来回答，那就是对人的关切。毕加索艺术的中心是人，人的境况、遭遇、命运和未来，一直是他全力关注的并以各种独特的方式加以表现的主题。即使人没有直接出现在画面上，也总是使人感觉到人的存在，因为在毕加索那里，周围的现实、环境、事物只是在与人的关系中、经过人的再创造才成为艺术表现的对象。毕加索生活在发达的资本主义社会里，而在这样的社会里异化乃是最普遍、最基本的事实。几乎与人有关的一切都发生了异化，无论是经济、政治、文化，意识形态或是社会日常生活的领域内到处可见异化的现象。异化似乎已经成为资本主义社会里的人所无法摆脱的宿命，像商品、私有财产、国家、宗教、个人崇拜这样一些由人自己所创造出来的东西，都带上了马克思所说的拜物教的性质，变成了人的异己的东西和顶礼膜拜的对象，反过来统治着人。最后，连人自己也发生了异化，成为使人自己也感到吃惊的畸形怪物。资本主义世界的任何一个诚实的艺术家，只要他真正地关心人，就不能回避异化这个基本的事实。实际上，自从进入 20 世纪以来，异化现象越来越在西方文学艺术中受到重视并以各种不同的方式反映出来，毕加索的创作则以绘画的形式使异化得到了最充分的艺术表现。

在毕加索那里，我们可以看到三种不同的异化的表现，虽然它们有时也互相交织在一起，构成一幅幅瑰奇的画面。

首先映入我们眼帘的是客观世界的异化。毕加索表现给我们看的是发达的资本主义社会里的普遍颠倒的图景，世界变成了无法辨认的与人格格不入的东西。人本来是自然之子，大地母亲哺育了人，然而现在人和周围世界之间的亲密关系不复存在了，代之以相互间生疏的对立关系。在人的眼里，世界变得这样陌生、疏远、冷漠、荒谬，甚至可怕。笼罩着世界的美丽面纱被撕得粉碎，以往一向被认为是世界构成原则的和谐、统一、平衡、对称、协调等等都消失了，剩下的只是一堆似乎是偶然杂凑在一起的漫无秩序的乱七八糟的废物。古希腊哲学家赫拉克利特说过："最美丽的世界也好像一堆马马虎虎堆积起来的垃圾堆。"[①]如果说这种看法在古希腊显得有些奇特，那么它在现代西方艺术中却得到了验证并获得了新的意义。有人对毕加索的某些作品感到困惑，不理解他为什么这样憎恶这个世界，把一切表现得如此丑陋，在他的某些美术拼贴和雕塑作品中甚至还使用仿佛是从垃圾堆里捡来的破烂。但是，我们却应该想一下，假如在艺术家看来，世界的某些角落本来就像是这样的垃圾堆，那么他这样去表现岂不是正好使这个世界原形毕露？难道我们非得要求他用玫瑰花去装饰这个令人作呕的垃圾堆吗？

在毕加索的作品里，更使人触目惊心的是第二种异化的表现，即人的异化。从他在蓝色时期所创造的人物形象开始，直到后来在他笔下出现的发生严重变形的各种人像，我们看到的是一幅幅生活在资本主义炼狱里的形形色色普通人的真实写照。他们似乎被一种不可抵抗的力量抛弃到这个陌生的世界里，完全丧失了支配和决定自己命运的可能，而沦为无情地吞食一切的畸形社会的牺牲品。人的独立自主性、人的尊严、人的价值、人的自由，一句

① 《古希腊罗马哲学》，三联书店，1957 年，第 30 页。

话，一切使人真正成为人的东西，全都从根本上受到了威胁。周围环境在不断侵蚀着人，人变成了商品拜物教和拜金主义的奴隶，成为一架庞大无比的机器中的一个微不足道的零件。在这种情况下，人本身也失去了内在的完整性，被肢解得支离破碎，人性也被扭曲得不成样子。如果说他或她还勉强保持着人的外观，那么在进行深层的剖析后就可以发现，不仅是人的形体，而且连人的心理、意识、情感、价值观念等等都已发生变态，被歪曲得面目全非。过去在古希腊和文艺复兴时期艺术中被表现得如此辉煌美丽的健康而和谐地全面发展的完整的人已经不复存在，展示在我们面前的是在异化的泥潭里挣扎的现代人。毕加索以一个伟大艺术家的诚实坦率和敏锐目光，用犀利的解剖刀无情地把异化的人解剖给我们看，剥开肌肤，掏出五脏六腑，直到揭露出隐藏最深的心灵的秘密。现代西方人在毕加索的画里看到了自己，加深了对自己的了解，这恐怕是他的作品所以成功的主要原因之一。有一位西方社会学家西曼在分析资本主义社会里异化的人的心理时，把异化的主观体验分为五个方面，即：无能为力感、毫无意义感、孤独感、无规范感和自我异化感。[①] 可以说，异化的人的这五方面体验都在毕加索的作品里得到了淋漓尽致的艺术表现。

异化的人的这种心理体验也同样困扰和折磨着毕加索，因此他的作品里的第三种异化的表现就是艺术和艺术家自身的异化。马克思在《1844 年经济学-哲学手稿》里，把作为对象性的、感性的

---

① 西曼："论异化的意义"。参见伊斯莱尔：《异化：从马克思到近代社会学》，新泽西，1979 年，第 208－213 页。

存在物的人，称之为“受痛苦的存在物”(Leidend Sein)，而且指出，正因为人感受到自己的痛苦，所以人是一个有激情的存在物，而激情则是人强烈追求自己的对象的本质力量。这些话应用于毕加索，真是再适合也没有了。我们看毕加索的作品，感触最深的与其说是他所描绘的景物，倒不如说是呈现在画面上的艺术家本人内心的激情和生命的搏动。从这些作品可以看到他心灵中的矛盾和不安，他的痛苦和惶恐，他的失望和追求，以及他力图摆脱和克服异化而进行的搏斗。异化既使他陷入精神的苦难深渊，又成为刺激他进行创作活动的动力，他正是把艺术作为向异化报复的手段。人们常说，毕加索是最富于破坏性的艺术家，这话有一定的道理，他就是要借助于艺术把这个异化的世界彻底摧毁，然后在异化的废墟上重新建设他自己的世界。他自己说过，在过去，绘画是一步一步地趋向于完成的，一幅画通常是各种追加物的总和，可是就他来说，一幅画却是“破坏的总和”[①]。毕加索对现实世界是毫不留情的，我们往往可以发现他对这个世界所采取的讽刺态度，而按丹麦哲学家克尔凯郭尔的说法，所谓讽刺就是对异己的世界的“无限否定性”，对现存的一切的绝对否定。[②] 当然，作为一位伟大的艺术家，毕加索不会也不可能满足于绝对的否定，他还是要努力寻找克服和战胜异化的途径。在他的漫长的艺术创作道路上，就留下了不断地与异化作斗争的记录，古代艺术、文艺复兴、古典主义、黑人原始艺术以至质朴的大自然，都曾在这一斗争中为他提供过

---

① 参看科兹洛夫：《立体主义与未来主义》，纽约，1973年，第28页。

② 参看克尔凯郭尔：《论讽刺的概念》，英译本，1965年。

灵感。甚至他参加共产党和热心于保卫和平运动，也都可以被看作他企图克服异化的实际行动。但看来他始终未能一劳永逸地摆脱掉异化的梦魇，他只是短暂地在他自己的艺术世界里重新建立起和谐、平衡和美，瞬息间却又被强大的异化的现实所压倒，他的艺术风格虽屡经变化，可是一直没有真正战胜异化，异化的阴影陪伴了他创作的一生。

列宁在评价托尔斯泰的文学创作时曾把它比喻为“俄国革命的一面镜子”。在社会学的意义上说，列宁的这一比喻是恰当的。我们知道，在美学上，毕加索是“镜子式的反映”的坚决反对者，但我们仍然要说，在社会学的意义上，毕加索是现代西方社会的一面镜子。解开这个20世纪艺术之谜的钥匙，可能就在这里。

重访埃尔米塔日博物馆

——在俄罗斯看法国绘画

1956年，我随同中国科学院的一个代表团初次访问苏联，到了列宁格勒，大家都对这个城市之美赞叹不已，陪同我们的一位苏联朋友却说，“明天要去参观的埃尔米塔日才是这儿最美的地方呢”。

埃尔米塔日国家博物馆坐落在举世闻名的冬宫内，去博物馆先要经过宽广的皇宫广场，广场中心矗立着一座高大宏伟的亚历山大纪念柱。这个纪念柱是为了纪念1812年战胜拿破仑的卫国战争而建，是替胜利者沙皇亚历山大一世歌功颂德的。柱身用整块花岗石雕琢而成，底座有精美的青铜浮雕，在多利斯式柱头上有青铜天使和十字架，整个纪念柱高达40余米，气势磅礴，使人充分领略昔日俄罗斯帝国的强大和威严。这是当时埃尔米塔日留给我的第一个印象。

在1917年革命以前，冬宫一直是俄国沙皇居住的宫殿。这个庞大的巴洛克风格建筑物，经过历代沙皇的大量资金投入和许多杰出建筑师的努力工作，已成为美轮美奂、极其豪华富丽的艺术殿堂，足以和世界上著名的法国凡尔赛宫相媲美。走进冬宫，那无比辉煌的“约旦阶梯”以及大大小小的许多装修精美绝伦各具风格的厅堂，简直令人目不暇接，眼花缭乱，仿佛刘姥姥进了大观园。但是，埃尔米塔日的真正价值还不在于这些炫耀皇家奢靡生活的建筑和器物，而在于它所收藏的那些极其珍贵的西方艺术品。

埃尔米塔日不愧为俄罗斯最大和最重要的艺术博物馆。它的规模惊人，收藏品超过 250 万件，其中包括各种名画 15000 幅，雕塑作品 12000 件，展厅达 350 间之多。博物馆的建立始于 1764 年，当时叶卡捷琳娜二世向一位柏林商人购买了 225 幅西欧艺术家的绘画，为该馆的艺术品收藏奠定了基础，以后经过 100 多年的扩充才达到现有的规模。但更重要的是这些收藏的艺术品的高质量，其中如达·芬奇的《贝努阿圣母》、《李塔圣母》，拉斐尔的《圣母像》以及米开朗琪罗和卡诺瓦的雕塑作品，都是稀世珍品。在它的丰富的收藏中几乎包括了西方艺术史上所有主要代表人物的作品，如果你有充裕的时间从头到尾观赏一遍博物馆展出的绘画，那就等于上了一堂生动的西方绘画史课程。我就是在那里第一次亲眼观赏到西方艺术大师们的原作，接受了最初的审美启蒙教育，留下了终身难忘的深刻印象。

时间差不多过了半个世纪，我又有机会去造访这个艺术殿堂。江山易色，城市更名，只有景物依旧，美丽的埃尔米塔日仍然巍然屹立在涅瓦河畔，保持着原来的风采。

这次重访埃尔米塔日，除了想重温过去青年时代的美好印象外，还有一个特殊的目的，就是希望能观赏到该馆过去很少公开展出的一些现代西方艺术作品，具体地说，即 19 世纪下半期至 20 世纪初的法国绘画。这部分艺术品并非沙皇皇家的收藏，而属私人所有，但在十月革命后收归国有，由埃尔米塔日博物馆接收，这是我从爱伦堡的回忆录《人·岁月·生活》一书中得知的。

实际上，埃尔米塔日原先收藏的法国艺术品是十分丰富的，在整个博物馆里一共占了四十多个展厅。沙皇皇室一向推崇法国文化，俄国贵族上流社会以讲法语为荣，因此对法国绘画自然也就情有独钟。可以说，15世纪以后法国著名画家的作品在该馆均有收藏，特别是一些杰出的绘画大师如普桑、洛兰、华多、布歇、弗拉戈纳尔、夏尔丹、格瑞兹、罗贝尔等人，都有一些优秀的代表作在这里展出。不过我们可以清楚地看出，宫廷的收藏是以贵族上流社会的审美观念和趣味作为首要选择标准的，所以19世纪下半期法国印象派及其以后的大师们的作品因其"叛经离道"自然不可能入选。现在埃尔米塔日在这方面堪称世界一流的丰富收藏，完全应该归功于两位俄国私人收藏家。爱伦堡在回忆录中曾叙述过这些法国现代艺术珍品流入俄国的经过。当时有两位富有的俄国企业家塞尔盖·舒金和伊凡·莫罗佐夫对印象主义及其以后的法国现代绘画艺术抱有浓厚的兴趣，他们不仅舍得花钱收购这些艺术作品，而且确实是有审美能力、真正懂艺术的内行，不是一般为了装点门面附庸风雅的暴发户。在印象派画家们还没有得到社会重视而贫困潦倒、备受压抑时，他们却独具慧眼，充分认识到印象主义艺术的巨大价值。他们经常去法国，直接结交那些未成名的艺术大师，以比较低廉的价格到画室里去大量选购他们喜爱的作品，其中包括一些大师本人原来舍不得出售的杰作。因此，舒金和莫罗佐夫的收藏品质极高，它弥补了皇家收藏之不足，为埃尔米塔日增添了光彩。但是，这批法国现代绘画的精品的命运一度也是相当坎坷的，在苏联某一时期内人们对印象派及其以后的法国现代绘画抱有强烈偏见，不能给予公正的评价而采取片面否定的态度。这些艺术作品也就背上了所谓“反现实主义”的恶名，被束之高阁而长期不得与广大公众见面。前些年早已听说，这批珍藏已在埃尔米塔日公开展出，因此我怀着迫切的心情急于想一睹庐山真面目，结果确实，是不虚此行，取得了丰盛的收获。

走进19世纪下半期至20世纪法国艺术展区，首先映入眼帘的是人称“印象派之父”的莫奈的各个时期的创作。其中最早的一幅画是作于1867年的《圣-阿德莱斯花园中的女士》，这是印象主义初创时期的作品。画中的女士身穿浅色长裙，打着小小的遮阳伞，只在画面左下端显露出她的背影。显然，画中的主角不是人物，而是阳光。莫奈所着力表现的是大自然的美，晴朗的天，灿烂的阳光，阳光照射下的草地、树木、花丛、女士的裙衫以及反映在地上的阴影。女士和周围的景物融为一体，成为自然界的一部分，整个花园显得如此生意盎然，充满着活力。印象主义绘画的特点于此已见端倪。

在莫奈成熟时期的一些作品中，更把印象主义的特点和长处发挥得淋漓尽致。作于1876-1877年间的两幅画《蒙基隆的花园一角》和《蒙基隆的池塘》可以说是成功地运用印象派技法的典范之作。前者展示了花园的一角里百花盛开的景象，把大自然表现得这么美，似乎花儿们在尽情地欢唱，使人能感受到花的芳香。特别是后一幅画着力描写光线透过茂密的树林照射在池塘水面上所形成的特殊的效果，光、水波、流动的倒影、一片静谧的气氛下发生的细微的活动，都被画家敏锐地捕捉到了，通过他的神来之笔交织成一首美不可言的抒情诗。从这些画里可以感受到艺术家对大自然的真诚的热爱，艺术家和大自然的亲密拥抱，这正是印象派绘画最吸引人的地方。莫奈后来的一些作品如《吉维尼的干草垛》(1886)、《吉维尼的牧场》(1888)和《罂粟田》(约1890)，都是为了表现他所赞颂的乡村景色之美而创作的。埃尔米塔日收藏的莫奈最晚的作品是作于1903年的《滑铁卢大桥：雾的效应》，这是他创作的伦敦风景系列作品之一。在浓厚的大雾中，光线和雾气把事物的外形和轮廓都融化了，一切都变得模糊难辨，若有若无，仿佛浮动在虚无缥缈的世界里。我觉得莫奈在真实地表现大自然，特别是在描绘瞬间的感觉印象方面，在使用新的技法去追求光与色的效果方面，都是相当成功的，对西方绘画艺术的发展作出了重要贡献。这正是他和其他印象派画家的长处，但同时也是他们的短处和不足。当人们欣赏了那些印象派绘画，领略了大自然之美，获得审美享受之后，总感到它们只涉及转瞬即逝的事物表面现象，背后缺乏坚实的、恒久的内容，我想这或许是印象派运动遽然兴起而又迅速衰落的主要原因吧。莫奈不同时期的创作，可以视作整个印象派绘画发展的一个缩影。

在埃尔米塔日，除了莫奈以外，其他印象派大师的作品也均有陈列。虽然他们同属印象派阵营，但风格各异，各具特色。像雷诺阿和德加就不是以自然风景为主要描绘对象，而是以肖像画和人物画见长。雷诺阿通常以普通的巴黎姑娘作为模特，例如作于1880年的《拿扇子的姑娘》中的女主人公就是一家水上餐厅老板的女儿。画中姑娘的美丽也许并不符合古典的美的理想或上流社会的审美标准，但却以其纯真朴实、天然、健康和青春活力博得人们喜爱，画面上明快的色彩也使人赏心悦目。另一幅《拿着鞭子的

毕沙罗:《蒙马特大街》(1897 年)

小孩》(1885)也是雷诺阿的代表作,画中一个身穿童装的小孩稚态可掬,十分天真可爱。该馆所藏的德加的作品,则有不少是他擅长的粉笔画,主要是描绘室内人造光条件下处于动态中的妇女形象,如在舞台上翩翩起舞的芭蕾演员或在化妆室里的妇女。他的《梳头的女人》(约作于 1885 年)画的是一位正在梳理头发的裸体妇女的侧背,他所表现的人体和传统的古典的人体表现方式有所不同,是处于随意的、无拘束状态下活动的人体,因此显得十分真实、自然。他虽然深受新古典主义画家安格尔的影响,但又有自己的特色和创新。印象派的另外两位重要人物毕沙罗和西斯莱也有一些优美的作品在这里展出。毕沙罗从小在巴黎生活,擅长描绘城市风景,有巴黎"诗人"之称,他的名作《蒙马特大街》(1897)是从一个旅馆窗口观察不同情况下的大街活动风光而作的一系列画作之一(这系列总共有 13 幅之多)。大街两旁的高楼,街上川流不息的马车,熙熙攘攘的人群,构成一幅生气勃勃的城市生活的场景。西斯莱的一些描绘乡村景色的作品也很值得注意，有一幅作于1872年印象派早期的画《塞纳河上的村庄》尤其出色，展现在人们面前的是小河岸旁的一个村镇，阳光明媚，色调清新，充满了诗意，把印象派技法运用得恰到好处。

所谓新印象主义画派也在展厅里占有一席地位，虽然这儿缺少该画派首领修拉的作品，可是另两位画家西涅克和克罗斯的创作在一定程度上弥补了这一缺陷。他们采用新印象主义的典型技法，即"点彩法"或"分色主义"去作画，根据光学"色彩三原色"原理，不在调色板上调和颜色，直接用色彩点到画面上，以取得更强烈的光感与色彩的效果。西涅克作于1906－1907年的《马赛港》是他对自己过去的一幅画的重作，在宁静的港湾里停泊着帆船和小艇，处于一片朦胧的氛围中，远处的景物依稀难辨，这一切都是以并置色点来表现的，充分体现了"点彩法"的特色。克罗斯的《圣母·玛利亚教堂景色》(1909年)则更大胆地用各种彩色的粗点构图，近处的妇女、树木、草地和远处若隐若现的教堂，形成明显的对比。老实讲，我不太欣赏新印象主义绘画，总觉得这种技法革新偏离了艺术创造，倒更像是一种科学实验和色彩游戏。它除了给人以视觉上的新鲜感以外，很难使人真正感动，更不能引起人们思考。我以为，新印象主义不仅没有把印象主义运动继续推向前进，反而把它带进了死胡同。

展厅里还有与印象派同时代的独立画家亨利·卢梭的颇有代表性的作品。卢梭是19世纪至20世纪之交法国绘画界的一个特殊人物，他是巴黎的一名海关职员，没有经过正规的绘画训练，只是在卢浮宫临摹过许多名画。绘画是他的业余爱好，仅在节假日才有时间作画，因而被称之为“星期天艺术家”。卢梭的作品确实独具一格，对绘画艺术进入20世纪起了一定的推动作用。他的画摆脱了摹写现实的艺术传统，听任想象力自由地尽情发挥。作于1908年的《热带丛林中老虎与野牛相斗》，画中的热带植物是全凭想象画出来的，而搏斗的野兽则充满原始的野性的力量，共同构成一幅奇异而虚幻的画景。另一幅《卢森堡公园里的肖邦纪念碑》(1909)也不是对实地景物的描绘，而完全出于卢梭自己的想象。肖邦纪念碑倒确有其物，但也不是这个模样，它是雕刻家德布阿的作品，后来在二次大战中丢失。

埃尔米塔日收藏的印象派绘画丰富多样，但我以为它所拥有的印象主义以后大师们的作品也许价值更高。塞尚、高更和凡高都有一些重要作品在这里展出。这三位对西方现代绘画作出巨大贡献的画家虽然在艺术风格上相差甚远，并不形成一个学派，但他们都从印象主义绘画中吸收了充分的营养，同时又意识到了它的局限和不足，各自独立地走自己的路，发挥自己的艺术个性和创造性，从而实现了对印象主义的真正的超越。

在博物馆的这部分展品中，塞尚的作品无疑是最引人注意的。这位大师的不同时期、不同体裁的画作，从早期直到晚年的创作，无论是风景画、人物画或静物画都应有尽有，其中包括如早期作品《弹钢琴的女郎：汤豪塞序曲》(约作于1869年)和晚年创作的《蓝色风景》(约作于1904－1906年)，风景画有《马恩河两岸》(1888年)、《大松树》(约作于1897－1998)和《圣维克多山》(1900)等，人物画有《自画像》(约作于1873年)，《穿蓝衣的女士》(约作于1900年)以及一系列描绘吸烟者和玩纸牌者的画，静物画则有他关于这一体裁的最优秀作品之一《窗帘前的静物》(约作于1898-1999年)等等。这些琳琅满目的作品可以说在一定程度上反映了这位伟人艺术家富有创造力的一生。

看了这些作品,加深了对塞尚的理解。塞尚作为印象主义运动的参与者对这个画派的底细是有深刻了解的,他之所以毅然决然地与之分手,就是因为他不能满足于描绘那些偶然的、暂时的、变易不居的印象,而要着力去追求和探索它们背后的稳定的、基本的事物形状和结构。可以看出,他为此做出了多么巨大的努力。就拿《窗帘前的静物》这幅画来说,放在桌面上的果盘、水果、插花的水壶、餐巾以及作为背景的窗帘,都具有明确的线形轮廓,其形象都给人以一种质感、重量感、体积感和稳定感,体现出画家透过事物的现象对形体的本质的追求。塞尚的静物画笔法凝重简练,使整个作品显得十分厚重坚实,尤其突出的是他对形体的概括和严谨的结构,形成了他独特的艺术特色。我国著名的油画家和艺术理论家钟涵教授曾精辟地指出,形式结构是了解塞尚艺术的关键。他说,塞尚的画里有一种不可移易的力量,有不同于印象派绘画的另一种形式结构之美,你不能随意挪动任何一个局部,如果挪动,整个结构就会失去平衡,从而遭到破坏。他引用一位俄国收藏家的话说:"如果试想从17世纪荷兰的静物画中拿一个东西,立即就好像到了你手里;而如果想象从塞尚的静物画里挪动一只桃子,它就会连带把整幅画一起拽下来。"[①]这讲得很对,荷兰画家们笔下的静物确实画得与描绘的对象惟妙惟肖,非常逼真,但却只是停

① 参阅钟涵:《廊下巡礼》,人民美术出版社,第263-265页。

留在摹仿自然的层面上，缺少塞尚的静物画的那种深度。塞尚虽然强调要把自然作为出发点，认为对自然的强烈感受是一切艺术构想的必要基础，可是他坚决反对奴隶般地摹写对象，而是要求用自己的眼力去观察自然，在无数关系中悟到和谐状态，并依据一种新的、原创的逻辑把这种和谐状态表现出来，使这些关系转化为画家自己的一个系统。因此，塞尚的静物画不是自然物的简单的再现，而是渗透着他的个性的艺术再创造，他描绘的自然要比自然的表面现象深邃得多，我们可以从中体味到他对自然的深沉的爱。

看过了塞尚，接着看高更。埃尔米塔日展出的高更画作有15件，都是他远离巴黎前往塔希蒂岛生活时期的创作。这位热爱艺术的上流社会的逆子，对资本主义社会的堕落的文明感到厌恶和绝望，不惜抛弃收入丰厚的职业和温暖的家庭生活，远走他方，企图寻找一片未遭金钱污染的人间乐土，在那里进行艺术创作。在塔希提，他得到了暂时的满足，曾这样写道："我已经摆脱了所有虚假的、死板的、传统的东西。在这里，我找到了真理和自然。"岛上毛利族土著居民原始纯朴的生活方式和未经开发的热带自然环境，给予他新的创作灵感，点燃起他的创作激情和对人生意义的进一步思考。在他的艺术生涯中，塔希提时期是一个重要的阶段，不仅他的一些主要作品完成于这一时期，而且他的创作个性和艺术风格也是在这个时期内才充分成熟。作于1893年的《塔希提田园风光》和《手持果实的妇女》都是描绘当地风光人情的优秀作品，我们从画中看到的是人与人之间的亲密关系和人与自然的和谐相处，生活虽然简单原始，却享有幸福和欢乐。所以有人说，这是高更心目中的伊甸园，而他笔下的妇女形象则是塔希提的夏娃。作于1896年的《独木舟》，画的也是一派世外桃源的景象，放置在海滩上的独木舟旁，一男一女和小孩或躺或坐，悠闲自得，与世无争，远处的小岛和平静的海洋以及天边的彩霞，呈现出一种带有原始意味的宁静的美。他的有些作品还带有宗教的神秘气息，如《婴儿（耶稣诞生）》(1896)这幅画使人联想到基督教艺术，但画中的情景却完全是塔希提的，实际上它的构思与高更的塔希提妻子生小孩有关，然而这小孩生下不久就夭折了。这些画在技法上也颇具特色，简化的形式，丰富的色彩，强烈的情感，带有神秘意味的象征，采用原色大块平涂勾边等等，使作品富有异国情调和装饰性的效果，给人以深刻的印象。

比较而言，博物馆里凡高的作品不多，仅有4幅，都属于他的晚期创作。其中两幅是在1888年法国东南部普罗旺斯的一个市镇完成的，名为《回忆埃顿花园（阿尔斯的女士们）》的作品在色彩的运用上尤其突出。凡高真不愧为善于驾驭色彩的大师，在这幅画里他用有力的笔触、丰富复杂和鲜明夺目的色彩创造了一个神妙的美的世界。人们说他在这一作品中流露出他对父母双亲的老家花园的怀恋，这是有道理的，我总觉得这幅画除了给人以美的享受外，还能从中感受到一种浓郁的感情。另一幅作于1889年的《丁香花树丛》也堪称杰作，画的是他治病的医院外的一丛丁香花。我们知道，翌年凡高就自杀了，但是从这幅画里却看不到他对生活的悲观绝望，相反，我们看到的是丁香花丛欣欣向荣的旺盛的生命力，是他对生命的热爱和礼赞。还有一幅画《农舍》(1890)是他逝世前不久创作的，背靠小丘的一排农村简陋的房屋，有的烟囱还冒着白色的炊烟，蓝天白云，似波浪起伏的绿色田野，构成一幅乡村日常生活的场景。这里虽然还看不出他两个月后精神彻底崩溃而走向绝路的征兆，但已经多少能够从中觉察到他内心的紧张和不安。这位旷世天才在他生命最后阶段留下的作品，都是他的心灵的真实显示而值得我们珍视。

在埃尔米塔日展出的法国绘画中，曾在19世纪末至20世纪初的巴黎风靡一时的纳比派（源自希伯来文，意为“先知”）也有若干代表作入选。纳比派受高更的所谓“综合法”或象征主义的影响较深，注意色彩的表现力和造型的节奏感。例如德尼的《春日景色》（作于1897年）描绘的是一种民间习俗，画面上仿佛笼罩着一层朦胧的薄雾，树林中的三位少女在编织着花环，用来为意中人算命，林中的一对鹿则象征着春天和爱情。我觉得画面虽美，却显得浅薄。另有博纳尔作于1911年的两幅姐妹作《巴黎的早晨》和《巴黎的晚上》，描绘的是不同时间巴黎的街景，也给人以浮光掠影之感。无怪乎纳比派在法国画坛上只是昙花一现，未能产生更深远的影响。

在我看来，埃尔米塔日的收藏中最引人注目和最有价值的部分是20世纪两位伟大画家马蒂斯和毕加索的作品，这也是该馆展出的现代法国绘画艺术的精华所在。马蒂斯的绘画散见于世界各地的著名艺术博物馆，但像埃尔米塔日那样丰富的收藏是仅有的，据我所知，只有美国巴恩斯基金会的收藏在这方面可与之媲美。埃尔米塔日拥有的各种类别的马蒂斯绘画作品达37幅之多，其中包括一些堪称鸿篇巨制的大幅绘画。由于俄国富商舒金和莫罗佐夫特别赞赏马蒂斯，在20世纪初成为他的主要赞助人和主顾，舒金还曾专门邀请马蒂斯访问莫斯科，住在他的豪宅里帮他进行艺术装饰。舒金购买的马蒂斯巨幅画作有:《红色房间》(1908)、《交谈》(1908－1912年)、《艺术家的家庭》(1911)、《舞蹈》(1909－1910年)、《音乐》(1910)和《阿拉伯咖啡馆》(1913)等,这些都称得上是一流的精品。可以说,如果你真的要想了解马蒂斯,那么埃尔米塔日博物馆是个很好的场所。

这里展出的马蒂斯最早的作品是作于19世纪末的一些静物画,如《蓝壶和柠檬》(1897)和《水果和咖啡壶》(约1898),从这些早期作品中还可以看到印象主义相当强烈的影响,他充分掌握了印象派的技法后又感到不满,在塞尚和高更的作品影响下,试着探索艺术上的创新之路。创作于1901年左右的静物画《盘子和水果》和风景画《卢森堡公园》,已表现出他的画风的变化,鲜明的色彩和大片整体色块使绘画具有高度装饰性,这些画因而被看作他前野兽派时期的作品。所谓野兽派,其实只是一位批评家给以马蒂斯为首的一伙年轻画家起的外号。1905年的巴黎秋季沙龙的一个展室里集中展出了这些画坛新秀的作品,它们以大胆打破传统,狂放不羁,恣意使物体变形和强烈的色彩而引起轰动,因而得到了野兽派的雅号。但实际上,所谓野兽派并不是一个严格意义上的画派,其成员虽然都反传统,力求在艺术上创新,但相互间有相当大的差别,后来也各自走上不同的发展道路,到1908年这一集体就宣告瓦解了。不少成员投向立体主义,而马蒂斯则始终对立体主义不以为然,走自己的路。他专注于富于装饰性的形式感的研究,放弃了用光和影的效果去表现物体形式的方法,简化画面结构,使用对比强烈的纯色,以带色彩的平面获得突出的装饰性效果。所以马蒂斯是作为最杰出的装饰性绘画大师而载入艺术史册的，他为舒金绘制的几幅画可以说是这方面的代表作。

例如：马蒂斯为舒金的邸宅餐厅而作的《红色房间》（又名《甜食餐桌：红色的和谐》）是一幅典型的装饰性绘画，画中房间内的墙壁和桌布连成一片红色，和正在收拾桌面的身穿黑衣白裙的一位妇女形成鲜明的对比，画面具有很强的装饰效果。另一幅《艺术家的家庭》画的是马蒂斯的妻子和儿女一家人，但画中家具和地毯上有丰富的各种图案，这是马蒂斯参观了慕尼黑1910年穆斯林艺术展受波斯微型画的影响而画成的，也很具装饰性。舒金十分喜爱的《阿拉伯咖啡馆》这幅画则带有浓厚的阿拉伯艺术风格，透过画面上朦胧的薄暮，能依稀看到几个或坐或卧的人影正面对着盆花和水缸中的游鱼进行沉思，弥漫着一种安闲、冷静和淡漠的气氛，虽然色彩浅淡，却同样有很好的装饰效果。在创作这幅画之前，马蒂斯曾去摩洛哥居住几个月，想必北非的风土人情给他留下了深刻印象。以上几幅作品都很有特色，但我以为真正具有极大震撼力的是他的《舞蹈》。

《舞蹈》原来是马蒂斯为装饰舒金的莫斯科豪宅的楼梯平台而绘制的，在舒金收藏的马蒂斯作品中，它的画幅最大（达270×391cm），艺术价值最高，堪称为野兽派绘画艺术的登峰造极之作。站在这幅画面前，你会感受到它的一股强大的冲击力，引起你内心的激动。画面上五个红色的赤裸的人形，就像红色的精灵，手挽着手，围成一圈，在尽情地跳舞，衬托着蓝色的天，绿色的地，纯粹的色彩，鲜明的对比，简约的形式，构成神奇的和谐。不，这不是一幅供财主们欣赏消遣的装饰品，它是一首热情奔放的人的赞歌，是原始本能的自由宣泄，是生命活力的突然喷发。看了这幅《舞蹈》，就想起尼采讲的狄奥尼索斯精神，那几个舞者岂不是这种精神的最好的形象化体现吗？

马蒂斯的晚期作品在这里展出的很少，值得注意的是他在1947年为其多年来的秘书莉地亚·德列克托斯卡雅所作的肖像画，他以单纯的画面结构和纯净的色彩创造出一种纯形式的美，画面上十分简略，没有任何多余的东西，肖像的脸部由中间分成蓝色和黄色两部分，显露出他晚年经常使用的剪纸拼贴的技法的影响。这表明他直到晚年仍未停止进行新的探索。马蒂斯的老师莫罗有一次曾对他说，“你们年轻人的任务就是要使绘画简化。”我想，马蒂斯是做到了这一点的。

随着野兽派的解体，引导法国绘画艺术新潮流的重任落到了西班牙人毕加索的肩上。由于毕加索的艺术生涯主要是在法国度过的，他与法国现代绘画发展的关系密不可分，因此人们有理由把他的创作看做法国现代绘画不可或缺的部分。埃尔米塔日博物馆对毕加索作品正是这样看待的。这部分收藏也相当丰富，包括毕加索在蓝色时期、玫瑰色时期和立体主义时期的31幅绘画，其中有些是重要的杰作。

近年来毕加索的早期作品越来越引起人们的兴趣，我一向认为这是真正理解他的艺术个性的一把钥匙。这里展出的他的最早的画作是《酒徒》(1901)，这是他二十岁时的作品，但已显示出他自己独特的艺术风格和成熟的艺术才能。画面上一个身穿蓝衣、身体消瘦、面容憔悴的酒徒，交叉着双臂，左手托着下巴，呆呆地看着面前桌上的酒瓶和酒杯，陷入了沉思。这个沉湎于杯中物而不能自拔的生活中的失意者究竟在想些什么？究竟为什么而苦恼？年轻的毕加索深入到人的精神世界去进行剖析，表现出高度的人道精神。从这幅画里，我们也可看到经常利用这类主题去描绘资本主义社会众生相的图鲁兹-劳特累克对他的深刻影响。作于1902年的《两姊妹》则是一幅典型的蓝色时期的作品，它是毕加索根据他在巴黎圣拉扎尔监狱医院里亲眼目睹的一幕情景而绘成的。他在一封信中告诉朋友说，画中的人物一个是妓女，另一个是修女。在一片蓝色的笼罩下，两个妇女身披长袍赤足站立着，就像中世纪的雕像。她们看起来如此相似，因为她们都是人，是姊妹，可是两个人的生活遭遇和命运又是多么不同。这幅画使我想起托尔斯泰的《复活》，与其说它向我们提供了一种美（应该承认画面确实是美的），倒毋宁说它迫使我们去思考，我以为这正是毕加索艺术的深刻之处。另一幅《男孩和狗》（1905）是玫瑰色时期的作品，画面上粉红色和浅蓝色代替了前个时期忧郁的蓝色。画中的主人公看来是毕加索这个时期经常描绘的过流浪生活的马戏团小演员，一副可怜的模样，只有紧偎着他的一头狗才是他的忠实朋友。

在毕加索漫长的艺术创造活动中，立体主义的创立是一个重要的转折，这也是他对现代西方艺术发展的主要贡献之一。1907年他创作了著名的《阿维农少女》，这是向立体主义迈出的第一步。一般认为，立体主义作为一个画派于1908年正式诞生。毕加索创作了一系列立体主义绘画，有力地推动了这个新画派的发展，产生了巨大的影响。埃尔米塔日的收藏中有他于1907－1908年间的一些作品，对研究立体主义的产生具有相当重要的意义。例如，作于约1907年间的《戴面纱的舞女》，用立体几何图形来表现人体及其周围的事物，从画中可以明显地看出当时毕加索受黑人雕刻的强烈影响，舞女的脸部就好像是戴着黑人面具，身上黑色的纹路使人联想起原始民族的文身。这也说明黑人雕刻确实对毕加索创立新的立体主义风格起过启发的作用。又如作于1908年的《拿扇子的女士》(在舒金的收藏名录中又称《舞会之后》)，画中一位端坐在椅上的妇女，她的头部、身体、晚礼服、手拿的扇子和坐椅都是以几何形状的有立体感的色块来表现的。另一幅《女佃农》(1908)则是以真人为模特而创作的，画的是毕加索曾住过的一户农家的女主人。他用十分简略而又概括的笔法，把这位健壮的农村妇女的形象塑造成富有立体感、好似一座雕像的模样，造成纪念碑式的效果。他的立体主义的作品也并非都遵循同一个模式，而是丰富多样的。

埃尔米塔日展出的毕加索作品基本上止于立体主义的创立，要想全面了解他的丰富多彩的艺术创新当然还是很不够的。但是，这些高质量的收藏从一个侧面反映了他的前期创作活动的艺术成就，对毕加索研究具有很高价值。而且除了毕加索以外，对法国现代绘画艺术发展做出贡献的其他同时代的画家的作品在这个博物馆里也有陈列，如德朗、弗拉明克、唐根、马盖特等人都有一些优秀作品在这里供公众欣赏，使人们对19世纪下半期至20世纪初法国绘画发展的全貌能有更清楚的认识。

看罢展览归来，艺术大师们的杰作给我留下的印象一直深深地刻印在脑海里，想不到在远离巴黎的俄罗斯土地上竟会保存着如此丰富的现代法国绘画艺术作品。同时也有一点感想，要建立起这样的艺术宝藏是多么不容易啊！当然这绝非一朝一夕之功，需要具备经济物质条件和长期积累,但我以为更重要的是需要有对艺术的真正的热爱、高超的审美眼光和鼓励创新的宽容精神。推动艺术向前发展,要靠艺术家们的辛勤劳动和创造精神,决不能靠吹捧、广告和市场炒作。艺术的价值不是取决于什么"大人物"的喜好或"权威"的评定,而是要由历史来检验。历史是无情的,也是最公正的。在历史巨浪的冲洗下,什么是泛起的沉渣、瞬间破灭的泡沫,什么是经得起时间考验的精品,都能分辨清楚,而在历史上流传给我们的是那些真正有恒久价值的人类文化艺术的结晶。这也算是我这次重访埃尔米塔日所得到的启示吧。

思想家和诗人的摇篮

——参观图宾根神学院的追忆

涅卡河水在静静地流着。虽然哲人也许会发出“逝者如斯夫”的感叹，但一百多年流逝的岁月似乎并没有在周围环境留下太多的印记。河畔碧绿的草茵，幽静的林荫道，一切都好像还保持着当时年轻的黑格尔、谢林和荷尔德林这三位未来的哲学家和诗人在这里散步时的原貌。只有远处桥头上川流不息地奔驰着的小汽车传来的阵阵噪音才把我从沉思中唤醒，提醒我们这毕竟已经不再是十八世纪末叶的图宾根了。

昨天图宾根大学在皇冠旅馆为冯至教授率领的中国学者代表团举行的晚宴上，热情的主人、当代著名的德国文学理论家延斯教授向我们讲述了图宾根的历史。从他的谈话中可以感觉到，他对这个城市和它的闻名于世的古老的大学怀有多么深厚的感情。听说这位教授还写过一部有关图宾根大学的历史，在所有叙述大学历史的同类著作中，它是很能引人入胜的一部作品。作为一位渊博的学者和作家，延斯教授的文学兴趣十分广泛，他的话题从莱辛、歌德、席勒、海涅、托马斯·曼、布莱希特，一直谈到标尔、格拉斯和棱茨。但是，既然是在图宾根，谈得多的还是荷尔德林，大家都为这位天才诗人因神经错乱而中止创作唏嘘不已。最后，延斯教授说:“我建议明天你们去看看图宾根神学院,那是荷尔德林和黑格尔、谢林一起读书的地方。那里还保存着一些很有趣的历史档案呢。”

今天早晨延斯教授要给学生讲课,委托夫人来到旅馆,一定要亲自陪同我们参观图宾根神学院。这样,大家就在她的带领下沿着涅卡河岸边的小径走向我们的目的地。我们也就顺便走马观花地对这座城市的市容观光了一番。图宾根可以说是一个名副其实的“大学城”,在它的6万人口中,大学生就占了将近2万人。500年来,这个城市的历史就和大学紧密地联结在一起,因此这里的学术和文化气氛是很浓厚的。在军事上,图宾根历史上又是兵家必争之地,在三十年战争中是一个有名的战场。放眼看去,古老的石砌的城垣和碉堡式的建筑比比皆是,其间点缀着教堂的尖顶,构成一幅中世纪式的图景。昔日的生活似乎在这里沉淀下来了,并没有受到时代风暴漩涡的搅动。

到神学院去先要途经图宾根大学的哲学楼,这个古老的建筑不知建于何年,看来是久经风霜的样子了。它有两道阶梯,两个门。听德国朋友介绍说,图宾根大学在中世纪曾是哲学斗争激烈的场所,唯实论和唯名论这两个哲学派别势同水火,双方人士不仅在讲坛上是论敌,而且在日常生活中也是怒目相对,互不往来。两派各自走一道阶梯、一个门,互不相混。唯实论和唯名论之争虽是经院哲学内部的意见分歧,他们当时争论的问题却是具有普遍意义的。他们的某些论辩在今天看来或许显得已经过时,甚至某些争论的问题使人觉得十分可笑,但这毕竟是人类思想发展的历史上曾经走过的一步,同时也说明有关哲学基本问题的争论是不能轻易地一笔勾销的。

过了哲学楼，我们走到荷尔德林故居。这是一座普通的住屋，荷尔德林精神失常后曾长年在这里居住，现已辟为荷尔德林纪念馆。遗憾的是，那天正值该馆休息日闭馆，无缘入内，只能在纪念馆门前对诗人凭吊一番。从纪念馆附近顺着石阶向上走。这就来到了图宾根神学院，开始作短暂的访问。

图宾根神学院是基督教福音会办的一个修道院，它并不属于图宾根大学，但它的学生却可以在该大学听课。实际上，神学院创办的年代比图宾根大学还要早，不过规模一直不大，至今大约保持有100多名学生在这里学习，一切都是免费的，经过九个学期的学习，毕业后可以取得担任传教士或神学教师的资格。

神学院位于一座古色古香的建筑内，看来是很有年代了。门外有个喷水池，也是旧时的遗存，不过泉水似乎早已枯竭。进门是一个天井，向左走就进入一个由教室改建而成的饭厅，据说当年黑格尔、谢林和荷尔德林一伙学生就是在这里用餐。饭厅里仍悬挂着昔日符腾堡公爵的油画像，这位专制的封建君主是福音会教派的支持者和保护人，也是旧时代神学院真正的后台老板，此刻他正以冷峻的目光俯视着我们这些远道而来的访客。我想，把公爵的画像挂在饭厅里倒确实是个好主意，可以时刻提醒那些用餐者不要忘记，赐予免费饭菜的并不是虚无缥缈的万能上帝，而是这位人间的大权在握的统治者。

神学院的规模其实并不大。一个椭圆形的小教堂，只能容纳几十个人。一位青年正在埋头演奏管风琴，优雅动听的宗教音乐把人带到一个神秘的境界。一个小小的图书馆，藏书虽然不算多，却有不少珍贵的古籍，充满严肃、拘谨、静穆的气氛，这样的环境倒是十分适宜于神学的研究。上楼在二层走廊，看到圆拱下墙上钉着一排铜牌，是神学院培养出来的一些杰出人物的头像。除了黑格尔、谢林和荷尔德林，还发现有纪念开普勒和施特劳斯的头像。没有想到以开普勒定律闻名于世、对天文作出重要贡献的科学家也曾在这里学习，在他那个时代宗教势力的淫威下胆敢站出来赞同哥白尼学说是要有很大勇气的。至于施特劳斯这位《耶稣传》的著名作者，作为经过神学院正规训练的青年黑格尔派神学家，居然对《圣经》采取否定态度，甚至对耶稣这个神圣不可侵犯的偶像提出疑问。这究竟说明什么？不能不引起我的深思。

卢梭说过，人是生而自由的，却无处不生活在枷锁之下。这句话一言道破了一定社会历史阶段上人的境遇所包含的深刻矛盾。人们不仅在用各种物质手段制造有形的枷锁，而且还想方设法在精心制造各种无形的精神枷锁，甚至专门设置了像神学院之类的制造精神枷锁的机构。但是，物极必反，事情常常会走向自己的反面，煞费苦心培养出来的思想精英有时竟会转化成为带头打破思想枷锁的叛逆者。这类事例在历史上是屡见不鲜的，神学院学生黑格尔和他的朋友们只是其中的一例。

黑格尔在图宾根神学院的表现如何呢？根据现有的资料，他在这里学了两年哲学课和三年神学课，通过了所有的必修课程，取得了哲学和神学的学位以及从事宗教职业的资格，表面上看来似乎一切正常。但是，实际上正是在神学院时黑格尔经受了一场当时席卷整个欧洲的新思潮的洗礼。他于1788年秋进神学院学习，次年就爆发了震撼旧世界的法国大革命。他像当时许多进步青年大学生一样，为这伟大历史事件而感到欢欣鼓舞。他对神学院里讲授的那种死气沉沉的哲学和神学课程不大感兴趣，热衷于阅读卢梭的著作，而卢梭则是法国大革命的思想旗帜。后来黑格尔当时的一位同学追忆说："至少在我结识他的四年内，形而上学并不是黑格尔的专门兴趣所在。他心目中的英雄是他经常阅读的《爱弥儿》、《社会契约论》和《忏悔录》的作者卢梭。他认为，阅读这些书使他从一般的偏见、习惯的假设或他所谓的桎梏下解放出来了……在图宾根，他甚至还不真正熟悉康德老爹的著作。"黑格尔不仅在思想上接受了卢梭和法国革命的影响，而且还见诸行动。"人们说，黑格尔是宣传自由、平等的最热心的讲演者。并像当时所有青年一样，热烈地崇拜（法国）革命的思想。有一个星期日早晨，一个美丽的、晴朗的春天早晨，黑格尔、谢林和其他几个朋友，据说到离图宾根不远的草地上种了一株自由树。"还有一些历史资料说，图宾根神学院学生在法国革命鼓舞下，曾仿照雅各宾俱乐部的榜样成立了秘密政治团体，他们阅读和交流被查禁的法国革命报刊，举行集会讨论有关祖国前途的政治问题，甚至一起高唱《马赛曲》，把这首法国革命的战歌译成德文的则是谢林。黑格尔参与了当时的进步学生运动，从他大学时期的纪念册上留下的一些题词也可以看出他的政治态度，在那里写了这样一些革命口号："打倒暴君！""自由万岁！""让·雅克（即卢梭——引者）万岁！"等等。

神学院学生参加进步活动，当然引起当时反动当局的注意，曾经进行追查。神学院本身也有很严的校规，有不少清规戒律，触犯者都要记录在案受到惩罚。院里至今仍保存着一些过去的历史档案，说明青年黑格尔是个很不守规矩的学生。我们在一份学生违章记录中看到，黑格尔名列前茅，在短短三个月内竟违章18次之多，其中不去教堂5次，不参加团体活动5次，其他如不请假擅自离校、晚归、迟到、穿便服上街等共8次。相比之下，荷尔德林似乎要“老实”一些，仅违章7次。由于黑格尔不守校规，在他毕业前的1792年院方给予他严重警告，如继续违章将处以监禁（当时德国某些大学有权禁闭学生）。看来，学生时期的黑格尔是颇有叛逆精神的。我想，如果没有那么点叛逆精神的话，恐怕也就没有后来的那位辩证法大师黑格尔了。

1793年，黑格尔从图宾根神学院毕业后没有去从事宗教职业而宁愿去当家庭教师。从他离开图宾根后几年内和老同学的通信中仍表露出他对法国革命的同情和对封建旧制度深恶痛绝的批判态度。他在给谢林的一些信中提出“让理性和自由作为我们的口号”，猛烈抨击封建贵族寡头政治，他写道：“我认为，时代的标志莫过于说：人类已以极可尊敬的姿态出现在他自己面前，围绕在人世间的那些压迫者和神灵头上的灵光正在消逝，即是一个证明。哲学家们正在论证人的这种尊贵品质，人民将学会去认识自己，而且不是去要求他们被践踏了的权利，而是直接去重新取得这些权利，掌握这些权利。宗教和政治已经狼狈为奸，沆瀣一气。宗教所教导的，正是专制政治所想要的东西。”黑格尔在给荷尔德林的信中则有一首赠给旧友的诗，诗中回忆他们在图宾根求学时期的“旧盟”，激昂慷慨地誓言：“只为自由的真理而生存，决不与规定意见和情感的法令相妥协！”在担任家庭教师期间，黑格尔还完成了一些有关宗教问题的早期著作如《民众宗教和基督教》、《耶稣传》、《基督教的权威性》等，他在那些生前未发表的手稿里热情地歌颂了古代共和国民主制度下的自由的“民众宗教”，对基督教神学所鼓吹的“权威宗教”则进行尖锐的批判和揭露，无怪乎黑格尔传记的作者罗森克朗茨说，黑格尔把自己从图宾根神学院所学的那一套正统神学中解放出来了。神学院的教育产生了这样的效果，这或许是创办者始料不及的。不过话又得说回来，我觉得图宾根神学院办得还是成功的，因为它毕竟培养出这么一批载入史册的卓越思想家。况且，随着时代的变迁和年龄的增长。有些昔日充满叛逆精神的激进的思想勇士，逐渐转化为与丑恶的现实相妥协的“成功人士”，晚年的黑格尔成为替普鲁士政府效劳的官方哲学家，而老年谢林则沦落为享受特殊高薪鼓吹“启示哲学”的蒙昧主义者。这不是历史的讽刺么？不过这样的结果倒也是符合创办神学院的初衷的。

我这样想着，也到了该向热情接待我们的主人告辞的时候了。离开阴暗的神学院走到户外，阳光普照，一片晴朗的天空，精神为之一振。转过教堂，下面是一个熙熙攘攘的热闹街区。不，生活并没有停留在18世纪，时代在前进，生活在前进，思想也在前进。这是任何力量也阻挡不住的。

美学论文

关于当前美学研究中的几个问题

对美学我是外行，讲些外行话供同志们参考。

我想讲一讲自己对研究美学的一些想法。我认为研究美学需要注意两个方面的问题：一个是注意研究历史；另一个是注意对人的研究。

美学的对象、内容和范围历来有不同的看法，我们国内也有不同的意见。这个问题我讲不好，李泽厚同志有研究，他的许多意见我是同意的。我今天讲的是从另一个角度来补充，就是美学怎样才能成为一门真正的科学。

要使美学成为一门真正的科学，根据我们研究的现状，有些方面需要加强。我认为美学思想和美学科学从历史上来看，并不是一个概念，不是一回事。古希腊和中国都有极其丰富的美学思想，这些思想可以作为建立美学科学的宝贵材料，但却不等于美学科学。李泽厚同志认为，美学很不成熟，这是对的，他估计要五十年以后等心理学发展起来以后才能成熟，这种看法是有道理的。审美的心理学在我们国内很少有人研究，很不发达，因心理学的问题牵涉到生物学、生理学等一系列的问题，而这门科学在全世界范围内也是开始研究，所以，现在突出强调心理学的问题是有道理的。但我觉得还不够，审美心理学将来可能是一门独立的学科，是社会科学和自然科学之间的边缘科学，它是美学科学的重要基础，但是否可以作为主体性结构呢？我是有怀疑的。审美心理学只能是一个必要的基础、必要的条件，但它还不是美学科学本身。同样的道理，社会学和社会心理学也有密切的关系，因为人的很多社会行为是和人的心理有很大关系的，但是能否说社会学把社会心理学作为主体呢？对这个问题，我也是有怀疑的。

美学作为一门科学还不成熟，但不能说它还没有诞生。我的看法是正在形成过程中。我认为这个过程应该说是从近代德国开始的。车尔尼雪夫斯基讲，只有德国美学才能算美学，这不是夸大其词，是有根据的。从西方美学史上来看，德国启蒙运动为美学科学的产生作了准备。大家知道，美学这个词就是从鲍姆嘉通那里来的，是从德国启蒙运动开始的，但是真正把它建立成为一门科学，主要是康德、黑格尔的功劳。当然，他们是在唯心主义基础上建立这门科学的。马克思主义美学正是在康德、黑格尔的美学基础上发展起来的。这里头有一条发展的内在的线索。马克思主义美学是否已经有一个完整的理论体系？这个问题在美学界有不同的看法，有的同志认为，马克思主义美学已经形成了一个完备的体系。有的同志对此有不同的意见，我认为马克思主义经典作家只是大略地勾了一个轮廓，涉及的许多美学问题都未展开，例如关于悲剧的问题，马克思提出了一些很重要的意见，应该作为我们研究悲剧的一个出发点，但是，真正的马克思主义的悲剧理论还没有一个现成的、完整的东西。又比如像艺术家的创作过程问题，经典作家到底讲了多少？讲的非常少。我们都在讨论形象思维的问题，我想，形象思维这个问题应该从艺术家创作这个角度来谈，但恰恰在经典作家那里找不到多少有关这方面的指示。如果认为形象思维在马克思主义那里已有一个完整的体系的话，我认为这是不大符合事实的。老实讲，马克思主义经典作家对许多美学问题虽然涉及到了，但并没有展开，没有深化，现在有许多结论，并不是马克思、恩格斯、列宁的原意，而是从这些结果做文章，从中引申出来的。马克思自己讲的很清楚，他自己打算写美学，想写美学专著，但后来没有写成，这个任务留给我们后人去完成。如果说马克思主义美学已经有了一个完整的、现成的体系，只要我们拿来就可以用的话，那么事情就简单多了，我们就没有什么事情可干了，只要做一点注释工作就行了。但是，我觉得应该实事求是，马克思主义创始人只不过是为我们指出了一些指导性的原则，勾出了一个轮廓，很多具体内容、具体细节还有待于我们去深入研究，去创造、发展。所以，我说美学这门科学还不是一门成熟的科学，是正在形成之中，也正是从这个意义上来讲的。我这个看法不是今天的看法，在文化大革命中间为这个观点挨过批，人家给我戴了很多吓人的帽子，说你这个观点是反毛泽东思想的。江青搞的文艺座谈会纪要中有一个提法说，在一些重要问题上，毛泽东的著作都已有了现成的结论，无产阶级拿来够用一个时期的了，我当时有一点怀疑，我说能不能这么讲呢？够用这个说法对不对呢？就是为了这个，挨了一顿批。我现在还是坚持这个观点，我认为不够用，而且很不够用。如果说有个现成的东西拿来就可以用，我们今天美学界的任务确实要轻得多，实际上不是如此。当然，要建立一门真正的美学科学，还是要靠马克思主义，根据马克思主义的原则去建立美学科学，这是我们美学发展的方向，也是美学的希望所在。这里就牵涉到对现代西方美学怎么估价的问题。我们知道，在黑格尔以后，一方面是马克思主义，另一方面西方又出现了形形色色的、各种各样的流派。过去我们对当代西方的美学是采取一笔抹煞的态度、采取不承认主义、简单否定的办法，这当然是要不得的。对外国的东西应该认真地加以研究，特别是要了解，有很多东西在没有弄清楚以前就很简单地批判，这是不对的。但是，确实也不能估价过高。我认为现代西方美学在个别问题上确实有进展，如关于艺术起源问题，他们做了大量的工作，应该说是有参考价值的，可以为我们借鉴。但是作为美学科学的总体来讲，我认为资产阶级的美学思想已经没落了，它再也提供不出像过去资产阶级上升时期、像康德、黑格尔那样的一种美学体系来。所以，西方的美学思想处于一种衰落、贫困的状态，并不像他们的经济那么繁荣。从黑格尔以后，这种趋势已经形成，像叔本华、尼采的美学已经表明资产阶级美学的衰落。到了二十世纪初，似乎出现了回光返照的现象，有些重要的哲学家像克罗齐、杜威，提出了自己的美学体系，克罗齐的《美学》、杜威的《艺术即经验》在几十年前都盛行一时，影响极大。对克罗齐、杜威现在也还有人在研究，但是可以看得出来，已经是强弩之末，没有多少后劲了。西方重要的美学理论，往往是一些大哲学家提出来的，不是专门搞美学的人提出来的，但是，我们现在看到一种现象，西方一些重要的哲学家在美学方面没有拿出什么像样的东西，如著名的存在主义者海德格尔，他写了一些书，里头谈到美学问题，尽管他在哲学上提出了重要的体系，但在美学方面搞不出什么像样的东西来。又如萨特，对当代思想影响来说，他是个非常重要的人物，他自己搞文学创作写剧本，也写一些美学论文，我看到他的一本美学论文集，确实没有什么了不起的东西，跟他在哲学上、文学上的影响是根本不能相比的。有一个人现在在西方很受重视，是海德格尔的学生，叫伽达默尔（Gadamer），他写了一本书叫《真理和方法》，东西方影响很大，他从康德的《判断力批判》讲起，讲到解积学（积义学），但是老实讲，这本书的重要性是有限的。它跟康德的美学相比，无论从深度，还是从范围来讲，都是不能相比的，这就说明现代资产阶级的美学思想的贫困。前些时候，我遇到一个英国剑桥大学的教授，我问他现在西方有什么重要的美学理论、美学著作，他说据他看，这一、二十年来，没有什么重要的、了不起的美学著作问世，他只提到两个，一个是卢卡奇的美学，一个是阿多诺（Adorno）的美学理论。卢卡奇是匈牙利人，他搞了一个多卷本的《美学》。这在西方影响很大；另一个是阿多诺，他是弗兰克福学派的，他搞了一本书叫《美学理论》。这位教授特别跟我讲，这两本书都是用马克思主义观点写的，你们承认不承认？卢卡奇的书我们国内已经有了，部头很大，我没看，只看了一些书评，西方对它赞扬备至。阿多诺那本书我怀疑国内到底有没有，可能还没有这本书。但这也说明一个问题，真正在美学上有影响、有分量的东西也还是马克思主义的东西，尽管这个马克思主义和我们讲的不是一回事。卢卡奇到底怎么评价，当然还是个问题，阿多诺就更不用说了，因为这里牵涉到我们对整个法兰克福学派的看法。起码他们是标榜了马克思主义，用了马克思主义的方法，这一点还是可以讲的，整个书是否符合马克思主义的观点，因我没看，不敢下结论。这里确实说明了一个问题，资产阶级的美学思想贫困化，而真正未来要建立美学科学的任务落在马克思主义的身上。我们研究马克思主义美学,除了研究马克思、恩格斯、列宁的原著、研究普列汉诺夫以外,当然还有一些马克思主义者的著作,像梅林的著作要研究,但是比较近的应该是研究卢卡奇的著作,不管是采取批判态度也好,还是采取批判吸收的态度也好,这都是一个很重要的对象,不能随便加以忽视。卢卡奇最重要的文章,一个是早期的,一个是晚期的,中间一段价值比较差一些,条条框框比较多。中国社会科学出版社已经出版了他的文艺论文第一本,这是个大好事,我建议同志们认真注意一下。

我以为研究马克思主义美学,首先要研究现实,在现实生活中提出了大量的美学问题,应该把重点放在对现实问题的研究上,这是最重要的。其次从理论上来讲,则应加强两方面的研究,一个是对历史的研究,一个是对人的研究。这两方面有所不同,但不是分离的。因为对于美学来说,历史的研究首先不是自然史,而是社会史,也就是人的历史。而对人的研究,首先也不是生物学、生理学的人,而是社会的人,处于历史发展过程中的现实的人。我以为这两方面都是薄弱的环节,特别是后面的环节。过去口头上也强调历史主义,但往往是空话讲的很多,实际做的很少,而在"四人帮"时期完全是玩弄历史,大胆假设,小心求证,把历史变成随心所欲加以引证的例证罢了,像儒法斗争等等。对美学来说,一个致命伤就是没有真正的历史研究。至于对人的研究,过去完全是一个禁区,到今天也没有完全开放。"狗与华人不得入内"的招牌似乎还没有完全粉碎,尽管全世界都在研究人的问题,连南斯拉夫,也把对人的研究放到首位,可就是我们中国人不能讲,这个逻辑不知是从哪儿来的?!我认为若不对人加以研究,美学是没有办法有一个大的提高，不仅是美学，而且整个哲学，如果不把相当大的精力转到对人的研究的话，我们发展马克思主义哲学一样是很困难的。现在有人提出来要在马克思主义哲学上来一个突破，如果连人都不敢研究的话，就根本谈不上突破。

下边先讲一下关于研究历史的问题。从经典作家那里可以看到很多关于历史如何重要的论述，这是马克思主义的一个特点。恩格斯讲的很清楚，他说："历史就是我们的一切。我们比任何一个哲学学派，甚至比黑格尔都重视历史，在黑格尔看来，历史不过是检验他的逻辑结构的工具。"黑格尔是很强调历史的，但是在黑格尔那里，历史不是他的出发点，他是唯心主义者，逻辑在先，历史只不过是检验他的逻辑结构的一种工具。马克思把黑格尔颠倒了的重新颠倒过来，把历史作为出发点，把自然、社会和思维的发展看作一个统一的历史发展过程，这个过程有一般的规律，也有它的各个领域、各个阶段的特殊规律。因此审美意识、艺术活动的发展只有放到这个统一的历史过程中去才能得到正确解释。举一些简单的例子：像美这个概念，本身就有一个漫长的历史发展过程。柏拉图的《大希庇阿斯篇》讲到希庇阿斯对美有各种各样的说法，我们今天看起来很奇怪，希庇阿斯的水平怎么这么低，连美的概念和具体的美的东西都分不清楚，所以说"美是一个瓦罐"，"美是一个漂亮的小姐"，"美是一匹马"，就是抽象不出美的概念来。有些话现在听起来更奇怪，如"美就是家里钱多，身体好，全希腊人都尊敬，长寿不老，自己替父母举行过隆重的丧礼，死后又由子女替自己举行隆重的丧礼"。他就是这么解释美，我们今天看来，觉得非常可笑，简直是不伦不类。可是我们不要忘记当时的希腊人就是这样看，没有把抽象的美独立出来，跟那些具体的美的东西分不开。把美的概念独立出来在历史上花了很多年。在古希腊，美和一般的好也分不清楚。所以他家里有钱、身体好就是美。这个美就不是我们现在所理解的美，这个字在古希腊就常有好的意思。我们在看古希腊的著作时，如果不了解美的概念的变迁，用现在所理解的美去看古希腊的美，就不符合古希腊的原意。也有我们今天认为是美的，当时就根本不把它当作美的。艺术品就有这种情况，如黑人的雕刻，黑人的面具，对现代西方艺术的影响是非常大的，但是这些面具、雕刻在黑人那里根本不是作为美的欣赏的对象，与其作为美的东西来欣赏，倒不如说当作令人恐怖、畏惧的东西来崇拜。又比如艺术这个概念，在古希腊也是和一般的手工业、技艺混同一起的，当时的艺术品是出于工匠之手，并不是出自专门的艺术家之手，而且这些作品也不被人看作艺术品，主要是为了实用目的、实际生活需要。今天把古希腊的建筑看作是古典美的建筑的典范，但在古希腊这些建筑主要是用来进行崇拜活动和宗教活动，是和实用目的密切地结合在一起的，首先不是为了达到审美目的。塑像摆在庙宇里，是为了给人崇拜的，也不是供人欣赏的对象。所以对艺术也应看作一个过程。就从美和艺术的关系来说，更是历史上形成的东西。现在有的人的文章里谈艺术有一个毛病，认为美和艺术天然就密切地结合在一起的，艺术中必然就表现美，所以就把美不美作为衡量艺术的标准，好像这是无可怀疑的必然事实。其实这是一个很大的误解。即使在柏拉图那里，美和艺术也代表着两个不同的领域，我们看柏拉图的对话，很多地方讲美，讲艺术，但是把艺术和美联系起来讲得却很少很少。在亚里士多德的《诗学》里很少提到美这个字，据我回忆，只有一、两个地方提到。他谈艺术时很少谈到美。所以，在古希腊一些像柏拉图、亚里士多德有很发达的美学思想的代表人物那里，美和艺术是两个领域，并没有结合在一起，在他们那里找不到艺术的目的在于表现美的提法。历史学家普鲁塔克就明确说，艺术品所以使人喜爱，并不是由于美，而是由于酷似所摹仿的东西，他认为美是一件东西，而美的摹仿是另外一件东西，并没有把艺术和美统一起来。这是传统的古希腊的看法。美和艺术是怎么混在一起的呢？这有一个历史过程，根据我所掌握的材料来看，我认为把美和艺术混在一起是从新柏拉图派普罗提诺开始的，他把美的问题作为艺术的基本问题提出来，艺术成为美的追求，自从他把美和艺术结合在一起以后，就成为传统的看法，往往把美作为艺术的标准，似乎变成是天经地义的事情。这种看法对西方影响很大，对我们的文艺批评影响也很大，我看到很多文艺批评的文章自然而然地把艺术和美看作是一回事，看作是一个标准，艺术好，表现了美，不表现美，就不好，其实这种标准是历史上形成的，并不是一个绝对的标准，而且照我看来，这个标准是不正确的，仅仅适合于某一种类型、某一个时期的艺术，而不能作为艺术的绝对的规律。从西方美学史来看，为了摆脱这种观点，也经历了一个很长的过程，柏克、康德把美和崇高这两个范畴分开，这是把美和艺术分离的开始，艺术有表现美的，有表现崇高的，过去崇高和美是混在一起的，到现在也还有的同志认为崇高是美的一种变态，但是柏克和康德开始把崇高从美中分化出来，这起到一个效果，就是说艺术表现的不仅仅是美，还表现了其它的东西。又如狄德罗，一方面讲美，另一方面也提出来写诗需要一些壮大的、野蛮的、粗犷的东西，而这些东西不是属于美的范畴，是艺术的范围。车尔尼雪夫斯基明确指出："艺术的范围并不限于美和所谓美的因素，而是包括现实（自然和生活）中一切能使人发生兴趣的事物。"他讲到这个命题时也讲到莱辛、亚里士多德。在亚里士多德那里就根本没有认为艺术要表现美的这个看法。莱辛也认为艺术并不仅仅限于表达美。在他讲到诗和绘画的区别的时候，谈到造型艺术的主要规律应该是美的规律。至于诗应该是真实，诗并不是表现美。这个问题对现代艺术来说，越来越尖锐，如果用过去绝对的眼光，把艺术和美等同起来，那就根本无法解释现在的一些艺术。对当代西方的艺术来说，尤其如此。有很多东西根本不能用美的标准去评价，如造型艺术、雕刻，完全靠视觉形象，这和美是直接结合的，但是现代西方的雕刻就根本没法拿美的标准来衡量。著名的西方雕刻家Moorc（莫尔）公开说："美这个东西是希腊晚期所特有的一种感觉，并不是我的雕塑的目标"。他的话很有代表性，可以说是代表了当前西方艺术的主流。现代西方的雕刻主要不是表现美，至于表现什么东西，这个可以研究，但是不能拿美的标准对它作评价。我们可以赞同，可以反对，可以批判，但是我们不能根据美的标准来批判。前年我到法国去，看到有很多雕塑摆在马路上、广场上，那时正是法国清洁工人搞罢工，一连几个礼拜垃圾扫不出去，堆到广场上，垃圾和雕塑摆在一起。有一次我和几位同志到广场去，大家打赌，到底这是雕塑还是垃圾堆，根本分不清楚，只有走近才看得清。实际上它有些东西是从垃圾捡拣来的废铜烂铁堆在一起，焊接在一起，这些东西显然引不起任何美感。但是我们不能简单地加以否定，而是要用马克思主义的观点对这种现象加以科学的解释。为什么现在西方的艺术发展到这个方向，我们不能简单地把这看作是一种胡闹，而是要看到它真正的社会历史根源，摆到特定的社会环境中加以解释，而在这些方面我们工作做的还很少。

因此，像美、艺术这样一些最一般的美学范畴也不是永恒不变的，不能抽象地加以探讨，必须要用历史的眼光把它放到一定的历史过程、一定的历史环境中去。关于这方面，我认为还是当前美学研究中的一个弱点。

在美学中，把历史观点和理论观点结合起来，这还是比较晚的，现在大家承认最早的是意大利的维柯（朱光潜先生正在翻译他的《新科学》）。维柯是把历史观点和理论观点结合起来的先驱者，但是当时维柯并没有影响，对当时起影响的还是开始于德国。从温克尔曼、赫尔德作了准备，发展到黑格尔，在资产阶级范围里达到了顶峰。今天马克思主义要把历史观点和理论观点结合起来，首先应该批判地继承从温克尔曼一直到黑格尔的传统。温克尔曼比较早地用历史观点去研究古希腊的艺术，主要是研究古希腊的艺术史，他不把古希腊的艺术看作是一成不变的东西，而是认为它有一个产生、发展以至衰亡的过程，而这个过程是和整个社会发展过程相适应的。从方法论讲，这个观点非常重要，这里包含了后来历史唯物主义思想的萌芽。至于他对古希腊艺术的分期问题的解释，那是次要的。他把古希腊艺术史分成几个时期，每个时期都有它特殊的风格：第一个时期是“远古的风格”，粗犷生硬有力，尚未臻于完善，缺乏美；第二个时期是“崇高的风格”，此时形式和内容完全达到了一致，表现了真正的美，这和古希腊的奴隶主民主制的繁荣结合在一起；第三个时期是："优美的风格"，讲究精美，从崇高转向了雕刻的细致、文雅，失去了力量和英雄气概，这是古希腊艺术的衰落的种子；第四个时期是全面衰颓，说不上有什么独立风格，只是摹仿、折衷，没有创造。这种艺术的衰落是和政治自由的丧失分不开的。

温克尔曼的贡献不在于对古希腊艺术的分期的具体分析。后来有很多批评家认为他的书简直没有价值，不屑一顾，因为他所依据的很多材料是错误的，不确切的。很多作品的年代都没有搞清楚，因此他根据这些作品所得出来的结论是靠不住的。有些作品根本不是原作，而是罗马的复制品，后来经过考证，推翻了他的根据。所以有些批评家认为温克尔曼的书已经过时，根本没有什么价值。我认为他的书的价值不在于这些具体的分析、具体的资料，而主要在于他提出了一种方法，即研究艺术的历史主义的方法。他不是就艺术谈艺术，而是把艺术的发展和整个社会的发展联系起来看，来探求艺术发展的客观规律，这是很了不起的。有些人只看到他的具体结论的毛病，而看不到方法论的意义。有的同志对经典著作也有怀疑，如有的人说恩格斯的《家庭、私有制和国家的起源》所根据的材料都是很陈旧的，现在发现了大量新材料，好像这些结论不能成立了。有人说普列汉诺夫的《没有地址的信》里有些材料老掉牙了，现在出版了大量的关于原始艺术的研究，普列汉诺夫的那些东西好像过时了，我不是这么看。我认为任何一本书所起的作用都是暂时的，具有掌握一定材料、一定认识阶段的暂时性，随着材料的丰富，可以补充、修正。重要的是科学的方法。恩格斯和普列汉诺夫的这两本书直到今天，我认为还是最高水平的，它们提供了真正研究这门科学的一种方法。我认为温克尔曼也应该是这样,他提供了一个历史主义的方法。

下面我讲讲德国历史主义方法的形成。温克尔曼是最早提出历史主义方法的人,在他之后和黑格尔之前还有一些人丰富了这种方法。有些大哲学家如康德、莱辛,他们的贡献主要不在这方面。与温克尔曼相比,莱辛在历史主义观点方面就比较差,他从永恒的人的不变的本性的观点来看一些艺术作品。康德的《判断力批判》缺乏历史主义观点。温克尔曼以后德国还有一些人如赫尔德,他对美学的发展起了很好的影响,他认为社会发展是有自己的规律性的,艺术的发展和历史的发展是结合在一起的,他把人类社会历史和文化史看成是一个不断变化和进步的历史过程,人的美感也不是固定的,不是一成不变的,而是在个人和人类的发展过程中不断地变化和完善的。他强调每一个时代、每一个国家的艺术都有自己的特点,时代变了,环境变了,艺术也会相应地发生变化。像古希腊的戏剧,索福克勒斯的悲剧和莎士比亚的悲剧就迥然不同。赫尔德对黑格尔的影响是相当大的。另外一个人是福斯特(Forster),他是德国启蒙运动中最激进的一个人,也是革命民主派,他在美学方面的思想不是太多,只有一部旅行记和几篇文艺批评的文章,但他的思想对黑格尔的影响也是不小的。他也是从历史的观点来看人的美感。强调人的美感不是绝对的、天赋的,而是在外部的一定条件的影响下达到一定程度发展的结果,是在实践活动中产生的。当然他所说的实践和我们今天所说的社会生产实践不一样,但他确实是用一种实践的观点来看美感的产生,强调艺术是一定社会的产物,是受客观环境所制约的。

从温克尔曼以后的德国的美学家都很崇拜古希腊，对古希腊的艺术评价很高，他们有些人能从历史的观点去解释古希腊的繁荣，认为古希腊具备艺术繁荣的条件，当时古希腊人的高度的审美鉴赏力，也是在当时的客观条件下形成的。后来条件变了，希腊人失去了政治自由，因此，艺术的繁荣也就消失了，人的审美的鉴赏力也就衰落了。福斯特由此转化成对当时德国的一种批判，认为当时德国的社会环境是不利于艺术的发展的，如大家都崇拜金钱，社会风气堕落，劳动完全成为机械化的，政治上的专制制度等等，这种社会环境不利于人的审美能力的发展，从个人来讲，那种极端的、卑鄙的自私自利的利己主义，强调动物式的情欲等等，这些东西和人的审美能力是格格不入的，都是摧残艺术发展的。他这个看法直接影响后来黑格尔的看法。黑格尔的看法就是认为艺术的繁荣时代已经过去了，不可能再有新的繁荣，这个观点是从福斯特那里来的。所以黑格尔体系的形成、整个庞大的艺术哲学体系贯穿了一个历史观点，这不是偶然的，是通过了从温克尔曼一直到福斯特的发展过程而得来的。到黑格尔那里已经形成整个的发展系统，无论是艺术种类，艺术阶段：象征艺术、古典艺术、浪漫艺术，或是艺术的形式：建筑、雕刻、绘画、音乐、诗等等，都是安排在一个历史的发展过程中加以研究。黑格尔美学在这方面有着非常丰富的内容，这些内容并不是从艺术家的个人活动中取得的，而是通过历史的、辩证的具体分析这些内容从中引导出美学的基本范畴。黑格尔美学的价值正在于此。从这个意义上讲，黑格尔美学是德国古典美学的总结。康德的美学从影响来说比黑格尔大，康德的《判断力的批判》超过黑格尔的《美学》，但从马克思主义观点来看，康德的《判断力的批判》无论从内容来讲，从对问题研究的深度来讲，都是远远不如黑格尔的。关键在于黑格尔是用了历史的观点来研究这些问题。康德仅仅是用抽象地、从形式的角度来研究这些问题。当然，康德的这本书也很重要，特别是他提出了审美主体的能动作用，这是很重要的贡献，但是这个问题如不摆到历史环境中去加以研究，抽象地、仅仅从形式上加以研究，是没有出路的。而现在整个西方资产阶级的美学倾向就是脱离历史环境，走康德的道路。尽管康德影响很大，但这不是建立美学科学的道路，真正科学的道路还是应该通过认真地批判黑格尔的基础上发展起来，从黑格尔的历史观点出发，才会有更丰富的收获。当然，我们也不是要整个地接受黑格尔的这套体系，这套体系也没有什么了不起的价值，还是要学习他的方法。黑格尔有很多牵强附会的东西，如他所说的象征艺术、古典艺术、浪漫艺术，这些说法其中相矛盾的东西很多，关于那几种形式的讲法，有很多和历史不相符合，这些都是应该批判的，通过批判吸收他的历史主义中的合理的东西。

马克思主义美学思想不能离开历史的观点，恩格斯说黑格尔最大的一个优点就是他的书在讲任何问题的时候，使人有一种广阔的历史感。这一点恰恰是我们美学研究中需要解决的一个问题。我们有一些理论文章，正是缺乏这种历史感，基础不扎实，抽象理论讲的多，没有这种历史感作为理论的支持，这样要使美学真正成为一门科学是很困难的。

第二个问题是对人的研究。对人的研究已是很早的事。在我们中国尤其具有传统，先秦的思想家非常喜欢讲人的问题，有的外国人讲，你们中国没有哲学，只有伦理学、道德哲学，你们只讲人。

这种看法当然是不对的，其实先秦思想家讲自然的也很多，但是，中国确实有个好的传统，就是喜欢讲人。比如先秦关于人性的议论就很多。我认为中国先秦对人的研究超过古希腊。在西方一般地讲，对人的研究是从苏格拉底开始的，前苏格拉底学派古希腊的思想家主要是讲自然，讲自然哲学。从苏格拉底开始把注意力转到人，哲学把人作为中心来研究。这在古希腊的哲学史上作出了贡献。在苏格拉底以前，人只注意到自然，没有注意到人本身，苏格拉底提出这个问题，使得对人的认识进入到一个新的阶段，人有了自觉，不仅仅看到周围环境，而且也看到他自己，要研究自己，这是哲学史上的一个进步。关于人的研究，历史很长，在中国先秦达到过一个高峰，后来陆陆续续不断地进行探讨。在西方，关于人的研究，停止了一阵子，后来到文艺复兴又突出了人的地位。整个西方的人道主义思潮和注意对人的研究是密切地结合在一起的。研究人的问题在哲学史上究竟是一个进步还是倒退，这个问题值得研究。过去认为一提出人的问题、研究人，就会堕入资产阶级人道主义，人性论的泥潭里去，就会成为唯心主义，而且是主观唯心主义，特别坏，这些框框统统应该打破。这也涉及到对人道主义的评价问题。对这个问题有不同的看法，作为学术问题应该讨论。我认为人道主义这个问题，一个是要从历史上来看，一个是要从当前现实来看，从研究美学来说，也要从美学的角度来看，不研究人行不行？我感到是不行的。不讲人道主义行不行？我感到也是不行的，有很多惨痛的教训，教训了我们，问题是怎么研究法，人道主义怎么讲法？这是个关键性的问题。我总感到马克思主义关于人道主义的问题应该有自己的观点，有自己的关于人的学说，人道主义这面旗帜不应随随便便把它赠送给资产阶级。人的问题只准资产阶级去研究,马克思主义不能研究,我不赞成这种看法。有的同志认为马克思主义不是开放体系,不能把资产阶级的这些东西统统地吸收进来,我是不同意这种观点的。马克思主义绝对不是封闭的体系,是否开放的体系,这种用词是否妥当,暂且先不管,马克思主义经典作家说得很清楚,如果不吸收人类历史上所创造的文明的一切优秀成果的话,马克思主义就根本不可能产生,所以根本不是什么封闭体系、开放体系的问题,如果不把人类优秀的文化经过批判吸收进来的话,我们今天还讲什么马克思主义呢?如果没有马克思主义的三个思想来源的话,我们今天就无从谈起马克思主义。从理论上讲是这样,从实践上讲更是这样。我们过去批判人道主义,这个批判导致了什么结果呢?导致了文化大革命中这么惨痛的教训,难道我们不应该从这些惨痛的教训中认真地总结一下我们在理论上的失误吗?当然,这不只是理论造成的,首先是个政治路线的问题,是左倾路线占了统治地位造成的,但不能不说理论上的失误起了推波助澜的作用。我认为对人道主义的问题应该重新评价。要从哲学上概括文化大革命期间林彪、"四人帮"的左倾路线的问题的话,反人道主义应该说是一个思想特征,不能说是唯一的特征,起码说是特征之一。当时批人道主义不是从理论上来批的,而是从政治上来批的,不是认真研究了理论以后认真得出结论,而是为了批人道主义,然后再去找根据,是出于一种政治需要。所以,人道主义首先要从政治上平反。

现在研究美学能不能回避人的问题?我认为是无法回避的,没有一个美学问题离开人而存在。从历史上来看,所有讲美学的、文艺的，没有一个不把对人的研究放在突出的位置上。美学离开了人的问题，一些基本问题都无法讲清。如美是客观的，美是主观的，或是主客观统一的，无论哪种观点离开了人都讲不通。如狄德罗，他是唯物论者，他主张美是客观的，他举了一个例子讲法国的卢浮宫建筑是很美的，不管人去不去看它，卢浮宫的建筑都是美的，这个提法从个人角度看是对的，卢浮宫的美不依赖于张三，也不依赖于李四，你一辈子不去看它，它还是美的，但是从更大范围来看，还是离不开人的问题。因为卢浮宫是人建造的，人是按照美的规律去建造的，建造起来也是为了让人去欣赏，所以，怎么能把卢浮宫客观的美和整个人类的经验割裂开呢？不可能的。可以和个人分开，但跟整个人类是分不开的。即使是自然美，也是离不开人的。现在研究自然美，与其说研究什么样的自然是美的，倒不如去研究为什么自然在人看来是美的。美学的研究要发展，必须要加强对人的研究。

从历史上来看，所有重要的美学理论家都是重视对人的研究，远的不说，从文艺复兴以后，我们看到大量的材料，把人的问题放到重要的地位，讲艺术，讲美都是突出人的问题。如达·芬奇是文艺复兴时期伟大的艺术家，他说一个画家应该描写两样主要的东西：一个是人，一个是人的思想；一个是人的肉体，一个是人的精神。如蒲伯（Pope），他是古典主义，他说首先需要认识你自己，不要以为只有上帝了解你就够了，你要了解自己。重视人才是人类进行研究的适当题材。浪漫主义也是同样的看法，凡是讲艺术的，讲艺术批评的都不能忽视人。德国古典哲学有一个强烈的研究人道主义的传统，从温克尔曼、莱辛、赫尔德，特别是到歌德，这个传统是和历史主义的传统一样，都应作为优秀的东西加以批判继承。歌德是个伟大的文学家，他有自己的美学理论，同时也有他自己的创作经验，他明确讲：人对于人是最有兴趣的，而且人应该对人感兴趣。除了对人感兴趣以外，你可以对别的东西感兴趣，但是，如果你把兴趣分散到别的方面去了，最后一定会达到忽视人的结果。个别的人你完全有自己的自由，你愿意研究什么东西就研究什么东西，什么东西使你感兴趣你就研究什么，但是作为整个人类来说，人类根本的研究对象是人。这是歌德的看法，也是德国古典哲学（从温克尔曼到莱辛、康德、歌德、直到黑格尔）的看法。整个德国古典哲学始终是贯穿着研究人、重视人的人道主义的传统。今天我们研究美学，应该重视这个传统。一方面要批判它其中唯心主义的杂质、错误的东西，另一方面，更重要的是对人的问题作出马克思主义的解释，这对我们美学的发展是至关紧要的，如果不把人的问题研究透了，美学要想有一个大的进步，是不可能的。

研究人的问题牵涉到对当代的一些文艺实践的解释的问题。我想着重谈谈异化的问题，这个问题在国外讨论得很热烈，它确实和人的问题、美学问题有非常密切的关系。讲人道主义应讲三个方面的问题（即人道主义和反人道主义的区别）：第一，要把人真正当作人来看，对人要高度的关怀，尊重人的尊严，尊重人的权利和自由；第二，把人本身当作人的最高目的。这一点马克思也非常强调，在马克思的著作里看到很多次提到这个问题："人本身是人的最高目的"。"人不是手段"。人的价值就在人本身，有它独立的价值，不能把人作为达到人以外的另外一种目的的手段；第三，肯定人应该得到充分的、全面的、自由的发展，对人的发展前途充满了信心，相信人可以发展得更好、更美。这是人道主义的一些基本观点。由于世界观的不同，资产阶级可以讲这三点，他可以从资产阶级的自由来讲如何维护人的尊严、人的权利等等。我们可以用马克思主义观点来重新加以解释，对以往的解释加以重新改造，成为我们的东西。异化问题是对上面三点的否定，人处于异化状态下，人不成其为人，人失去了他的尊严、权利和自由，用哲学的语言讲，人丧失了他自己。处于异化状态下，人不成其为目的，而仅仅是作为一种手段。人得不到全面发展，而是片面的、畸形的发展。异化问题正好是人道主义的反面。

异化这个词是借用的，根据卢卡奇的考证，在英国政治经济学里就出现过这个词，后来关于社会契约的一些理论中也用这个词，但是当时运用异化这个概念无非是指转让的意思，没有后来这样丰富的内容。在哲学方面，费希特讲自我非我，从这个关系上也用过异化这个词，但异化这个词的确切含义主要还是从黑格尔那里来的。为什么现在要从美学上来强调异化问题呢？这一方面是因为在黑格尔那里的异化概念和黑格尔的美学思想有联系，另一方面，黑格尔的异化理论受了席勒的影响，席勒的美学著作对黑格尔的异化理论的形成有着直接的影响。黑格尔在年青时代，在形成他的异化思想的时候，曾经两次非常认真地研究过席勒的《美育书简》。当然，在席勒的书里找不到异化这个词，但是黑格尔异化思想的来源之一，是从席勒那里来的。据我看现在有些文章对黑格尔的异化思想解释得不对，往往是非常简单化，根本不知道黑格尔的异化概念究竟是讲什么。有人说，黑格尔的异化概念是逻辑学的、本体论的概念，不是社会学，伦理学的概念，马克思的异化才是社会学的、伦理学的概念，马克思的异化理论不是来自黑格尔，而是来源于费尔巴哈。这种理解完全不对。目前有种错误的看法，把黑格尔的异化仅仅理解成黑格尔三段式的头一段，即从理念转化为自然界，这是一个很大的误解。这只能说是黑格尔异化理论非常不重要的一个含义，主要含义不在这里。如果我们查书的话，他不是用异化(Entfremdung)这个词，从理念转化为自然界，他叫外化，黑格尔在很多地方讲的外化和异化是接近的，有时是互相换用的，但在这个地方他不是用异化这个词，而是用外化。异化一般用来指精神的异化、人的异化。在《精神现象学》里，只在极个别的地方谈到外化为自然，而大量谈的是精神自身的异化，人的异化。由于把"理念转化为自然"误认为是异化的主要含义，而这个转化既然是神秘的，于是便简单地对异化这个概念加以否定。其实这是完全错误的。黑格尔异化的概念同时也是社会学的概念，是伦理学的概念，是美学的概念，而且本身有一个发展的过程。席勒认为在古希腊有完整的、完美的和谐的人性。人为什么会有这样一种性质呢？因为当时古希腊的政治制度并没有造成个人和国家的分裂。个人和集体是完全协调一致的，所以古希腊的每一个人都享有独立的生活，但是一旦需要的话，个人可以和整体合而为一，古希腊的每一个人都可以充当希腊时代的代表。他的人性是完整的，是代表他的社会的。现在的人性发生了分裂，失去了人性的内在的和谐。什么是造成人性分裂的原因呢？他认为是现代社会本身。古代人的那种政治自由没有了，个人和集体完全和谐一致的情况没有了，现在的国家已经不是个人和集体完全协调一致的东西，而是像钟表那样机械性的东西，国家的生活、集体的生活完全是机械的生活，每一个人成为整个机械的一个碎片、一个零件。这样人就没办法发展他本质中的和谐，就不可能全面地、自由地发展他自己，而越来越变成专业分工的奴隶。国家对于一个公民来说，成为一种异己的力量。席勒的这些思想对后来黑格尔的异化思想影响很大。黑格尔的异化思想是全面的，他讲到思想异化（在他讲宗教时，实际上就是讲思想的异化）。他还讲到国家、私有财产、法国大革命，这些都是异化的形式，所以，黑格尔的异化概念的内容是非常丰富的，而且主要是社会学、伦理学、美学的内容，不仅仅是逻辑学的概念、本体论的概念。我认为黑格尔的异化理论要比费尔巴哈高明。费尔巴哈有一点超过了黑格尔，他发展了黑格尔的一个因素，得出了批判宗教、否定宗教的结论。黑格尔对基督教也作了很多批判（特别是在早期著作《基督教和民众宗教的实证性》中），费尔巴哈是从这个因素中发展出来的，最后达到了无神论。但是从异化的内容、涉及的方面来讲，那是远远不如黑格尔的。黑格尔异化的概念涉及到社会现象的各个方面。我认为马克思在《1844年经济学-哲学手稿》里讲异化，主要来源一方面是受费尔巴哈的影响，但更重要的受黑格尔的影响，受精神现象学的影响。在精神现象学里，黑格尔发挥了他的异化的思想。如果不讲精神现象学，对黑格尔的异化思想是搞不清楚的，对马克思主义的异化思想也是搞不清楚的。

下面我联系美学讲讲异化问题。近代的文学艺术为异化提供了大量丰富的材料，我们今天研究异化，一方面要研究经典著作，看马克思到底是怎么讲的，确切的含义是什么。在这方面我们研究的还不够，有好多解释不一定确切，应该下功夫。但是，光是这个还不够，我们应该从现实生活、文学艺术实践当中去研究异化。过去我们有的同志不大承认异化，但是实际生活中给了我们很多教训，使我们不得不承认异化的存在。过去我们认为异化概念只在马克思时代、资本主义社会可以讲，在社会主义时代没有异化，要讲异化就是对社会主义制度的怀疑，甚至是污蔑。由于我们不承认异化，致使在"文化大革命"中异化发展到这么严重的程度，深受其害。最近我参加了一个会，讨论一篇文章，这篇文章很好，倒不是说这篇文章的观点我都同意，而是说这篇文章结合我们的实际谈了人道主义和异化的问题，它是总结我们三年来文艺创作中的人道主义思想、异化问题的发展，它通过对当前很多小说的评论研究了这方面的问题，这一点我们过去注意的不够，一讲异化好像就是《1844 年经济学-哲学手稿》，我看还是应该研究现实生活，研究一下文学艺术现象。这篇文章提出我们三年来的很多小说一个重大成果就是揭露了文化大革命中的人的异化，通过许多具体的评论对一些小说作了哲学上的发掘、概括。从总的倾向来说，我是同意这篇文章的。我感到文艺界对人的研究、对人的发掘的深度在这三年来得到了很大的成果，超过了哲学界。如果把三年来文艺创作上的成就用一句话来概括，是否可以叫作：人的重新发现。实际上社会主义社会的人，应该是社会的主人，是社会的主角，但是过去在林彪、"四人帮"时期，人确实丧失了自己，处于一种异化的状态，而这三年来的一个了不起的收获，就是社会主义社会的人重新找到了自己，重新发现了自己，发现了自己的价值，发现了自己的尊严，这是认识上的飞跃。这是我们研究现实问题中一个很值得注意的问题。

外国的文学艺术也提供了大量丰富的材料，对一些外国文学艺术的解释，如果用异化的概念去作哲学上的概括是非常合适的。讲到异化时，一般都讲到卡夫卡的小说，主要代表作有《城堡》和《审判》，他的小说我们陆续有些翻译，不久前出版了他的《城堡》。如果是作为异化现象来研究，这两本小说非常典型，是异化现象非常形象的表现。《审判》是讲一个机构的工作人员，他是一个谨小慎微、老老实实的人。突然一天飞来横祸，人家控告他犯了罪，但是又从来不告诉他到底犯了什么罪，于是主人公成天担惊受怕，最后人家找上门来向他宣布：你已经被判处了死刑，就把他拉到外边去杀掉了。他直到死也不知道自己究竟犯了什么罪。这个故事没有什么情节，只是描写处于这样一种情况下的心理活动。《城堡》的情节也很简单，讲一个测量土地的测量员，应聘到一个城堡去工作，走了很远的路到了那个城堡，这时天已经晚了，就住到城堡外边的一个小村子里过夜。从他到达那天起，就陷入一场无休止的与官僚主义纠缠不清的斗争。他本来是应聘到城堡里去工作的，但不让他进去，他要找负责人，见不到，只能通过信使来联系，城堡就在小山坡上，高高在上，望得见，却进不去，城堡里头有严密的等级制度，有层层的官僚机构，各种各样的部门有许多官吏在那里办公，但是正经的事情又没有人干，大批的公文积压成堆，落满了灰尘没人处理。土地测量员为了进城堡到处奔波，到处请求，搞得精疲力尽，最后还是失败。这个小说没有写完，卡夫卡跟别人讲，他想把小说最后结尾处理成：测量员病在床上快要死了，这时城堡派人来通知他说，你要进城堡是没有理由的，但是体谅你有特殊情况，允许你在这里住下去，可是这时他已经病死在床上了。这两篇小说的意义在什么地方呢？它说明了人完全处于一种异化的状况之下，完全不能掌握自己的命运，而受外来的、异己的力量所支配。

本来法律是人定的，为什么到后来他被判处死刑自己还弄不清楚到底犯了什么罪。城堡本来也是人修建起来的，但是弄到最后他只能在城堡外边转来转去进不去，人对自己创造的东西完全无能为力。对这种现象怎么进行哲学上的概括呢？现在一般艺术评论家认为卡夫卡的形象完全是异化的人的形象，人完全丧失了自己，处于一种无可奈何、无能为力、受异己力量支配的境地。对卡夫卡的创作我是不赞成的，从艺术方法来讲，他是用的夸张、象征性的手法，对前途悲观绝望的情绪，这些东西不值得提倡。但是，卡夫卡有一种相当敏锐的艺术家的敏感，他抓住了这个时代的一些本质的东西，所以有人称卡夫卡为“我们时代的预言家”。这个评价有一点道理，他确实抓住了人在现代社会中的处境的一些根本问题，他接触到人的处境、人的命运、人如何掌握自己的问题，这种文学现象应该从异化角度来加以研究。过去我看卡夫卡的小说看不懂，不知道他到底要说明什么问题，现在经过文化大革命，我多少有一点体会，感到卡夫卡的作品有东西，是什么东西难以说得清楚，但实际上这种异化现象是存在的，他通过对当时奥匈帝国的描述，接触到一些本质的问题，这些问题具有普遍的意义。我们应该在这些文学现象上去发掘一些更深入的东西。整个西方文学的潮流不仅是卡夫卡一个人，有很多这样的小说，如萨特的《呕吐》（又翻译为《厌恶》），这是最能代表他的思想的一部作品，所谓呕吐，就是人处在异己的世界中的一种令人恶心的反感。这部小说里的形象完全是异化的形象。海德格尔有一句话充分表达了西方社会里人的处境，他说："无家可归的状态变成了世界命运"。人在世界上没有自己的住所，成为一个陌生人，格格不入，他不是自愿来的，他没有办法选择到这个世界上来，人是被抛入这种境界，发现自己完全处于一种异己的环境之下，违反自己的意愿被抛到这种无家可归的状态。存在主义强调这种状态，认为这种状态已经成为世界的命运，无可逃避。海德格尔讲异化，甚至讲马克思的异化都是从这方面讲的。海德格尔认为马克思讲异化好像可以和他所讲的无家可归的状态联系起来。他认为马克思的历史观是很深刻的，他对马克思主义作了存在主义的歪曲解释。这种无家可归的状态是现代西方文学艺术中的一个突出的现象，本质性的现象，如果说在19世纪俄国文学中"多余的人"这个典型在当时是具有代表性的，那么在20世纪的西方文学中"异化的人"是主角，真正有成就的、重要的西方文学作品差不多都是在描写人处于这种西方社会的异化状态的处境，这方面可以举很多例子。我很喜欢杜仑马特的作品，他的作品有时也写的近于荒诞，非常夸张的手法，里头有很多讽刺、俏皮的东西，也是从不同角度揭露西方社会的。他有一个剧本叫《老妇还乡》很值得一看，这里面充分说明了人完全处于异化的状态，人成为金钱的奴隶以后，已经失去了原来的本性。另外一篇中篇小说《抛锚》，谈到犯罪的问题。还有一些作家如西德的柏尔、格拉斯，纳博科夫等等，他们所描写的主人公都是不同程度上处于异化状态。格拉斯的《锡鼓》改编成电影，其中就有呕吐场面，大吐特吐，看得叫人受不了，这些现象反映了现代西方资本主义社会本质的真实。

在文学里是这种现象，在绘画方面也是这么一个过程，从印象派到后期印象派，一直到抽象派，发展了这种趋势。我是很喜欢印象派的作品的，过去没有机会看到原作，后来看到原作时，确实是十分之美。但是总觉得里头缺少了一点什么东西，这就是人在资本主义社会里发生精神上的危机所造成的，只能逃避到一瞬间的感觉中去。印象派的画家描写这种一瞬间的感觉非常之好，到后期印象派又回到原始中去，回到人的本能中去，从这里想寻找新的安慰、新的平衡。在资本主义社会里人性已经分裂，失掉和谐，所以黑格尔见解很有意思，所谓“艺术时代已经过去了”应该这么理解，就是那种古典概念的艺术、形式和内容，充分表现美的理想的那种艺术已经过去了，现在在资本主义社会里已经没有美，没有和谐，有的只是矛盾、冲突、斗争。人已经异化得不成样子，只有回到人的本能中去，回到原始状态，如凡高、高更的作品，后来发展到野兽派，马蒂斯的作品给人一种很强烈的感觉，马蒂斯说，照相机的发明是一个大好事，对画家来说，完全摆脱了照相的义务，照相已有照相机来代替，现在画家要追求另外的东西。法国现代艺术博物馆一进去就是马蒂斯一幅很大的画，给人以非常强烈的印象。其他的流派也是这样，如超现实主义，有些画画的完全是幻梦中的东西，因在现实生活中没有出路，只有逃避到这里来，这些都是异化的现象，一直发展到抽象派到了顶点。对抽象派也还有不同的看法，有的人认为对抽象派不能全部否定，我过去没看过抽象派的作品，后来看了抽象派的作品，确实引不起多少美感。但是这不是一个简单否定的问题，而是要加以研究、解释的问题。我认为抽象派是人的异化达到了顶点，我把它和抽象劳动这个概念联系起来看。马克思说抽象劳动在资本主义高度发展的阶段，完全取消了人的劳动的具体性,在思想上的反映是否就是把任何具体的物的形象取消了,剩下的在经济方面就是抽象劳动,在艺术里也是只剩下没有任何具体形象的抽象。这可以说是艺术家的悲剧,是艺术家本身发生异化的结果。如果要解释西方现代的绘画,从印象派一直发展到抽象派,其中有一条线索可以找。法国巴黎有一个绘画馆完全是印象派,另一个馆是晚期印象派,还有一个馆是现代艺术博物馆,即从晚期印象派以后,如果顺着次序仔细看下去,就可以看到很明显的互相继承关系。为什么印象派很美的东西发展到抽象派完全没有美可言呢?可以尝试着用异化来解释一下。这里牵涉到对毕加索的评价问题,过去苏联对他是否定的,现在也在重新评价,我们对毕加索这样一个重要人物到底如何评价?我感到毕加索始终是一个矛盾的人物,一方面他看到了现实,人在资本主义社会里完全变形,支离破碎,他要把人无情地加以解释,把人解剖得不成样子,这实际反映了资本主义的现实。另一方面,他又极力想寻找新的和谐、新的平衡。所以,我们看到毕加索创作道路上的发展,经过了不同的翻来覆去的变化。他有个时期的创作我们看着比较顺眼,他本人的精神状态找到了一点支持,想在支离破碎的社会里寻找一种新的美,新的平衡,但这终究是不能持久的,他不断来回变,一直变到死。这正是资本主义社会里一个真诚的、伟大的艺术家创造性的探索的过程,反映了社会本身的矛盾。这种看法不一定对,但我觉得不妨从异化角度对艺术进行一些探索。

音乐问题也是这样,在现代西方音乐中,要想寻找过去莫扎特、贝多芬、柴可夫斯基那种美的旋律是根本没有的,20 世纪以后创作出来的东西我们听起来很不顺耳,它已经失去了过去那种美的旋律，这是什么缘故？这也是一种异化的现象，音乐失去了和谐，这是由于社会失去了和谐在音乐上的反映。

由于时间关系，不能再讲了，以上讲的意见仅供大家参考，错误之处请大家批评。

（李范根据汝信 1981 年 1 月 17 日在全国高校美学教师进修班的讲课录音整理）

论尼采悲剧理论的起源

——关于《悲剧的诞生》一书的研究札记之一

伤哉！伤哉！
这美丽的世界，
被你以大力的拳头
把它打坏，
倾颓了，粉碎了！
把半神他捣毁了！
我们把这碎片
运入虚无，
我们悲叹着
这丧失了的美。

——歌德：《浮士德》第一部

一、《悲剧的诞生》的真实含义何在？

有两位西方学者在一部关于尼采的研究著作中指出，从莱辛到布莱希特，德国悲剧理论连续不断地发展，其意义超过同时期内写成的德国悲剧，这种对悲剧观念的孜孜不倦的探讨，可以说在世界各国文学史上是无可匹敌的。他们还指出，德国美学理论家们感兴趣的并不是悲剧的专门技术性问题，而是对悲剧的哲学思考[①]。应该承认，他们的这些看法是符合事实的，只是他们对这一重要的哲学和文学现象并没有作出令人满意的解释。

为什么德国美学思想家们这样致力于悲剧的研究呢？这个问题的答案归根结蒂要到近代德国的历史发展的特殊性中去寻找。不是社会意识决定社会存在，而是社会存在决定社会意识。德国人对悲剧的特殊兴趣，也必须用他们所处的近代德国的独特的社会历史环境去解释。在西欧的主要国家中，德国走上资本主义发展道路是比较晚的。当英国和法国经过较彻底的资产阶级革命后沿着资本主义道路迅猛发展的时候，德国这个时代的落伍者却还背负着中世纪遗留下来的沉重的十字架踟蹰不前。正如马克思所说，当时德国不仅苦于资本主义生产的发展，而且苦于资本主义生产的不发展。"除了现代的灾难而外，压迫着我们的还有许多遗留下来的灾难，这些灾难的产生，是由于古老的陈旧的生产方式以及伴随着它们的过时的社会关系和政治关系还在苟延残喘。不仅活人使我们受苦，而且死人也使我们受苦。死人抓住活人！"[②]旧的矛盾没有得到解决，又增添了许多新的矛盾，这就使德国在一个历史时期内成为各种错综复杂的矛盾的集合点。历史的规律不可抗拒，德国必然要走向现代化，可是当时却不存在能够用革命手段去推翻摇摇欲坠的旧制度和建立新制度的强大社会力量。因此，德

① 西尔克、斯特恩：《尼采论悲剧》，剑桥大学出版社，1981 年，第 297 页。

② 马克思：《资本论》第一版序言，《马克思恩格斯全集》，第 23 卷，第 11 页。

国的资本主义化是通过软弱动摇的资产阶级和封建统治者的妥协和相互勾结而实现的，这条资本主义发展的“普鲁士道路”也就显得更加漫长、曲折而痛苦。近代德国历史发展的悲剧性正在于此。为了和先进的资本主义国家争霸，后起的德国乞助于“铁血政策”，对内使用高压手段，对外实行军国主义扩张，用火与剑来实现自己的野心，把一代又一代的德国青年驱上战场，一次又一次地使欧洲陷于血泊之中。对于德意志民族来说，这一具有历史必然性的发展过程确实是富于悲剧色彩的，而内在于近代德国历史进程中的那些悲剧性矛盾，则不能不在德国人的思想上留下深刻的烙印，并以各种不同的方式在哲学、文学、艺术中反映出来。这种悲剧的意识时而出现在黑格尔的《精神现象学》里，时而化身为青年维特和浮士德博士，时而体现为雄心勃勃的华伦斯坦和追求梦中“蓝花”的诗人奥弗特丁根，时而又转化为《英雄交响曲》和《命运交响曲》中悲壮的旋律。事实上，那个历史时代一切有头脑的德国人，都难以回避现实生活中存在的悲剧性因素，只是他们从不同的立场和观点去对待而已。因此，德国美学家们的悲剧理论实际上无非是从美学的角度对德国社会生活的悲剧性所作的种种解释，他们关于悲剧的哲学思考，其实是对德国的历史和现实的本质的思考。这样地去看问题，德国悲剧理论的真实意义也就比较容易理解了。

对于尼采的悲剧理论，我们也不妨这样去理解。尼采精通古希腊语言文学，是一个卓越的古典学者，他关于悲剧问题的专著《悲剧的诞生》一书包含着一些关于希腊悲剧的重要见解。虽然当时就引起激烈的争论，遭到后来成为著名古典学者的维拉莫维茨·莫伦道夫的全面反驳，但这本书至今仍被认为是研究古希腊悲剧不能不读的重要著作。例如,埃德尔施坦认为,尼采是"希腊精神的最有眼光的近代解释者之一"[①]。爱尔斯把《悲剧的诞生》说成"不论用什么标准去衡量都是一本伟大的书"[②]。还有人甚至说"这是一部天才的著作,在对希腊思想的理解方面开辟了一个新纪元"[③]。考夫曼则在该书的新英译本序言中把它称之为"曾经写出的含义最深远和最有影响的关于悲剧的研究著作之一"。从表面上看,《悲剧的诞生》确实是一部关于希腊悲剧的研究著作,但就其影响来说,却远远超出希腊语言文学的专业范围,其原因就在于它通过对希腊悲剧的解释表达了尼采对生活本质的看法,而这种看法在对现实不满而又苦闷于找不到出路的一部分资产阶级和小资产阶级知识分子中间是有代表性的,或者可以说对他们是有启示性的。近年来尼采的这部书影响越来越大,也可以从这里得到解释。事实上尼采本人也明确地指出过他的这部书的真实意义不在于讲希腊悲剧。他在写给最赏识他的才能的恩师里契尔的信中说,《悲剧的诞生》这本书是"某种宣言那样的东西",它"充满着对德意志精神的希望,即令一些个人会被它所毁灭"[④]。在给另一个朋友的信中,尼采写道:"我这本书并不是为语言学家(这里的语言学家指的是研究古希腊语言文学的学者——引者注)而写的,虽然他们——如果他们**能够**的话——也可以从我的书中学到某些甚至

---

① 参阅《古希腊罗马的进步观念》,英文版,1967 年,第 87 页。

② 爱尔斯:《希腊悲剧的起源和早期形式》,英文版,1965 年,第 10 页。

③ 参阅《尼采和古典传统的研究》,英文版,1976 年,第 9 页。

④ 《尼采通信集》,第 2 卷,第 1 册,考利、蒙蒂纳里编,德文版,1975 年,第 281 页。顺便在这里指出,里契尔这位书生气十足的研究古希腊的专家却完全不理解自己的这个高足。

纯粹是语言学方面的东西。"[1]这些话清楚地表明，尼采的真正用意不是为了古希腊研究的专业性目的，而是要发布一个"宣言"，去鼓吹他心目中的所谓新的"德意志精神"，只是同时给它披上一件古希腊的外衣罢了。

但是，尼采为什么偏偏需要一件古希腊的外衣呢？这又是一个很有兴趣的问题。德国人向往古希腊的文化艺术以至社会政治生活和宗教习俗的风气，并不是从尼采开始的。在十八世纪后半期至十九世纪的德国，对古希腊的热烈崇拜曾经成为文化界和思想界的一股强大潮流。这是近代德国思想发展中的一个非常值得注意的现象，某些西方资产阶级学者甚至把这称之为"希腊对德国的专横统治"[2]。从温克尔曼开始，德国文化的一些著名的代表人物如莱辛、赫尔德、歌德、席勒、荷尔德林和黑格尔，以至思想倾向迥然不同的福斯特和施莱格尔兄弟，几乎全都对古希腊抱有强烈的倾慕之情。这决不是偶然的。他们的观点虽然很不一样，但都对当时德国的充满庸俗气氛的令人窒息的丑恶现实感到不满和格格不入，因而把自己的理想和希望寄托于遥远的古希腊这个人类的"黄金时代"。在他们看来，近代德国人生活在异己的环境里，一切都显得如此生疏，反而回到古希腊才像回到自己的家园。例如，黑格尔就说过，一提到希腊这个名字，在我们德国人心中就自然会引起一种"家园之感"[3]。尼采也有同样的看法，他认为德国哲学

① 尼采给马尔维达·封·梅森伯格的信，《尼采全集》，第 3 卷，德文版，慕尼黑，第 313 页。

② 见《希腊对德国的专横统治》，剑桥，1935 年。

③ 参阅黑格尔：《哲学史讲演录》，第 1 卷，第 1 部引言。

实际上是一种彻底的浪漫主义和“思念家乡”(Heimweh),“这是一种对曾经存在过的最美好的东西的想望。人在任何地方都不再感到像住在自己家乡,因此最后人就渴望回到那个他能想办法感到像住在自己家乡的地方去,因为这是他愿意作为自己家乡而居住的唯一地方,而那个地方就是希腊世界!”[①]德国人在自己的家乡反而觉得自己是个陌生人,这种反常的心理状态完全是特定条件下的资本主义社会危机所造成的异化现象,它一直延续到二十世纪,只要想一想海德格尔所说的“无家可归状态”就可知其深远影响了[②]。因此,尼采要到古希腊世界去汲取灵感是完全可以理解的,在他眼里德国的现实生活实在是太卑下龌龊了,似乎只有借助于阿波罗和狄奥尼索斯的形象才能使他自己展开想象的翅膀。说真的,在尼采看来,难道还有什么别的地方比希腊更适宜于悲剧的诞生吗？悲剧之诞生于希腊,不仅是一个历史的事实,而且有其精神上的必然性,因为黑格尔不是说过希腊是“精神的故乡”吗？

总之,《悲剧的诞生》这本书的真实含义不在于论悲剧,更不在于论希腊悲剧,而在于提出一种世界观,一种生活哲学。它是尼采的第一部著作,所以我们可以恰如其分地把它看做尼采思想发展的第一步,或尼采哲学的序幕。

---

① 尼采:《权力意志》,英译本,纽约,1968年,第225页。

② 必须指出,这种影响不限于德国,萨特所说的“呕吐”也来自尼采。参阅考夫曼:《悲剧和哲学》,纽约,1968年,第298页。考夫曼认为,不仅是萨特的《呕吐》,而且还有《苍蝇》,都深受尼采的影响。

二、《悲剧的诞生》和叔本华哲学

过去有一种广为流行的看法，认为写作《悲剧的诞生》时的尼采是叔本华哲学的忠实信徒，因此该书的主导思想来自叔本华。这种看法究竟有多少根据呢？

尼采思想有一个变化发展的过程，在他的思想发展的初期曾经受过叔本华哲学的强烈影响，这是众所周知的事实。尼采于廿一岁那年在莱比锡读书时，由于一个偶然的机会，在他所寄宿的房东罗恩开设的旧书店里，买了一部叔本华的《作为意志和表象的世界》，读后给他留下了终生难忘的深刻印象。关于这一点，尼采在《作为教育者的叔本华》中作了这样的自述："我是叔本华的这样的一种读者之一，在读了他的一页著作之后，就确定无疑地知道会把这本书从头到底读完，并且会着迷似地听取他所说的每一个字。我立刻对他建立了充分而完全的信赖。"[①]这个时期尼采和友人们的通信也表现出他对叔本华的倾心，他告诉别人说，他借以娱乐休息的有三件东西，即："我的叔本华、舒曼的音乐和孤独的散步"[②]。他还说，"我在哲学上的严肃性已经深深地扎下了根，生活和思想的真实的基本问题，已经由伟大的秘教解释者叔本华极其清楚地给我指明了"。[③] 稍后，他所崇拜的对象又加上了一个瓦格纳，他

① 参阅福斯特：《弗里德里希·尼采》，纽约，1931 年，第 16 页。

② 《1866 年 4 月 7 日致格尔斯道夫的信》，《尼采通信集》，第 1 卷，第 2 册，第 121 页。

③ 《1869 年 4 月 11 日致格尔斯道夫的信》，同上，第 386 页。

写道:“对我来说,一切最好和最美的东西都是和叔本华、瓦格纳的名字联系在一起的,我为了能和我的最亲密的朋友们共享这种感情而感到骄傲和愉快。”[①]以上这些材料说明,尼采在青年时代确实曾经信奉叔本华哲学,并且按叔本华所指明的生活和思想的“基本问题”去进行思考。

那么,对尼采的思想发展发生过深刻影响的由叔本华所指明的“基本问题”是什么呢?在哲学上,叔本华是一个主观唯心主义者和非理性主义者。叔本华哲学的出发点就是:“世界是我的表象”。人周围的外在世界,无非是主体、自我的产物,只不过是与自我有关的表象。用他的话来说,“为认识而存在的一切,因此连整个世界在内,都只是和主体有关的客体,直观者的直观,一句话,只是表象而已”。[②] 但是,一切表象、客体都只是现象,在现象背后还有“自在之物”,这就是意志。叔本华指出,“一切表象、一切客体、现象、可见性、客观性,都从意志而来。意志是每一个别事物以及整体的最内在的本质和核心。”[③]在他看来,意志“只是一种盲目的不可遏止的冲动”,是一种不可认识的非理性的力量,它构成世界的真正内容和本质,而生命、可见世界等等只不过是意志的一面镜子罢了。

叔本华把盲目的、非理性的意志说成是世界的本质,这显然是一种反理性的唯意志论观点,他由这种观点最后达到了彻头彻尾

---

① 《1870 年 3 月 11 日致格尔斯道夫的信》,《尼采通信集》,第 2 卷,第 1 册,第 105 页。

② 《作为意志和表现的世界》,《叔本华全集》,第 2 卷,德文版,1949 年,第 3 页。

③ 同上,第 131 页。

悲观主义的结论。叔本华认为，人的生活本身就是痛苦。在意志的盲目力量的支配下，人生是一场永无休止的追求，欲望永远不可能得到满足，满足一种欲望所得到的快乐，只是痛苦的暂时的缓和，因为另一种欲望又随之而来，仍然陷于痛苦之中。因此，人生的本质是痛苦，要解除痛苦有两种办法，一是不彻底的、暂时的解脱，那就是艺术，艺术通过审美静观使我们暂时摆脱生活的羁绊，忘却自己，它是一种逃避、超脱；另一种则是彻底的、永久的解脱，那就是消除造成痛苦的根本原因，否定生活意志，消灭一切欲望，绝对忘却自我，达到佛教所说的涅槃境界，对全人类来说，则要杜绝生命之源，最后达到人类的寂灭，人类既然已不存在，当然也就无所谓痛苦了。

叔本华的悲剧理论就是以这种对生活的悲观主义观点为基础的。按照他的说法，悲剧的目的就在于展示"生活的可怕的方面"。在悲剧里，人类的苦难、偶然事件和错误对人们的统治、正义者的败亡和恶人的胜利等等，都无情地呈现在我们面前，正是这些苦难和不幸暗示了世界和存在的本质。看到这一切，就使人避开生活，不再渴望和热爱生活。叔本华认为，这个世界根本就没有正义可言，因此"要求所谓诗的正义，乃是基于对悲剧的本质以及对世界的本质的完全错误的理解"[①]。那么，为什么从悲剧里能得到快感呢？他回答说，我们在悲剧里得到的快感不属于美感，而属于崇高感，使任何悲剧性的东西具有特殊高尚力量的，就是它使人"意识到这个世界和生活永远不能给人以真正的满足，因此它们不值得

① 《作为意志和表象的世界》，《叔本华全集》，第2卷，第299页。

我们去爱,悲剧的精神也就在于此,所以它把人引向退让"[1]。生活本来就是一场"噩梦",悲剧帮助我们认清生活的真面目,心甘情愿地退让而放弃生活之欲,这样就获得解脱而得到快感。"我们在悲剧中看到,那些最高尚的人经过长期的斗争和痛苦,最后终于永远放弃了他们曾经这样热烈追求的目的和一切人生的欢乐,或愉快而诚意地放弃生活本身。"[2]我们可以看得很清楚,叔本华的悲剧论劝导人们悲观厌世,是他的悲观主义哲学在美学中的表现和应用。

叔本华通过哲学和美学向尼采指明的生活和思想的"基本问题",简单说来就是这样。这对青年尼采产生了什么样的影响呢?当时尼采正处于个人信仰危机的状态,他出身和成长在一个虔诚的宗教家庭里,从小就受基督教义的灌输[3],但他早在遵从家庭意愿进大学学习神学之前,就已经对"上帝的存在、灵魂不朽、圣经的权威"等等产生了疑问,进入波恩大学以后,"上帝死了"的思想就开始萌发,以至公开背弃自己原先的基督教信仰。他失去了旧的信仰,精神上十分痛苦,正从事于新的探索,他在给妹妹的信中说:"如果你想要得到心灵的安宁和幸福,那就去信仰;如果你想要成为真理的信徒,那就去探索!"[4]到了莱比锡,他更处于彷徨苦恼的境地,用他自己的话来说,那时他"绝对地孤独,充满了最痛苦的经

---

① 《作为意志和表象的世界》,《叔本华全集》,第 3 卷,第 495 页。

② 同上,第 2 卷,第 299 页。

③ 尼采的父亲是牧师,而且祖先几代都从事宗教职业(有一种说法说他家是七代的宗教世家),他母亲的父祖也都是牧师。他幼年丧父,由母亲、祖母和姑母抚养长大,她们都是虔诚的基督徒。

④ 《尼采通信集》,第 1 卷,第 2 册,第 61 页。

验和失望”。在那种心情下，他一下子就被叔本华的著作所吸引了。他说，在叔本华的这部“杰作”中，“每一行字都发出叫人放弃，否定生活和退让的呼声，我在其中看到了一面镜子，在这面镜子里我发现整个世界、生活和我的心灵都被描画得令人可怕地森严”①。那时的尼采确实把叔本华当做“精神导师”，他不仅接受了叔本华对世界的看法，认为现象世界只不过是幻影，并没有什么意义和目的，只是背后有一个盲目的生存的意志；而且他同时也赞同叔本华的悲观主义的结论，主张唯一的解脱之道就在于通过自我否定摆脱个人的意志。他鼓吹这种悲观主义观点，说什么我们越是享受生活，就越是成为生活的奴隶，因此应该放弃这个世界上的幸福，实行禁欲。特别是在尼采前往巴塞尔担任教授前后的时期内的通信中，诸如此类的宣扬叔本华思想的地方确实是不少的。

问题在于，到尼采写作和发表《悲剧的诞生》时，他是否还保持并忠实于这些叔本华的基本思想呢？或者说，那时的尼采是否仍然对叔本华抱有先前的那种无条件崇拜的态度呢？我们不妨来看一下尼采自己关于这部著作和叔本华哲学的关系是怎么说的。

在《悲剧的诞生》第二版的前言里，尼采作了一个“批判性的回顾”，它对理解这部著作具有重要的意义。尼采在那里做了自我批评，说他没有讲清楚他在这本书中为自己提出的是怎样的一种任务，承认那时自己还没有勇气去冒险试用新的语言去表达自己的彻底新颖的思想，而是笨手笨脚地运用从康德和叔本华的词汇中借来的术语，去表达同这二人的精神和趣味完全相矛盾的价值判

---

① 《尼采著作集》，(三卷本)，第3卷，许莱赫塔编，德文版，慕尼黑，第133页。

断。他接着引述了叔本华在《作为意志和表象的世界》中关于悲剧所说的话，即悲剧使我们认识到生活不能提供任何真正的满足，因此不值得我们留恋，而悲剧把我们引向的最终目的就是退让。然后尼采加以评论说，狄奥尼索斯告诉我的却完全不同，他给人的教训决不是失败主义的，它和退让屈从精神相距何止千万里。尼采表示遗憾说，他用从叔本华那里借来的公式把狄奥尼索斯的暗示弄模糊和糟蹋了①。

尼采的这一番话很值得我们注意，他一方面说明他在写作《悲剧的诞生》时，还没有摆脱，或者说还没有勇气去完全摆脱叔本华（以及被叔本华歪曲了的康德）的影响，所以仍然采用了叔本华的术语和公式；但另一方面更重要的是，他明确地指出了他自己当时已经建立了与叔本华哲学截然相矛盾的“新颖思想”和价值判断，而在悲剧问题上，他所发现的所谓“狄奥尼索斯的智慧”也和叔本华的悲剧理论完全不同。因此，《悲剧的诞生》并不是鼓吹叔本华主义的著作，而是尼采开始背离叔本华而走上自己独立思想发展的第一步。

那么，尼采所说的他自己和叔本华主义相矛盾的“新颖思想”和价值判断是什么呢？这就需要看一下《悲剧的诞生》所宣扬的基本思想中与叔本华不同之点。在这本书里，尼采仍然用叔本华的唯意志论的观点去看世界和人生，这是没有疑问的。但这只是意味着基本出发点的相同，至于尼采的悲剧理论则在很大程度上是他自己独立地提出来的（例如尼采所鼓吹的阿波罗精神和狄奥尼索斯精神的对立，固然是受到叔本华关于意志和表象的对立的思

① 尼采：《悲剧的诞生》，英译本，1956年，第12页。

想的启示，但在叔本华的悲剧理论中却完全找不到相似的说法。此外，尼采的悲剧理论的一些最重要的论点，如关于悲剧起源的解释，关于悲剧中合唱队的作用的看法，关于悲剧的死亡以及悲剧性与苏格拉底的对立等等的说法，都显然和叔本华没有多大的关系）[①]，而尼采得出的结论却与叔本华正好相反。关于尼采的悲剧理论，我们打算在另文中评述并进行认真的批判，在这里只能极简略地指出尼采怎样从叔本华哲学出发而最后又反驳了叔本华。

尼采同意叔本华的看法，认为生活本身是可怕的、无法说明的和富有悲剧性的。他说，希腊人早就清楚地知道这一点，他们认识到并且感到生存的恐怖和悲惨，但是为了要活下去，他们并不转身背向生活而屈服于悲观主义，而是借助于艺术的手段使世界和人生变形成为审美的对象。世界和人生只有作为审美的现象才有其存在的正当理由，这样希腊人就能够对世界和人生采取积极的肯定态度而不是消极的否定态度。在尼采看来，所谓阿波罗艺术和狄奥尼索斯艺术[②]的全部根据也就在这里。阿波罗艺术给现实加上审美的纱幕，创造一个形式和美的理想世界，使生活成为可以忍受。它表现为奥林匹克的神话、史诗和造型艺术，以其梦幻世界的美丽形象弥补了存在的恐怖和痛苦。狄奥尼索斯艺术则不要这一层纱幕，它使人完全忘却自我，直接肯定和拥抱那可怕的存在，如

---

① 关于这一点，可参阅西尔克、斯特恩：《尼采论悲剧》，第 330－331 页。

② 过去一般把 Apollo 译作“日神”、把 Dionysus 译作“酒神”，但这样的译名还是有一点问题的。斯泰伯尔顿指出，Apollo 在古希腊是医药、音乐和预言之神，也是牧牛羊和司光明之神，把他当作太阳神是一种误解，因此在本文中采用音译。参阅斯泰伯尔顿：《希腊罗马神话词典》，纽约，1978 年，第 31 页。

醉如狂地与自然万物合为一体，浸沉在欢欣之中。它表现为音乐，在它的陶醉之下，“不仅人与人之间重新结合，而且长期以来被疏远了的或被征服了的大自然本身，也再度同它的浪子、也就是人庆祝和解”[1]。按尼采的说法，正是阿波罗精神和狄奥尼索斯精神的结合，使悲剧得以诞生。在他看来，悲剧的诞生是希腊历史上最重要的事件，“有文化的希腊人感到自己被吸收到林神的合唱中去了，而在希腊悲剧的进一步发展中，国家和社会以及事实上把人和人分开的一切事物都在压倒一切的统一之感面前让路了，这种统一之感把人们带回到大自然的心脏中去”[2]。尼采认为，从悲剧中人们可以得到一种“形而上学的安慰”（后来尼采后悔自己用词不当），就是“尽管不断地发生现象的变化，但生活归根结蒂是不可毁灭地令人欢乐的、强有力的”。因此，希腊人虽然对最深的痛苦非常敏感，深刻地了解大自然和历史二者的毁灭作用，却仍然能得到自我安慰。希腊人虽然有渴望像佛教徒那样否弃意志的危险，却被艺术所拯救了，而通过艺术，生活又使他得到教化[3]。由此可见，悲剧虽然揭示生活的阴暗和令人痛苦的一面，但是并不像叔本华所说的那样导致对生活的否定，导致悲观主义。尼采说，“作为意志的最高表现的英雄人物虽遭到毁灭，而我们却表示同意，因为英雄也只是一种现象，意志的永恒生命并不因此而受影响。悲剧高喊道：‘我们相信生命是永恒的！’而音乐则是那生命的直接表

---

① 尼采：《悲剧的诞生》，第23页。

② 同上，第50页。

③ 同上，第50－51页。

现。”[1]悲剧之所以引起快感，也并非如叔本华所说由于它引向“退让”，而是由于它使人即使在悲剧英雄的毁灭中也能看到美，在痛苦中也能感到一种“更高的、征服对方的欢乐”[2]。在这里可以看得很清楚，尼采的看法不仅是对悲剧的一种完全不同于叔本华的解释，而且也是对叔本华的悲观主义哲学的根本否定。

如果说在《悲剧的诞生》一书中尼采还没有在一些关键问题上直接指名批评叔本华，那么后来他公开地与叔本华哲学决裂后回顾他这一青年时期的处女作时就说得更加直率而明确了。在《偶像的黄昏》一书中，尼采指出，悲剧情感的概念被亚里士多德和我们近代的悲观主义者所误解了。“悲剧远不能证明关于希腊人的叔本华意义上的悲观主义的任何说法，相反，它倒可以被看作是对悲观主义的坚决拒绝和相反的例证。甚至在生活的最不可思议和最艰难的问题上仍对生活表示肯定，生活的意志甚至在它的最高的类型遭到牺牲时也仍对它自己的无穷无尽的力量感到欢乐——这就是我称之为狄奥尼索斯精神的东西，这就是我相信是通往悲剧诗人的心理的桥梁。不是为了摆脱恐怖和怜悯，不是为了用猛烈发泄的办法去清除过于强烈的情感而使自己净化——亚里士多德就是这样理解悲剧的——而是为了使自己成为生成的永恒欢乐，而超越于一切恐怖和怜悯之上——那种欢乐甚至还包括毁灭中的欢乐。”[3]尼采说，正是在这个意义上，他有权把自己称为“第

① 尼采：《悲剧的诞生》，第102页。

② 同上，第132页。

③ 《偶像的黄昏》，《尼采选辑》，考夫曼编，纽约，1954年，第562－563页。

一个悲剧哲学家”,也就是悲观主义者的最极端的反对者和对立面,而《悲剧的诞生》一书则是“我对一切价值的第一个重新估价”。我们知道,所谓“对一切价值进行重新估价”是尼采哲学的最重要的中心命题之一,由此也就可以看出《悲剧的诞生》在尼采思想形成过程中占着什么样的地位了。

在尼采的另一部著作《看哪！这人》中,也有一段关于《悲剧的诞生》的回顾很值得我们注意。尼采认为,这一著作中真正有价值的思想往往被人们所忽视,实际上它的重要意义在于第一次说明希腊人如何超出和克服悲观主义。“正是希腊人的悲剧证明他们不是悲观主义者。叔本华在这一点上是错误的,正如他在任何地方都是错误的一样。”特别有意思的是,尼采说《悲剧的诞生》实际上完全不是宣扬叔本华思想的书,“它带有令人不快的黑格尔主义的气味,而只有少数几个公式沾有叔本华的尸臭”[①]。尼采在这里提到黑格尔并不是偶然的。他采用黑格尔的方法,把狄奥尼索斯和阿波罗的对立这一观念变成形而上学的领域,把历史看作这一观念的发展,而在悲剧里,这种对立则上升为统一。除此之外,他对悲剧的理解确实也与黑格尔的乐观主义有某种共同之处。尼采反对那种否认生活中的矛盾和痛苦的浅薄的乐观主义,为此他还专门写文章批评过施特劳斯[②]。但是,黑格尔的悲剧理论与那种浅薄的乐观主义相距甚远。在黑格尔看来,发展是通过矛盾和斗争而进行的,因此在崎岖曲折的发展道路上免不了有暂时的失败、

---

① 尼采:《看哪！这人》,§1。

② 参阅尼采:《大卫·施特劳斯——忏悔者和作家》。

痛苦以至个别人的毁灭，悲剧性的矛盾是内在于历史发展进程的。但是，这种悲剧性的矛盾并不导致单纯的否定，而是通过否定而重新达到肯定，他说："生命是向否定以及否定的痛苦前进的，只有通过消除对立和矛盾，生命才变成对它本身是肯定的。如果它停留在单纯的矛盾上面，不解决那矛盾，它就会在这矛盾上遭到毁灭。"[①]因此，黑格尔在悲剧中所看到的不是真的、善的、美的东西的毁灭，而是理性、"永恒正义"的胜利；不是引起对生活的绝望，而是重新确立对生活的信心。他对古希腊悲剧的理解也是以此为基础的[②]。应该说，就悲剧把人们导向对生活的肯定的、积极的态度这一点而言，尼采很接近于黑格尔，他们都从悲剧得出乐观主义的结论。这似乎比叔本华的悲观主义更高明一些。当然，尼采和黑格尔也有原则的区别，尼采是非理性主义者，所以他在悲剧中看到的不是理性的最后胜利，而是非理性的意志战胜一切后的欢乐。这种非理性主义的悲剧论孕育着很大的危险，特别是尼采鼓吹所谓"毁灭中的欢乐"，后来又进一步把意志解释为争取权力的意志，这就被德国法西斯分子利用来作为蒙蔽德国青年的思想工具，给德意志民族造成了空前的历史大悲剧。这是从叔本华的悲观主义的唯意志论走向另一个极端而造成的恶果。

尼采对叔本华的批判到他晚年是越来越激烈和尖锐的，1888

---

① 黑格尔：《美学》，第1卷，人民文学出版社，1958年，第120页。

② 黑格尔指出，在古希腊悲剧中"所毁灭的不是在我们内部最高的东西。我们并不是在最好的东西的毁灭中，而是相反地在真的东西的胜利中得到提高的。正是这一点构成古代悲剧真实的、纯伦理的旨趣"（黑格尔：《法哲学原理》，商务印书馆，1961年，第157页）。

年在他完全发疯和丧失思考能力之前，他又一次就悲剧问题批判了叔本华。他说，“悲剧是一种补药”，而叔本华却不愿意去领悟这一点，反而把消沉沮丧当作悲剧状态，并认为希腊人由于没有实行“退让”所以没有达到对生活的最高观点。尼采指责说，所有这一切都是叔本华制造的“伪币”，它使叔本华的全部心理学逐步败坏，使他错误地理解“天才、艺术本身、道德、异教、美、知识以及或多或少每一个事物”[①]。在尼采看来，悲剧决不是对生活有危害的艺术，决不是衰亡的征兆，相反，它本质上是“对生存的肯定、祝福和神化”。所谓悲观主义的艺术本身就是自相矛盾，“世界上根本就没有悲观主义艺术那样的东西——艺术总是肯定的”。“因此，叔本华说某些艺术作品是为悲观主义服务，这样说是错误的。悲剧决不教人‘退让’”[②]。尼采自己把《悲剧的诞生》看作他自己和叔本华分道扬镳的开始，他明确地指出这本书是“反悲观主义的”，因为它教人以“某种比悲观主义更强有力的东西”[③]。考夫曼认为，尼采所以写这本书，在很大程度上是由于他看透了叔本华的悲剧理论是不可救药地错误的[④]。这个看法确有几分见地，可以作为我们今天研究《悲剧的诞生》的起源时的参考。

从我们马克思主义的观点看来，尼采对叔本华的批判当然是唯心主义者和唯意志论者的阵营内部的争论。尼采虽然对叔本华哲学的结论作了根本的否定，却并没有触及它的基本前提，在悲剧

① 尼采：《权力意志》，第 449 页。

② 同上，第 434－435 页。

③ 同上，第 453 页。

④ 考夫曼：《悲剧和哲学》，第 296 页。

问题上也同样如此。他们都用主观主义和非理性主义的观点去解释世界和人生，把整个客观存在都看成虚假而不真的东西，把人周围的一切（包括生活本身在内）都说成是荒谬的、不可理解的、令人痛苦的，并由此推导出他们的悲剧理论。因此，从根本上说，他们的理论犯有同样的错误。但是，我们不能因而得出结论说尼采对叔本华的批判毫无意义。列宁说过，一个唯心主义者对另一个唯心主义者的批判，往往有利于唯物主义。从这个意义上说，尼采对叔本华的批判不是没有一定价值的，它有助于揭露和批判哲学中的悲观主义思潮，而且如果把这种批判贯彻到底（当然尼采本人并没有做到这一点），将会证明叔本华赖以建立自己的悲观主义哲学的理论基础是根本站不住脚的。

三、《悲剧的诞生》和瓦格纳

对青年时期的尼采发生过巨大影响的另一个德国文化界人物是音乐家瓦格纳。尼采对瓦格纳音乐的倾慕、二人之间的亲密交往以及后来的决裂以至视同仇敌，这些戏剧性的情节构成了尼采一生中最重大的事件。尼采和瓦格纳的关系是尼采研究者特别感兴趣而经常进行专门探究的题目，已经有不少著作详细讨论过这个问题。在这里，我们仅限于简略地探讨一下瓦格纳对《悲剧的诞生》这部著作究竟起了什么作用和影响。过去一般的说法往往倾向于过分地夸大这种影响，因此对这些说法应该慎重地考虑后才能决定取舍。

尼采从小就在家里受到很好的音乐教育，据他自述，他从九岁起开始对音乐发生浓厚的兴趣，甚至立即开始尝试作曲。[①] 他一度曾想专学音乐，后来也始终是音乐的热烈爱好者。他有很高的音乐修养，在他的美学中，有关音乐的论述占有重要的位置。但他的音乐趣味前后有相当大的变化。当时欧洲音乐主要分两大派，一派推崇古典传统，以巴赫、海顿、莫扎特、贝多芬直至舒曼、勃拉姆斯为楷模，另一派则主张新的“未来音乐”（Zukunftsmusik），以柏辽兹、李斯特和瓦格纳为代表。青年尼采本来是传统的古典派音乐的爱好者，他特别崇拜巴赫和贝多芬，对所谓“未来音乐”采取嘲讽的态度。使他转变立场的是瓦格纳的作品《特里斯坦和伊索尔德》，据他后来自己说，当封·布洛把瓦格纳的这部作品改编成钢琴曲后，他一下子就成为瓦格纳派了。[②] 但他真正成为瓦格纳音乐的信徒，还是在1868年他亲自结识了瓦格纳之后。[③] 在整整八年内，他们过从甚密，结成了忘年之交（瓦格纳比尼采年长卅一岁之多，正好与尼采的父亲同年），后来他们之间的友谊突然不可挽回地破裂了，但和瓦格纳一家共处的日子，始终构成尼采一生中最甜蜜的回忆。《悲剧的诞生》一书是尼采在热烈崇拜瓦格纳的高度兴奋状态下写成的，而且又指名献给瓦格纳这位“我的崇高的先

---

① 尼采是极少数能从事音乐创作的哲学家之一。1983年在加拿大蒙特利尔举行第十七届世界哲学大会时，曾举行一次别开生面的“哲学家音乐会”，演奏了尼采的作品。但是，人们一向对尼采作品的评价不高，尼采的朋友、著名音乐家和指挥家冯·布洛就干脆劝他放弃作曲。

② 据尼采的妹妹伊丽莎白的叙述，尼采在中学放假期间和朋友在家里从早到晚用钢琴演奏“特里斯坦和伊索尔德”，并对她说：“这真是美极了！你以为如何？”伊丽莎白的评价却是否定的，她后来回忆说，这声音使人想起“狼嗥”。

③ 关于尼采的早期音乐活动和兴趣，可参阅洛夫：《青年尼采和瓦格纳式的体验》，英文版，1963年。

驱者”，那么瓦格纳对该书的影响当然是可想而知的。但是，对问题要作具体的分析，用想当然的办法是不能解决问题的。

尼采和瓦格纳之间的友谊不仅是建立在对音乐艺术的热爱之上，而且更重要的是由于具有共同的思想基础，这就是叔本华哲学。尼采在给他的朋友罗德的信中，曾详细地叙述了他和瓦格纳第一次会晤的经过，他这样写道：“我设法同他进行了有关叔本华的相当长的谈话。喔，你会理解，当我听到他带着如此难以形容的热情谈论我们这位大师，谈到他在许多地方得益于叔本华，说叔本华是唯一认识到音乐的本质的哲学家时，我是多么高兴啊！”[①]会晤结束时尼采向瓦格纳告别，瓦格纳热情地邀请他去访问，一起“谈谈哲学”。从此，尼采就成为瓦格纳家的常客。在这个时期尼采的通信里可以看出，他当时对瓦格纳的热烈崇拜与信仰叔本华哲学是分不开的。照他的说法，瓦格纳简直就是叔本华所说的“天才”：“现在我从瓦格纳的音乐、诗歌和美学中以及从同他的幸运的会见中认识到，他就是叔本华称之为天才的那种人物的有血有肉的例证”[②]。在另一封信中他告诉朋友说，他发现了一个人最好不过地展示了叔本华所说的“天才”的形象，并彻底地渗透着叔本华哲学的精神，那个人就是瓦格纳。他甚至说，没有一个人能够理解瓦格纳或评判瓦格纳，因为整个世界是建立在与瓦格纳的世界不同的基础上的，“在他身旁，我感到就像在神物面前一样”[③]。叔本

① 《1868年11月9日尼采给罗德的信》，《尼采通信集》，第1卷，第2册，第335页。

② 《尼采通信集》，第1卷，第2册，第352页。

③ 《1869年8月尼采给格尔斯道夫的信》。参阅福斯特：《弗里德里希·尼采》，第36页。

华虽然已经死了，但是和瓦格纳在一起，使尼采觉到“叔本华还仍然活着”，因为瓦格纳其人及其音乐艺术就是叔本华的理想的生动体现。尼采就是这样地去理解瓦格纳的。至于瓦格纳自己怎样想，那是另一问题。

瓦格纳对自己的这位新的崇拜者也同样充满热情，他甚至在给尼采的信中说：“在我的妻子之后，你是生活带给我的唯一欢乐”，“尼采，我向上帝罚誓，你是唯一了解我的奋斗目标的人”[①]。但是，有不少材料说明，瓦格纳结交这位青年朋友的目的并不完全纯正，而夹杂着想利用尼采去替他的音乐吹嘘的用心。在某种程度上说，瓦格纳确实达到了目的，因为《悲剧的诞生》为瓦格纳作了宣传，把瓦格纳的音乐奉为悲剧在德国重新诞生的希望。

关于瓦格纳直接对《悲剧的诞生》一书施加影响的说法，主要出自尼采的妹妹伊丽莎白的叙述。据她说，1871 年 4 月，尼采完成了他的这部著作的初稿，然后去特里布兴拜访瓦格纳及其夫人考西玛[②]，征求他们对初稿的意见。原稿的书名是《论希腊式的静穆》，内容比较广泛，而瓦格纳则表示希望尼采的这部新著能设法赞扬和推崇他的音乐艺术。她说，尼采出于“学者的良心”对此颇费踌躇，但考虑到他们的友谊，在回到巴塞尔后还是立即动手修改这部稿子，删去了其中几章，而集中于探讨希腊悲剧，并补充一些

① 参阅福斯特：《弗里德里希·尼采》，第 43 页。

② 考西玛是著名音乐家李斯特的私生女，原是冯·布洛的妻子，后与瓦格纳结婚，她的日记对于研究瓦格纳和尼采的关系具有重要参考价值。

内容以便直接与瓦格纳的艺术相联系[1]。伊丽莎白的这一说法后来被尼采研究者所广泛地引用,认为这是《悲剧的诞生》的"瓦格纳化"的起因,有人甚至得出结论说,该书第十六章以下几章是全书写成后由于瓦格纳施加影响而追加的。但是,近年来经过学者们的考证研究,认为伊丽莎白的说法与事实颇有出入,因而不是完全使人信服的[2]。我们的兴趣不在于考证,我们认为,不管尼采原来的意图如何,他的这本书事实上确为音乐中的瓦格纳学派作了理论论证。从他给该书出版者恩格尔曼的信中可以看到这一点,他把一部分书稿寄给恩格尔曼时说,他"试图用一种完全新的方式去解释希腊悲剧……但真正的任务则在于,从瓦格纳和希腊悲剧的关系去说明瓦格纳这个非凡的我们时代之谜"[3]。尼采把瓦格纳音乐看作"时代之谜"而力图加以自己的说明,在该书出版后引起了不同的反响。无论是拥护者或反对者,都把《悲剧的诞生》和瓦格纳音乐联系起来加以评论。瓦格纳圈子里的人物,从瓦格纳本人到大音乐家李斯特、封·布洛和考西玛,固然都热烈地赞扬这本著作;而反对者以青年学者维拉莫维茨-莫伦道夫为代表,则尖锐地攻击这本书为了宣扬瓦格纳而全面地曲解了古希腊的一切,他写的小册子的标题:《未来的语言学! 对尼采的〈悲剧的诞生〉的一

---

① 伊·弗斯特-尼采:《友好时期的瓦格纳和尼采》,慕尼黑,1915 年,第 71-79 页。

② 参阅霍林雷克:《尼采、瓦格纳和悲观主义哲学》,伦敦,1982 年,第 173-174 页;西尔克、斯特恩:《尼采论悲剧》,第 41-43 页。前注中提到的考西玛日记关于这件事的记载说尼采原稿的书名是《希腊悲剧的起源和目的》,这一重要的旁证是和尼采的通信一致的。

③ 《1871 年 4 月 20 日致恩格尔曼的信》,《尼采通信集》,第 2 卷,第 1 册,第 193 页。

个回答》就很说明问题，这里的“未来的语言学”这一用词显然是讽刺瓦格纳派所提倡的“未来音乐”的。围绕着《悲剧的诞生》一书而发生的一场争论，也充分证明了该书与瓦格纳主义的紧密关系。[1]

但是，如果我们仔细地考察一下《悲剧的诞生》的内容，那么，其中究竟有哪些基本思想是来自瓦格纳的呢？我们可以看到尼采引证叔本华关于音乐直接表现意志的长段论述，并且指出瓦格纳在论贝多芬的书里也持有相同的见解，即认为“音乐所服从的美学原则与支配视觉艺术的美学原则很不一样，美的范畴是完全不适用于音乐的”[2]。尼采以此作为出发点来研究希腊悲剧，探讨悲剧诞生于音乐精神的问题。在他看来，瓦格纳的音乐可以启发人们去认识这一点。大约和尼采的这一著作同时，瓦格纳也发表了《论歌剧的使命》，主张未来的艺术作品应是音乐和戏剧的结合。瓦格纳说：“一个仅仅被理智所了解的主题，也可以仅仅通过文字的语言表现出来；但它越是扩展成为一个情感的概念，它就越是要求得到彻底而具有本质丰满性的表现，而这种表现只有通过声音的语言才能达到。”[3]瓦格纳歌剧、特别是他的最重要的作品《尼伯龙根的指环》就是把音乐和戏剧密切结合的例子。瓦格纳的这些看法和他的音乐实践，无疑地对尼采产生了一定的影响。但是，有的研究者发现，早在尼采接触到叔本华和瓦格纳的著作之前，他就已经在波恩大学时写的一篇论《俄狄浦斯王》的文章里着重指出了古希

---

① 关于这场争论的情况，可参阅格伦德编：《围绕尼采的〈悲剧的诞生〉而展开的争论》，德文版，1969 年。

② 尼采：《悲剧的诞生》，第 97 页。

③ 克拉克编：《欧洲戏剧理论》，纽约，1961 年，第 346 页。

腊戏剧中诗和音乐的不能分离的联系。尼采认为，在希腊悲剧繁荣时期的埃斯库罗斯和索福克勒斯的艺术中，音乐的因素是渗透在整个戏剧中的，只是在后来，索福克勒斯的后继者们硬把音乐媒介和诗的媒介人为地分离开，这就无意识地为悲剧艺术的解体作了准备[①]。因此，尼采在《悲剧的诞生》关于悲剧诞生于音乐精神的思想，最初并非源自叔本华和瓦格纳，而是他自己的早期思想的进一步发展，只不过因为他后来吸收了叔本华哲学对音乐的解释，又受到了瓦格纳音乐戏剧艺术的启发和感染，使他的悲剧理论更加系统化和更富于那种瓦格纳式歌剧的浮华色彩而已。

有些问题现在还没有弄得很清楚，例如《悲剧的诞生》中关于阿波罗和狄奥尼索斯的提法究竟是否与瓦格纳有关，还是有争议的。早在写作该书之前，尼采就在 1870 年 1 月中旬所作的题为《希腊的音乐戏剧》的讲演中，首次使用阿波罗和狄奥尼索斯这些概念去解释希腊悲剧。他虽然没有提到瓦格纳的名字，但他把希腊悲剧与近代歌剧进行对比，主张在诗剧中把建筑(剧场)，绘画(布景和服装)、歌舞和音乐等艺术集合于一身，这显然是和瓦格纳鼓吹的所谓“总体艺术”(Gesamtkunst)相一致的[②]。这篇讲演博得了瓦格纳夫妇的好评，但尼采的妹妹伊丽莎白却因此得出了错误的判断，认为瓦格纳原先并没有关于阿波罗和狄奥尼索斯的概念，他后来使用这些概念是由于受尼采的影响[③]。这种说法不符

① 参阅洛夫：《青年尼采和瓦格纳式的体验》，第 17 页；霍林雷克：《尼采、瓦格纳和悲观主义哲学》，第 174 页。

② 这篇讲演刊于《尼采全集》，第 3 卷，第 2 册。

③ 伊·弗斯特–尼采：《青年尼采》，莱比锡，1912 年，第 274 页。

合事实。正如霍林雷克所指出，瓦格纳早在1849年写的“艺术与革命”一文中，就曾在谈论希腊戏剧时提到过阿波罗和狄奥尼索斯[①]。现在我们没有直接的证据说明尼采在提出自己的理论前读过瓦格纳的这篇文章，况且他们对希腊悲剧的产生的看法也大相径庭。在瓦格纳看来，悲剧诗人虽然是受狄奥尼索斯的鼓舞，但希腊精神在阿波罗身上才得到最有代表性的表现。换句话说，对于悲剧的诞生来说，阿波罗的作用是占第一位的。恰恰相反，尼采则显然认为狄奥尼索斯是悲剧的两种因素中更强有力和更基本的因素。因此，在这个问题上，我们宁可采取慎重的态度，在没有确凿材料的情况下，最好不要去断定究竟是尼采影响了瓦格纳，还是瓦格纳影响了尼采[②]。

在我们看来，《悲剧的诞生》的作者青年尼采已经不是叔本华、瓦格纳的单纯的追随者，而开始成长为一个独立的思想家了。在这本书里当然可以看到叔本华和瓦格纳的影响，但更确切地说是尼采利用了叔本华和瓦格纳来宣传自己的主张。对于尼采来说，他写这本书确实得益于瓦格纳，瓦格纳的音乐艺术诱发了他的许多思想，但这些思想是他自己的，而不是从别人那里承袭得来的。1869年10月他写信给罗德说，“近几年来，一系列美学问题和答案一直在我头脑中沸腾……当然，在孕育着重大结果的意义上说，瓦格纳是有益的，特别是作为在传统美学的基础上不能理解的一

---

① 霍林雷克：“尼采、瓦格纳和悲观主义哲学”，第182页。瓦格纳的这篇文章载于《瓦格纳全集》，第3卷。

② 据尼采自己告诉别人说，他在《悲剧的诞生》中的想法，是由于受到瓦格纳家中的一幅水彩画“狄奥尼索斯在文艺女神中”（杰奈利的作品）的启发。

个例子。”[①]尼采认为，正是瓦格纳这个例子说明从温克尔曼、莱辛以来的德国传统美学的根本缺陷，传统美学把美作为希腊艺术的目的和最高成就，它未能深入希腊精神的本质，而往往把希腊理想和关于希腊式的和谐、美、静穆之类的空话联系在一起。尼采指出，首要的问题是要超越莱辛的《拉奥孔》，寻找一条新的出路，那就是通过悲剧音乐使真正的希腊精神再生。他说，只有在德国，从巴赫到贝多芬和瓦格纳的音乐中，才能看到这种狄奥尼索斯精神的重新觉醒，虽然他们的音乐被人曲解为“美”。德国音乐中的这一运动是和德国哲学的进展齐头并进的，它们预示着整个文化的新生，形成一个新的悲剧时代，而“德意志精神”也将在这一发展过程中重新发现自己[②]。归根到底，尼采只是把瓦格纳用作“德意志精神”的艺术例证，所以当他后来发现瓦格纳音乐已不再符合这一需要时，就立刻把它弃之如敝屣了。

在《悲剧的诞生》中，尼采和瓦格纳保持暂时的一致，但实际上他们之间已经存在着思想上的差距。前面我们指出，当时的尼采已经对叔本华的悲观主义采取批判的态度，而瓦格纳则始终没有跳出叔本华哲学的窠臼。虽然在该书出版后，瓦格纳把尼采当作自己“最忠诚的追随者”，可是导致他们日后决裂的种子已经埋下了。瓦格纳创作的最后一部歌剧《帕西法尔》成为他们彻底决裂的直接原因，尼采完全不能忍受这部作品中的基督教精神和对生活

---

① 《尼采通信集》，第 2 卷，第 1 册，第 63 页。

② 参阅《悲剧的诞生》，第 119－121 页。

的否定态度，开始公开地对瓦格纳进行激烈的批评[①]。在《尼采反对瓦格纳》一书中，尼采正是把叔本华和瓦格纳列在一起作为他自己的对立面的。他说，“每一种艺术，每一种哲学，都可以被看作或者是恢复和帮助生活成长发展的手段，或者是造成生活没落衰颓的手段。它们总是必须有受痛苦的人和痛苦作为条件。但是，有两种受痛苦的人，一种人是由于生活过于丰满而受痛苦，他们希望要狄奥尼索斯的艺术和对于生活的悲剧式的洞察和眼界，而另一种人则是由于生活贫乏无聊而感到痛苦。那些人渴望静止、寂静、平稳，或者陶醉、激动、麻醉。对生活本身进行报复——这就是那种生活贫乏无聊的人最贪恋的一种陶醉方式！瓦格纳和叔本华一样，都符合于这双重的需求。他们否认和诽谤生活，因此他们是我的对立面。”[②]应该承认，青年尼采对瓦格纳和叔本华还远没有达到像他后来那样的认识。但无论如何，《悲剧的诞生》作为尼采哲学的序幕，是一部有独创性的著作，这一点应该是没有疑问的吧。

尼采鼓吹的悲剧精神不是叔本华主义，也不是瓦格纳主义。它究竟是什么？据我看，在某种意义上说，它倒像是浮士德精神的一个特殊的畸形的变种。不过这又是一个令人感兴趣的复杂问题，只能留待将来去探讨了。

（原载《外国美学》第 1 辑，1985 年）

---

① 尼采指责瓦格纳的管弦乐粗野、矫揉造作，像“非洲热风”那样叫人出汗。他后来喜爱法国音乐家比才，而把瓦格纳贬称为“世界上最粗鄙的天才”。

② 参看尼采：《尼采反对瓦格纳》中“我们是对立面”一节。转引自但托：《作为哲学家的尼采》，纽约，1968 年，第 64－65 页。

西方美学史上"美"的概念的发展

西方美学史上关于美的概念的发展,这个题目很大,从古希腊两千多年前到现在,时间这么长,人物这么多,材料这么丰富,不知道从何讲起。我想,主要讲马克思主义美学诞生前的几个有代表性的观点,介绍一些情况,勾画一个轮廓。

关于美的问题,可以说是美学的中心问题之一。有人说,美学就是关于美的科学,我觉得这种看法窄了点。据我的理解,美学研究的不仅仅是美的问题,它的范围应该更广一些,但无论如何,美应该是美学研究的一个最重要的范畴。美的问题可以从各个方面去探讨,可以从哲学上去探讨,也可以从艺术上去探讨。从哲学的角度探讨,可能比较抽象、比较枯燥。艺术家论美,材料可能活泼生动些,同志们也感兴趣些。今天我只从哲学史上讲讲美的概念在西方的发展。

一、古希腊罗马时期最早的美的概念

从西方历史上来看,美这个概念,在古希腊就出现了。在文献中最早谈到美的是荷马的史诗。有些研究古希腊的人有一种看法,认为荷马的史诗是古希腊一切思想的源泉。一切哲学的思想,对世界的看法,包括对美的看法,最早包括在荷马的史诗中。荷马的两部史诗《伊利亚特》和《奥德赛》中,"美"这个字出现了好多次,这有两种情况,一种是作为名词出现的抽象意义上的美,一种是作为形容词出现的美。有人作过统计,"美"(Callos,名词)出现16次,"美的"(Calos,形容词)出现318次。这说明一种什么情况呢?说明在古代"美"主要还不是作为抽象的概念而出现,而是作为描绘具体的事物而出现的,当时使用的"美"与我们今天理解的"美"距离很大。在荷马史诗里,作为形容词的"美"运用于服装,描写什么样的服装是美的;运用于武器,哪一把剑是美的;运用于房屋建筑,运用于一切日常生活用具;此外,还运用于描写城市、海岛、花园、海浪、星星、云彩。美不仅用来形容这些没有生命的东西,还运用于动物植物。我们在荷马史诗里看到,像牛、羊、马、狗这些动物,都用"美的"这个形容词来加以形容。树木、男人、女人、希腊神话中的神、人的身体的各个部分,都用"美的"来形容,像美的眼睛,美的脚之类。有人认为,在荷马史诗里,所有的东西都可以用"美的"来形容。美跟好、跟善,那时还没有分开。除了具体的事物外,还可以运用于比较抽象的东西,比如说,荷马对人民生活中的传统、习俗、秩序、规则、待人接物等,也用"美的"来形容。比如,你不能打断别人的讲话,这就是美的;热情地接待外国人也是美;打仗的时候,英勇地保卫祖国,这也叫作美;甚至于在战场上牺牲了,也讲是美的。还比如,客人在主人家里过夜要比在路上过夜更美,欺负乞丐是不美的,朋友之间相互支持是美的,等等。这里说的显然不是美学意义上的美,与道德没有分开。另外,主观方面,运用"美的"范围也很广。主观上满足的感觉都叫作美;吃了一顿丰盛的宴席，主观上很满足，荷马说，这是美的；听了一曲优美的音乐，打了一场胜仗，甚至身体健康这种自我满足感都是美的。他没有把审美意义上的美感和生理上的满足感区别开来。我们知道，吃饭和听音乐得到的满足感是两种不同的满足感，但荷马时代还没有这种区分。还有，像"奥德赛"的狗忠实于主人，这是美的，一个受伤的垂死青年也美。在荷马看起来，一切符合目的、及时产生的合理的东西都是美的。但是，一方面，"美的"都是和很具体的东西相联系，用于描写具体的东西、客观的东西；另一方面，又把美作为独立的价值来看待。两者的矛盾是古代美学的特征。

荷马运用形容词的美三百多次，至于抽象名词的"美"就很少用，只有16次，而且大多是与具体事物联系起来，实际上与我们讲的抽象的美的概念还是有距离的。比如说，参加竞技比赛，得到一个碗，他说，这个碗超过世界上一切美的东西。这个地方，"美"是作为一个概念。还讲，人的美是从哪儿来的，是神的赐予，这儿的"美"，也是作为抽象名词来用。我们也在古希腊其他思想家那里看到这种类似的用法。后来，随着人的审美意识的发展，"美"与"善"有了区分。在整个古希腊时期，这种区分是逐渐进行的。尽管出现了"善"这个字，在长时期内，还是与"美"共同使用。开始是Calos(美)，以后是Agathos(善、好)，再以后出现Calocagathia这个词，可以翻译成"美好"，是美的、善的和好的。我们看到，开始美跟善不分，后来"善"分出来，再后来又合在一起，表示一种更高的美。所以，在古希腊时期的一些思想家那里可以看到这样的话，比如说，最公正的就是最美的，把美跟善合在一起加以理解。

在三大悲剧家那里，我们也看到对美的这种理解，这也有一个过程，最早的悲剧像荷马史诗一样，也是把美应用于描写具体的事物。埃斯库罗斯把美理解为日常事物；索福克勒斯开始从道德意义上来理解美，我们知道他有一个很著名的悲剧《安提戈涅》。安提戈涅的兄弟死了以后，国王不准收尸，谁违犯了要处死，安提戈涅冒着死的危险去替她兄弟收尸，结果被国王判处死刑后自尽。索福克勒斯把这种行为称为美的行为。欧里庇得斯使用“美”很广泛，与善、幸福相连，如认为反对暴政是“最美的”，他也把美理解成为一种道德的行为。欧里庇得斯说：“德行是最美的”。

在悲剧里有一个奇怪的现象，“美”开始向反面转化，在否定的意义上使用“美”，海伦是古希腊最美的女人，海伦是“美”的牺牲品。“美”给一些人带来幸福，给另一些人带来毁灭，如还说，“美的恶棍”、“美的危险”等。有人认为，在整个古希腊悲剧里，“美”的概念开始有了变化，从肯定的意义发展到讽刺的意义，最后变成悲剧的“美”。“美”在悲剧里头表现为人的毁灭，人尽管毁灭了，但显得美。

在苏格拉底以前，古希腊的哲学家也讲“美”，但比较片断，没有作过系统的探讨。不过其中有些说法也值得注意。比如，有的哲学家强调美的精神方面。像唯物主义哲学家德谟克利特（约公元前 460 –前 370 年）说：“身体的美，若不和聪明才智相结合，就是某种动物性的东西。”另外一种看法，像毕达哥拉斯学派，认为“美”和“善”都有一个过程，美的和最好的东西并不是一开始就有的，而是逐步发展起来的。另外一些人从辩证法的角度理解美，像赫拉克利特（约公元前 540 –前 480 年）提出：美在于和谐，“互相排斥的东西结合在一起，不同的音调造成最美的和谐；一切都是斗争产生的”。像这些思想，以萌芽状态存在于古希腊的哲学中。有些哲学家还探讨美的源泉的问题。当时是神话时代，他们也只能从这里面寻找答案。什么比一切都美？法莱斯说：“宇宙比一切都美，因为它是神的产品”。他认为，“在神那里一切都美”，“神没有开始，也没有终结”。另一些哲学家提出：美在于对称，美在于均匀，但这些思想都非常片断。还有一个问题是数，认为数的构成比一切都美。我们知道，数是看不到、摸不到的非常抽象的东西，但在古希腊哲学家的心目中是美的，考虑到直线、曲线、数的排列组合，认为奇数、直线和自乘的数是美的。还有一种看法，把“美”当作“爱”，这是古希腊人对“美”的看法的一个重要特征。有些哲学家，把“美”和“爱”混在一起，对“美”的追求就是“爱”。这个问题在今天古希腊研究者中间有不同的看法，“爱”在古希腊是个什么范畴，各有各的解释，甚至有人认为，古希腊包括柏拉图在内，凡是讲到“美”的地方都可以用“爱”来解释。在国外更有种种荒谬的解释，有理解为异性的爱，有理解为同性的爱等等。古希腊还有一种看法，就是对“美”的相对主义的理解。智者学派或称诡辩学派认为美完全是相对的，对这个部落和民族来说是美的东西，对另一些部落和民族来说就成为丑的。在他们看来，“美”完全没有客观标准。他们其中有人还认为，什么是美，看对谁来说，对狗来说狗最美，对牛来说牛最美，对驴来说驴最美。这种相对主义的美学观点在公元前六、前五世纪就已经存在了。赫拉克利特也有这种观点，他说过，最美的猴子跟人相比也是丑的，最智慧的人和神比，无论在智慧、美和其他方面，都像一只猴子。这种观点在当时很流行。后来尼采说，猴子跟人比是只猴子，人跟超人比，就像是猴子的猴子，这个话就是从赫拉克利特那里来的。在赫拉克利特那里是人跟神比，在尼采那里是人跟超人比，实际上，这个思想是一贯的，就是“美”没有客观标准，是相对的。总之，在古希腊，尽管对“美”的看法很零散，可以看出三个特点：

(1) 美的概念不发达，早期还与具体的事物、具体的人结合在一起；

(2) 美与善与好没有严格的区分，美感与满足感混在一起，没有独立的发展；

(3) 对美有一种相对主义的看法，认为美没有客观的，绝对的标准。

在苏格拉底之前，古希腊对“美”的认识有这样三个特点，但具体表现在每个人身上并不是相同的。

如果把古希腊思想家与我国先秦思想家加以对比，我们就会看到，关于“美”的这三个特点，在我国先秦同样存在。有的特点还相当明显，比如美与善不分，在《论语》、《孟子》里头都可以看到，如孔子(公元前551-前479年)说：“君子成人之美”(《颜渊》)。这里的“美”完全当善来讲。孔子还讲五美：“君子惠而不费，劳而不怨，欲而不贪，泰而不骄，威而不猛”(《尧曰》)。从内容来看，讲的不是美学意义上的“美”，而是道德品质。孔子也是把“美”与“善”混在一起。我们在墨子、孟子、荀子那里都看到这种情形。同时，美感与满足感也是混在一起，比如大家熟悉的例子，孔子听到韶乐，三月不知肉味。听到好的音乐得到的美感与吃了肉以后得到的快感，本来是两回事，但孔子听了好的音乐就三个月不知道肉味，说明美感没有独立发展，跟快感混在一起，跟古希腊一样。在荷马史诗里，大吃一顿是美感，听了音乐也是美感，这说明在古代人那里，独立的美感还没有得到很好的发展。另外，在庄子（公元前 369 - 前 286 年）那里看到美的相对主义，他说："毛嫱、丽姬，人之所美也，鱼见之深入，鸟见之高飞，麋鹿见之决骤。四者孰知天下之正色哉？"（《齐物》）到底什么是真的美呢？是根据人的看法呢？还是根据鸟的看法、鱼的看法、鹿的看法呢？庄子认为"美"是相对的，这跟古希腊牛有牛的美、狗有狗的美是非常类似的。这就说明古代人的思想有个普遍的规律，对美的看法，在人类意识刚刚开始发展的时候，还不清楚。

这是古希腊早期的思想，以后得到不断的发展。系统地研究美，我认为是从苏格拉底开始的。苏格拉底（公元前 469 -前 399 年）在哲学史上是很重要的人物，他对许多问题进行了探讨，对美的问题也进行了探讨。在他之前对美的问题的思考是直观的，从他开始进行反思。他思考美的一些根本问题。苏格拉底是大唯心论者，唯心主义在西方哲学史中影响那么大，很显然跟苏格拉底和柏拉图的影响有关。因为对美的问题进行根本性的探讨是从这两个大唯心论者开始的，所以，他们的影响确实是根深蒂固的。苏格拉底在美学史上的意义在于，开始把美看作一般的概念，把它和个别美的事物区分开。但并不是说，美只存在于人，它到处存在。他还有一些看法跟以前的看法是有联系的，譬如美与善，在他那里也是统一的，但他有新的解释。美与善怎么是统一的呢？就是以功用为标准。美总是有功用的，美的本质无非是合目的性，但这种合目的性，本身就是目的，不能加以实用的理解。苏格拉底举了一些例子来说明这个问题。许多东西都是美的，但彼此并不一样，赛跑的人和摔跤者的美不相似;作为武器,美的标枪和美的长矛也不相似。这种美是什么呢?就是要符合它本身的目的。凡是从某个观点看来是美的东西,从这同一观点来看也是善的,不是从某一观点看是美的,从另一观点看则是善的,而是说,一个东西既是美的,又是善的。他举了一个粗俗的例子,粪筐适用,符合自己的目的,所以也是美的。盾牌用黄金来做,很笨重,不适用、不符合自己的目的,所以是丑的。这讲的是美和善的统一,统一于适用;另一方面,他也讲到美的相对性,比过去的解释前进了一步,同一个事物既是美又是丑,既是善又是恶。例如,一个东西对饥饿的人是好的,对发烧的人则是坏的。在他看来,任何一件东西,如能很好地实现它在功用方面的目的,就是善的、美的,否则就是恶的、丑的。这不是绝对的、固定的,根据不同的情况可以变化。苏格拉底开始把美作为意识、理性的问题进行探讨,主要是为柏拉图开道。我们知道柏拉图的理念论,整个庞大的体系,就是由苏格拉底开道的。现在,苏格拉底与柏拉图的著作到底怎么划分清楚,还没有解决。因为苏格拉底自己没有著作,他的言论都是由后人加以记载,现在收入柏拉图《文艺对话集》的著作中,大部分的主人公是苏格拉底,搞不清楚哪些思想是苏格拉底的,哪些思想是柏拉图借苏格拉底的名义来发表的。这方面的考证,众说纷纭,差别很大,严格地说,苏格拉底与柏拉图很难分开。但是,一般地说,苏格拉底的思想与柏拉图早期的思想是相通的,柏拉图在中期以后的著作,应该说是柏拉图自己的思想。这条界限也不很严格,但苏格拉底为柏拉图的美学开辟了道路是没有疑问的。下面我们主要讲讲柏拉图的美学思想,这中间有些思想应该是苏格拉底的,但是不好区分。既然是柏拉图的著作，我们就算在柏拉图的账上。

柏拉图（公元前427-前347年）的著作中谈到“美”的地方不少，我们着重讲几个基本观点。

柏拉图提出什么是美和什么东西是美的这两个概念的区别。他在《大希庇阿斯篇》中集中谈这个问题。希庇阿斯跟苏格拉底进行对话，希庇阿斯代表了古希腊的传统观点，没有把美的抽象概念和具体事物分开。苏格拉底问他“美是什么？”他根本弄不清问题的中心，他的回答都是跟具体事物联在一起。他说：“美是一位漂亮的小姐”，苏格拉底反问他：一匹马是不是美的？一个瓦罐是不是美的？一把竖琴是不是美的？这些东西都可以是美的，因此，你回答“美是一位漂亮的小姐”是错误的。柏拉图的本意是问，美这个概念、美本身到底是什么东西？抽象的美是什么？希庇阿斯根据传统的习惯仍然用具体的东西来回答。希庇阿斯对美是什么，还有一种很可笑的回答：“美就是黄金，美就是恰当，美就是家里钱多，身体好，全希腊人都尊敬，长命到老，自己替父母举行过隆重丧礼，自己死后由子女为自己举行隆重丧礼。”这类回答现在看来不伦不类，但他是根据古希腊的习惯来回答的。这些说法被苏格拉底一一批驳，他要探讨的是从具体的美的事物中抽象出来的美的概念是什么，这个问题在《大希庇阿斯篇》中没有解决。苏格拉底为了引导希庇阿斯，自己提出一些论点，如“美是不是有用”，“美是不是有益”，“美是不是视觉和听觉产生的快感”？希庇阿斯都同意，苏格拉底又分析这些论点都站不住脚，这种辩驳的方法就是古希腊最早的辩证法，并不是我们现在理解的辩证法。苏格拉底也没有得出自己的结论，最后只好承认“美是难的”。

柏拉图要把“美本身”与具体事物的美相割裂，也就是美的一般性与个别性相区分，他主张美本身可以独立存在，美的事物却不能离开“美本身”。他说：“这美本身，加到任何一件事物上面，就使它成其为美，不管是一块石头、木头、一个人、神、动作还是一门学问”。“美本身”就是“一切美的事物有了它就成其为美的那个品质”，它是先于、独立于美的事物的。他把关系弄颠倒了，他认为，一张美的桌子，一把美的椅子是由于“美本身”加在它们里面才美的。这完全是唯心主义观点，一般先于个别，而且能够独立存在。这是第一个观点。

第二个观点，论证了美的相对性和绝对性的关系。苏格拉底以前，只看到美是相对的，但在这种相对性中，有没有绝对的因素呢？柏拉图认为，具体事物的美是相对的，“美本身”是绝对的。像汤罐的美比不上小姐的美，小姐的美比不上神仙，他们的美不是绝对的，而是相对的，是“又美又丑”。只有“美本身”是无条件的美，“从来对任何人不会以任何方式显得是丑”，它过去、现在、将来都是美的，对一切人都永远是美的。

第三个观点是美的感性和理性的问题。过去在荷马时代把各种各样的东西都看做同样是美的，从柏拉图开始才把美划分等级，凭感性知觉只能欣赏较低级的美，较高级的美（如习俗制度）是不能由视觉、听觉来欣赏的，感性往往只能感知外表的“错觉的美”、相对的美，凭理性才能感知较高级的美。柏拉图开始把感性和理性区分开。

柏拉图最重要的理论是理念论，认为在具体事物的世界之外，在感性世界之外，有一个更高的理念世界。他在《理想国》里，讲了一个著名的寓言叫“洞喻”。他说，把一群囚犯关在地洞里，背都靠着洞口，脸朝着墙壁，背后烧了一堆火，囚犯在墙壁上看到影子，认为这就是真正的世界。他把我们接触到的物质世界看做是理念世界的影子，这实际上是幻影，囚犯们却把这些东西当做真的世界。柏拉图用这个比喻，说明理念世界是真正的存在，是真实的世界，而我们接触到的物质的世界则是虚假的世界，是理念世界的影子。理念是一切事物的原型，任何事物都有原型，像床有床的理念，现实的床是对床的理念的摹仿。照他看来，不是先有床，后有床的理念，而是倒过来，先有床的理念，然后才有床。具体事物能够存在，是因为分享了理念，他提出了著名的“分有说”。他认为“理念”这个东西是绝对的存在、永恒的存在，具体的事物“分享”了理念的一部分，所以才存在。但感性事物时刻在变化，所以床用过一段时间以后就坏了，但床的理念是永远存在的。他从这里推论出，美的理念是绝对的，不变的，而美的事物“分享”了美的理念的一部分才具体存在，但它经常处在流动之中，变化之中，是会消灭的。他在《斐多篇》中说：“如果有人告诉我，一个东西所以是美的，乃是因为它有美丽的色彩或形式等等，我将置之不理。因为这些只足以使我感觉混乱。我……坚持，一个东西之所以是美的，乃是因为美本身出现于它之上或者为它所‘分有’。”因为理念的一部分体现在一个事物身上，所以这个事物才是美的。这里有一个很大的困难，具体事物怎么分有理念？这在柏拉图哲学中始终是个很困难的问题。理念是绝对的、永恒的东西，具体事物是相对的，可变的，它怎么能分享理念的一部分？这在柏拉图哲学中是个专门的问题，他自己也很矛盾，翻来覆去讲不通，到最后也讲不通。但是，他咬定一点，不管是怎么“分有”的，美的东西是由美本身使它成为美的。关于“分有”说，他在《巴门尼德篇》中提出许多问题，但无法解决它。

第三，对美的认识，这个问题，首先也是柏拉图提出来的，并且作了系统的表述。在苏格拉底之前，很少有人谈到美到底怎么认识，柏拉图在这方面有系统的说法，主要是两点：美是回忆和美是过程。他是怎么讲的呢？柏拉图的认识论是回忆说，这跟古希腊的神秘主义是有关的。柏拉图有这么一个看法，认为人的灵魂是不死的，人死后，灵魂住到另一个星球上去了，灵魂再降到地面上来就成为活人。灵魂在星球上的时候，就具备了一切知识；但是，他一降临人间，就把过去的知识忘记了，认识就是帮助他回忆过去所获得的知识。知识是天生就有的，柏拉图有个著名的故事，说明知识就是回忆。他找了一个小奴隶，慢慢地启发他，证明这个小奴隶天生具有几何学的知识。奴隶是社会地位最低的，他又是个小孩，本来是最没有知识的，但经过柏拉图启发，许多知识他天然就知道，通过这个例子说明，人的整个认识过程是回忆的过程。对美也是一样。人死后，灵魂上了天，就有了美的知识，但是，灵魂下降到人间，与肉体结合以后，把全部美的知识都忘掉了。怎么恢复它呢？通过一步一步的学习，回忆起关于美的理念的知识。这是一个过程，是从具体事物开始的。美的知识是对美的理念的认识，这是比较高级的知识，但忘记了，怎么恢复呢？在柏拉图看来，要从低级的美开始，才能达到高级的美。他说，一般的人只能从起码的感性的美开始，即声音的美、色彩的美、形象的美等等，而不能认识美的理念本身，这还不是对美的“知识”，而是对美的“意见”。只有哲学家才能真正认识“美本身”，即美的理念。也只有认识美的理念，才具备美的知识。一般的人就停留在具体事物的美，感性的美，低级的美上面满足了，不想追究美的理念，因此，他们没有美的知识，而只有少数哲学家才能达到那样高的境界。认识美的知识，在于区分具体的美和美的理念。如果一个人不能作这种区分，就是缺乏美的知识。

认识美的事物可凭感性知觉，第一步认识色彩、形象和声音之美，第二步认识美本身，这要凭思想，因为美的理念是看不见的，它是思想对象。所以，认识有一个循序渐进的过程。开始只爱一个美的形体，然后推广到一切美的形体，因为一切形体美都是相通的。还要从形体美上升到心灵美，形体美是凭眼看耳听的；而认识行为、制度的美，只能凭心灵去把握。这是美的认识的第二步。这还不够，还要看到一门学问、一门知识之美。关于科学之美，这在古代就提出来了，最早有人认为数学是种美，几何学是种美，古希腊就有人这么说。近代杜威也这么看，他认为一个公式的美与一首交响乐之美没有什么差别。这是历史上一贯的思想，柏拉图也是如此。这是美的认识的第三步。最后终于豁然贯通，爱涵盖一切的绝对美，就是爱情的止境。古希腊把美与爱情是混在一起的。这时，"他就会突然看见一种奇妙无比的美。他的以往一切辛苦探求都是为着这个最终目的。这种美是永恒的，无始无终，不生不灭，不增不减……永恒自存自在。……一切美的事物都以它为源泉，有了它，一切美的事物才成其为美，但那些美的事物时而生，时而灭，而它却不因之而有所增减。"这样就从个别事物之美上升到最高境界的美。

在柏拉图之前，古希腊还没有人这样系统地谈过对美的认识过程，尽管他的观点是唯心论的先验论，是错误的，但他把美的认识看成是过程，是发展，这一点还是可取的。

但是柏拉图美学思想的局限性是非常明显的。首先，他似乎没有把艺术和美联系起来，在《文艺对话集》里，有相当多的地方谈到美，也有相当多的地方谈到艺术，但没有把二者联系起来谈。他认为艺术是摹仿具体事物，而具体事物是理念的影子，艺术就是影子的影子，和理念隔了两层。如具体的床是床的理念的摹仿，而画家画的床又是对具体床的摹仿，如此等等。艺术比具体事物低，比理念世界更低。他并没有谈到艺术作为摹仿的美，他谈到几何图形之美，但这不是艺术创造的，是上帝、神创造的。

其次，美不是来源于物质世界，而是来自理念，来自先验的世界。这个思想对后来西方美学产生了很大影响。

再次，柏拉图对美的认识带有很强烈的贵族主义倾向，他认为只有少数“精英”(即天才，如哲学家)才能真正欣赏美。

再其次，柏拉图对美的解释与希腊神话紧密联系在一起。如灵魂不死、回忆说、艺术中的灵感等，都用神话里的故事来解释，他还没有摆脱古希腊神话的影响。

下面讲亚里士多德(公元前384－前322年)。亚氏是柏拉图的学生，他批判了柏拉图的理念论，也继承了他的一些思想。亚里士多德在他的著作里谈美的地方很少，谈艺术比美多得多。亚氏没有专门批判柏拉图的美学思想，但他批判了柏拉图的整个理念论，也就包括批判美的理念。亚里士多德认为，抽象的概念不能脱离具体事物而独立存在，因此，理念论是不能成立的。他提出许多理由来反对理念论，他认为，如果每个事物都有一个理念，这不仅没有说清事物，反而把需要解释的东西增加了一倍，如床，不仅要解释床，而且要解释床的理念，而床的理念对解释床一点帮助也没有，反而增加困难。再如，动物有动物的理念，狗有狗的理念，范围大点，生物有生物的理念，在一条具体的狗上要体现一连串的理念，这非常复杂。所以，在亚里士多德看来，抽象的理念是不存在的，包括抽象的美的理念在内。美的本质存在于美的具体的事物之中。这是亚里士多德关于美的基本看法。

亚里士多德认为，美与善是有区别的。善总是表现在“行动”中，而美并不一定表现在行动中，它可能是不动的。他说：“有益，是对人本身来说的善，而美则是就其本身而论的美。”“美的目的就是自身”这个思想在亚里士多德那里已经萌芽，但他说得不很清楚，后来才发展到美没有功利目的这种观点。

亚里士多德提出，美在形式，“美的主要形式：秩序、匀称、明确”。这三条对中世纪的美学起了很大的影响。

亚里士多德提出，美是对象的大小和它的本质的适应，与它的意义的适应，以及它的秩序和对称，这不仅涉及事物和物体，而且也涉及人对事物的各种感受。他把美看成是灵魂和肉体的相互适应。

他还有一个看法，认为美是一个活的东西。他说：“一个活的东西或一件由许多部分组成的整体，如果要显得美，不但要在各部分安排上见出一种秩序，而且还要有一定体积；因为美要依靠体积与秩序。一个太小的形象不能美，一个太大的形象，比如一千里长的东西，也不能美”（《诗学》）。

亚里士多德还认为，一个事物美与不美，“艺术作品和现实事物的区别就在于，在美的东西和艺术作品里，原来零散的东西结合成为一个统一体”，(《政治学》)如果分别开来看，这个人的眼睛或另个人的某一部分都比画中的人为美，但从整体来看，一件艺术作品就要美得多。

从根本上来说，亚里士多德认为善高于美。他认为，一切美都是善，但不是一切善都是美，大部分善使人满足，因此是美的。总之，亚里士多德关于美的言论是零散的，见于他的某些著作，没有像柏拉图那样加以系统的探讨。但亚里士多德这个人很重要，特别是他作为古希腊哲学的集大成者，在西方哲学史上享有很高的地位。所以，他的关于美的见解，仍然对后世发生了不可忽视的影响。

希腊的哲学进入后期以后，一般称希腊的罗马期，也就是罗马帝国兴起以后，希腊哲学、美学思想在罗马统治地区的延续和发展。罗马时期的美学思想向另一方面发展，即开始越来越着重于向人的内心发展，美的意义成为人的内心的需要，成为一种狭隘的、仅仅适应于个人的东西。当时在罗马的哲学中有各种各样的流派，其中有一个明显的共同特点，就是突出个人。适应这需要，美也是向着个人的内心方面进化。这是与希腊前期的哲学、美学不一样的。

我想着重讲一个重要的人物，普罗提诺(公元 205－270 年)(另译为普洛丁)。他是新柏拉图派的一个代表人物。他集中地探讨了关于美的几个问题，直接继承了柏拉图的思想，但是又有所发展。普罗提诺在罗马时期为什么是个重要人物？因为他是联结希腊哲学、美学与中世纪哲学、美学之间的桥梁。他一方面继承、改造、发展了柏拉图的思想，另一方面又直接跟后来的基督教的哲学、美学思想挂起钩来，是个关键性的人物。他的基本思想当然源自柏拉图，但却带有他自己的特点。

我在这里主要介绍他关于美的问题的一些基本看法。他的第一个看法，可以说完全是从柏拉图那里来的。他始终强调美不属于具体事物本身。他说，同样一个事物，有时候就美，有时就显得不美，如果美是属于物体本身所具有的，那么它是美的话，就应该永远是美的。为什么同样的东西有一个时候看起来觉得是美的，而在另外的情况下看起来却不美呢？可见美不是属于事物本身，因而作为一个事物本身而存在，和作为一个"美"而存在，两个东西不是一回事，是有区别的。所以他认为美不是事物本身所具有的一种属性，而是从外边加到事物上去的。关于美到底是什么东西的问题，他针对亚里士多德的观点作了批驳。比如，亚里士多德认为美是匀称，一个事物各部分安排得很匀称，这就是一种美；普罗提诺认为亚里士多德这种讲法是没有根据的。他指出，所谓匀称，如亚里士多德所说的，各部分组成是由于秩序，那么首先它就须是一个复合体，因为复合体才有各个组成部分，才谈得上相互间的比例、匀称、秩序。如果本来是一个单一的整体，而不是一个复合体，那么本来就没有各个部分，还说什么匀称不匀称？他举了一个例子，比如阳光，就完全是单一的整体，没办法分部分，你说阳光匀称不匀称？阳光是美的，但这完全不是由于匀称，不是由于不同部分的比例。黄金本身也是一个单一整体，它的美也不是因为各个不同构成部分的比例问题，而在于本质上所有的黄金都是美的。像星星、闪电这些东西也谈不上各组成部分的关系问题，他认为这些东西都是单一体,这单一体本身就是美的。所以亚里士多德认为美是匀称,这是没有根据的。以上所讲的是第一个理由。第二个理由,他认为亚里士多德说的匀称,只适合于一些感性的事物。比如一张桌子,可以说它匀称不匀称,看看它的脚跟桌面的比例匀称不匀称。但是对一些比较高级的事物怎么谈得上匀称?比如精神上的探索像灵魂的美,这就没法谈各个组成部分之间的比例问题,因为这些东西是看不到、摸不着的,不存在互相之间比例的问题,并无匀称可言。第三个理由,他认为匀称不能解释美的相对的变动性。因为同样是一个符合比例的东西,却有时显得美,有时显得不美,可见匀称的美并不是匀称本身,而是来自于一个更高的原则。他举例说,比如一个人的脸,各个部分有一定的比例,有着一个匀称的问题,但同样一个脸,活人的脸与死人的脸完全不一样,人死了之后,脸部各部分还是保持着原来的比例,还是匀称的,为什么死人的脸不美,活人的脸才美呢?可见,匀称并不能解释美是从哪里来的。普罗提诺翻来覆去论证美不是属于事物本身。他的一个根本思想,就是认为美来自一个更高的精神的原则。他是怎么说的呢?他说美实际上与灵魂是同一个类属,所以如果跟灵魂能够契合无间,能够完全融合一致,使人的灵魂、内心感到喜悦,这个东西就是美的;相反,如果使我们内心的灵魂感到不快活,这个东西就不是美的,而是丑的。所以,美完全是来自一个更高的精神原则,一个理想的世界,而不是现实世界所能产生的。但是,我们尘世间的事物是不是有美的呢?还是有美的。然而这个美是因为与神圣的上界,与天国的美相似,所以才显得是美的。不过,人间这些东西的美,并不是由于它自身是美的,而是由于它们分有了理念。这里他是采用了柏拉图的“分有说”。神圣的世界,绝对的世界,它是绝对的美的,而我们人间的世界分有了它的一部分,所以才有了美。他十分强调美的灵魂的原则,而贬低物质性的东西。他认为,一个东西没有被精神所征服,物质性的东西还非常强,理念没有办法统治物质性的东西,那就是丑的。而美的理念进入了一个事物,使原来一团糟的、混乱的东西,成为一个和谐的整体,由于理念征服了这个物体才使它成为美的。这个思想在后来的美学史上的影响是很大的,一直到谢林、黑格尔,都认为美是精神性的东西驾驭物质性东西的结果;物质性的东西如果没有被精神的东西所征服,就不是美的。按普罗提诺的主张,物体之所以美,是由于它分有了理念,而这理念来自上帝。从本质上说,美是理性的表现,是借助美的外形体现在感觉中,在感觉中表现出来。所以美的形式是宇宙的灵魂的一种创造活动,是它把自己的形象印在物质上的一种形式。这思想对后来的影响很大,黑格尔的“美是理念的感性显现”,实际上可追溯到新柏拉图派的上述思想。总之,普罗提诺认为美的形式并不是事物本身所具有的,物质本来是一堆乱七八糟的东西,由于一个更高的精神原则、宇宙的灵魂,把自己的秩序、美的形式,加之于物质,才使物质成为美的。这物质本身成为宇宙的理性在感觉中的直接表现的方式。普罗提诺完全是用宇宙灵魂、理性来解释美。

另外,他还发展了柏拉图关于感性事物的美是一种低级的美,这种美是由一种更高的理想世界赋予它的思想。只有精神美才是真正的美,精神的美是由于它们自身,如灵魂的美、道德的美,是不依赖于物质的形象,不依赖于声音、颜色,而是靠它们自己使人感到由衷的喜爱。他还发挥了美与存在等同的思想。真正的存在就是真正的美。前此，善和美已被认为是统一的，而他则认为真实的存在跟美是同一的，真与美在他那里开始统一起来。他说存在之所以被人向往，就是因为它与美是统一的；美所以被人喜爱，就因为它是一种存在。所以，在普罗提诺看来，真与美两个概念是同义语，美是真正的存在；相反，丑就是不存在，就是存在的反面。普罗提诺还强调美在于灵魂，灵魂的美要保持自己的纯洁，应该尽一切可能避免堕落到肉体里去，灵魂一旦与肉体相结合，就会被物质所玷污，就会变成丑。所以，新柏拉图派的思想与后来的基督教哲学能够联系起来，就是因为他们特别强调灵魂要摆脱肉体，在这一点上与基督教的思想完全挂起钩来了。可以说基督教很大一部分思想是从新柏拉图派那里来的。普罗提诺认为，灵魂像黄金，清除掉其中的杂质才是十足美的。灵魂要清除一切物质欲望，回到自身，洁身自好，才能保持灵魂的美。所以他提出要保持美，保持灵魂的纯洁，首先要排除外来的一切物质性的东西，最好是远离物质世界，脱离物质世界。这种思想直接影响到基督教的审美观点。灵魂不仅自己本身是美的，而且其他事物的美都是灵魂直接创造的。低级的事物本来是杂乱无章的，是根本没有形式的，它们的形式是哪里来的？是灵魂赋予它们的。从这个意义上讲，一切感性世界的美，都是由灵魂所创造的，灵魂是感性世界的美的创造者。灵魂在普罗提诺的体系中还不是最后的来源。他的体系中最高的绝对还不是灵魂，而是“太一”。他认为最高的存在，最高的绝对是“太一”。“太一”在他看来，完全是一种神秘的、无法直接加以认识的东西，是至高无上的来源。它本身不是美和善，用美和善不足以形容它。它是美的来源，一切美都来自“太一”，一切善也都来自“太一”。“太一”在宗教语言里，就是神，就是上帝。实际上，两个东西是一回事。所以，普罗提诺说，“太一”是“一切美的东西的精华”，是“美上之美”。这个美如何从“太一”那里降临下来呢？他用了一种比喻，称之为“流溢”，或叫“发散”。如向一个杯子里倒水一样，倒满了水，就往外溢，流出来。又如一个光的源泉，其光线往外发散。他用这种比喻来说明“太一”和其他事物的关系。“太一”本身是包罗万象的，是一个最高的绝对。它往外发散，离它越近的越美，离它越远的，程度越减弱。物质性的东西离开“太一”最远，精神的东西离“太一”比较近。离“太一”较近的，如灵魂、精神，美的程度较高、较强，一级级往下，到了物质，最后则完全是光所射不到的地方，根本谈不上美了。他贬低物质性的东西，抬高精神性的东西，抬高灵魂。他把“太一”说成“原初的美”，即美的最后根源。他说来说去一句话，美根源于一般人达不到的彼岸世界，而不是在我们的现实生活中。这是第二点。

第三点，他也谈到怎么认识美的问题。这也是直接从柏拉图那里继承来的。他也系统地讲人怎样才能掌握住美。他的观点与柏拉图基本相似，但更富于神秘化。他也认为人光靠感官只能认识低级的感性事物的美，精神世界的美不能依靠我们的感官去认识，通过我们的眼睛、耳朵不可能掌握这种高级的美，只有通过我们的灵魂直接对美进行观照，才能掌握高级的美。灵魂对美的观照是不依赖于感性认识的，不是从感性认识上升到理性认识，而是这种高级的对美的观照与感性认识完全没有关系，相反，跟感性世界的具体事物一定要离得越远越好，要完全抛弃这些东西，灵魂摆脱了这些具体的美的事物之后，才能真正回到自身，深入自身。在柏拉图那里，还是要循序渐进，还是要通过一个感性的阶段，慢慢地提高到理性，而最后达到对美的认识。在普罗提诺那里则更进了一步，就是一定要摆脱这些感性的东西，一定要跟物质性的东西一刀两断，离得越远越好，只有这样，灵魂才能回到自己的内部，通过一种神秘的内心体验，才能看到最高的美。而这种最高的美，即指世界上所有一切美的事物所以美的最后根源。人一旦认识到这最高的美之后，必然对所有物质的美一点儿也不感兴趣了。但这只有少数人才能做到，一般人是做不到的。这点也和柏拉图的看法一样，只有少数特殊人物才能做到灵魂回到自身，完全摆脱掉物质对他的任何束缚。总之，他认为美的观照与外部事物毫无关系，完全是灵魂内部的观照。而要做到这一点，他认为关键在于灵魂要自我完善。如果灵魂要认识到美，首先一个关键条件，就是使你的灵魂成为美的灵魂。你的灵魂要看到上帝，你首先应使自己的灵魂成为类似上帝的东西。这跟认识美一样，首先要讲自己灵魂的修养。除非你的眼睛先变成跟太阳类似的东西，你才能看到太阳。同样地，也只有你的灵魂成为美的东西，才能观照到美，如果你的灵魂不美，就永远认识不到美。这就把对美的认识看成完全取决于主体内部的灵魂的修养，跟外界没有关系。所以他认为对美的认识就是使自己的灵魂美化的一种努力。你要认识美，并不是通过外界的美去认识美，而是要通过自己灵魂的自我修养，自我完善，使自己的灵魂美化才能认识到真正的美。可以说，以后各种各样的流派讲到的神秘直觉，若要追根究底，都可以从普罗提诺那里找到根源。

他还讲到美的观照是一种"出神"的状态。柏拉图讲的是迷狂，艺术家在创作时受灵感的驱使，完全处于一种迷狂的、半疯狂的状态，自己控制不住自己的状态，这是指艺术家的一种创作状态。普罗提诺所说的"出神"，却是指审美的状态。这"出神"是说不出来的，不是依靠理性的，而是反理性的，神秘直觉的东西。这种"出神"，自己完全摆脱了一切物质的东西，直观到神秘的"太一"。要达到这种状态，照他说是很困难的，包括他自己，也是难得达到这种境界，他一生也不过达到过几次。那是完全出神，完全忘记了自己，直接能掌握到绝对的"太一"。这完全是宗教神秘的主观的修养。这与审美认识联系起来，对后来确实发生了很不好的影响。

第四点，从普罗提诺开始，把美和艺术两个概念完全合在一起了。在柏拉图、亚里士多德的时候，美和艺术分开讲，合起来讲是很少的；到了普罗提诺，艺术成为对美的追求，艺术的目的就是追求美。他认为艺术是表现美的，是美的占有者，它的直接作用就是补充自然中美的不足。人们为什么需要艺术呢？就因为自然不够美，所以要用更高级的东西代替它，补充它的不足。在这里必须指出他跟柏拉图的联系与区别。柏拉图是贬低艺术的，认为理念是最高的，具体的事物是理念的模仿，艺术是模仿的模仿，是比较低级的，因而柏拉图看不起艺术。普罗提诺一方面继承了柏拉图的思想，另一方面却抬高了艺术。他说艺术模仿的不是具体事物，不是如柏拉图所说的与理念隔着两层，而是直接模仿理念，直接从理念来的，它为什么比普通的自然高呢？就因为它是经过艺术家的创造，艺术家直接掌握了理念，从理念直接创造出艺术来；而自然界的东西是不自觉地反映理念，缺点很多，所以艺术比自然的东西要高一筹。由此可见，他们虽都主张理念论，但却有差别。柏拉图是贬低艺术的，认为艺术是低级的，普罗提诺是抬高艺术的，认为它直接来自理念，比自然界要高。他有一种说法：艺术家赋予物质的东西以形式，这形式从哪里来的呢？来自艺术家心里的理念。艺术家直接掌握理念，心里形成了一个形式，但这形式要表现在具体的东西上。比如说要表现在石头上，凿个雕像，艺术家早已胸有成竹，已经有了从理念直接来的雕像应有的样子，然后体现在石头上，这里敲掉一块，那里凿掉一点，把形式赋予了石头。石头本身谈不上什么美，本来就没有美，这美完全是艺术家根据理念来赋予石头的。但艺术家心里的形象一定要比创造出来的具体雕像高一点。为什么？因为艺术家心里头的形象不可能完全体现在石头上，在体现的过程中，总要受到一些损失。然而，创造出来的石像却比自然界的东西要美得多，因为它是直接从理念来的，要高于一般事物。一般的事物反映理念完全是不自觉的，是偶然的东西；而艺术家是拿心里头的、直接来自于理念的东西，体现于物质性的东西上，所以必然更高一点。这样一来，他把艺术的全部目的说成追求美。从普罗提诺以后，西方有一个很强烈的思潮，即认为艺术和美是紧密地联系在一起的，艺术本身就是创造美。这看法直到现在仍有其影响。

综上所述，普罗提诺在大的方面是继承了柏拉图的那一套，但确实有发展，无论在美与艺术的关系方面，对美的认识等方面，都进一步推进了柏拉图的思想，所以他是新柏拉图派的一个最主要的代表。他对后来的基督教的美学思想、艺术思想，影响非常之大，也可说整个中世纪，像奥古斯丁、阿奎那等人的思想，都是直接从普罗提诺那里发展而来的。

二、中世纪的美的概念

过去，整个中世纪被称为黑暗时代，对这问题还有不同看法，有的同志认为一笔抹杀，把它称为黑暗时代，是不科学的。但无论如何有一点是明显的：像古代那样比较活跃、比较繁荣的哲学思想、美学思想，到了中世纪以后，发生了全面衰落的现象，这是无可否认的事实。当然，在有些方面还是有进展的，但总的来说，确是出现了全面的衰落。在美学方面也落后于古希腊时代，其原因有两条：一个原因，基督教本身是贬低人的，它是宣传禁欲主义，是轻视美的，贬低美的，特别是轻视、贬低物质世界的美，因此美学不可能作为一种科学而得到发展；第二个原因，就是思想上的专制、禁锢主义，不准有不同意见，不准有违反教义的主张出现，一出现即遭残酷迫害，因此思想受到严重束缚，像古希腊那样百家争鸣的局面不可能出现。由于这两个原因，中世纪的美学思想实际上是很贫乏的。

这里简单地介绍一下奥古斯丁和阿奎那。其实，他们两个人在美学上没有什么特别的创见，特别是奥古斯丁，只是根据基督教的教义，从古希腊一些现成的东西中取出符合他要求的而予以强调，他本身并没有太多的发挥，基本的美学思想是来自新柏拉图主义。奥古斯丁（公元354－430年）的思想是直接从普罗提诺那里来的。奥古斯丁在《忏悔录》里说，他过去所爱的美，也是低级事物的美，这些美的东西因有美丽动人之处，所以吸引了他。他觉得这些具体事物的美，一是由于事物本身的和谐，另一是能够配合其他东西达到适宜。奥古斯丁在年轻的时候写过一篇论文《论美和适宜》，这篇论文现在已找不到了，他在《忏悔录》里也谈到这篇文章。他认为，具体事物的美在于两个因素，一个是和谐，一个是合适。就自然界来说，美在于物体自身的完满。物体各部分之间协调一致，形式的统一，就构成美。艺术作品的美也同样在于作品内在的统一性。这看法完全是从古希腊拣来的，根本不是创见。他的另一个思想，是直接从普罗提诺那里来的。比如他写了《上帝之城》，认为美是来源于上帝，上帝是真正的美。上帝创造万物，万物也体现上帝的本性，上帝以自己的“肖像”创造人，所以人也“分有”上帝的真、善、美的本性。不仅如此，我们看到的花花草草的美，都是从上帝那里起源的。上帝的看不见的那种永恒不变的美，是渗透在一切具体事物中。那些变化无常的花花草草的美，如不是上帝所创造的话，怎么可能这样精巧纤细呢？这种看法就直接来了新柏拉图派的观点。

奥古斯丁对美的认识，也基本上是照抄普罗提诺的。他说到对上帝的观照时说，我们若从内心里直接观照到上帝，那么就可以参见一个伟大的美。如果能享受到这种伟大的美，就可以不要世界上其他任何幸福，如果不能享受这种伟大的美，即使得到世界上一切的幸福，也算不了什么。内心能掌握绝对时，能直接观照到上帝，也就把握了美。这种思想与普罗提诺的没太大差别，但它对整个中世纪的美学思想却起了决定的作用。所以有人说，中世纪的美学实际上就是奥古斯丁的美学。

阿奎那(公元1226－1274年)的美学思想,实际上也都可以从古希腊找到根源,不过他主要是依据被基督教歪曲了的亚里士多德主义。他写了一个《神学大全》,采取问答的形式,无所不包,所有哲学的问题、美的问题、各式各样的问题,都加以条理化,收在《神学大全》里。对于每一个问题,都提供一个教会的标准答案,照这个答的,就是官方的、正规的。实际上其中的内容有些是从各方面拼凑来的。《神学大全》中说,美主要有三个因素:"第一是一种完整或完美,凡是不完整的东西就是丑的;其次是适当的比例或和谐;第三是鲜明,所以着色鲜明的东西是公认为美的。"实际上这三条在古希腊都已有了,在亚里士多德的《形而上学》一书中就已提出,到罗马时期更为明显了。像罗马的西塞罗阐述过类似的观点,他说美是物体各部分的适当比例,加上悦目的颜色。这实际上说的是阿奎那的第二个、第三个因素。阿奎那说的是"鲜明",西塞罗讲的是"悦目的颜色"。"鲜明"的范围比"悦目的颜色"似稍为宽一点。有一些美学史认为,"鲜明"这观点是阿奎那的发展,因为过去只讲颜色,没讲鲜明。鲜明不仅涉及颜色的问题,范围比颜色要宽,还包含着要明显地表现自己的意思。但据我看,这发展并不太大。实际上仅是改造了古希腊的一些观点,以适合于他神学体系的需要。归根到底,他仍认为所有美的最后来源是神,是上帝。他同样地主张真正的美只能是创造宇宙万物的上帝,而一切事物之所以美,只是因为"分有"了上帝的美。这种看法和奥古斯丁没有多大区别。不过,有一点必须指出的是,他在美与善的问题上稍有发展,也比较值得注意。一方面他强调美与善是不可分割的,但又指出两者是有区别的。通常人们把善看作美,把美看作善,其实两者是有区别的。区别在哪里呢？他指出的区别在美学史上是重要的。他说善牵涉到人的欲念，是人对某一个东西有了一种欲望，使之成为欲念的对象，所以善应作为一个目的来对待。人要达到一个目的，要占有一个东西，对一个东西有欲望，这个目的就是善。所谓欲念，就是朝着一定目的的冲动，这就是追求善的冲动。而美不是一种欲望，只涉及我们认识的功能，一眼看到就感到愉快，不带有任何欲念，任何要求，与我们客观的需求、主观的欲望都没关系，只有这样的东西才是美。所以美与善的区别在于善是欲望的对象，美不是欲望的对象。这区别发展到康德时，就成为美是不带功利性的了。这种思想根源可追溯到古希腊，但到了阿奎那则明确地指出美与欲望没关系。

从奥古斯丁和阿奎那的观点，可以看出，古希腊那种较朴素的美的概念，到了中世纪就发生了很大的变化。在古希腊尽管有很多唯心论观点，对美作了种种解释，但主要的还是认为美属于感性的宇宙，属于自然的，属于人的。到了中世纪就离开感性的宇宙，离开自然，离开人越来越远，完全把美的原因归结到上帝那里去了。

中世纪之后是文艺复兴时期。为什么叫文艺复兴？即是要恢复古希腊的传统。在美学思想方面，也有一个复古的问题。当然，这是在新的历史条件下，须有一个新的基础。文艺复兴时期的主要哲学基础是泛神论。在这一新的基础上，把美重新由上帝转移到自然，转移到人身上。这是文艺复兴时期美学思想的一个很大的变化。

三、文艺复兴以后的美的概念

文艺复兴正处于近代资产阶级社会的兴起时期，主要的特点是个人的活动，主体这方面越来越发展。中世纪对人是压制的，贬低的；文艺复兴首先是个人的解放，人的主观性、主观活动大大加强。这反映在美的观念方面，也同样如此。在文艺复兴以后，西方文献里又开始出现大量谈美的著作，特别把美这个问题突出地提了出来，其中有一个特点，就是开始讲人体美，突出人的美，突出人性。最明显的是产生了一个新的范畴“Grace”，专门用来表现人的美。这个名词有各种翻译，我译作“优美”，也有的译“秀美”，或“文雅”。这个词本来是希腊神话中宙斯的三个女儿的名字，是借用字。到了文艺复兴，特别突出人的地位，“优美”便真正成为专门的美学范畴，用于专指人的美。当时，许多思想家着重谈人体美，特别是意大利的费仑卓拉著了《论女性美》，专门讲女性美，专门研究“优美”这个概念。他认为只有人体才是真正体现优美的，他的对立面就是中世纪的美的观念。他着重反对中世纪关于美在于比例，在于一定尺度的思想，认为人的优美恰恰表现在不遵守一般的比例。这种思想，也不光是意大利文艺复兴的思想，近代很多人谈到人体美时，都想突破中世纪关于美在于比例、在于适宜的框框，都想要突破这种观念的束缚。英国哲学家培根说：“没有哪一种高度的美不在比例上现出几分奇特。”他认为“美的精华在于优美的动作”，这种优美完全是指人而言的。另一个英国哲学家洛克也谈到优美的问题，他认为优美不仅是人的外在的姿态，而且是人的外部美和内心美的结合。内心的美与外在的美和谐统一后才能达到真正的优美,他把这看作是教育的最高目的。他认为进行各方面的教育,包括审美教育在内,目的在于培养优美的人,从外表到内心都是美的人。这种优美是在审美方面、道德方面达到完善的一种证明。可以说,洛克关于要造就优美的人的思想,是后来席勒在《美育书简》中提出要造就新的人这一审美教育理想的渊源。另一些英国思想家,如夏夫兹博里也提出,人的美应表现为优美的动作,这动作不仅是外表的优美,而且是内心优美、道德优美的表现。这就使美与善在新的基础上求得统一。从这些言论可看出,经过文艺复兴,整个早期启蒙运动的思想家,都在人的美方面下功夫,研究人性,研究人的外在表现。外部的美、内心的美,这些问题成为当时着重探讨的对象,这是与中世纪完全相反的一个新的潮流。

在哲学方面,中世纪以后出现经验主义和理性主义这两个学派的斗争。反映到美学方面,也可以说是这两大派:一是理性主义的派别,一是经验主义的派别。我觉得美学方面,尤其在启蒙运动这段时间,经验主义的美学特别值得注意。因为理性主义讲美,从古希腊起就有较悠久的历史与传统,但经验主义着重从人的感觉方面谈美,可以说还是从英国经验论兴起后才发展起来的。在美学里这个流派的影响也比较大。下面着重讲英国经验派的代表人物是如何看美的,我选出其中的两个来谈,他们都是感觉主义者,都是经验论者,一个是唯心论的代表人物休谟,一个是唯物论的代表人物柏克。

先谈休谟(公元 1711 – 1776 年)的观点。他的观点可以说在美学领域里开辟了一种新的方法，就是用人的主观感觉去看美。他关于美的论著并不太多，在《人性论》中有一部分讲到美的问题，另外还写了一篇很有名的文章《论趣味的标准》，专谈美的标准的问题。论著虽不是太多，但有一些观点是很重要的，很有代表性。他是如何看美的？首先，他认为美不是对象的属性，而是主观的感受，主观的感觉。第二，美完全是相对的，并非客观的属性，没有客观的标准。比如一个圆圈，在欧几里得的几何学里讲圆，从来不讲圆圈的美，如果说这圆圈是美的，你能指出在圆周上哪一段是美的吗？讲不出来。所以美并不是这个圆圈所具有的属性，而仅仅是圆形的东西在人的心上所产生的效果，所产生的主观感觉。人心的特殊的构造，使我们可以感受到美。如果要到客观的事物上（比如到圆圈上）去寻找美，则完全是白费力气，是徒劳无益的。那么，怎样才叫美呢？他认为，能给我们提供特殊的愉快的东西就是美。丑正好是反面，丑给予我们痛苦。不管这个东西存在于何物之中，或存在于有生物，或存在于无生物中，只要被我们观察到，能引起我们主观上这样一种愉快感觉的就是美的，给我们造成痛苦的则是丑的。这就把美看作是完全依赖于感觉。他还说，美是这样的一种秩序与结构，它们由于我们天性的原始组织，或是由于习惯，或是由于爱好，适于使灵魂发生快乐和满意。这就是美的特征，并构成美与丑的全部差异，丑的自然倾向乃是产生不快。因此，快乐和痛苦不但是美和丑的必然伴随物，而且还构成它们的本质。美的本质就是对我们造成愉快，丑的本质就是对我们造成不快、痛苦。这样来解释美和丑，是将它们与主观的感觉完全等同起来，由此所得出的结果，必然认为美是相对的。他说，不同的人对同样的事，可有一千种意见，其中只有一种是正确的，其他的九百九十九种都是错误的，这是有一个客观的标准的。相反，如果就造成的感觉而言，就无所谓正确不正确了。同一事物在不同人身上引起不同的感觉，就无法说哪一种感觉是不正确的，而应该说所有的不同的感觉都是正确的。因为对每个人而言，没有一个客观的标准可找，感觉本身就是一个主观的东西。主观的感受并不体现任何客观的事物的内在属性，它只标志客观事物与人的感觉器官、心灵之间的一种合拍状态，或者是联系的状况。对于我们感官的功能所造成的种种后果、影响，谈不上什么是正确，什么是不正确。因此，休谟认为，美不是一种客观存在，并不是存在于任何事物中的客观、内在的属性，美只存在于鉴赏者的心里。客观的东西在我们身上造成的感觉就是美感。美感根本无法衡量，它没有标准，完全依赖于不同鉴赏者的感受，不同的心会看到不同的美。每个人只应当承认自己的感受，不应当企图纠正他人的感受，想发现真正的美或丑，就和妄图发现真正的甜或苦一样，纯粹是徒劳无功的探讨。因为甜和苦也是主观的感受，也没有客观的标准可言，一个人尝到食物后觉得甜，就是甜的，觉得苦，就是苦的。美，也是这样，完全是主观的。用这观点看艺术，也同样如此。读者欣赏一首诗，认为它美，这美不在诗本身，而在于读者的情感、读者的审美趣味。某人认为这首诗很美，另一个人完全不能领会到美，在休谟看来，这两个人都是正确的。他认为一切凭感官所接触的东西，跟我们感觉密切结合在一起的东西，像味觉、色彩等等，这些东西是依赖于我们的感觉的，是存在于我们的感觉里的，而不是事物的属性。美、丑也与此类似。休谟一方面发表了这些相对主义的观点，主张美是没有客观标准的；但另一方面，他也觉得这种说法不大讲得通，所以在《论趣味标准》中，还是想竭力找一个标准，找来找去，没有一个客观的标准可找，最后只能找到一个主观的标准：即大部分人都有的那种感觉。至于为什么多数人会有那种感觉，却说不清，难以自圆其说。所以，从本质上看，他还是认为美是主观的，是存在于鉴赏者的心里；因为美是主观的，所以是相对的。持这种观点的，在当时的英国经验论者中不止休谟一个人。

夏夫兹博里（公元 1671 – 1713 年）认为，美永远不在物质之中，永远不在物体本身之中，而是在人的心灵里。

哈奇生（公元 1694 – 1747 年）认为，美不应被理解为对象本身中就有美的某种品质，因为"美本来是指某种心灵的感觉"。

休谟的观点是有一定代表性的，这类主观的看法，对后来感觉主义的美学流派的影响是很大的。反过来，作为对立面，在唯物主义的经验论者中，最典型的是柏克（公元 1729 – 1797 年）。他写了《我们关于崇高与美的观念的起源的哲学探讨》。他谈崇高与美的问题，比休谟要细一点。他和休谟一样，也是从人的感觉出发，但得到的结论却恰恰相反。

柏克认为审美趣味有客观规律和标准，应该到人的感觉器官的生理结构和心理结构中去找，人有相同的器官构造，物体对人所造成的感觉印象也基本相同，某一对象对全人类都必然会引起对某个人所引起的同样的快感或痛感。美和快感一样，也受某种固定规律的支配，人对美的事物同样有一致看法。任何美的事物，给一百个人去看，只要是有正常的生理结构，感觉器官没有毛病的人，基本上都会同意这东西是美的。比如天鹅与鹅相比，大家都会认为天鹅比鹅美，其中就有客观规律存在。所以他把美看成客观事物的品质，看成客观事物的属性。他说：“美就是指物体中能引起爱或类似的情感的某种品质，美大半是借助于感官的干预而机械地对人的心灵发生作用的物体的某种品质。”他指出美造成的具体印象是爱，这爱与普通的欲望是不一样的，爱与欲望是两种不同的情感。美在人们心里引起的感觉并不是一种强烈的想占有的情欲性的东西，而是一种单纯的、没有直接利害关系的爱的关系。看到后就使我们喜欢，但我们却并不想去占有。若想占有，就是欲望，就不是美。后来康德的美没有功利关系的观点与这是有密切联系的。柏克说，人出于欲望和情欲想占有一个东西，但这东西并不一定是美的，不美的东西有时也会引起人们非常强烈的感情和欲望。比如，一个美的动物，虽然大家爱它，但并不是带有欲望，想去占有它，而相反，对另外一个动物，我们想去占有它，它却不一定是美的。他在论证自己关于美的概念时，着重对一些流行的美的概念进行批判，其中大部分是针对中世纪以来的传统观念，这些批评是很值得我们注意的。中世纪以来有一个盛行的观点，即美是包含整体各部分的一定的比例，美在于比例。他批判了这种观点，指出比例跟我们理解的美根本没有关系。因为我们要发现这种比例，首先要经过思考，经过长期的注意，才能发现事物是否符合比例；但是美却不需要通过推理，不需要计算，若要拿比例去解释是根本行不通的。而且许多东西你根本说不清楚什么样的比例是美的，虽然有很多人花了功夫寻找黄金分割律之类，想得到美的比例，但他认为都是失败的。因为事实证明，不同的东西有着不同的比例，却都是美的。柏克列举了一些很生动的例子。如植物，什么样的比例才是美的？他说，我看没有一个固定的比例。就像玫瑰花，这是一种较大的花，她长在很细的枝条上，大家说她很美；相反，苹果花是一种很小的花，长在树上，大家也说她很美。那么，这恰好是两种相反的比例，却都是美的，所以根本就没有一种固定的比例可以寻找，要把美说成是比例是讲不通的。动物也是这样，比如大家都承认天鹅是美的，它的脖子很细长，尾巴很短，如果认为这种体型就是美的，那么如何解释孔雀呢？孔雀正与之相反，脖子很短，尾巴非常长，可是大家不仅认为天鹅是美的，也认为孔雀是美的，所谓美在比例之说如何成立呢？至于人，也是没办法找到一个恰当的比例。许多画家、雕刻家都在寻找人体各部分的适当比例，但是众说纷纭，没有一个真正的标准可言。同样比例的人，脑袋、身体、腿等，各方面合乎一定比例的人，有的是非常美的，有的人却恰恰一点也不美。你根据一定的比例，可以画出一幅非常丑的人像来，也可以画出一幅非常美的人像来，可见比例不是决定美的根本原则。他还批判了所谓“合适”的概念。美就是适合目的，适合于目的的就是美的，这也是中世纪的一个概念。他认为这种说法也是与我们日常的审美经验完全相矛盾的。如果说适合目的就是美的话，那么像猪的鼻子就非常适合于它的目的，很适合于拱地掘土，难道猪鼻子是美的？猪的小眼睛也非常符合于它的需要，猪的眼睛美吗？并不美。猴子的整个身体结构非常适合它活动的需要，既可跑，也可跳，还可爬树，但世界上恐怕没有一个人会认为还有比猴子更丑的动物了。再如以适合于奔跑来说，人腿远远没有马腿跑得快，狗腿也比人腿跑得快，但从审美的价值来看，人腿要比狗腿漂亮得多。有的东西非常符合人的目的，但这些东西根本不是审美的对象。如人都要有胃、肺、心，这些器官对于他们所承担的功能是十分合适的，但谁都没把它们作为审美的对象，认为它们显示了美。因此，以适宜、适合目的来解释美是讲不通的。当然，他也指出，比例、适合目的虽不是美的原因，但也不是与美毫无关系，在艺术中还是要注意比例、合适，不过这些毕竟不是决定美的基本条件。

他还批判了中世纪的"美在于圆满"的看法。他在这问题上的观点，多少反映了当时英国上流社会的看法。他说，比如大家认为妇女的美是最高的美，可妇女总是娇声娇气、扭扭捏捏，有一种病态的美。这种纤弱、病态本是不完满的表现，但我们却觉得烦恼中的美是最动人的美。所以完满的东西并不一定是美的，有时恰恰是病态的、不完善的东西显得美。这观点反映了柏克对贵族趣味的欣赏，当然是不可取的。

柏克一方面批判了中世纪传统的看法，即美在于比例、适合、完满；同时，还提出了自己关于美的看法。美是什么呢？他认为，美完全是事物本身所具备的客观的感性的品质。这种品质能配置在一起，集中在一个东西里头，就构成美。他列举了美的品质：(1)任何美的对象，体积上必然是小的，小的东西才显得可爱。他从人的心理状态来分析，说人们崇拜一些伟大崇高的东西，只产生崇敬的心情，而不是一种爱的感情，但对小巧玲珑的东西，却产生爱的感情，这才是美的。我们知道，崇高与美是两个美学概念，过去曾有人把这两个概念混在一起，直到现在还有人认为崇高是美的一种变形、美的一种形态，所以也译成"壮美"。柏克则认为，崇高与美是两个不同的范畴，而且是完全相反的范畴。美的品质与崇高的品质恰恰相反。(2)表面上应是光滑的,没有一个美的东西不是光滑的。树木花卉的叶子、鸟兽的毛皮、人的皮肤、家具的表面等都是光滑的。如果表面凹凸不平的东西,就会造成一种不快的心理效果,就不是美的效果。(3)美的物体各部分必须有逐渐的变化,不能是单调的、不变的。没有变化的直线是不美的,但产生突然变化,一条直线激烈变化而形成棱角,这种线条也是不美的。美的线条应是较缓慢地偏离直线,发生逐渐的变化。持这种观点的,不仅他一个人,当时英国有人专门研究什么是美的线条,如荷迦兹就认为美的线条应是"S"形的曲线。(4)美的物体必须是娇柔的、纤细的。这与粗壮有力的风格正好相反,粗壮有力是崇高的品质。如粗壮的橡树,是崇高的对象,不是美的对象,娇柔的花卉才是美的。(5)美的物体的颜色应是丰富多彩的,但在多样性中应有一定的规律。他认为美的物体的颜色不应是晦暗的,要明快,然而明快却又不能过分强烈,以致使视觉受到刺激,应该是明快而柔和的。如果一定要采取鲜明、强烈的颜色,也不能单用一种,而必须把几种同时混合在一起,使这些强烈的色调可以彼此协调。

柏克上述关于美的五个要素,都是在物体的形式方面,而且都是客观的。他认为这五个要素配合在一起,协调一致,就能造成美的效果。他说,这些效果就是美所依赖的特殊品质,这些特殊品质是天然起作用的,它并不为我们反复无常的主观的爱好所改变,其中是有客观规律性可寻的。这种要素的配合,对一切人、一切的感觉器官都会造成同样的效果。

从柏克关于美的分析中,可看出他用了大量的经验材料来阐述美的概念,但他使用的方法完全是从对人造成的心理效果方面进行分析。审美心理学可以说是从他开始的。康德给予他很高的评价,认为他在研究审美的心理方面贡献很大。然而,我们可以很明显地看到,他强调感觉经验,走到另一个偏向,把美的认识完全看作感性的东西,与理性思维毫无关系。他讲美,也只涉及对象的形式方面,如大小、线条、颜色、光滑等等。他对美的内容完全不涉及。他还有一个非常突出的特点,即用生理学来解释美,也可以说这种解释是从他开始的,对后来某些西方美学流派从生理学方面来解释美的影响是很大的。他说,美就是使我们整个身体的结构、组织所造成的松弛、舒畅的作用,这是着重从生理效果上来讲的。他的有些看法是较幼稚的,如他说,当你身上肿了一块,要是有柔软的手为你按摩,你就会因肌肉的松弛而感到舒服,这就是美。假如当你乘一辆马车经过起伏的草地,一颠一颠的,会使你产生一种舒畅的感觉,这种感觉使人的整个身体结构松弛,得到休息,这也是美感。他完全把生理的快感和美感等同起来,是对美的一种生理学的解释。现在我们看起来觉得很幼稚,但实际上在他之后不少资产阶级美学家也是从生理学的角度来解释美的,当然讲得比他复杂多了。

美学史上著名的美学家中,唯心主义者占了绝大多数,唯物主义者在美学史上的地位是比较不显著的,著名的唯物主义者并没有很多的美学论著。柏克在哲学史上不是个重要人物,但在美学史上,他用唯物主义观点,用人的生理、感觉来解释美,把美看成事物的客观属性,讲得如此系统、完整是少见的,应给他以一定的地位。当然,他的解释还仅仅停留在形而上学的旧唯物主义的立场上。

休谟和柏克都是从经验方面来讲美的。著名的唯物论者狄德罗(公元 1713—1784 年)则超出一般经验论的范围。他写了一篇文章,也就是《百科全书》里专门的一个条目,谈美的根源问题。他认为美这个问题,人们谈得最多,却知道得最少。美的性质究竟是什么?虽然人人都谈,但还是弄不清楚。过去很多人讲到美,比如柏拉图,与其说他教导了人们什么是美,不如说他告诉人们什么不美。美的根源、性质究竟是什么?狄德罗从哲学上进行探讨,提出他的基本观点:

(1) 反对唯心主义把美说成天赋观念,用唯物主义认识论去说明美的概念的产生。狄德罗认为,像秩序、匀称、对称这样一些概念不是天赋的,而是通过感官才到我们心中。尽管人们把它们叫作美的永恒的、根本的、至高无上的、基本的规律,它们仍然是通过感官达于我们的知性。当我们运用智力官能在知性中创造出秩序、关系、比例、对称等概念时,这些概念在周围事物中早已重复无数次了。他用这种观点去解释美,就把美看作客观事物的一种性质,美的概念就是由这种性质在我们心中所唤醒的。这个观点完全是站在唯物主义的立场上来解释美的起源。

(2) 美在于关系。狄德罗指出,美是可以应用于无数存在物的名词,是美的事物共有的一种性质,它的存在使事物成为美,性质的多少决定美的多少,不存在就不美。这种性质就是关系:“由于这种性质,美才发生、增加、变化无穷、衰谢、消失。而这只有关系的概念才能产生这样的效力。所以我把一切本身有能力在我头脑中唤醒关系概念的东西,称之为我身外的美;而把一切唤醒上述概念的东西称之为与我有关的美。”“就哲学观点来说,一切能在我们心里引起对关系的知觉的,就是美的”。从表面上看,这与柏拉图的美的理念有接近之处,但是狄德罗却恰恰认为美不是理念,而是客观的性质,不是虚无缥缈的彼岸世界的东西,而是存在于客观事物的关系中。

(3) 客观事物本身的美(我身外的美)和美在人主观上反映(与我有关的美)应区分开。事物本身的形式和人们关于这些形式的概念有区别。在狄德罗看来,客观事物的美不以人的主观感觉为转移,不管你感觉还是没有感觉到,卢浮宫总是美的。“我的理智没有给事物添一点东西进去,也没有去掉一点东西。不管我是否想到卢浮宫,其一切组成部分照旧有这种或那种形式,各部分间也照旧有这种或那种安排。不论是否有人去看它,卢浮宫并不减其美”。但这美能否为人所欣赏,就取决于主观条件。它对于可能具有和我们同样身心构造的人才能欣赏,对于别的人,它就可能既不美,也不丑,或甚至就是丑。“由此可见,虽然没有绝对的美,对我们来说,却有两种美,一种是实在的美,一种是见到的美。”

所以狄德罗一方面强调美的客观性,另一方面也并不否认人的主观作用。另外,实在的美,我们身外的美,确实是客观的存在,如果没有这种存在,那当然是谈不上对美的任何的认识,但是见到的美,第二种美,则包含有人的主观因素,所以他说,见到的美是相对的。他承认美的客观性,但反对绝对化,认为在一定的条件下认识到的美只具有相对的意义。

“美在于关系”,包含着对各种事物和现象之间相互辩证关系的猜测。某些东西本身无所谓美丑,只不过是处于一定的环境或事物关系中才成为美的或丑的。例如,高乃依的著名悲剧《荷拉士》中的一句很出名的台词。剧中主人公关于儿子讲了一句话："让他死吧！"狄德罗讲，对这句话本身，我们很难讲是美的或丑的，但是在这个剧中让主人公来讲这句话，那就显出非常之美，给人家非常大的美感。但如果换一场合，或到别的戏中让另外人去讲这句话，就会引起一场哄堂大笑。所以他要求，要在事物的普遍联系中去把握美。对关系的认识是知性的一种作用，但关系不是人的智力虚构出来，而是实在关系在人脑中的反映。

还有一点，狄德罗承认美的概念的历史发展过程。他在一篇文章中谈到，各个民族处于不同的发展过程，美的概念也不一样。譬如说，一个野蛮的民族，没有开化的民族和高度发展的民族相比，他们所欣赏的美就不一样。对个人来说也是这样，儿童认为美的东西在成人看起来很幼稚，但成人认为美的东西儿童并不能够接受。因此美不是固定的，而是发展的。他说，所以美的概念应在发展的过程中来认识。在这方面，美的概念也要在关系之中去解释。"将美放到关系的知觉中，你就有了从世界诞生起直到今天的发展史。"人对于关系的认识不同，对美也就有不同的意见，在这个意义上应承认美的相对性。他列举了造成关于美的判断分歧的十二种根源。但尽管有分歧，却不能认为关系知觉中实在的美是虚妄的。对美的认识的相对性，不能否定美本身客观存在。

狄德罗还有一个看法，他对真、善、美做了新的解释。"真善美是密切结合在一起的。在真和善之上加以一种难得而出色的情状，真或善就变成了美"，美是以真和善为基础，加上形式因素。"如果善确实在作品中，并且表现出来，那时作品才真正是美和善"。"艺术中的美和哲学中的真具有同样的基础。什么是真？真就是我们的判断与宇宙创造物的一致。什么是摹仿的美？它就是形象与对象的一致。"所以，二者的基础都一样，真理也要符合这个对象，我们创造出来的艺术的美也要符合这个对象，一个是判断要符合这个对象，一个是形象要符合这个对象。由此可以看出，狄德罗还是旧唯物主义立场，直观地把美理解为单纯的自然的再现。

四、德国古典美学中的美的概念

德国的美学发展比较晚一点。在近代讲，英国的美学思想、法国的美学思想走在德国之前。但后来德国美学发展非常快，而且真正成为一门独立科学。俄国的车尔尼雪夫斯基讲，德国的美学才是真正的美学。

这里，我介绍几个具有代表性的美学家：

鲍姆嘉通(1714－1762年)

他是"美学"这个词的首创者。首先他用"美学"这个词形容这门科学，但他对美学这门科学到底有多少贡献，就众说纷纭，有各种不同的看法。有些人，像克罗齐这些人认为他只创造了"美学"这个名词，贡献仅限于创造了名词，其他没有贡献，把他贬得很低。我觉得这样的看法是不太公平的。应该承认，他不仅仅是创造了这个名词，而且确实是把美学作为专门科学建立起来了，找来一些理论根据，规定了其研究对象。鲍姆嘉通对美学的贡献并不太多，但他有他的特色。

鲍姆嘉通之前，在德国的美学思想方面主要有莱布尼茨-沃尔夫学派，那时，理性主义占统治地位。他们有一种说法，就是把认识分成两种阶段。一个阶段叫朦胧的认识，是认识的初级的阶段；另外一个阶段叫明晰的认识，这个阶段又分成混乱的认识和明确的认识两个小阶段。

一般地讲，审美认识是已经超脱朦胧阶段，但它还没达到明确的认识，还没有带有逻辑的认识，所以它应该属于混乱的认识。鲍姆嘉通认为应有一门科学专门研究这一领域，不能把它排除在外。认识要达到明确的认识，就必须要经过这个阶段，所以他把认识论分为两部分：第一部分是研究高级认识、理性认识的，研究这个的就是逻辑学；第二部分是研究低级认识、感性认识、混乱认识的，研究这个的就是美学。从这儿他推出美学的定义，他说："美学的目的是感性认识本身的完善，这也就是美。同时应谨防感性认识的不完善，这就是丑。"感性认识的完善或不完善，是区分美丑的标准。这是对沃尔夫学派的新发展。沃尔夫说："美在于一个事物的完善，只要那件事物凭它的完善来引起我们的快感"，"美是借助于感官来认识到的完善"。美可以定义为：一种适宜于产生快感的性质，或是一种显而易见的完善。这些是历来的、中世纪遗留下来的看法，理性派也向来是这样讲的。鲍姆嘉通对此做了很小的改变，但这个改变是非常关键性的，这个改变把原来的定义完全改变了。鲍姆嘉通把对象本身的完善改为人的主观认识的完善，从主观认识中去寻找美的根源。可以说，这些改变给康德的美学开辟了道路。

鲍姆嘉通把美分成两种：一种是客观的，就是"对象和物质的美"；一种是主观的，就是"感性认识完善"的美。他还认为，"丑的事物可以用美的方式去思维,而最美的事物也可以用丑的方式去思维”。丑的东西本身不完善,但通过完善的感性认识可以变为美;相反,美的东西本身虽完善,但感性认识不完善可以变成丑的。因此美丑通过人们的主观的感性认识的作用可以互相转化。由此可以看出两点:(1)对于认识主体作用的强调;(2)把审美对象的性质和人的审美活动割裂开来。

从上述的说法中还可以看出两点:第一点,美仅仅是形式,不牵涉内容;第二点,所有的美是通过感性认识而存在,所以美是停留在感性认识阶段。鲍姆嘉通把感性认识的完善解释为思维的相互和谐、次序的和谐及含意的内在和谐,并把这三条叫作认识的三种普遍的美;达到这三点,感性认识就达到完善。

温克尔曼(1717－1768 年)

温克尔曼是艺术史家、考古学家,但对德国的美学理论思维的发展起了很大的影响。

(1) 他的主要贡献不是关于美的理论,而是通过对古希腊艺术的崇拜所提出的具体的美的理想,对当时德国发生了巨大影响。

(2) 他把理想美和政治自由联系在一起,没有自由就没有美。这对当时的德国起了很大作用。这主要是他写的一本《古代艺术史》和当时的社会政治背景有关。他在书里主要讲古希腊的雕刻艺术。他提出,自由是决定艺术繁荣的最关键的东西,也是决定理想美的关键的东西。他认为,古希腊的艺术之所以能够取得那么大的发展,主要是因为当时古希腊的政治自由。他所提出的这种政治上的自由,就正好符合当时德国进步的知识分子的思想要求,就是同美的理想联在一起的。

莱辛(1729－1781年)

莱辛对美的概念并没有作多少抽象的理论探讨,但他结合具体的艺术实践阐明了艺术和美的规律,对德国美学思想起了很大推动作用。

他认为,美不是什么抽象的理念,而是客观物体的完满性的表现,最高的物体美就是人体,而在人身上也只有靠理想而存在。

表达物体美是绘画的使命,表现最高物体美就是绘画的最高使命,只有绘画才能摹仿物体美。物体美源于杂多部分的和谐效果,而这些部分是可以一眼就看遍的。但诗的领域就不然,诗的目的并不是描写美,诗的目的是描写动作,就是真。因而诗与绘画是不同的两种艺术类型;一种是追求美的,是按照美的规律来创造;另一种是追求真的,是根据真实规律来进行创造的。二者应有所区别。

美是造型艺术的最高法律,凡是为造型艺术所能追求的其他东西,如果和美不相容,就应让路给美;如果和美相容,也至少须服从美。造型艺术中表情必须服从美的规律。他举例说,《拉奥孔》是雕像,是追求美的,因而不能让拉奥孔张开嘴巴,以示肉体上的痛苦,这是有损于美的。但是在诗中,应让他张开嘴巴,痛苦地嚎叫。这才是符合真的。

赫尔德(1744－1803年)

赫尔德是和康德同时代的人,曾和康德展开过论战,现在看起来,他对康德的批评有一定的道理。

赫尔德认为,以往美学往往只是从主观的、心理学的方面去探讨美,这是很不够的,还须从客观方面、从对象本身去探讨美,必须分析美的客观基础。尽管审美欣赏力在历史发展过程中有变化，各民族趣味不同，但仍可以找到美的客观标准。他认为，美是“真”的感性现象，“真”的感性形式永远是美的。真、善、美本质上是统一的。“真”是一切美的基础，任何美都应导致真和善。真和善不可分，没有真也就没有美，不真的东西不可能是美的。“真”既是客观存在，所以美也是客观的。

赫尔德又从人本学观点去解释美，美是人的生活的形式，例如，人喜爱曲线美，是因为使人想起人体线条，对称之所以美，是因为人体是按对称原则构成。所以他说，美是和人紧密结合在一起，人喜爱的东西，客观的东西，能够使人想起人本身，因而它是美的。他说：“人体中的一切崇高和美的形式，本身就是表现在这个高度艺术性的创造物的每个器官中的健康、生活、力量和兴旺的形式，正如一切畸形反常的东西都是丑的，并且永远是丑的一样。”

赫尔德批评康德主要有以下两点：

(1) 驳美无利害关系：如无利害，任何东西都不能使人喜爱，美本身就是最大利益，如美对人不是有益和必需，人就永远不会去追求美，“在自然界和人类社会，无益的美是不能想象的。”美是对象存在的最高阶段，是对象的“最高限度”和完善状态。花卉、树木、动物的美就在于充分表现它们的生命力、存在的“最高限度”。

(2) 美不仅在形式，而且是形式与内容的统一：“没有内容的形式是空瓦罐、碎片。精神赋予一切有机体以形式，使形式有生气；如没有精神，形式只是死板的图画、尸体”。艺术的任务在于通过个别形式去表现具有重大意义的观念。

康德(1724－1804 年)

康德的美学是个庞大的体系,由三大部分组成。第一部分是认识论,其代表作是《纯粹理性批判》,研究知性如何认识自然界的必然;第二部分是伦理学,其代表作是《实践理性批判》,研究理性和精神界的自由。他写作《纯粹理性批判》时认为"把美的批判提升到理性原理之下和把美的法则提升到科学,是一个不可能实现的愿望",但到后来他改变了这个看法,认为在鉴赏的领域里也可以找到先验的原理,还可以把美学提升为科学。康德感到在自然界的必然和精神界的自由之间存在着矛盾,为解决这个自己的矛盾才写了第三个《批判》即《判断力批判》,这是专门阐述他美学思想的。另外他还想通过这本书使历来美学中的理性派和经验派的长期争论取得最后解决,来调和理性主义和经验主义的矛盾。不过,第一部分是研究自然界的必然,第二部分是研究人的道德、精神自由的,那怎样才能把这两个不同的领域加以统一起来呢?他想用自己的美学,用目的论批判来加以统一。美的分析论是专门谈美的所谓鉴赏判断的四个契机。《判断力批判》的主要问题是关于美的问题。他对美的讲法,实际上是把过去历史上的很多说法重新组织起来,重新加以改造,归纳到自己的体系里头。其要点是:

(1) 美不带任何利害关系,与欲念无关:这个说法历来就有的,但到康德体系里得到了新的解释,有了新的发展。譬如,在过去,一般地认为美是不带占有或利用的欲望。但康德认为这还不够。他认为真正的无利害关系就是对一个对象的存在与否绝对不感兴趣。说一个对象美,关键是系于我自己心里从这个表象看出什么来,而不是系于这事物的存在。美的判断不能夹杂丝毫的利害感。人必须完全不对事物的存在存有偏爱,而是在这方面纯然淡漠,以便在鉴赏中能够做一个真正的评判者。快适和善都和欲求能力有关,只有美的欣赏才是唯一无利害关系的和自由的愉快。美完全不涉及对象及其性质,而只涉及我们关于它的愉快的情绪。这种愉快情绪和作为客观知觉的感觉有别,是具有普遍性和直接性的。

(2) 美涉及形式,通过形式给人以愉快,与内容无涉,美不依赖于概念。去发现一个对象的善,必须知道它是怎样一个东西,即从它获得一个概念。去发现它的美就不需要这样做,花、自由的素描,它们并不意味着什么,并不依据任何一定的概念,却令人愉快满意。“如人只依概念来判断对象,那么美的一切表象都消失了”。

康德提出了两种美的区别:自由美不以对象的概念为前提,附庸美(依存美)以一个概念并以按这概念的对象的完满性为前提。前者是为自身而存在的美,后者是附属于一个概念的有条件的美。自由美是纯形式(如鸟类、贝类、希腊风景的描绘、簇叶饰、无标题的幻想曲和无歌词的音乐),这些东西本身无意义,并不表示什么,它自身却自由地给人以愉快。其他大多数东西(人、马、建筑物)的美,却以一个目的概念为前提,因此仅是附庸的美。只有对于自由美的判断,即单纯依形式的判断,才是纯粹的鉴赏判断。假如判断中掺杂任何思想内容或目的概念,就不是自由的纯粹鉴赏判断了。

(3) 美是对象的合目的性的形式,但它不具有一个目的表象而在对象身上被知觉,所以它是无目的的合目的性。这也和历史上关于合目的性的解释不一样。康德认为,客观的合目的性只能经由多样性对于一定目的的关系，经由概念而被认识，美，它的判定只以单纯形式的合目的性，即无目的的合目的性为根据。外在的目的性（有用）不是美，内在的合目的性（完满）接近于美，但不是清楚地加以思维的场合。

审美判断只把一个对象的表象联系于主体，不让我们去注意对象的性质，只让我们注意那决定与对象有关的表象诸能力的合目的的形式。

（4）鉴赏判断具有普遍性和必然性，美是不依赖概念而被当作一种必然的愉快的对象。官能的快感是主观的、相对的，不可能有真正的普遍性，但审美快感和这种官能的快感有原则的区别。审美判断因为没有任何利害感，因此就不能找到私人的只和主体有关的条件作为这愉快的根据，因此必须认为这种愉快是根据他所设想的人人共有的东西。所以审美判断可以得到每个人的同意，它虽不假定人人都同意（如逻辑判断），却可以期待别人赞同。这种普遍性和必然性只是主观的，不能凭概念来判定什么是美的客观鉴赏标准。审美判断涉及的不是客体，而是主体的情感，所以不是客观的知识判断，它的必然性不能从概念中、也不能从经验中推论出来。美的客观的鉴赏法则是不能有的，只有每人内心所产生的概念才是鉴赏的原型。

康德认为，理解他的美学思想有一个关键，这关键在于判断和快感何者在先，如快感在先，那就只能是官能的快适，只有个人有效性，不能有普遍性，因此必须判断在先。由于人们判断对象时的主观条件具有普遍性，所以产生的快感也具有主观的普遍有效性。他所说的普遍的主观条件，就是审美判断中的心意状态，这种心意状态不是来自感觉，而是来自认识能力的自由活动。如果一个表象符合于我们的认识能力（想象力和知性），引起它们的自由活动，造成二者的和谐，那么这种心意状态就成为美感的来源。心意状态是可以普遍传达的，因为人类具有“共通感”，它是“一个主观性的原理，这原理只通过情感而不是通过概念，但仍普遍有效地规定着何物令人愉快、何物令人不愉快”。“共同感”是先天的，使判断具有“应该如此”的性质。

康德形成了一个美的哲学体系。他强调审美主体的主观能动作用、主观的必然性和普遍性。但美的客观基础没有得到阐明。他所说的审美意识是固定不变、自身不发展的，缺乏历史发展的观点。但是，应该承认，康德对欧洲美学思想的影响极大，提出了全新的美的理解，提出了一系列重大的美学问题，对以后美学思想的发展起了启发的作用。

席勒（1759－1805年）

席勒主要是诗人、戏剧家、历史学家。他谈美较多的是《美育书简》和《论优美和尊严》。他的《美育书简》在美学史上影响很大。书成于法国大革命之后，当时他自己作了解释，说在这动荡转折时代，大家都热衷于讨论政治问题，为什么他要来探讨美的问题呢？他的回答是，因为人只有通过美才能达到自由，美是人通往真正自由的手段。他继承了康德的许多思想，但他从比康德更高的角度讨论美学问题，带有强烈的政治目的。要解决当时德国的出路问题，他探讨怎么获得自由。这在美学史上也少见，对德国美学思想的发展产生了深刻的影响。

席勒欢呼法国大革命，但是法国大革命的发展使他深感失望，流血动乱，政局反复……他认为革命变革的客观条件虽已成熟，旧制度烂透了，维持不下去了，但主观条件还没有准备好，道德上还没有形成建设新社会的新人，因此造成混乱。所以要通过美的教育来培养新人，以胜任建设新的社会。这种观点当时影响很大，后来车尔尼雪夫斯基很赞赏他的《美育书简》。这在我们看来完全是幻想，反映了德国新兴资产阶级的软弱性。

席勒从抽象的人性分析开始，人类被两种相反的力量（冲动）所驱使，即"感性冲动"和"理性冲突"（又称"形式冲动"）。"感性冲动"起源于人的物质存在，起源于感性本质，人受内在物质需要驱使要把身体以内的必然的东西转化成为实在。形式冲动则起源于人的理性本质，把外在的一切服从于必然规律，努力使人恢复自由，恢复外在和谐，就要求真理和正义。两种冲动相反发展，这种矛盾有几种可能的结果，感性压倒理性就是无政府状态，法国革命就是如此；理性压倒感性就是君主制，把君主个人理性强加于所有的人，压制物质上的感性需要。人的本性发生了这种分裂，如何才能恢复统一呢？席勒认为要达到理想王国，就得找个中心点，既可避免强加于人的强制，又可避免感性的强制，这就要通过文化教养，使两种冲动得到调和，各得其所；既要培养情感能力，又要培养理性能力，使人既有丰富的物质感性生活，又有最高度的自由，就要借助于一种新的冲动——游戏冲动。游戏就是理性、感性间的中心点，就是美。人在游戏中就能培养成为一个全面发展的真正的人。

从感性的人要变为理性的人，唯一途径是先使他成为审美的人。经过审美王国才能达到真正理性的王国。人是物质与精神的统一体。席勒说，只有真正是人时才游戏，只有在游戏时才真正是人，游戏是通往自由的桥梁。只有审美趣味才能导致社会的和谐，美的交流可以团结整个社会，因为审美关系到一切人共同的东西。

席勒认为，人不只是物质，也不只是精神，作为人性的完满实现来看，美既不能只是生命（感性冲动的对象就是最广义的生命），也不能只是形象（形式冲动追求形象）。“游戏冲动”的对象可以叫“活的形象”，这个概念指现象的一切审美的品质，指最广义的美。美是从两种对立冲动的交互作用、两种对立原则的结合中产生的，所以美的最高理想要在实在与形式的尽可能完善的结合与平衡中才能找到。席勒在这里所说的平衡，不能被理解为搞折衷主义，因为他强调要通过扬弃，美才能把对立的双方结合起来，而不是把它们混合在一起。在他看来，美的本质是自由，但这种自由不是无规律，而是各种规律的和谐，不是随心所欲，而是最高的内在必然性。但是，美本身并不是最终目的，美是人通往自由的手段。席勒的这种美学思想，带有强烈的政治色彩。

席勒敏感地觉察到，资本主义分工使人成为庞大机器中的螺丝钉，成为片面发展的人，一切潜在能力都得不到发展，只有在审美中、在游戏中人才能全面发展，恢复自由，但是席勒没有考虑到靠游戏不能维持社会的存在。要使人在游戏中全面发展自己，就必须有高度发达的物质生产水平，否则一个人从事游戏连起码生活都不能保证。

他的理论虽属空想，但在当时德国影响很大。黑格尔就说过《审美书简》是部杰作，前后三次认真地研究这本书。黑格尔早期写的一个手稿《德国唯心论纲领》就明显地受到《审美书简》的影响。

席勒在《论优美和尊严》中认为，优美只表现在完全自由无目的行动中，不受任何支配，不带任何目的。他不同意康德提出抽象义务来压制人性，主张自由地表现人的道德状态。席勒认为，感性与义务、自由与必然、人性的物质原则和精神原则可以和谐调和，这就是优美。“优美只是动作才有，因为灵魂中的变化只有作为动作才能表现在感性世界中。”但并非任何动作都是优美的，只有非强制的、自由的、无目的的动作才是优美的，优美乃是人的完整性、人性和谐的象征。

谢林（1775－1854年）

他与黑格尔是同学，很早就作了教授，对黑格尔影响很大。他的讲义《艺术哲学》死后由儿子出版。这部讲稿讲于黑格尔美学之前，当时他与黑格尔、施莱格尔来往密切，讲稿都彼此参考。他的讲稿对黑格尔美学影响很大，是康德主观唯心论到黑格尔客观唯心论过渡的桥梁。

《艺术哲学》中美的概念是从“绝对”，从上帝推演出来的。谢林不同于费希特，费希特主张自我设立非我；谢林主张主观客观的原始的统一，亦即无差别境界，美的绝对境界，这个境界只可意会不可言传，只有理智直观才能把握。要让大家都能把握就要通过艺术创造加以客观化，因此美就是艺术，这个美仍是精神性实体。

谢林美学思想主张真与必然相适应，善与自由相适应，美则是自由与必然的统一，实在和理想的统一。自然界在设计一个形象时带着最大的自由，同时又不超越最严格的必然性和规律性的界限，我们就称之为“美的形象”。一首诗高度的自由又总包含在符合规定的必然性之中，就是艺术，就是美。美既不是单纯的普遍或理想的东西，不等于真，也不是单纯的实在的东西，而是二者相互渗透合一，统一于"绝对"。"绝对"是真的原型，也是美的原型，真和美只是对"绝对"的两种不同的观察方式，真是被主观地加以直观，美是客观地加以直观，艺术中真与美的对立是虚假的。不是美的真，就不是绝对的真，只有绝对的美，才是名副其实的真。不是美的那种善不是绝对的善，处于绝对中的善必将成为美。三者间不是目的与手段的关系，而是统一关系，三者统一于无差别境界。谢林说"当特殊的东西（实在的东西）如此适合于自己的概念，以致概念自身作为无限的东西而进入有限的东西之中，并在具体物之中被人加以直观，那么在那个地方就有了美……理性的东西将成为显现的东西、感性的东西。"

谢林对美的观点是辩证的，这是神秘外衣下的合理因素。他强调(1)美是自由与必然的统一。(2)美是普遍和特殊、理想和实在的统一，在有限中体现了无限。(3)美是理性和感性的统一，使人在直观中加以把握。这三点在黑格尔那里得到了进一步展开和发挥。

谢林把绝对、上帝看作美的最后源泉，把整个宇宙说成"永恒的美"的艺术品。他说，"在上帝中，宇宙是作为一个绝对的艺术作品在永恒之美之中建造成的。"一切事物的原型既是绝对的真，又是绝对的美，所以上帝是一切艺术的直接原因，是一切美的源泉。艺术的构思就是要把宇宙的艺术作品，按它在上帝之中以永恒的美所建成的样子把它描绘出来。

谢林把艺术和美完全等同，艺术就是对美的追求，没有美就没有艺术;他否认现实是美的源泉,否认艺术反映现实世界的美,而把它说成是对"永恒的美"的描绘。

上帝是一切美的源泉,上帝是理念的源泉,艺术的根本任务在描绘处于绝对状态的事物。概括起来,他的基本的美学观点是:(1)绝对是美的源泉,追求无差别境界,否认客观世界是美的源泉。(2)否认艺术反映的美是现实世界的美,认为艺术应描写永恒的美。(3)把艺术与美等同起来,艺术纯粹是对美的追求,认为没有美就根本没有艺术,除美外艺术没有其他追求。

在艺术的发展和艺术分类等问题上,谢林对黑格尔美学影响很大。有些思想在谢林那里是萌芽,在黑格尔就大肆发挥了。谢林在当时影响很广泛,早期的别林斯基相当多的思想来自谢林,到成熟期才对谢林进行了批判。

黑格尔(1770－1831年)

黑格尔美学是资产阶级美学的最高峰。在西方,康德美学比黑格尔美学影响大得多。有些人主张康德美学重要,另一些人认为黑格尔美学重要。从马克思主义观点看,作为马克思主义的直接来源,黑格尔比康德重要得多。黑格尔美学在现代西方不大受欢迎,是因为现代西方的社会状况和心理状况都不大适宜于它,人们强调形式、强调主观主义,都是黑格尔所反对的,因此西方美学界扬康德而抑黑格尔,并不能说明他们各自的真实价值。

黑格尔把美和艺术作为认识过程的一个阶段纳入他庞大的体系。理念的发展由逻辑学到自然哲学到精神哲学,在精神阶段由主观精神、客观精神发展到绝对精神。绝对精神第一个阶段以感性形式表现自己就是美和艺术。第二阶段抛弃感性形式而以表象形式来表现就是宗教。第三阶段又抛弃感性和表象而以概念形式来表现绝对精神即哲学。哲学是认识的最高峰和终点，艺术只是达到最高认识的阶梯。表现在历史上，艺术发展到古希腊是全盛时期，到中世纪以表象来表现绝对精神即宗教信仰，在新的时代又达到从概念来把握精神，通过哲学达到认识最高峰。

关于艺术消亡的问题，国内外议论不少。黑格尔只是从认识发展的阶段来看待艺术的发展，说明人类主要兴趣某个时期在于艺术，往下发展则有所转变，侧重于宗教和哲学，而艺术则仍在继续发展。形式与内容真正统一在古希腊达到高峰，是艺术的黄金时代，到后来的浪漫主义，艺术内容压倒形式的美，艺术仍在发展，并非表示艺术要真正消灭。

黑格尔的基本观念是主张“美是理念”，“美是理念的感性显现”，这在谢林那里已有萌芽。与柏拉图的理念不同，黑格尔的理念并不是抽象概念，而是具体概念，即概念和概念实在性的统一，是实现了的、展开了的概念。美就是如此，特殊与普遍、主观与客观、本质与现象在理念中是统一的。美与真是一回事，只是绝对精神发展的不同阶段。美本身必须是真的，但真与美又有区别。在真之中，理念本身处于普遍性形式之下，它并不需要外在的感性表现形式，而美如没有这种外在表现形式就不存在了。他说：“理念要在外界实现自己，得到确定的现实的存在，即自然的或心灵的客观存在。真，就它是真来说，也存在着。当真在它的这种外在存在中直接呈现于意识，而且它的概念是直接和它的外在现象处于统一体时，理念就不仅是真的，而且是美的了。美因此可以下这样的定义：美就是理念的感性显现”。黑格尔所说的实际上就是艺术美。

“美是理念，即概念和体现概念的实在二者的直接的统一，但这种统一须直接在感性的实在的显现中存在着，才是美的理念。”

黑格尔对美的看法中有几点值得注意：

(1) 美是形式和内容的统一。艺术的内容就是理念，艺术的形式就是理念诉诸感官的形象。艺术要把这两方面调和成为一种自由的统一的整体，才表现为美。理念是内容，所以内容比形式更居于主导地位。艺术作品首先直接呈现给我们的东西是外在因素。它之所以有价值，是因为它后面有本质的东西，形式后面有内容，即一种意蕴，外在形式的用处就在于指引我们达到这意蕴。形式和内容是一致的，形式的缺陷总是起源于内容的缺陷。他在《小逻辑》中说，有人说某个作品的内容是完美的，只是没有找到相应的形式，这种说法不对，一个完美的内容本身就应具有适当的形式。

形式与内容在黑格尔美学中有几个发展阶段：第一阶段古东方的象征艺术，形式与内容并没有达到统一。第二阶段是希腊古典艺术，形式与内容高度统一。第三阶段到了浪漫艺术，内容压倒形式成了一个特点。

(2) 美是理性和感性的统一，普遍和特殊的统一。黑格尔认为通过感性和知性都不能掌握美，美的本质是无限的、自由的，只有靠最高的精神即理性才能掌握。美是感性和概念、主观和客观的对立统一，是感性的东西精神化，是精神的东西感性化而显现出来的。美一方面诉之于感性领域，但同时又诉之于精神，使心灵感动，获得满足。美本身是无限的、自由的，其内容可以是特殊的，有局限的，但此内容在客观存在中必须显现为无限的整体，必须显现为自由。

在谢林影响下，黑格尔主张审美带有令人解放的性质，美的客观存在或主观欣赏，美的概念都带有这种自由和无限，因为如此，美的领域才解脱了有限事物的相对性，上升到理念和真实的绝对境界。

(3) 黑格尔从唯心论出发认为自然美低于艺术美，理念在自然中呈现不充分，因此自然美不是真实的美，而艺术美则是由精神生产和再生的美，精神高于自然，艺术美也就高于自然美，这种说法虽然是唯心的，但也含有一定合理因素。在他看来，自然中的个别事物（直接的个别存在）都有局限性，不能符合理念那种无限而又自由的特点，由于直接现实有缺陷，才有艺术的必要。艺术美的职责就在于把生命的现象，把精神的生气灌注于现象，按它们的自由性表现于外在事物，同时使外在事物符合其概念。因此，黑格尔把艺术中的摹仿看得很低，艺术美不是自然美的单纯摹仿——摹仿既是多余的，也不能与自然竞争，艺术要追自然，就像一只小虫去追大象。

黑格尔开始把实践观点引进美学，他说："人还通过实践的活动，来达到为自己，因为人有一种冲动，要在直接呈现于他面前的外在事物之中实现他自己，而且就在这实践过程中认识他自己。人通过改变外在事物来达到这个目的，在这些外在事物上面刻下他自己内心生活的烙印，而且发现他自己的性格在这些外在事物中复现了。"艺术美是和人改造世界从而改造自己的实践过程联系在一起的，当人在他所创造的对象中发现了他自己，也就产生了美感。

黑格尔的实践观点很重要，人要通过实践在外在事物中实现自己，认识自己，刻下他内心活动的烙印。他举例说，小孩投石于水激起阵阵波纹而认识了这是自己创造的结果。

（4）美的历史发展：黑格尔认为，理念在不断地发展，对美的认识只是作为整个认识的一个阶段，它本身也在发展，人的审美能力也不是固定不变的。艺术美的理念经历了象征主义、古典主义和浪漫主义三个阶段。艺术种类从建筑、雕刻、绘画、音乐到诗，也就是从物质走向精神的发展。

黑格尔认为艺术的发展越来越摆脱物质性，这一看法是从谢林来的，但黑格尔对艺术的社会背景的分析则是谢林所没有的，可说是开创了艺术社会学的方法，把艺术当作一种社会现象来考察。黑格尔对美的概念作了一个历史总结。总结是唯心主义的，但达到了辩证法的高度。唯心主义美学思想到黑格尔达到了最高峰，他的辩证的、历史的方法是值得我们研究的。

在结束这一节时还有必要谈一下俄国革命民主主义者车尔尼雪夫斯基对黑格尔的美的概念的批判。车尔尼雪夫斯基虽然不是德国人，在时间上也稍晚于马克思，但他在哲学思想上属于费尔巴哈派。费尔巴哈对黑格尔的批判在哲学史上具有十分重要的意义，但他在美学方面并没有系统的论述，只有一些零星的言论。应用费尔巴哈的人本主义哲学原理去系统地批判黑格尔美学的是车尔尼雪夫斯基，车尔尼雪夫斯基自己提出的美学理论，也可以说是费尔巴哈思想在美学中的具体体现和创造性发展。因此把他列入马克思主义美学诞生以前的阶段是合适的。

车尔尼雪夫斯基对黑格尔美学的批判是从美的概念开始的。在他看来，黑格尔的主要错误就在于把美看作理念的感性显现。他认为，黑格尔主张“一件事物如果能够完全表现出该事物的观念来，它就是美的”，无非就是说，“凡是出类拔萃的东西，在同类中无与伦比的东西，就是美的”。但是，黑格尔的这种看法显然经不起批评，因为第一，虽然一切美的事物都是出类拔萃的，可是并不是一切出类拔萃的事物都是美的，例如田鼠、两栖类动物等种类事物中愈是出类拔萃就愈丑，因此黑格尔的美的概念并不能说明为什么某些种类事物可以是美的，而另一些种类事物则一点也不美。第二，黑格尔的美的定义也过于狭隘，因为它不能包括同一类事物的美的多样性，“我们简直不能设想人类美的一切色调都凝聚在一个人身上”。

车尔尼雪夫斯基从人本主义出发提出了自己的美的定义，即“美是生活”，更具体地说，“任何事物，凡是我们在那里面看得见依照我们的理解应当如此的生活，那就是美的，任何东西，凡是显示出生活或使我们想起生活的，那就是美的”。他是怎么得出这个定义的呢？他说，美的事物在人心中所唤起的感觉，是类似我们见到亲爱的人时所产生的愉悦之情。我们无私地爱美，欣赏它，喜欢它，因此美包含着一种可爱的、为我们的心所宝贵的东西，而“在人觉得可爱的一切东西中最有一般性的，他觉得世界上最可爱的，就是生活”。由此车尔尼雪夫斯基还作出了一个很有意义的推论，即不同社会等级的人由于具有不同的生活概念，从而也就具有不同的美的概念，例如农民和贵族对女性美就有不同的看法、不同的标准。车尔尼雪夫斯基的“美是生活”这个定义，沉重地打击了当时占统治地位的黑格尔唯心主义美学，使美学脱离抽象的思辨，而重新回到生动的现实生活的基础上来。像费尔巴哈在哲学中恢复了唯物主义的权威一样，车尔尼雪夫斯基也在美学中重新确立了唯物主义。普列汉诺夫曾把车尔尼雪夫斯基的“美是生活”的定义，称之为“天才的发现”，充分肯定了他的历史功绩。

在自然美和艺术美的关系问题上，车尔尼雪夫斯基也是同黑格尔针锋相对的。他从“美是生活”这概念出发，批判了黑格尔把艺术美置于自然美之上的观点，认为真正的美不是什么理念，而是现实的美，艺术只是现实生活的再现或“代用品”，因此自然美是远远地高于艺术美的。他还反对黑格尔把体现美的理念看做艺术的目的，认为艺术不限于追求美，它的任务应该是去再现生活中一切能使人发生兴趣的东西，同时还要去说明生活。

车尔尼雪夫斯基从唯物主义立场对黑格尔的美是理念说的批判是有力的，但也带有费尔巴哈人本主义的历史局限性。车尔尼雪夫斯基自己提出的美的定义就含有矛盾，例如在他看来，一方面，现实中的美是客观存在，它自身就是美的；而另一方面，则只有符合我们的生活理想，即只有我们在其中看到“依照我们的理解应当如此的生活”的东西才是美的。这样说来，现实中的事物之所以美，又不仅是由于它们自身，而是由于它们符合于我们的概念。又如，他虽然看到不同地位的人有不同的生活概念，因而有不同的美的概念，可是他不能对社会生活的发展变化作出科学的解释，相反地却去探求永恒不变的人类本性以及符合于人类本性的美的概念。这样，他最后仍然陷入了历史唯心主义。

车尔尼雪夫斯基和费尔巴哈一样，并没有能批判地吸收黑格尔美学中的一切合理的因素，特别是其中的辩证法思想和历史主义方法。科学的美的概念还没有真正建立起来，这个任务是由马克思主义创始人所完成的。马克思主义的诞生是人类美学思想中的一场革命，美的概念被放到辩证唯物主义和历史唯物主义的基础上来加以重新解释，而获得了与过去无法比拟的丰富内容。关于马克思主义的美的概念，就不属于这里探讨的范围了。

（本文据讲演记录整理，原载
《美学与艺术讲演录》，1983 年）

尼采的美学和文艺思想

德国哲学家尼采(1844－1900年)在西方近代思想史上是一个有争议的人物。人们对他毁誉不一,依据不同的观点对他的思想作出各种各样的解释。尼采也常常遭到误解,有一位研究尼采的西方学者说,“尼采的生平和著作是近代文学史和思想史上受到最严重曲解的现象”。[①] 德国纳粹分子曾经别有用心地利用他,把他奉为法西斯哲学的先驱;另一些人,其中包括某些资本主义社会的深刻的批判者和反法西斯主义人士,则把他尊为20世纪新时代的“预言者”。不管评价如何分歧,有一点是肯定的,那就是尼采思想对现代西方哲学和社会思想以及文学艺术产生了巨大而深远的影响,而且在第二次世界大战后直到现在,这种影响越来越大,有人甚至认为,如果不读尼采的著作,就无法真正理解20世纪西欧大陆思想和文学艺术的发展。这就需要对尼采进行认真研究和重新认识,用马克思主义观点对他作出客观的评价。

作为思想家的尼采是充满矛盾的复杂的人物。他的优点在于坦率,敢于毫不掩饰地说出自己的见解,所以他的错误以至反动的

① 波达赫:《遭毁灭的尼采著作》,海德尔堡,1961年,第430页。他在该书中列举了尼采著作被篡改和被误解的大量事例。

观点也很明显突出。他的那些宣扬个人至上、蔑视群众、反对社会主义的言论，无疑地应该予以批判和揭露。但是，在尼采思想中也确实包含着一些对西方资本主义社会具有强大破坏作用的批判因素。作为现存社会秩序的支柱的一切传统的思想、价值观念、道德、宗教、文化，都受到他的摧毁性的冲击。尼采以特有的敏感，预先觉察到西方社会里正在孕育和发展着的深刻的社会危机、精神危机和文化危机，他已经意识到旧世界及其所珍视的一切价值的必然没落，要求加以无情的否定。所谓“上帝死了”的说法，正是这种思想的形象化的表现。他预见到现代西方人由于信仰崩溃而生活在价值真空中的苦恼处境和自我失落感，竭力要求从平庸猥琐、扼杀个性发展的可鄙的小市民生活中挣脱出来，他站在个人主义的立场上，提出对一切价值进行重估，主张在不断的创造中求得自我实现和自我超越。这对于现代资本主义社会里不满现状的抱有从右到左的各种不同观点的广大知识分子，都有强烈的吸引力。他们都可以从尼采那里获得启示，唱出各自的音调。因此，尼采思想所以在现代西方世界风行并非偶然，而是有其深刻的社会原因的。1950 年，一位德国诗人哥特弗利德·倍恩的说法是有代表性的，他说：“老实讲，我这一代人所讨论的、企图去彻底思考的一切——或可以说曾为之受痛苦的一切，也可以说用来对付过日子的一切——都早就已经为尼采所表达和透彻地深究过了，尼采已经作了明确的系统的论述，其余的只是注释而已。”

尼采对现代西方文学艺术的影响很大，他本人也是一位卓越的诗人和音乐评论家，可是他并没有一套完整的文艺理论或美学体系。除了他早期写的《悲剧的诞生》和关于音乐家瓦格纳的论著外，他的其他著作都不是专门探讨文学艺术和美学问题的，但这方面的问题始终是他注意的中心之一。他的文艺和美学思想散见于许多著作中，构成了他的独特的世界观和人生哲学的不可缺少的重要组成部分。正是这种世界观和人生哲学影响了文学界的一大批著名代表人物，其中有：托马斯·曼、赫尔曼·黑塞、茨威格、里尔克、萧伯纳、德莱塞、纪德、马尔罗、加缪、萨特以及中国的鲁迅。在这些作家的创作中，尼采思想都在不同程度上起了积极的或消极的作用。

一

尼采的文艺思想集中地表述在他的《悲剧的诞生》一书中。这是他青年时期的代表作，也是他整个思想发展的第一步。从表面上看，它好像是一部研究古希腊悲剧的专著，实际上尼采却通过对希腊悲剧的独特的解释，表达了他对生活和艺术的理解，鼓吹一种人生哲学，借以推动德意志精神的复兴。因此，这部著作的意义远远超出希腊文学史的范围。

尼采早年曾受叔本华哲学的强烈影响，在《悲剧的诞生》中不时可以看到叔本华思想的印痕，然而整个说来，这部著作却标志着尼采与叔本华分手而走上自己的思想发展道路的开始。按照叔本华的唯意志论的观点，整个外部世界、一切客体都只是我的表象，但这些又只不过是现象，在现象背后还有“自在之物”，这就是意志。意志是一种“盲目的不可遏止的冲动”，是一种不可认识的非理性力量，它支配着整个世界，构成世界以至人生的真实本质。世界既然由盲目的非理性力量统治着,它本身就没有什么价值可言,人在这个世界上生活也没有什么意义。意志的盲目力量驱使人们为了满足欲望而进行永不休止的追求,欲望不可能完全得到满足,痛苦也永无解除之望。因此,生活是一场充满痛苦的"漫长的梦"。在叔本华看来,要摆脱人生的痛苦,根本的办法是通过个人的涅槃乃至杜绝生殖达到人类的寂灭,以彻底消灭欲望和生命意志。但艺术也可以暂时使人从生活的痛苦中得到解脱,因为在审美静观中,主体得以暂时摆脱生活的欲望,忘却自己,所以艺术是一种逃避、超脱。而悲剧作为诗的最高形式,"展示生活的可怕的方面",使人认清人生的本来面目就是痛苦和不幸,从而放弃生命意志,心甘情愿地在命运面前"退让"。因此,从唯意志论到悲观主义,是叔本华哲学和美学思想的基调。

尼采的基本出发点和叔本华相似,但结论却截然相反。他大致同意叔本华对世界和人生的看法,即认为它们受非理性的意志所支配,是可怕的、使人痛苦的、无法理解的,可是他却反对叔本华的人生哲学。叔本华说,既然世界和人生是没有意义、毫无价值的,那就应该抛弃这个世界,否定这个只能令人痛苦的生活。尼采却回答说,虽然这个世界没有意义和价值,但我们既然注定要在这样的世界里生活,就要勇敢地活下去。而为了使我们能够忍受这个世界和这样的生活,我们就须赋予它们以意义,由我们来创造出新价值。在对文艺的看法上,尼采也和叔本华迥然相异。如果说叔本华把审美、艺术看做暂时逃避生活的手段,而悲剧的作用在于把人引向"退让";那么尼采则认为,人生必须加以正视,艺术不是消极的逃避,而是肯定生活的一种积极手段,正是借助于艺术使世界和人生变形成为审美的现象而能为我们接受，悲剧所给予人们的启示也绝非否定生活，而是肯定生活。在《悲剧的诞生》中，美和艺术是被当作唯一的价值来看待的，尼采甚至断言，“只有作为一种审美现象，人生和世界才显得是有充足理由的”。[①] 这可以说是《悲剧的诞生》所提出的一个最重要的论点。

尼采通过对古希腊文学艺术史的考察指出，希腊人在最富有创造力的时期也敏锐地认识到并感到生存的恐怖和悲惨，像普罗米修斯、俄狄浦斯、俄瑞斯忒斯等等希腊文学艺术中的著名角色的遭遇，都充分表现出人生中的痛苦的一面。但是为了要活下去，不被痛苦所压倒而屈服于悲观主义，希腊人创造出奥林匹斯山上的诸神，借助于艺术的手段使世界和人生变形为审美的对象，把冷酷可怕的现实世界转化为充满阳光的幻想世界。这样，希腊人就能够对世界和人生采取积极的肯定态度而不是消极的否定态度。所以艺术是出于生活的需要，是作为继续生存的保证而产生的。没有艺术，希腊人就难以生活下去，生活本身就是一个艺术作品，这就充分证明了艺术的价值。在尼采看来，他所提出的所谓阿波罗（或译日神）艺术和狄奥尼索斯（或译酒神）艺术的全部根据也就在这里。二者虽然是两种不同的、甚至互相对立的艺术倾向，但它们所达到的目的却都是肯定生活。阿波罗艺术给现实世界加上一道审美的纱幕，创造一个形式和美的理想世界，以其梦幻中的美丽形象弥补了生存的恐怖和痛苦，它表现为奥林匹斯的神话、史诗和造型艺术。狄奥尼索斯艺术则不然，它不去美化现实，而使人完全忘

① 尼采：《悲剧的诞生》，第 24 节。

却自我，直接肯定和拥抱那可怕的存在，如醉如狂地与自然万物合为一体，浸沉于无限欢欣之中，它表现为音乐。悲剧的诞生则是阿波罗精神和狄奥尼索斯精神结合的产物，它把存在转化为审美的现象，可是并不给它加上一层纱幕，而是揭示它的本来面目，同时又最有力地对生活表示肯定和赞美，使人认识到“尽管不断发生现象的变化，生活本质上仍是坚不可摧和充满欢乐的”。[①] 希腊人虽然对人生最深的痛苦非常敏感，深刻地了解大自然和历史二者的毁灭作用，但却没有像叔本华那样否定生命意志，陷入悲观厌世，而被艺术拯救了。尼采说，在悲剧中，“作为意志的最高体现的英雄人物遭到毁灭，而我们却表示赞同，因为英雄也只是一种现象，意志的永恒生命并不因此而受影响。悲剧高喊道：‘我们相信生命是永恒的！’而音乐则是那生命的直接表现”。[②] 叔本华硬说，悲剧的意义在于使人认清生活不能提供任何真正的满足，它不值得留恋，从而把人引向“退让”的观念。尼采则反驳说，狄奥尼索斯告诉我们的完全不是这样，他给人的教训绝不是失败主义的，和屈从退让的消极态度截然不同。真正的悲剧精神正在于，它叫人欢欣地喝下人生的苦酒，使人们即使在悲剧英雄的毁灭中也能看到美，在痛苦中也能感到一种“更高的、征服对方的欢乐”。

显然，尼采对悲剧的这种理解表达了一种新的人生哲学，他的看法不仅和叔本华相反，而且和亚里士多德以来的传统观点不同。后来尼采在《偶像的黄昏》一书中谈到悲剧时指出，悲剧情感被亚

---

① 尼采：《悲剧的诞生》，第 7 节、第 16 节。

② 同上。

里士多德和我们近代的悲观主义者所误解了。“悲剧远不能证明关于叔本华意义上的所谓希腊人的悲观主义的任何说法，相反地，它倒可以被看作是对悲观主义的坚决否定和相反的例证。甚至在生活的最不可思议和最艰难的问题上仍对生活表示肯定，生活的意志甚至在它的最高类型遭到牺牲时也仍对它自己的无穷无尽的力量感到欢欣——这就是我称之为狄奥尼苏斯精神的东西，这就是我相信是通往悲剧诗人的心理的桥梁。不是为了摆脱恐怖和怜悯，不是为了用猛烈宣泄的办法去从一种危险的情感中净化自己——亚里士多德就是这样理解悲剧的——而是为了使自己成为生成的永恒欢乐，而超越于一切恐怖和怜悯之上——那种欢乐甚至还包括毁灭中的欢乐。”[①]尼采自己意识到这是一种与众不同的“崭新的思想”，所以他说，《悲剧的诞生》是“我对一切价值的第一次重新估价”。

尼采自称是悲观主义的最极端的反对者和对立面。他所以和叔本华决裂，不能容忍叔本华的悲观主义是主要原因之一。他说，《悲剧的诞生》是“反悲观主义的”，因为它教人以“某种比悲观主义更强有力的东西、比真理‘更神圣’的东西，那就是艺术”。[②] 他甚至认为，所谓悲观主义的艺术本身就是自相矛盾，“世界上根本就没有悲观主义艺术那样的东西——艺术总是肯定的”。因此，“叔本华说某些艺术作品是为悲观主义服务，这样说是错误的。悲剧决不教人‘退让’”。悲剧绝不是对生活有危害的艺术，绝不是衰亡

① 《偶像的黄昏》，考夫曼编《尼采选辑》，纽约，1954 年，第 562－563 页。

② 尼采：《权力意志》，考夫曼英译本，1968 年，第 453 页。

的征兆，它本质上是“对生存的肯定、祝福和神化。”[①]

从肯定和赞美生活的观点出发，尼采也对西方传统的基督教思想展开了尖锐的批判。在《悲剧的诞生》第二版前言中，他明确地声称，他对世界所作的纯粹美学的解释是以基督教义作为对立面的。基督教义以上帝的绝对真理作为绝对标准，贬黜一切艺术并加以谴责。尼采说，我总是强烈地感到在基督教的观念和价值体系中包含着对生活的仇恨，并且这样的体系从其前提来说就必然是憎恨艺术的。基督教从一开始就厌恶生活，只不过用信仰所谓“另一个”更好的生活来伪装和掩饰自己对生活的厌恶罢了。尼采指责基督教“仇恨这个世界，诅咒爱情，害怕美和感性事物，诽谤尘世生活”，说根据基督教的伦理，生活总是错的，因此生活自然而然地遭到蔑视，被加以否定，被看作不仅不值得我们欲求、而且本身也是绝对无价值的东西。尼采申明，他有意要和基督教唱对台戏，因此对生活作了完全相反的评价，提出了与基督教相对立的一种具有美学倾向的学说，并借用一个希腊神的名字狄奥尼索斯来为它命名。后来尼采在“上帝死了”的口号下猛烈抨击基督教，说上帝是“生存的最大的对立面”。[②] 是“向生命、自然和生活意志的宣战”[③]等等，这些思想实导源于此。

尼采不遗余力地反对叔本华的悲观主义和基督教，正面肯定

---

① 尼采：《权力意志》，第 434－435，449 页。

② 《偶像的黄昏》，许莱赫塔编《尼采文集》，第 2 卷，第 978 页。

③ 《反基督者》，《尼采文集》，第 2 卷，第 1178 页。

人生，主张勇敢地投入到生活中去，宣扬一种决心要战胜一切苦难的积极进取的乐观精神，这些是他的文艺思想的长处。不过我们也必须指出，尼采的理论是建筑在唯心主义和唯意志论的基础上的。在他看来，艺术不是现实生活的反映，倒是弥补现实生活之不足、使人可以忍受生活苦难的手段，这就从根本上歪曲了艺术的本质。他对生活所抱的乐观主义精神，也不是基于对社会历史发展规律和人类前途的认识，而是凭借意志的力量、某种类似主观战斗精神的东西。这种夸大主观意志作用的观点，可以发展到危险的地步而导致严重的恶果，必须加以警惕。实际上，尼采和叔本华一样，都用主观主义和非理性主义观点去看世界和人生，把整个客观存在都说成是虚假不真、残酷而无意义的东西。尼采反对的只是叔本华哲学的结论，却没有否认它的基本理论前提。他虽然指责叔本华哲学使人悲观颓废、消沉没落，而提倡德意志精神的新的复兴和奋起，但他既然接受了叔本华对世界的基本解释，就难以完全摆脱悲观主义人生观的阴影，而只能把这种复兴的希望寄托于某种非理性的力量，即《悲剧的诞生》中所鼓吹的所谓狄奥尼索斯精神。它是尼采为当时堕落的德国社会所开的药方，企图以此来清扫一下这个肮脏马厩。可是，他的这个药方丝毫不涉及社会制度的变革，也不依靠任何特定的社会力量来付诸实施，而仅仅诉诸个人的主观精神因素。说穿了，这样的药方也只不过是给那些因寻找不到出路而感到苦闷的人们制造一个新的危险的幻想罢了。

二

尼采对西方文学艺术发展的影响,除了他所鼓吹的审美的人生哲学外,还在于他对文艺创作的特殊理解。

阿波罗精神和狄奥尼索斯精神是尼采提出的两个最重要的概念。他不仅用它们来解释古希腊文学艺术以至全部文学艺术史,而且用它们去说明文艺创作的本质。阿波罗和狄奥尼索斯是希腊神话中的两个神,尼采借用他们的名字去譬喻推动艺术的产生和发展的两种基本力量。照他说来,这是两种基本的艺术冲动,唯有它们才是艺术创作的真正原动力。而一切真正的艺术,要么是阿波罗式的,要么是狄奥尼索斯式的,要么是二者兼而有之,任何时期任何一种艺术的性质就取决于这两种冲动中何者起主导作用。因此,阿波罗和狄奥尼索斯虽然来自希腊神话,却被尼采加以抽象化、普遍化和绝对化了,变成了解释一切文艺创作的基本原则。

尼采并不认为艺术是阿波罗精神和狄奥尼索斯精神发生作用的唯一领域,它们既可以无须人间艺术家的中介,从自然界本身迸发出来,也在更低、更基本的层次上表现出来,那就是两种生理现象:梦和醉。阿波罗精神表现在梦里,梦是一种幻觉,却给人以美的图景,使之摆脱变幻不定的存在的痛苦。正是在梦中,人直接把握形式,在静观美的梦幻世界时得到莫大的愉快。尼采说,这种梦的世界的美丽幻想不仅是一切造型艺术的前提,而且也是诗的前提,而每个人在制造美丽幻想方面都证明自己是有才能的艺术家。阿波罗是光明之神,在他的光照之下,一切都以明晰的个别形体出现，讲究形式的美，所以他称得上是“个性化原则的光辉形象”。[1]狄奥尼索斯精神则与此相反，它表现为醉，在醉的状态下，个人丧失了自己，所以说它是“个性化原则的解体”。[2] 醉可以直接由麻醉物引起，也可以由春天的到来而引起。这是一种类似迷狂的带有神秘意味的经验，人进入高度的紧张状态，一方面感到狂喜，另一方面又感到痛苦和可怕。人们抛弃了彼此间的一切界限，打破一切禁忌，取消自我克制，尽情地放纵自己原始的本能，载歌载舞，沉醉于集体的狂欢之中。个人与周围的一切融合在一起，重新恢复到普遍的和谐与原始的统一。因此，在尼采那里，艺术冲动被归结为人的生理本能，艺术创作的原动力深深地植根于人本身之中。

比较而言，尼采对狄奥尼索斯精神的重视显然要超过阿波罗精神。他指出，“狄奥尼索斯因素比起阿波罗因素来，显示为永恒的本原的艺术力量，因为正是它使现象世界得以存在。”[3]阿波罗精神则是次生的，它离开了前者就不能生存。这一观点贯彻在尼采对希腊文学艺术的发展的具体解释中，狄奥尼索斯冲动不仅被看作产生全部光彩夺目的希腊文学艺术的最深的、最原始的底层，而且它对希腊文化最美的花朵——悲剧的诞生，也起了无可替代的决定性作用。在尼采的论述中，最值得注意的是他对于文艺创作中的非理性的、无意识的因素的强调，这可以说是他给现代西方文学艺术的发展留下深远影响的一个极其重要的观点。一般人认为，阿波罗精神讲求形式美，注意节制有度，似乎比较偏重理智，但

① 尼采：《悲剧的诞生》，第1节。

② 同上。

③ 同上，第25节。

如果仔细推敲,它既然表现为梦,是一种制造幻觉的冲动,它本身就必然带有非理性的、无意识的因素。至于狄奥尼索斯精神,则出于人的最深的原始本能,可以说基本上是属于非理性和无意识的领域。尼采认为,希腊文化的高度成就都是由非理性因素的力量促成的,而一旦苏格拉底的理性主义占了主导地位,欧里庇得斯企图使悲剧理性化而排除悲剧中的原始的和强有力的狄奥尼索斯因素,就导致了悲剧的自杀和毁灭,而一度曾经如此辉煌灿烂的希腊文化艺术也从此全面衰亡了。过去德国的传统美学,从温克尔曼、莱辛到黑格尔,都用理性主义观点去理解希腊文化,把美的理想奉为文艺创作的准则,他们的看法长期统治着古典学的研究。尼采则一反传统,揭示出过去一向被忽视的另一方面,即非理性因素在希腊精神的形成中的作用,提出要超越莱辛的《拉奥孔》而寻找新的出路,通过狄奥尼索斯使真正的希腊精神再生。其影响所及,不仅为古典学研究注入了新内容,而且使整个西方文艺思想以至社会哲学思想改变了发展方向。总的说来,19 世纪西方文化是理性和科学占统治的,在尼采之后,风气为之一变,非理性主义思潮开始盛行。这种思潮固然不是从他开始,然而非理性主义以狄奥尼索斯的形象化的面目出现却具有特殊的魅力,吸引了许多人。哲学和文学艺术中的形形色色的非理性主义派别,从尼采那里取得了丰富的思想营养。因此,这一思潮在 20 世纪的泛滥与尼采有相当大的关系。

尼采对于艺术家的创作心理的分析,也着重非理性和无意识的作用。他说:“要使艺术成为可能,也就是说,为了使一种审美创作和审美欣赏可能存在,就必需要有某种预先的生理状态:醉的状态。这种醉的状态首先必须加强整个机体的感受性,否则就不可能有任何艺术。"[①]醉的状态有各种各样,其中首先是性的兴奋,这是醉的状态的最古老和原始的形式。此外,还有由强烈的欲望和激情所产生的醉的状态,在酒宴和比赛场上出现的醉的状态,由残酷行为引起的醉的状态,以及由于气候影响或使用麻醉药而造成的醉的状态等等,其共同的本质特征是力量增强和精力充沛之感。尼采说:"由于这种感觉的驱使,一个人把他自己的东西给予事物,他迫使它们分享他的财富,他对它们施加暴力——这种行动就叫作理想化。"[②]因此,艺术家进入创作是出于生理本能,是处于无意识的心理状态,在创作过程中他用自己丰满的力量把其他事物丰富了,使事物变形,直到在它们身上打上他的完美性的印记。这种强制性地使事物变形而成为美,就是艺术,而这个过程并非出于艺术家的自觉。所以在整个文艺创作过程中,非理性和无意识的因素都占着统治地位。

尼采在自传式著作《看哪,这人》中自称为"无与伦比的心理学家"。他从心理学角度考察了人的活动,其中包括文艺创作活动中的无意识现象。他认为,如果忽视人们行为的非理性的、"地下的"泉源,也就不能理解人的精神。他不承认人有什么固定的本质,把人的意识仅仅看作表面现象,而在意识的表层下面,还有多层次的心理结构,只是人对这些东西迄今还一无所知。[③] 尼采提出的问题直接启发了弗洛伊德,弗洛伊德十分钦佩尼采,把他作为自己的

① 尼采:《偶像的黄昏》,《尼采选辑》,第 518 页。

② 同上。

③ 尼采:《朝霞》中"经验与虚构"第 1 节。

思想先驱，认为尼采所达到的内省的深度过去从未有人达到过，今后也不见得再有人能够达到。[①] 尼采对整个精神分析学派的影响很深，正如一位研究者所说："尼采可以被视作弗洛伊德、阿德勒和荣格的共同来源"。[②]

艺术创作中的非理性和无意识的因素是一个很复杂的问题。作为一种文艺现象，它的存在似乎是不容置疑的，许多作家和艺术家(例如伟大德国诗人歌德)曾经以亲身经验证实这一点。应该承认，这个问题至今没有获得令人满意的科学的解答。尼采指出这个存在的事实，引起了人们的重视，这不能说不对。问题在于他把这种非理性的、无意识的因素夸大为绝对，把它说成是艺术创作中的主导的决定性因素，使狄奥尼索斯冲动凌驾一切，成为艺术的创造主。这样，他就把人的原始本能、甚至低级的动物式的本能当做艺术的原动力，无视文学艺术是人类具有高度创造性的精神劳动的产品，而抹杀了人区别于一般动物的自觉能动性在艺术创作中的决定性作用。尼采颠倒了理性与非理性、自觉性和无意识性的主次，就必然会走向谬误。

三

尼采关于美和艺术的本质和作用还有一些值得注意的论述，在某种意义上可以说是他的审美的人生哲学的进一步发挥。

---

① 考夫曼：《精神的发现》，第 2 卷，英文版，1980 年，第 47－49 页。

② 埃伦伯格：《无意识的发现》，英文版，1970 年。

先谈尼采关于美的见解。尼采的根本出发点是认为审美价值只不过是人的创造物，与客观世界无涉。美使我们的生活更好过些，但它却并不是真的。正因为美是我们的主观创造，所以没有任何东西比美感更相对的了。他说，从柏拉图开始，一直有人试图寻求绝对的美或所谓"美本身"，但人们所钦慕的"美本身"却"仅仅是一句空话而已，它甚至还不是一个概念"。实际上，美是人自己的创造物，而且是以人自身作为标准而创造出来的。尼采写道："在美之中，人把自己树为完美的尺度；在精选的场合，他在美之中崇拜自己。一个物种舍此便不能自我肯定。它的至深本能，自我保存和自我繁衍的本能，在这样的升华中依然发生作用。人相信世界本身充溢着美——他忘了自己是美的原因。唯有他把美赋予世界。惜哉！他只赋予世界以一种人性的美、太人性的美……归根到底，人把自己映照在事物里，他又把一切反映他的形象的事物认作美的：'美'的判断是他的族类虚荣心"。[①] 如果有人怀疑：难道只是因为人认为世界是美的，世界才真是美的吗？那么尼采的答复是：人只是把世界加以人化，如此而已。

尼采的观点具有强烈的人本主义色彩。古希腊的普罗塔哥拉曾提出"人是万物的尺度"这一著名命题，尼采实际上是把这个命题应用于美学，把人当做美的尺度。在他看来，世界本来无所谓美或不美，只是由于人把世界加以人化才产生美，离开了人也就谈不上美。这种以人为本位的美学观点，强调美是人的创造，人是一切美的根源，充分肯定人在美的创造过程中的主观能动作用，有其合

① 尼采：《偶像的黄昏》，《尼采选辑》，第525页。

理的因素。可是人的这种主观能动作用是被尼采唯心地、抽象地发展了,被他片面地夸大了。问题的关键在于,他不理解世界的"人化"是通过人的社会实践、特别是劳动实践来实现的,他的所谓"人化"只是生命意志或权力意志在客观世界的投射或外化,与马克思所说的"人化的自然"有原则的区别。

从上述观点出发,尼采引导出他的两条美学基本原理。他这样说:"没有什么是美的,只有人是美的:全部美学都建立在这一朴素的真理之上,它是美学的第一条真理。让我们再立刻补上第二条真理:除了退化的人以外,没有什么是丑的——审美判断的领域就局限于此。"[①]美与丑正好相反,这首先是从生理学的观点着眼的。丑使人软弱、沮丧,它使人想起颓败、危险、软弱无力。见到丑的东西,人就失去力量,因此丑的效果是可以用功率计来测量的。人的权力感、权力意志,他的勇气和骄傲,这些都随着丑的东西而下降,随着美的东西而高扬。所以尼采把丑理解为标志堕落退化的一种征兆。他认为,人们憎恨丑的东西,因为人最憎恨的就是"他的类型的没落",在这方面他的憎恨是发自族类最深的本能的。后来尼采进一步把美和丑说成是生物学价值,凡是对我们有用、有益、提高生命力的东西,就给我们以美感,即权力感增长的感觉。相反地,丑则意味着类型的退化和有组织的力量的衰退、意志的衰退。"因此,美和丑只是作为与我们最基本的自我保存的价值有关的东西才得到承认。离开这一点,想要断定任何东西是美是丑,都

① 尼采:《偶像的黄昏》,《尼采选辑》,第526页。

是毫无意义的。"[1]

可以看出，尼采的人本主义美学思想是和生物学观点密切结合在一起的。他曾研究过达尔文学说，他对美和丑所作的生物学解释，显然受到达尔文主义的影响。但是，他在自己的解释中又掺进了权力意志论，因此美就不仅仅是"族类虚荣心"或自我保存的生物学意义上的价值，而且是权力的表现。美成为"权力的最高的征兆"。如果说，生物学的美学观点虽不能令人满意，还多少包含着一些唯物的因素，那么鼓吹权力意志的唯意志论就把这一点点唯物的因素也最后断送了。

现在再来谈尼采关于艺术的本质和作用的看法。前面已经说过，尼采的审美的人生哲学赋予艺术以最高的地位。许多世纪以来，基督教一直统治着西方社会。有人指出，尼采是第一个提出在基督教统治结束后艺术可以代替宗教的西方思想家。尼采确实也是把艺术作为宗教的对立面来看的，他说："我们的宗教、道德和哲学都是人的颓废形式。相反的运动则是：艺术"。[2] 他后来在回顾《悲剧的诞生》一书时所写的笔记中，甚至提出了"艺术就是一切"的口号，并对艺术作了这样的评价："艺术是使生命成为可能的伟大手段，是求生的伟大诱因，是生命的伟大兴奋剂"；艺术又是对否定生命的意志的唯一最好的抵抗力量；对于求知者、行动者和苦难者来说，艺术都是他们的救星。在尼采看来，现实世界是如此残酷可怕又可疑，为了要征服现实并能够活下去，人就需要"谎言"。在

① 尼采：《权力意志》，第423页。

② 同上，第419页。

过去，形而上学、道德、宗教等等无非都是“谎言”的不同形式，而现在“上帝死了”，这些东西都不灵了，就只能求助于艺术。人要重新树立对人生的信念，就是靠艺术这个“救星”。艺术就像动物身上的旺盛活力，使人热爱生活，它如同补药那样起作用，增强人的力量，点燃起生的欲望。因此，尼采把艺术当做对付悲观主义和宗教虚无主义的有效武器。但是，如果人们把艺术信以为真，那就错了，因为艺术仍然只是一种必需的“谎言”。传统的美学理论一般都讲真、善、美的统一，尼采则认为艺术只追求美，与真、善无关。生活的最终的问题不是道德的和科学的，而是艺术的。假如世界是美的，使人能够生活下去，为什么还要去做进一步的探究呢？他甚至声称，哲学家说“善和美是同一的”，这是一种可耻行为，而如果还要加上一句“真、善、美是同一的”，那就应对这个哲学家处以鞭责。因为在他看来，“真理是丑的”，“我们拥有艺术，免得我们被真理所毁灭”。①

出于这种对艺术本质的歪曲的看法，尼采根本否认艺术有反映现实、认识现实的作用，他对艺术中的现实主义是很看不起的，甚至认为它实际上不可能存在。他也同样不承认艺术的道德教育作用，认为根本就没有普遍而永恒的道德，过去宣扬的道德观念大都是建立在基督教基础上的虚假谎言，因而宣布自己是“第一个非道德论者”。尼采否认艺术的认识作用和道德作用当然是错误的，其根源在于他的非理性主义的哲学世界观。但由此也不能像某些

---

① 尼采：《权力意志》，第435页。

人那样得出结论说尼采是“为艺术而艺术论”的拥护者。他曾明确地指出，“如果把道德说教和改进人性的目的从艺术中排除，那么这也决不能得出结论说艺术是绝对没有意思、无目的和无意义的……艺术是生活的伟大兴奋剂：怎么能够把它看作无目的、无意义、为艺术而艺术呢？”[①]所以说他并不是否认艺术有社会目的和社会作用，而是他对此有不同的理解，主张从更高的“为生活而艺术”的意义上去肯定艺术的目的和作用。尼采对浪漫主义的猛烈抨击和对现代文化的批判，都是从艺术应当为生活服务这一点出发的。

艺术既然有它的重要作用，那么艺术家也应承担起自己崇高的社会使命。尼采把诗人称作“引向未来的向导”。他认为，近代人身上仍然存在的未被利用的一切剩余的力量，应该全部用于一个确定的目标，不是去描述现在或是去恢复和总结过去，而是去指明通往未来之路；但诗人和政治经济学家不同，他的任务不是去预测一种更好的社会状态以及实现这种状态的远景，而是应当去塑造人的美好形象。诗人正是通过塑造新的人的形象来帮助创造未来。尼采说，这一通往未来的道路是由伟大德国诗人歌德开辟的。

可是，20世纪西方文学艺术的发展却无情地证明：尼采思想虽然帮助破坏了一个旧世界，却并没有能指明一条通往未来的正确的道路。一些进步作家尽管从他那里汲取了同丑恶的生活现实搏斗的勇气，却没有创造出作为新社会建设者的新人的形象。至

① 《偶像的黄昏》，《尼采选辑》，第529页。

于接受他的影响的更多的现代派作家，则同他的预期相反，他们创造出来的现代西方人的形象根本不是生活中的斗士，而是玩世不恭、随波逐流、颓废、失望、彷徨不安、毫无生活理想的庸人（萨特笔下的洛根丁那样的人物）。这不是历史的莫大讽刺么？

（原载《红旗》杂志 1988 年第 3 期）

西欧美学

西欧美学思想的发展从古希腊罗马时期开始，经过欧洲中世纪、文艺复兴、启蒙运动直到近现代，历时两千余年，内容丰富，学派众多，而又前后一脉相传，具有不同于东方美学（如印度、中国）的特性。它对世界文化的发展起了深远的影响，是重要的人类思想财富。

古希腊是西欧美学思想的发源地。早在上古的希腊著名史诗《伊利亚特》、《奥德赛》和神话传说中，已经可以看到人类审美意识的萌芽以及关于艺术（主要是诗歌）的起源、目的和功能等等的看法，但严格地说还不能称之为美学思想。一般认为，美学问题的探讨开始于希腊历史上的古典时期，即始于公元前6世纪末至公元前5世纪，当时希腊奴隶制社会进入了发展的鼎盛期，文化艺术如建筑、雕塑、音乐、舞蹈、诗歌、戏剧都已达到很高的水平，与此同时也开始出现哲学的繁荣。古希腊美学思想就是在文化艺术和哲学的发展的基础上产生的，它代表着人们在当时的认识水平上对某些美学现象和艺术进行哲学思考所取得的成果。

苏格拉底以前的早期希腊思想家还没有系统的美学理论，他们的一些零星的见解散见于留存下来的残篇和后人的记载中，不过他们的探索却为以后希腊美学思想的发展奠定了基础。例如，毕达哥拉斯学派认为，世界是按数学的方式构成的，数学的原理就是一切事物的原理，因此有秩序、合比例、和谐、对称是美的，反之，无秩序和不合比例就是丑的。他们的另一个重要的看法是强调艺术对人的影响，主张用音乐去净化人的灵魂。这些思想后来在希腊美学和艺术中都成为人们普遍接受的原则。赫拉克利特接受了毕达哥拉斯学派关于和谐的观念，但认为和谐是由对立物所形成的，“互相排斥的东西结合在一起，不同的音调造成最美的和谐”。他同时也看到了美的相对性。德谟克利特的贡献则主要在诗和艺术的理论方面，他虽不是首先在古希腊提出摹仿的概念，但却对摹仿作了新的解释，把艺术理解为对自然的摹仿。他还强调热情和灵感对诗的创作的重要性。到了智者派和苏格拉底，哲学研究的重心由自然转向了人，美学思想也起了相应的变化。从“人是万物的尺度”出发，他们不再把美理解为事物的客观特性，而把它看作通过感官给人以快感的东西。他们也从对人的效用的观点去解释美，把美说成是符合目的、适用，同时也进一步阐述了美的相对性。总的说来，早期希腊思想家在美和艺术这两方面进行了不少有益的探索，不过在他们那里美和艺术还是没有内在联系的两个独立的领域，他们所说的美还没有和好、善的概念严格区分开，艺术也和一般的技艺混淆不清，这种概念的含混在古代世界里一直延续很久。

古希腊美学思想在柏拉图和亚里士多德那里达到了发展的高峰，他们对美学问题进行了深入的探讨，建立了系统的美学理论，对以后西方美学的发展发生了极大的影响。

柏拉图是苏格拉底的学生，他的美学思想前后有一个发展过程，早期著作大概复述苏格拉底的思想较多，中期和晚期著作则主要发挥他自己的思想。柏拉图对美学的一个重要的发展，是从个别具体的美的事物进一步推进到探讨作为抽象概念的美的本质，即所谓"美本身"的问题。他把哲学上的"理念论"应用于美学，批驳了相对主义的、功利主义的美的观点。在他看来，只有理念世界才是唯一真正的实在，而感性世界不过是理念世界的苍白的影子，理念世界的"美本身"是永恒不变的、绝对的，而感性世界的美的事物则是相对的，它们之所以美只是由于它们"分有"了作为理念的"美本身"。柏拉图用灵魂的回忆去说明对美的循序渐进的认识过程，认为只有借助于理性才能认识"美本身"，提出真、善、美的统一作为追求的最高理想。柏拉图的艺术理论也很重要，他把摹仿看作艺术的本质，却由此得出贬低艺术的结论，因为艺术摹仿自然，而自然只是理念世界的影子，所以艺术就沦为"影子的影子"，"和真理隔着两层"，没有认识的价值。但他并不否认艺术的社会作用和对人们的潜移默化的教育作用，他最早提出艺术要以社会效用作为衡量的标准，指责希腊的文学戏剧挑动情欲，败坏人心，主张把诗人逐出他的"理想国"。柏拉图的艺术创作论则带有非理性的神秘主义色彩，他把灵感作为文艺创作的源泉，而灵感来自神灵凭附，仿佛创作过程是神志昏迷、失去理智的一种迷狂状态。所有这些观点都在西方美学史上起过重要的作用。

亚里士多德是古希腊哲学的集大成者，也是柏拉图的对立面。他深刻地批判了柏拉图的理念论，从而摧毁了柏拉图关于美的学说的基础。他又回到古希腊认为美在客观事物本身的传统观点并加以发展，指出美的主要形式是秩序、匀称、明确，美的事物是各部分有秩序地安排的一个有机的统一体，不过亚里士多德的主要贡献还在他的艺术理论，他的《诗学》是西方美学史上影响最大的著作之一，可以称得上是对古希腊文学艺术的理论和实践的总结。他也把摹仿看作艺术的本质，但结论却和柏拉图相反。他认为，摹仿出于人的天性，使人高出禽兽，通过摹仿的艺术，人可以获得关于现实的知识，因此艺术具有认识的价值，同时又可以得到快感，因此艺术又有审美的价值。他所理解的摹仿不是抄袭自然，而是摹仿事物应有的样子，也就是根据发展的必然规律把事物加以理想化。这样，艺术通过摹仿反映事物的本质，所以它比历史更真实，价值也更高。亚里士多德的这些观点实际上为以后艺术中的现实主义奠定了理论基础。针对柏拉图对诗人的攻击，亚里士多德替他们作了热情的辩护。他指出，艺术不是为了单纯的娱乐，挑动人的情欲，而是与社会伦理和教育密切相关的，特别是悲剧对怜悯和畏惧这类情感具有"净化"作用，陶冶人们的性情，有益于心理健康和道德品质的培养。亚里士多德关于戏剧艺术提出许多重要见解，被后世奉为必须遵循的规范（其中有的是出于误解，如著名的"三一律"），长期支配着欧洲的戏剧创作。

亚里士多德标志着希腊美学古典时期的结束。从公元前 3 世纪至公元 3 世纪，罗马代替希腊成为西方世界的中心，但从文化和思想上说，仍直接继承希腊，美学思想也同样如此。这就是历史上的所谓"希腊化时期"。与古典时期相比，这个时期的美学没有重大的建树，缺少创造性，但一些主要的哲学流派也提出过某些值得注意的美学观点。如伊壁鸠鲁学派用快乐主义和感觉主义的观点去对待美学问题，用快感去解释美，用人的实际需要去解释艺术。

怀疑论学派强调人们关于美和艺术的意见的矛盾和分歧，认为不可能也不需要去建立文学理论。斯多葛学派从他们的道德伦理学说出发，强调美和善的同一，“美就是道德”；这一派的观点在“希腊化时期”势力最大。折衷学派则以西塞罗为代表，把柏拉图、亚里士多德和斯多葛学派等不同的观点凑合在一起。这个时期比较重要的美学著作有贺拉斯的《诗艺》和朗吉弩斯的《论崇高》，它们在西方美学史上都发生过一定的影响。

“希腊化时期”向欧洲中世纪过渡的关键人物是新柏拉图主义的创始人普罗提诺，他是由古希腊美学通往基督教美学的桥梁。普罗提诺对柏拉图思想作了新的解释和新的发挥，把它进一步引向了宗教神秘主义。他否认美属于事物本身，反对把美看作匀称，认为美完全来自理念世界，而神（他又称之为“太一”、“善”、“绝对者”）则是美的最后根源。感性世界的美只是低级的美，精神世界的美才是高级的美，而它只有借助于灵魂内部的观照、灵魂的自我完善、深入到人自己的内心中去才能认识。因此，美的观照是一种“出神状态”，不是依靠理性，而是依靠非理性的神秘直觉。普罗提诺在西方美学史上首先明确地把美和艺术这两个领域统一起来，认为艺术的全部目的就在于表现美的理想，人们需要艺术，不是为了反映现实，而是为了追求现实世界中所缺乏的美，为了“弥补自然之不足”。他仍然承认艺术是摹仿，但摹仿的是理念世界，所以他不像柏拉图那样贬低艺术。普罗提诺的美学思想直接影响了一些基督教神学家，对欧洲中世纪的美学思想、宗教艺术和审美趣味都起了支配作用。

相对来说，在漫长的欧洲中世纪，美学思想是相当贫乏的。基督教神学在思想领域中占了绝对统治地位，它贬低人，轻视美和艺术，鼓吹禁欲主义，使美学不可能作为一门学科而得到发展。不过基督教思想家们虽然并不重视美学研究，却还是对某些美学问题进行过较深的思考，当然他们的美学观点主要是为神学服务的。在早期基督教神学家中，最重要的代表人物是奥古斯丁，他的美学思想深受新柏拉图主义的影响，同时又保留了古希腊罗马的一些传统的美学观念，一方面他承认美的客观性，强调尺度、形式和秩序，认为事物之美在于和谐和合适；另一方面他又坚持美来源于上帝，上帝是真正的美，由于上帝创造万物，所以万物也在不同程度上体现上帝的本性。奥古斯丁以后的800年间，中世纪美学在诗、音乐和视觉艺术的理论方面取得了一些成就，可是在基本美学理论方面却没有什么重要的新进展。直到13世纪托马斯·阿奎那才又推动了美学思想的发展。阿奎那所宣扬的是加以基督教解释的亚里士多德主义，他认为美主要有三个因素：第一是完整或完美，第二是适当的比例或和谐，第三是鲜明。在他看来，在感性的外在美之外，还有精神的内在美，在经验中感知的不完全的美之外，还有完全的、神圣的美，前者只是后者的反映，所以上帝是美的最终根源。美和善既是同一的，又有区别，善是欲望的对象，而美不涉及欲念，是一眼看到就令人感到愉快的东西。这种思想实际上是以后美的无功利性观点的滥觞。

文艺复兴打破了中世纪宗教神学对人们的长期思想禁锢重新恢复了人的地位。这一运动发源于意大利，逐渐扩及其他西欧国家，于15至16世纪达到极盛。文艺复兴时期的思想家们以人道主义作为旗帜，反对宗教权威和神权统治，歌颂人的力量、尊严和自由，强调人的现世生活的重要。他们推崇古希腊罗马的古典文化，而又赋予新的内容。这个时期的文学艺术，特别是建筑、雕塑、绘画取得了辉煌的成就，与此相应，在诗学、文学批评和艺术理论方面，除了诠释古典著作（如亚里士多德的《诗学》、贺拉斯的《诗艺》等）外，也密切结合当时的文艺实践对文艺与现实的关系、文艺的社会作用、艺术技巧等重要问题，提出了新的见解。在美的问题上，则注重谈人体美、人性美。不过总的说来，文艺复兴时期思想家们对美学基本理论的研究还是薄弱的，他们的历史作用在于为以后美学思想的繁荣发展开辟了道路。

崇拜古希腊罗马文化的结果导致了古典主义的产生。从 17 世纪到 18 世纪，这个学派起初在法国、后来又在其他某些欧洲国家取得了支配地位，对文艺创作发生了巨大影响。古典主义美学以布瓦洛为代表，他在韵文体长诗《论诗艺》中系统地阐述了这一派的理论。这部著作在哲学上是以笛卡儿的理性主义为思想指导的，即崇尚理性，把理性作为文艺创作的根本原则和衡量一切作品的标准。由于符合理性的东西必然带有普遍性和永恒性，因此文艺所要表现的不是个别的偶然的东西，而是普遍的永恒不变的东西。在布瓦洛看来，古希腊罗马的古典作品就是体现普遍理性和永恒人性的典范，所以应该全面摹仿古人，把古典作品的创作原则奉为必须遵守的金科玉律（如戏剧理论中的所谓“三一律”）。这样，古典主义美学虽然在历史上起过一定的积极的作用，后来却成为僵死的文艺教条。摆脱这一新的思想桎梏的任务落到了 18 世纪启蒙运动者的肩上。

启蒙运动美学首先产生于法国，然后在德国得到了进一步的发展。法国早期启蒙运动的重要代表伏尔泰提倡理性和科学，反对封建制度和教会权威，但在美学思想方面仍没有跳出古典主义的窠臼，他不仅在理论上为古典主义所制定的规则辩护，而且在自己的创作实践中也遵循这些规则，只是他企图用古典形式来表现启蒙思想而已。到了百科全书派的领袖狄德罗，则毅然地与古典主义相决裂，用唯物主义精神去创造新的美学和文艺理论体系，狄德罗把美理解为存在于客观事物中的一种性质，认为美在于关系，即凡是能唤醒关系概念的东西，就是美的。他区分两种美："在我身外的美"是不依人们主观感觉为转移的客观存在，他把它叫作"实在的美"；"与我有关的美"则与审美主体的感觉有关，亦可称为"见到的美"。他肯定美的客观性，同时又承认人的主观的审美作用，强调要在事物和现象的相互关系中去把握美。狄德罗的另一个重大贡献是为现实主义文艺理论奠定了基础，他主张尊崇自然，摹仿自然，不过他所说的摹仿自然是指如实地反映现实，再现生活的真实，艺术中的美首先来自所反映的生活的真实，所以从根本上说，真和美是一致的。他在戏剧理论和绘画理论方面尤其有深入的研究，批判了古典主义的教条，提倡了现实主义的创作方法，他还探讨过艺术天才问题，提出了一些和后来康德类似的见解。与狄德罗同时的另一位启蒙运动著名人物卢梭，则从不同的角度去反对古典主义。他主张回归自然，幻想回到原始的纯朴而自由的自然状态，认为科学和艺术的发展导致人类的堕落和道德沦丧，因而采取否定的态度，甚至反对开设剧院。他在文艺创作中崇尚情感，对浪漫主义思潮的流行起了促进作用。

德国启蒙运动美学的开创者是鲍姆嘉通，他的主要功绩是首先把美学作为一门独立学科而提出,并把它正式命名。他根据莱布尼茨和伏尔泰的认识论学说,认为认识是一个由低级到高级的发展过程,即由"朦胧的认识"到"明晰的认识",但"明晰的认识"又可分为感性认识("混乱的认识")和理性认识("明确的认识")两个阶段。研究理性认识的是逻辑学,而感性认识过去却得不到重视,鲍姆嘉通主张也要有专门的学科去研究,那就是"美学"(按希腊文的原义是"感觉学")。美学第一次独立出来与逻辑学并立,取得了它存在的哲学根据和合法权利,由一般关于美和艺术的理论上升为更具有普遍性的哲学学科,这是从鲍姆嘉通开始的,后来则在德国古典哲学中得到了高度发展。鲍姆嘉通的学生温克尔曼是另一个有影响的启蒙运动美学家,他以研究古希腊造型艺术闻名,用物质环境和社会条件去解释希腊艺术,并在研究中贯彻历史主义方法,着重说明希腊艺术的起源、发展、变化和衰亡。德国启蒙运动美学最杰出的代表是莱辛,他在美学名著《拉奥孔》和《汉堡剧评》里尖锐地批判了古典主义,探讨了各种艺术的特殊本性及其客观规律,较深刻地研究了典型性问题,和狄德罗相呼应,对现实主义美学理论的建立作出了卓越贡献。

美学思想在18世纪的英国也得到了发展。如果说在法、德两国美学思想中占主导地位的是理性主义,那么英国美学思想的主流则是经验主义。早期英国美学家如蒲柏仍是古典主义的信奉者,夏夫兹伯里和哈奇生基本上也还是站在理性主义立场上去探讨美和善、审美活动和道德活动之间的关系的,断定人天生就有分辨善恶和美丑的能力(即所谓"内在的感官")。但以后经验主义就在英国美学思想的发展中占了上风,其著名的代表人物是休谟和柏克。他们都从洛克的感觉主义出发，却达到了不同的结论。休谟把感觉绝对化，怀疑感觉以外有任何实在，他把美感和快感相等同，认为美不是客观存在于任何事物中的内在属性，它只存在于鉴赏者的心里。由于每个人都看到不同的美，因此美只是相对的、主观的东西，去探求真正的美或真正的丑是徒劳的。但他一方面怀疑审美鉴赏具有真正的普遍性，另一方面又试图到人的心理构造中去寻找鉴赏的一些普遍一致的褒贬原则，因而陷入了矛盾。柏克则肯定感觉有客观来源，认为美是物体中能引起爱或类似情感的某种品质，美的因素客观地存在于物体中，如体积小巧、表面光滑、各部分有逐渐的变化、娇柔纤细的体态、洁净明快的颜色等。丑的因素则正好与美的因素相反。他对美的原因作生理学解释，人感受美是由于身体肌肉组织松弛舒畅而发生快感。在他看来，鉴赏力有共同的客观规律和标准，这应该到人的感觉器官的共同生理结构中去寻找。柏克的另一重要贡献是他首先明确地区分了崇高与美这两个不同的美学概念之间的界限，指出它们有不同的性质和起源。崇高感不是快感，它是由痛感转化而来，起源于与“自我保全”有关的痛苦和危险的观念。当痛苦与危险与我们相隔一定的距离，能引起我们关于痛苦与危险的观念而实际上又不使我们真正陷入这种境地时，才成为崇高的对象。他分析了崇高对人造成的心理和生理效应，把崇高作为鉴赏的对象，并为它在艺术中争得了地位。这使美学研究的范围进一步扩展了。

18 世纪末至 19 世纪，西欧美学发展的中心转到德国。正是在德国古典哲学中，美学研究达到了新的高峰而成为一门名副其实的独立学科。在美学史上，这个时期的德国美学无疑是古希腊美学之后的最重要的发展阶段，康德则是它的创始者，他集中提出了近代美学问题，对近现代美学思想的发展方向起了决定性的作用。在他的名著《判断力批判》里，康德一方面吸收了以往理性主义派和经验主义派美学的不少思想（如鲍姆嘉通和柏克的一些看法），另一方面又力图调和这两派的矛盾，建立一套新的美学理论而纳入他自己的哲学体系。在他那里，审美判断是沟通感性和理性、自然界的必然和理性的自由的手段，所以美学和认识论、伦理学一起成为康德哲学不可缺少的组成部分。这种把美学归入哲学体系的做法，是从康德开始的。康德美学的特点是突出主体在审美活动中的作用，力求感性和理性的统一，企图在个别感性经验（快感与不快感）中去揭示普遍而必然的先验理性原则。他用这种观点去分析美和崇高，得出了一系列重要的看法，如审美判断不涉及利害关系，美不依赖于概念而普遍令人愉快，美是无目的的合目的性的形式，崇高不在对象的形式，而在主体的心灵里，崇高与道德的密切关系，等等。在艺术论方面，他也提出过一些著名的论点，如把艺术看作自由活动的游戏说，强调艺术创作的创造性和典范性的天才论，等等，对以后西方美学思想产生了深远的影响。

康德美学带有浓厚的主观性，德国古典美学的进一步发展表现为克服这种主观性。赫尔德首先对他的老师提出批评，反对康德主要从主观的、心理学的方面去探讨美。席勒虽然是康德主义的信奉者，承认他的《美育书简》主要以康德的原理为依据，但他也对康德的主观的美的概念感到不满，不赞成康德用主观的合目的性去解决自然界的必然和理性的自由之间的矛盾，而要求在人的自我实现这个更为现实的基础上去求得矛盾的解决。席勒把审美教育提高到前所未有的重要地位，认为只有借助于审美活动和艺术才能恢复人性的完整，只有通过美，人才能走到自由。谢林则把美学建立在客观唯心主义的“同一哲学”的基础上，从主客体的“绝对同一性”（实际上是上帝的别名）中构造出艺术来。在他看来，美是表现于有限的形式中的无限，是自由和必然性、普遍和特殊、理想和实在、理性和感性的统一，而上帝乃是一切美的源泉。他把艺术和美完全等同，艺术变成了对美的追求，它没有自身以外的任何目的，艺术创作是天才的作品，而无意识活动则在创作活动中占主导地位。谢林的这些思想为当时德国浪漫派提供了理论根据。他关于艺术分类和艺术的历史发展的看法则直接影响了黑格尔，在美学研究中开始确立历史的观点。

德国古典美学在黑格尔那里达到了发展的顶峰。美学是黑格尔哲学的重要组成部分，它本身也是一个包罗万象的庞大体系。黑格尔把整个世界、包括人类社会在内都看作精神、绝对理念的发展过程，用这种客观唯心主义观点去理解美，美就是理念的感性显现，理念外化为自然界还是不自觉的，艺术则是精神自觉地把理念显现于感性形象，因此艺术美无限地高于自然美。黑格尔认为，艺术是精神达到它的最高阶段、即绝对精神的第一步，它本身也有自己的发展史。各种不同的艺术类型和各门不同的艺术不是相互并立的、外在的关系，而是属于一个依次相继的发展系统，作为一个统一的艺术整体的有着内在联系的各个有机部分。象征艺术、古典艺术和浪漫艺术便是艺术发展中的三个主要阶段或类型，而与之相适应的艺术形式则是建筑（象征艺术）、雕刻（古典艺术）、绘画、音乐（浪漫艺术）和诗。黑格尔对美学的最大贡献在于他在研究中贯彻了历史和逻辑相统一的历史主义原则，并且使用了分析具体矛盾的辩证方法，用矛盾冲突去解释艺术的发展和某些艺术现象(例如悲剧)。他已经觉察到近代资本主义社会条件不利于艺术发展的消极作用，提出了艺术消亡的思想，但却歪曲地把它解释为绝对精神离开艺术向更高的阶段——宗教、哲学过渡。一般说来，德国古典美学的发展到黑格尔的《美学讲演录》就宣告终结，黑格尔派的学者(如费歇尔、罗森克朗茨)也写过一些美学著作，都已经被人遗忘了。

在19世纪的西欧，继德国古典美学之后，出现了马克思主义美学，同时另外还有一些重要的美学派别和理论。叔本华反对黑格尔的理性主义，在唯意志论的基础上建立自己的美学，他把意志看作世界的本质，而意志是一种“盲目的不可遏止的冲动”，是不可认识的非理性力量，因此世界本身没有价值可言，人生也没有意义，只有痛苦。艺术则是使人暂时从痛苦中得到解脱的手段，暂时摆脱意志和欲望，忘却自己，或帮助人认清生活的本来面目，从而放弃生活的意愿。尼采继承了叔本华的一些思想，却反对他的悲观主义结论，提出根本不同的美学理论。尼采同意世界是没有意义、没有价值的，但人要在世界里勇敢地活下去，就需赋予它以意义，创造新价值。艺术不是消极的逃避，而是生活的积极手段，正是借助于艺术使世界和人生成为审美现象而能为我们所忍受，世界只有作为审美现象才有存在的正当理由。尼采关于阿波罗(日神)艺术和狄奥尼索斯(酒神)艺术的区别的说法，强调艺术创作的无意识、非理性的一面，对现代西方文艺思想产生了强烈影响。此外，还有一些美学家在不同的方面进行探索。哈特曼把谢林、黑格尔和叔本华的理论综合在一起，把无意识作为他自己的美学体系的中心。赫巴尔特和齐默曼着重研究美的对象的形式结构，他们的形式主义美学所使用的经验的方法为以后的所谓科学的美学铺平了道路，利普斯从心理学角度去研究美学，提出“移情说”。费希纳主张从具体事实出发去建立美学，倡导美学中的实验方法。泰纳研究艺术发展的客观环境和社会条件，格罗塞从原始艺术着手探讨艺术的起源等。凡此种种，使美学研究的领域比以前更为扩展，研究方法也更为丰富多样了。

进入20世纪以后，西欧美学的发展更加趋向多元化，出现了许多新流派。这些流派的产生和现代西方哲学思潮以及心理学、社会学、自然科学的发展有着密切的关系，虽然各种美学理论之间的差别很大，但基本倾向是由关于美和艺术的本质的形而上学探讨逐渐转向对审美经验和艺术中的一些专门问题的研究。

在本世纪初的西欧美学思想中影响较大的是克罗齐和弗洛伊德。克罗齐虽被人称为新黑格尔主义者，但他实际上抛弃了黑格尔的理性主义和辩证法，把自己的美学理论建立在直觉的基础上。他的基本思想是：直觉即情感的表现，直觉即艺术，美就是成功的表现。后来，克罗齐的美学思想为科林伍德所继承和发挥，但这种对于强调直觉和表现的观点在同一阵营内也受到某些人（如鲍桑葵）的批评和修正。弗洛伊德虽然不是美学家，他所倡导的精神分析学却深刻地影响了美学和文艺批评的发展。弗洛伊德研究了过去人们没有深入探讨的“无意识”问题，特别是强调了性本能的作用，并用它来解释艺术创作活动。精神分析学的另一著名代表荣格不赞成过分夸大性本能的作用，主张把历史上形成的“集体无意识”放在首要位置，着重对原始文化的研究。由于精神分析学的出现，从心理学角度去研究美学的趋向进一步加强了。

近几十年来新兴起的一些现代西方哲学流派，也大多有自己的美学观点和艺术理论。不过情况有所不同，有的流派有较系统的美学思想和专门的美学著作，有的流派则只是在哲学探讨中涉及美学和艺术问题，但对现代西方美学思想的发展同样有直接或间接的影响。在西欧，比较重要的美学理论和流派有：以马里坦和吉尔松为代表的新托马斯主义美学，以海德格尔和萨特为代表的存在主义美学，以杜夫海纳和英伽登为代表的现象学美学，以阿多诺和马尔库塞为代表的法兰克福学派美学，卡西尔的符号论美学，伽达默尔和里科尔的阐释学的美学，等等。此外，有些重要的哲学思潮如分析哲学、结构主义以及目前方兴未艾的所谓后结构主义，也对当代西欧美学起着不容忽视的作用。总的说来，当代西欧美学的状况是学说众多，派系林立，并没有一种理论占公认的主导地位。这些流派的美学理论还没有经过历史的考验和选择，有的本身尚未最后定型，因此它们将来在美学史上占什么位置，只能留待后人去评说了。

（原载《美学百科全书》，1990 年）

德意志观念论美学对俄国的影响

俄罗斯地跨欧洲和亚洲，从地域上说不属于西方的范围，而处于东方与西方之间。俄罗斯思想的发展，包括美学思想发展在内，也有其不同于其他民族的独特性，这种思想的独特性是和俄国历史发展进程的特点密切相关的。普列汉诺夫在《俄国社会思想史》中指出："在俄国历史进程中，有些特点使它显然有别于所有西欧各国的历史过程，而与东方伟大专制国家发展过程相类似，此外，使问题变得非常复杂的是，这些特点本身也都有其颇为特殊的发展过程。它们时增时减，因而俄国仿佛是动摇于西方和东方之间。"[①]这种历史情况使俄罗斯思想发展形成了自己的特色，呈现出矛盾复杂的面貌。俄国另一位哲学家别尔嘉耶夫说："俄罗斯精神所具有的矛盾性和复杂性可能与下列情况有关，即东方与西方两股世界历史之流在俄罗斯发生碰撞，俄罗斯处在二者的相互作用之中。俄罗斯民族不是纯粹的欧洲民族，也不是纯粹的亚洲民族。俄罗斯是世界的完整部分，巨大的东方-西方，它将两个世界结合在一起。在俄罗斯精神中，东方与西方两种因素永远在相互

---

① 普列汉诺夫：《俄国社会思想史》，第1卷，商务印书馆，1988年，第14页。

角力。”[①]应该承认，在苏联史学的影响下，过去我国学术界对俄国历史进程和思想发展的这种特点和矛盾复杂性是缺少深入研究的。

本文的任务不是全面而系统地论述俄国美学思想的发展，而仅限于探讨西方美学，主要是德国观念论美学对19世纪俄国美学的影响及其所产生的巨大效应。我们在这里只打算论述受德国影响巨大的两位最杰出的俄国美学思想家，即别林斯基和车尔尼雪夫斯基。

第一节　当时俄国的社会历史和思想状况

一、俄国的后发展特点及其西化

17世纪至18世纪，西欧一些国家陆续走上了资本主义发展的道路，随后发生的工业革命更大大地提高了生产，促进了社会各方面的变革，使这些国家的面貌发生了根本变化。相比之下，在俄国仍然是封建农奴制生产关系占绝对统治地位，无论是在经济、政治、文化还是军事上都远远落后于西方国家。为了摆脱俄国的这种落后和封闭的状态，沙皇彼得一世亲自去西欧考察，决心以西方国家为榜样推行全面改革，革除俄国的陈规陋习，学习和引进西方先进的科学技术和文化教育，特别是大力进行军事改革，建立一支庞大的军队。彼得一世的改革在许多方面促进了俄国社会的西

① 别尔嘉耶夫：《俄罗斯精神》，商务印书馆，1995年，第2页。

化，涉及政府行政、财税、文教、宗教、军事和社会习俗等领域，有些改革是符合当时俄国社会发展趋势的，起了推动社会进步的作用。

但是，改革的根本目的是加强沙皇制度的中央集权统治，建立沙皇专制的绝对权威，提高俄国的军事实力。而过去长期以来使广大农民备受残酷剥削和压迫的封建农奴制度则不仅没有废除，反而更加强化了。由于改革影响到大贵族和教会的既得利益，因此遭到他们的阻挠和反对，彼得一世用铁的手腕坚决地镇压了反对派，甚至将阴谋破坏改革的皇太子阿列克塞处以死刑。这一强制性的上层改革，为俄国走向欧洲文明奠定了基础，并迅速地成为当时欧洲的军事强国之一。以后的历代沙皇政府继承了彼得改革的成果，并奉行对外扩张政策，屡次发动或参与战争，特别是在叶卡捷琳娜二世执政时期，对内进一步强化农奴制和沙皇专制统治，对外则大肆侵略扩张，积极干预欧洲事务，使俄罗斯帝国开始在欧洲政治舞台上扮演重要的角色。

俄国在欧洲的崛起是和俄国社会在某种程度上的西化紧密相连的，如果没有彼得一世仿效西方的改革，俄国就不能从封闭状态中走出来，为此俄国广大人民，主要是农民群众也付出了沉重的代价。正如别尔嘉耶夫指出："过去的俄罗斯处于封闭状态之中，那种状态使它受到鞑靼人的压迫，保留着莫斯科王国的亚洲风格的全部特色。俄罗斯应当从封闭状态中走出来，走到广阔的世界中去，彼得大帝的改革对人民来说是如此巨大的痛苦，但是没有彼得的强制性改革，俄罗斯就不能完成自己在世界历史中的使命，也不能在世界历史上讲自己的语言。”①

在俄国，对于彼得及其后继者所推行的改革和西方化路线，是有不同意见的，反映在当时的知识界就是延续甚久的斯拉夫派和西方派的论战。斯拉夫派的主要代表人物有霍米亚科夫、基列耶夫斯基兄弟、阿克萨科夫兄弟、萨马林、科舍列夫和瓦卢耶夫等，他们极力主张维护俄国古老的社会制度和宗教文化传统，保持俄罗斯的特性，认为俄国应有自己独特的社会发展道路。他们反对学习西方，反对西方化的改革，支持沙皇专制，宣扬东正教思想和泛斯拉夫主义，总的来说站在封建地主、贵族、僧侣中更为保守的一派的立场上。与这相对立的西方派也称西欧派，其代表人物是格拉诺夫斯基、卡维林、齐切林、恰达耶夫、鲍特金和安能柯夫等人，他们之中不少人虽然也出身于地主和贵族阶层，但基本上站在资产阶级自由主义立场上，反对农奴制，崇拜西方，赞赏资产阶级民主，主张走西欧国家发展的道路。斯拉夫派和西方派的争论，实质上是俄国思想界关于俄罗斯国家应该走什么道路以及在世界应该承担什么使命的争论，这关系到俄国的前途和命运，因此具有重大的意义。当时一些先进的俄国人在西方思想中所寻找的首先是摆脱丑恶现实的出路，而问题的主要症结在于废除农奴制。

从18世纪后期开始，俄国农奴制陷入了严重的危机。随着社会经济的发展，新的资本主义生产关系在俄国封建农奴制经济内部逐渐产生和不断增长，商品交换和货币流通规模的扩大，日益破坏着几百年来作为农奴制基础的自然经济。新生的资本主义因素

---

① 别尔嘉耶夫：《俄罗斯精神》，第14页。

促进社会生产力的发展，却遇到了腐朽的封建农奴制生产关系和社会政治上层建筑的强烈反对和阻碍。封建地主对农奴的剥削达到前所未有的残酷程度，使广大农民陷于贫困和饥饿的境地。农奴被紧紧地束缚在俄罗斯的土地上，各种专横残暴的法律被用来惩治那些敢于脱离土地逃跑的农奴。农奴对贵族地主的人身依附使他们丧失了起码的人身自由，农奴就像牲畜一样可以被公开出售。这种超经济的剥削和压迫激起了农民的激烈反抗，自从18世纪下半叶声势浩大的普加乔夫农民起义被残酷镇压后，大大小小的农民起义或所谓“骚动”，不仅没有停息，反而有逐年增加之势。封建农奴制一方面限制了俄国资本主义的自由发展，使它无法开辟国内广大市场，也得不到足够的“自由”劳动力，从而与以资产阶级为代表的新兴市民阶层的利益发生了矛盾；另一方面，由于对农民剥削的加强，农民与贵族地主阶级的矛盾也愈益尖锐化了。到19世纪中叶，俄国农奴制实际上已处于风雨飘摇、难以为继的局面。

但是，沙皇政权却全力支持和维护农奴制，沙皇本身就是俄国最大的封建农奴地主，而且一向把农奴制看作自己政治权力的最可靠的基础。因此，反对农奴制也必然要反对沙皇专制制度。随着农奴制危机的加深，俄国社会的上层统治阶级中也发生了分化，在出身于贵族地主的一些知识精英分子中产生了第一批持不同政见的进步思想家。

二、时代产生的平民思想家及其斗争

18世纪后半期的俄国启蒙运动思想家拉吉舍夫和诺维科夫

等人，开始对农奴制进行批判，他们猛烈抨击农奴制的罪恶，对过着悲惨生活的广大农民表示深切的同情，并无情地揭露沙皇政府的腐败和残暴。

继他们之后登上历史舞台的是著名的十二月党人（彼斯特尔、穆拉维约夫、雷列耶夫等人）和赫尔岑、奥格辽夫等贵族革命家，他们不仅主张消灭封建农奴制，而且明确地提出推翻沙皇专制制度，并成立秘密组织，发动武装起义，开展革命活动。

根据列宁的看法，以上这些人都是俄国革命运动的第一个阶段即贵族时期的卓越代表，而到19世纪中叶，俄国革命运动又进入了一个新的阶段，即平民知识分子时期。一批出身平民的优秀知识分子出现于俄国文坛，他们继承了贵族革命家所开辟的事业，又比他们的前驱者更前进了一步，他们更接近人民群众，思想更激进，斗争更坚决。

别林斯基和车尔尼雪夫斯基就是平民知识分子中间最杰出的人物，他们在俄国思想史上开辟了一个新的时代，影响了整整几代俄国进步青年。为了反对沙皇专制制度，批判为这种制度效劳的反动理论，他们努力学习西方，试图从西方进步思想中获取理论武器。正如列宁所说："在上一世纪（指19世纪——引者注）40-90年代这大约半个世纪期间，俄国进步的思想界，处在空前野蛮和反动的沙皇制度的压迫之下，曾如饥如渴地寻求正确的革命理论，孜孜不倦地、密切地注视着欧美在这方面的每一种'新发明'。"①

别林斯基和车尔尼雪夫斯基是努力吸收西方思想的"新发明"

---

①《列宁全集》，第31卷，人民出版社，1990年，第7页。

并力图把它应用于俄国的卓越代表，因此被人们列为“西方派”。但他们这些平民知识分子属于“西方派”中革命的左翼，他们不仅坚决反对斯拉夫派所鼓吹的所谓“官方人民性”理论，而且也对西方资产阶级民主抱怀疑和批判的态度，由此和主张温和的自由主义的西方派思想家有明显的区别。

苏联学术界把他们称为“革命民主派”是有道理的，但却对他们在当时的论战中属于西方派的历史事实讳莫如深。普列汉诺夫把别林斯基为首的平民知识分子叫作“极端西方派”，别尔嘉耶夫则把他们称之为“左派西方主义者”①，这是比较符合历史实际的。

当然，应该指出，把别林斯基和车尔尼雪夫斯基列为西方派，绝没有贬低他们的意思。他们不是照抄照搬西方理论的二流的模仿者，而是富有创造性的伟大思想家。他们接受和利用当时西方的先进的思想成果，在俄国的具体条件下，特别是在某些特殊领域内（最突出的是在美学和文学批评的领域），独立地、创造性地发展了这些西方的先进思想，从而在西方美学史上作出了重要的贡献。

三、俄国文学在当时的命运

俄国广大人民在沙皇专制的黑暗统治下痛苦地呻吟的时候，俄国文学却在19世纪呈现出空前的繁荣。为俄国文学赢得世界声誉的一连串光辉的姓名都出现在这一世纪，诗人普希金、莱蒙托

① 参阅普列汉诺夫：《俄国社会思想史》，第1卷，第11页；别尔嘉耶夫：《俄罗斯思想》，第56页。

夫、谢甫琴科、涅克拉索夫，作家果戈理、屠格涅夫、冈察洛夫、奥斯特洛夫斯基、陀思妥耶夫斯基、萨尔蒂科夫-谢德林等人先后活跃在俄国文坛上。

在他们的作品中，深刻地从不同的视角反映了俄国的现实生活，洋溢着对俄罗斯大地和人民的热爱，无情地揭露和谴责专制制度、农奴制的腐朽、黑暗和野蛮，强烈地表达了对自由的向往和追求，并以深厚的人道主义精神表达了对被侮辱和被损害的劳苦大众的深切同情。他们的作品在文学技巧上也达到了很高的水平，具有高度的艺术性和审美价值，并大大地丰富了俄罗斯语言，使之成为世界文学园地里的一株鲜艳夺目的奇葩。

俄国文学的巨大成就无疑地为当时俄国美学和文学批评的发展提供了坚实的基础和十分丰厚的素材。如果没有那些俄国文学大师们的创作，也就很难想象会有别林斯基和车尔雪夫斯基那样的美学思想家和文学评论家。但是，俄国文学是在极其艰苦的环境下历经各种磨难而曲折地成长的。沙皇政府推行文化专制政策，实施严格的书报检查制度，大兴文字狱，残酷地迫害和镇压文化界的一切反政府人士，力图扼杀任何新思想，摧残进步文化。被迫长期流亡国外的赫尔岑曾经激愤而沉痛地写道："可怕的、悲惨的命运落在每一个胆敢把头伸出到王笏所划定的水准以外去的人身上；不管是诗人也罢，市民也罢，思想家也罢——顽固的宿命把一切人推向坟墓。我们的整整一部文学史，不是殉教者列传，就是苦役囚犯的名单。"①

① 参见赫尔岑：《论革命思想在俄国的发展》。

在半个世纪里，沙皇政权把诗人雷列耶夫等十二月党人送上了绞刑架，把诺维科夫判处长期徒刑，把拉吉舍夫流放到西伯利亚并迫使他自杀，把波列查耶夫和舍甫琴科罚去当兵，把陀思妥耶夫斯基判处服苦役，甚至通过阴谋制造决斗杀死了伟大诗人普希金和莱蒙托夫，一些最优秀的俄国文学天才在那漫长的黑暗岁月里都难逃这种悲惨的命运。在世界文学史上，恐怕没有哪一个国家的作家像俄国作家那样由于他们的文学活动和思想信念而蒙受如此深重的苦难和迫害，这是俄国文学的不幸，同时这也是它的无上光荣。作为美学家和文学批评家的别林斯基和车尔尼雪夫斯基分享了俄国文学的命运，这也形成了他们的美学的特殊的战斗品格。

第二节　别林斯基

19 世纪 30－40 年代，别林斯基出现于俄国文坛，成为当时思想界最有影响的核心人物。这标志着俄国思想史和革命运动史上的一个新阶段的开始——平民知识分子代替贵族革命家扮演主要的角色。列宁说，“生活在农奴制度下的维·格·别林斯基是俄国解放运动中完全代替贵族的平民知识分子的先驱”①。充分说明了他的重要的历史地位。

维萨里昂·格里戈利维奇·别林斯基于 1811 年出生在一个海军军医的家庭，在奔萨省中学毕业后于 1829 年入莫斯科大学语

---

① 《俄国工人报刊的历史》，见《列宁全集》，第 20 卷，人民出版社，1990 年，第 240 页。

文系学习。1832年由于他写了一部反农奴制的剧本《德米特里·加里宁》而被大学开除。自1833年起为《望远镜》杂志和《杂谈报》撰稿,1838年起先后为《莫斯科观察家》、《祖国纪事》、《现代人》等刊物工作和撰稿。他发表了大量文艺理论、评论和政论文章,热情地宣传进步思想,批判农奴制和沙皇专制,因而屡遭政府当局的压制和迫害,只是由于他去世才使他免于牢狱之灾。他积劳成疾,贫病交困,英年早逝,卒于1848年,享年仅38岁。用一个评论者的话来说,"他一生都在燃烧,但却过早地燃尽了生命"。

别林斯基不仅是一位思想深刻和敏锐的理论家,而且是充满论战热情的战士。赫尔岑在回忆别林斯基对自己造成的印象时说道:"在这个羞怯的人身上,在这瘦弱的身体中,竟寄寓着强大的、角斗士般的性格!不错,这是一位强有力的战士!他不会说教,不会教训人,他需要的是争论。"[①]别林斯基在思想斗争中是毫不留情的,用赫尔岑的话来说,每当问题涉及他的珍贵的信仰时,他就会像雪豹一样扑向敌人,把敌人撕得粉碎,使敌人变得既可笑又可怜。因此,别林斯基在当时甚至获得了"文学界的猛犬"、"狂暴的维萨里昂"等雅号。他始终是一个热烈的辩论家,尤其是同斯拉夫主义者的论战使他享受莫大的乐趣。他在给波特金的一封信里写道:"谢谢你提供的关于斯拉夫主义者的消息……这些先生们的仇恨使我感到快乐,我津津有味地尝着它,如同神仙尝到芳香的食品……我将不断地使他们生气,使他们无法忍耐下去,嘲弄他们。战斗虽然是微不足道的,但仍然是战斗;和青蛙战斗,但终归不是

① 赫尔岑:《往事与随想》,见《赫尔岑全集》,第9卷,俄文版,1956年,第31页。

和牧羊讲和。"[①]但是,别林斯基绝不是像他的某些论敌指责他的那样只是一个擅长笔战而不懂文学艺术的人。恰恰相反,他是一个真正理解文学艺术并有高度审美鉴赏力的思想家。在苏联时期长期流亡西方的别尔嘉耶夫倒为别林斯基说了公道话,他指出:"别林斯基是最卓越的俄罗斯批评家,而且是唯一具有艺术接受能力和美感的俄罗斯批评家。然而,对他来说,文学批评只是体现完整世界观的手段,只是为真理而斗争的手段……别林斯基是真正的,只有在俄罗斯才可能出现的俄罗斯人,同时他又是热烈的西方主义者,信仰西方。但是,当他到欧洲旅行的时候又对西方产生失望情绪。不过失望和同被诱惑一样,都是典型的俄罗斯式的。"[②]这说明别林斯基虽然不断地从西方思想成果中吸取营养,却始终是一个俄罗斯思想家,为19世纪俄国美学奠定了基础。

一、别林斯基的思想演变

在哲学和美学思想上,别林斯基曾经历过一个痛苦而曲折的探索过程。有人说,他的特殊之处就是靠思想生活,不断探索真理。他不仅无情地批判论敌,而且也同样严格地对待自己。只要他认识到自己所信奉的学说站不住脚,他就毫不犹豫地放弃陈旧的错误观点,并进行深刻的反省,然后树立在他看来更为正确的新观点。正是这种真理的无私探求贯彻了他的一生,推动他的思想

---

① 1842年12月9–10日别林斯基写给波特金的信(《别林斯基全集》,第12卷,俄文版,1956年,第124页)。

② 别尔嘉耶夫:《俄罗斯思想》,第57页。

不断向前发展。

最早对俄国发生影响的西方思想主要来自法国启蒙学派和共济会，到19世纪则德国古典哲学的影响开始占统治地位。别林斯基在从事文学活动后的一个相当长的时期内，一直处于德国古典唯心主义哲学和美学的强烈影响下。由于他不能阅读德文原著，他对德国哲学和美学的了解主要是通过斯坦凯维奇、巴枯宁等友人的介绍，但他有非凡的接受和理解的能力，因此他对德国哲学的精神实质的把握甚至远远超过那些能用德文来写作的朋友。起初别林斯基接受的是费希特和谢林的学说。1836年7月他到巴枯宁的庄园做客，初次接触到费希特哲学，他自己说："我用力地、疯狂地抓住费希特的思想。"[①]当时谢林在俄国也颇受欢迎，包括别林斯基在内的一批俄国哲学家都深受谢林的影响[②]。但不久别林斯基就转向黑格尔哲学，成为黑格尔主义的忠实信奉者。他在给斯坦凯维奇的一封信中叙述了他接触黑格尔著作后的亲身感受，他写道："我从高加索来到莫斯科，Б（'哲学的门外汉'即巴枯宁）也来了，我们住在一起。夏天，他翻阅了黑格尔的宗教哲学和法哲学。一个新的世界在我们面前展开了。力量就是权利，权利也就是力量，——不，我无法向你描述我听到这些话时，心情是怎样的——这是一个解放……在此以前，还有K（卡特柯夫）尽可能向我转达了，而我也尽可能地接受了《美学》的某些结果。——我的天哪，一个多么新的、光明的、无穷尽的世界！"[③]从这些话里可以

① 《别林斯基全集》，第11卷，第271页。

② 别林斯基是通过纳杰日丁的文章了解谢林哲学的。

③ 《别林斯基全集》，第11卷，第386页。

看到别林斯基对黑格尔的仰慕之情,但他对黑格尔决不是盲目崇拜,而是始终保持着自己的独立自主的见解。同一年他在给巴枯宁的一封信中说,在谈到艺术时他是大胆和勇猛的,就连黑格尔本人的威信也不能限制他,"我极其尊敬黑格尔和他的哲学,可是这并不妨碍我认为……远不是它的一切评判都是神圣不可侵犯的和不容辩驳的"。[①]

在别林斯基的思想发展中,黑格尔主义无疑起过重要的作用。他从开始醉心于黑格尔哲学而终于与之决裂,用他自己的话来说,"向黑格尔的哲学帽子告别",是经历一个痛苦的思想过程的。有人认为,别林斯基对黑格尔哲学的迷恋只对他起了消极的影响,也有人认为产生这种消极的影响是出于他对黑格尔哲学的误解。问题的症结在于别林斯基对黑格尔的著名命题"凡是现实的都是合理的,凡是合理的都是现实的"的理解和由此受到的思想影响。在这之前,别林斯基是当时俄国现实的坚决批判者,但哲学上他是从费希特的抽象理想的观点出发去否定现实的,他因意识到这种否定缺乏充分的根据而感到苦恼,所以在黑格尔的这一命题影响下就走向了另一面,即"把任何同现实相矛盾的理想宣称为幻影"[②],从而转而对现实采取肯定的态度,"与现实和解"。他在同巴枯宁和斯坦凯维奇等人的通信中坦率地承认,"当我意识到现实的合理性,看到不能从现实中抛弃任何东西,真叫我高兴得心花怒放",他

---

① 《别林斯基全集》,第 11 卷,第 313 页。

② "别林斯基与合理的现实",见《普列汉诺夫哲学著作选集》,第 4 卷,三联书店,1974 年,第 473 页。

甚至说，“现实”这个词对他说来具有和“上帝”一词相同的意义[①]。别林斯基的这种与现实和解、为现实辩护的观点，引起了当时怀着激进的革命情绪的赫尔岑的极度不满。后来赫尔岑在回忆录中说，他为了反驳别林斯基肯定现实的合理性的观点而提出这样的责问：“您知道您可以用您的新观点来证明我们生活在其下的极可怕的专制制度是合理的和应当存在的吗？”别林斯基却回答说：“毫无疑问。”[②]可见，别林斯基确实曾一度被黑格尔哲学引入了怎样的歧途。

但是，正如普列汉诺夫指出，别林斯基的上述迷雾是接受了黑格尔哲学的保守方面的消极影响，然而除此之外他同时也从黑格尔的辩证法中获得很大的教益，使他学到用历史的辩证的观点去分析问题，而这对他的思想发展来说是更重要的。况且别林斯基与现实的“和解”并没有维持多久，只是一个短暂的时期。俄国的现实生活实在太丑恶了，使人难以与之相妥协，严酷的现实比理论更有说服力，因此他很快就觉醒了。别林斯基自己诅咒“同丑恶的现实和解的丑恶的意图”，把这比作一场噩梦。他在1840年给波特金的信中说，“我醒过来了——回想起那场梦来，真是余悸在心……这是对于丑恶的俄国现实的强制性的和解”，这个俄国的现实真是丑恶到了极点，充满金钱和权力崇拜，贪污腐败，昏庸愚昧，道德沦丧，人们受压迫、遭苦难，书报检查横行，思想自由被根除殆

① 参阅别林斯基1838年10月10日给巴枯宁的信和1839年9月29日至10月8日给斯坦凯维奇的信。

② 《往事与随想》，见《赫尔岑全集》，第9卷，第22页。

尽。他激愤地写道，如果我还要为这一切进行辩解，就叫我的舌头烂掉！[①] 这样，别林斯基就结束了与现实的和解，重新向丑恶的俄国现实提出挑战，同时也公开宣布和黑格尔的“哲学帽子”告别。他对黑格尔的看法也发生变化，他说：“我早就怀疑，黑格尔哲学只是一个契机，虽然是伟大的，但它的结果的绝对性是完全无用的，而且我宁可死也不同这些结果相妥协。”[②]别林斯基在同黑格尔决裂以后又开始了新的探索，他认为，现实不是合理的，应当以人的名义对之进行根本的改造；应更重视个体的命运、个人的命运，以个人的名义、现实的人的名义去反对黑格尔主义强调的普遍精神。这样他就最后转向了费尔巴哈的人本主义。

对别林斯基有深入研究的普列汉诺夫曾对其思想发展作过一个简要的总结，他指出：“别林斯基的思想悲剧的头三幕可以加上这样的标题：(1)抽象的理想和费希特主义；(2)在黑格尔哲学的‘绝对’的结论的影响之下，同‘现实’调和；(3)反抗‘现实’，并且部分地过渡到抽象的‘个性’观点，部分地过渡到具体的黑格尔的辩证观点。这一悲剧的第四幕是从同唯心主义完全决裂和转变到费尔巴哈的唯物主义的观点开始的。但是在这一幕的头几场以后死神之手就落下了幕布。”[③]

应该说，以上这个总结是符合历史实际的。别林斯基作为西方派左翼的杰出代表，的确和德国古典哲学结下了不解之缘。普列汉诺夫阐明了德国唯心主义哲学，特别是黑格尔对别林斯基的

---

① 参看 1840 年 12 月 11 日别林斯基给波特金的信。

② 《别林斯基全集》，第 12 卷，第 22 页。

③ 《普列汉诺夫哲学著作选集》，第 4 卷，第 592 页。

思想影响，揭示了别林斯基思想发展的内在逻辑以及最后向费尔巴哈唯物主义转变的必然性。但是，只是用德国古典哲学的发展进程去解释别林斯基的思想演变是不够的，还应该充分估计到由于俄国的具体历史条件而形成的别林斯基思想的特殊性。别林斯基一向对德国哲学和美学评价很高，他曾说："德国人的影响，在许多方面对于我们都是大有益处的——无论是从科学和艺术方面来说也好，从精神和道德方面来说也好。"但他同时又强调指出，"每一个民族，都有自己的生活，自己的精神，自己的性格，自己的对事物的看法，自己的理解方法和行动方法"，因此，无论是做德国人或法国人，对我们说来都是不相宜的，因为我们必须做俄国人，"我们有自己的民族生活——深刻的、强大的、独创的生活"[①]。所以更确切地说，别林斯基美学思想乃是德国古典哲学的理论思考成果与俄国实际相结合的产物。

二、论艺术的本质

别林斯基美学的一个鲜明的特点是他从来不单纯地从事抽象的理论探讨，而总是紧密地结合具体的文学艺术现象。在他看来，"真正的美学的任务不在于解决艺术应当是什么的问题，而在于解决艺术是什么。换句话说，美学不应当把艺术当作某种预想好的东西来议论，当作是只能按照它的理论来实现的某种思想来议论；不，它应当把艺术当作是在美学出现以前早已存在的对象，而且美

① 《别林斯基选集》，第2卷，上海译文出版社，1979年，第5-6页。

学本身的存在应当归功于艺术的存在。”[1]因此，人类的艺术活动是美学理论的基础，美学应是艺术的理论概括，先有艺术的存在，然后才有美学的产生。

但是，关于艺术是什么的问题，别林斯基前后却有迥然不同的解答，这是与他思想发展的演变相适应的。他在写于 1834 年的早期成名作“文学的幻想”一文里，从世界观的高度论述了他对艺术的理解。他这样写道：“整个无限的美好的大千世界，不过是表现在数计不清的形式中，犹如绝对统一的奇景表现在无边的多样性中一样的一个统一的、永恒的理念（统一的、永恒的上帝的意思）的呼吸而已。只有凡人的火热的心，在其明澈的瞬间，才能够懂得，以庞大的太阳为心、银河为脉、纯粹的以太阳为血的那个宇宙的灵魂的胴体有多么伟大。这个理念不知道安息，它不断地生活着，就是说，它不断地创造，然后破坏；破坏，然后再创造。”正是从这样的观点出发，别林斯基提出了自己对“什么是艺术的使命和目标”的看法，他说：“用言辞、声响、线条和色彩把大自然一般生活的理念描写出来，再现出来：这便是艺术的唯一而永恒的课题”，或者说，“艺术是宇宙的伟大理念在其无边多样的现象中的表现”。[2] 这可以说是别林斯基给艺术所下的定义，代表了他当时对艺术的本质的理解。

从这里可以看得很清楚，别林斯基在开始文学活动的初期，德

---

① 《杰尔查文的作品》，见《别林斯基选集》，俄文版，1949 年，第 432 页。

② 别林斯基：“文学的幻想”，见《别林斯基选集》，第 1 卷，人民文学出版社，1958 年，第 18，21，24 页。

国古典唯心主义哲学和美学曾对他产生巨大的影响，他基本上是采用谢林和黑格尔的观点去观察世界和解释艺术的。在他看来，理念是无所不在的，它寓形于宇宙间的一切事物，是存在的一切事物的原因和生命。从光亮的太阳、瑰丽的行星、飘忽的彗星等天体，到大自然的各种现象如汹涌的大海浪潮、荒野上的飓风、小溪流水，以及生物界的雄狮的怒吼和人间的婴儿的眼泪、美人的微笑、人的意志、天才的创作，直到人类历史上的重大事件如民族大迁移、亚历山大的出征和恺撒的业绩等等，都无非是“以不断的活动为生命的那永恒理念的活动”。把从自然现象到人类社会历史事件的宇宙间一切事物都看作“永恒理念”的活动，并且把艺术看作“永恒理念”在其无限多样性的现象中的表现，这种观点无疑是来自以黑格尔为代表的德国客观唯心主义哲学和美学。不过别林斯基除了受到错误的唯心主义思想的影响外，也接受了黑格尔辩证法的有益的熏陶。在他看来，“永恒理念”不是静止不动、固定不变的，而是处于永不止息的自己运动和不断发展变化之中。他强调的是其中的矛盾和斗争，“没有斗争，就没有功绩，没有功绩，就没有酬报，而没有行动，就没有生活！人类所表现的，也就是个人所表现的：它无时无刻不在斗争，无时无刻不在改进”[①]。艺术既然要把理念描写出来，再现出来，当然就要表现这种生活的斗争，像莎士比亚那样去领悟地狱、人间和天堂，同样地考察善与恶，在富有灵感的透视中诊断宇宙脉搏的跳跃。

在19世纪30年代里，别林斯基对艺术的看法基本上是以黑

① 《别林斯基选集》第1卷，第20页。

格尔关于“艺术是理念的感性显现”的原理为依据的。他在“智慧的痛苦”一文(1839)中这样写道:“诗是直观形式中的真实;它的创造物是肉身化了的概念,看得见的、可通过直观来体会的概念。因此,诗歌就是同样的哲学,同样的思维,因为它具有同样的内容——绝对真理,不过不是表现在概念从自身出发的辩证法的发展形式中,而是在概念直接体现为形象的形式中。”[①]作为客观唯心主义者,黑格尔坚持认为思维是第一性的,而整个世界都是从思维中派生出来的,他在理念、绝对精神等名义下把思维转化为脱离人而存在的独立主体,成为现实事物的创造主。在他看来,艺术和哲学都是理念发展到高级阶段即绝对精神的不同表现形式,只是哲学以概念的形式、而艺术则是用感性形象来表现理念。显然,别林斯基早期对艺术的理解是来自黑格尔的,甚至到19世纪40年代初他开始对黑格尔哲学产生怀疑后,他的艺术观也仍然受黑格尔主义的强烈影响。1841年,他在“艺术的概念”一文中提出了一个艺术的定义:“艺术是对于真理的直感的观察,或者说是用形象来思维”。他说,这个艺术定义中特别使人感到奇怪的无疑是把艺术叫作思维,因为人们通常把它们当作两个完全对立的范畴。接着他就对这里所说的思维做了这样的阐明:“一切存在的东西,一切实有的东西,一切我们叫做物质和精神、大自然、生活、人类、历史、世界、宇宙的东西,都是自己进行思考的思维。一切现存的东西,一切这些无限繁复多样的世界生活的现象和事实,都不过是思维的形式和事实;因此,只有思维存在着,除了思维,什么都不存

① 《别林斯基选集》,第2卷,第96页。

在。思维是行动，而每一个行动都一定先得假定有运动。思维是辩证的运动，或者是思想的自身内部的发展。运动或者发展，是思维的生命和本质。”①从这些话里可以看出，别林斯基是以黑格尔的辩证唯心主义精神去理解思维的，他这里提出的艺术的定义实质上和他以前说的“艺术是理念在其无边多样的现象中的表现”是一致的，都是把艺术的本质看作是以感性形象去表现那普遍的精神实体，而这正是黑格尔美学的一条基本原理。

但是，别林斯基除了认为艺术的本质在于表现理念之外，还有另一种提法，那就是主张艺术应该从现实生活出发，而艺术的本质则在于真实地再现生活。在“论俄国中篇小说和果戈理君的中篇小说”(1835)一文中，他指出，古代世界的诗歌感兴趣的是描写理想生活，这样的时代已经过去，现在已到了现实生活的时代，诗歌不可能再凌空虚构，现实性的诗歌是我们时代真正的诗歌，“它的显著特色，在于对现实的忠实；它不改造生活，而是把生活复制、再现，像凸出的镜子一样，在一种观点之下把生活的复杂多彩的现象反映出来，从这些现象里面汲取那构成丰满的、生气勃勃的、统一的图画时所必需的种种东西”②。因此，在现时代，艺术是和生活密切结合的，而新作品的显著特色在于毫无假借的直率，赤裸裸地表现生活，把全部可怕的丑恶和全部庄严的美一起揭发出来。“我们要求的不是生活的理想而是生活本身，像它原来的那样。不管好还是坏，我们不想装饰它，因为我们认为，在诗情的描写中，不管

---

① 《别林斯基选集》，第3卷，第95页。

② 《别林斯基选集》，第1卷，第149－150页。

怎样都是同样美丽的，因此也就是真实的，而在有真实的地方，也就有诗。”[①]从这种观点出发，别林斯基对莎士比亚作了高度评价，认为其创作的特色就是真实，最高的真理。他十分推崇果戈理，也正是由于果戈理的创作“极度忠实于生活”，深刻地反映了当时俄国的现实生活。

艺术是理念的表现，还是现实生活的再现，这本来是两种截然不同的观点，但在别林斯基深受黑格尔影响的某个时期，即所谓“与现实和解”的时期内，由于他力求把理念和现实调和起来，以上这两种观点在他那里是可以协调共处的。例如，在“孟采尔，歌德的批评家”一文中，别林斯基一方面认为艺术家是“用神奇的形象来实现神的概念”，另一方面又主张“艺术是现实的再现”，“按照实际的样子把生活表现出来”[②]。这两方面之所以能互相协调，是因为他用黑格尔主义的观点去理解现实，把现实的一切现象都看成是精神的必然现象，认为一切存在的东西，都是必要的、合法的、合理的。他对现实作了这样的解释：“‘现实’这个字眼意味着一切——可见的世界和精神的世界，事实的世界和概念的世界，认识中的理性和现象中的理性——总之，显露在自己面前的精神，是现实性。”[③]在他看来，既然现实本身就是理念的合理的表现，那么艺术表现理念和艺术再现现实这两种提法自然是不矛盾的。但是，如果说现实中的一切都是必然的、合理的，都可以归结为理念的表现，那么去再现现实也就要求与现实“和解”，别林斯基由此提出结

① 《别林斯基选集》，第1卷，第150页。

② 参看《别林斯基选集》，第2卷，第49，73页。

③ 《别林斯基选集》，第2卷，第103页。

论说:“一部真正富有艺术性的作品,把人的精神提高和扩大到洞察无限事物的地步,使人和现实和解起来,而不是使人去反对现实。”①

前面已经说过,在别林斯基的思想发展中与现实“和解”只是一个短暂的迷雾。随着他同黑格尔主义的决裂,他的艺术观也开始变化,于1841－1844年间基本上完成了从唯心主义向唯物主义的转变。转变的关键在于他对现实作了唯物主义的重新理解。

别林斯基在告别了黑格尔的“哲学帽子”后,并没有停止自己的哲学探索,仍十分关注德国哲学的新发展。他写道:“以黑格尔为代表,哲学达到了自己高度的发展,但是,哲学作为深奥莫测的、与生活格格不入的知识,也和他一起宣告终结了。从今以后,已经发育成熟壮大起来的哲学又回到了生活。”②费尔巴哈的唯物主义就是这种又回到了生活的哲学。别林斯基在自己思想发展的最后阶段,正是以费尔巴哈哲学的精神去重新审视自己的美学理论,对一些重要观点作了修正和补充。这首先表现在别林斯基对现实的看法上,过去他认为一切现实的都是合理的,现在则认为只是合理的东西才是现实的,而其余一切都是幻影。他提出“应当善于把合理的现实(是唯一现实的)同不合理的现实(是幻影和暂时的)区别开来”③。普列汉诺夫指出,别林斯基和黑格尔主义决裂后取得的最重要的理论上的成就,就在于认识到不是一切存在的东西都是现实的。别林斯基的这一新的认识使他对现实采取有分析的批判

① 《别林斯基选集》,第2卷,第77页。

② 《别林斯基全集》,第7卷,俄文版,第50页。

③ 《别林斯基全集》,第6卷,俄文版,第477页。

态度，他不再谈论什么理念的表现，而把现实看作客观的生活的真实，并以此作为衡量艺术作品的首要标准。他强调说："在艺术中，一切不忠于现实的东西，都是虚谎，它们所揭示的不是才能，而是庸碌无能。艺术是真实的表现，而只有现实才是至高无上的真实，一切超出现实之外的东西，也就是说，一切为某一个'作家'凭空虚构出来的现实，都是虚谎，都是对真实的诽谤。"[1]如果说他过去所说的真实，如"诗是直观形式中的真实"，指的是理念，那么现在说的"只有现实才是至高无上的真实"，指的就不再是理念，而是客观的现实生活本身了。

别林斯基的转变不是一下子完成的，而是经历了一个过程，在这过程中他有时还保留过去的一些提法，但现实生活越来越受重视而在他的理论中占首要位置。例如，在发表于 1841 年的"莱蒙托夫诗集"一文中，虽然他仍强调所谓"普遍事物"的存在，但实际上却把现实生活看作艺术的真正源泉。过去他曾认为，客观的自然本身不可能具有"绝对的美"，美是从灵魂深处发出的，美"隐藏在创造或者观察它们的那个人的灵魂里"[2]。现在他显然改变了看法，强调说"活生生的现实中包含有许多美好的东西，或者更确切点说，一切美好的东西仅仅包含在活生生的现实中"。因此，"现实本身是美的，但它之所以美，是在本质上，因素上，内容上，而不是在形式上"。现实是一块混杂着矿物和泥土的纯金，艺术则把现实这块金子清洗干净，把它锻炼成典雅的形式。"艺术并不虚构新

---

① 《别林斯基选集》，第 2 卷，第 197 页。

② 参看《别林斯基选集》，第 1 卷，第 221－222 页。

的、实际上没有的现实，却是从那曾经有过、现在有、将来也会有的现实那里吸收现成的材料，现成的因素，总之一句话——现成的内容；赋予它们适当的形式，使其各部分配合匀称，并能被我们的视线全面地看到。”[①]这样，别林斯基就在艺术和现实的关系这个带根本性的美学问题上，开始摆脱唯心主义理念论的影响，逐步树立起主张艺术源自现实生活的唯物主义艺术观。他用比喻说，哲学的研究对象虽然是花朵，但不要忘记它扎根于土壤，也就是说，精神归根到底是物质的产物。“今天，现实之于艺术和文学，正如同土壤之于它在它怀抱里所培养的植物一样。”[②]正是基于这样的认识，晚年的别林斯基最终确立了文学艺术中的现实主义美学原则。

当时俄罗斯文学艺术的发展也促进了别林斯基的现实主义艺术观的形成。在他看来，俄国文学经历了不同的时期，与以前的浪漫主义时期有别，最近一个时期俄国文学的成长和成熟的直接原因就是和生活接近，和现实接近。真正的俄国文学是从普希金开始的，他根本改变了俄国文学的性质，使之摆脱一切虚幻的理想而回到现实生活中来。别林斯基赞扬普希金的诗歌彻底被现实所渗透，显示出生活的自然的、真正的美，特别是把《叶甫盖尼·奥涅金》这部长诗称作“俄国生活的百科全书”和“现代社会的反映”。莱蒙托夫的作品也得到别林斯基肯定的评价，认为他真实地反映了生活，勇敢地对现实作了深刻的揭露，而不加粉饰和掩盖。果戈理则代表着俄国现实主义文学发展的新的高峰。别林斯基认为，

---

① 参阅“1847年俄国文选一瞥”，见《别林斯基选集》，第2卷，时代出版社，1952年，第456、458页。

② 《别林斯基选集》，第3卷，第700页。

从果戈理起，俄国文学就专门面向现实生活，成为“俄国社会的表现和写照”，“能够在其全部深度和广度上看透对象，在其全部现实性的丰满和完整上把握住它”[①]。果戈理的创作说明，艺术家的任务就是忠实地描写现实，他应该从现实生活中择取内容，把它如实地描画出来。别林斯基在去世前发表的最后一篇年度文学述评“1847年俄国文学一瞥”中指出，过去的艺术定义已不适用于像果戈理那样的作品，“适用于他的作品的是另外一个艺术定义——艺术是在其全部真实性上的现实的复制”[②]。这个新的艺术定义标志着别林斯基的现实主义艺术观的最终形成。经过艰苦的思想探索，他终于克服了德国唯心主义的影响，在有关艺术的本质的问题上走向了现实主义的反映论。

三、论形象思维和艺术典型

与艺术的本质密切相关的是艺术的审美特性问题，别林斯基非常重视这个问题，他总是强调艺术首先应当是艺术，应当具有它本身的特殊的审美价值。在探讨艺术的审美特性方面，他提出了一些重要的理论见解，主要有形象思维论和艺术典型说。

人们通常认为别林斯基是形象思维论的首创者，这在一定的意义上是正确的，但需要做一点说明和澄清。在别林斯基的著作中关于形象思维有两种提法，一是“寓于形象的思维”或“形象中的思维”，一是“用形象来思考”。二者实际上是有区别的，而别林斯

① “1847年俄国文学一瞥”，见《别林斯基选集》，第2卷，时代出版社，1952年，第339页。

② 同上，第400页。

基自己却似乎没有把二者分得很清楚。“寓于形象的思维”这个提法显然源自黑格尔，这里所说的思维是作为精神实体的普遍的思维抽象，而“用形象来思考”的提法则可以说是独创，说的是艺术家个人在进行创作时所使用的一种特殊的思维方式，也正是由于这种特殊的思维方式才赋予艺术作品以审美的特性。

别林斯基认为，艺术创作使用的形象思维不同于一般的科学思维之处在于，形象思维主要依靠想象，而科学思维则着重逻辑推理和判断；形象思维不是凭概念而是借助于直感的形象来进行思维，科学思维则离不开理智的作用和概念的推演。关于形象思维在艺术创作中的活动，别林斯基曾做过生动的描述：“艺术家感觉在自身里面有一种被他所感受的概念，可是如一般所说，不能够明显地看到它，由于要使它对己对人变得可被触知而感到十分痛苦：这便是创作的第一步动作。”艺术家把这概念保持在自己感情的幽秘的殿堂里，像母亲怀胎一样，于是这概念渐次地显现在他的眼前，化为生动的形象，变成典型。“这些形象，这些典型，依次地胚胎、成熟、显现；最后，诗人已经看见了他们，和他们谈话，熟知他们的言语、行动、姿态、步调、容貌的轮廓，从多方面整个儿看见他们，亲眼目睹，清楚得如同白昼迎面相逢，在笔尖赋予他们形式之前就看见了他们。这就是创作的第二步动作。”然后，“诗人再把一切人都能看见并了解的形式赋予创作，这便是创作的第三步，也是最后一步动作”[①]。从以上的描述中可以清楚地看到，艺术家进行创作时的思维方式确有其特殊性，创作过程也就是形象的酝酿、形成、

① 参看《别林斯基选集》，第1卷，第173－174页。

成熟和在作品中得以表现出来的过程。在别林斯基看来，这是艺术创作的普遍规律，不仅适用于文学，也同样适用于绘画和音乐等，无论是莎士比亚或是拉斐尔、莫扎特、贝多芬，都是这样进行创作的。

毋庸讳言，别林斯基在 19 世纪 30 年代提出形象思维论的时候，仍处于德国唯心主义美学的影响下，因此他的有些看法不免带有神秘色彩。例如，他把创作的主要标志说成是"神秘的灼见，诗的梦游病"，把形象的创造说成是在艺术家的灵魂里面受了某种崇高的神秘的力量的感应而创造出来的。后来，别林斯基逐渐摆脱了唯心主义的影响，可是他对艺术创作借助于形象思维的基本看法仍保持下来了，在"1841 年的俄国文学"中他写道："诗人是创造万物的大自然的敌手；像大自然一样，他力图通过美丽的、充满生机而且带有理想的生活的形象，来捕捉飘荡在广阔空间的无形体的生活之精灵，把神圣事物体现在尘世事物中，用神圣事物来照亮尘世事物……诗人忍受不了抽象概念：他在创作的时候，是用形象来思维的，而任何形象，只有当它明确而完全被人所认识时，才是美丽的。"[①]直到别林斯基晚年，他的许多观点已经发生变化，但他还是强调指出艺术思维不同于科学思维的特殊性。他认为，诗歌也同样进行议论和思考，只不过它是借助于想象用形象和图画而不是用三段论法来进行议论和思考的。他说："政治经济学家运用统计的材料，作用于读者或听众的理智，证明社会中某一阶级的状况，由于某些原因，业已大大改善，或者大大恶化。诗人则运用生

① 《别林斯基选集》，第 3 卷，第 278－279 页。

动而鲜明的现实的描绘，作用于读者的想象，在真实的画面里面显示社会中某一阶级的状况，由于某些原因，业已大为改善，或者大为恶化。一个是证明，另一个是显示，他们都在说服人，所不同的只是一个用逻辑论据，另一个用描绘而已。"[①]因此，艺术与科学不同，但它们的区别不在内容，而在处理内容的方式，正由于艺术所采用的那种形象化的方式，才使它具有一般科学所缺乏的审美特质。

除了形象思维论之外，别林斯基在阐明艺术的审美特性方面的另一重要贡献是他关于艺术典型的论述。典型说当然不是别林斯基的首创，而是美学中的一个老问题，但他对艺术典型的审美价值做了深刻的探讨，有不少真知灼见，其认识的深度甚至超过他的一些著名的后继者如车尔尼雪夫斯基和皮萨列夫。

在别林斯基看来，典型性是艺术作品能否取得成功的决定性因素。他说："创作独创性的，或者更确切点说，创作本身的显著标志之一，就是这典型性——如果可以这样说的话，——这就是作者的纹章印记。"[②]他甚至认为："典型性是创作的基本法则之一，没有典型性，就没有创作。"[③]关于什么是典型的问题，他是这样解释的，他说作品中的典型是"个人，同时又是许多人，一个人物，同时又是许多人物，也就是说，把一个人描写成这样，使他在自身中包

① "1847年俄国文学一瞥"，见《别林斯基选集》，第2卷，时代出版社，1952年，第429页。

② 《别林斯基选集》，第1卷，第186页。

③ 《别林斯基选集》，第2卷，第25页。

括着表达同一概念的许多人，整类的人”[①]。他认为，“对于诗人来说，不存在零碎的和偶然的现象，却只有典范，或者典型形象，这些典范和典型形象同现实现象之间的关系，正犹如类与科之间的关系一样，并且尽管具有个性和特殊性，可是它们却在自身之中潜藏着表现某一特定概念的整类现象的一切普遍的、类的特征。因此，一部艺术作品里的每一个人物都是无数同一类人物的代表”[②]。例如，莎士比亚笔下的奥赛罗是一个典型，这个人物既有自己的丰富的独特的个性，同时又体现了嫉妒这种人类中间相当普遍存在的强烈情欲，是嫉妒的人的整个范畴、整个类的代表。因此，典型是特殊性和普遍性的结合。别林斯基说，在一位真正有才能的作家笔下，每一个人物都是典型，每一个典型对于读者都是似曾相识的不相识者。“似曾相识”是因为典型身上体现着人们所熟悉的普遍性、共性，同时又“不相识”，则是因为典型具有与众不同的特殊性、个性，是艺术家的新创造。

那么，典型是怎样创造出来的呢？别林斯基认为，创造典型绝不是把散处自然界的某一概念的特征集合起来，集中在一个人物身上，因为这种集合不能不是机械的拼凑，这就违反了创作的动力学的过程。典型的创造更不能是想象一些事实上没有也不可能有的东西，凭空想去创造，也不能是修饰自然和生造出“十全十美的人”。他指出，“典范是普遍的(绝对的)概念，它否定了自己的普遍

---

① 《别林斯基选集》，第 2 卷，第 24 页。

② “1847 年俄国文选一瞥”，见《别林斯基选集》，第 2 卷，时代出版社，1952 年，第 459 页。

性而成为个别现象，但在变成个别现象之后，又回复到普遍性上来”。在这个过程中，当然免不了把现实理想化，但这完全不是意味着修饰现实，而是意味着“通过个别的、有限的现象来表现普遍的、无限的事物，不是从现实中摹写某些偶然现象，而是创造典型的形象，其典型性是由于它们所表现的普遍概念所决定的”[①]。从别林斯基的以上论述中可以明显地看到黑格尔的思想影响，但他用辩证法的观点去解释典型创造过程中个别与普遍的关系，他对典型的理解是相当深刻的。

别林斯基的典型理论使他的现实主义艺术观更加丰满和完善了。在他看来，艺术固然是来源于现实生活，是现实的再现，但通过典型形象的创造，艺术又在一定意义上高于现实生活，甚至在艺术中比在现实中“生活更显得是生活”。问题在于，艺术中所描绘和再现的现实，已不再是原来的那个现实了。因此，一个才能卓著的画家创造的风景画，可能比任何大自然中的如画美景都更好，“因为它里面没有任何偶然的和多余的东西，一切局部从属于总体，一切朝向同一个目标，一切构成一个美丽的、完整的、个别的存在”[②]。艺术并不是单纯地模拟现实，而是向现实借用材料，把它们提高到普遍的、典型的意义上来，使它们成为严整的整体。所以艺术家并不是现实的奴隶，而是创造者；并不是被现实牵着走，而是把自己的理想带进现实，并且按理想来改变现实。但是，别林斯基指出，不应把“理想”理解为夸张、虚谎、幼稚的幻想，而应理解为

① “1847年俄国文选一瞥”，见《别林斯基选集》，第2卷，时代出版社，1952年，第458页。

② 同上。

“正如生活本身的现实的事实”，“可是，这不是从现实摹写下来的事实，而是通过诗人的幻想而产生、被普遍的（不是例外的、局部的和偶然的）意义的光所照亮、提升为创作绝品的事实，因此，它酷肖自己，忠实于自己，更甚于盲目的对现实的抄袭之忠实于原物”[①]。单纯模拟自然的，不是画家，而是画匠，模拟得越是正确，就越是毫无生气。然而在伟大画家的肖像画中，一个人甚至比他在照相中都更像他自己，因为伟大画家把隐藏在这个人内心里的秘密都明确地揭示了出来。正因为如此，一个真正的艺术作品比逼真的模仿之作具有不可比拟的审美价值。如果不具有审美的特性，也就不成其为艺术。

晚年的别林斯基一方面更坚持艺术反映现象这一现实主义原则，另一方面也努力探索这种反映的特殊性和创造性。他虽然把文学艺术比作镜子，但并不认为应该像镜子那样消极被动地反映对象，而认为这种反映应该是积极主动的、创造性的。文学艺术不仅要客观地反映现实，而且要反映整个民族的精神和生活，表现时代精神和倾向，因此单是忠实地摹写现实还是不够的，“必须能通过想象，把现实的现象表达出来，赋予它们新的生命”，关键是要创造出生动的具有普遍意义的艺术典型形象，因为“诗人所应该表现的，不是特殊的和偶然的，而是一般的和必要的、赋予他的时代以色彩和意义的东西”。由此别林斯基得出结论说，“艺术是现实的复制，是再现的、仿佛是重新创造的世界”。[②] 这里重要的是他强

① 《别林斯基选集》，第 3 卷，第 700 页。

② 以上参阅《别林斯基选集》，第 2 卷，时代出版社，1952 年，第 415－420 页。

调艺术是“重新创造的世界”，艺术的奥秘可以说被他一语道破了。这也是他比后来的车尔尼雪夫斯基高明的地方。

四、论艺术创作

在别林斯基的美学思想中，关于艺术创作的理论占有相当重要的位置。在这个问题上，他的看法前后也有所变化。

别林斯基早期曾受到德国唯心主义哲学的另一代表人物谢林的思想影响，这种影响特别明显地表现在他有关艺术创作过程的论述中。当时谢林美学曾在俄国风行一时，尤其是谢林鼓吹无意识性在艺术创作中的重大作用得到不少人的响应，其中也包括别林斯基。别林斯基像谢林一样，认为艺术创作过程是有意识活动和无意识活动的结合，而无意识活动则在创作中扮演主要的角色。他说：“创作的能力，是自然的伟大的禀赋；创作者灵魂里的创作行为，是伟大的秘密；创作的瞬间，是伟大的任务执行的瞬间；创作是无目的而又有目的，不自觉而又自觉，不依存而又依存的：这便是它的基本法则。”[①]按他的看法，艺术创作的开始是艺术家感觉到创作的要求，这种要求并不是出于艺术家的自觉，而是突然地、出乎意外地、完全与艺术家的意志无关地降临的。创作的要求引来一种概念，它隐藏在艺术家的灵魂里，占据它，压迫它，但艺术家对概念并不能有所抉择，而只是不由自主地摄取它。因此，艺术创作是从无意识状态开始的。接着是概念逐渐化为具体的栩栩如生的形象，这也是无意识的，只有到创作过程的最后阶段把形象付诸实

① 《别林斯基选集》，第1卷，第173页。

现才是艺术家自觉的、有意识的活动，但比较地说，这最后一步动作并不十分重要。别林斯基虽然谈到自觉和不自觉这两种因素，可是艺术家的自觉仅仅表现为他有创作的意图，而创作的具体内容则完全产生于无意识、不自觉的活动。他指出："当诗人创作的时候，他想在诗的象征中表现某种概念，从而他是有目的，并且自觉地行动着的。可是，不管是概念的抉择或是它的发展，都不依存于他那被理智所支配的意志，从而他的行动是无目的的和不自觉的。"[①]所以他认为，艺术创作并不是长期的、多方面的经验和精细的观察的结果，而是在艺术家的灵魂里面仿佛是受了某种崇高的神秘力量的感应的结果。

既然艺术创作在很大程度上是无意识的，那么创作的动力是什么呢？别林斯基认为，艺术创作活动主要是依靠灵感，"只有灵感才能够创造"，而灵感却是不依存于创作者本人的。他说："艺术家的灵感是这样自由，他自己不能命令它，却只能听命于它，因为它包含在他里面，但却不受他支配，他不能为自己的作品选定题目，因为深奥莫测的现象不知不觉地在他的灵魂里产生了，他后来才以惊人之笔把这些现象描绘出来。他不是在他愿意的时候，而是在他能够的时候，进行创作；他等待灵感，却不能招之即来，挥之即去。"[②]在他看来，灵感是一切创作的源泉，艺术作品是灵感的产物，在创作过程中理智和自觉不是起积极参与的作用，"柏拉图称之为迷狂的灵感才是创作的独一无二的、起积极参与作用的东西，

---

① 《别林斯基选集》，第1卷，第174页。

② 《别林斯基选集》，第2卷，第50页。

而理智则是和创作敌对，扼杀创作的”①。以上这些话说明，早期别林斯基把艺术创作看作基本上是一种非理性的活动。由于艺术创作主要依赖于灵感，而灵感又完全不取决于个人的学习和努力，因此它只能是一种天赋。所谓艺术家，就是少数与众不同的具有天赋灵感的天才，只有他们才能创造出真正的艺术作品。

别林斯基这个时期关于艺术创作的许多观点，如对无意识性的强调和对灵感、天才的推崇等等，都深受谢林的非理性主义哲学的影响。后来当他开始对德国唯心主义采取批判态度时，也相应地对自己的一些观点做了适当的修正，这突出地表现在有关无意识性的问题上。普列汉诺夫在“别林斯基的文学观点”一文中关于这一点指出：“别林斯基在自己活动的最初两个时期（也就是在醉心黑格尔绝对哲学以前的时期和醉心它的时期），曾经认为无意识性是任何诗的创作的主要特征和必要条件；后来他对于这一点就讲得不那么肯定了，但他从来也没有停止过认为无意识性在真正艺术家的活动中具有巨大意义。”②普列汉诺夫指出了别林斯基的立场的变化，但没有把事情说清楚。实际上，别林斯基的观点的转变在于，原先他认为无意识的因素在艺术创作中占主导地位并起决定作用，而有意识的或自觉的因素则是次要的，仅仅起见证的作用；后来他重新对无意识因素的作用作适当的估计，抛弃了对它的唯心的、神秘化的解释，开始赋予有意识的因素以主导的地位，把艺术创作理解为主要是艺术家自觉的活动。

① 《别林斯基选集》，第 2 卷，第 473 页。

② 《普列汉诺夫美学论文集》，第 1 卷，人民出版社，1983 年，第 221－222 页。

从19世纪40年代开始，别林斯基在一些文章里一方面仍强调艺术创作活动的无意识性和灵感的决定作用，另一方面则提出了艺术创作中的一个重要的新因素即思考的因素。他说："我们的时代，是认识、哲学精神、思考、'反省'的时代。问题——这便是我们时代的最主要的东西"，而由于我们的时代是思考的时代，"因此，反省(思考)是我们时代的诗歌的合理因素"①。思考和反省是人的一种自觉的思维活动，不可能是无意识的。所以他试图修正以前的说法，用"直感性"来代替"不自觉性"。他指出，"直感性"和"不自觉性"并不是同义语，直感性中可能有不自觉性，但并非永远如此，有些东西是直感性产生而决不是不自觉地产生的，艺术就是这样。"现象的直感性是艺术的基本法则，确定不移的条件，赋予艺术崇高的、神秘的意义；可是，不自觉性不但不是艺术的必要的属性，并且是跟艺术敌对的，贬低艺术的。"②从别林斯基过去认为理智和自觉在创作活动中不起积极参与作用并且是与创作相敌对的观点，到现在认为创作需要思考而不自觉性则是和艺术相敌对而且贬低艺术的观点，确实是一个重大思想转变，这标志着他已经与谢林的非理性主义哲学分手。

别林斯基直到晚年也不否认艺术创作活动中的无意识性因素的存在，但他越来越强调艺术创作的思想性和自觉性，把自觉的思维活动提高到主导的地位。他把文学称为"用语言表达的人民思想的最后和最高的表现"，认为文学不仅是个人的自觉的活动，而

---

① 《别林斯基选集》，第2卷，第503，506页。

② 《别林斯基选集》，第3卷，第107页。

且还是社会自觉的表现、整个民族意识的自觉表现。他指出："文学是整个社会的所有物，反过来，社会又通过文学，在自觉的、优雅的形式中获得以其直感生活为源泉的一切东西。社会在文学中提升为典范，化为自觉的自己的现实生活。"[①]这样说来，创作就不能不是一种自觉的活动，其所以如此，还有认识方面的理由。艺术的描绘对象应该是普遍事物，是概念，当然这不是抽象概念，而是具体的、特殊化的，但却渗透着普遍内容的概念，在艺术作品中，这概念和形式必须有机地融为一体。可是，对艺术家来说，首先必须对要表现的概念有明确的认识，如果概念在创作者头脑中不明确和不清楚，那么形式也不可能是充分美好的。伟大诗人的特点就是明确性，创造的形象只有当它明确而且完全被人所认识时，才是美的。诗人面向现实生活，首先需要对生活本质有深刻的洞察。别林斯基说，现在要在诗歌方面取得成就，光有才能已经不够了，还要有思想，要在时代精神方面有所创造，有所发展。社会不愿意把诗人看作一个逗乐角色，"却要把他看作自己的精神的、理想的、生活的代表，解答最艰深问题的先知，能够先于别人在自己身上发现大家共有的病痛，并以诗情的再现来治疗这些病痛的医生。"[②]对画家来说，现在光靠自由挥动画笔和支配调色的本领，也成不了伟大画家了。"概念、内容、创作理性——这些便是衡量伟大的艺术家的尺度。"[③]过去别林斯基看重灵感和才能在艺术创作中的作用，现在则把思想、科学的认识作为必要的条件。他说："今天，所

① 《别林斯基选集》，第3卷，第123页。

② 同上，第331页。

③ 同上，第504页。

有的诗人,甚至包括伟大的诗人,都必须同时是思想家才行,否则,纵令具有才华,也无补于实际。”今天科学变成了艺术的抚育者,如果没有科学,灵感是虚弱的,才能是无力的。[①] 在艺术创作中,理性现在扮演重要的角色。他指出,我们的时代,整个儿是问题,整个是追求,整个是对于真理的探索和向往,而这一切都应俯首听命于理性。“我们时代的艺术本身是个什么东西?——那是对于社会的判断、分析,因而也是批评。思维的因素现在甚至跟艺术的因素融合在一起了,——如果一部艺术作品只是为描写生活而描写生活,如果它不是痛苦的哀号或者欢乐的颂赞,如果它不是问题或者对于问题的解答,那么,对于我们时代说来,它便是一部僵死的作品。”[②]这样,别林斯基就彻底清除了非理性主义艺术创作论对他的影响。

五、论艺术的目的和社会使命

关于艺术的目的和社会使命也是别林斯基着重探讨的问题,他的观点也有一个演变的过程。这最明显地表现在他对主张“为艺术而艺术”的所谓“纯艺术论”的态度上。

别林斯基在成熟时期的许多著作中对“纯艺术论”进行尖锐而深刻的批判,这成为他留给俄国革命民主派的珍贵的美学遗产之一。但是,实事求是地说,他在刚开始文学批评活动时,不仅没有和“纯艺术论”划清界限,而且还以自己的某些论点支持了这种错

---

① 《别林斯基选集》,第 3 卷,第 568 页。

② 同上,第 575 页。

误理论，只是后来才与之彻底决裂而转而对它采取批判态度。与别林斯基过从甚密的巴纳耶夫在《文学回忆录》中曾谈及别林斯基早期思想状况。他说，别林斯基在接受了巴枯宁对黑格尔关于“一切现实的都是合理的”这一命题的解释后，以蔑视的态度批评18世纪法国百科全书派，批评那些不承认“为艺术而艺术”论的批评家，批评那些追求新生活和社会革新的作家，“对他来说，艺术构成着某个最高的、独立的、自身封闭的世界，这个世界只与永恒真理有关”①。巴纳耶夫的上述说法可以从别林斯基当时的文章里得到印证。

早在“文学的幻想”一文中，别林斯基就表示赞同“纯艺术论”所宣扬的艺术的目的在于自身的观点。他说，诗人“如果在作品中力图使你们从他的观点来看生活，那时他已经不再是诗人，却是一个思想家，并且是一个恶劣的、用意不良的、该诅咒的思想家，因为诗歌除了自身之外是没有目的的”②。在他看来，只有当诗人不由自主地遵循他的想象的瞬息闪烁而写作时，他才是一个诗人，只要诗人给自己设定目标，提出课题，他就不再是诗人而失去其诱人的魔力了。因此，诗人、艺术家是和思想家、哲学家相对立的，诗歌以至一般艺术不能用来服务于其他目的，不能用来宣扬特定的思想和观点。别林斯基的这些看法和他当时强调艺术创作的无意识性紧密相关，照他说来，艺术作品是出于本能地从艺术家的灵魂里奔泻而出，是依赖于艺术家自己也无法控制的灵感的，那么艺术自然

① 参阅巴纳耶夫:《文学回忆录》,俄文版,1950年,第184－185页。

② 《别林斯基选集》,第1卷,第23页。

也不可能有什么事先预定的目的了。别林斯基甚至认为，诗人是他的对象的“奴隶”，因为不管是对象的抉择或对象的发展，他都无权过问，无论是命令、订货或本人的意志，都不能使他创作。因此，即使诗人主观上想要为一个特定的社会目的服务，事实上他也是做不到的。别林斯基反对利用艺术去达到社会目的，反对把诗人看成他所谓的“包工头”，这种立场基本上是和“纯艺术论”相一致的。

别林斯基在早期著作中赞同“纯艺术论”的一些观点，是和他当时接受德国古典唯心主义哲学和美学的强烈影响分不开的。从康德到谢林、黑格尔，关于审美判断的无利害关系性和艺术本身就是目的的思想，确实为“纯艺术论”的形成提供了理论根据。特别是谢林竭力鼓吹艺术创作在原则上是“绝对自由的活动”，任何其他创造活动都由外在目的所引起，唯有艺术没有自身以外的任何目的，正是这种独立性产生了艺术的“神圣性”和“纯洁性”。[①] 所以艺术不应有任何功利的考虑，也不应为任何其他目的服务。谢林的艺术至上的思想曾被德国浪漫派奉为圭臬，也影响了别林斯基。但是，除了来自德国的思想影响外，别林斯基附和“纯艺术论”的主张还有其一定的历史原因。当时沙皇政府和俄国一些反动文人为他们推行的文化专制政策制造舆论，要求文艺必须为封建农奴制的反动政治服务。别林斯基为了抵制这种文化专制，反对反动政治对文艺的干预，反对迫使艺术家充当沙皇政府的吹鼓手或“包工头”，维护文学艺术的独立性是完全可以理解的。问题在于

① 参阅谢林：《先验唯心论体系》，商务印书馆，1977年，第271页。

他错误地向“纯艺术论”借用论辩的武器而陷入了另一种片面性，即认为艺术不仅不应该为反动的社会目的服务，而且在原则上不应该为任何社会目的服务，于是艺术就成为与社会政治截然分离的独立王国。他认为政治是与艺术无关的“琐事”，似乎艺术只需表现“人类绝对发展”就够了，不能也不必去涉及“公民的和政治的因素”。二者应该分开，“不能按照政治来议论艺术，也不能按照艺术来议论政治”。因此，人们（包括批评家在内）只能用艺术性的观点，而不能用其他社会的或政治的观点去衡量艺术。艺术家应该“不去干预政治及政府事务”，同时他也不应该受到政治的干预。别林斯基作出结论说：“社会不应该为艺术牺牲自己的重要利益，或者为它而背离自己的目的。艺术只能通过为自己服务，来为社会服务。让它们井水不犯河水，各走各的道路吧。”①

但是，别林斯基毕竟不是那种逃避现实、躲在象牙塔里孤芳自赏的“纯艺术论者”。作为一个革命民主主义者，他甚至在大力宣扬艺术除自身以外别无目的时，也没有把社会和祖国的利益置之脑后。他说，一个真正的诗人，必然要对祖国表示同情，分担祖国的希望，以祖国的痛苦为痛苦，以祖国的欢乐为欢乐。“如果诗人不对社会抱同情，不是社会生活的参与者，不是社会能把自己的秘密加以信托的人，他难道能够正确地描写社会吗？”②又说：“一个活人，在他的灵魂里，在他的心里，在他的血液里，负载着社会的生活：他为社会的疾病而疼痛，为社会的苦难而痛苦，随着社会的健

① 《别林斯基选集》，第2卷，第60页。

② 《别林斯基选集》，第1卷，第252－253页。

康而蓬勃发展，为社会的幸福而感到快乐。”①既然如此，艺术家怎么可能只以艺术本身为目的，“为艺术而艺术”，而不顾其他的社会目的呢？这显然是和“纯艺术论”的主张相矛盾的。因此，随着别林斯基哲学思想的演变，他开始转而对“纯艺术论”采取批判分析的态度。他批评某些人直到今天仍天真地宣称艺术是艺术，生活是生活，二者之间没有任何共通之处，这些人是“拾人唾余”，只是重复“为艺术而艺术”的老调。他认为艺术应该顾及社会的兴趣、人类的兴趣，艺术并不是与整个社会利益漠不相干的独立王国，而是“人类生活的脉搏的跳动”。他对自己思想的这一变化作过说明，他说“我们自己曾经一度是美的概念的热诚信徒，不但把美看成是一种唯一的、独立的因素，并且看成是艺术的唯一目的。理解艺术的过程总是从这一点开始的，为美而美，艺术本身就是目的，总是这个过程的第一个步骤，漏掉这一步骤，就意味着永远不会理解艺术。”但他又指出，停留在这一步骤上，就意味着片面地理解艺术。美是艺术的必不可缺的条件，没有美也就不可能有艺术。可是，光是有美，艺术还是不会得到什么结果，特别在我们今天是如此。美已经变成艺术的手段，而不是艺术的目的了。他强调说：“艺术如果没有具有历史意义的合理内容，作为当代意识的表现来看，它就只能使一些根据古老传统酷爱艺术性的人们满足而已。我们的时代特别对于这种艺术倾向是表示敌对的。我们的时代坚决反对为艺术而艺术，为美而美。”②

① 《别林斯基选集》，第 2 卷，第 455 页。

② 以上参阅《别林斯基选集》，第 3 卷，第 581－584 页。

别林斯基认为，虽然艺术本身就是目的这种看法包含着“一部分真理”，“纯艺术论”对俄国文学艺术的发展也起过一定的作用，但这个阶段毕竟已经一去不复返了。现在对艺术要有更高的要求，“每一部艺术作品一定要在对时代、对历史的现代性的关系中，在艺术家对社会的关系中，得到考察”，而批评的任务就是要把创作自由同为时代的历史精神服务、为真理服务这二者调和起来。这就是说，艺术除了本身的审美价值以外，还有其他崇高的目的，即为社会进步和真理服务。别林斯基对那些坚持“为艺术而艺术”、主张“像鸟一样为自己而歌唱”的人，提出了尖锐的批评。他说，这种人给自己创造出跟当代历史现实毫无共通之处的一片世界，设想艺术不是尘世间的事情，艺术应该悬空在虚无缥缈的云端里，世间的苦难和希望都不应该烦扰艺术的神秘灼见和诗意观察，他们创作出来的作品不管多么规模宏大，也不会走进生活中去，不会唤起现代人或后代人的喜悦和共鸣。这些人即使有才华，也不会有多大成就，很快就会被社会忘记。“这是因为：这些人既没有对生活的看法，也没有构成灵魂和心灵的信仰的血肉相连的信念，也没有学说，也没有原则；这是因为：他们只是为写作而写作，正像鸟儿只是为歌唱而歌唱一样。他们对社会既没有爱，也没有憎，既没有同情，也没有仇恨，他们赖以跟社会维系的，不是靠了以对于时代和社会的概念的激情作为基础的精神联系，而是靠了外部的羁绊。反过来，社会只是把他们看作供人消遣、给人逗乐的角色”[①]。别林斯基把这种所谓“纯艺术”看得很低，认为它对社会历

① 《别林斯基选集》，第3卷，第586－587页。

史发展起不了什么作用，而他心目中的真正的艺术则是从属于历史发展过程的，如他所说，“我们时代的艺术是关于生活的意义和目的、关于人类的道路、关于生存的永恒真理的现代意识和现代思维的通过典雅形象的表现、实现”①。因此，艺术的目的不能仅仅局限于自身，它还应担负起重大的社会使命。

在别林斯基思想发展后期，他更加强调艺术的社会作用，对“纯艺术论”的批判也更深刻了。他在“1847 年俄国文学一瞥”一文中系统地揭露了“纯艺术论”的错误实质，深入地阐明它无论是从历史上或理论上来说都是站不住脚的。他指出，“纯艺术论”纯粹是德国的产品，只能产生于从事思辨和梦想的民族中，而且这种认为除自身以外别无目的的所谓“纯艺术”究竟是什么，连它的拥护者也说不出个所以然。实际上，“纯粹的、超然的、无条件的，或像哲学家所说，绝对的艺术，在任何时候、任何地方都是不存在的”。他说，艺术当然首先必须是艺术，可是如果把艺术设想成处在自己特殊的小天地里、与生活的其他方面无关的纯粹的、排他的东西，那么这种想法完全是空幻的，因为那样的艺术事实上是从来不曾有过的。生活虽然可以分成许多各有其独立性的领域，但这些领域却息息相关地融合为一，相互之间并没有不可逾越的鸿沟。因此，不管把生活怎样分割，它总是统一的、完整的，根本就不存在一个不受外来社会影响的艺术独立王国，这样也就从根本上取消了“纯艺术论”赖以产生的理论根据。从另一方面说，艺术家个人的人格也不是什么无条件的、孤立的、超脱任何外在影响的东西。

① 《别林斯基选集》，第 3 卷，第 588 页。

他首先是一个人，然后是他的祖国的公民，他的时代的子孙。他不能不受民族和时代的精神的影响，历史性的社会运动也不能不在他的作品上留下深刻烙印。在这种情况下，一个艺术家即使真的想“为艺术而艺术”，实际上也是做不到的。这样，别林斯基就最后彻底清除了“纯艺术论”的思想影响，他经过长期的探索终于达到了对艺术的社会作用的一种新的革命的理解。艺术走出了狭小的象牙塔，已不再被当作仅仅给人以美的享受或供人娱乐的工具，而首先被他看作启发人民觉悟、为社会进步事业服务的有力武器。他说：“艺术利益本身，不得不让位于对人类更重要的别的利益，艺术高贵地为这些利益服务，做它们的喉舌。可是，它毫不因此而中止其为艺术，而只是获得了新的特质。夺去艺术为社会利益服务的权利，这是贬抑它，却不是提高它，因为这意味着夺去它的最泼辣的力量，即：思想，使之成为消闲享乐之物，游手好闲的懒人的玩具。”①

这可以说是别林斯基的全部文艺批评活动最后得出的一个光辉的结论，同时又是继承他的事业的整整一代俄国革命民主派文艺思想家的一个重要的起点，他们正是沿着别林斯基所开辟的道路前进的。杜勃罗留波夫说得好：“不管俄国文学中发生了什么，不管它发展得多么茂盛，别林斯基将永远是它的骄傲，它的荣誉，它的光荣。直到现在，在我们这里刚刚出现的一切优美的、高贵的事物上，都可以明显地感觉到他的影响；直到现在，我们每一个优秀的文学活动家都承认，他自己的发展大部分应直接或间接地归

① 《别林斯基选集》，第2卷，时代出版社，1952年，第427－428页。

功于别林斯基。”①

第三节　车尔尼雪夫斯基

别林斯基文学事业的直接继承者是车尔尼雪夫斯基，他作为俄国平民知识分子出身的新一代革命思想家，把19世纪俄国美学理论提高到一个新的阶段。普列汉诺夫曾对他的贡献作出这样的评价：“如果说别林斯基是我国启蒙运动者的始祖，那么车尔尼雪夫斯基就是他们的最杰出的代表。他的文学观点，以及一般讲来，他的美学观点，对于俄国批评的进一步发展具有重大的影响。”②

1828年，尼古拉·加甫利洛维奇·车尔尼雪夫斯基生于俄国萨拉托夫的一个神甫家庭，1846年入彼得堡大学历史语言系学习，在学生时代深受赫尔岑、别林斯基及其他俄国进步作家的影响，并广泛阅读西欧某些空想社会主义者、英国经济学家和德国古典哲学家的著作，同情欧洲人民的革命斗争。大学毕业后曾去萨拉托夫中学任教，1853年回彼得堡开始为刊物工作。1855年，他通过了学位论文《艺术与现实的美学关系》的答辩。在短短几年内，他写了大量有关哲学、经济学、政治、文学和美学的著作和论文，如《莱辛，他的时代、生平与活动》、《哲学中的人本主义原理》、《资本与劳动》、《果戈理时期俄国文学概观》等，对当时俄国知识界

① 《杜勃罗留波夫选集》，俄文版，1948年，第396页。

② 《尼·加·车尔尼雪夫斯基的美学理论》，见《普列汉诺夫美学论文集》，第1卷，人民出版社，第255页。

影响巨大,他所主持的《现代人》杂志也成为宣传革命民主派思想的舆论阵地。为此他遭到沙皇政府的残酷迫害,于1862年被逮捕囚禁于彼得保罗要塞,他在狱中完成了著名小说《怎么办?》。1864年他被当局判处7年苦役并永久流放到西伯利亚。直到1889年,他才被允许迁居故乡萨拉托夫,不久就因病逝世。他的坚贞不拔的性格和威武不屈的品质,使他成为好几代俄国进步青年崇拜的人物,被誉为"俄国的普罗米修斯"。马克思和恩格斯也赞赏车尔尼雪夫斯基的著作,认为它们给予俄罗斯以"真正的光荣",还指出这位"俄国的伟大学者"出色地说明了资产阶级经济学的破产[①]。

在马克思主义传入俄国以前,车尔尼雪夫斯基是俄国革命运动的旗手,他不仅是卓越的思想家和理论家,而且是政治活动家。他的活动主要是在1861年俄国的所谓"农奴制改革"前后的时期内进行的。当时在国内外危机交困下俄国农奴制已濒临灭亡,眼看就要崩溃。俄国在克里米亚战争中的失败充分暴露了貌似强大的沙皇政府的腐败无能和虚弱,它不仅使俄国争霸欧洲的国际地位一落千丈,而且更加剧了国内的阶级矛盾,连绵不断的农民暴动已经使局面难以维持下去了。连沙皇亚历山大二世也不得不承认,与其被农民从下面起来推翻政府,还不如由政府从上面来进行"改革"。但这种"改革"实质上是沙皇政权为了挽救其封建专制统治而实行的,带有资产阶级性质的改革,它使地主阶级在"土地赎

① 《资本论》,第1卷,第2版,见《马克思恩格斯全集》,第23卷,人民出版社,第17-18页。

买"的名义下对广大农民进行残酷掠夺,而严重地损害了贫苦农民的利益。资产阶级自由派对"农奴制改革"歌功颂德,他们害怕农民起义,支持沙皇政府实施的政策,希望资产阶级能从地主农奴主阶级那里分得一杯羹。相反,以车尔尼雪夫斯基为首的为数不多的革命民主派,则站在农民这一边揭露和谴责这次"改革"。他们号召农民"拿起斧头"起来推翻沙皇统治和腐朽的农奴制,用革命手段夺取土地。列宁曾指出,19 世纪 60 年代的自由派和车尔尼雪夫斯基是两种历史倾向、两种历史力量的代表,又说:"车尔尼雪夫斯基是彻底得多的、更有战斗性的民主主义者。他的著作散发着阶级斗争的气息。他毅然决然地实行了揭发自由派叛卖行为的路线。"[①]列宁还称他为"资本主义的异常深刻的批评家"和"俄国最早的社会主义者之一"。车尔尼雪夫斯基的美学理论与他的政治立场和社会政治观点有着密切的联系,这是他的美学理论的一大特点。

一、从费尔巴哈观点对黑格尔美学的批判

车尔尼雪夫斯基和别林斯基一样,都属于西方派的左翼,而且都深受德国古典哲学和美学的影响。但是,他们又有所不同。别林斯基开始信奉德国唯心主义,曾长期迷醉于黑格尔哲学,最后才与黑格尔分手而倾向于费尔巴哈。车尔尼雪夫斯基则从青年时代就对黑格尔哲学感到失望,根据他自己的陈述,1849 年他经当时彼得拉舍夫斯基小组参加者哈内柯夫的介绍,首次读了费尔巴哈

---

① 《俄国工人报刊的历史》,《列宁全集》,第 20 卷,第 241 页。

的《基督教的本质》一书，对他造成强烈的印象，从此他勤勉地再三阅读费尔巴哈的著作，成为这位德国思想家的忠实信徒。但是，当时在俄国反动当局眼里费尔巴哈被看作洪水猛兽，连他的名字也不准在刊物上提及。因此车尔尼雪夫斯基在发表他的美学著作时只能用暗示的方式而无法公开地指明他的美学思想和费尔巴哈哲学的关系。直到他逝世前一年(1888)所写的《艺术与现实的美学关系》第三版序言(至 1906 年才得以发表)中，他才详尽而坦率地说明了自己的美学理论和费尔巴哈的密切关系。他写道："约莫在开始认识费尔巴哈之后六年，作者由于生活上的需要写了一篇学术论文。他感到，他可以应用费尔巴哈的基本思想来解决知识领域内某些未经他的宗师探讨的问题。作者需要写的这篇论文的主题是关涉文学的。他想用他觉得是从费尔巴哈的思想中得出的结论来解释那些关于艺术、特别是诗歌的概念，以满足这个要求。这样，我正在给它写序的这本小书，就是一个应用费尔巴哈的思想来解决美学的基本问题的尝试。"他特别强调指出："作者决不自以为说出了什么属于他个人的新的意见。他只希望做一个应用在美学上的费尔巴哈思想的解说者。"还说，他只是"用俄文重述费尔巴哈的若干思想"，"只有那些涉及专门的美学问题的局部思想才是作者自己的。这本小册子里一切具有更广泛的性质的思想都属于费尔巴哈"①。

从上面这篇序言以及其他许多旁证材料可以清楚地看出，在哲学上，车尔尼雪夫斯基是费尔巴哈的热情拥护者，他的美学思想

① 《车尔尼雪夫斯基选集》，上卷，三联书店，1958 年，第 135－136、141 页。

是以费尔巴哈学说为哲学基础的。普列汉诺夫认为，车尔尼雪夫斯基的《艺术与现实的美学关系》，“是在费尔巴哈唯物主义哲学基础上建立美学的一种很有意思的，从某种意义来说是独一无二的尝试”[1]。这一评价无疑是正确的，而苏联某些学者把车尔尼雪夫斯基思想说成是已经超越了费尔巴哈哲学的“更高阶段”，则显然违反历史的实际。

费尔巴哈的唯物主义哲学是从批判黑格尔哲学开始形成的。在他看来，黑格尔哲学集一切唯心主义学说之大成，因此要克服唯心主义，重新建立唯物主义的权威，就必须彻底批判黑格尔哲学。他说：“黑格尔哲学是近代哲学的完成。因此新哲学的历史必然性及其存在理由，主要是与对黑格尔的批判有关系的。”[2]同样地，作为费尔巴哈的学生，车尔尼雪夫斯基在创立自己的新的美学体系时，也不得不首先对当时在美学领域内仍占统治地位的黑格尔美学进行批判。不过他在学位论文初版中并未公开指名黑格尔，而以当时的一个黑格尔主义者斐希尔作为批判对象，因为用他的话来说，黑格尔“这个名字那时在俄文中也是不便使用的一个”。

在车尔尼雪夫斯基看来，黑格尔美学的根本缺陷在于它是建立在他的唯心主义哲学体系的基础上的，而这一体系在费尔巴哈的批判之下显得是站不住脚的。因此，车尔尼雪夫斯基在学位论文中一开始就申明他将以一种与黑格尔不同的新的观点去探讨美

① 《普列汉诺夫美学论文集》，第Ⅰ卷，人民出版社，第 276 页。

② 《费尔巴哈哲学著作选集》，上卷，三联书店，第 147 页。

学问题。他说:“尊重现实生活,不信先验的、尽管为想象所喜欢的假说,——这就是现在科学中的主导倾向的性质。作者觉得,假如美学还有谈论的价值的话,我们对美学的信念就应当符合于这一点。”[①]一切从现实生活出发,把现实生活置于首位,这是车尔尼雪夫斯基美学思想的基本原则。

车尔尼雪夫斯基正是从这一立场对黑格尔美学展开批判,他以美的定义作为切入点,因为他认为黑格尔关于美的定义是从其哲学体系中引申出来的,必然会随同体系一起崩溃,但即使黑格尔的定义和整个体系分开来看,也仍然是经不起批评的。

黑格尔给美下的定义是:“美就是理念的感性显现。”[②]这个定义充分地体现了他的客观唯心主义观点,即肯定理论、精神的第一性,把整个世界看作绝对理念或世界精神的自我发展过程,而美只是理念发展过程中的一个阶段。车尔尼雪夫斯基最不满意的就是这种把理念置于事物之先的观点,他认为黑格尔把美看作理念在个别事物上的显现是完全错误的。他认为,黑格尔主张“一件事物如能完全表现出该事物的观念来,它就是美的”,这一说法如果翻译成普遍的语言,就是说:“凡是出类拔萃的东西,在同类中无与伦比的东西,就是美的。”[③]

他从两方面去反驳这种看法。首先,他指出,一件事物必须出类拔萃,方能称得上美,这固然不错,但并非所有出类拔萃的东西都是美的,因为并不是一切种类的东西都美,有些东西在其同类中

① 《车尔尼雪夫斯基选集》,上卷,第2页。

② 黑格尔:《美学》,第1卷,人民文学出版社,1958年,第137页。

③ 《车尔尼雪夫斯基选集》,上卷,第4页。

愈是出类拔萃,从审美的观点看来就愈丑。因此黑格尔关于美的定义只是说明在可以达到美的那些种类的事物和现象中最好的东西是美的,但却并没有说明为什么事物和现象的类别本身分成两种,一种可以是美的,而另一种在我们看来一点也不美。其次,车尔尼雪夫斯基指责黑格尔的定义过于狭隘,因为这个定义要求美的事物要能完全表现该类事物的观念,就意味着美的事物一定要包含同一类事物中所有好的东西,这就抹煞了同一类事物的美的多样性。这种看法也许能适用于没有多种多样典型的某些自然领域(例如某些植物),而不适用于动物界,尤其不适用于人类,因为在人身上美的典型的多样性特别显著,“我们简直不能设想人类美的一切色调都凝聚在一个人身上”①。

今天看来,车尔尼雪夫斯基对黑格尔的美的定义的反驳并没有很强的说服力,他的有些说法也过于简单化,不完全符合黑格尔的原意。但是,值得注意的是,通过对黑格尔美学的批判,车尔尼雪夫斯基提出了相反的见解:美不在理念,而在现实事物本身。他的这一基本观点明显地是从费尔巴哈哲学的立场出发的。费尔巴哈批评黑格尔不是从现实的存在开始,而是从存在的概念或抽象的存在开始,他责问道:“为什么我就不能从存在本身,亦即从现实的存在开始呢?”②在费尔巴哈看来,“思维与存在的真正关系只是这样的:存在是主体,思维是宾词”③。换言之,只有现实的存在才是第一性的,而存在的概念则是从现实的存在中派生出来的。黑

① 《车尔尼雪夫斯基选集》,上卷,第5页。

② 同上,第51页。

③ 同上,第115页。

格尔的错误就在于颠倒了两者的真正关系，费尔巴哈揭穿了黑格尔唯心主义体系的这一秘密，为车尔尼雪夫斯基对黑格尔美学的批判提供了理论根据。车尔尼雪夫斯基认为，黑格尔把美看作理念的感性显现就意味着美实际上是理念加于现实的一种幻想，在现实中没有真正的美。因此，美不属于现实世界本身，现实世界倒反而只是理念借以表现其自身为美的一种感性的手段。这同样是把关系弄颠倒了。车尔尼雪夫斯基用费尔巴哈的观点去理解美而得出了相反的结论，主张真正的最高的美正是人在现实世界中所遇到的美，而所谓美的理念则仅是人的思维的抽象。因此，美属于客观现实本身，事物和现象之所以美，并非由于它们是理念的感性显现，而是由于美本来就客观地存在于现实世界的事物和现象之中。这明显地是一种与黑格尔美学相对立的带有鲜明唯物主义色彩的美学观点。

应该指出，车尔尼雪夫斯基虽然对黑格尔美学采取批判态度，但绝不全盘否定，而是对其中合理的、积极的因素予以充分的尊重和肯定。例如，他认为黑格尔关于美就是理念在个别事物上的完全显现的说法中也含有正确的方面，那就是：美是在个别的、活生生的事物，而不在抽象的思想。他还指出，如把黑格尔的说法应用于艺术作品，也有其一定的合理性。一般地说，车尔尼雪夫斯基对黑格尔美学的看法是和他对整个黑格尔哲学的看法相一致的。他反对黑格尔的唯心主义体系，却十分推崇其中包含的辩证法，这在他的不少著作中都有所阐述，特别是在著名的《果戈理时期俄国文学概观》第六篇中，他对黑格尔哲学及其在俄国的影响作了全面而详尽的评论。在他看来，黑格尔体系本身具有矛盾的双重性，"黑格尔的原则是非常有力、非常宽广的，可是结论却狭窄而渺小：不管他的天才的所有巨大瑰玮，这位伟大的思想家却只有力量说出普遍的观念，但是要不屈不挠坚持这些原理，从这些原理逻辑地发展出一切必然的结果来的力量，却还不够。他预见到了真理，但却只是在最普遍、最抽象、最模糊的轮廓中看到的；面对面看见真理，这已经是下一代人的份了"[①]。他说，克服黑格尔哲学的内在矛盾，使其原则得到明确而彻底的发挥，是黑格尔的后继者完成的。黑格尔今天已属于历史，可是他所提出的原则，跟真理实在是十分接近的，真理的某些方面已经被这位思想家以真正惊人的力量表现出来了。这里所说的原则，就是黑格尔的"思维的辩证方法"，它要求人们从各方面来观察对象，完整而全面地去研究现象，对具体事物作具体分析，"这个规则可以用这个公式表现出来：'抽象的真理是没有的，真理总是具体的'，也就是说，只有在观察某一特定的事实所从而产生的一切情势之后，才能对这一事实发出一定的判断"[②]。车尔尼雪夫斯基认为，借助于黑格尔哲学的成果，现在科学已经超越黑格尔而前进了一步，"然而这种新的科学，只是黑格尔体系的继续发展，黑格尔哲学，作为从抽象的科学到生活的科学这个过渡来说，是永远保持其历史意义的"[③]。他对黑格尔美学的批判，也要从这样的视角去看才能得到正确理解。

---

① 《车尔尼雪夫斯基选集》，上卷，第 419 页。

② 同上，第 421 页。

③ 同上，第 422 页。

二、美的定义：美是生活

与黑格尔美学相对立，车尔尼雪夫斯基建立了他自己的美学思想体系，用他的话来说，这正相当于费尔巴哈哲学与黑格尔哲学的关系。[①] 这一新的思想体系的基石则是他所提出的关于美的定义。这个定义曾被普列汉诺夫称为“天才的发现”。

车尔尼雪夫斯基认为，美的事物在人心中所唤起的感觉，是类似亲爱的人在面前时洋溢于我们心中的那种愉悦之情。我们无私地爱美，欣赏美，喜欢它，如同喜欢我们亲爱的人一样。由此可见，美包含着一种可爱的、为我们的心所宝贵的东西，而这种东西必须是无所不包的、最多样化的、最富于一般性的东西。可是，“在人觉得可爱的一切东西中最有一般性的，他觉得世界上最可爱的就是生活；首先是他所愿意过、他所喜欢的那种生活；其次是任何一种生活，因为活着到底比不活好：但凡活的东西在本性上就恐惧死亡，恐惧不存在，而爱生活”。由此他得出了这样一个定义：“美是生活。”具体地说，“任何事物，凡是我们在那里面看得见依照我们的理解应当如此的生活，那就是美的；任何东西，凡是显示出生活或使我们想起生活的，那就是美的”[②]。因此，在他看来，用不着到理念之类的东西中去寻找美，美就存在于我们的现实生活中，“生活本身就是美”，“生活就是美的本质”[③]。

以上车尔尼雪夫斯基对美的看法，可以说是脱胎于费尔巴哈

---

① 《车尔尼雪夫斯基选集》，上卷，第136页。

② 同上，第6页。

③ 车尔尼雪夫斯基：《美学论文选》，人民文学出版社，1957年，第64页。

哲学的。费尔巴哈在摒弃了黑格尔的绝对理念后，力图为自己的哲学寻找新的基础。他说，新哲学建立在爱的真理上，感觉的真理上，“新哲学的基础，本身就不是别的东西，只是提高了的感觉实体——新哲学只是在理性中和用理性来肯定每一个人——现实的人——在心中承认的东西。新哲学是转变为理智的心情。心情不要任何抽象的、任何形而上学的、任何神学的对象和实体，它要实在的、感性的对象和实体”[①]。而在他心目中，人的生活无疑是最确凿的实在的感性对象，所以他说，“真理并不存在于思维之中，并不存在于自为的认识之内。真理只是人的生活和本质的总体”[②]。车尔尼雪夫斯基关于“美是生活”的定义，正是把他所认为的最实在的感性对象作为自己的出发点，把理论建立在人人都爱生活这一“爱的真理”上，用理性来肯定“在心中承认的东西”，把现实生活看作最高的真理。

从“美是生活”这一定义，车尔尼雪夫斯基得出了一个重要的观点，即社会经济地位不同的阶层，由于它们的生活的概念不同，因而也就具有不同的美的概念和审美标准。例如，普通人民、农民对“应当如此的生活”的看法就和上流社会人士的看法迥然相异，他们关于美女的概念也大不相同。对普通农民来说，生活这个概念总是包括劳动的概念在内，生活而不劳动是不可能的。“辛勤劳动、却不致令人精疲力竭那样一种富足生活的结果，使青年农民或

---

① 《黑格尔哲学批判》，见《费尔巴哈哲学著作选集》，上卷，三联书店，1959年，第168页。

② 《未来哲学原理》，见《费尔巴哈哲学著作选集》，上卷，三联书店，1959年，第185页。

农家少女都有非常鲜嫩红润的面色——这照普通人民的理解，就是美的第一个条件。丰衣足食而又辛勤劳动，因此农家少女体格强壮，长得很结实，——这也是乡下美人的必要条件。”[①]相反，上流社会美人的标准就完全不同，她们的历代祖先都不是靠体力劳动而生活的，这也是上层阶级觉得唯一值得过的生活，纤细的手足、病态、柔弱、委顿、苍白、慵倦就成为她们的美的标志。苍白、慵倦、病态对于上流社会的人具有另一种意义，“他们不知有物质的缺乏，也不知有肉体的疲劳，却反而因为无所事事和没有物质的忧虑而常常百无聊赖，寻求‘强烈的感觉、激动、热情’，这些东西能赋予他们那本来很单调的、没有色彩的上流社会生活以色彩、多样性和魅力。但是强烈的感觉和炽烈的热情很快地就使人憔悴：他怎能不为美人的慵倦和苍白所迷惑呢，既然慵倦和苍白是她‘生活了很多’的标志？”[②]车尔尼雪夫斯基阐明了美的概念对不同社会阶层的生活条件的依赖关系，用社会经济地位和生活方式去解释人们的美的概念和审美趣味，这是他对美学的重大贡献，也是西方美学史上的一个创举。但是，他却到此止步了。正如普列汉诺夫所说，“车尔尼雪夫斯基看出，人们的美学概念归根到底是由他们的经济生活方式决定的。这证明他的看法极有远见。但要把自己的美学理论建立在巩固的唯物主义基础上，他需要更详细地研究他所看出的美学和经济的因果联系，并且至少要通过人类历史发展的一些最主要阶段来探索这种联系。如果这样做，他就会完成美

---

① 《车尔尼雪夫斯基选集》，上卷，第7页。

② 同上，第8页。

学理论方面最伟大的变革”[1]。车尔尼雪夫斯基朝着这个方向迈出了一步，但由于历史条件的限制，未能完成这一伟大变革。

车尔尼雪夫斯基对“美是生活”这一定义的解释含有内在的矛盾，一方面他认为生活本身就是美的，美客观地存在于现实之中；另一方面他又指出，只有我们觉得可爱的东西、在其中看到“依照我们的理解应当如此的生活”的东西，才是美的。这样说来，一个对象之所以美又不仅是由于美客观地存在于它自身，而是由于它符合于我们的概念。车尔尼雪夫斯基自己没有觉察到这一矛盾，未能把这种主客体之间的辩证关系解释清楚，引起了一些人的误解。甚至连皮萨列夫那样的卓越的理论家也误以为车尔尼雪夫斯基的美的定义是为了要“消灭”美学，因为“美学或关于美的科学，只有在美具有不以无限多样化的个人趣味为转移的独立意义的情况下，才有合理的存在权利。假如美只是我们所喜爱的东西，假如由于这个缘故，所有关于美的形形色色的概念原来都是同样合理的，那么美学就化为灰烬了”[2]。皮萨列夫把这个定义理解成美学中的相对主义，这是不正确的。其实，车尔尼雪夫斯基虽然认为不同的社会阶层有不同的美的概念，但他始终坚持人类本性是衡量一切事物的最高标准，因而也是评判美的最后依据。在他看来，真正的人类本性是始终不变的。他还是像费尔巴哈一样，把人当作生物学上的抽象的人来看待，而不是把人看作社会关系的总和。

---

① 普列汉诺夫：《尼·加·车尔尼雪夫斯基》，上海译文出版社，1981 年，第 204 页。

② 《皮萨列夫文集》，第 3 卷，俄文版，1956 年，第 420 页。

他在《哲学中的人本主义原理》中说，“哲学所看到的人，和医学、生理学、化学所看到的人一样”[①]，并认为科学所说的“是人，而不是法国人或英国人，也不是商人或官僚。只有那构成人的本性的东西，科学才认为它是真理”[②]。他观察人类生活中各种物质的和道德的条件，都要从这个目的来研究，即明确它们适应人类本性要求的程度。在美学方面也是如此，他所追求的是符合人类本性的美的概念。从人类本性出发，他赞赏普通劳动人民的美的概念，而他所以反对上流社会的美的概念，也主要是因为它违反人类本性。

三、自然美高于艺术美

从“美是生活”这一定义出发，车尔尼雪夫斯基得出结论说，现实中的美或自然美比想象中的美以及艺术中的美更高、更优越。在西方美学思想家中间像他那样强调自然美的优越性也是不多的。

车尔尼雪夫斯基的观点和黑格尔美学也是针锋相对的。在他看来，黑格尔美学认为客观现实中的美有缺点，因此我们的想象就不得不来修改在客观现实中见到的美，为的是要除去这些缺点，使它真正地美，并通过艺术而得以实现。由此推论，只有我们的想象才能把真正的美带到现实中来，而美的真正领域就是想象的领域，所以体现想象的艺术就高于现实。相反，他指出，从“美是生活”这概念就得到如下的结论：“真正的美是现实的美，而艺术……是不

① 《车尔尼雪夫斯基选集》，下卷，三联书店，1959 年，第 233 页。

② 同上，第 289 页。

能创造出可以与现实现象媲美的东西的。”[①]他认为，自然美和艺术美何者更高的问题极其重要，因为这关涉到艺术的起源、艺术的意义和作用等重大问题的解决。他自己说，“艺术与现实的美学关系”一文的实质就是把现实和艺术互相比较而为现实辩护，证明艺术作品决不能和现实相提并论。

黑格尔之所以贬低自然美，坚持艺术美高于自然美，根本原因在于，按照他的哲学体系，精神、理念是更本原的第一性的东西，而客观世界、自然只不过是理念的外化，只有进而上升到精神，理念才能真正认识自己，而自觉地表现出来。因此，艺术美高于自然美是理所当然的，因为艺术美是由精神产生和再生的美，而且二者之间的高低是一种质的区别。黑格尔就此指出：“精神和它的艺术美‘高于’自然，这里的‘高于’却不仅是一种相对的或量的分别。只有精神才是真实的，只有精神才涵盖一切，所以一切美只有在涉及这较高境界而且由这较高境界产生出来时，才真正是美的。就这个意义来说，自然美只是属于精神的那种美的反映，它所反映的只是一种不完全不完善的形态，而按照它的实体，这种形态原已包含在精神里。”[②]车尔尼雪夫斯基坚决地反驳了这种贬抑自然和自然美的唯心主义观点，认为硬说自然美有缺陷因而需要艺术美去补救的说法是根本站不住脚的。他指出：“现实中的美，不管它的一切缺点，也不管那些缺点有多么大，总是真正美而且能使一个健康的人完全满意的。自然，无谓的幻想可能总是说：‘这个不好，那个

---

① 《车尔尼雪夫斯基选集》，上卷，第127页。

② 黑格尔：《美学》，第1卷，人民文学出版社，1958年，第3页。

不够,那个又多余’;但是这种没有什么东西可以满足的幻想的苛求,我们必须承认是病态的现象。”[①]他对人们对自然美或现实中的美所提出的种种责难一一作了回答,为自然美作了有力的辩护。以下择其要者略举数例:

其一,指责自然中的美是无意图的,因此断定它不如有意图的艺术中的美。车尔尼雪夫斯基回答说,自然中的美确实是无意图的,而艺术中的美是照人的意图制造出来的。但是,有意图的产品比无意图的产品有更高的价值,只有在双方生产者的力量相等时才是如此,而人的力量却远弱于自然的力量,人的作品比自然的作品粗糙、拙劣得多。因此尽管艺术作品是有意图的,也还是敌不过自然的作品。自然中的关系不能说是有意图的,但也不能说自然根本就不企图产生美,如果把美了解为生活的丰富,那么充满整个自然界的那种对于生活的意向也就是产生美的意向。虽然不能说美是自然的一个目的,但却不能不承认美是自然所奋力以求的一个重要的结果。“这种倾向的无意图性、无意识性,毫不妨碍它的现实性。”[②]从另一方面看,艺术家的活动也有无意识性的问题,而且艺术家有意图的努力也不一定使我们有权利说,对美的关心就是他的艺术作品的真正来源。话说到底,艺术虽因具有意图性而有所增益,却同时也因此而有所丧失,“问题是艺术家专心致志于美,却常常于美一无所成:单是渴望美是不够的,还要善于把握真正的美”[③]。

---

① 《车尔尼雪夫斯基选集》,上卷,第37页。

② 同上,第41页。

③ 同上,第52页。

其二,指责自然中的美是瞬息即逝的,不经常的,不如艺术中的美那样永久。车尔尼雪夫斯基回答说,就算假定现实中美的事物之美是瞬息即逝、不经常的,难道会使它的美因此而减少或是妨碍它之所以为美吗?自然不会变得陈腐,它总是与时更始,新陈代谢,这不是它的缺陷,反而是它的优越性。相比之下,艺术就没有这种再生更新的能力,岁月不免要在艺术作品上留下印记。他指出,要现实中的美不凋谢,这是 种虚幻的愿望。每一代的美都是而且也应该是为那一代而存在,当美与那一代一同消逝的时候,再下一代就会有它自己的美、新的美。"明天是新的一天,有新的要求,只有新的美才能满足它们。倘若现实中的美,像美学家所要求的那样,成为固定不变的、'不朽的',那它就会使我们厌倦、厌恶了。活着的人不喜欢生活中固定不移的东西;所以他永远看不厌活生生的美。"[①]艺术作品则往往不能适应时代趣味的变化而陈旧过时。

其三,认为"个别的事物不可能是美的,原因就在于它不是绝对的,而美却是绝对的"。车尔尼雪夫斯基回答说,对于黑格尔派和其他一些唯心主义哲学派别说来,这确是无可争辩的论证,因为这些派别认为"绝对"不仅是理论真理的准则,而且也是人类行动意图的准则。可是,这种观点是完全错误的,在哲学上不能成立,因为人的一般活动不是趋向于"绝对",并且他对"绝对"毫无所知,心目中只是有各种纯人类的目的。"在这一点上,人的美的感觉和活动,是与他的别的感觉和活动完全类似的。我们在现实中没有

① 《车尔尼雪夫斯基选集》,上卷,第45页。

遇见过任何绝对的东西；因此，我们无法根据经验来说明绝对的美会给予我们什么样的印象……我们作为不能越出个体性范围的个体的人，是很喜欢个体性，很喜欢同样不能越出个体性范围的个体的美的。”[①]车尔尼雪夫斯基把个体性看作美的最根本的特征，由此他完全否定“美是绝对”的观点而得出结论说，“绝对的准则是在美的领域以外的”。

车尔尼雪夫斯基为自然美所作的辩护还不止以上这些，实际上他的目的不仅是要说明自然美高于艺术美，更重要的是为了正确阐明艺术与现实的关系。在他看来，艺术乃是人的想象的产物，而“想象世界仅仅是我们对现实世界的认识的改造物，而这种改造物是我们的幻想按照我们的愿望而产生的，改造物同现实世界事物在我们心中所引起的印象比较起来，在强度上是微弱的，在内容上是贫乏的”[②]。这个结论是他从费尔巴哈哲学中得出的，也是他用来解决艺术与现实的关系问题的根据。在二者之间的关系问题上，他坚持认为自然、现实是艺术的真正来源，自然、现实中的美是更本原的、更强大有力的，而且是活生生的、不断发展变化的，而艺术中的美只是自然、现实中的美的微弱的反映。因此，艺术的产生并非由于人不能满足于现实，而是由于现实中的美的无比丰富才使我们在艺术中加以再现。

四、艺术的本质、内容和社会作用

在明确了艺术与现实的审美关系后，车尔尼雪夫斯基进一步

① 《车尔尼雪夫斯基选集》，上卷，第50页。

② 同上，第141页。

阐明了自己对艺术的本质、内容和社会作用的看法。在他的整个美学理论中，艺术论占有重要的位置，对俄国文学艺术的发展曾产生巨大影响。

车尔尼雪夫斯基首先要回答的问题是：既然艺术远逊于现实、艺术美低于现实中的美，那么为什么人们还需要艺术、还喜爱艺术？他列举的原因如下：第一，人之常情是重视困难的事情和稀有的事物，而自然和生活产生美的时候毫不费力，现实中又有这么多的美，因此在我们眼中就不像艺术那样有价值；第二，艺术作品是人的产物，它们是人的智慧和能力的明证，因此对于我们是宝贵的；第三，艺术作品能迎合我们的爱矫饰的趣味，而自然和现实生活却不会去迎合人们的嗜好和情绪。基于以上这些原因，尽管艺术无法与现实媲美，人们还是需要和珍视艺术。但是，车尔尼雪夫斯基强调指出，这些理由只能说明人们为什么偏爱艺术，却不能证明这种偏爱是合理的。他写道："现实生活的美和伟大难得对我们显露真相，而不为人谈论的事是很少有人能够注意和珍视的；生活现象如同没有戳记的金条；许多人就因为它没有戳记而不肯要它，许多人不能辨出它和一块黄铜的区别；艺术作品是钞票，很少内在的价值，结果大家都珍惜它，很少人能够清楚地认识，它的全部价值是由它代表着若干金子这个事实而来的。"①

在车尔尼雪夫斯基看来，除了人们对艺术的偏爱以外，艺术的存在还是有其真实原因的。他认为，人们所以需要艺术，并非由于在现实中找不出真正的完全的美，而是由于不能每时每刻都欣赏

① 《车尔尼雪夫斯基选集》，上卷，第 82 页。

到它。“我们的想象的活动不是由生活中美的缺陷所唤起的，却是由于它的不在而唤起的；现实的美是完全的美，但是可惜它并不总是显现在我们的眼前。”[①]他举例说，海是美的，大海在美学上并没有不满人意的地方，但并非每个人都住在海滨，许多人终身没有机会见到海，就是那些有可能欣赏海的人也不能随时随刻看到海，因此就需要描绘海洋的画，使没有机会见到海的人得以欣赏海，绘画当然比不上原物，但得不到原物也就以“代替物”为满足。见过海的人不能随时看到海，为了加强对大海的回忆，激发自己的想象，也需要看海洋画。所以车尔尼雪夫斯基指出，“艺术的第一个作用，一切艺术作品毫无例外的一个作用，就是再现自然和生活”，艺术再现现实，并不是为了消除它的瑕疵，也不是为了现实不够美，而正因为它是美的。因此，艺术“并不修正现实，并不粉饰现实，而是再现它，充作它的代替物”[②]。

车尔尼雪夫斯基把现实的再现看作艺术的本质和首要目的，重申了文学艺术创作中的现实主义原则，这是应该肯定的。同时，他也力图在他所主张的“再现”说和过去流行的所谓“自然模拟说”划清界限，他强调指出，再现不是单纯的模仿，“再现应当尽可能保存被再现的事物的本质；因此艺术的创造应当尽可能减少抽象的东西，尽可能在生动的图画和个别的形象中具体地表现一切”[③]。这表明他对艺术的再现有一定的辩证的理解，即把再现看作通过具体生动的个别形象去表现事物的本质。但这样的话就和他所主

① 《车尔尼雪夫斯基选集》，上卷，第84页。

② 同上，第85页。

③ 同上，第91页。

张的所谓“代替物”的理论相矛盾，只是他自己没有意识到而已。“代替物”理论是他的整个艺术论中最薄弱的环节，充分暴露出费尔巴哈哲学影响对他的美学理论所造成的局限性。车尔尼雪夫斯基没有足够重视艺术的创造性及其特有的审美价值，他看到了艺术起源于现实生活，强调艺术是现实的再现，却没有看到真正高超的艺术所再现的现实生活应该比现实更高、更强烈、更集中、更典型、更理想、更带普遍性，因而能更深刻地反映出现实生活的本质。实际上，艺术不是现实的简单的再现或复制，而是通过艺术家的创造活动作为一个新的现实而出现的。因此，艺术不是自然、现实的“代替物”，而且艺术反过来也不是自然、现实所能代替得了的。

从艺术是现实的再现这一定义出发，车尔尼雪夫斯基进而探讨了艺术的内容。他提出了一个十分重要的观点，认为艺术的领域不局限于也不能局限于美的领域。在他看来，通常以为艺术的内容是美，这就把艺术的范围限制得过于狭窄了。所以他说：“艺术的范围并不限于美和所谓美的因素，而是包括现实（自然和生活中一切能使人——不是作为科学家，而只是作为一个人——发生兴趣的事物）；生活中普遍引人兴趣的事物就是艺术的内容。”[①]普列汉诺夫非常重视这一思想，认为它是车尔尼雪夫斯基美学理论的主要特征之一和他的学位论文的基础，并指出这一思想在病势垂危的别林斯基最后写的俄国文学年度述评中已有所表达，因此“车尔尼雪夫斯基的学位论文是别林斯基在自己文学活动的晚年

① 《车尔尼雪夫斯基选集》，上卷，第90页。

所达到的那些艺术观点的进一步发展"①。

在关于艺术的内容和范围的问题上，车尔尼雪夫斯基也对以黑格尔为代表的唯心主义艺术观进行了批判。他在《果戈理时期俄国文学概观》中指出，这种唯心主义观点认为艺术的特殊对象就是美的理想的实现，因此艺术除了对美的追求以外，应当对人的一切其他追求保持完全的独立，这样的艺术就是所谓纯艺术。而在他看来，这种观点则是根本不能令人满意，因为真正存在的是人，在人这个活的有机体中，一切部分和追求都是不可分割地联系在一起的，而美的追求只是其中之一，如果只以美的追求作为艺术论的根据就会陷入片面性。他这样写道："在人的每一种行动中都贯穿着人的本性的一切追求，虽然是其中之一，在这方面也许特别使人感到兴味。因此连艺术也不是因为对美(美的观念)的抽象的追求而产生的，而是活生生的人的一切力量和才能的共同行动。正因为在人的生活中，例如，对于像真理、爱情和改善生活的要求，总是大大比对于美的追求更强烈，因此艺术不但一直是在某种程度上表现了这些要求(而不是一种美的观念)，而且艺术作品(人的生活的作品，这点是不能忘记的)也几乎总是在真理(理论的或者实践的)、爱情和改善生活的要求的大力影响下产生的，因此对美的追求，照人的行动的自然规律说来，总是人的本性中某种要求的表达者。一切价值很卓越的艺术创作，一直都是这样产生的。"②

① 《尼·加·车尔尼雪夫斯基的美学理念》，见《普列汉诺夫美学论文集》，第Ⅰ卷，人民出版社，第262页。

② 《车尔尼雪夫斯基选集》，上卷，第457－458页。

从以上这些话里可以看得很清楚，车尔尼雪夫斯基是用费尔巴哈人本主义哲学观点去解释艺术的。艺术活动归根到底是出于人的本性，而人作为一个活的有机体，其本性是统一的，人的各种追求是紧密相连的，美的追求只是其中之一，不仅离不开其他追求，而且与真理、爱情和改善生活的追求相比还处于次要的地位。正因为如此，艺术的范围不应局限于美的领域，而应包括现实生活的各方面，这对诗来说尤其应该强调，因为"诗的范围是全部的生活和自然"。他推崇亚里士多德和莱辛，因为他认为只有这两位美学家明确地把整个人生看作艺术、特别是诗的主要内容。

车尔尼雪夫斯基关于艺术应包括现实生活的各个方面的主张，不仅大大扩展了艺术的范围，密切了艺术与现实生活的关系，为当时俄国的现实主义文学艺术提供了理论基础，而且在很大程度上提高了艺术的社会作用，更充分地凸显出艺术的重大社会意义。正因为艺术再现和反映的是人们的整个生活，而不是局限于单纯的抽象的美的观念，所以艺术才能有助于人们去认识和理解生活。因此，他指出，"艺术除了再现生活以外还有另外的作用——那就是说明生活"[①]。在说明生活的意义并帮助人们去理解生活方面，艺术和一篇纪事并无不同，只是艺术比普通的纪事，特别是艺术性的纪事更有把握达到自己的目的，因为艺术赋予事物以活生生的形式，使人们更易于认识它，更易于对它发生兴趣。由此可见，艺术具有很高的认识价值。

但是，在车尔尼雪夫斯基看来，艺术还有更重要的社会作用，

① 《车尔尼雪夫斯基选集》，上卷，第94页。

那就是对生活现象下判断。艺术要再现生活中引起人们兴趣的事物，而人既然对生活现象发生兴趣，就不能不有意识地或无意识地对它们作出判断，并在艺术作品中表现出来。这样，艺术就成为人的一种道德的活动，而艺术家则成为对生活进行思考和表现一定思想的思想家。他说："如果只限于再现生活现象，则艺术家仅能满足我们的好奇心，或者帮助我们的生活回忆罢了。但是，如果艺术家还要说明并且判断再现的现象，他便成为思想家，他的作品除了艺术价值以外还添上一种更高的意义——科学的意义。"[①]艺术的崇高的社会价值就在于，它帮助人们去认识生活，理解生活的意义，教导人们应当怎样生活，所以说"艺术是开始研究生活的人的教科书"。车尔尼雪夫斯基的这一思想深刻地影响了俄国进步文学艺术的发展，不仅许多作家、艺术家把创作"生活教科书"视为己任，而且几代革命知识分子从民粹派到俄国早期马克思主义者都从这些"生活教科书"中学习怎样生活，选择自己的生活道路。他在狱中创作的《怎么办？》这部小说，尽管艺术价值不高，却取得了空前巨大的成功，其原因就在于当时无数俄国青年都把它当作自己的"生活教科书"。

车尔尼雪夫斯基的美学和艺术理论在他的文学批评活动中得到了最充分的发挥。在《果戈理时期俄国文学概观》中，他以新的视角精辟地阐明了别林斯基的重大理论贡献，并坦率地承认他自己的理论观点正是别林斯基晚年思想的直接继续和进一步发展。他明确指出，别林斯基已经为文学批评奠定了重要基础，谁要是关

① 《车尔尼雪夫斯基选集》，上卷，第124页。

心真理,迄今为止还是要遵循以别林斯基为代表的那种文学见解。这特别表现在他坚决支持别林斯基反对所谓“纯艺术论”。首先,他赞同别林斯基的观点,强调文学必须与社会生活保持紧密的联系。他说:“在人类活动的所有方面,只有那些和社会的要求保持活的联系的倾向,才能获得辉煌的发展。凡是在生活的土壤中不生根的东西,就会是萎靡的,苍白的,不但不能获得历史的意义,而且它的本身,由于对社会没有影响,也将是渺不足道的。”①尤论哪一种艺术,只有当它的发展是以时代的普遍要求为条件的时候,才会得到辉煌的发展。从古希腊的雕塑、中世纪的哥特式建筑到意大利的绘画,都是当时社会追求的表达者,是为时代精神服务的。可是那种崇拜纯艺术论的人却硬说艺术应当和日常生活互不相谋,他们不是自欺,就是做作。车尔尼雪夫斯基深刻地揭露了纯艺术论者的真面目,他指出,他们所说的“艺术应当离生活而独立”这种话,其实只是为了掩饰他们自己所喜爱的文学艺术,“他们关心的根本就不是离生活而独立的纯艺术,相反,他们是要使文学专门受一个包含纯粹世俗生活的意义的倾向所支配。问题在这里:有这样的人,他们认为,社会利益是不存在的,他们只知道离开推动社会前进的历史问题而独立的个人的享受和悲苦”②。其次,车尔尼雪夫斯基在别林斯基之后极力主张文学艺术的思想倾向性,要求文学艺术承担起传播先进思想的崇高使命。纯艺术论者一贯反对文学艺术要有思想倾向性,更反对为一定的思想倾向服务,而车

---

① 《车尔尼雪夫斯基选集》,上卷,第 545 页。

② 同上,第 546 页。

尔尼雪夫斯基则针锋相对地指出，文学艺术不能不是某一种思想倾向的体现者，这是一种它的本性中所包含的使命，即使想摆脱也无力摆脱的使命。他说："文学也像其他一切值得注意的智力或者道德活动一样，就其本性来说，它不能不是时代愿望的体现者，不能不是时代思想的表达者。问题只在于，文学所应当服务的思想是怎样的思想，是这种由于在时代生活中没有重要的地位，就使受到它们限制的文学带上空虚、无聊的性质的思想呢，还是为推动时代前进的思想而服务。要回答这一点是不必犹豫的：只有那些在强大而蓬勃的思想的影响之下，只有能够满足时代的迫切要求的文学倾向，才能得到灿烂的发展。"[①]他认为，每一个时代都有它的历史的事业和特殊的追求，而当今时代的生活则由两种彼此相连而又相互补充的追求所构成，即人道精神和关于改善人类生活的关心，其他一切追求都以这两个基本要求为依归。有才能的作家们应当认识到，"他们必须为了历史发展的利益而行动，成为人道精神和改善人类生活这种思想的体现者"[②]。

车尔尼雪夫斯基赋予文学艺术以如此重大的社会作用和历史使命，这当然远远超越了把文学艺术看作现实的"代替物"的观点。实际上，在当时俄国发生思想影响的也正是对文学艺术的社会作用的强调，俄国进步文艺运动把车尔尼雪夫斯基奉为自己的旗帜，原因也在于此。不过，有一点应该指出，在理论上车尔尼雪夫斯基并不认为文学艺术在文明史上起主要作用。他在《莱辛，他的时

① 《车尔尼雪夫斯基选集》，上卷，第549页。

② 同上，第550页。

代、生平和活动》中说得很清楚，在人类文明史上起最重要作用的是科学，“它所创造出来的知识是一切概念的基础，然后也是人类一切活动的基础，它为人类的一切意图提供方向，为人类的一切才能提供力量”[①]。相比之下，文学艺术在历史过程中所起的作用虽不能说不重要，却几乎总是占次要的地位。他说，从古希腊罗马至今都莫不如此，只有极少的例外，如在莱辛开始活动到席勒逝世的50年间的德国，文学运动曾对整个民族的发展起了决定性的作用。在他的心目中，从果戈理开始的俄国文学运动可能是另一个例外，它也起了同样特别重要的作用[②]。这是普列汉诺夫的看法，也许能有助于解释车尔尼雪夫斯基文学艺术观点的形成。在当时沙皇俄国书报检查的条件下，只有通过文学艺术的形式才能曲折地表达进步思想，所以革命民主派把文艺看作传播真理和有益知识的手段也是很自然的。

五、关于某些美学范畴的见解

车尔尼雪夫斯基除了对美进行深入探讨外，也对其他一些美学范畴如崇高、丑、滑稽、悲剧做了论述。如果说，他提出的“美是生活”的定义在美学思想发展史上确实具有重要的创新意义，那么他对其他那些范畴的阐释就比较简单化，缺少深刻的洞见，对后世也没有多大的影响。

先来看车尔尼雪夫斯基对崇高的见解。作为一个费尔巴哈唯

---

① 《车尔尼雪夫斯基全集》，第4卷，俄文版，第5页。

② 参阅普列汉诺夫：《尼·加·车尔尼雪夫斯基》，上海译文出版社，1981年，第188页。

物主义哲学的信徒，他对某些唯心主义学派关于崇高的看法采取否定态度，特别是批驳了“崇高是观念压倒形式”和“崇高是‘绝对’（或‘无限’观念）的显现”这两条定义。他对唯心主义观点的批评不是没有道理的，因为这种观点把崇高的根源归结到人的主观观念的方面，而在他看来，事情恰好相反，崇高的秘密在于现象自身的性质，“崇高的是事物本身，而不是这事物所唤起的任何思想”①。他反对把美和崇高直接联系在一起，认为美和崇高是两个完全不同的概念，彼此互不从属，这一见解虽非他的首创，但对理解这两个范畴的差别还是有意义的。问题在于他自己提出的崇高的定义完全不能令人满意，他说：“一件事物较之与它相比的一切事物要巨大得多，那便是崇高。”“一件东西在量上大大超过我们拿来和它相比的东西，那便是崇高的东西；一种现象较之我们拿来和它相比的其他现象都强有力得多，那便是崇高的现象。”②总之，在他看来，更大得多，更强得多，这就是崇高的显著特点。他甚至认为，与其用“崇高”（das Erhabene）这个名词，倒不如说“伟大”（das Grosse）更平易、更好些。

从车尔尼雪夫斯基关于崇高的定义可以清楚地看到他的唯物主义观点带有直观性的缺陷。在有关崇高的问题上，他不善于辩证地处理主客体之间的关系，单纯地把崇高看作客体的一种性质，即在数量上的巨大和力量上的强大，而忽视了主体在其中所起的重要作用。尤其是，作为美学范畴的崇高，是同一些复杂的社会因

---

① 参阅普列汉诺夫：《尼·加·车尔尼雪夫斯基》，上海译文出版社，1981年，第15页。

② 《车尔尼雪夫斯基选集》，上卷，第18页。

素如思想意识、社会心理、道德和价值观念密切相关的，而这些因素几乎都处于他的视野之外，使他提出的定义显得过于单薄和片面。此外，他的定义中也含有难以解决的矛盾。例如他说，勃朗峰和卡兹别克山是崇高的，因为它们比我们拿来与之相比的一般的山丘巨大得多，于是就产生这样的难题：一方面，他强调勃朗峰和卡兹别克山之所以崇高是由于它们自身；而另一方面，它们之所以崇高又是由于比拿来与之相比的其他山丘巨大，换言之，它们的崇高依赖于把它们同其他对象加以比较的主体，如果我们把它们同更高大的山峰相比，那么它们的崇高也就不复存在，不再是事物的客观的性质了。

关于丑和滑稽，车尔尼雪夫斯基主要是从"美是生活"的观点加以论述的。他对丑的看法简单明了，丑就是美的反面，"假使说生活和它的显现是美，那么，很自然的，疾病和它的结果就是丑"[①]。凡是对生活有益，表现生活的生气蓬勃、健康向上、兴旺发展的东西就是美的；反之，凡是对生活有害，表现生活的病态、畸形、萎靡不振的东西就是丑的。美丑之间泾渭分明，标准就在于对生活是有益还是有害。在他看来，丑是滑稽的基础、本质，当丑强把自己装成美的时候，这就是滑稽。正是在这意义上，他倒是同意"滑稽是形象压倒观念"这个流行的定义，就是说滑稽是"内在的空虚和无意义以假装有内容和现实意义的外表来掩盖自己"[②]。他认为，只有人才会干出这种蠢事，因此"滑稽的真正领域，却是人，

---

① 《车尔尼雪夫斯基选集》，上卷，第 9 页。

② 同上，第 31 页。

是人类社会，是人类生活，因为只有在人的身上，那种不安本分的向往才会得到发展，那种不合时宜、不会成功以及笨拙的要求才会得到发展”[①]。车尔尼雪夫斯基关于丑和滑稽的论述不乏真知灼见，缺点是他不理解在一定的条件下丑和滑稽可以转化为艺术中的美。

车尔尼雪夫斯基花费了许多笔墨阐发了他的悲剧理论，同时对黑格尔进行了尖锐的批判。他之所以重视悲剧，是因为悲剧的概念不但在美学中，而且在许多别的学科中起着极重要的作用，而黑格尔的悲剧理论又占着统治的地位，所以首先必须进行一番清理。在他看来，黑格尔的悲剧概念是和命运概念联结在一起的，“因此，人的悲剧命运通常总是被表现为‘人与命运的冲突’，表现为‘命运的干预’的结果”[②]。这种悲剧概念虽然披上了最时髦、最巧妙的辩证的外衣，也掩盖不住它的非科学的本相，因为命运概念和科学概念是互相矛盾而不可调和的。他最着重反对的是黑格尔关于悲剧中的必然性的观念，原因就在于他认为必然性的观念无非是命运概念的变形。他写道：“伟大人物的苦难和毁灭是没有什么必然性的；不是每个人死亡都是因为自己的罪过，也不是每个犯了罪过的人都死亡；并非每个罪过都受到舆论的惩罚，等等。因此，我们不能不说，悲剧并不一定在我们心中唤起必然性的观念，必然性的观念决不是悲剧使人感动的基础，[它]也不是悲剧的本质。”[③]

按照黑格尔的悲剧论，悲剧的本质是不同的伦理力量之间的

---

① “论崇高与滑稽”，见《车尔尼雪夫斯基论文学》，中卷，第92页。

② 同上，第23页。

③ 同上，第30页。

矛盾和斗争,悲剧中的人物则是这些伦理力量的代表者,各自提出片面的要求而否定对方,因而形成悲剧的冲突。就这些伦理力量本身而言,它们本来是合理的,但由于它们坚持自己片面的要求而否定同样是合理的对方,因而它们又是有罪过的,要受到惩罚,代表它们的悲剧人物就必然要遭毁灭。但通过悲剧人物的毁灭,片面性被扬弃了,于是矛盾得到和解,"永恒正义"取得了胜利。车尔尼雪夫斯基完全不能接受黑格尔的这些看法。首先,他认为,悲剧人物自身的所谓片面性决不是造成悲剧的根本原因,决不能说悲剧人物是咎由自取。他指责黑格尔说,"要在每个灭亡者身上找出过失来的这种思想,是十分牵强的思想,而且是残忍到使人愤恨的思想"[①]。其次,悲剧的结局也根本不是像黑格尔所说的什么"永恒正义"的胜利,现实生活中的事实却正相反,常常是罪恶不受惩处,正义得不到伸张。最后,他得出结论说,悲剧的结局并非必然,在生活中,结果常常是完全偶然的,而一个也许是完全偶然的悲剧也仍不失其为悲剧。为了同黑格尔的悲剧论相对抗,车尔尼雪夫斯基提出了自己的悲剧定义:"悲剧是人生中可怕的事物",他认为这个定义可以把生活和艺术中的一切悲剧都包括无遗。

应该说,车尔尼雪夫斯基对黑格尔悲剧论的批判是相当深刻的,有些批评是切中要害的。特别是他对所谓悲剧人物罪有应得、"永恒正义"最后取得胜利的说法提出强烈谴责,有力地揭露了黑格尔悲剧论企图论证现实的合理性、为丑恶的现实辩护的保守的

---

① "论崇高与滑稽",见《车尔尼雪夫斯基美学论文选》,人民文学出版社,1957年,第105页。

一面。车尔尼雪夫斯基身处沙皇专制统治下的俄国，亲眼目睹了无数人的悲剧，把这些人的悲剧遭遇都说成咎由自取，还要赞美这是"永恒正义"的胜利，确实是他所绝对不能容忍的。他在批判中表现出一位革命民主主义者的义愤，也是理所当然的。可惜的是，他在批判黑格尔悲剧理论时几乎完全没有吸收其中丰富的辩证法思想，例如关于悲剧中的矛盾冲突、关于悲剧中的历史必然性的思想等等，都包含有非常深刻的值得借鉴的内容，却被他当作"辩证的外衣"轻率地抛弃掉了。他自己提出的悲剧定义则过于简单化和一般化，既不能解释作为美学范畴的悲剧的实质，也没有揭示出悲剧与社会矛盾冲突、环境的必然联系。对此，普列汉诺夫曾批评说，车尔尼雪夫斯基关于"悲剧是人生中可怕的事物"的论题是"绝对不能同意的"，因为悲剧与必然性观念有着毫无疑义的联系，人生中的一切可怕的事物并不都是悲剧性的，"真正的悲剧以历史必然性的观念作为基础"①。车尔尼雪夫斯基作为一个费尔巴哈式的唯物主义者，不理解偶然性和必然性之间的辩证关系，把二者绝对地对立起来，只看到悲剧中的偶然性，而否认偶然性的背后还有必然性的存在，这主要是由于他对社会历史发展中的矛盾冲突的必然性和规律性缺乏理解。对于马克思主义在俄国传播前的那个时代的思想家来说这是难以避免的历史局限。

（原为《西方美学史》，第3卷，第5章）

---

① 参看《尼·加·车尔尼雪夫斯基》，见《普列汉诺夫哲学著作选集》，第4卷，第66－67页。

关于尼采美学的几个问题

我今天讲的题目是“关于尼采美学的几个问题”，我想分这么几个问题来讲，第一个问题是讲尼采在西方近代思想史上是一个很有争议的人物，不同的人根据不同的观点对尼采的思想作出各种不同的解释。对尼采有各种不同的解读法，他也经常遭到人们的误解，甚至于严重地曲解，这到底是什么原因造成的？我认为我们今天读尼采重要的是要了解他所提出的观点和问题，从中得到启发。我们今天不是要为他辩解，也不应该成为尼采的信徒，这是我想讲的第一个问题。

尼采的思想为什么容易引起争议呢？我想有这么几个原因。第一个原因是尼采本人的思想很复杂，具有自我矛盾性。他自己就说：我是一个多面孔的人，除了第一副面孔，还有第二副面孔，而且也许还有第三副面孔。他本人就说他是双重人格的人，有多种面孔。他后来甚至说他各种各样的观点的变化，仅仅是各种不同的面具，都是尼采，但是他戴上不同的面具。所以，这个就对我们理解尼采造成了一定的困难。

有一位专门研究尼采的西方学者甚至认为自我矛盾是尼采思想的一个基本的特征，尼采的一些重要的论断，如果我们要找他的全部著作的话，几乎都能够找到一些相反的论断。从表面看，尼采对一切问题都有不同的看法，所以如果说要去找材料的话，人们可以随意地从尼采那里找到自己想要的引文。如果你有意要找某一个论点，都可以在尼采那里找到一定的根据。他认为这种自相矛盾的地方正是尼采思想的一个基本特征。我想这是我们今天理解尼采、读尼采所碰到的第一个困难。

第二个困难，就是因为尼采的思想不像其他的哲学家，特别是像那些有体系的哲学家那样，有系统、严密的逻辑。比如我们读德国古典哲学，都知道要读康德的“三个批判”，读黑格尔整个一套完整的体系，它们都有前后很严密的逻辑。但是尼采的思想没有系统，没有严密的逻辑。他是属于诗人气质的、艺术家气质的一个思想家。他的语言非常生动，文字非常好，他的德语可以说是对德国语言、文学相当突出的一个贡献。我们国内专门研究德国文学的专家冯至教授，曾经专门写文章讲尼采的语言，特别是诗的语言，非常有特点。尼采自己也很骄傲，认为他对德国语言作出了很大的贡献，他甚至讲，从对德国现代语言的贡献来说，一个是马丁·路德，因为他是把《圣经》翻译成现代德语；一个是歌德，大家都知道歌德在德国文学语言方面是做出非常巨大的贡献的；另外一个就是他自己，都对德国的语言作出了很大的贡献。

他的语言不难读，不像康德、黑格尔的语言读起来非常晦涩难懂，他用了很多诗的语言、比喻，我们看他的著作，特别是他的名著《查拉图斯特拉如是说》这本书，里面可以做各种不同的解释、不同的理解，因为它们本身就是一种诗的语言，是一种比喻、隐喻，你可以有充分发挥解释的余地。所以这个我想是第二个原因，使我们对尼采的思想理解有一定的困难。

第三个原因,是有些人利用尼采,有意歪曲尼采,比如像德国法西斯头子希特勒。我们知道希特勒是尼采的崇拜者,一直宣扬尼采思想,但是,希特勒是不是真正地读懂了尼采?我在一篇文章中讲,如果从希特勒《我的奋斗》这本书来看,可以证明他根本没有读懂尼采,他完全是有意来歪曲尼采。我个人还有一个亲身的体验。在 1987 年,现在讲起来是 20 年前了,那时候东德跟西德还没有统一,在柏林还有一个柏林墙。我到西德去访问,从西德过柏林墙到东德,从东柏林到魏玛。魏玛我们知道是歌德、席勒活动的地方,尼采病了之后是在魏玛去世的,所以那里有尼采的档案馆,有尼采的故居。1987 年的时候,我去访问了他的故居,尼采住的那个房间里头空空的,没有他当时的遗物,唯一剩下的就是他的一个半身的塑像,这个塑像是很有名气的。当时希特勒去访问尼采故居的时候,专门就在这个塑像前面照了相,在上个世纪 30 年代,是广为流传的。有人就是根据这张照片,认为尼采是法西斯哲学的一个先驱。当然应该说,尼采的社会政治观点确实有一些是很成问题的、很错误的,可以被法西斯利用。像反对社会主义的一些言论,蔑视群众、主张战争的那些言论,我们在他的著作中间都可以找得到,这些确实可以被法西斯利用。但是另外一方面,如果全面看尼采的话,他和德国法西斯的思想是完全格格不入的。举几个最主要的地方,一个是尼采对德国的评价,因为希特勒首先宣传德意志种族的优秀,说优秀的种族要统治全世界,德意志至上,德国至上,国家至上,领袖至上。而这些恰恰是尼采最反对的,他对德国评价非常之低,对当时的德国从文化一直到德意志民族是加以深刻地揭露、批判的,对国家是极力反对的,对领袖崇拜最反对,他反对个人迷信、反对个人崇拜，跟希特勒宣传的那套法西斯思想完全格格不入。但是就是因为当时希特勒要利用尼采，把尼采的著作送给另外一个法西斯头目墨索里尼，这样造成了一种舆论，认为尼采就是法西斯哲学的倡导者，这是被歪曲利用的一个非常明显的例子。

当时因为第二次世界大战，不仅是在社会主义国家对尼采的评价很低、贬得很低，而且西方国家也有很多学者对尼采进行批判，认为他跟法西斯有密切的联系。所以在1987年我到尼采故居去的时候，当时歌德、席勒这些人的故居受到非常高的、隆重的待遇，尼采故居就没有人理睬。尼采的故居有一个好处，当时东德的科学院就把他住过的房子作为访问学者的招待所，所以我们国内去的访问学者也有一些就在尼采的房子里住，即尼采去世的那个房间里住过。因为希特勒时期尼采的很多手稿、档案还是保留在那里，尽管当时尼采受到批判，但是这些档案还是保存得很好，所以在1987年的时候我有机会看了尼采的档案，包括尼采看过的书，以及各种手稿。

我认为我们今天读尼采，不需要为他辩护，当然有一些过去的误解、曲解应该澄清，但是尼采不需要辩护，也不需要为他的一些错误言论进行掩饰、美化。因为学者过去批判得很厉害，所以现在有一种相反的现象，就是说对尼采明显的一些错误的东西，有的是故意不讲，有的是加以掩饰，我以为也是没有必要的。在思想史上他是一个强者，不是一个弱者，所以他不需要辩解，根本也谈不上为他翻案的问题，我认为今天最需要的就是真正理解，要从尼采的著作中间，启发我们思考一些问题，因为尼采就是一个提问题的思想家,他通过提问题来推动思想的发展,而并不是提供一个现成的答案。对有一些问题,我们还是要结合尼采的生平、个人的生活来理解他。我举一个例子,大家都知道,尼采有一条最成问题的就是对女性的蔑视,不尊重。他有一句名言,大家都到处引用,他在《查拉图斯特拉如是说》里讲的:“你要到女人那里去吗?可不要忘记手里拿着鞭子。”这句话最典型,也引起了妇女同志最大的愤慨,认为他对女性不尊重,这是蔑视女性最典型的一句话。

这句话明显是错误的,是对女性非常不尊重的,但是我们要结合他的生活来了解他在什么情况下讲了这句话。这句话是在1883年讲的,他在1882年的时候,讲这句话的前一年,正好是38岁。他是二十几岁当教授,38岁的时候还是独身。他是没有结婚的,到死都没有结婚。但他并不是一个独身主义者,曾经谈过恋爱,而在1882年的时候,特别追求一位女士,那位女士叫莎乐美,是当时一位俄罗斯将军的女儿,比他要年轻得多。尼采追求那位女士,两次跟这位女士求婚,都遭到了拒绝,但是他还是一往情深。她当时有一位男朋友叫保尔·瑞,他们三个人都是好朋友,尼采跟保尔·瑞两个人同时追求莎乐美。他们三个人一起出去玩,尼采专门找了一位著名的瑞士摄影师,叫鲍耐特,到鲍耐特的摄影棚里面一起去照相。怎么照相呢?尼采出了一个主意,看到这个照相棚里面有一个道具,有一辆小的简易马车,尼采就提出来请那位女士坐在马车上,由他跟另外那位男士两个人充当牲口,一人拴了一根绳子拉着这个马车。这个摄影师就认为这不合适,但是尼采坚持一定要这样拍照。拍照还不够,他出了一个主意,说这位女士手里还要拿一个马鞭,所以临时尼采就做了一个马鞭,交给那个女士手里拿着。然后他们两个人就充当了拉马车的牲口，那位女士就坐在车上，手里拿着马鞭，就留下了这么一张照片。到后来他求婚失败了以后，第二年就写下了这句话："你要到女人那里去吗？不要忘记手里拿着鞭子。"如果看着这张照片，正好和事情是相反的，拿了鞭子的是那位女士，在谈恋爱失败中间挨鞭子的是尼采本人，不是别人。所以我感到，我们如果考虑到他的生活背景，考虑到当时的情景的话，是可以理解为什么尼采写出这样一句话来。并不是说这句话对，这句话绝对错误，对女性不尊重，但是我们要了解这个事情的背景。

我们知道尼采本人在书里讲了很多很残忍的话，用了很残忍的语言，但他自己是一个什么人呢？他最后，在1889年发疯了，怎么发疯的呢？他是在意大利的一个城市街道上看到一个马车夫拿鞭子抽打马，他当时受了很大刺激，一下子冲动地跑上去抱着这个马头痛哭，这样一下子就精神失常，发神经病了，一直到死都没有好。所以如果我们看到这些材料的话，就可以知道尼采的文章跟他这个人有时候不是一回事，尼采这个人如果我们不了解的话，对他的文章也不可能有真正的、全面的、深刻的了解。这是我随便举的一个例子。

尼采有一点跟其他的西方思想家都是不一样的，就是他不希望有信徒，自己并不认为是权威，而相反他总是强调不要跟随我，而是要你们每一个人建立自己，要成为你们自己。所以他这一点跟所有的思想家都不一样，一般的西方思想家都是以真理的宣传者自居，认为自己是真理的代表者，所以希望人家相信他们的学说，追随他们的学说。而尼采恰恰相反，他主张每一个人应该忠实于自己，应该建立起自己，成为自己，而不是成为另一个人的信徒。我们看到他有一些话，感到他的思想的思路跟其他人很不一样，他怎么说呢？他说："你们不要把我当作你们的榜样，如果你把我当做你们的榜样，相信我的话，那怎么样呢？那我就要为你们的一切行为负责任，因为你们跟随我是拿我做榜样，因此我只有反过来要为你们负责了，这样一来我变成你们的奴隶了。"所以，他竭力主张每一个人应该要找到自己，要为自己赢得自己的权利，而不要受别人的支配。我刚才讲到他最反对个人崇拜、领袖崇拜，也是出于这一点，每一个人都应该成为自己，而不应该成为别人的一个追随者。他也最反对用自己的思想来强加于人、支配人，他公开地这么讲，如果要支配人、把我这套强加给别人，这个是太恶心了。他主张每一个人应该走自己的路，而绝对不要相信他。他公开讲："我只不过是要把大家唤醒，对我的话要采取一种质疑的态度，采取一种不信任的态度，而不要追随我。"这一条可以说在西方的哲学家、思想家中间是绝无仅有的。他甚至这么讲，"每一个人应该创造属于他自己的太阳"，"不要去崇拜太阳，而是要每一个人创造出属于他自己的太阳"。我认为，这是尼采思想非常重要的一条，也可以说是跟其他的西方思想家很不一样的地方。这是我想讲的第一个问题。

第二个问题，我想讲一讲尼采的美学的出发点和前提。我们用最简要的一句话来概括尼采的思想出发点的话，就是"上帝死了"。"上帝死了"是一句名言，也是一个很有代表性的说法，意思就是说过去的一切最高的价值都发生动摇了，都丧失了价值，虚无主义使人陷入了一种普遍的没有信仰的状态，这就需要一切价值的重新估价，为这个重新估价扫平道路。尼采自己说，他的一本早期的著作，也可以说是一本比较完整的美学著作——《悲剧的诞生》，就是第一次对一切价值的重新估价。这本书的出发点在于上帝死了，一切价值需要重新估价。

关于虚无主义，尼采后来这么讲，他说："虚无主义正站在我们的门前。"他自己说他生不逢时，但是他讲的东西是下两个世纪的历史。他说他描述正在来临而且无法避免的一个事情，就是虚无主义的到来。虚无主义是什么呢？用他的话来说，就是过去的一切最高的价值都丧失了价值，没有目标了。为什么对这样的问题找不到答案呢？所谓最高价值，历史上有各种形式，向来是过去的形而上学所设立的一个终极的目标，所有的一切，我们生活的目的、意义等等都是来源于这个最高的价值，最明显的表现是基督教的上帝。我们中国人当然没有这么强烈的宗教观念，但是西方多少年来长期的最高价值就是基督教的上帝，现在这个最高的价值本身失去了，成了问题。就是说最高价值本身丧失了价值，这个丧失价值的过程也就是全部的形而上学——过去的哲学、美学的最后根据，都开始解体了。

最高价值因为是一切信仰的最深层的一个根，它如果失去价值的话，首先就产生了一个信仰的危机，没有信仰，人类的精神就没有依靠，就会迷茫，或者陷入平凡、庸俗。尼采说，信仰的沦丧与失去信仰现在已经是路人皆知，接下来的就是过去敬畏、权威、信任的瓦解。过去西方人敬畏上帝，上帝教导你该做什么，不该做什么，所以首先是敬畏上帝、权威，上帝是判断一切善恶是非的标准，人与人之间的信任或者对其他东西的信任也好，最后的根基都在最高的价值——上帝。现在最高价值成了问题、失掉了价值，所以就造成了整个信仰的崩溃。

以前哲学上的形而上学，只不过是把最高价值赋予人类的现实生活彼岸的某种超凡性的实体。从希腊哲学开始，西方哲学向来是如此，所谓形而上学，就是把整个的最高的价值赋予一个超感性的东西，也可以叫上帝，也可以叫柏拉图的理念世界等等。但是现在一切成了问题，虚无主义来了，就是说最高的价值本身崩溃，一切的根据丧失了。所以"上帝死了"这句话是一个非常典型的表示整个信仰动摇、整个价值体系崩溃的标志性的一句话。

"上帝死了"这句话其实并不是尼采首先讲的，却是因为尼采讲了之后出名的。实际上我们如果从德国古典哲学里头找的话，《精神现象学》里面就有这句话，不过只是提到，没有发挥。这句话讲得比较透彻的是黑格尔死后青年黑格尔派的一个左派成员鲍威尔，他讲得很清楚，"上帝死了"。他从黑格尔左派的精神出发，要把黑格尔整个的体系解释成为一种无神论的体系。当时他写了一本书，叫《对无神论者和反基督的黑格尔的最后审判》，在这本书里就明确地说："对于哲学来说，上帝已经死了，只有作为自我意识的自我还存在，只有自我还活着、创造着、工作着，这就是一切。"就是说上帝已经死了，剩下的就是自我意识和自我，这句话是在1841年讲的，尼采讲"上帝死了"讲得多的是在《查拉图斯特拉如是说》中，它创作于1883年和1884年，所以在尼采讲这句话之前40年，实际上已经有人讲了。而且这个讲法其实推敲起来，很接近尼采的思想，因为上帝没有了，剩下的只有自我意识，自我意识就是只有人存在，这个人在活着，人在进行创造，进行工作。但是鲍威尔这本书当时影响不大，也没有在思想界里引起很大的震动，可以说那时候也可能时机还没有成熟，接受这样一种思想的社会环境、文化环境还不具备，所以尽管他在40年前就讲了这句话，但是并没有产生像尼采这样深远的影响，尼采讲了"上帝死了"就成为西方文化思想发展中的一个大事。

尼采讲的"上帝死了"，这个意思不仅仅是反对基督教，当然，他肯定是反对基督教的，但他真正的意思是反对过去的一切形而上学以及一切形而上学所设置下来的最高的价值。我们知道，大家非常熟悉的海德格尔是存在哲学一个著名的人物，也是研究尼采、写过关于尼采的专著的。他对尼采讲的"上帝死了"这句话作了这样的解释，他说："上帝死了，就是说基督教的上帝丧失了他对存在者和对人的规定性的权利，基督教的上帝既是超感性事物及其各种含义的主导观念，也是理想和规范、原则和规则、目的和价值的主导的观念，它们被凌驾于存在者之上，为存在者整体提供一个目标、一个秩序和一个意义，虚无主义是这样的一个历史运动，通过它，超感性事物的统治、崩溃和废除了，使得存在者本身也丧失了其价值和意义。"这一段话是海德格尔在《尼采》这本书里头讲的，讲尼采"上帝死了"这句话的意义。就是说过去基督教的上帝对世界存在的一切的东西，特别是人，具有规定一切的权力，他本身是一切超感性事物的各种含义的一种主导的观念。理想、规范、原则、规则、目的、价值等等归根到底都来自于上帝，来自于最高的价值，它一直是凌驾于存在者之上的，就是为存在者、为人、为世界提供一个目标、一个秩序和一个意义，人的目标、整个世界的意义、整个世界的秩序都是来自于上帝的。虚无主义成为这么一种历史运动,使整个超感性的东西的统治完全崩溃,那么存在者本身或人本身,事件、人的生活没有价值、没有意义了,这样一来,上帝死了之后,人的生存就失掉了重心。这个问题,可以说是一个最大的危机。尼采讲,他这个话是为了以后两个世纪讲的。尼采讲这个话是19世纪的末期,以后的两个世纪一个是20世纪,一个就是我们现在的21世纪。如果我们回想一下整个西方的思想、社会状况,尼采确实预言了这么一种趋势、这么一种发展的情况。所以有一些西方的思想家、理论家认为尼采是新时代的预言者,就是说他预见到西方社会碰到了严重的思想危机、文化危机、精神危机,而这个根子就在于"上帝死了",就是最高的价值成了问题。

这样一来,尼采讲的一个新的时代正在来临,要为当了两千年之久的基督徒付出代价,就是说西方人当了两千年的基督徒,一直是把上帝看作是最高的权威,现在要付出代价,因为上帝死了。这个使西方人得以生存下来的重心丧失掉了。这样一来,人就不知道何去何从,因为最后一切生存的根据、目标、意义都没有了。关于上帝死了当然有种种说法,我们看《查拉图斯特拉如是说》里讲的,上帝怎么死的。有几种不同的说法,可以有不同的理解,一种说法就是上帝是我们大家杀死的,我们大家把上帝杀死了。还有一种说法是上帝出于对人们的怜悯而死的,因为他怜悯别人、怜悯广大的人民,因此自己死掉了。这些说法都可以有不同的理解。总的来说,根本的问题就是说上帝现在不存在了,不存在的时候就造成了一种精神、思想上的真空和危机。

这样一来,造成了这种虚无主义的状况有两种情况。一种是积极意义上的虚无主义,为什么?既然一切最后、最高的价值都没有了，因此一切都是可能的，一切有待我们去创造。我们已经没有任何的限制，因为过去都是受上帝的规定，一切受以前传统观念、传统文化的限制，而现在这些东西都不存在了，都推翻了，因此我们有充分的余地可以自我创造。这个结果就是说虚无主义的一个积极结果，就是说一切都是虚无的，都是没有的，而一切都是允许的，都是可能的，因为没有人限制你了，每一个人可以自由发挥。俄国小说家陀思妥耶夫斯基的小说《卡拉马佐夫兄弟》里头就有一个人物，有一句很出名的话："如果上帝不存在了，那么世界上什么事情都可能发生。"他这个意思跟尼采的思想差不多一样，一切都可能了，如果有个上帝的话，他限制你应该怎么做，都给你规范好了，而上帝不存在了，一切都有可能了，一切都允许了，就没有规范，没有任何的清规戒律了。所以尼采看起来，虚无主义有两种，一种是积极意义上的，就是如果你有强大的力量，就可以利用这个机会，因为最高的价值没有了，需要重新建立起价值来，一切都是可以自由发挥的。

但是，相反来讲，另外有一种是消极的虚无主义，就是说感觉到现在上帝不存在了，他内心里头需要有一个东西能够规范他的行动，但是自己又没有力量找一个东西来代替上帝，因此就陷入悲观、绝望。所以虚无主义可能造成两种不同的反应，一种是积极的，就是可以给你充分的自由，可以去创造新的东西，创造新的价值，创造一切。但另一方面如果从消极意义上来讲，就会陷入悲观、绝望，处于一种无可奈何的境地。

尼采所主张的当然是一种积极的虚无主义，我想他整个思想的出发点就是"上帝死了"，一切我们可以自己来创造，自己来建立新的价值，对过去的价值来进行重新评估，为此创造了条件。价值重估也是他美学思想的一个基础。

这个价值重估就是过去的价值都推翻了，我们重新来创造价值，重新来估计价值，这个所谓价值重估特别强调创造价值。以前的价值都没有了，都推翻了，那怎么办？一个人不能没有价值地生活，没有意义地生活，这不行，所以就要我们现在来重新创造、重新建立新的意义。这一点我认为也是尼采思想里面一个关键性的东西，就是强调创造新价值。为什么尼采的思想会发生影响、能够感染很多人？这是一个很大的原因。他讲的创造跟我们今天讲的创新，精神上有相通的地方，但当然还不是一回事。我们可以看看他是怎么讲的。他认为旧的价值已经都不行了，都破产了，都瓦解了，所以现在首先就是把这些偶像、过去过时的东西都要推翻。他自己讲，我是炸药，就是对过去一切过时的东西、陈旧的东西，以及他认为是已经成为偶像的东西统统要炸毁掉、要打倒。他甚至说他的工作就是推翻偶像，而不是要去树立新的偶像。这一条尼采讲得很清楚，一方面打倒旧的偶像，另一方面不要去树立一个新的偶像。上帝死了，过去的老一套的东西都过时了，所以这些偶像都应该被推翻。偶像推翻了之后就需要有新的创造。有两个办法，一个是过去的上帝我们完全否定了，另外一个我们要创造我们自己的一个新的上帝，这个当然是一个比喻的说法了。那么就要创造，他认为创造是一个最高的要求，是真正的存在。所谓创造就是新的评价，就是对过去老的一套东西我们都推翻掉，要有新的评价。新的评价本身就是个创造，就是要创造出一个目标。因为过去有目标，现在没有了，所以要创造出一个新的目标，要为世界创造出一个新的意义，包括要创造未来的人。所以创造本身就是一种信仰，如果老的信仰没有了，又没有办法创造出新的东西来，就根本没有信仰可言。他甚至讲，一切伟大的爱本身就在于创造，只有创造出新的东西来，才表示你对新的事物的爱，也就是说只有创造才有真正的自由，创造具有绝对的、最高的价值。所以，尼采是非常注重创造的。对已经创造出来的东西，他认为没有什么了不起，而重要的是创造新的东西。他甚至讲，一个最微小的新的创造，也比谈论已经造成的东西要高明得多。所以他强调："我们生活的幸福不在于在生活的认识中，而在于在创造中。"强调人一定要学习怎么样去创造，不仅仅是创造世界、创造意义，而且要创造我们自己。因为照尼采的说法，人本身不是固定的本体，是可以塑造的、正在形成的，因此这个创造不仅是创造世界，而且也是创造我们自己本人。说重估价值是他整个美学的出发点就在这里。

下面我讲第三个问题，美学问题在尼采思想中所占的特殊的位置。尼采不像一般的艺术家、哲学家和美学家那样去讲美学是为了解决审美和艺术的有关问题，而是要用美学来解决人生的根本问题，所以他的美学不局限于讲审美的一些专门问题，而是提倡一种审美的人生哲学，就是用艺术、审美去解决人生的一些根本问题。尼采有一个非常重要的观点，"只有作为一种审美的现象，我们的人生和整个世界才显得有充足的理由。"如果说我们要在这个世界上生活，这个世界没有意义了，人生也没有价值了，那怎么办？只有一个办法，就是使这个世界和人生成为一种审美的现象，这样我们才能够生活下去，能够为人们所接受。可以说这个观点也就是他的美学著作《悲剧的诞生》的一个最主要的思想。他年轻的时候写了《悲剧的诞生》，这可以说是一部专门讲美学的书，后来尼采陆陆续续讲美学问题，也有很多关于美与艺术的论述，但是不完整系统，所以这本书虽然是他的早期著作，但还是代表他的美学的基本观点。这本书从表面上讲是讲悲剧的，特别是讲希腊悲剧，里面确实也讲到希腊悲剧怎么产生发展，用一些观点去解释希腊的整个文学艺术，但实际上这本书表达了他对生活本质的一个新的理解。他给他的老师写过一封信，说他所写的书是要提出某种宣言一样的东西，要对德意志精神提出新的希望，就是说他认为当时的德意志精神已经完全堕落了，因此他想要通过《悲剧的诞生》讲古希腊来使德意志精神复兴，所以他的想法远远超出美学的范围。

讲起《悲剧的诞生》，大家首先想起叔本华和瓦格纳，因为这本书是尼采的早期著作，而我们大家都知道，在尼采年轻的时候、开始写这本书的时候，他受到叔本华哲学和瓦格纳的音乐的强烈影响，所以过去给大家的印象是《悲剧的诞生》里的一些基本的思想都是来自于叔本华。我的看法有一点不一样，从现在看到的很多资料来看，我感到一方面尼采确实受到叔本华相当深刻的影响，对瓦格纳的音乐当时也是非常崇拜、非常欣赏的，应该说他在写这本书的时候，确实是受叔本华思想和瓦格纳音乐的影响。但是，另一方面，我们也要看到尼采的独特的思想，就是说他一方面在书里体现了叔本华和瓦格纳的影响，但更重要的在于他提出了一个新的思想、新的观点，而这个就是我前面讲的价值的重估问题、创造新价值的问题，这应该完全是尼采的一个新的创造，也可以说是尼采跟叔本华、瓦格纳都不一样的地方。所以我认为这本书应该说是尼采建立他自己的艺术哲学、生活哲学的一个起点。

叔本华的《作为意志和表象的世界》这本书对尼采影响很大。尼采的房东开了一个旧书店，他某日在书店看到叔本华的这本书，读了之后就完全受到了叔本华的影响，而且非常崇拜叔本华的基本思想，我们从他当时的一些书信里或其他的一些资料中都可以看出。但是另一方面，从《悲剧的诞生》里也暴露出他跟叔本华思想的一个基本的分歧，而后来尼采一系列的观点应该说在这本书里已经开始萌芽了，所以我认为这是尼采建立自己的生活哲学、美学的一个起点。

尼采的独创性到底表现在什么地方呢？应该说他这本书的基本思想确实是受叔本华的影响。我们知道叔本华的一个基本的最重要的思想就是他是用唯意志论的观点去看世界，就是说整个外在的世界、我们接触到的世界客体都是我们自己的表象，但是这些表象、这些客体又只不过是一个现象。叔本华受康德的影响，认为现象世界背后还有一个自在之物。康德认为自在之物是不可认识的、一个假设，叔本华认为这个自在之物就是意志，一切表象、一切现象归根到底都是从现象背后的意志而来的，意志是所有的事物最内在的本质和核心。在叔本华看来，这个意志又是一种盲目的、不可克制的冲动，是一种不能认识的、非理性的力量，这种非理性的意志支配了整个世界，也构成了世界以至于我们人生的真正的本体。但是世界既然是由一种非理性的意志所支配，那么它本身就没有什么规律、没有什么价值可言，因为它本身是盲目的，是一种冲动。因此叔本华得出来的结论就是这个世界是没有意义的，因为被背后意志的冲动所控制。我们人在世界上生活也是没有意义的,生活是一场漫长的梦,而且充满了痛苦。为什么充满痛苦?因为这个盲目的意志、这种冲动的力量驱使我们去为了满足自己的欲望,进行不间断的追求。我们今天一个欲望得到满足了,明天又产生了另一种欲望,而这个欲望是永远不可能完全得到满足的,因此人总是不断地陷入痛苦之中。要摆脱痛苦,有两种办法,一种是通过艺术。艺术是一种超脱,可以暂时使我们进行审美的静观,忘掉这个意识,所以可以暂时从痛苦中得到解脱。但是这种手段是暂时的,因为人在审美静观的时候可以忘掉意识,忘掉自己的意志,忘掉自己的欲求,但这是一个暂时的解脱,不能解决根本问题。怎么样解决根本问题?就只能是杜绝我们的欲望。我们的欲望是我们一切痛苦的来源。而在他看起来,艺术最高的阶段就是悲剧。悲剧为什么高明?因为它作为一种最高的形式,就是展示生活的本质,把生活痛苦的方面、可怕的方面展示给我们看,使我们通过它看清生活的本来面目。生活的本来面目就是我们不断地因为欲望得不到满足而受苦难,遭到不幸。因为通过悲剧,我们可以认识到这一点,因此我们提高了认识,放弃生活的意愿,心甘情愿地听天由命,在命运面前退让。这就是叔本华认为悲剧起的作用,根本的办法就是要消灭我们的生活的欲望。

这种观点曾经在叔本华思想传入中国以后,产生了很大的影响,最著名的一个例子就是王国维。王国维是一个很了不起的大学者,他写的《红楼梦评论》完全用叔本华的观点来解释,认为《红楼梦》里面的悲剧、不幸和苦难都是因为人有生活的欲望。所以,如果要说典型的例子的话,王国维的《红楼梦评论》是一种非常典型的叔本华的观点。尼采和叔本华表现出来的差别到底在什么地方？有一点是一样，就是尼采也是从唯意志论这个观点出发的，他也认为这个世界人生是使人痛苦的、使人无法理解的，是可怕的。但是他有一条跟叔本华根本不一样，就是坚决反对把我们的现象世界跟自在之物完全隔离开，而是认为我们的意志就表现在现象世界之中。所以他不是说要到虚无主义的形而上学的范围里去求得安慰，他早期还有这样一种想法，但是在后期完全摆脱了这种想法。尼采自己说，他当时写这本书的时候，已经有了一种新的价值判断，但是还没有说得很清楚，他真正明确地摆脱叔本华的影响，还是在后来。叔本华讲的是抛弃世界、否定生活，是因为这个世界没有意义，生活使我们痛苦。尼采一个根本的观点，就是说这个世界本身没有意义、没有价值，是令人痛苦的，但是这个现象世界是我们唯一的世界，我们没有来世，也没有一个天国，就注定要在这个世界里生活，既然是这样，那么就应该勇敢地活下去。而要使我们能够活下去、我们这个世界和我们这个人生能够使我们所忍受，就必须要赋予它新的意义，要创造出新的价值。叔本华的办法就是逃避，既然这个生活没有意义、没有价值，因此就不要生活了，就逃避掉、抛弃掉了。而尼采认为既然是本身没有价值，我们就要创造新价值，要赋予它新的意义。所以虽然他们的出发点有一些相同，但是得出的结论是不一样的。我认为尼采和叔本华最大的区别是在于创造新价值、创造新意义这一条。讲生活是痛苦的、可怕的，这一条并不是什么新发明，甚至虽然叔本华在这一方面讲得很多，大家都认为他是悲观主义哲学的代表人物，但是这个思想应该说古已有之。从古希腊、罗马时期这种对人生、世界的悲观的看法就有了，不过是到了叔本华那里发展起来，而且跟印度哲学和佛教结合起来。这种认为世界是可怕的、没有意义的观点并不是新东西，而重要的、关键的是尼采要创造新价值、赋予新意义，使我们能够在这个世界活下去。所以在《悲剧的诞生》里，尼采提出一个观点，就是要通过美、通过艺术使这个世界能够为我们所接受，能够使我们活下去。美跟艺术是作为一个唯一的价值来对待的，因为其他的价值都已经不行了，上帝已经死了，都推翻了，真理、宗教、上帝都不管用了，要活下去怎么办？就只能依靠艺术把这个世界变成审美的对象，这样才可以有它存在的正当的理由。所以这个思想可以说是尼采的一个新的创造，也是《悲剧的诞生》这本书里我认为最重要的一个基本的论点。他还讲到一些其他的问题，比如古希腊悲剧。大家知道，最出名的就是讲两种冲动，一种是阿波罗冲动，一种是狄奥尼索斯冲动，或者说日神、酒神这两种冲动，这是具体的说法。当然也是有新意的，但是我感觉最重要、最基本的一条就是对审美价值的强调，这一条可以说是这本书里面最重要的一个观点。

这也是对世界、对生活采取什么态度的问题。尼采的一个根本态度是不管生活怎么痛苦、怎么没有意义，都要采取积极的肯定态度，而不是消极的否定态度。我想这一条是他跟叔本华的一个重要的差别。开始他相信叔本华，到后来采取尖锐的批判，关键也就是在这方面。叔本华是完全采取消极的态度，既然是痛苦的、没有意义的，因此只能逃避，而尼采完全是采取另外一种积极的立场，不管怎么痛苦，不管什么问题，都要生活下去，要积极创造价值，来创造新的生活。

所以，尼采后来写的书说这本书本身是反对悲观主义的，因为这本书教人一种比悲观主义更强有力的东西，比真理更神圣的东西，那就是艺术。尼采把艺术的位置摆得非常之高，比真理更神圣，甚至于比上帝更神圣，对于尼采来说，审美的价值是在宗教垮台以后能够代替宗教的唯一的最高价值。尼采对基督教，对基督教的道德、虚伪等等进行了很多揭露、批判，他认为基督教最重要的一条是对生活本身的态度。他认为基督教是完全毁灭人的生活意志的一种东西，是一种最危险的，使人越来越衰弱、逃避的东西，而不是使人生活得更坚强。这也是他反对基督教的一个最大的理由，他在《悲剧的诞生》里强调的就是一个积极的意义，就是怎么面对生活。

下边我想讲一讲阿波罗精神和狄奥尼索斯精神。实际上尼采提出这个问题来，也不是第一人，因为他之前也有人谈到，但是像他那样的谈法确实很少。阿波罗和狄奥尼索斯是古希腊神话里面的两个神，尼采借用这两个神的名字来提出他自己的一种文艺理论、一种观点。阿波罗，我们现在一般都把它翻译成日神，因为古希腊神话里面阿波罗是管光明的神，太阳是代表光明的，所以翻译成日神也不错。但实际上阿波罗是一个多功能的神，我们看古希腊神话，阿波罗管的东西挺多的，不仅仅是代表太阳，他跟有一些神话里面和埃及神话里面的太阳神不太一样，不是一个至高无上的神，是一个后来的神，在奥林匹斯山上众神中间，他并不是最早的，也不是最高的，而是一个晚到的神。现在有人考证认为这个神来自北方，并不完全是希腊土生土长的。不管怎么说，他不仅仅是代表太阳，他还管医药、管寓言，也同时管到音乐，管的东西挺宽的，所以是一个多功能的神，但是主要的当然可以说是太阳神。

狄奥尼索斯是酒神，完全是从小亚细亚传到希腊的，并不是希腊土生土长的一个神。尼采借用这两个神来代表文艺创作中的两种冲动，他认为整个希腊的悲剧、希腊的文学艺术的发展都是由于这两种基本力量在起作用。尼采把这两个神抽象化、普遍化，变成了一切文学艺术创作的一个基本的原则。

我们知道阿波罗在尼采那里是表现为梦，狄奥尼索斯表现为醉，我们讲如梦如醉，如梦就是阿波罗，如醉就是狄奥尼索斯。阿波罗表现在梦里头，梦当然是我们人的一种幻觉，但是梦给我们一种美的图景，使我们能够暂时摆脱现实的痛苦。正是在梦里，人可以直接把握形式，在静观美的梦幻世界的时候得到莫大的愉快。尼采认为阿波罗这种梦的世界，是一切造型艺术的前提，而且也是诗的前提。所以他认为阿波罗的精神是可以代表所有的造型艺术，建筑、雕塑一直到史诗，都以阿波罗的精神来代表。

狄奥尼索斯则不同，他表现为醉。喝醉了酒之后，人就丧失了自己，所以形成了一种类似迷狂的、带有神秘意义的经验。这种经验可以说是狄奥尼索斯经验。狄奥尼索斯代表了一种人跟周围的一切完全打成一片，融化于周围一切之中。如果说阿波罗还有一定的克制、一定的节制，那么到了狄奥尼索斯就完全打破了一切的规则，打破了一切的节制，是跟周围的东西，人跟人之间、人跟大自然之间完全融成一片。尼采认为这不仅仅是希腊的艺术的发展，而且普遍地讲，文学艺术的发展都是出于这两种基本的冲动。狄奥尼索斯的表现最明显的是音乐和舞蹈，在音乐和舞蹈中间什么都忘记了，都打成一片。

尼采用阿波罗和狄奥尼索斯来解释整个希腊的文学艺术史，

他提出了他的一些观点，但是这些观点严格讲起来，专门研究古希腊文学艺术的人现在可以挑出很多毛病，认为有很多牵强附会、不符合历史的情况。所以，它们的重要意义并不在于用于解释古希腊文学艺术能够达到多么高的理解，而是在于提出一个新的观点。这是一个什么观点呢？就是狄奥尼索斯是一种非理性的力量。对于古希腊的艺术，过去一直强调一个固定的习惯的看法，认为都是讲究和谐、静穆、美、理性，把这个作为古希腊文学艺术的一个主流。而到了尼采那里，他看到了另外一面，认为最根本的东西还是在于一种非理性的、出于人的本能的力量。他认为这个在古希腊文学里，特别是古希腊的悲剧的诞生中间起到了更大的作用，这应该说完全是一种新的见解，其重要的意义是指出了非理性的因素在美学中的重要地位。文学创作中的非理性的、本能的、无意识的因素一直是一个问题，到现在还是没有得到认真的、很好的研究解决，有很多问题没有搞清楚。但是尼采提出了这个问题，这就造成了非常大的影响，把非理性的、文学创作中间的无意识的因素提高到非常重要的位置，而这对于现代西方文学艺术的发展来说是一个非常重要的新的方向。

对于文学艺术中非理性的东西占什么样的位置的问题，尼采认为它比理性的因素更重要。应该说这个非理性主义的思潮也是从尼采开始的，从尼采以后，整个西方的文学艺术发展的风气有一个很大的改变，强调无意识、强调非理性主义的思潮开始发展起来。无论是哲学方面也好，文学艺术方面也好，有很多非理性主义的派别、流派都可以从尼采那里得到很丰富的思想营养。最明显的一个例子就是弗洛伊德。应该说弗洛伊德在美学发展史中也是一个重要的力量、重要的派别，他对尼采特别欣赏，认为尼采提出的很多问题已经走在他前面，甚至认为尼采对人的心理的分析达到了非常高的高度，无意识的一些问题他很早就提出来了。弗洛伊德甚至在写书的时候不敢拿尼采的书作参考，因为他发现很多观点实际上尼采已经都接触到，如果参考了，人家会说他看尼采的书看得太多了，完全是抄尼采的东西。所以我想尼采提出阿波罗和狄奥尼索斯的很重要的意义是把非理性的因素加以强调，提高到文学创作的主流的位置。

我最后讲一个问题。除了《悲剧的诞生》，尼采讲到其他一些美学观点。《悲剧的诞生》是他早期的著作，里面有一些基本的观点很早就树立起来，但是他后来在大量的著作里面都讲到文学艺术，我想把一些我认为比较重要的观点跟大家介绍一下。

《悲剧的诞生》里面讲到审美的问题，讲到艺术的问题，但是没有对美是什么下一个定义，整本书里找不到他怎么讲美，美是什么他并没有讲清楚。到后来的著作里，他就讲到这个问题。有一段话他讲得比较清楚，他把美比作是一支缓慢的箭，说最高贵的那种美并不是突然地使我们心荡神移，并不产生一种暴风雨一样的令人极度兴奋的印象，如果是这样的话，很容易引起我们的厌恶，而是慢慢地渗透到我们的心中，几乎是不知不觉地把我们带走，而且在我们的梦里又重新见面，长期在我们心中存在之后完全占有了我们，使我们的眼睛里充满了眼泪，心里头充满了期望。但是讲了这些话以后，最后一句话："但是这是一个错误"。尼采的根本思想是这样的，认为在梦里我们和美又重新见面，是慢慢地起作用，使我们眼睛里充满泪水，使我们心中完全被美所占有，充满了期望，一切都是好的。那么,使我们的生活确实过得很好,但是这一切都不是真的,这是他整个美学思想的一个很重要的观点,就是美可以使我们生活下去,但是美是虚假的,不是真的,如果你认为美是真的,那就是错误的。他甚至这么讲,这个世界是美的,使我们能够生活得很好就够了,为什么一定要问这个美之后还有什么东西、一定要寻根问底?这个没有必要,就这一点理由就足够了——美能够使我们生活下去,能够使我们生活得幸福就够了,如果认为这个是真的,那这就是一个谬误,这些都是假的。尼采的一个根本思想是认为这种东西都是相对的,都是假的,没有真理——绝对的真理,包括美在内。另外一个说法,他说美已然不是真的,是人制造出来的幻想,是一种做梦,所以它本身是相对的,他非常强调美是相对的。我们知道过去西方美学史讲美,比如,柏拉图讲美的理念,讲美本身,尼采则认为这个完全是荒唐的,没有这样的东西,脱离了人根本就没有这些东西存在,所以他强调美是人自己的创造物,而且是人以自己作为标准而创造出来的,这一条也是尼采的一个基本观点。所以他讲美、讲艺术,以人为中心、人本主义的思想非常浓厚,讲美脱离不了人,而且是把人作为中心来看。他说人总是想象这个世界到处充满了美,而忘记了我们自己是造成这一切美的原因,是因为有了人、有了我们自己,所以这个世界才会美。他讲,人不过是在事物中间反映他自己,他看的事物是美的,实际上这是把我们自己人的形象还给自己罢了,其实不是一切事物美,而是一切美在于我们自己。世界之所以是美的,是因为我们把世界加以人化,如此而已。我们把世界人化了以后,眼中看到这个世界才是美的。当然,我们现在讲这个世界人化的问题也有不同的说法，也有一些人提出，尼采讲的世界的人化和马克思主义讲的是不是还有相同的地方？应该说两者是完全不一样的，尼采完全还是从人本主义的立场来讲这个问题，马克思则是通过劳动实践使这个世界人化，所以原则上不是一回事，但是尼采确实是讲了世界人化这一命题。

另外，他从以上这些观点引导出两条美学的基本原理。一条原理就是没有东西是美的，只有人是美的，一切美学都建立在这句老实话上面，这是美学的第一条基本的公理。第二条基本的公理是除了退化的人以外，没有东西是丑的。他说整个审美判断的领域就局限于这两条原理。世界上所有的美都归结到人，只有人是美的，第二条就是人的退化、人的堕落，这个才是丑的，这个丑就是表示人本身的退化。所以照他这个解释，丑就是人堕落、退化的一种征兆。他说，我们为什么看到丑的东西都仇恨，都不愿意看丑的东西？就是因为人最仇恨的就是我们人类的没落、堕落，所以对这个东西我们看到了之后心里就不高兴，就非常仇恨。

所以，在他看来，美归根到底是对我们人类有用、有益，提高我们生命力的东西，它就给我们美感，相反，如果是表示人类的一种退化，是一种意志上的衰退，那么在我们眼里看起来就是丑的。因此，在他看起来，美与丑正是作为跟我们基本的自我保存的价值有关的东西才得到我们的承认。凡是有利于我们自我保存，使人类力量的提高向上的东西，都是美的，表示我们人的力量提高了。另一方面，如果是表现人的一种堕落、一种没落，这个东西就是丑的。他说要断定其他什么美什么丑都是毫无意义的，衡量美丑就是这一个标准，这个标准就是人类的自我保存，所以从这一条可以看到他的一种人本主义的观点。

另外，尼采关于艺术的作用的看法也可以讲一讲。他认为艺术是使我们的生活成为可能的一种伟大的手段，是把我们人引向生活的一个伟大的诱惑，是生活的一种伟大的兴奋剂，艺术是对否认生活意志的一个最好的抵抗力量，所以他认为艺术本身是一种像补药的东西，艺术是一种补救，可以使人在这个可怕而又不确定的世界里能够活下去，能够活得好。尽管这种补药在他看起来不是真的，但是我们生活下去就需要一种谎言。他认为过去其实很多东西都是谎言，以前的哲学上的形而上学的东西，道德、宗教等等，无非就是各种形式的谎言，跟艺术其实是一样的，但是现在上帝死了，其他东西都不灵了，只有一个办法，就是用艺术来代替。所以，人要重新树立对生活的信念，就要吃艺术这种补药，以艺术来补救。一方面他认为艺术的作用非常大，但是另一方面又说不要把艺术信以为真，如果把艺术信以为真，那就错了，因为它是一种谎言。艺术虽是一种谎言，但它是人生必需的谎言。

我们以前的美学都是讲真善美的统一，真善美应该是统一的，尼采恰恰是最反对这种看法。他说这个是不对的，道德完全是一个虚假的东西，说善跟美是统一的，这是可耻的；如果再加上一个真，说真善美是统一的，那么这种哲学家是应该处以鞭刑的，因为在他看来，真理恰恰是丑的。真理往往是丑恶的，所以他说我们要艺术是免得被真理所毁灭。这种观点很特别，跟过去的美学观点是不一样的。

我想再讲一点，尼采怎么样看待艺术的社会作用。刚才我也讲了，尼采强调创造、创新，所以他再三强调真正的艺术家不受任何陈规旧俗的束缚。只有在信条松弛的地方，艺术才能抬起头来，所以他最反对艺术抄袭、模仿，认为如果完全信守这些信条的话，就完全没有创造性的艺术可言。关于艺术的社会作用，这个问题比较复杂一点，因为一方面我们历来讲艺术的几种作用，一种作用比如说是认识作用，我们向来是认为通过艺术使我们可以认识社会。尼采恰恰是对此否定的，他认为艺术没有这个认识作用，因为认识是要认识真理，恰恰艺术本身是一个幻想，是一个梦，是一个谎言，因此它本身没有认识的价值。另外一点，我们大家历来是讲文学艺术有道德教育作用，他也很反对，完全采取否定的态度。他认为文学艺术的道德教育作用是没有的，因为他对道德自身有看法，认为道德本身是一个虚假的东西、相对的东西。如果了解尼采的道德学说就很容易理解了，他自称是第一个非道德论者，所以不赞成文学艺术要宣传道德教育。他说如果一个艺术家要超出自己的范围，去做艺术家以外的事情，比如说要去做人民的道德唤醒者，去教育人民，这就是完全错误的事情，不应该超出自己的范围去搞这些东西。既然他把道德作用也否定了，把认识作用也否定了，那艺术到底还有没有重要的社会作用呢？他认为如果说艺术没有道德说教、促进人类认识的目的，并不能够得出结论说艺术是没有意义、没有目的的。他说，艺术做些什么呢？它不进行赞扬吗？它不进行选择吗？它不是把某些事物放到重要位置吗？他说在这样做的时候，艺术都会加强或者削弱某一种评价，这不是一个不重要的事情，一个艺术家的最基本的本能不是同艺术的目的、同生活相关的吗，同某种他想要的生活相关的吗？所以提出了一连串的问题之后，尼采的回答是，艺术是生活的伟大的刺激力，刺激我们去生活，怎么能够把艺术看作是没有目的、没有意义，为艺术而艺术呢？所以他坚决反对为艺术而艺术的观点，认为我们要艺术是为了生活，为了加强我们的生活的意志，所以他并不是一般地否认艺术有社会目的，而是认为过去我们大家谈的目的和作用还不够崇高，因为仅仅是讲认识作用、讲道德作用，这个讲得太低，不能跟艺术相配，因此要从更高的意义上，就是对我们生活的意义上来肯定艺术的目的和意义。比如说悲剧，他说悲剧要传达给人家的是什么呢？不就是人对一些可怕、可疑的东西的那种无畏的态度吗？这种态度本身就是值得高度赞扬的，所以，一个勇敢和自由的精神，面临着一个强大的敌人，面临着一个伟人的不幸，面对着一个令人恐怖的问题，结果还能勇敢地活下去，他说这样对社会难道还不起作用吗？所以，在尼采看来，艺术的作用是很大的，不是说没有作用的，艺术家也应该承担起自己的社会使命。在一个地方尼采是把诗人叫作影响未来的向导。我们今天没有谈到尼采的另外一些思想，像超人的学说，他总的一个想法是认为现在的人类太平庸、太差劲，应该创造新的人，应该要有更崇高的、更理想的人。他认为整个文学艺术的作用就应该是引向未来，要创造出有利于创造出新的人的形象。所以他讲现在我们人身上还有很多剩余的力量没有发挥出来，应该全部用在一个确定的目标，不是去描写过去，也不是去描写现在，而是应该指出通向未来的道路。所以他甚至这么讲，作为一个诗人，作为一个艺术家，跟政治经济学家不一样，他的任务不是去预测一种更好的社会状况和实现这个状况的途径，而是要去创造一个人的美好的形象，就是未来的人的形象。诗人就是通过塑造新的人的形象来帮助创造未来。尼采认为他是非常钦佩歌德的，他说这个工作需要更多的、优秀的探路者来进行探索，而这是由歌德这个伟大的德国诗人开始的。这是尼采对艺术家作用的一个看法。

不过有一点是非常矛盾的，一方面尼采讲了这么多，对未来的理想、对文学艺术的期待，但实际上，20 世纪以后一直到现在，西方文学艺术的发展却完全不是像尼采所设想的那样。尼采确实是破坏了一个旧世界，他自己是一个炸药包，他把旧世界的一切理念、一切宗教、道德、文化都加以彻底批判，都批判得体无完肤，但是他并没有能够指出一条通往未来的真正的道路。我们知道有很多西方的作家都受到尼采的影响，特别是很多进步的作家，不仅仅是右翼的作家，很多左翼的作家也受他的影响。但是我看他们创作的一些文学艺术作品都没有能够创造出真正的新的人类的形象来，像尼采所说的那种通向未来的道路，始终没有通过尼采的影响呈现出来。相反，尼采预期说可以创造出新的人的形象来，而受尼采影响的一些西方的著名的文学家在 20 世纪创造出来大量的典型，都不是像尼采所设想的那种生活中间的勇敢的战士，而是一些玩世不恭、随波逐流、颓废失望、彷徨不安、毫无生活理想的庸人。

我要举最简单的几个小说的例子。我们知道受尼采影响的西方的大文学家之一是萨特。萨特最著名的小说《呕吐》，其中像洛根丁那样的人物，完全是一个在生活中颓废不堪的、一点儿生活理想都没有的人。另一个法国作家加谬，也受尼采的影响很深，他写的《局外人》中的主角也是这样的一个人。德国本国受尼采思想影响最深的著名作家托马斯·曼的一篇小说《死在威尼斯》，大家都认为是贯彻尼采思想的，但是我们看那篇小说里的人物也是这样一个根本不是代表未来的人物。所以虽然尼采宣传了自己的那些文学理论与理想，要求文学艺术家要创造新的价值、创造新的意义，要影响未来的道路，但产生的结果就是这样，这也可以说是对尼采整个美学思想的一个讽刺。

问：谢谢老师的讲课，我得到很大的收获，感受很多。尼采虚无主义的这个虚无，跟中国古代老子、庄子他们讲的虚无是两个概念吗？能不能做一个中西的比较？

答：尼采的虚无主义，还是西方19世纪末的一个现象，这个词还是从俄国文学里传到西方的，屠格涅夫的小说《父与子》里头的那个巴扎罗夫，被认为是虚无主义的代表人物、一个典型。但是如果说与中国古代思想里的虚无比较，也有一些学者做过，比如像台湾的陈鼓应教授，就专门做过比较，说尼采和庄子的思想可能有一些共同点。但是我个人认为尼采主要是针对西方的现实社会问题，特别是对西方文化而发的，与老、庄不可同日而语。今天因为我们没有多谈他对西方社会的批判，他对西方文化的批判，这里面有一些观点可能跟中国的老子、庄子有一点相通、类似，但基本上是针对当时西方现实的。比如说尼采对群众，我们知道都是看得很低的，是蔑视的，但是他针对的、主要批判的是商品社会、市场经济条件下的庸人等。他一方面看不起群众，另一方面对上流社会也非常看不起，把上流社会的人骂得狗血淋头。他说那些上流人物在他看来都是人类的渣滓，讲到这种程度，但是有一些东西，对当时现实不满的这种情绪，跟中国古代的有一些人可以有类似的地方，可以比较，但情况、语境完全不一样。尼采主要是针对19世纪后期的西方社会的一些现象，他的虚无主义推翻的主要对象是基督教的上帝。他对基督教批判得最厉害,因为西方的文化传统中基督教是最高的权威。

问:以创新为主要特征的学术研究范式同政治发生冲突以后,它的解决方法和渠道是什么?希望你给大家做一个解说。

答:尼采讲创新、创造主要当然还是在精神范围里头讲的,他的社会、政治观点,今天我们没有时间说了。一开始我就讲尼采比较复杂,就是说你可以在他的言论里找到各种各样的观点,尼采的一些观点如果今天来看的话,要加以批判那是很容易的,你一找就可以找一大堆。我的想法是,我们现在是要认真读尼采,但是又不能相信尼采这一套,不能信奉尼采这一套,而主要是从他那里看他提出什么问题来启发我们的思考。我感到,比如像创造这个问题,我们主要是要考虑尼采提出的强调创新、创造,这个现在对我们还是有启示。不要迷信权威,不要创造新的偶像,这一条还是很起作用的。如果一定要把它联系到政治上去,又有什么必要呢?

(此文为作者在国家图书馆所做演讲,

原载《文津演讲录之九》,国家图书馆出版社,2010年)

关于黑格尔《美学》的若干问题

一、关于《美学》及其在黑格尔哲学体系中的位置

黑格尔在不同时期的著作中涉及美学问题，他的美学思想前后也有一个发展变化的过程。在较早的耶拿时期的名著《精神现象学》一书，也即被马克思称之为“黑格尔哲学的真正诞生地和秘密”的著作中，已经可以看到黑格尔美学的一些基本思想的雏形，但没有把艺术单列出来，而是把它放在“宗教”下面以“艺术的宗教”的面目出现，与“自然的宗教”和“天启的宗教”并列为宗教发展中的环节，实际上是从哲学美学的高度探讨了古希腊艺术的一些重大问题。又如他在《历史哲学》中，也结合古希腊社会的历史背景，考察了古希腊艺术的产生及其思想实质。在1817年海德堡大学任教时期，他出版了《哲学全书》(1817年初)，其中《精神哲学》中有关美学的部分原来是他讲授美学的一个重要提纲，至此才初步确立了美学在他整个哲学体系中的地位以及美学的研究对象、范围和基本框架。后来经过多次修改充实和1818年在海德堡大学，后在柏林大学讲授美学课程(1820/21年冬季学期、1823年、

1826 年夏季学期、1828/29 年冬季学期)才形成现在这个庞大的黑格尔美学体系。

《美学》在黑格尔生前并未出版,是他的学生 Hotho 根据讲课提纲和学生们的听课笔记整理而成的。黑格尔讲美学课程前后 5 次,每次讲课前对内容作了修改补充,并无定稿。该书分 3 卷出版(中译 4 册)。

黑格尔哲学是包罗万象的十分庞大的客观唯心主义体系,美学只是这个体系中的一个环节,但也是不可缺少的组成部分。为什么说是客观唯心主义呢,因为他认为世界的本原不是物质而是精神、思想,这是第一性的,而整个物质世界是派生的,是精神、思想的创造物,不过这精神、思想不是任何个人的,而是在自然界和人类之前早已存在并将永存的客观的思想、精神。他又把它称之为绝对理念、绝对精神,实质上这个创造世界并构成世界内在本质的绝对理念,正如费尔巴哈所揭露的,实际上相等于创造世界万物的基督教的上帝。

绝对理念虽然是唯心的,但又是辩证发展的,它处于永恒的矛盾发展之中,整个世界就是它的辩证运动的过程。第一个阶段是逻辑阶段,绝对理念处于自在状态,作为逻辑概念而存在发展,然后外化为自然界,成为自为的,即变成自己的认识对象,最后由外化而复归自身,成为自在而又自为,达到自我认识。逻辑学研究第一阶段,自然哲学研究第二阶段,外化为自然界的绝对理念,第三阶段是精神哲学研究的范围,人类社会的方方面面都在内。包括主观精神(个人意识)、客观精神(社会意识和制度,如伦理、政治、法律、国家),绝对精神是绝对理念发展的最后阶段,这时达到精神的自我认识。在这阶段，绝对精神从感性直观、内心表象到概念思维等不同方式去认识自己，以感性形象去表现绝对精神的是艺术，以象征的图像思维去表现的是宗教，以概念去表现则是哲学。研究这三种不同方式的是美学（艺术哲学）、宗教哲学和哲学史。由此可见，美学在整个哲学体系中只是很小的部分，但又必不可少，因为它是绝对理念认识自身的必经阶段。

恩格斯说："黑格尔第一次——这是他的巨大功绩——把整个自然的、历史的和精神的世界描写为一个过程，即把它描写为处在不断的运动、变化、转变和发展中，并企图揭示这种运动和发展的内在联系"。他对《美学》也颇为欣赏，在给施米特的信中建议读一读《美学》并且说，只要稍微读下去，就会赞叹不已，他说该书在美学领域内"起了划时代的作用"。

在西方哲学史上，黑格尔代表当时哲学高峰，是他以前哲学学派的集大成者，也是马克思主义哲学的理论来源之一。在美学上也可以这么说。自从鲍姆嘉通创立美学之后，经过德国启蒙运动者的大力发扬，温克尔曼、莱辛、赫尔德的努力探讨，到德国古典美学，康德、席勒、费希特、谢林、歌德的探讨，积累了大量深厚丰实的美学研究成果，黑格尔在他们的研究基础上集大成，建立自己的美学体系。但黑格尔的价值不在他的体系，他的体系有许多谬误，不仅受到马克思的批判，而且也早就受到 F. A. 特莱德林堡（Tredenlunburg）和克尔凯郭尔等人的批判，而在于辩证法，他的辩证法贯彻始终运用得十分成功，在美学中最有价值的也是他的辩证法思想。

美学三卷（4 册）内容极其丰富，只能挑几个主要论点，谈点个人的粗浅体会。

二、美是什么？美是理念的感性显现

黑格尔说："乍看起来，美好像是一个很简单的观念。但是不久我们就会发现：美可以有许多方面，这个人抓住的是这一方面，那个人抓住的是那一方面。"美是什么？看起来人人都知道，但是"熟知非真知"，这个问题其实是极难的，从历史上有正式记载起，人们已讨论 2000 多年，还没有最终答案，看来这样的问题还会永远讨论下去。哲学上有所谓永恒的问题，不可能一劳永逸地解决，只要有人存在还会讨论下去。黑格尔的回答是："美本身应该理解为理念，而且应该理解为一种确定形式的理念，即理想"，他给美下这样的定义："美就是理念的感性显现"。这也是在他的美学中贯彻始终的中心思想。

把美看作理念，哲学史上的所谓理念论当然不是自黑格尔开始，早在古希腊就有，其代表人物是柏拉图。柏拉图对话录中有一篇专门论美的《大希庇阿斯》，是最早的西方美学文献之一。对话中的人物是苏格拉底和希庇阿斯，讨论美是什么，希庇阿斯代表古希腊传统观点，没有把美的概念和美的具体事物区分开。苏格拉底问他"美是什么？"他以为这问题十分简单，他骄傲自大、自以为是，根本弄不清"什么是美"和"什么东西是美的"这两个问题的区别，因此回答说："美就是一位漂亮小姐"，但苏格拉底指出，一匹美的母马、竖琴甚至汤罐都同样是美的，因此"美是漂亮小姐"之说不能成立。于是希庇阿斯又提出另一些答案如"美是黄金"、"美就是恰当”、“美就是家里钱多，身体好，全希腊人都尊敬，长命到老，自己替父母举行过隆重丧礼，死后又由子女替自己举行隆重丧礼”等不伦不类的论点，在苏格拉底的诘难之下破绽百出，不能自圆其说。就是苏格拉底提出讨论的一些可能的定义如“美就是有用”、“美就是有益”、“美就是由视觉和听觉产生的快感”等等，经过进一步探究也都不能成立，两人讨论了一阵子美，结果美还是从手里溜脱了，最后只得承认“美是难的”。

经过不断思考探索，柏拉图得出了理念论，认为世界上各种事物的美，是由于有一个美本身存在，这就是美的理念。在他看来，各种事物背后都各有其理念，例如床有床的理念，理念就是这种事物的原型或理想，事物之所以存在，就是因为它“分有”了理念。因此许多美的事物之外有一个美的理念（美本身），一个事物之所以是美的，是因为美本身（美的理念）出现在它身上或为它所“分有”。这就是西方美学史上最早的美的理念论。

黑格尔的理念论源于柏拉图，但又不相同，区别在于：第一，柏拉图的理念是脱离具体事物而独立存在的，柏拉图的理念是空洞抽象的，美的理念先于美的事物，它加在任何一个事物上，就使它成为美（从哲学上讲，就是一般与个别相割裂、又先于个别而存在）。黑格尔的理念则与个别事物紧密结合，存在于个别之中，感性显现就是必须与具体感性事物相统一，“只有出现在实在里面而且与这实在结成统一体（Schein）的概念才是理念”。第二，柏拉图的理念是永恒不变的、绝对的，美本身不受任何条件制约，是无条件地美的，无论过去、现在、将来对一切人都永远是美的。个别事物的美则是相对的、变化无常的。比如汤罐的美就比不上小姐的美，小姐的美也非永恒。黑格尔的美的理念本身就是历史的、发展的，它不仅以感性形式显现在多种事物上，而且它本身在历史上也在不断变化。黑格尔批评柏拉图的理念是空洞无内容的，是一种抽象的形而上学。黑格尔心目中的理念是积极运动、自己发展的，整个世界都只是绝对理念的发展过程。黑格尔认为真和美是统一的，美是理念发展过程中的一个阶段，因此美就是理念。“一切存在的东西只有作为理念的一种存在时，才有真实性，因为只有理念才是真正实在的东西”，美是理念，所以也是真的。但一般的理念还只有普遍性，尚未化为具体对象的真实，而美的理念则不然，它一方面具有明确的定性，在本质上成为个别的现实，另一方面它也是现实的一种个别表现，具有一种定性，使它本身在本质上正好显现这理念。所以美的理念就是符合理念本质而表现为具体形象的现实，这种理念就是理想。所以美不能是抽象的，必须表现为具体的个别的东西。

黑格尔说美是理念的感性显现，可从三方面去理解。首先，美是理性和感性的统一。理念是理性的、精神的东西，但美的理念不是抽象的用普遍性概念来表现的理念，而是化为具体现实具有感性形象的理念。只有理性和感性的结合才能产生美。其次，内容和形式的统一。理念是内容、本质，但必须要有恰当的形式，形式就是诉诸感官的形象，是理念的外化，黑格尔不同意某些人说某一事物内容很好，只是没有找到好的形式，也反对美在形式，他认为内容与形式是统一而密不可分，好的内容必然是好的形式表现出来，是为美。形式的缺陷总是起于内容的缺陷。再次，美是普遍与特殊、一般与个别的统一。理念是普遍的东西，必须显现为具体的、个别的东西，呈现为一种特殊的个别事物，但又在本质上体现着理念的普遍性。比如爱情是普遍，但这普遍必须现身为个别形象才能成为美。如罗密欧与朱丽叶、贾宝玉与林黛玉、梁祝等。像奥赛罗、罗亭、阿巴贡等典型人物，也都是普遍现身为个别形象。

黑格尔的美是理念的感性显现说无疑是以他的客观唯心论哲学为理论基础的，他的美学的出发点是理念，理念也是美的真正的源泉。按他的看法，理念是创造世界、认识世界并认识自己的精神实体，就是思想的全体，理念的发展就是由自在到自为、由潜在到实在的过程。理念在自然阶段是自在的、不自觉的，只有发展到人的精神阶段才逐渐成为自觉自为的，因此必然得出艺术美高于自然美的结论。他说："我们可以肯定地说，艺术美高于自然美。因为艺术美是由心灵产生和再生的，心灵及其产品比自然及其现象高多少，艺术美也就比自然美高多少"，这是一种质的区别。"只有心灵才是真实的，只有心灵才涵盖一切，所以一切美只有涉及这较高境界而且由这较高境界产生出来时，才真正是美的。"自然美只是属于心灵的那种美的反映，它所反映的是一种不完全、不完善的形态。黑格尔并不否认自然美，只是认为它不够高，只是"美的第一种存在"，自然美之所以可能存在仅仅是因为自然本身就是理念的最"浅近的客观存在"。"自然美只是为其他对象而美，这就是说，为我们，为审美的意识而美。"寂静的月夜，雄伟的海洋，它们的美不属于对象本身，而是在于所唤醒的心情。自然不因自身而美，只是为主体而美。因此，他认为美学的对象不是自然美，而只是艺术美，认为美学的正当名称应是"艺术哲学"。

在黑格尔《美学》中只是附带谈自然美,绝大部分内容都是讲艺术,英译本的书名为 Philosophy of Fine Art 是有一定道理的。

三、艺术美与艺术创造

黑格尔认为,正因为自然美有根本的缺陷,所以才需要艺术。他说:"艺术的必要性是由于直接现实有缺陷,艺术美的职责就在于必须把生命的现象,特别是把精神的生气灌注现象,按照它们的自由性,表现于外在事物,同时使这外在事物符合它的概念"。自然美缺少"观念性的主观性",这使人们去研究理想(艺术美),这种理想是在自然界找不到的,比起这种理想,自然美就显得只是它的附庸。

艺术是理念的感性显现,是人的创造、"心灵的产品"。黑格尔批评柏拉图贬低艺术,把艺术看作对具体事物的模仿,因此与理念、真理隔了两层,只能去骗孩子。黑格尔说,一般人以为现实的感性世界才是真实、实在,而艺术则只是幻相,其实外在世界并不是实在的世界,比艺术更名副其实地是虚假的幻象,只有超越感觉和外在事物的直接性,才可找到真正的实在。艺术所表现的正是这种普遍力量所代表的实在。日常的外在世界充满杂乱无章的偶然事物,"艺术的功用就在使现象的真实意蕴从这种虚幻世界的外形和幻象之中解脱出来,使现象具有更高的由心灵产生的实在。因此,艺术不仅不是空洞的显现,而且比起日常现实世界反而是更高的实在,更真实的客观存在。"如果对此加以唯物的批判的理解和改造,就可能得出艺术比日常生活更精炼、集中,更体现生活本质的看法。在黑格尔看来，人为什么要创造艺术，因为人是一种能思考的意识，不仅作为自然物而存在，而且为自己而存在，观照自己，思考自己，只有通过这种自为的存在，人才是心灵。人以两种方式获得对自己的意识。一是以认识的方式，在内心里意识到自己，形成对自己的观念；二是通过实践活动来认识自己，人有一种冲动要在外在事物中实现他自己并在实践过程中认识自己，通过改变外在事物来刻下自己的烙印，复现他自己（如儿童把石头抛入水中，看水中圆圈，觉得是一个作品，从中看出他自己活动的结果）。因此，黑格尔认为艺术是出于一种高尚的推动力，要满足一种较高的需要，有时甚至是最高的绝对的需要，因为艺术是和整个时代和整个民族的一般世界观和宗教旨趣联系在一起的。通过艺术，人认识自己，实现自己的本质力量，艺术的必然性和崇高性在此。艺术的功用可以有许多，如娱乐、消闲、教训、净化、名位追求、赚钱等，但从根本上决定它的崇高地位的不是这些，“艺术的使命在于用感性的艺术形象去显现真实”，而不是为了其他目的的手段。艺术作品是人在外在世界对象中的一种自我创造，以实现自己的本质力量，目的是为自我认识，艺术自身是目的。

从这种观点出发，黑格尔批评了摹仿自然说，摹仿自然是古希腊以来西方传统观念。黑格尔则认为，摹仿自然决非艺术目的，靠单纯摹仿，艺术总不能和自然竞争，就像一只小虫爬着去追大象，而且完全是多余的，因为那些自然事物原来已经存在着，何必多此一举去复制？摹仿纯粹是形式的，只求酷肖表面形状，而没有理念、意蕴，没有创造性的内容，所以只是一种巧戏法、技艺，它所提供的不是真实生活情况而是生活的冒充。古希腊一位名画家，他画的葡萄逼真到引鸽子啄食，历史上传为美谈，黑格尔认为这种艺术作品不值得赞赏，是把庸俗效果捧为最高成就。这使我想起西方艺术史上的一个故事。1839 年法国人达格尔发明照相术，引起了当时一些画家的恐慌。有人说从今日起绘画就死亡了。摹仿自然的画确实遇到危机，但绘画艺术不然。一般人有一种朴素看法，认为所有人看到的世界万物是一样的，其实不然，艺术家不同于一般人，他具有更发达的审美的眼睛和独特的艺术个性。因此艺术家眼里的世界不同于一般人，各个艺术家也不相同。西方艺术界著名人士斯泰恩曾问当代两位最伟大的画家马蒂斯（Matisse）和毕加索（Picasso）同样的问题：作为画家创作时和作为普通人吃饭时所看到的西红柿是否一样，马蒂斯说不一样，分别是用审美的眼睛和普通人的眼睛去看的；毕加索说一样，可是画的西红柿本身就包括吃在内。所以艺术家看到的西红柿可能不同于一般人，马蒂斯又不同于毕加索，艺术家以敏锐的审美目光看到一般人没有看到或忽视的东西，并以他们各自独特的方式表现给我们看。艺术世界为什么如此绚烂多彩，人们为什么在发明照相之后还需要绘画，这里可以求得基本解答。因此黑格尔说“艺术的目的一定不在对现实的单纯的形式的摹仿，这种摹仿在一切情况下都只能产生技巧方面的巧戏法，而不能产生艺术作品”。艺术不是毫无选择地、原封不动地把生活中的一切照单全收，“它要把现象中凡是不符合事物真正概念的一齐抛开，只有通过这种清洗，它才能把理想表现出来”。艺术所提炼出来的是本质的、显出特征的东西，把偶然的东西清洗掉，“理念就是从一大堆个别的偶然的东西之中所捡回来的现实”。

虽然黑格尔认为艺术要表现理想，理念是艺术的源泉，但在艺术的创作活动中却强调首先要深入生活实际。他的艺术创作理论中是有不少精辟见解的。他说："在艺术和诗里，从理想开始总是很靠不住的，因为艺术家创作所依靠的是生活的富裕，而不是抽象的普泛观念的富裕"。在艺术里不像在哲学里，创造的材料不是思想而是现实的外在形象，所以艺术家必须置身于这种材料里，跟它建立亲切的关系，他应该看得多，听得多，而且记得多。"这种明确掌握现实世界中现实形象的资禀和兴趣，再加上牢牢记住所观察的事物，这就是创造活动的首要条件。"他不否认灵感和天才，但创作光靠灵感和天才也不行，单靠心血来潮也无济于事，香槟酒产生不出诗来。同理，最大的天才尽管朝朝暮暮躺在青草地上，让微风吹来，眼望着天空，温柔的灵感也始终不光顾他。作为天生有才能的人，碰到现存的材料，自觉有一种要求要把这材料表现出来，并因此也表现他自己。艺术家应从外来材料中抓住真正有艺术意义的东西，并使对象在他心里变成有生命的东西。这样天才的灵感就会不请自来了。艺术的灵感不是别的，就是完全沉浸在主题里，不到把它表现为完满的艺术形象时死不罢休。

黑格尔强调，艺术家是他那个时代的儿子，他有一个任务要把当时的基本内容意义及其必要的形象制造出来，所以艺术的使命在于替一个民族的精神找到适合的艺术表现。他说现在艺术转向当前现实，所用的题材必须对于艺术是本身固有的，本乡本土的，也就是说，它应该是诗人和听众自己的民族生活。这种艺术在内容和表现形式上都应该是我们自己的，纵使牺牲了美和理想性，毕竟能使我们感到家常亲切。他赞扬荷兰画家的艺术表现的内容是从他们本身和当前现实生活中选择来的，对这种内容不能用上流社会的高傲眼光去看，它表达了普通老百姓的日常生活场景，表现出自由欢乐的感觉，这种新唤醒的心灵的自由活泼被画家描绘出来，荷兰画的崇高精神在此。黑格尔从反映人民群众生活的观点对荷兰绘画的高度评价，曾得到普列汉诺夫的充分肯定。

四、艺术发展的历史过程(艺术类型和门类)

黑格尔的艺术史观是他的美学的重要组成部分，他的美学理论不像康德那样限于抽象议论，而是有广阔的历史感，有大量历史事实和对艺术品的具体评论分析作为理论支撑的。黑格尔对包括自古到今(东西方都涉及)各种艺术种类的研究，在美学史上是第一人，至今无人超越。恩格斯评价黑格尔时指出："把整个自然的、历史的和精神的世界描写为一个过程，即把它描写为处在不断的运动、变化、转变和发展中，并企图揭示这种运动和发展的内在联系。"黑格尔对艺术的发展同样采取辩证法观点，努力探索艺术发展的内在规律。黑格尔是从"美是理念的感性显现"这一唯心主义的基本观点中，推演出全部艺术的发展史的。艺术是普遍概念(内容)和个别感性形象(形式)的结合，这是矛盾的统一，并非自始至终互相契合无间，而要经历一个发展过程。类型之所以产生，是由于把理念作为艺术内容来掌握的方式不同，理念所借以显现的形象也就有区别。有三种类型艺术，即象征艺术、古典艺术和浪漫艺术相继出现，而各个门类艺术也与不同类型艺术相对应而登上历史舞台(建筑、雕刻、绘画、音乐、诗)。一百多年前还没有电影、电视、网络等现代传播媒介，当然黑格尔也就不可能预见到它们对艺术发展的影响。因此黑格尔的理论仍以传统艺术的发展为依据。在他看来，第一个阶段最初出现的类型是象征艺术，在这阶段物质的表现形式压倒精神内容，美的理念没有得到充分显现而受到歪曲和阻挠。这主要是由于理念本身还没有发展起来，不确定、没有定型，因此还不能为自己找到恰当的表现形式。内容与形式之间产生矛盾，理念的抽象性和形象的物质性不相符合，使两者之间只能具有象征的关系，所以象征艺术具有暧昧、模糊和神秘的特点。往往用动植物等自然的东西作为象征去暗示某种意义，如用狮子表示威武，龙象征帝王。这还不能算真正意义上的艺术，只能看作艺术前的艺术，是过渡到真正艺术的准备阶段。象征艺术的代表是东方艺术，因为古代东方人尚未完全摆脱对自然的依赖，还完全受物质的限制和压迫，东方的宗教和政治专制，使人失去自我，自由意志无从伸张。所以在古代东方只能产生物质形式压倒精神内容的象征艺术。黑格尔一向持西欧中心论观点，看不起东方，偏见严重，对东方哲学、艺术都评价低，这是他的理论的主要缺陷之一。

象征主义艺术内容不确定，理念还是抽象的，没有转化为具体的存在，内容和形式之间不相适应，有难以解决的矛盾。古典艺术的产生就是为了克服这些缺陷，理念与形象形成自由而完满的协调，只有古典艺术才提出完美理想的艺术创造，使之实现。精神内容与物质形式达到高度统一，艺术美的理想得以实现。作为古典艺术内容的理念已不是抽象的而是转化为具体的东西，就在它自己的客观化的这一过程中，它取得了外在的形式。因此，理念完全渗透到形式之中，成为精神内容，形式也完全符合于内容，充分表现内容，二者达到高度统一。黑格尔认为，古希腊艺术就是古典艺术的代表，是最理想的艺术，艺术发展中的黄金时代。

但是古典艺术也必然要走向没落，而让位于浪漫艺术。这是因为理念的进一步发展使精神内容不再满足于物质的形式，物质形式已装不下丰满的精神内容，精神内容压倒了物质形式，而精神内容是主观的、内在的，因此浪漫艺术的特点是绝对的主观性、内在性。艺术的本质本应是理念和感性形式的高度统一，但理念不断克服物质的阻碍，不断回到它的精神本性，更多地表现精神的胜利。在浪漫艺术中，精神已从物质中摆脱出来，灵魂的自我分裂、内心的矛盾成了浪漫艺术的中心主题，因此冲突和运动，不是在外界而是在内心中进行，描写内心的矛盾冲突、情感的描写成为浪漫艺术特点。

这样，整个艺术的发展就是从低级到高级、从产生到繁荣以至没落的辩证发展过程，其本质就是精神战胜物质的过程。根据同样的原则，黑格尔分析了不同的艺术门类，把它们和各艺术类型相对应。最早也是最低的艺术门类是建筑，它物质性最强，只是以其形式来暗示、象征理念，例如金字塔、神庙。这是外在的艺术。其次是雕刻，精神和物质、理念和感性形式得到较好的结合，主、客观趋于统一，最适合于古典艺术。再就是主观艺术：绘画、音乐。绘画重视觉、用色彩、明暗对比等表现美，内容丰富多样。建筑、雕刻都用立体材料，绘画是用平面，物质性较少，更富于精神性，但仍受空间的限制。音乐则更是一种精神性艺术，通过音调来表现和感动人的心灵和情感，所以适合于浪漫艺术，它摆脱了空间，然而毕竟仍受制于时间。最高的艺术门类是诗，音乐表达的情感是模糊的、不确定的，诗通过语言文字，利用音调来表达思想感情就更明确、有力和丰富，美的想象也得到最高的表现，它是综合性艺术，兼有建筑(诗的结构)、雕刻(诗的刻划力)、绘画(画意)和音乐等诸多的特点。在黑格尔看来，诗也是适合于各个发展时期的。史诗重客观，抒情诗重主观，剧诗则是主客观的统一。

由于黑格尔关于艺术发展史的见解是以他的唯心主义哲学体系为根据，把艺术的发展看作内容和形式的矛盾统一、精神克服物质的过程，因此有时为了体系的需要难免有牵强附会曲解历史事实去凑合他的发展公式之处。但他力求把艺术发展看作有一定规律的过程，探索多门艺术发展的内在规律和彼此间的联系，求得逻辑、辩证法和历史的统一，而不是罗列现象和偶然事例的堆积。特别是他对某些具体艺术作品和现象的具体分析，有时摆脱了唯心的框框，结合社会历史条件，非常深刻地贯彻了人文精神。例如他对古埃及的象征艺术和古希腊的古典艺术的分析："埃及艺术作品包含一些谜语，要正确解释这些谜语，有时不仅我们，就连创造这些作品的艺术家们也大半办不到。"这正是象征艺术的特征，而狮身人面像斯芬克斯(Sphinx)则是"埃及精神所特有的意义的象征，它就是象征方式本身的象征"。在希腊神话里，Sphinx 是食人的怪物，它要人猜智慧女神缪斯(Muse)教它的谜语，俄狄浦斯(Oedipus)猜破了谜，它就无地自容而跳崖自尽了。这个神话故事本身标志着新的希腊精神的兴起。埃及虽有高度古代文明，但人的自由意识还没有充分觉醒，狮身人面的形象也说明人尚未摆脱半人半兽状态，只有在希腊文明里，人才真正在精神上站立起来，发展起独立意识而取得前所未有的自由，希腊艺术正是这种自由精神的体现。黑格尔以埃及雕刻作品和希腊作品对比，说明古典艺术希腊雕刻所表现的精神内容是自由，这正是埃及作品所缺乏的。他用社会原因去解释。埃及雕刻曾辉煌一时，在技巧和艺术风格方面达到相当高的水平，有许多具有纪念碑意义的巨型（古风时期）雕像作品，希腊人最初从埃及学到不少，早期受其影响。但埃及作品的根本缺陷就是程式化、墨守成规、千篇一律，缺少鲜明个性，给人以单调、呆板、一般化之感。黑格尔指出，其所以如此是由于它缺乏内心方面的自由和表达方面的自由形式，因为埃及从事雕刻的不是具有创作自由的艺术家，而是世代相传，按自古以来程式奉命行事的工匠。这样身心都没有自由的人只能机械地进行重复性劳动，不可能创造自由生动的艺术形象。希腊雕刻家则有崇高社会地位和充分创作自由，可以自由发挥想象力和创造力，施展创作个性。黑格尔说，希腊雕刻在"自由生动方面达到了最高峰，艺术家把灵魂灌注到石头里去，使它柔润起来、活起来，这样灵魂就完全渗透到自然物质材料里去，使它服从于自己的驾驭"。而作品的生动，是"由于它们是从艺术家的心灵自由地产生出来的"。黑格尔一直强调，人是自由的生物，这是人的本性的基本定义，自由也是艺术发展的先决条件，古希腊艺术所以能达到高度的完美，是因为它是在自由的环境下成长起来，体现了人的自由的本性。没有自由，就不可能有真正美的艺术。

黑格尔把希腊古典艺术看作艺术发展的最高成就，再往后就衰落了，浪漫艺术意味着整个艺术发展的终结。有人说黑格尔对艺术将来的命运抱悲观态度，认为他主张艺术会灭亡。对此学术界有不同的看法，其实黑格尔的意思并不是说艺术会灭亡，他说：“我们尽管可以希望艺术还会蒸蒸日上，日趋于完善，但是艺术的形式已不复是心灵的最高需要了，我们尽管觉得希腊神像还很优美，天父、基督和玛利亚在艺术里也表现得很庄严完美，但是这都是徒然的，我们不再屈膝膜拜了。”人的精神发展已不能由艺术来满足了，他有更高的精神需求，要由宗教和哲学来满足。这当然是出于黑格尔的唯心主义哲学体系的要求，但是他这样说是多少猜测到现代社会的现实环境和主客观条件不利于艺术发展这个事实。他通过对所谓“一般世界情况”的分析，实际上是根据时代背景和客观社会条件去看艺术的发展。产生古希腊艺术的是英雄时代，而近代西方社会里浪漫艺术所处的则是散文气息的时代。在英雄时代，个人与社会、集体没有分裂对立，个人可代表社会的普遍理想，正义、秩序、法律、道德都是由希腊英雄们自己制定、作为他们个人的工作而实施的。这样的时代环境最有利于艺术发展。到了近代散文气息的时代，个人与社会分裂，贫富严重对立，个体失去独立自在的完整性，成为一种固定的社会秩序下受局限的一分子和异化劳动的牺牲品。个人退缩到自私自利的狭小的圈子里去，不能代表崇高的普遍理想。这样的环境当然不利于艺术的发展。但古希腊世界英雄时代毕竟已一去不复返了，它所留下的艺术品给我们留下的只是朦胧的回忆，作为它的伟大崇高的永恒的纪念。黑格尔尽管对近代艺术的一些代表和作品评价很高（如对莎士比亚、歌德、荷兰绘画等），但他心目中理想的美的艺术还是在古希腊。

五、黑格尔的悲剧论

前面说过，在黑格尔看来，艺术作为绝对精神发展中一个环节，本身也有发展过程。诗适合一切艺术类型（象征、古典、浪漫），是最高的艺术，诗中又以剧诗（主要是悲剧）为最高形式。“和其他感性材料（石、木、颜料、声音）相比，只有语言才配得上表现精神的要素，而在语言艺术的各特殊种类中，正是剧诗把史诗的客观性和抒情诗的主观原则结合于一身”，诗的语言作为表现手段，最大限度摆脱物质性材料，成为观念性最强的艺术，而悲剧则是“较高级的语言”，因此黑格尔把悲剧看作艺术的桂冠而成为艺术发展的总结。黑格尔推崇悲剧受他唯心哲学影响（强调精神主导、主客统一），但也把悲剧看作一切艺术中最适合于体现辩证法（矛盾和对立统一）的艺术，这是精华所在。人们对黑格尔悲剧论评价很高，英国著名文艺理论家布拉德利（Bradley）说，自从亚里士多德论悲剧以来，以同样的独创性和探索精神来研究悲剧的唯有黑格尔。

黑格尔在悲剧论中贯彻对立统一矛盾学说，他说：“谁如果要求一切事物都不带有对立面的统一那种矛盾，谁就是要求一切有生命的东西都不应该存在。因为生命的力量，尤其是心灵的威力，就在于它本身设立矛盾，忍受矛盾，克服矛盾”。发展是通过矛盾斗争进行的，所以是不平坦且崎岖曲折的，有成功欢乐，也有失败痛苦，因此悲剧性因素是内在于世界发展进程的，精神发展本身就具有悲剧性矛盾。矛盾冲突、痛苦不仅具有否定意义，它对精神来说还是最大考验和锻炼。他说：“凡是始终都只是肯定的东西，就会始终都没有生命。生命是向否定以及否定的痛苦前进的，只有通过消除对立和矛盾，生命才变成对它本身是肯定的。如它停留在单纯的矛盾上，不解决那矛盾，它就会在这矛盾上遇到毁灭”。通过否定而达到肯定，就是矛盾的“和解”。戏剧的特点就是描写矛盾冲突以至和解，其他艺术形式都不能如此充分表现，如绘画只能表现这过程中某一顷刻，而戏剧艺术可以把“美的最完满最深刻的发展表现出来”。

黑格尔详细分析悲剧中矛盾冲突，把冲突看作最高情境，是戏剧动作的出发点，只有通过矛盾，悲剧中的行为、动作才能见出严肃性。黑格尔对矛盾冲突做了细微的分析，他把冲突基本上分三种：(1) 由于物理或自然原因所产生的冲突（如疾病、自然灾害）破坏了生活和谐，这种冲突只能作为单纯原因而发生作用，本身没有什么意义，因此被黑格尔看得很低。

(2) 由于自然条件产生的精神冲突（如出身、继承权争夺、天生性情如妒忌、野心、贪婪、爱情），如麦克白斯、奥赛罗。外来的自然力量在精神矛盾中不是本质的东西，只是一种导致精神冲突的背景。

(3) 由“精神的差异而产生的分裂”才是真正重要的矛盾，精神性的东西只有通过精神才能实现，精神差异必然在行动中实现，因此冲突根源不在外在自然，而在人的行动之中。又分几种：a.由于行动时主观意识和之后认识之间的矛盾。索福克勒斯（Sophocles）的俄狄浦斯（Oedipus）无意中犯了杀父娶母罪，后来才知道而陷于内心冲突，这种冲突还没有与外在自然力量断绝联系；b.有意识的行动引起的冲突；c.行动本身并不引起冲突，但由于环境关系而引起冲突。如罗密欧、朱丽叶意识到家庭世俗不允许他们结婚而陷于矛盾冲突。黑格尔反对戏剧中的“无冲突论”,强调悲剧矛盾不是人和自然冲突,而是人和人之间冲突、社会冲突。

在黑格尔看来,只有由于精神方面的差异而产生的矛盾才构成悲剧冲突的基础,理想的悲剧的真实内容是由“人类意志中的实体性的、自身合理的力量”所提供的,如家庭伦理关系、政治生活、公民爱国主义、统治者的意志、宗教信仰等等,这些实体性的力量也就是神圣的伦理的力量。它们是悲剧幕后的原动力,具有普遍性,它们各自提出全面的极端的要求。悲剧中人物就是这些特殊化要求的体现者,悲剧性格的本质即在于完全服务于一种伦理目的,执行其命令。如悲剧人物忠实履行爱国公民义务,往往忽视他应承担的家庭责任,因此两种伦理发生矛盾,形成悲剧冲突。他们本身都是合理的,但在实现自己的要求时不顾对方,侵害了对方同样合理的权利,为此,他们就有过错,应受惩罚,于是代表其片面性的悲剧人物就遭毁灭。因此悲剧人物的结局是必然的,因自己的片面性而必受报复,他的不幸是咎由自取,一切苦难不幸都是由主人公自身造成,是其片面性的合理惩罚。他的名言:“我们承认有过错,因为我们受痛苦。”(《精神现象学》)

但黑格尔的悲剧论的最重要的结论不在此,而在于把它看作“永恒正义”的胜利。矛盾冲突通过悲剧人物毁灭而最后和解,悲剧证明片面的伦理要求不是真理,克服片面性才能达到真正的伦理。悲剧不是单纯否定,而是通过否定而达到肯定,否定的不是人物代表的伦理原则本身,而只是其片面性,通过对片面性的否定,真正的伦理实体就建立了,冲突在矛盾的和解中消失达到新的和谐，因此虽然不幸痛苦，最后精神却得到满足，情感得到真正伦理的安慰。我们在悲剧里不是在好的、美的东西的毁灭中，而是在真的东西的胜利中得到提高的。

黑格尔通过苏格拉底之死和索福克勒斯的《安提戈涅》(Antigone)来说明他的理论。苏格拉底是历史现实生活中的悲剧，苏格拉底代表当时个人意识独立的“精神更高的原则”，但当时的秩序还不能接受，因他破坏习俗而处以死刑，但只消灭了个人而消灭不了他代表的新原则，新原则终于深入人心，人们对过去判决后悔而承认苏格拉底的伟大。新原则必然要胜利，但最初必不能为人理解而被看作破坏旧原则的犯罪，苏格拉底为此付出血的代价，但新的原则终于在个人的毁灭中树起，永恒正义取胜，精神通过个人牺牲和苦难而前进了。

《安提戈涅》被黑格尔称作“最卓越、最令人满意的作品”，安提戈涅是“在地球上出现过的最壮丽的形象”，剧中的故事是这样的：俄狄浦斯两个儿子厄忒俄克勒斯和波吕涅刻斯争王位，自相残杀同日战死，由舅父克瑞翁继任王位，因波吕涅刻斯勾结外敌进攻祖国，被克瑞翁宣布为叛国犯，下令禁止收葬尸体示众，违者处死。他的妹妹安提戈涅(Antigone)是克瑞翁儿子的未婚妻，出于兄妹情义违令收葬了哥哥。于是克瑞翁判她死刑，以致她在囚室自尽，克瑞翁的儿子海蒙也因安提戈涅的惨死而自杀，克瑞翁的妻子也因爱子的死而自尽。悲剧以“尸首上堆尸首”的大流血告终。黑格尔认为克瑞翁和安提戈涅代表不同的伦理，都有伦理根据(代表国法和“天条”)，双方都正义，但都有片面性，忽视对方同样正义的要求，因此双方都有罪责，都受惩罚。国法和神圣骨肉之爱(神的法律)之间的冲突两败俱伤,而永恒正义取得胜利,亲属之爱和国法都未被否定,在消灭片面性后重新达到了和谐。

黑格尔悲剧论有这样几个特点:①悲剧不是单纯的善恶冲突,纯粹的恶不宜于理想艺术表现;②悲剧中,理性胜利并非盲目命运;③对悲剧中的必然与偶然要作辩证理解:如哈姆雷特(Hamlet)之死看来是偶然,决斗交换了剑,但实际上灵魂深处早已埋伏着死亡,周围的可怕环境使他万分苦闷,在死之降临前,内心压抑早把他折磨死了。罗密欧与朱丽叶的悲剧看似偶然,实质上也是必然的,他们就似柔弱的玫瑰花种在不合适的土壤上,不可避免地在偶然世界的山谷里由于暴风雨的袭击摧残。这些见解都深刻精辟。④只对古希腊悲剧适用:近代悲剧主观性日益增加,人物与其说代表伦理力量,不如说受个人目的、情欲驱使,性格本身分裂,矛盾冲突在同一性格中发生斗争(如哈姆雷特,真正冲突在哈姆雷特主观性格之中,他的高贵的灵魂不是为了干这种刚毅行动而创造,他对世界和生活充满厌恶,在下决心、试验和实施之间辗转不安,终于因优柔寡断和外在环境的结合而毁灭)。近代浪漫艺术沉溺于主体内心生活,终于使艺术解体,黑格尔虽对莎翁评价极高,但认为典型悲剧还是产生于古希腊——埃斯库罗斯、索福克勒斯(Sophocles)、欧里庇得斯(Euripides)的作品。

黑格尔对文艺作品中人的性格的分析也很深刻,他强调性格与环境之间的辩证关系。他首先讲"一般世界状况",指的是广阔的社会历史环境背景,然后是"情景",指的是人物所处的具体环境,是一般世界状况的具体化,也是引起冲突、显现人物性格的机缘。"情致"是一般世界状况中的普遍力量在人物身上具体化形成的主观情绪或人生态度。正是由于以上几方面的矛盾冲突，才形成悲剧人物的性格。黑格尔的这种看法与恩格斯所说“典型环境中的典型性格”是有相通之处的。

六、我们今天应如何评价和对待黑格尔美学

马克思、恩格斯、列宁等经典作家对黑格尔哲学作过许多评价，直接讲美学的不多，但原则上也适用于美学。黑格尔哲学在马克思主义产生前代表西方哲学的高峰，其辩证法是马克思主义的直接哲学来源之一，但建立在错误的唯心主义的基础之上，所以要把它倒过来，方能真正发挥其积极意义，要批判地继承而不能照单全收。这也是对待黑格尔美学应持的态度，要用马克思主义的立场、观点和方法去认真研究和分析，才能充分吸取精华而弃其糟粕。恩格斯说，要找黑格尔的错误毛病是“小学生的事”，问题是要真正深入黑格尔理论大厦才能发现许多有价值的珍贵宝藏。应该承认，我们学术界对黑格尔美学的研究还是很粗浅的，黑格尔美学涉及的内容极广，包括世界史、文学艺术专门史、政治、经济、宗教、社会制度、文化、法律、伦理、习俗以及一般社会生活等等，要具备多方面的知识才能对黑格尔美学做出正确判断和批评吸收，现在这工作才刚开始。

黑格尔美学丰富全面，特别要注意其中与马克思主义美学直接有继承关系的一些重要思想，对马克思主义美学有启示作用。重点仍是辩证法在美学中的运用。例如，在他看来，美是理性与感性的统一：“美的本质只是在感性形态下作为一个事物而出现的理

性的理念,这个美的事物除了理念外没有别的内容”。内容和形式的统一:“艺术的内容就是理念,艺术的形式就是诉诸感官的形象,艺术要把这两个方面调和成为一种自由的统一的整体。”美又是主观和客观的统一、一般和特殊的统一,因为美是理念的感性显现,所以它是主体的创造,主体的客观化。作为理念是普遍的,但要转化为个别的形象。美又是本质和现象的统一,个别事物的外在现象(外观或形象)只有同它所体现的本质(理念或真理)完全相统一时,它才是美的。这些观点如果用辩证唯物主义观点加以分析、批判和改造,是可以发掘出其中不少合理因素的。

在过去,首先从唯物主义观点全面批判黑格尔美学的是俄国著名的革命民主主义思想家车尔尼雪夫斯基,但他信奉的是费尔巴哈哲学,因此也就不可避免地具有费尔巴哈唯物主义的基本缺陷和局限性。他虽然深刻地揭露出了黑格尔美学的唯心主义错误实质,却不能对黑格尔美学做出正确的科学的评价,更不可能批判地吸收、继承和发扬其中包含的可贵的辩证法思想精华。用恩格斯批评费尔巴哈时所用的生动的比喻来说,这位俄国美学思想家像费尔巴哈一样,把澡盆里洗澡的孩子和脏水一起泼掉了。只有以马克思主义哲学和美学思想为指导,经过认真深入细微的研究分析,才能真正理解和正确评价黑格尔在西方美学史上的贡献和地位,彻底纠正其唯心主义错误,批判地继承和发扬其辩证法的合理因素,使之真正成为我们建设马克思主义美学的思想资源和重要理论来源。

我们今天研究黑格尔美学,除了要正确阐明它在美学思想发展史上的贡献和历史价值外,更要注意从当代美学研究的现状和需要出发，从中得到一些启示以改进和充实我们的美学研究工作。在我看来，有以下几点值得我们思索参考。

第一，在黑格尔美学中贯彻着以人为本的人道精神，艺术的发展是力图在世界中确证自身的人的精神发展过程，人是艺术的真正核心，“形成真正的美和艺术的中心和内容的是有关人类的东西”。只是在黑格尔那里，现实的人被披上一层唯心的理念论的外衣，但在外衣下隐藏着关于人的自由、尊严和价值的肯定。这些东西表现在艺术形式里就是美。

第二，黑格尔贯彻着历史主义的观点，体现历史和逻辑的辩证结合。在他看来，无论是美的观念和艺术本身都有一个历史辩证发展过程，处于不断变化之中，并非固定不变、绝对的东西。变化发展有其内在的规律，一方面受主观因素的影响，另一方面也受历史环境和客观社会条件的制约。特别是他强调社会实践在美的创造中的重要作用。当然，受体系的影响，黑格尔对规律的解释是唯心的，有的是牵强附会的，贯彻辩证法也是不彻底的。发展本是辩证法的根本原则，人类历史作为一个发展过程，包括艺术在内，是不可能有发展的终结的，但在黑格尔体系中绝对理念达到自我认识后发展就会终结，这是违反辩证法基本精神的，因此需要用唯物史观加以根本改造。

第三，黑格尔的一些观点也有助于我们对现代西方艺术的认识和理解。他敏锐地发现近代社会里的现实矛盾不利于艺术的发展，其根本原因在于，人丧失独立自足性，这是现代社会中异化劳动造成的。黑格尔说“在这种工业文化里，人与人互相利用，互相排挤，一方面产生严重贫困，另一方面产生一批无须为自己需要而工作的富人,可以从事于比较高尚的旨趣”。对于穷人来说,他的劳动和产品不能成为他的本质力量的确认,因而是不自由的。富人也是不自由的,因为身旁的事物不是自己创造的,是从原已存在的事物的大仓库里取出来的,对他来说也是异己的存在。这种异化状况不利于艺术发展。马克思关于“资本主义生产就同某些精神生产部门如艺术和诗歌相敌对”的论点,和黑格尔对现存社会的批判是有关联的。马克思曾深刻指出资本主义社会里艺术与社会经济之间发展的不平衡及其原因。我以为对黑格尔和马克思的话不应理解为艺术的绝对衰亡,而只是意味着它们在异化状态下的异常发展。对于现代西方艺术,黑格尔和马克思的论点是有助于打开其奥秘的钥匙。在卡夫卡的小说、毕加索的绘画和杜仑·马特的戏剧中,我们都能看到现代西方社会里异化的人的映像。

（本文原为2005“广州论坛”上题为“黑格尔美学讲稿的几个问题”的演讲,2018年6月5日商务印书馆“名家大讲堂”讲稿在此基础上进行了修改）

尼采的美学思想

一

尼采是一个有争议的人物。在西方近代思想史上，也许没有一个人曾经遭到比他更严重的歪曲和误解。① 尼采的有些著作在出版时就被他的妹妹所篡改，后来德国的纳粹分子又别有用心地利用他，把他说成是法西斯哲学的祖师，从此尼采也就一直背上了恶名。在苏联学术界的影响下，尼采多年来一直被判定为极端反动的资产阶级思想家，似乎理应被扫入历史的垃圾堆。但是，这种看法是相当简单化而带有片面性的。假如事情果真如此，那就很难解释为什么尼采思想会对20世纪西方哲学和社会思想以及文学艺术产生如此巨大而深远的影响。西方世界的整整一批思想界和文化界的著名代表人物，都在不同程度上受过尼采思想的熏陶，海德格尔、雅斯贝尔斯、加缪、萨特等存在主义者固不必说，属于其他不同派别的许多学者和作家，如狄尔泰、柏格森、弗洛伊德、施宾

---

① 关于这一点，可参阅波达赫：《遭毁灭的尼采著作》，海德堡，1961年。他说："尼采的生平和著作是近代文学史和思想史上受到最严重曲解的现象（见该书，第430页）。"他在该书中揭露了尼采著作被篡改和被误解的大量事例。

格勒、舍勒、梯利希、里尔克、德莱塞、托马斯·曼、海尔曼·赫塞、萧伯纳、纪德、马尔罗等等，以至中国的鲁迅，也无不或多或少地接受了尼采的影响。他们之中有些人不仅是资本主义社会的深刻的批判者，而且还是坚定的反法西斯主义战士。尤其是，第二次世界大战后直到最近，尼采思想在西方世界的影响越来越大，这种现象难道能用法西斯主义的死灰复燃来解释吗？因此，对尼采有必要进行认真研究和重新认识。

应该看到，作为思想家的尼采是一个相当复杂的人物，在他的理论中充满着复杂的矛盾。他的优点在于坦率，敢于毫不掩饰地说出自己的观点，所以他的错误也十分明显突出。对于他的一系列错误观点以及由此导致的严重社会后果，无疑地应该予以无情的批判和揭露。但是，在尼采思想中也确实包含着一些对西方社会的传统价值观念和现存资本主义秩序具有很大破坏作用的批判因素，一切传统的道德、宗教、文化、观念都受到了他的摧毁性的冲击。正因为如此，尼采思想可以为不同的人所用而加以不同的发挥。另外有一点，尼采的文章虽然写得漂亮，文字不像康德、黑格尔那样艰深晦涩，可是他并没有严密的理论体系，许多著作都是警句式的语录的汇编，前后缺乏逻辑的内在联系和推演，特别是他喜欢使用形象化的比喻，人们根据自己的理解可以作各种不同的解释。这样，尼采学说也就给各种很不相同的派别和倾向，都留下了重新解释的宽广活动余地。在我看来，目前我们需要的首先是真正理解尼采，去全面地、如实地、正确地理解他，而不是为他辩护，更谈不上什么翻案。在历史的审判台面前，每一个思想家都要受到实践的裁判，只有弱者才需要辩护，而尼采却决不是弱者。

尼采的一个崇拜者雅斯贝尔斯曾经说，是尼采使他“睁开了眼睛”，并指出，尼采在生前受到忽视，以后长时期内一直在哲学史上受人轻视，而现在其重要性则不断地增长，黑格尔以后的其他哲学家正越来越失势而引退，今天尼采则不容争辩地作为现时代的“真正伟大思想家”站了出来。雅斯贝尔斯的这种看法有一定的代表性，在西方学者中间，有人把尼采尊为20世纪新时代的“预言家”，有人甚至认为，如果不读尼采的书，就无法真正理解20世纪西欧大陆思想和文学艺术。那么，究竟为什么尼采思想会对现代西方世界发生如此巨大的影响呢？1950年，一位德国诗人哥特弗利德·倍恩作过这样的说明，他说：“老实讲，我这一代人所讨论的、企图去彻底思考的一切——或可以说曾为之受痛苦的一切；也可以说用来对付过日子的一切——都早就已经由尼采所表达和透彻地探究过了，尼采已经作了明确的有系统的论述，其余的只是注释而已。”尼采以他特有的敏感，预先觉察到了西方资本主义社会里正在孕育和发展着的深刻的社会危机和精神危机，他已经意识到旧世界以及它所珍视的一切价值的必然灭亡，并为之而欢呼。所谓“上帝死了”的说法，正是这种思想的形象化的表现。尼采站在个人的立场上，要求对一切价值进行重估，主张彻底否定旧价值，创造新价值，以至改造人本身，提出“超人”理想，这对一切不满现状的从极右到极左的资产阶级或小资产阶级知识分子来说，都有强烈的吸引力。他们都可以从尼采那里获得启示，唱出各自的音调。例如，托马斯·曼的小说《死在威尼斯》就是尼采思想的体现，其主人公可以说是旧欧洲死亡的象征，同时这部小说又指明另一种美有待于发现。因此，尼采所以成为现代西方世界某些人的精神上的父亲，决非偶然，而是有其深刻的社会原因的。

我们明白了尼采得以在西方风行的社会背景之后，再来看他的美学思想，也就比较容易理解它的真实意义了。尼采并没有完整的美学体系，除了他早期写的《悲剧的诞生》和关于瓦格纳的论著外，他的其他著作都不是专门探讨美学问题的。但是，美学和文学艺术问题始终是他注意的中心之一，他的美学思想散见于他的许多著作中，构成了他的整个思想中的一个不可缺少的重要组成部分，其意义和影响也远远超出单纯美学理论的范围，而应当被看做一种世界观、一种人生哲学的美学表现。

尼采思想有一个发展的过程，他的美学观点前后也有所变化。按一般的看法，尼采在他的思想发展的第一个阶段深受唯意志论的影响，把艺术作为自己的理想。到了第二阶段，他抛弃了艺术的理想而转向科学，用客观代替主观，崇尚经验和精密的观察，成为理智主义的拥护者。如果说在前一个阶段，尼采不遗余力地攻击苏格拉底的理性主义，反对历史主义观点，那么到下一阶段，他就转而推崇苏格拉底和法国启蒙运动理性主义哲学家伏尔泰，并重视对事物及其进化的历史主义态度。最后，进入思想发展的第三个阶段，仿佛是否定之否定，他又重新回到唯意志论。作为这一阶段的特征的是：权力意志论、永恒轮回说、对一切价值进行重估、“超人”理想。尼采自己把他的思想发展的这些阶段说成是他所使用的各种假面具，似乎他从一个阶段过渡到另一阶段就像蛇蜕皮一样，有时他甚至说他所宣扬的某种理论只是自我保存的手段或为自己配制的补药。这就为我们理解尼采的真实思想增添了困难，在讨论他的美学观点时也不能不注意这一点。

二

探讨尼采的美学思想，不妨从《悲剧的诞生》开始。这是他青年时期的代表作，也可以说是他整个思想发展的第一步，因此具有重要的意义。尼采是精通古希腊语言文学的古典学者，从表面上看，《悲剧的诞生》好像是一部研究古希腊悲剧的专著，但实际上他在这一著作中通过对希腊悲剧的独特的解释，借助于美学表达了他对生活本质的理解，鼓吹德意志精神的复兴。用他自己的话来说，《悲剧的诞生》这本书是“某种宣言那样的东西”，它“充满着对德意志精神的希望，即令一些个人会被它所毁灭”[①]。

大家知道，尼采早期曾受叔本华哲学的强烈影响，叔本华的《作为意志和表象的世界》一书给他留下了十分深刻的印象。作为音乐的爱好者，尼采非常喜爱瓦格纳的作品，当他结识瓦格纳之后，很快就成为这位作曲家的热烈崇拜者。在写作《悲剧的诞生》时，尼采还没有和叔本华、瓦格纳决裂，当时他甚至说过：“对我来说，一切最好和最美的东西都是和叔本华、瓦格纳的名字联系在一起的，我为了能和我的最亲密的朋友们共享这种感情而感到骄傲和愉快。”[②]所以人们一般认为，尼采的这本著作的主导思想来自叔本华哲学和瓦格纳的音乐。但是，实际上这种看法是过高地估计了叔本华和瓦格纳的影响。我认为，尽管在《悲剧的诞生》中不

---

① 《尼采通信集》，第 2 卷，第 1 册，德文版，1975 年，第 281 页。

② 同上，第 105 页。

时可以看到叔本华和瓦格纳的思想印痕，然而整个说来，这却是尼采与叔本华哲学分手而走上自己独特的思想发展道路的开始，同时也包含着导致日后尼采与瓦格纳关系破裂的种子。[①] 因此，我们不仅要看到尼采承袭叔本华和瓦格纳的一面，而且更重要的是要看到他摆脱和超越他们而独立发展的另一面。而正是这后一面，决定了尼采在现代西方思想发展中的地位和影响。

那么，尼采的独创性表现在哪里呢？

尼采是以叔本华的唯意志论作为基本出发点的。在叔本华看来，整个外在世界、一切客体都只是我的表象，但一切表象、客体又只不过是现象，在这现象背后还有“自在之物”，这就是意志。叔本华说：“一切表象、一切客体、现象、可见性、客观性，都从意志而来。意志是每一个别事物以及整体的最内在的本质和核心。”[②]在他那里，意志是一种“盲目的不可遏止的冲动”，是一种不可认识的非理性的力量。这种非理性的意志支配着世界，构成世界以至人生的真实的本质。而既然整个世界都由盲目的非理性力量统治着，那么它本身还有什么价值可言呢？因此，叔本华认为，这个世界是没有意义的，人在这个世界中生活也是没有意义的。生活只是一场“漫长的梦”，而且充满着痛苦。意志的盲目力量驱使人们为了满足欲望而进行永不休止的追求，一种欲望得到满足，另一种欲望又随之而来，欲望不可能完全得到满足，痛苦也永无解除之望。按叔

---

① 关于这个问题，请参阅拙作“论尼采悲剧理论的起源”一文，刊于《外国美学》，1985 年第 1 辑。

② 《作为意志和表象的世界》，载于《叔本华全集》，第 2 卷，德文版，1949 年，第 131 页。

本华的理论，要摆脱痛苦，就必须消除造成痛苦的根本原因，那就是要去完全抑制欲望，否定生活意志。对个人来说，就是要达到佛教所说的涅槃，而对全人类来说，则是要杜绝生命之源，消灭生殖意志，最后达到人类的寂灭。叔本华的美学思想正是建立在这样一种悲观主义哲学的基础之上的。他把艺术看做使人暂时地从痛苦中得到解脱的手段。在审美静观中，我们得以暂时摆脱生活的欲望，主体暂时摆脱了和意志的关系，忘却了自己，所以艺术是一种逃避、超脱，是从意志到梦境、欲望到静观的过渡。但是，归根到底，艺术本身仍然是意志的表现，因此艺术并不能帮助人彻底地摆脱生活的痛苦。叔本华推崇悲剧，把它作为诗的最高形式，就是因为它“展示生活的可怕的方面”，使人认清生活的本来面目就是苦难和不幸，从而放弃生活和生活的意愿，心甘情愿地在命运面前“退让”。可以看出，从唯意志论到悲观厌世，是叔本华哲学和美学的基调。

尼采大致同意叔本华对于世界和人生的看法，即认为它们是可怕的、使人痛苦的、无法理解的。不过他并不像叔本华那样断言，在现象世界后面还有作为“自在之物”的意志，特别是他在后来的著作(例如《权力意志》)中坚决反对把现象世界和“自在之物”形而上学地割裂开，认为意志即表现于现象世界之中，除了现象世界以外别无其他。[①] 当然，尼采的这个立场在《悲剧的诞生》中还不像后来那样明确，但正如他在该书第二版的前言里作“批判性的回顾”时所说，他当时已经有了自己“崭新的思想”以及与叔本华哲学

① 尼采:《权力意志》，考夫曼新编英译本，1968年，第451页。

相矛盾的价值判断，虽然还没有足够的勇气去摆脱叔本华的影响而使用自己新的语言。[①] 这“崭新的思想”和不同的价值判断，就在于他对世界和人生的根本态度正好与叔本华相反。叔本华说，世界和人生既然是没有意义的、毫无价值的，那么就应该抛弃这个世界，否定这个只能令人痛苦的生活。尼采却回答说，虽然这个世界是没有意义和价值的，但我们既然注定要在这样的世界里生活，就要勇敢地活下去，而为了使这个世界和人生能够为我们所忍受，我们就须赋予它们以意义，创造出新的价值。因此，他们的基本出发点虽然是相同的，却达到了截然不同的结论。在美学中也同样如此，如果说叔本华把审美静观、艺术看做暂时逃避和摆脱生活的手段，而悲剧的作用在于把人引向“退让”；那么尼采则认为，人生是必须正视的，艺术不是消极的逃避，而是一种积极的手段，正是借助于艺术使世界和人生变形成为审美的现象而为我们所能接受，悲剧所给予人们的启示也不是否定生活，而是肯定生活。在《悲剧的诞生》中，美和艺术是作为唯一的价值来看待的，尼采甚至断言，世界只有作为审美的现象才有其存在的正当理由。这可以说是该书所提出的一个最重要的基本思想。

尼采通过对古希腊文学艺术史的考察指出，希腊人在最富有创造力的时期也敏锐地认识到存在的恐怖和可怕，为了能够活下去，他们就必须在他们面前设置一道奥林匹斯山上诸神的光辉幻想。这种对存在的恐怖意识，表现在古老的神话传说中，当米达斯王抓住林神西莱奴斯，迫使他回答什么是对人最好的东西，西莱奴

① 尼采：《悲剧的诞生》，英译本，1956年，第12页。

斯却说，为什么你要强迫我告诉你最好你不要听的话？因为对你来说最好的东西是你永远达不到的：最好是不要生下来，不要活下去，归于无；而其次最好的是赶快去死。尼采认为，这说明了希腊文化对人生的痛苦真理的敏感，个人从出生后总难免要走向必然的死。普罗米修斯、俄狄浦斯、俄瑞斯忒斯等等希腊文学中的著名人物的遭遇，都充分表现出人生中的痛苦的一面。为了不被痛苦所压倒而陷入悲观主义，希腊人才创造出奥林匹斯山上的诸神。这些享受各种欢乐的神自己过的也同样是人的生活，这就为人的生活作了最好的辩解。因此，艺术是作为存在的完成、作为继续存在的保证而产生的，奥林匹斯山上的王国正是反映希腊人意愿的一面镜子。在这些神的明媚的阳光下生活就成为莫大的好事，这样就可以把西莱奴斯的聪明话倒过来说，对人最坏的事是早死，其次则是总有一天要死。从这里可以看到，为了活下去，希腊人怎样通过艺术把冷酷可怕的现实世界转化为充满阳光的幻想世界。艺术是出于生活的需要，人们尽可以指责艺术不是真理，是幻想，甚至是欺骗，但按尼采的说法，没有艺术，希腊人就难以生活，生活本身就是一个艺术作品，这就充分证明了艺术的价值，何况在他看来，所谓真理或者科学、道德等等也无非是不同性质的幻想而已。

因此，艺术使人对世界和生活采取积极的肯定态度而不是消极的否定态度。这是尼采的一个基本观点，他在《悲剧的诞生》中提出的所谓阿波罗艺术和狄奥尼索斯艺术的全部根据也就在于此。阿波罗艺术和狄奥尼索斯艺术是两种不同的，甚至互相对立的艺术倾向或冲动，但它们所达到的目的却都是肯定生活。阿波罗艺术给现实世界加上一道审美的帷幕，创造一个形式和美的理想世界，以其梦幻中的美丽形象弥补了存在的痛苦和恐怖，它表现为奥林匹斯的神话、史诗和造型艺术。狄奥尼索斯艺术则不然，它并不美化现实，而是使人忘我地直接肯定和拥抱那可怕的存在，如醉如狂地与自然万物合为一体，浸沉在无限欢欣之中，它表现为音乐。悲剧的诞生则是阿波罗精神和狄奥尼索斯精神结合的产物，它把存在转化为审美的现象，可是并不给它加上一层帷幕，而是揭示它的本来面目，同时又最有力地对生活表示肯定和赞美，使人认识到"尽管不断地发生现象的变化，但生活归根结蒂是不可毁灭地令人欢乐的、强有力的"。希腊人并非不理解大自然和历史二者的毁灭作用，相反他们对人生的最深刻的痛苦是有认识的，然而他们并没有像叔本华所说的那样否定生活，陷入悲观主义，而却被艺术所拯救了。尼采说，在悲剧中"作为意志的最高表现的英雄人物虽遭到毁灭，而我们却表示同意，因为英雄也只是一种现象，意志的永恒生命并不因此而受影响。悲剧高喊道：'我们相信生命是永恒的！'而音乐则是那生命的直接表现。"[①]叔本华硬说，悲剧使我们认识到生活不能提供任何真正的满足，因此不值得留恋，从而走向"退让"的观念。尼采则指出，狄奥尼索斯告诉人们的却完全不同，他给人的教训决不是失败主义的，和屈从退让的消极态度相距何止千万里。真正的悲剧精神正在于，它使人即使在悲剧英雄的毁灭中也能看到美，在痛苦中也能感到一种"更高的、征服对方的欢乐"。

显而易见，尼采对悲剧的这种理解不仅和叔本华完全相反，而

① 尼采：《悲剧的诞生》，第102页。

且和亚里士多德以来的传统看法也有很大不同(当然,他并没有完全摆脱亚里士多德《诗学》的影响,甚至有的西方学者认为他持有"新亚里士多德主义观点"[①])。后来尼采在《偶像的黄昏》一书中谈到《悲剧的诞生》时指出,悲剧被亚里士多德和近代悲观主义者(显然是指叔本华)所误解了。"悲剧远不能证明关于希腊人的叔本华意义上的悲观主义的任何说法,相反,它倒可以被看作是对悲观主义的坚决拒绝和相反的例证。甚至在生活的最不可思议和最艰难的问题上仍对生活表示肯定,生活的意志甚至在它的最高的类型遭到牺牲时也仍对它自己的无穷无尽的力量感到欢乐——这就是我称之为狄奥尼索斯精神的东西,这就是我相信是通往悲剧诗人的心理的桥梁。不是为了摆脱恐怖和怜悯,不是为了用猛烈发泄的办法去清除过于强烈的情感而使自己净化——亚里士多德就是这样理解悲剧的——而是为了使自己成为生成的永恒欢乐,而超越于一切恐怖和怜悯之上——那种欢乐甚至还包括毁灭中的欢乐。"[②]尼采自己意识到这是一种与众不同的"崭新的思想",所以他说,《悲剧的诞生》是"我对一切价值的第一次重新估价"。

尼采的悲剧理论批判了叔本华的悲观主义,这一点具有一定的积极意义。他后来和叔本华彻底决裂,不能容忍叔本华的悲观主义是主要原因之一。尼采自己说,《悲剧的诞生》这本书是"反悲观主义的",因为它教人以"某种比悲观主义更强有力的东西、比真

① 参阅西尔克、斯特恩:《尼采论悲剧》,剑桥大学出版社,1981年。

② 《偶像的黄昏》,《尼采选辑》,考夫曼编,纽约,1954年,第562－563页。

理'更神圣'的东西,那就是艺术"[1]。在他看来,所谓悲观主义的艺术本身就是自相矛盾,"世界上根本就没有悲观主义艺术那样的东西——艺术总是肯定的"。因此,"叔本华说某些艺术作品是为悲观主义服务,这样说是错误的。悲剧决不教人'退让'"[2]。悲剧决不是对生活有危害的艺术,决不是衰亡的征兆,它本质上是"对生存的肯定、祝福和神化"[3]。

尤其应该指出,尼采从这一基本观点出发尖锐地揭露和批判了基督教。在《悲剧的诞生》第二版前言中,他明确地声称,他对世界所作的纯粹美学的解释是以基督教义作为对立面的。基督教义的要旨完全是道德性的,以上帝的绝对真理作为绝对的标准,它把一切艺术贬黜到虚假的领域中去并加以谴责。尼采说,我总是强烈地感到在这个观念和价值的体系中包含着对生活的深仇大恨。从一开始起,基督教就是厌恶生活的,只不过用信仰"另一个""更好的"生活来伪装和掩饰自己对生活的厌恶罢了。在他看来,基督教"仇恨这个'世界',诅咒爱情,害怕美和感性事物,诽谤尘世的生活"等等歪曲的看法,以及只承认道德价值的做法,乃是"毁灭的意志"所能采取的一种"最危险、最邪恶的形式",也是身患重病、精疲力竭、萎靡不振的信号。根据基督教的绝对道德标准,生活总是错的,因此生活自然而然地遭到蔑视,被加以否定,生活必然被看作不仅不值得我们欲求、而且本身也是绝对无价值的东西。[4] 尼采

① 尼采:《权力意志》,英译本,1968 年,第 453 页。

② 同上,第 434－435 页。

③ 同上,第 434、449 页。

④ 参阅尼采:《悲剧的诞生》,第 10－11 页。

申明，他有意要和基督教唱对台戏，因此在《悲剧的诞生》这本书里对生活作了完全相反的评价，提出了与基督教相对立的一种具有美学倾向的极端相反的学说。这种反基督教的学说总要有一个名字，所以他就借用一个希腊神的名字狄奥尼苏斯来为它命名。后来尼采鼓吹"上帝死了"，竭力攻击基督教，把上帝的概念看作"存在的最大的对立面"①，说上帝就是"向生命、自然和生活意志的宣战"②等等，这些反宗教思想实导源于此。

尼采不遗余力地反对叔本华的悲观主义，坚决批判基督教，正面地肯定人生，主张勇敢地投入到生活中去，宣扬一种决心要战胜一切苦难的积极进取的乐观精神，所有这些都为他的悲剧理论增光。《悲剧的诞生》一书的主要价值也就在这里。但是，我们也必须看到，尼采的理论是建立在唯心主义和唯意志论的基础上的。在他看来，艺术不是现实生活的反映，倒是弥补现实生活之不足、使人可以忍受生活苦难的手段，这就从根本上歪曲了艺术的本质。他对生活所抱的乐观主义精神，也不是基于对社会历史发展规律和人类前途的认识，而是凭借意志的力量，说穿了还是某种类似"主观战斗精神"的东西。这种夸大主观意志作用的观点，可以发展到危险的地步而导致严重的恶果。后来尼采进一步把意志解释为争取权力的意志，如果把权力意志同他所鼓吹的所谓"征服对方的欢乐"、"毁灭中的欢乐"联系起来，那就确实可以被德国法西斯分子利用来为他们的侵略战争服务，使一代德国青年受到蒙蔽，而

---

① 《偶像的黄昏》，《尼采文集》，第2卷，许莱赫塔编，第978页。

② 《反基督者》，《尼采文集》，第2卷，第1178页。

给德意志民族造成了大灾难。因此，我们对尼采批判叔本华的悲观主义的言论，一方面要加以肯定，另一方面也不能估计过高。要看到尼采对叔本华的批判毕竟仍然是唯心主义者和唯意志论者的阵营内部的争论。尼采反对的只是叔本华哲学的结论，并没有否认它的基本理论前提。问题在于，尼采和叔本华一样，都用主观主义和非理性主义观点去看待世界和人生，把整个客观存在都说成是虚假而不真实的东西。他虽然指责叔本华哲学使人悲观颓废、消沉没落，提倡德意志精神的新的复兴，但他既然接受了叔本华对世界的基本解释，就只能把这种复兴的希望寄托于某种非理性的力量，那就是《悲剧的诞生》中所鼓吹的所谓狄奥尼索斯精神。它是尼采为当时德国社会（在他看来是堕落的）所开的一个药方，企图以此来彻底清扫这个肮脏马厩。但是，他的这个药方丝毫不涉及社会制度的变革，也不依靠任何特定的社会力量，而仅仅诉诸个人的主观精神因素。说穿了，这样的药方也只不过是制造一个新的危险的幻想罢了。

三

阿波罗精神和狄奥尼索斯精神是尼采在《悲剧的诞生》中提出的两个最重要的概念，他不仅用它们来解释古希腊文学艺术的发展，而且实际上把它们推广到全部文学艺术史。在他以后的著作中，也屡次回到这个问题上来，因此我们有必要略加探讨。

大家都知道阿波罗和狄奥尼索斯是希腊神话中的两个神，但据研究者的考证，他们都是由外来的部族引入希腊，然后被尊崇为希腊的神。阿波罗虽然被不少人认为本质上是希腊的神，可是事实上他在奥林匹斯诸神中是晚到者，在古代埃及和印度的神话中都可以找到与他相应的角色（不过有着不同的名字），他是印欧移民进入希腊时一起带来的。狄奥尼索斯则真正起源于东方小亚细亚，约在公元前1000年进入希腊。当然，他们来到希腊后，适应于希腊生活而发生了变形。一般说来，阿波罗代表较高的文明（例如，他也是司医药之神），而狄奥尼索斯则代表一种更原始的自然崇拜。尼采用希腊神话中的角色去解释希腊文学艺术，本来也未尝不可，因为马克思也说过，希腊神话不仅是希腊艺术的宝库，并且是它的土壤。[①] 然而尼采的基本看法正好是同马克思的历史唯物主义相反的，他不是把社会存在看做产生社会意识的基础，不是到希腊社会生活中去探寻理解希腊神话（神话无疑是社会意识的一种形式）以至文学艺术的钥匙，而是到人的主观领域中去寻找神话和文艺创作的源泉。所以他把阿波罗和狄奥尼索斯首先看作两种基本的艺术冲动，认为只有它们才是艺术创作的唯一真正的动力。在他看来，一切真正的艺术，要么是阿波罗式的，要么是狄奥尼索斯式的，要么是二者兼而有之，而任何时期任何一种艺术的性质就取决于这两种冲动中何者起主导作用。因此，阿波罗和狄奥尼索斯虽然来自希腊神话，却被尼采加以抽象化、普遍化和绝对化了，变成了解释一切文学艺术本质的基本原则。

尼采并不认为艺术是阿波罗精神和狄奥尼索斯精神发生作用

---

① 参阅《马克思恩格斯列宁斯大林论艺术》，人民文学出版社，1959年，第58页。

的唯一领域，它们也在更低、更基本的层次上表现出来，那就是两种生理现象：梦和醉。阿波罗精神表现在梦里，梦固然是一种幻觉，但却给人以美的图景，使之摆脱变幻不定的存在的痛苦。正是在梦中，人直接把握形式，在静观美的梦幻世界时得到莫大的愉快。尼采指出，这种梦的世界的美丽幻想不仅是一切造型艺术的前提，而且也是诗的前提，而每个人在制造美丽幻想方面都证明自己是有才能的艺术家。[①] 阿波罗是光明之神，他重理智，注意节制有度，讲究形式的美，在他的光照之下，一切都以明晰的个别形体出现，因此他称得上是“个性化原则的光辉形象”[②]。狄奥尼索斯精神则与此相反，它表现为醉，在醉的状态下，个人丧失了自已，所以说它是“个性化原则的解体”[③]。这是一种类似迷狂的带有神秘意味的经验，又是处于高度紧张状态下的经验，一方面感到狂喜，另一方面又感到可怕。按尼采的说法，这种狄奥尼索斯的经验，可以直接由麻醉物引起，也可以由春天的到来而引起。人们抛弃了彼此间的一切界限，冲破了自我克制，尽情地放纵自己原始的本能，载歌载舞，沉醉于集体的狂欢之中。“凭借狄奥尼索斯仪式的魔力，不仅人与人之间重新结合，而且长期以来被疏远了的或被征服了的大自然本身，也再度同它的浪子、也就是人庆祝和解。大地自愿地贡献出它的礼品，山林和沙漠里的野兽也和平地前来参加。狄奥尼索斯的战车装饰着鲜花和花环；虎豹在车轭下阔步前

① 尼采：《悲剧的诞生》，第20页。

② 同上，第22页。

③ 同上。

进。”[①]这是多么奇特的景象！一切区别、限制、隔阂、形式、俗套都统统被打破了，个人与周围的一切融合在一起，重新恢复到普遍和谐与原始的统一。

尼采就是这样地把艺术冲动最后归结为两种生理现象或心理经验，并由此引导出不同的艺术种类。由阿波罗精神产生塑造出美的形象的神话、史诗和造型艺术，而由狄奥尼苏斯精神则产生令人迷醉的音乐舞蹈。尼采用它们来说明希腊文化的发展进程，似乎这整个过程就是二者交替起主导作用的历史。按照他的看法，在希腊文化的第一个阶段（公元前 8 世纪荷马时期），阿波罗冲动居于统治地位，那时希腊人中间还没有公开的狄奥尼苏斯崇拜，在荷马史诗和稍后的多利斯艺术（雕刻和建筑）中都表现出纯粹的阿波罗精神。但是，尼采认为，如果加以进一步深入考察，就可以发现，这种阿波罗倾向并不是最原始的状态，在奥林匹斯神话的表层底下，希腊文化表现出对生活的痛苦真理的敏感，实际上希腊神话中的狄奥尼索斯成分应当被看作最早的地层，而奥林匹斯神话及与之相应的艺术则是较晚发展起来的。希腊神话中奥林匹斯诸神战胜泰坦神族，正是反映了这个事实。泰坦神族的恐怖统治在前，尔后才有奥林匹斯诸神的欢乐生活，从这一点看出，在阿波罗冲动占统治以前的阶段，还是狄奥尼索斯冲动起着支配作用。尼采接着分析了希腊文化的进一步发展，公元前 7 世纪，狄奥尼索斯崇拜开始在希腊流行，以笛为主要乐器的狄奥尼索斯音乐和酒神赞美歌，以及伴随着音乐的舞蹈，在希腊文化中注入了新的狄奥尼索斯

---

① 尼采：《悲剧的诞生》，第 23 页。

因素，在其影响下产生了希腊早期抒情诗。这是第三个阶段。但接着下来的第四个阶段，体现阿波罗精神的多利斯艺术又重新肯定了自己的优势，那是公元前7-前6世纪的情况，不过此时阿波罗精神已不能维持其绝对统治地位了。从公元前6世纪晚期到公元前5世纪则是第五个阶段，也就是悲剧诞生和繁荣的时代。在尼采看来，悲剧的诞生是阿波罗精神和狄奥尼索斯精神相结合的产物，这也是希腊历史上最重要、最伟大的时期。悲剧就其起源而言是来自狄奥尼索斯精神，“最早的希腊悲剧是以狄奥尼索斯的受难为它的唯一主题的，而且他还是唯一的演员，这乃是无可争辩的传统。还可以同样妥当地说，直到欧里庇得斯，狄奥尼索斯始终是唯一的戏剧主角，希腊舞台上的一切著名人物如普罗米修斯、俄狄浦斯等等，都不过是这位英雄原型所用的假面具”①。具体地说，悲剧最初产生于合唱。所谓悲剧从音乐精神中诞生，其根据即在于此。在希腊悲剧中，合唱队由扮成半人半兽的羊人（林神）组成，合唱本身富于狄奥尼索斯音乐的感染力，同时又提供了阿波罗式的幻象，“狄奥尼索斯式的纵情享乐的人把自己看做羊人，而作为羊人，他又依次看到了神。在他的变形中，他看到了一个新的幻象，这就是他自己的状态的阿波罗式的完美化”②。因此，尼采把希腊悲剧解释成“不断地以阿波罗式的形象来表现自己的狄奥尼索斯合唱”，或者说“悲剧是狄奥尼索斯的见识和力量的阿波罗式的体现”③。尼采认为，阿波罗精神和狄奥尼索斯精神的这种结合，在

---

① 尼采：《悲剧的诞生》，第65-66页。
② 同上，第56页。
③ 同上，第56-57页。

埃斯库罗斯和索福克勒斯的悲剧中达到了高度完美的地步，到了欧里庇得斯，这种结合就宣告瓦解。欧里庇得斯想使悲剧合理化，使之成为理智所能理解的东西，因此他就力图排除悲剧中的“原始的和强有力的狄奥尼索斯成分”，但这就导致了悲剧的自杀和毁灭。当然，欧里庇得斯还不是使悲剧没落的终极原因，他的创作只是某种更深刻的因素、即苏格拉底的新理性主义的表现而已。这样，在尼采看来，希腊文化的最后一个阶段是紧接着悲剧时代之后出现的苏格拉底-亚历山大里亚时代，辉煌灿烂的文化艺术从此就全面衰亡了。

如果严格地按古典学的学术标准去衡量，尼采的《悲剧的诞生》一书可以说是不大符合要求的。尼采是一位卓越的古典学者，对古希腊历史和文学语言都有相当深的造诣，可是他在该书中对古希腊文学艺术的发展所作的解释，有些地方违背历史事实，牵强附会，主观武断，经不起科学的检验。因此，在这部著作发表后不久，当时的一位青年学者维拉莫维茨-莫伦道夫(后来他成为著名的古典学权威)，就写了一本题为《未来的语言学！对尼采的〈悲剧的诞生〉的一个回答》的小册子，对尼采书中的种种草率、似是而非和曲解之处，进行了尖锐的批评和指责。他把尼采的这本书批判得一无是处，予以全盘否定，根本不承认它有任何重要意义。近几十年来，由于古典学研究的新发展，《悲剧的诞生》中的某些论点进一步被证明为根据不足，甚至过去被人们普遍接受的观点也开始发生动摇。例如，尼采把悲剧的起源与羊人的合唱相联系，将悲剧的原始形式解释为“山羊之歌”，这种说法曾得到广泛的承认，莫莱和古典学中的所谓剑桥学派在论述希腊悲剧时都以这种理解为依据。但爱尔斯根据新的研究,却对此提出了异议。他认为,悲剧的词源与羊人的合唱毫无关系,词源来自山羊只是由于当时悲剧竞赛的奖品是一头山羊而已。[①] 此外。还有一向被人当作是尼采首创的著名论点,如把悲剧理解为阿波罗精神和狄奥尼索斯精神的结合,实际上也并不是他首先提出来的。早在1849年,也就是在《悲剧的诞生》一书出版前21年,瓦格纳就曾在"艺术和革命"一文中指出,受狄奥尼索斯鼓舞的悲剧诗人看到了光荣之神阿波罗,他在从最美的人生中自发地直接产生的丰富的艺术手段之外,再加上语言和崇高的诗的意向,把一切汇集在一起而产生出戏剧这种可以想象的最高级的艺术形式。[②] 当然,我们还没有直接的证据说明尼采在提出这个论点时曾受瓦格纳文章的影响,不过这一论点的发明权不属于尼采,这是可以肯定的。

因此,《悲剧的诞生》一书的主要价值并不表现在它对希腊悲剧所作的具体解释上。它不是严格意义上的研究希腊悲剧的学术著作,假如我们想从它获得关于希腊悲剧的确切知识,那是会感到失望的,甚至会上当的。当然,话又得说回来,其中也不乏某些真正内行的真知灼见。但无论是阿波罗也好,狄奥尼索斯也好,都只是尼采从希腊神话中借用的工具,与其说尼采通过它们来说明悲剧在历史上的产生,倒不如说借助于它们来提出一种新的价值观念和标准。所以尽管《悲剧的诞生》包含不少现在看来已经陈旧的、不确切的以至谬误的东西,但这本书的影响却越来越大,当代

---

① 参阅爱尔斯:《希腊悲剧的起源和早期形式》,英文版,1965年,第56-57、70页。

② 参阅"瓦格纳文集"第3卷,德文版,1872年,第13页。

许多西方学者、包括古典学者在内，都认为这是一部具有深远意义的重要著作，原因就在于尼采向人们提供了对希腊精神以至于一般文学艺术本质的一种新的理解。甚至古典学研究本身也因此发生了深刻的变化，这也许是尼采当时的批评者所没有预料到的。20 世纪最杰出的古典学者之一、维拉莫维茨的学生弗兰刻尔曾指出，“造成维拉莫维茨和我们这一代人之间眼界的差别的最有力因素，就是尼采的影响”①。

尼采提出来的最重要的看法恐怕是对于审美价值的强调，把它提高到压倒一切的位置。过去哲学家们虽然大都承认审美价值，但一般说来往往把它看得比较低，比如说，把它置于道德和知识这样一些价值之下，并且甚至从道德或知识的观点去评判审美价值。柏拉图就是最早而又最为突出的一个例子。大家想必还记得柏拉图指责艺术只是摹仿理念的影子，和真理隔着两层，因而贬低艺术的看法，以及他认为悲剧无益于社会道德而要求把诗人逐出“理想国”的主张。在近代德国，从鲍姆嘉通到黑格尔，也都把艺术看做一种较低级的认识。尼采则从根本上推翻了这种看问题的传统方式，在他那里，审美价值彻底摆脱了道德和知识的束缚，真正成为独立自主的最高的价值。无论是阿波罗艺术的对美的爱，或是狄奥尼索斯艺术的直接的生活追求，都和道德、知识等等无关。特别是狄奥尼索斯艺术，就其自身来说是非道德的、非理性的，根本同道德、知识格格不入。在尼采看来，生活并不是有待人们去解决的认识问题，也不是必须去完成的什么道德义务。美就

① 参阅西尔克、斯特恩：《尼采论悲剧》，第 132 页。

是存在的最高理由，假如世界是美的，使我们能够生活下去，为什么还要去做进一步的探究呢？所以尼采认为，生活的最终的问题不是道德的和科学的，而是艺术的。把生活本身、包括人自己在内当做一件艺术品，这就足够了，而阿波罗和狄奥尼索斯则是不可缺少的两尊神，正是靠了他们的力量，生活才能成为艺术。

比较而言，尼采对狄奥尼索斯精神的重视显然要超过阿波罗精神。在他看来，前者是一切存在的基础，也是使现象世界得以存在的永恒的力量，它在文艺创作中所起的作用是更基本的，而后者则是次生的。这从他对希腊文学艺术发展的解释中可以看得很清楚。狄奥尼索斯冲动不仅被看做产生出全部灿烂夺目的文学艺术的最深的、最原始的地层，而且它对希腊文化最美的花朵——悲剧的诞生，作出了无可代替的更大的贡献；悲剧的死亡，也是由于狄奥尼索斯精神被理性主义所扼杀。这种对于文艺创作中的非理性的、本能的、无意识的因素的强调，可以说是尼采给后人留下深远影响的最重要的观点。过去德国的传统美学，从温克尔曼、莱辛到黑格尔，都把美的理想奉为希腊文学艺术创作的准则，并且同希腊人的道德情操联系起来。温克尔曼所推崇的所谓“高贵的质朴和静穆的伟大”，曾经被人们普遍地认为是对希腊艺术的本质的最好的表述。莱辛在《拉奥孔》里虽然和温克尔曼展开争论，但他也仍然是用理性的观点去解释希腊文学艺术的，同样把美看做造型艺术所应遵循的最高法则。黑格尔更把理性主义的美学观点进一步发展到顶点。他们的看法影响了古典学研究，使希腊文学艺术的理性主义的解释一直居于统治的地位。尼采则一反传统，揭示出过去一向被人所忽视的另一个方面，即非理性的东西在希腊精神的形成中的作用。他指出，传统美学把美作为希腊艺术的目的和最高成就，它未能真正深入理解希腊精神的本质，而往往把希腊理想同关于希腊式的和谐、美、静穆之类的空话扯在一起。尼采认为，首要的问题是要超越莱辛的《拉奥孔》，寻找一条新的出路，通过狄奥尼索斯使真正的希腊精神再生。这就为古典学研究提供了新的方向，有人甚至这样高度评价《悲剧的诞生》说，“这是一部天才的著作，在对希腊思想的理解方面开辟了一个新纪元”①。

但是，尼采的这种影响主要还不在于古典学研究的领域，而扩及整个文艺思想以至社会哲学思想。非理性主义的思想固然不是从他开始，然而在他那里非理性主义以狄奥尼索斯的形象化的面目出现却具有特殊的魅力，因而得到了广泛的传播。整个说来，19世纪的文化是理性知识和科学占统治的，而在尼采之后则风气为之一变，非理性主义思潮开始盛行。哲学和文学艺术中的形形色色的非理性主义派别，都从尼采那里取得思想营养，连精神分析学的创始人弗洛伊德也承认尼采是他的思想前驱。尼采虽然不是非理性主义的始作俑者，但他对这种错误思潮的泛滥是不能辞其咎的。当然，我们也并不认为尼采的看法一无是处。狄奥尼索斯作为生命之流的象征，代表着一种投身于生活之中的积极向上的精神，不能加以简单否定。至于艺术创作中的非理性因素，这本来也是确实存在的事实，尼采指出这个事实，引起了人们的重视，应该说是有一定意义的。问题在于他把这种非理性因素夸大为艺术创作中的主导因素，使狄奥尼索斯冲动凌驾一切，这样就把人的原始

① 参阅《尼采和古典传统的研究》，英文版，1976年，第9页。

本能当做艺术的原动力，而抹杀了人的自觉的能动性在艺术创作中的决定性作用。尼采颠倒了理性和非理性、自觉性和无意识性的主次，就必然走向谬误。

四

在《悲剧的诞生》发表之后，尼采关于美学问题的看法是有所变化的，但总的说来仍没有脱离原先的路线。[①] 因此，我们可以把他在后来的著作中所表述的美学思想看做他的早期观点的进一步发展。由于尼采有关美学的议论十分丰富，在这里只能择其要者略加评述。

我们先来谈一下尼采关于美的见解。《悲剧的诞生》里有不少地方谈到美，但却并没有对美的概念作具体的论述。后来他在不同的场合较详细地发表了自己对美的看法，在《人性的，太人性的》一书中，他把美比作一支“缓慢的箭”。他说：“最高贵的那种美并不突然地使我们心荡神移，并不产生暴风雨般的、令人极度兴奋的印象（这样的一种东西很容易引起厌恶），而是缓慢地渗透到我们心中，几乎不知不觉地被我们带走，并在我们的梦里又重新见面；但它在长期羞怯地卧在我们心中之后，完全占有了我们，使我们眼中充满泪水，心中充满期望。当我们看到美的时候，我们期望的是什么呢？我们期望自己成为美的，我们以为它必然会带来更多的

① 关于这一点，可参阅沙赫特：《尼采》，英文版，1983年，第476页以下。

幸福。但这却是一个错误。”[①]

从这里看得很清楚，尼采所推崇的美是阿波罗式的，所谓“在我们的梦里又重新见面”，正是这一点的佐证。但是，在他看来，不管美对我们产生了何等感人的心理效果，使我们沉浸于幸福的期望之中（应该说，他对于美感经验的描述是很生动的），它却毕竟只是一个梦。美使我们生活更好过些，但它并不是真的。这正是尼采的一贯思想，也是他的整个美学理论的重要基石之一。

美既然不是真的，只是人为自己制造出来的幻想，所以它当然只具有相对的性质。尼采认为，没有任何东西比我们的美的感觉更相对的了。从柏拉图开始，一直有人试图寻求绝对的美，或所谓“美本身”[②]。尼采则指出，人们所钦慕的“美本身”；“仅仅是一个词而已，它甚至还不是一个概念”。实际上，美是人自己的创造物，而且是人以自身作为标准而创造出来的。他说：“在美之中，人假定自己是完美的标准；在特别的情况下，他还把自己作为那标准来崇拜。一个物种除了以这种方式对自身表示‘赞成’以外，别无其他选择。它的最低级的本能，自我保存和自我扩张的本能，仍然在这些崇高的东西中发射出来。人想象这世界本身充溢着美——他却忘记了他自己是这一切的原因。只有他才赋予世界以美。惜哉！他只赋予世界以人性的美、太人性的美！实话说，人在事物中反映他自己，他认为是美的一切事物，只是把他自己的形象返还给

---

① 尼采：《人性的，太人性的》，第1卷，第149节。

② 就柏拉图本人来说，在他的美学思想的发展中始终贯穿着对“美本身”的探求，这种探求从《大希庇阿斯》篇就已开始，一直继续到《会饮篇》、《理想国》等等。

他。'美'的判断乃是'他的物种的自负'……一个怀疑的小精怪可能在怀疑者耳旁窃窃私语:难道只是因为人认为世界是美的,世界才真是美的吗?他只是把世界加以人化——如此而已。"[①]

尼采的观点具有鲜明的主观主义和相对主义的色彩。古希腊的普罗塔哥拉曾提出"人是万物的尺度"这一著名的命题,尼采实际上是把这个命题应用于美学,主张"人是美的尺度"。在尼采看来,美并不在于客观事物本身,世界本来无所谓美或不美,只是由于人把世界加以人化才产生美,因此离开了人也就谈不上美。这当然是一种主观主义的观点,不过它同时也贯彻着人本主义的思想,即:美是人的创造物,人是一切美的根源,又是美的标准。这种以人为本位的美学观点,充分肯定人在美的创造过程中的主观能动作用,有其合理的因素,然而人的这种主观能动作用也是被尼采片面地夸大了的,被他唯心地、抽象地发展了的。问题的关键在于,他根本不理解世界的"人化"是通过人的社会实践、首先是劳动实践来实现的。因此,他所说的世界的"人化"和马克思所说的"人化的自然"有着原则的区别。同时,我们应该指出,尼采把人作为美的尺度,这种看法本身就包含着相对主义,因为他自己也承认这只是人的一种"假定",并没有客观的科学根据。所以他在强调了人是美的标准和美的原因之后,又不得不指出:"但绝对没有任何东西向我们证明,恰好是人才是美的合适的模范。谁知道在具有更高鉴赏力的鉴识家眼里,他会显得像个什么样呢?"[②]尼采的这

① 尼采:《偶像的黄昏》,第19节。
② 同上。

一相对主义的美学观点也是源自古希腊。他在哲学思想上曾深受赫拉克利特的影响，而这位希腊哲人就说过："最美丽的猴子与人类比起来也是丑陋的。""最智慧的人和神比起来，无论在智慧、美丽和其他方面，都像一只猴子。"[①]尼采在另一著作《查拉图斯特拉如是说》中谈到所谓"超人"时，也说过与"超人"相比，人比猴子更像猴子。可见在他那里，关于美的相对性的思想是根深蒂固的。

尼采从上述的观点出发，引导出他的两条美学基本原理。他这样写道："没有东西是美的；只有人是美的：一切美学都建立在这句老实话上面，它是这门科学的第一条公理。现在让我们再直截了当地加上第二条公理：除了退化的人以外，没有东西是丑的——审美判断的领域就局限于这两条首要的原理之内。"[②]美与丑是正相反的，那么丑是怎样的东西呢？尼采指出，从心理学的观点看，任何丑的东西都使人软弱和沮丧，它使人想起腐败、危险、软弱无力，见到丑的东西，人就失去力量。因此，丑的效果是可以用力量计来测量的。当人的精神低落时，这就是他嗅到了某种丑的东西接近的信号。他的权力感、权力意志，他的勇气和骄傲，在看到丑的东西时就宣告瓦解，而看到美的东西时则上升。所以尼采把丑理解为"标示堕落退化的一种暗示和征兆"。人们仇恨丑的东西，为什么？因为人最仇恨的是"他的类型的没落"。在这方面，他的仇恨发自族类的最深的本能。后来在《权力意志》一书中，尼采更

---

① 《赫拉克利特残篇》，D82，D83。

② 尼采：《偶像的黄昏》，第 20 节。

明确地用生物学的观点去解释美和丑的起源。按他的说法，美和丑归根到底是生物学上的价值，凡是对我们人类有用、有益、提高生命力的东西（不仅是这些东西，还有伴随着这些东西的感觉，或这些东西的象征），就会给予我们以美感，增加我们的权力感。所谓“成为更美”，乃是提高力量的结果。相反地，丑则意味着一种类型的退化，有组织的力量的衰退，从心理学来说，就是“意志”的衰退。“因此，美和丑只是作为与我们最基本的自我保存的价值有关的东西才得到承认。离开了这了一点，想要断定任何东西是美是丑，都是毫无意义的。”[①]

我们知道，尼采曾经研究过达尔文学说并对它发生很大的兴趣。他对美和丑所作的这种生物学的解释，显然受到达尔文的影响。不过尼采的这种生物学观点是和他的权力意志论结合在一起的，因此美就不仅仅是“物种的自负”或自我保存的生物学意义上的价值，而且是权力的表现。尼采把美说成是“权力的最高的征兆”、“凌驾于对立面之上的权力”，“因为在美之中，对立面被驯服了”，不再需要暴力，一切都轻松愉快地听命服从，使艺术家的权力意志感到愉快。[②] 如果说，生物学的美学观点中多少还包含着一些唯物主义的因素，那么鼓吹权力意志的唯意志论就把这一点点唯物的因素也最后断送了。

现在我们再来谈尼采的艺术论。前面已经说过，尼采早期曾赋予艺术以最高的地位。他的看法后来虽然有所变化，但直到晚

---

① 尼采：《权力意志》，第 423 页。

② 同上，第 422 页。

年他始终对艺术十分重视。有一位西方学者指出，尼采是最早承认艺术对基督教统治后的西方人能够代替宗教的思想家之一。[①]实际上，尼采也是把艺术作为宗教的对立面来看的，他说："我们的宗教、道德和哲学都是人的颓废堕落的形态。相反的运动则是：艺术。"[②]他后来在回顾《悲剧的诞生》一书时所写的笔记中，甚至提出了"艺术就是一切"的口号，并且对艺术作了全面的评价。照他说来，艺术是"使生活成为可能的伟大手段，把人引向生活的伟大诱惑，生活的伟大兴奋剂"；艺术又是对否定生活的意志的唯一最好的抵抗力量，它本质上是反基督教的、反佛教的、反虚无主义的。艺术是对具有知识的人的一种"补救"，这种人看到了存在的可怕而又可疑的性质，但又愿意去看，他就是具有悲剧知识的人。艺术又是对行动的人的一种"补救"，这种人不仅看到了存在的可怕而又可疑的性质，又要活下去而且愿意活下去，他就是悲剧性的好斗的人、英雄。艺术还是对受痛苦的人的一种"补救"，作为通往这样一个境界的途径，在那里痛苦是受意志控制的、变了形的并加以神化的，在那里痛苦也是巨大欢愉的一种形式。[③]

艺术是一种"补救"——这是尼采的艺术观的核心。尼采认为，现实世界是如此残酷可怕，为了要征服这个现实并且能够活下去，人就需要"谎言"。在过去，形而上学、道德、宗教等等无非都是"谎言"的不同形式，而现在"上帝死了"，这些东西都不灵了，就只能求助于艺术。人怎么能重新树立对生活的信念呢？就要靠艺术

---

① 参阅克莱武：《尼采哲学》序，英文版，第 XXIX 页。

② 尼采：《权力意志》，第 419 页。

③ 以上参见尼采：《权力意志》，第 452 页。

来“补救”。艺术就像动物身上的旺盛的活力，使人热爱生活，它如同补药那样起作用，增强人的力量，点燃起生的欲望（亦即力量感）。在某种场合，例如悲剧，甚至对可疑的和可怕的事物的偏爱也是有力量的征候，因为人们坚强到能够把痛苦作为一种快乐来感受。相反，与艺术相对立的东西则意味着生活的没落、贫乏和堕落退化。因此，尼采把艺术看做对付悲观主义的有效武器。但是，如果人们把艺术信以为真，那就错了，因为艺术毕竟是一种必需的“谎言”。传统的美学一般都讲真、善、美的统一，尼采则认为艺术只追求美，与真、善无涉。他甚至声称，哲学家说“善和美是同一的”，这乃是一种可耻行为，而如果还要加上一句“真、善、美是同一的”，那就应对这个哲学家处以鞭责。因为在尼采看来，“真理是丑的”，“我们拥有艺术，免得我们被真理所毁灭”①。

出于这种对艺术的本质的错误看法，尼采根本否认艺术有反映现实、认识现实的作用，他对艺术中的现实主义是看不起的，甚至认为它实际上不可能存在。在《快乐的知识》一书中，他有一段话专门针对现实主义者。他说，你们自称为现实主义者，总以为世界实际上就是它向你们呈现的那样，似乎只有在你们面前现实才毫无遮盖地现出其本来面目。但实际上在每一个感觉、每一个感官印象中，都有某种幻想、偏见、非理性、无知、恐惧等等因素夹杂在里面。你们说，这里是山，这里是云，它们之中究竟有什么是“现实”的呢？你们能把幻想和全部人的因素都排除掉吗？你们能把你们的出身、你们的过去、你们所受的学校教育，以及你们作为人

---

① 以上参见尼采：《权力意志》，第 435 页。

和动物的全部历史都忘掉吗？显然不能。因此尼采得出结论说，无论是对我们或是对你们，“现实”都是不存在的。[①] 在这里，尼采抓住了旧现实主义的机械反映论的弱点而加以片面夸大，强调反映过程中不可避免的人的主观因素，进而根本否认客观现实的存在。他的这种反现实主义的思想对现代西方文学艺术的发展无疑地产生了深远的影响。有的西方艺术史家认为，现代艺术正是从“现实”在艺术家眼里的解体开始的。

尼采用生活的需要去解释艺术，所以他倒是重视艺术和生活的联系的。他在说明艺术作品中趣味的起源时，就求助于人的日常生活。他说，“如果我们考虑艺术感的最早的萌芽，并且问我们自己，什么是最初的艺术——例如在野蛮人部落中——产生的各种不同的快乐，那么我们发现首先就是理解另一物的意义所产生的快乐。在这种情况下，艺术是某一种谜，它在解谜者的敏锐的感觉中引起快感。最粗糙的艺术品也使我们想起我们确实经验过的令人愉快的事物，因此就给我们以快乐。例如，当艺术家暗示一次追猎、一次胜利、一次婚姻的时候，就发生这样的情况。其次，例如表现对复仇和冒险的赞美，也能使我们感到激动、受感动和兴奋。在这里，快乐就在于激动本身之中，在于战胜了令人沉闷的生活。”[②]我们看到在线、点、节奏方面符合规则和对称的一切事物时感到愉快，也是因为通过某种类比唤醒了我们对生活中一切有秩序和合规则的事物的感觉，如此等等。在尼采的以上看法中，包含

① 尼采：《快乐的知识》，第 57 页。

② 尼采：《人性的，太人性的》，第 2 卷，第 119 节。

着合理的因素,可以推论出生活在先,艺术趣味起源于现实生活的观点,但他自己却并没有得出这样的结论,这些合理因素终于淹没在他的唯心主义艺术理论中了。

关于艺术家和艺术创作,尼采也发表过不少言论,其中有些看法值得我们注意。他比较着重对艺术家在创作中的心理的分析,他认为,"要使艺术成为可能,也就是说,为了使一种审美的行动方式和审美的观察方式可能存在,就必需要有某种预先的生理状态:迷醉状态(Rausch)。这种迷醉状态首先必须加强整个人体机器的感受性,否则就不可能有任何艺术。"①各式各样的迷醉状态,虽然可以由不同的方式产生,却都具有创造艺术的力量,其中首先是依赖于性的兴奋的那种状态,这是迷醉状态的最古老和原始的形式。后来弗洛伊德对艺术创作活动的解释,可以说是源自尼采的。此外,尼采还列举了其他各种迷醉状态,如由强烈的欲望和激情所产生的迷醉状态,在酒宴和比赛场上出现的迷醉状态,由于勇敢和胜利而产生的迷醉状态,从事残忍行为和破坏活动的迷醉状态,以及由于气候影响或使用麻醉药而造成的迷醉状态等等,其共同的本质特征就是力量增强和精力充沛的感觉。他指出,"由于这种感觉的驱使,一个人把他自己的东西给予事物,他迫使它们分享他的财富,他对它们施加暴力——这种行动就叫做理想化。"②一般人认为,所谓"理想化"就在于压制或取消事物的一些细节或非本质特征,尼采则指责这种理解完全是一种偏见。他所说的"理想化"

① 尼采:《偶像的黄昏》,第8节。

② 同上。

不是这个意思，而是指一个人用自己丰满的力量去把其他事物丰富了："他使事物变形，直到它们反映他的权力，直到在它们身上打上他的完美性的印记。这种强制性地把事物变形成为美——就是艺术。"[①]因此，在尼采看来，好的艺术家应该是身强力壮、精力过剩的动物；[②]反之，处于反艺术状态的人则贫弱不堪，靠从一切事物抽血来过活。他说，老实讲，历史上就充斥着这样的反艺术者、这种只有低级活力的生物，他们没有什么选择，只是适应于他们见到的每个事物，吸它的血，把它弄得更瘦。真正的基督徒帕斯卡尔便是一例，"没有一个基督徒而同时又是艺术家的"。

尼采的艺术创作论充分肯定了艺术家的主观能动性，并且对多愁善感、无病呻吟的病态艺术家进行了抨击。他在评论艺术中的浪漫主义时，也批评了他所鄙视的那种艺术家。他写道："什么是浪漫主义？每一种艺术和每一种哲学都可以被看作替成长中的、斗争中的生活服务的帮人恢复健康的工具：它们总是先须有痛苦和受痛苦的人作为前提。但是，有两种受痛苦的人：一种人是由于精力过剩而痛苦，他们需要狄奥尼索斯艺术，并要求有一种对于生活的悲剧式的观点和洞见；另一种人则是由于精力衰退而痛苦，他们寻求静止、安静、平静的海洋，并通过艺术或知识来救自己，或者是寻求麻醉、痉挛性的发作、迷乱、疯狂。一切艺术和知识中的浪漫主义，就是符合于后一种人的双重需求的。"[③]这些话确实很辛辣，特别是他用来指责他一度崇拜过的叔本华和瓦格纳，把他们

---

① 尼采：《偶像的黄昏》，第 9 节。

② 尼采：《权力意志》，第 421 页。

③ 尼采：《快乐的知识》，第 370 页。

作为后一种人的代表。他说,这些精力贫乏的人实际上需要的是一个上帝,而且是一个病人的上帝、"救世主";而精力丰溢的狄奥尼索斯艺术家,由于拥有极其丰富的创造力,对什么都无所畏惧,不仅敢于正视可怕的生活现实,而且可以允许那些邪恶、无意义、丑陋的东西在艺术中出现,化腐朽为神奇,把每一片沙漠都改造成丰饶的果园。在尼采看来,真正的艺术家是不受陈规旧俗束缚的,"在信条松弛的地方,艺术就抬起了头"①。假如丑不是指人的退化和力的衰竭,那么它也同样应在艺术中占一席地位。他说:"如果只有守规则的、可尊敬的、行为规矩的灵魂才允许表现自己,那么艺术就被限制在太狭小的范围内了。在造型艺术中,如在音乐和诗歌中一样,除了美的灵魂的艺术外,还有丑的灵魂的艺术;而艺术的最强有力的效果,撕碎灵魂,飞沙走石,使野兽人化等等,恐怕正是由那种艺术最好地创造出来的。"②

应该指出,尼采的看法虽有一些可取之处,但却有根本性的错误。问题在于,他从唯意志论出发把艺术家的主观创造片面地夸大成为绝对,似乎艺术创作完全决定于主观,决定于艺术家的权力意志。他无视社会生活对艺术创作的制约性,也不谈艺术家需要深入生活、认识生活,这样就使艺术创造成为无源之水,变成纯粹是艺术家主观力量的自我表现。尼采的这种思想对现代西方文学艺术的影响是不可低估的,他把过去人们向来认为不适宜于艺术表现的令人厌恶的事物引入审美的领域,也在文艺创作中引起了

① 尼采:《人性的,太人性的》,第 1 卷,第 150 节。

② 同上,第 152 节。

重要的变化。有的西方学者认为，尼采是预见到了像卡夫卡、乔伊斯、贝克特、萨特这样一些人的作品的出现，为他们的创作实践奠定了理论基础。这种评价是有一定根据的。

还有一点要指出，尼采心目中的强有力的艺术家往往是孤独的个人。这和他蔑视群众的贵族主义观点有密切的联系，但另一方面也在一定程度上反映了西方资本主义社会里脱离群众而又不愿随波逐流的一部分艺术家的处境和心情。他谈论天才的痛苦说，"艺术天才希望给人以快乐，但如果他的精神是处在一个很高的水平上，他就不容易找到任何人去分享他的快乐；他提供娱乐，但无人接受。在这种情况下，这使他感到一种带喜剧性的悲哀；因为他确实没有权利把快乐强加于人。他吹笛，但无人跳舞：这会是悲剧性的吗？但也许为了弥补这种丧失，他在创造活动中找到更多的快乐"[①]。正因为艺术天才不能被人所理解，与社会格格不入，所以他们不得不到创作中去寻找安慰。这确实是资本主义制度下某些艺术家的悲哀。至于说到天才，尼采虽然承认艺术天才的存在，却并不赞成过分夸大天才的作用。他认为天才崇拜或多或少地和过去的宗教迷信有关，而吹捧天才则常常使天才自己忘乎所以，以致成为造成自己垮台的原因（例如拿破仑）[②]。

最后，我们来谈谈尼采是怎样看待艺术的社会作用的。回答这个问题有点困难，因为他一方面把艺术的地位放得很高，另一方面他又否认艺术具有过去人们公认的某些最重要的社会作用。例

---

① 尼采：《人性的，太人性的》，第1卷，第157节。

② 同上，第164节。

如,大多数美学家一般都承认艺术的认识作用,而尼采则把艺术看作“幻想”、“谎言”,取消了它的认识价值。特别是,对大家历来珍视的艺术的道德教育作用,尼采完全采取否定的态度。这当然是和他的整个道德观有关。在他看来,普遍而永恒的道德是根本不存在的,过去欧洲人所自诩的道德观念大都是建立在基督教的基础上的虚假的谎言,而“上帝死了”就必然导致对绝对的道德价值的否定。正是在这个意义上,尼采自称为“第一个非道德论者”[①]。从这样的观点出发,他当然不会承认艺术的道德教育作用。他曾经用形象化的比喻说,如果一个艺术家想超出自己的限度去做一个艺术家以外的什么人,例如想当人民的“道德唤醒者”,那么,作为对他的惩罚,他就像是和一个具有道德实质的恶魔鬼怪谈恋爱。[②] 正因为如此,尼采不赞成亚里士多德关于悲剧的伦理作用的看法,即认为悲剧能使人的畏惧和悲悯这两种情感得以“净化”的理论。他说,这是亚里士多德对悲剧的“莫大误解”,如果悲剧的效果真的是激起这两种压抑的情感,那么它就将成为对生活有危险的一种艺术,而艺术就会“有害于健康”了[③]。他也反对人们关于莎士比亚戏剧的道德效果的说法,比如有人认为看了《麦克白斯》就会使我们避免野心的邪恶。尼采指出,这种看法是错误的,如果相信莎士比亚自己也这样想,那就错上加错了。“一个人要是真的被炽热的野心所缠住,那么他看到他自己的这幅画像只会感到喜悦,而当主人公被他的欲念驱向毁灭时,这就是在这种令人喜

① 参阅尼采:《看哪!这人》。

② 尼采:《黎明》,第240节。

③ 参阅尼采:《人性的,太人性的》,第1卷,第220页。

悦的热饮中加上最辣的香料。”[1]

尼采否认艺术的道德教育作用，还有另外的一个原因，就是他认为以往艺术所表现的那些思想观念往往都是错误的。他说，令人深感痛苦的是不得不承认这一事实，即一切时代的艺术家所推崇的和在作品中体现的，正是我们现在认识到是错误的那些观念，连但丁的《神曲》、拉斐尔的绘画、米开朗琪罗的壁画、哥特式的大教堂也不例外。所以，这些艺术家是“人类的宗教错误和哲学错误的美化者”。当然，如果他们当时不是相信这些错误是绝对真理，他们是不会这样做的。但如果对这种真理的信仰根本消失了，如果虹的色彩在人的知识和想象力的尽头褪了色，那么这种艺术就永远不会重新繁荣了。[2] 尼采启发人们去想这样一个问题：艺术所体现的思想、观念随着时间的推移而显出错误，可是伟大的艺术作品却依然留存下来了，这是什么原因？他的回答恐怕是这样：艺术就应该是艺术，使艺术永垂不朽的并不是艺术本身以外的东西。

由于尼采有以上这些看法，所以有的研究者把他看做“为艺术而艺术论”的宣扬者。但是，下这样的论断是要冒危险的，因为尼采虽然不承认艺术的认识作用和道德教育作用，却并不否定艺术的伟大社会作用，而且他对“为艺术而艺术论”也明确地提出过批评。在《偶像的黄昏》一书里，有一节是专门针对“为艺术而艺术论”的。尼采说：“反对艺术中的目的的斗争，常常是反对艺术中的道德倾向的斗争，反对艺术从属于道德的斗争。为艺术而艺术就

① 尼采：《人性的，太人性的》，第150节。

② 参阅尼采：《权力意志》，第449页。

是意味着：'让道德见鬼去吧！'——但即使这种敌视态度也不自觉地露出道德偏见压倒一切的力量。如果艺术失去了道德说教和促进人类的目的，那么这决不能得出结论说艺术是绝对没有意思、无目的和无意义的，简言之，为艺术而艺术乃是一条蛇咬自己的尾巴。"他通过心理学家之口，提出了这样的一系列问题：艺术做些什么？它不进行赞扬吗？它不进行美化吗？它不进行选择吗？它不把某些事物放到重要位置吗？在这样做的时候，艺术都加强或减弱某种评价。难道这仅仅是次要的事吗？偶然的事吗？……难道一个艺术家的最基本的本能不是同艺术的目的、同生活相关的吗？同某种他想要的生活相关的吗？在提出了这一连串的问题之后，尼采的回答是："艺术是生活的伟大刺激力：怎么能够把它看作无目的、无意义、为艺术而艺术呢？"[①]因此，他的观点和那些躲藏在艺术的象牙塔里的所谓"纯艺术论者"是相距甚远的。他不是否认艺术有社会目的和社会作用，而是认为过去人们所说的目的和作用还不够崇高，还不能与艺术相配，因此他是从更高的意义上、即对生活的意义上来肯定艺术的目的和作用的。就拿悲剧来说吧。悲剧艺术家要传达给别人的是什么呢？不正是他对那种可怕而又可疑的东西的无畏态度吗？这种态度本身就是值得高度赞扬的。"一个勇敢和自由的精神，面临一个强大的敌人，面临一种伟大的不幸，面对一个令人恐怖的问题——这就是悲剧艺术家选择和加以赞美的那种因胜利而欢悦的态度。"[②]难道艺术的社会作用还不

① 尼采：《偶像的黄昏》，第 24 节。

② 同上。

大吗？

艺术既然有它的社会作用，那么艺术家也同样应该承担起自己的社会使命。在有一个地方，尼采把诗人叫做“引向未来的向导”。他认为，近代人身上仍然存在的未被利用的一切剩余的诗的力量，应该全部用于一个确定的目标，不是去描述现在或是去恢复和总结过去，而是去指出通往未来之路。但是，诗人和政治经济学家不一样，他的任务不是去预测一种更好的社会状态以及实现这种状况的图景，而毋宁说他正如较早的诗人塑造神的形象那样，应塑造人的美好的形象。诗人正是通过塑造新的人的形象来帮助创造未来。尼采认为，通往这种未来的诗的道路是从伟大德国诗人歌德开始的，但还需要更多优秀的探路者来进行探索。[①]

以上我们概略地讨论了尼采关于美和艺术的一些主要思想。研究尼采美学，本来还应该谈一下作为艺术家的尼采，因为他和康德、黑格尔那样的哲学家不同，自己就是一个艺术家。他从小受过良好的音乐教育，有很深的音乐修养，不仅写过许多有关音乐和音乐家们的评论文字，而且本人也能作曲（虽然他的朋友、当时著名的指挥家冯·布洛对他的作品评价不高）。他的诗写得极好，在德语文学中堪称一杰。因限于篇幅，我们只能在另文中加以评述了。在这里只打算指出一点，就是尼采所鼓吹的美学思想和他自己的艺术创作、艺术趣味之间存在着很大的距离。他内心里真正喜爱的是古典派和歌德的新古典主义作品，他写的不少诗歌也反映了他的审美趣味。谓予不信，有诗为证：

---

① 参阅尼采：《人性的，太人性的》，第2卷，第99节。

月亮沉入大海，

星星已经疲倦，[①]

天色渐渐发白，

但愿我已长眠。

我认为，这是尼采的最美的抒情诗之一。这首诗所创造的梦一般的意境不是典型的阿波罗式的吗？哪里有什么狄奥尼索斯的味道呢？这不是矛盾吗？的确是矛盾，但这又是事实。尼采这个人就是一个大矛盾，我们又有什么办法呢！

---

① 参考周国平同志的译文。

关于西方美学理论中的无意识问题的历史考察

关于文艺创作中的无意识问题目前正越来越引起人们的兴趣。作为一种文艺现象，它的存在是不容置疑的，某些作家和艺术家（例如伟大的德国诗人歌德）就曾经以亲身的经验说明了这一点。遗憾的是，迄今为止，在马克思主义美学和文艺理论中似乎还没有对无意识在创作中的作用作过认真的探究，这看来是一个必须填补的理论空白点。为了对无意识问题作出马克思主义的解释，先对历史上有关这个问题的各种看法作一简略的考察也许不是多余的。

一

在西方，“无意识”这个专门术语只是到近代才出现，但其思想萌芽则可以一直追溯到古希腊。人们一般认为，在苏格拉底、柏拉图那里已经在某种程度上涉及无意识的问题。

苏格拉底可能是历史上因思想问题而正式被判死刑的第一人，他在法庭上为自己所做的辩护词（即柏拉图所记录的《申辩篇》）中，把诗的创作看作是一个不自觉的过程。他说，他给诗人拿出他们自己作品中最精心制作的几段，问他们究竟是什么意思，他们却答不上来，“于是我知道了诗人写诗并不是凭智慧，而是凭一种天才和灵感；他们就像那种占卦或卜课的人似的，说了很多很好的东西，但并不懂得究竟是什么意思”[①]。因此，在苏格拉底看来，写诗是一种非理性的无意识的活动，诗人对自己的作品也并不理解，不过这种创作活动是用灵感来解释的。

柏拉图进一步发挥了他的老师的这种看法，他在早期著作《伊安篇》里谈论诗的灵感时指出，凡是高明的诗人，写诗不是靠技艺，而是因为得到灵感，有神力凭附。如果诗人不失去平常的理智而陷入迷狂，就没有能力去创造，就不能做诗或代神说话，而神对于诗人就像对占卜家和预言家一样，夺去他们的平常理智，用他们作代言人。据柏拉图说，写诗不是诗人自己的一种创作能力，因为他根本对此一无所知，他进行创作是不由意识的。后来，柏拉图又在《斐德若篇》中详细地论述了所谓的迷狂，他列举的几种迷狂中有一种是由诗神凭附而来的迷狂。“它凭附到一个温柔贞洁的心灵，感发它，引它到兴高采烈神飞色舞的境界，流露于各种诗歌……若是没有这种诗神的迷狂，无论谁去敲诗歌的门，他和他的作品都永远站在诗歌的门外，尽管他自己妄想单凭诗的艺术就可以成为一个诗人。他的神智清醒的诗遇到迷狂的诗就黯然无光了。”[②]直到晚年，柏拉图仍然保持把文艺创作看作人的无意识活动的观点，他在《法律篇》中再一次肯定，“当诗人坐在诗神的祭坛上的时候，他

---

① 参阅柏拉图：《申辩篇》，22b－22c。

② 《斐德若篇》，245a，《柏拉图文艺对话集》，人民文学出版社，1963 年，第 118 页。

不是神志清醒的”[①]。因此，有一位研究希腊美学思想的西方学者认为，不仅在《伊安篇》中，而且在《斐德若篇》和《法律篇》中，柏拉图都把诗的创作过程看作是一种催眠状态，并且在某种程度上是一种盲目的力量。催眠状态本身是道德和理性的否定[②]。这一看法是有道理的，柏拉图的文艺创作论的一个最重要的特征就在于非理性，文艺创作不是受理智支配的清醒的自觉活动，这就为无意识问题的提出做了准备。

柏拉图在认识论方面也多少接触到无意识的问题。他把知识说成是回忆，而回忆就是回忆被遗忘了的早先储存在灵魂里的东西。在《美诺篇》中有这样的事例：一个从未受过教育的小奴隶，经过启发诱导，却表现出他具有关于几何学定理的知识，而这完全是无意识的，因为连小孩自己也不知道有这样的知识；另外柏拉图在《理想国》里谈到过做梦，梦中有邪念，这也是无意识在起作用。

应该说，在古希腊还没有提出近代意义上的无意识问题，而且苏格拉底和柏拉图对文艺创作的无意识性的解释都带有浓厚的宗教神秘主义色彩，创作的动力不在主体之内，而在主体之外，来自神秘的灵感或神力。这反映了当时人类对文艺中的无意识现象的认识还停留在初级的阶段，在解释这种现象时还不得不求助于宗教神学。但是，古希腊哲学家的看法对后世却发生了重大的影响，近代关于无意识问题的提出正是受了他们的思想启发。

---

① 《法律篇》，719c，《柏拉图对话录》，第 4 卷，英文版，1953 年，第 289 页。

② 参阅威理：《希腊美学理论》。

二

苏格拉底和柏拉图以后的思想家在很长一段时间内没有对无意识问题作更深的探究，但一般说来他们也都承认无意识现象的存在。例如新柏拉图主义者普罗提诺认为，“不存在自觉的感觉，并不能证明不存在心理活动”。托马斯·阿奎那关于心的理论也包括我们并不直接意识到的那些灵魂中的过程。许多神秘论者也认为，自觉的心灵处于消极状态时内心活动过程也可能获得对外界的洞察。这些说法都肯定，在人的精神活动中，除了自觉的有意识的活动外，还有不自觉的无意识的活动。但是，无意识问题真正引起人们的注意而成为进一步探讨的对象，还是在笛卡儿哲学出现之后。

笛卡儿的理性主义哲学提出“我思故我在”，讲自觉性，强调所谓清晰、明确、自明就是真理的原则和标准。与这种哲学相应的是古典主义的美学理论，最有代表性的如布瓦洛的《诗艺》，把理性的规则当作艺术的绝对标准，结构要清楚明确，语言要合乎逻辑，这才算是好的艺术作品。但在笛卡儿之后，许多哲学家、艺术家和诗人却相反地谈论某些人们自己没有意识到的心理活动的存在，这似乎是对笛卡儿主义的一种反作用。特别是后来从 18 世纪下半期至 19 世纪中叶的浪漫主义运动，与古典主义的主张针锋相对，把非理性的认识方式提高到重要的地位。浪漫派认为，人的心灵具有理性所不知道的、与理性不同的某种功能，它同样是知识的来源，甚至比理性更基本、更优越。这样，就把无意识问题提到议事日程上了，而首先对这一问题进行详细研究的则是德国浪漫主义运动的理论代表谢林。在谢林之前，卢梭、哈曼、赫尔德、歌德等人虽然都谈过无意识的作用，但只是到了谢林才真正把无意识问题提到哲学的高度来加以探讨，并成为他的美学理论的一个重要组成部分。所以说，对无意识问题的哲学的、美学的考察是从谢林正式开始的。

在德国古典哲学中，谢林是以他的"同一哲学"著名的。根据他的看法，存在和思维、物质和精神、客体和主体的绝对同一，是万物的始基。"绝对本身既不是有意识的，也不是无意识的，既不是自由的，也不是不自由的或必然的"①，因为在绝对中一切都是同一的、无差别的。但是，这种绝对同一并不是物质和精神之间的中间物，而是宇宙精神的特殊的无意识状态，尽管在原始的绝对同一中没有区别，然而还是有无意识的欲望要把自己同自己区别开。正由于这种无意识的盲目的活动，自然界才得以产生，因此创造自然界的活动是无意识的，也就是说自然界的始原是无意识的，而自然界进一步向更高阶段的发展，则是从无意识向有意识的转化。

谢林把他的同一哲学应用于美学，用来解释文艺创作活动。按他的说法，文艺创作是有意识活动和无意识活动的结合，而作品则是有意识的东西和无意识的东西的同一。艺术作品作为艺术直观的产物，一方面与自由产物有共同之处，即它是有意识地被产生的，但另一方面，它又与自然产物有共同之处，即它是无意识地被产生的。自然界的创造活动和艺术创作都包含着有意识和无意识

① 谢林：《艺术哲学》，第6节，《谢林全集》，第3卷，慕尼黑，1958年。

两种因素,但顺序却正相反。“自然界是无意识地开始而有意识地告终的,创造虽说不是合乎目的的,但其产物却是合乎目的的”,反之,艺术创造活动“则必然是有意识地(主观地)开始而在无意识的东西中告终的,或者说是客观地告终的;自我就其创造活动而言是有意识的,但就其产物来看则是无意识的”①。因此,在谢林看来,“艺术是以有意识的活动和无意识的活动的同一性为基础的。”②一个艺术作品越是能表现这种同一性,它就越是完美。只有在有意识的活动和无意识的活动相互协作和渗透的情况下,最高的艺术才能产生。

谢林认为,艺术家进行创作活动,是由于一种“创造的冲动”的驱使,他们是不由自主地被驱使着创造自己的作品的。这种冲动促使他整个人全力以赴地行动起来,因为这关系到他的整个生存的根本。谢林说:“激起艺术家的冲动的只能是自由行动中有意识事物与无意识事物之间的矛盾,同样,能满足我们的无穷渴望和解决关乎我们生死存亡的矛盾的也只有艺术。”③创造的冲动是神秘而不可理解的,由之而产生的艺术作品也同样如此。艺术家不由自主地从事创造,他的作品也仿佛是不受他的影响而纯然客观地附加到他的创造上去的。他不知不觉地把他自己也不理解的深不可测的奥秘迁移到自己的作品里去,所以艺术可以说是一种“奇迹”。能实现这种“奇迹”的只有天才,天才凌驾于有意识活动和无意识活动之上,体现着二者的统一。艺术中的有意识活动表现为

① 谢林:《先验唯心论体系》,商务印书馆,第262-263页。

② 谢林:《艺术哲学》,第19节。

③ 谢林:《先验唯心论体系》,第266页。

艺术技巧，它是经过艺术家深思熟虑而自觉地完成，是既能教授也能学习的；无意识活动则表现为艺术中的诗意，它只能来自艺术家的天赋而不可能学习得到的。谢林指出，单凭技巧或诗意都不足以创造出完美的艺术作品，艺术天才的本领就在于把二者结合起来。虽然谢林谈了两面，但实质上他还是突出强调创作活动中无意识的一面，因为在他看来，艺术作品的根本特点就是“无意识的无限性”，艺术家在作品中除了表现自己的意图外，还本能地表现出一种无限性，要展现这种无限性，靠有限的知性是无能为力的，它是无意识地产生，而且是艺术家和别人都无法理解的。因此，艺术作品所包含的总比艺术家本人原来的意图要多得多，而这完全是无意识活动的结果。

谢林对于无意识的强调，和当时德国浪漫派有密切的关系。浪漫派作家不赞成启蒙学派崇尚理性的观点；主张诉诸本能和无意识的东西。例如，诺瓦里斯认为，诗人是在无意识状态中产生，诗的创作过程是非逻辑的。他说，“诗人实在是在无知觉状态下进行创作的”，“艺术家成为无意识的工具，成为最高力量的无意识的用具”。浪漫派十分向往梦境，因为在梦境中无意识的东西可以充分显示自己。他们用梦中的经验去解释生活，认为它可以揭示普遍存在的更深层次。在他们看来，艺术创作就类似做梦，所以梦是诗的祖国，梦是“不自觉地写出的诗”。所有这些看法。对后来无意识理论的发展都是有影响的。

还应该指出，深受谢林影响的也包括早期的别林斯基。这位俄国革命民主派的创始人在早年也很强调无意识在文艺创作中的作用，巴纳耶夫在《文学回忆录》中说，别林斯基认为“只有那些无意识地进行创作的人才是真正的艺术家”①。普列汉诺夫也在《别林斯基的文学观点》中指出，“别林斯基在自己活动的最初两个活动时期（也就是在醉心黑格尔绝对哲学以前的时期和醉心它的时期），曾经认为无意识性是任何诗的创作的主要特征和必要条件：后来他对于这一点就讲得不那么肯定了，可是他从来也没有停止过认为无意识性在真正艺术家的活动中具有巨大意义。”②这些说法是符合历史事实的。

早期的别林斯基在谈论艺术创作时，往往赋予无意识活动以十分重要的地位。他把艺术创作看做是一种“无目的而又有目的、不自觉而又自觉”的活动，认为这就是创作的基本法则。③ 就创作的全过程来说，首先是艺术家要感到有创作的要求，这不是出于自觉，而是突然地、出乎意外地、完全与意志无关地降临的。因此，创作过程是从无意识开始的。创作的要求引来一种概念，它隐藏在艺术家的灵魂里，占据它，压迫它，可是艺术家对概念并不能有所抉择，而只能不由自主地摄取它。艺术家感到自身中有一种感受到的概念，却又不能够明显地看到它，这是创作的第一步。第二步是把这模糊的概念保持在“自己感情的幽秘的殿堂”里，像母亲怀胎一样，使这概念逐渐明显地化为生动的形象。创作的第三步则是由艺术家把形式赋予创作，完成作品。在别林斯基看来，创作的前二步动作都不是艺术家自觉地进行的，只有最后的第三步才出于艺术家的自觉，因此整个说来无意识因素在艺术创作过程中起

---

① 巴纳耶夫：《文学回忆录》，俄文版，1950年，第185页。

② 《普列汉诺夫美学论文集》，第1卷，人民出版社，第221－222页。

③ 《别林斯基选集》，第1卷，人民文学出版社，1958年，第173页。

主要的作用。他说:“当诗人创作的时候,他想在诗的象征中表现某种概念,从而他是有目的的,并且自觉地行动着的。可是,不管是概念的抉择或是他的发展,都不依存于他那被理智所支配的意志,从而他的行动是无目的和不自觉的。”①别林斯基还强调灵感对艺术创作的决定性意义,认为“只有灵感才能够创造”,而灵感也完全是无意识的,是不受艺术家的理智支配的,所以他同意柏拉图,把艺术创作看做基本上是一种非理性的活动。

后来别林斯基修正了他早期的观点,他虽然并不否认艺术创作活动中的无意识因素的存在,但却重新对它的作用作适当的估计,而开始强调作品的思想性,要求艺术家去认识、思考、反省、提出问题和解答问题,从而赋予有意识的因素以主导的地位,把艺术创作理解为艺术家自觉的活动,认为“不自觉性不但不是艺术的必要的属性,并且是跟艺术敌对的,贬低艺术的”②。别林斯基的这种新看法标志着他的艺术创作理论的一个重要转变,同时也说明了他和谢林的决裂。

三

谢林的非理性主义的文艺创作理论,在叔本华和尼采那里得到了进一步的发展,关于无意识的研究也开始从哲学转向心理学。

叔本华是唯意志论哲学的倡导者。他虽然继承了康德把世界

① 《别林斯基选集》,第1卷,人民文学出版社,1958年,第176页。

② 《别林斯基选集》,第3卷,译文出版社,第107页。

区分为现象世界和本体世界(即自在之物)的观点,但他所谓的自在之物指的是意志,世界上其他形形色色的事物,从自然界到人的活动,都是这个意志的表现、客观化。意志是万物之源,是一切事物的内在本质和核心,但它本身是无意识的,是一种“盲目的,不可遏止的冲动”。这种冲动是不受理性制约的,只服从于意志,而不服从于认识。叔本华从这种唯意志论的观点,树立了他的悲观主义的人生哲学和艺术哲学。在他看来,人生既然是意志的表现,所以在盲目的冲动的支配之下,人生总是充满各式各样无穷尽的欲望。欲望根据享乐的原则要求得到满足,但满足只是暂时的,欲望无止境,一种欲望满足了又产生新的欲望,永远无法得到彻底的满足,因此人生注定是痛苦的,而意志就是痛苦的根源。要摆脱痛苦,根本的办法只有消灭欲望,灭绝意志,个人达到涅槃,人类达到寂灭,这是永久的解脱。另一个办法则是通过艺术,审美观照使人暂时摆脱生活的羁绊,暂时忘却自己,它是一种逃避、超脱,是从意志到梦境、欲望到静观的过渡。所以归根到底,艺术还是源自那无意识的意志。

特别应该指出,叔本华把意志在生物界的体现说成是一种无意识的生命意志,并把它归结为性的本能。他认为,对于生物来说最重要的莫过于维持自己种族的生存,因此生命意志表现为自我保存和繁衍后代。他把性冲动看作是“坚决的最强烈的生命之肯定”,认为它是自然人和动物的“生活的最后目的和最高目标”。他在《作为意志和表象的世界》一书中说:“以生命意志本身为内在本质的自然,也以它全部的力量在鞭策着人和动物去繁殖”,“因为大自然的内在本质,亦即生命意志,在性冲动中把自己表现得最强烈；所以古代诗人和哲人——赫西奥德和巴门尼德斯——很有意味地说爱神是元始第一，是造物主，是一切事物所从出的原则。”①按照叔本华的理解，性冲动是生命意志表现的一个很深的层次，它既是生物的一种本能，又是盲目的、非理性的、无意识的。我们可以看到，他的这种看法对后来弗洛伊德学派关于无意识的研究起了何等的影响。

对于无意识理论的发展，尼采的作用也许比叔本华更重要得多。尼采早期曾受叔本华哲学的影响，后来则与叔本华决裂而走上了自己独立发展的道路。但是，在关于无意识的问题上，尼采基本上是朝着和叔本华相同的方向前进的，而且走得更远了。

尼采大致同意叔本华对世界和人生的看法，即认为它们本质上是非理性的，并且是痛苦的、可怕的、令人无法理解的。但他不赞成叔本华的悲观主义，反对逃避和否定生活。他说，虽然世界是没有意义和价值的，可是我们既然注定不得不在这个世界生活，就要勇敢地活下去，为了使世界和生活能为我们所忍受，就须赋予它们以意义，创造出新价值。在尼采那里，艺术不再是消极的逃避，而成为使我们能生活下去的积极手段。用他的话来说，世界只有作为审美的现象才有其存在的正当理由。② 因此，艺术扮演着极其重要的角色，而艺术创作的原动力则在很大程度上是无意识的。尼采借用希腊神话中两个神的名字，即阿波罗和狄奥尼索斯，去称呼推动艺术创作的两种基本冲动。他不仅用它们来解释古希腊文

① 叔本华：《作为意志和表象的世界》，商务印书馆，第452页。

② 参看尼采：《悲剧的诞生》。

学艺术的发展，而且把它们推广到全部文学艺术史。阿波罗冲动表现在梦里，梦是一种幻觉，但给现实世界披上一层审美的帷幕，给人以美的图景，使之摆脱变幻不定的存在的痛苦。在梦中，人直接把握形式，创造出一个形式和美的幻想世界，而每一个人在制造美丽幻想方面都证明自己是有才能的艺术家，古希腊奥林匹斯的神话、史诗和造型艺术就是由此产生的。与此相反，狄奥尼索斯冲动表现为醉，醉的状态可以由麻醉物、也可以由春天的到来而引起，个人丧失了自己，冲破自我克制，尽情地放纵自己原始的本能，直接拥抱那令人可怕的存在，如醉如狂地与自然万物融为一体，载歌载舞，沉浸在无限的欢欣中。音乐、舞蹈就是狄奥尼索斯冲动的产物，而悲剧则是阿波罗冲动与狄奥尼索斯冲动相结合而诞生的。照尼采的看法，阿波罗精神虽然偏重理智，注意节制有度，但它既然表现为梦境，就不能摆脱无意识的因素。至于狄奥尼索斯精神，那么它出于非理性的原始本能，可以说基本上是无意识的。比较而言，尼采对狄奥尼索斯精神的重视显然要超过阿波罗精神，他认为前者在文艺创作中的作用是更基本的，是产生文学艺术的最深的、最原始的地层。这种对于无意识因素的强调，给后人留下了深远的影响。19 世纪文化基本上还是理性和科学知识占统治地位，在尼采之后风气为之一变，哲学、美学、文艺思想中的非理性主义潮流盛行，对此尼采确实起了重要的作用。

尼采对于艺术家的创作心理的分析，也着重无意识的作用。他指出："要使艺术成为可能，也就是说，为了使一种审美的行动方式和审美的观察方式可能存在，就必需要有某种预先的生理状态：迷醉状态。这种迷醉状态首先必须加强整个人体机器的感受性，否则就不可能有任何艺术。”[①]迷醉状态有各式各样，其中首先是依赖于性的兴奋的那种状态，这是迷醉状态的最古老和原始的形式。此外，还有由强烈的欲望和激情所产生的迷醉状态，在酒宴和比赛场上出现的迷醉状态，以及由于气候影响或使用麻醉药而引起的迷醉状态等等，其共同的本质特征就是力量增强和精力充沛之感。尼采说：“由于这种感觉的驱使，一个人把他自己的东西给予事物，他迫使它们分享他的财富，他对它们施加暴力——这种行动就叫作理想化。”[②]因此，艺术家进入创作前的心理状态是无意识的，在创作过程中他用自己丰满的力量把其他事物丰富了，使事物变形，直到在它们身上打上他的完美性的印记。这种强制性地使事物变形成为美，就是艺术，而这个过程也是艺术家本人没有意识到的。甚至人对美的判断也是无意识地从最低级的本能、即自我保存和自我扩张的本能出发的。人想象世界本身充溢着美，却没有意识到他自己是这一切的原因。[③] 所以在整个审美的领域中都渗透着无意识。

尼采在他的自传式著作《看哪，这人》中把自己叫作“无与伦比的心理学家”，他确实开始从心理学的角度去考察无意识现象。他认为，如果忽视人们行为的非理性的、“地下的”泉源，也就不能理解人的精神。他不承认人有什么固定的本质，把人的意识仅仅看作是表面现象，至于在这表面后面究竟是什么，谁也说不清楚。他说：“我们怎么重新找到我们自己呢？一个人怎么能认识他自己

① 尼采：《偶像的黄昏》，第 8 节。

② 同上。

③ 同上，第 19 节。

呢？他是黑漆漆一团、被掩盖起来的东西；如果说，一只野兔有七层皮，那么一个人可以撕掉 7×70 层皮，而仍然不能说，‘现在是真正的你，而不再是外壳了’。”[①]因此，在他看来，在意识的表层下面，还有多层次的、深层的心理结构，而对这些东西迄今还一无所知。他指出，不论我们的自我认识向前推进多远，最不完整的知识就是构成自我本质的所有那些动力了。我们无法叫出它们的名称，不了解它们的数目和力量，不清楚它们的作用和相互作用，也完全不知道它们的规律。[②] 尼采提出的这些问题，直接启发了弗洛伊德，关于无意识问题的研究进入了心理学的阶段，其影响也就更为扩大了。埃伦伯格在评论尼采的作用时把他称之为“一个新时代的预言家”，并且说，尼采对机能精神病学的影响是怎么估价也不会过高的，“尼采可以被视作弗洛伊德、阿德勒和荣格的共同来源”[③]。

四

弗洛伊德是精神分析学的创始人，他纯粹从心理学的角度去研究无意识，本世纪以来无意识概念的传播和发展和他的名字是分不开的。由于他本人是一个著名的医生，结合丰富的临床经验来开展研究工作，更使他的无意识理论具有科学的外貌。

弗洛伊德不止一次地谈到过他的理论先驱者，他曾提到叔本华、尼采和俄国作家陀思妥耶夫斯基等人的名字。他对尼采尤其

① 尼采：《作为教育家的叔本华》。

② 参阅尼采：《朝霞》中“经验与虚构”这一节。

③ 参阅埃伦伯格：《无意识的发现》，英文版，1970 年。

佩服，当时尼采的著作《看哪！这人》刚出版不久，不少人认为这是一个疯子的作品，弗洛伊德却在1908年维也纳精神分析学会的一次集会上，对尼采作了高度的评价，认为尼采所达到的内省的深度是过去从来没有人达到过，今后也不见得再有人能达到的。[①] 但是，弗洛伊德确实大大地发展了关于无意识的理论，可以说对无意识的系统的研究是从他开始的。

弗洛伊德的精神分析学或所谓弗洛伊德主义是从这样一个基本假设出发的，即认为人的行为和心理活动并不是由客观环境和社会生活物质条件所决定，而是由某些主观的心理因素，由先天的无意识的本能和欲望冲动所决定的。在他之前，也有人已经看到无意识对人的自觉活动的暗中的支配作用，例如卡鲁斯就说过"理解意识的性质的钥匙在于无意识的领域"那样的话，但并没有像弗洛伊德那样对人的心理结构的各个层次及其相互关系作过系统的描述。关于精神分析学的基本内容，大家是比较熟悉的，在这里不必赘述。我们只打算简略地谈一下他怎样解释无意识及其在文艺创作中的作用和表现。

人们知道，弗洛伊德把人的心理结构分成三个系统或层次，即无意识、前意识和意识。这三个系统各具特性，各自遵循不同的原则，在人的心理活动中扮演不同的角色。弗洛伊德对无意识的解释是相当宽泛的，用他的话来说，一个历程如发生于某一时间而在那一时间内我们又一无所觉，便称之为无意识。无意识是心理结

---

① 参阅琼斯：《弗洛伊德的生平和著作》，第2卷，纽约，1955年，第344页；考夫曼：《精神的发现》，第2卷，英文版，1980年，第47－49页。

构的最底层，是人的生物本能、欲望的贮存库，这本能、欲望具有强大的心理能量，时刻在追求得到满足，它归根到底在人的精神生活中起主导的作用。所以弗洛伊德说，精神分析的第一个命题就是：心理过程主要是无意识的，至于意识的心理过程则仅仅是整个心灵的分离的部分和动作。[①] 无意识领域中所包藏的本能、欲望究竟是什么，弗洛伊德前后有不同的说法，他起初认为是自我保存的本能和借以绵延种族的性本能，后来则说是生活本能和死亡本能。不过，无论如何，他都把性本能看作人的一切本能中最基本的东西，并且用性去解释整个无意识领域的现象。性是动物式的本能冲动，它只服从于快乐的原则，不顾一切，因此无意识的领域是盲目、混乱、非理性的黑暗世界，它必然会和人类社会的伦理、道德、宗教、法律等等发生矛盾冲突，而需要予以压抑。前意识起着"检查官"的作用，它不允许过于强烈的本能、欲望冒出来，无意识中的各种冲动只有经过它的检查批准才能进入意识。以后弗洛伊德又修正补充自己的理论，提出人格结构由本我、自我和超我组成的说法，但基本思想还是大致相同的。本我就是最原始的无意识结构，它体现着本能的性欲冲动："里比多"（性力），而"里比多"则是人的一切行为和心理活动的原动力和"内驱力"。但本我要实现自己的欲望，只能通过自我，因为只有自我才与外部世界相联系。自我是意识结构，是感觉、知觉和理性思维的主体，它不是根据快乐的原则，而是根据现实的原则去调节本我与外部世界之间的矛盾，压抑本我的非理性冲动，把它控制在适当的范围内。超我则是道德原

---

① 弗洛伊德：《精神分析引论》，商务印书馆，第8页。

则、良心,它比自我更有权威,当自我控制不住本我时,它就出来进行干预,但这在多数情况下也是无意识的。弗洛伊德认为,本我、自我和超我三者的平衡和协调是十分重要的,失去平衡就是导致精神病产生的根源。

弗洛伊德对文艺创作的看法,就是建立在这样的理论基础之上的。按他的说法,无意识领域内作为生命本质的性欲冲动虽然经常受到压抑,但它是从婴儿时期就开始的本能,始终是永动不息的。它要寻找出路,往往以伪装的形式表现出来,做梦是最明显的例子,本能欲望的冲动是梦的原因,在清醒时受压抑的欲望在梦中才得到部分的满足。正因为"里比多"经常受到人为的压制而得不到满足,所以就造成人的苦闷、矛盾、痛苦,这有时就使作为原动力的"里比多"向别的领域转移,似乎和原来的性的本能无关,而实际上却仍然是被抑制的本能转移后的表现,这种转移也是无意识的。弗洛伊德的所谓"升华",就是指本能冲动在表面上抛弃原来的性的目标,而转向其他更高尚的社会目标如文艺、科学、宗教、文化活动等等。"升华"使受抑制的性本能在其他领域内找到出路,而得到了一定的满足,同时又不危害社会。所以,在弗洛伊德看来,性的本能是推动文化、艺术发展的原动力,"这些性的冲动,对人类心灵最高文化的、艺术的和社会的成就作出了最大的贡献"①。人们称他的观点为"泛性论",并不是没有根据的。

弗洛伊德用性本能去解释文艺创作的动力,也就是把无意识当作文艺的源泉。不仅如此,就连文艺创作过程本身和文艺作品

---

① 弗洛伊德:《精神分析引论》,第 9 页。

的内容，也无不渗透着无意识。艺术家和普通人一样有本能的欲望，但他能通过创作活动把“里比多”抑制转移到他的作品中去，创造一个幻想世界而使原始的性本能得以宣泄。这整个过程是艺术家自己没有意识到的，有点像做梦一样，不过这不是一般的转瞬即逝的梦，而是白日梦，产生了持久的艺术作品，但文艺创作活动实质上还是和做梦差不多的。弗洛伊德还指出，艺术创作所使用的形象思维比语言思维更接近于无意识的过程，[①]因此整个创作过程都离不开无意识的作用。至于艺术作品的内容，他也力图从性本能去解释，把一切最后都归结为作者本人的性的欲望的无意识表露。他对莎士比亚戏剧、陀思妥耶夫斯基的小说和达·芬奇的绘画所作的精神分析学的解释是很有名的，对西方美学和文艺批评发生了很大影响。在他的倡导之下，不少评论家都挖空心思地到艺术作品中去寻找所谓性的象征，着重于探索艺术家在创作时的无意识动机，透过作品去发掘潜藏的无意识含义。这股潮流现在虽然已经过去，但其影响所及，使无意识问题在美学和文艺批评中得到了广泛的重视，而且它也在西方现代文艺创作上留下了印记，如“意识流”文学作品、荒诞派戏剧、超现实主义绘画等等，都在不同程度上受到弗洛伊德主义的影响。

由于弗洛伊德过于强调性本能在无意识中的作用，引起了各种不同的批评，有些作家和艺术家根据亲身的经验，驳斥了他的理论。这也导致了弗洛伊德学派内部的意见分歧，而终于造成了该学派的分裂。在弗洛伊德的阵营中持批评意见的重要人物首先是

① 弗洛伊德：《自我与本我》，英译本，1962 年，第 11 页。

荣格和阿德勒。

荣格对弗洛伊德的批评涉及到对无意识的根本理解。他指出，弗洛伊德把人的全部活动最后归结为性的本能是没有事实根据的。他也不同意弗洛伊德把无意识仅仅看作个人心理的基本因素，而提倡“集体无意识”这个新概念与“个人无意识”并立。在荣格看来，不能单纯从生物学的观点去看人的本能和解释无意识现象，而必须把“集体无意识”理解为“原始意象”，它贮存着全人类的各个种族和民族的历史生活、甚至人类前的动物生活的经验，这些在心理上残存下来的沉淀物，成为一种先天的、具有普遍性的“原型”，它虽然不被人所察觉，但一切有意识的活动都不能摆脱这一形式。因此，荣格对无意识的解释要比弗洛伊德宽广得多，它并不仅限于或归结为性本能，甚至主要的并不是性本能，而包括生活经验（其中也有社会经验）的各个方面。其次，荣格强调“集体无意识”比“个人无意识”更重要。“集体无意识”不是由个人获得，不是属于个人，而是通过遗传而世世代代保存下来的普遍性的东西，它适用于一切个人，出现于每一个人的内心中。正是这种本质上是超个人的“集体无意识”构成了人们心理的基础，而“比起集体心理的汪洋大海来，个人心理只像是一层表面的浪花而已”。

荣格用“集体无意识”去解释文艺创作，特别是研究原始文化艺术，得到了一些值得注意的成果。他认为，艺术不属于个人，而属于集体。不管艺术家个人具有怎样的创作意图，实际上艺术创造活动仍来源于无意识的深处，因此重要的不是艺术家的个性，而是那种高出于个性的普遍的东西。艺术创作被他说成是被无意识所左右的一种被动的行为，在他看来，不是歌德创造了《浮士德》，而相反地是《浮士德》创造了歌德，因为《浮士德》所表现的无非是早已存在于德国人灵魂深处的奥秘，歌德只是帮助它产生而已。

阿德勒既反对弗洛伊德关于性本能的说法，也批评荣格的“原始意象”说，创立了自己的“个性心理学”。他主张不能把人仅仅当作生物的人、而要当作社会的人来看待。他认为人是一个整一不可分的整体，是为自己行为负责的，自由地追求自觉目的，因此不能像弗洛伊德那样只注意寻求人的行为的原因，而必须同时探究他的最后目的或所谓“社会意向”。在这方面，阿德勒明显地受尼采的影响，他虽然仍承认无意识的作用，但又强调创造性的自我，肯定个人的独特性。在阿德勒之后，精神分析学开始摆脱生物学的局限性，而越来越多地注入社会性的内容，导致了所谓“新弗洛伊德主义”的出现。

现在弗洛伊德的古典的精神分析学在西方已经过时，找不到多少信徒了。但其影响已渗透到哲学、美学、文艺理论和社会学等领域，渗透到其他学派中去。有一种值得注意的趋势是试图把弗洛伊德的某些思想吸收到某些学派的学说中，创造出一些新的理论。关于无意识的问题，也继续成为注意探讨的重点，在法兰克福学派（弗罗姆、马尔库塞）和结构主义（列维-施特劳斯、拉康）中表现得尤为明显。

五

在对无意识问题进行了以上简略的历史考察之后，可以指出以下这几点作为本文的小结。

第一，在西方从古至今关于无意识问题的探讨大体上可以分为三个阶段：最初涉及无意识现象时所作的解释是宗教神学的，后来开始从哲学上来加以思辨的阐明，最后则成为心理学研究的对象。宗教神学的、哲学的、心理学的阶段，标志着人类对于无意识问题的认识的深化过程。

第二，目前心理学家虽然一般都承认无意识的存在，但严格地说，无意识还仍然只是一个合理的假设，并没有得到足够的科学论证。关于无意识的内在的机制及其起作用时所需的条件和对人的行为的影响的程度，仍然是不清楚的。弗洛伊德认为心理学可以脱离脑生理学，这种看法是错误的。关于无意识问题的研究要真正成为科学，必须以高级神经活动生理学的发展为基础，现在看来离科学的要求还有相当的距离，还有待于进行认真的探索。

第三，要正确地阐明无意识在文艺创作中的地位和作用，首先有必要弄清楚人的无意识活动和有意识活动之间的关系。无论如何，文学艺术是人类具有高度创造性的精神劳动的产物，是人所以区别于一般动物的自觉能动性的体现，只有在承认这样的前提下，才有可能对无意识作出适当的估价。

第四，无意识属于人的主观心理活动，它和外部世界（自然界和社会生活条件等等）究竟是什么关系，也是需要解决的问题。文学艺术创作本身体现着主观心理活动和外部世界的客观反映的结合，如果把它仅仅归结为心理本能的体现，那就只能使文艺作品的内容极度贫乏化。弗洛伊德主义的根本缺陷之一，也就在于此。

美 育 人 生

《当代西方电影美学思想》序

李幼蒸同志关于当代西方电影美学的新著就要与读者见面了，这本书的出版弥补了我国当前美学研究中的一个重要的空白点，值得引起美学界的重视。因此，当作者要我这个电影艺术的门外汉为这本著作写篇序言时，我也就欣然从命了。

李幼蒸同志是研究现代西方哲学的。1982 年我去美国普林斯顿大学作短暂的访问，他正在那里进修哲学。他带我去参观普林斯顿高级研究院，一起在爱因斯坦路上漫步的情景，至今还历历在目。李幼蒸同志对西方电影有特别的兴趣，并在业余进行认真的研究。我知道他过去在国内曾翻译过一些有关西方电影理论的资料和文献，到了国外当然有更方便的条件可以接触到第一手材料并同有关专家进行直接交流了。到 1983 年我和他在纽约会合，动身去蒙特利尔参加第十七届世界哲学大会时，他已经转到哥伦比亚大学哲学系继续进修。他回国后在不长的时间内就完成了一本介绍西方电影美学的著作，我想这该是他在国外从事艰苦耕耘所收获的第一个成果吧。

美学按传统的说法是哲学的一个分支，其实把它看作边缘性学科或跨学科的综合性研究可能更合适些(我有意不把它叫作边缘性“科学”，因为美学究竟是否或将来能否成为一门严格意义上的科学，这一直是有争议的)。因此，研究美学可以从不同的角度出发，既可以从哲学的角度去研究，也可以从其他的角度，例如艺术、心理学、教育学等等角度去研究。但是，无论如何，美学研究如果不是局限于具体的枝节问题或技术性问题，而要具有一定的理论深度，那就离不开哲学的探索，正如全部价值理论(Axiology，Theory of Value)归根到底必须以哲学思考为基础一样。当然，话又得说回来，美学研究也决不能停留于抽象的哲学思辨的领域，如果它要保持旺盛的生命力，不致患上贫血症，它就必须和人的多样化的审美实践活动相结合。我不是说讨论美是什么之类的问题没有意义，事实上自从柏拉图在《大希庇阿斯篇》里提出这样的问题以来，讨论一直没有停止过。而且据我看，对诸如此类的根本性问题，每个时代都会作出它自己的回答。只要人类存在一天，关于这类问题的探讨大概会永远继续进行下去，但是，美学的发展主要不是靠这种抽象的探讨，而是借助于具体的社会实践来推动的。美学要在社会生活中真正起作用，也需要通过它对人的社会实践活动的影响。所以我认为，美学除了继续研究所谓基础理论外，应该把更多的注意力放在现实生活中，特别是艺术实践中所出现的重大美学问题上。如果我们善于把哲学的思考运用于具体的艺术领域，就有可能把我国的美学研究提高到一个新的水平。李幼蒸同志作为一个哲学研究者朝着这个方向迈出了一步，这是很可贵的。

对我国的美学研究来说，电影是一片有待开垦的富饶的处女地。在所有的艺术门类中，电影算是十分年轻的小弟弟，但和其他老大哥相比，无论从其发展速度或社会影响来说，都有后来居上之势。这也并不奇怪。电影和电视都属于现代群众性传播媒介，其特点之一就在于它们可以充分利用现代化手段把艺术信息迅速地、大规模地传达给大量的观众，从而对整个社会生活发生极大的影响。在这方面，一些传统的艺术门类是很难与之抗衡的。但电影的优越性还不止于此。我们知道，一些传统的艺术，如诗、建筑、雕塑、绘画、音乐、戏剧等等，在艺术表现上有各自的特殊性，同时也有一定的局限性。在近代，对各个艺术门类的特殊性和局限性的研究，曾经是西方美学家们感兴趣的重要问题。应该说，从莱辛的《拉奥孔》到黑格尔的《美学》，这方面的研究是进行得相当充分的。根据各自的特点，部门美学也先后产生和发展起来了，如诗学、建筑美学、绘画美学、音乐美学、戏剧美学等等。相比之下，电影美学的出现要晚得多，至今仍处于形成的过程中，但它方兴未艾，前途远大，可以说是面向未来的新事物。电影是综合性艺术，它除了拥有自己特有的艺术表现手段外，还能充分地吸收和利用各门艺术的长处，而在一定程度上超越它们的局限性，熔各种艺术于一炉，把视觉、听觉的审美感受同诗的想象、戏剧性的情节等等更完美地结合起来。其实，自从十九世纪后期以来，有不少人提出过把各门艺术综合在一起的想法，瓦格纳和尼采把这看做未来艺术的发展方向，奥地利戏剧大师马克斯·莱因哈特则在艺术实践中进行了有意义的探索和大胆的尝试（我曾在萨尔茨堡的马克斯·莱因哈特研究所里看到这方面的许多有趣的资料）。不过我认为只有电影艺术才真正实现了这种综合，这向美学提出了一系列新课题。电影美学的任务就在于去研究和解决由于电影的出现而在美学中产生的新情况、新问题。

电影事业在我国已经有几十年的历史，近年来更有长足的进步。但应该承认，我们还没有完成自己的电影美学建设。我国有悠久的文化艺术传统，诗论、乐论、画论和戏剧理论都产生得很早，而且具有浓厚的民族特色。电影是舶来品，虽然它已经在中国的土地上生根开花，可是从理论上系统地研究这门新艺术却一直做得很不够，这对于我国电影艺术的进一步发展显然是不利的。因此，研究电影美学不仅会有利于我国美学的发展，而且可以直接为当前的电影事业服务。当然，关键是要创立我们自己的富有中国特色的电影美学，这决非易事。要完成这一艰巨的任务，首先要从中国的实际出发，总结我们电影创作实践的经验，从而提高到理论；其次也必须借鉴外国的经验，特别是要善于批判地吸取外国电影理论研究的最新成果。故步自封、闭门造车的时代已经过去了，不了解当今西方电影美学的发展，只满足于道听途说，是很难改变我国电影美学研究的落后状况的。所以我愿意向读者推荐李幼蒸同志的这本著作，相信它对希望了解西方电影美学的人会有所裨益。本书的内容包括对西方电影理论的简要的历史回顾，但把重点放在六十年代以来的新发展上，这也令人有耳目一新之感。至于对这些新潮流应该作怎样的评价，那就有待于进一步的研究和探讨了。

（《当代西方电影美学思想》，李幼蒸著，
中国社会科学出版社，1985 年）

第五届全国美学会议
“走向21世纪的中国美学”开幕式致辞

第五届全国美学会议今天在四川成都开幕。这次会议由中华美学学会和四川师范大学文学院美学所联合主办，首先请允许我代表中华美学学会向大力支持这次会议的四川师大领导和为筹备这次会议付出辛勤劳动的师大文学院和美学所的同志表示衷心感谢，向来自全国各地参加会议的专家、学者表示热烈欢迎。

我们现正处于世纪之交，迎接着新世纪的来临，因此把这次会议的主题确定为“走向21世纪的中国美学”是适宜和及时的。如何推动美学研究从传统走向现代，建立适应于新时代要求的中国现代美学，我觉得这是当前我国美学发展的一个关键问题。

美学研究是文化建设的重要组成部分，以美学研究为基础的美育是提高人的素质、促进人的自由全面发展的重要途径。因此，美学研究和美育在社会主义精神文明建设中承担着重大的使命，其根本目的就在于提升人的精神境界，通过美的鉴赏和艺术，使情感得到陶冶，思想得到净化，品格得到完善，从而使身心得到和谐发展，自身得到美化。这种独特的功能和作用是别的学科无法替代的，所以美学研究决不是可有可无的点缀品，而是必须予以重视和加强。问题是我们的美学研究在新的形势下不能充分适应时代的要求，需要进行适当的变革。应该看到，近一个时期以来，中国和整个世界都已经和正在继续发生急剧的变化，科学技术革命充当了变革的先导，知识经济的出现更将大大促进社会的飞速发展。与过去相比，无论是社会生产力、经济结构、政治体制、人们的社会关系、生活方式，或是思想意识、文化、道德、价值观念以至审美意识和趣味，都变得面貌一新，与前大不相同了。面对这样迅速变化着的世界，在学术研究上墨守成规，采取以不变应万变的态度显然是没有出路的。我们的美学研究一定要跟上历史发展的潮流，适应于21世纪知识经济时代前进的步伐，广泛地吸收新知识，应用新的研究方法和研究手段，在理论上有所突破和创新。我以为美学研究工作者也应该像我国自然科学研究工作者一样，树雄心壮志搞我们自己的"美学创新工程"，抓住当前实行科教兴国战略发展科研的大好机遇，把我国美学研究工作提高到一个新的水平。

开展美学研究，争取在理论上创新，决不是意味着要抛弃传统或否定传统美学在现代的价值。相反，只有充分尊重历史，才能深刻认识现实，才能真正把握未来。问题是要对以往的美学和文化艺术理论遗产采取马克思主义的批判继承的正确态度，努力在传统和现代之间建立一种有机的联系。无论中国或外国，历史上都有丰富的美学思想和悠久的美学传统，从孔子、庄子、柏拉图、亚里士多德、刘勰到康德、黑格尔，这份优秀的文化遗产是人类创造的共同精神财富。现代美学的发展不能离开传统的基础，它应是传统在新的历史条件下合乎规律的继续和发展，而不应该是传统的断裂。当然我们也不能囿于传统，受传统的束缚，而要从当代的视野出发，以革新的精神去发掘和弘扬传统美学思想中的精华，给以新的理解和诠释，并以此为基础融汇创新，使传统成为现代思想的一部分而获得新的生命力。

美学理论创新要以马克思主义为指导，这是一个重大原则问题，必须始终坚持。但是，马克思主义经典作家并没有为我们准备好一切美学问题的现成答案，让我们可以偷懒躺在本本上睡大觉。马克思主义是发展的科学，它本身需要不断地发展，一旦停滞了、僵化了，也就没有生命力了。邓小平理论就是马克思主义在中国的新发展，是当代中国的马克思主义，研究当代中国的美学问题也离不开邓小平理论的指导。我们要学会运用马克思主义的立场、观点和方法，去探讨现时代美学发展中出现的新情况和新现象，对新问题作出新的回答。只要我们努力这样做，也就会使马克思主义美学本身得到进一步的丰富和发展。

美学理论的创新还必须坚持实事求是，从中国的实际出发，而当前中国最大有实际就是中国正处于并将在一个相当长的时期内仍处于社会主义初级阶段。脱离这个实际、离开中国的国情来谈创新，可能就会流于空谈。这就涉及到如何对待当代西方美学的新发展和新理论的问题。自从实行改革开放政策以来，通过国际交流和翻译出版大量国外美学著作，打破了长期以来闭关自守的局面，使我们了解世界美学研究发展现状，大大开拓了眼界，这对于我们积极吸收和借鉴国外美学研究的最新优秀成果，促进我国美学研究，无疑地起了积极作用。但是，就总体来说，当代西方美学理论毕竟是适应于现代西方社会条件而产生的，决不能照抄照搬。美学理论的创新不能靠引进，而只能靠我们自己的研究创造。只有深深地扎根于中国的土地，从中国的国情出发，紧密地结合当代中国的审美和艺术实践，才能创造出我们所需要的适应于新时代的有中国特色的新的美学理论。

美学理论的创新需要有一个良好的学术环境和宽松的学术气氛。坚持和贯彻“双百方针”，鼓励实事求是的科学研究和大胆探索，开展不同学术观点的自由讨论，是促进学术繁荣的必要条件。学术繁荣了，才可能有理论上的创新。希望我们这次会议能够开成体现“百花齐放、百家争鸣”的讨论会，大家畅所欲言，各抒己见，齐心协力，共同为推进中国美学走向21世纪而努力。

陶冶情操　完善品格

——《全彩艺术史系列》丛书序

今天，时代的脚步正跨入21世纪。在现代化的大潮中，强调艺术及审美教育对培养新世纪一代新人的重要作用，已成为当今世界人们的共识。审美教育是整个社会文化建设不可缺少的组成部分，是提高人的素质、促进人的自由全面发展的重要途径之一。因此，它在我国社会主义精神文明建设中承担着重大的使命。其根本目的，就在于提升人的精神境界，通过对美和艺术的鉴赏，提高人的文化修养，使情感得到陶冶，思想得以净化，品格得以完善，从而使人身心得到和谐发展，自身得以美化。这种独特的功能和作用是一般科学文化教育无法替代的。特别是我国改革开放以来，随着社会进步和人民生活水平的提高，人们越来越注意文化素质，渴望提高自己的文化艺术修养和鉴赏能力。这就更加需要有适合广大群众的审美教育，而最重要的是学习和掌握一些艺术史的基本知识。有了这些知识，就有了鉴赏古今中外经典艺术作品的基础。但令人遗憾的是，现今出版的艺术史著作，大都是一些高校教材或学术专著，部头大、专业性强，一般读者难以问津。还有一些"史话"类通俗读物，系统性又不够。读者界和出版界都企望能有比较通俗而又全面系统的艺术史问世，以满足一般读者大众日益高涨的审美需求。

“全彩艺术史系列”的编撰与出版，应该说是多少满足了这一需要。它的特点很鲜明。首先是收入了大量作品，插图占去篇幅的60%以上。读者们完全可以在了解艺术史知识的同时，直接欣赏到视觉艺术作品的“原貌”，而无须像看其他艺术史著作那样，一边读一边还要去找原作来印证。其次是在梳理艺术史的线索时，各册均照顾到读者的特点，将历史发展的枝枝蔓蔓精心剪辑，保留主干，去其杂枝，突出重点艺术家及其作品。同时又注意点面结合，尽量勾勒出艺术创作的丰富性，使读者对艺术发展的连续性有一个系统的认识。再次是行文深入浅出，文字通俗顺达，读者容易接受。在编排上，各册内容则实行了栏目化和板块化，它们使复杂的艺术史知识被表述得简洁而清晰，一目了然。

我希望这套“全彩艺术史系列”丛书能受到广大读者的欢迎，作为审美教育参考必读书而作出她应有的贡献。

（原载《中国新闻出版报》2001年3月5日）

21世纪中国美学的使命

世界进入了21世纪。在新的世纪里,中国美学将朝着什么方向发展?这是值得我们认真思考的问题。

美学和哲学一样,也是时代精神的一种体现。美学要繁荣发展,必须适应时代的需要,回答和解决时代所提出的新问题。

恐怕谁也不会否认,近几十年来世界已发生了翻天覆地的巨大变化,而且这种变化目前还在继续进行着。科技革命的突飞猛进的发展和信息时代的来临,经济全球化浪潮和西方文化价值观的泛滥,都为我们带来了许多前所未有的新情况和新问题。在国内,随着改革开放的深入和社会主义市场经济的建立,现代化建设进程出现的一系列新现象和新问题也是过去没有遇到过的。我想,这是21世纪中国美学研究不得不面对的国际和国内的实际,离开这样的实际,无视现实生活向我们提出的问题,闭门造车,是不可能有丰盛收获的。

在经济全球化和信息化的时代,中国学术文化,包括美学在内,要面向世界,走向世界,这是必然的趋势。改革开放以来,中国美学打破了过去的封闭状态,通过国际学术交流开阔了视野,引进了当代外国美学的许多新理论、新观点、新概念和新方法,给美学研究注入了新的活力,整个面貌为之一新。现在主要的问题是,要在马克思主义思想指导下创建我们当代具有鲜明中国特色的美学理论，这样才能在21世纪的世界美学中取得我们应有的一席地位，同国外美学界进行平等的对话和真正的思想交流，为美学的发展作出我们的贡献。当然，建立当代有中国特色的美学理论是一项艰巨的工作，需要学者们独立思考和长期的努力，决非一朝一夕之功。要做好这项工作，关键在于必须紧密地联系中国的实际，深深扎根于现实生活，从中华民族优秀的历史文化遗产和当代丰富多彩的审美实践与文学艺术实践中吸取营养，同时也要借鉴和吸收世界各国美学思想的一切积极成果，加以融会贯通、为我所用，并把传统与现代性结合起来，使美学理论真正富有当代中国特色。我以为，如果没有自己的不同于他人的特色，跟在人家后面亦步亦趋，中国美学是不会有远大发展前途的。脱离中国的实际，照抄照搬外国的东西，美其名曰创造“全球文化”，只不过是为披着普遍性形式外衣的西方文化张目。其实，经济全球化的趋势不应该也不可能消灭人类文化的多样性，使世界变得简单划一、平淡乏味。生活在特定历史文化背景和社会环境下的中华民族，长期以来形成了自己的价值观，有自己独特的审美观念、审美方式、审美趣味和审美心理，这正是构成有当代中国特色的美学理论的基础。只有充分发扬自己的特色，中国美学才能真正走向世界。

建立有当代中国特色的美学理论，要求解放思想，大力发扬求真务实、勇于创新的精神。它不仅能促进美学这门学科在我国的发展，而且更重要的是它能为当代中国人营造一个温馨可人的精神家园。美学在我国社会主义精神文明建设中担负着重大使命，它能减轻和缓解市场经济条件下可能出现的商品拜物教和金钱崇拜的消极影响，帮助人们走出异化的阴影。它的根本任务，就在于提升人的精神境界，促进人的全面发展，通过对美和艺术的探求与鉴赏，提高人的素质，使情感得以陶冶，思想得以净化，品格得以完善，从而使人的身心得到和谐发展，自身得以美化。美学的这种独特的不可替代的功能和作用，只有在社会主义制度下才能得到充分发挥。席勒说，只有通过美，人们才能走向自由。在过去的时代，这只是一种无法实现的幻想。现在条件不同了，美学或许可以作为帮助人们走向自由的手段之一，对社会主义精神文明建设作出自己的贡献。

（本文为主题为“新世纪与中国美学”的学术笔谈，
原载《学术月刊》2002年第5期）

“美学与文化:东方与西方”国际学术研讨会致辞

各位尊敬的来宾,各位学者

女士们,先生们:

“美学与文化:东方与西方”国际学术研讨会今天在北京开幕,我谨代表中华美学学会对参加会议的学者们,特别是远道而来的外国学者表示热烈的欢迎。

我认为,这次研讨会的主题是很有意义的,也是富有时代特色的。我们已经进入21世纪,世界发生巨大的变化。经济全球化的趋势加强了各国和各地区之间的联系和相互依赖,世界变得越来越小,成为人们所谓的“地球村”。在当代世界已不再存在把人们分隔开的不可超越的鸿沟,Rudyard Kipling在诗中所说“Oh, East is East, and West is West, and never the twain shall meet”的情况已一去不复返了。同时,我们还看到,全球化并没有也不可能消灭人类文化的多样性,使世界变得单调乏味。相反,世界文明正向着多元化方向发展,呈现出丰富多彩的局面。人们认识到,所有各种文化都是对人类文化的贡献和共同财富,由一种文化去统治世界的时代已经过去,现在各种文化应该相互尊重,平等对待,开展交流和对话,而作为不同的文化,东西方之间的交流和对话尤为重要。这不仅是为了增进相互理解,而且是为了相互学习,吸收对方的长处来丰富和发展自己。

大家知道,东方国家如中国、印度、日本、朝鲜以及阿拉伯国家、伊朗等等都有古老的文明、悠久的文化传统和丰富的美学思想,都有自己独特的审美观念和审美趣味,曾对人类美学思想的发展作出重大贡献。只是由于历史的原因,过去没有得到足够的重视。以中国为例,从先秦时期一直到现代,两千多年来的中国美学思想不断发展变化,形成了自己独特的传统,并对中国文学、音乐、绘画、雕塑、建筑等等的发展都留下了深刻的印记。但是,中国美学并不是封闭的、固定不变的,而是不断地从外部世界吸收各种优秀的文化成果和美学思想来丰富自己。在过去历史上,中国曾广泛地接受印度、阿拉伯、波斯、日本等文化的影响,近代欧美文化更对中国美学思想的发展产生重大影响。当代中国美学深深地扎根于中国的土地,不能脱离中国的历史文化传统,同时又必须面向世界,研究和吸收世界美学发展所取得的优秀成就。中国美学界衷心希望通过学术交流和对话,让世界美学界了解中国美学,让中国美学界了解世界。我们将继续努力推进东西方美学对话,共同为新世纪世界美学的发展作出贡献。

祝愿这次国际学术研讨会取得圆满成功!

谢谢!

(“美学与文化:东方与西方”国际学术研讨会
于 2002 年 10 月 18 - 20 日在北京召开)

向往艺术

——《艺术学：问题域和焦点的扫描》序

艺术是人类文明最伟大的创造。诚如德国诗人和美学家席勒所言："人啊，唯你才有艺术！"

然而，和人对自身的探索永无穷尽一样，理论家对艺术本质的探索也没有止境。回想起来，18世纪时鲍姆嘉通启用美学这个术语作为研究艺术与审美活动的学科的名称，实际上也迎合了理论家们以美来界定艺术的潮流。现在看来，这种概括已不是很充分了：美已被艺术突破！在20世纪末的时候，一方面是整个社会对文化艺术的追求更为普遍，另一方面精英艺术的发展方向变得晦暗不清；而一些美学家或者认定艺术不可定义，或者认为艺术即将终结。在这个问题上我并不悲观，我认为艺术正是一个期待理论家们进行不懈探讨的问题。

画廊和音乐厅里的艺术鉴赏往往是极大的享受，而艺术学的探索则需要极大的思维力度和百折不回的学术毅力。因为艺术学面对的是那样复杂却同样有魅力的艺术现象世界。比如人们一方面要求艺术有充分的个性，艺术拒绝模仿；同时人们又要求艺术理论对所有的艺术作品、艺术门类的特征进行最高度的概括。这不是一个注定无法完成的使命吗?！又比如，人们清晰地看到了艺术及其风格发展的历史轨迹，但人们又不因为艺术作品的“过时”而舍弃它们。人类历史上伟大的艺术永远是共时性的，这就叫永恒。那么，艺术在什么意义上也是一种历史甚至史前史呢?！再有，人们总会在伟大的艺术作品中体验到某种普遍的价值或共同人性，但另一方面迄今为止的艺术都用“方言”讲话，即带有特定地域、民族文化的特征。那么，在这个经济日益全球化的世界上，文化艺术的多样性还能不能继续保持呢?！所有这些问题都是极为重要的，它们关乎人类的命运和未来。与其说这样一些问题是美学的，倒不如干脆说它们是艺术学或艺术哲学的。人们关注艺术，艺术学学科的发展是一个有益的趋势。

在全球化的时代，在21世纪，拥有不竭的艺术原创和对艺术进行不懈思考的民族才是最有希望的！

（原载《中国社会科学院院报》

2005年11月3日第2版）

“美学与多元文化对话”国际学术研讨会致辞

各位来宾、各位学者，女士们、先生们：

这次有机会来成都参加“美学与多元文化对话”国际学术会议，感到十分高兴。首先请允许我代表中华美学学会对应邀前来参加会议的学者们、特别是对远道而来的国际美学协会的尊贵的客人表示热烈的欢迎，同时我也要对共同举办这次会议、为会议提供巨大支持的四川师范大学表示衷心感谢。

这次会议的主题是“美学与多元文化对话”，我以为在当前讨论这个主题是很有意义的。我们今天生活在一个迅速变化的世界，科学技术的迅猛发展和经济全球化把世界各部分紧紧联结成一个整体，大大加强了各国和各地区人民之间的联系、相互依赖和相互交流。与此同时，世界文化则向多元化的方向发展，多元文化得到国际社会的普遍认同和肯定。本世纪初联合国教科文组织一致通过了关于《世界文化多样性宣言》(Universal Declaration on Cultural Diversity)，明确地拒绝了关于文化和文明之间不可避免地会发生冲突的理论，把文化多样性提高到“人类共同遗产”(common heritage of humanity)的高度来加以肯定，提出要保护文化的多样性，将其视为一个有生命的、可以更新的财富，看作保证人类生存的过程。开展不同文化之间的对话和交流，无疑是维护和发展文化多样性的正确途径。通过对话和交流，不仅有助于不同文化的相互理解，而且可以相互借鉴，学习和吸收其他文化中的积极因素，彼此取长补短，促进共同繁荣。

多元文化对话为美学的发展提供了新的机遇。美学作为人类文化的高级精神成果，一方面关系到人类所珍视的某些共同价值，表现人性的共同性和普遍性，但另一方面美学又都是在一定的社会历史和文化环境的影响下产生和发展起来的。因此与文化的多样性一样，美学也不能不具有多样性，不同的美学具有各自的特殊性和不同于他者的差别性。例如，在美的概念、审美理想、审美趣味以至艺术创作理论等方面，源自希腊罗马和基督教文化的西方美学，显然和植根于中国文化的中国美学有很大不同，而由其他文化哺育出来的印度美学、伊斯兰美学等等，又各有其与众不同的独特性。正是由于存在着这种多样性，人类美学思想才显得如此丰富多彩。美学的世界应该像一个由许多种花卉构成的大花园，其中每个民族和地区的美学都有其独特的存在和价值，正如每种花卉那样有其独特的色彩和芳香。多元文化对话对于增进美学领域内的相互理解，交流美学研究的成果，促进美学的发展，起着重大的作用。中华美学学会将在开展对话和学术交流方面作出进一步的努力。

我还想借此机会向诸位简单地介绍一下中华美学学会的情况。中华美学学会成立于 1980 年，至今已有 26 年历史，是我国唯一的全国性美学学术组织，现有会员 600 余人，都是研究机构和高等院校从事美学研究和教学的专业人员。学会理事会由会员选举产生，每届任期5年。学会下设6个专业学术委员会，即文艺美学、外国美学、技术美学、审美文化、青年美学和美育，各自在专业领域内开展活动。学会还定期出版通讯，在会员中间交流有关美学研究、教学以及各种学术会议和活动的信息。

中华美学学会自成立后便承担起组织全国美学学术活动的任务，每年都要举办若干次有关美学问题的规模不等的研讨会。近年来举行的研讨会有："大众媒介和审美文化"、"东方美学"、"人与环境：美学问题"、"全球化与中国美学"、"美与当代生活方式"、"生态美学"、"美学在中国和中国美学"等等，这些研讨会取得了较好的成果，引起我国学术界的广泛注意。除了开展国内学术活动外，学会的另一重要工作是开展国际学术交流。1988年，中华美学学会正式加入国际美学协会（IAA），并派人积极参加IAA组织的会议和活动，在2002年在北京举办了"美学与文化：东方与西方"国际学术研讨会。IAA帮助中华美学学会与国外同行建立广泛联系并提供参加国际交流的机会，我们对此深表谢意，并希望今后能进一步加强合作，共同努力推动美学的发展。

最后，祝本次会议取得圆满成功！

（"美学与多元文化对话"国际学术研讨会
于2006年6月26－28日在四川师范大学召开）

富有创新精神的美学论著

曾繁仁的《转型期的中国美学》(商务印书馆出版),是一部当前我国美学界迫切需要的富有创新精神的著作。

作者把文集命名为《转型期的中国美学》,意味深长。当前,我们正处于一个发展和变动的时代。中国和整个世界都已经和正在继续发生急剧的变化,科学技术革命充当了变革的先导,大大促进了社会的飞速发展。与过去相比,无论是社会生产力、经济结构、政治体制、人们的社会关系和生活方式,或是思想意识、文化、道德、价值观念乃至审美意识和趣味,都变得面貌一新,与前大不相同了。我们的美学研究必须跟上历史发展潮流,适应于21世纪新时代前进的步伐,广泛地面向世界吸收新知识,应用新的研究方法和研究手段,在理论上有所突破和创新。如何推动美学研究从传统走向现代,建立适应于新时代要求的中国现代美学,这是当前我国美学发展的一个关键问题。

本书的特点之一是十分重视审美教育。作者用相当大的篇幅,从理论到实践的方方面面论述了审美教育的不可替代的重要作用。实际上,美学这门学科是整个文化建设的不可缺少的组成部分,以美学为必要基础的审美教育是提高人的素质、促进人的自由全面发展的有效途径。因此,美学研究和审美教育在社会主义精神文明建设中承担着重大使命，其根本目的就在于通过美的鉴赏和艺术教育，提升人的精神境界，使情感得到陶冶、思想得到净化、品格得到完美，从而使身心得到和谐发展、自身得到美化。审美教育的这种独特的功能和作用是别的科学教育所无法替代的，因此它绝不是可有可无的点缀品，而必须予以充分重视和加强。作者指出，审美教育是一种如何做人的教育，是一种人性的教育，也是一种文化与文明的教育。这些主张对于推动我们的审美教育的发展，无疑具有重要的意义。

作者最值得注意的创新，在于生态美学的提出和探索。正如作者所说，生态美学是在世界生态危机愈益严重的背景下产生的一种新型的美学理论形态，是同人与自然的矛盾日趋尖锐、生态危机已极大地威胁人类生存这一现实状况相伴随的。自从人类进入近代工业社会以来，人们利用科学技术这个强有力的手段去征服自然，进行大规模的经济开发，为了满足自己的欲望而无节制地对自然资源进行掠夺性开采，破坏了自然界的生态平衡，造成了人与自然的对立和疏离，结果使人类的生存环境恶化，形成全球性空前的生态危机。20 世纪 60 年代起，国际科学界、知识界的一些有识之士，开始对使人类陷入困境的原因进行深刻反思。不过在我的印象里，他们主要是从科学的角度去看生态问题对自然和社会生活造成的影响，而很少从美学的角度去观察这个问题。因此，我以为生态美学的提出是我国学术界的首创，正好弥补了生态研究的一个空白。无论是在理论上或是在实践上都具有现实意义。依我的浅见，今天人类因生态危机而陷入困境是人自己造成的，走出困境也还是要靠人自己。有的人希望回到过去的田园牧歌式的时代，显然是无法实现的空想。有的人把目前的困境归咎于科学技术更是没有道理的，况且要克服生态危机也还是必须借助于先进的科学技术。问题的关键在于，要用现代人的精神去看待人与自然的和谐关系，而在这方面，生态美学是可以有所作为的。生态美学不是把自然当作供人利用和征服的对象、单纯满足欲求的手段，而是把人和自然看作相互依存的有机整体，像尊重人一样去尊重自然，承认自然界的价值和生存的多样性。它不再把人作为宇宙的中心，使自然界的一切完全服从人的需要，而是把人视为整个宇宙有机整体的一部分，使人和自然得到协调的可持续发展，并使科学技术成为建设生态文明的强有力手段。在某种意义上可以说，生态美学的提出是科学发展观在美学中的具体应用。曾繁仁作为生态美学的倡导者，在本书中对生态美学作了全面的阐述和论证，这是他对我国美学研究做出的新贡献。

（原载《人民日报》2008 年 1 月 3 日第 16 版）

美学也应关心民生

张涵先生的《新人间美学》是一部立意高远、视野广阔、富有创新精神的哲学美学著作。作者长期从事美学研究，在美学理论、美学史、文艺美学、影视美学、传播美学、经济美学等诸多科学领域内均颇有建树，曾发表过不少有分量的专著和论文，得到高度评价。我觉得此次出版的新作表明，作者在学术研究中又迈进了坚实的一步。该书具有以下一些鲜明的特点，给人以深刻的印象。

首先，全书突出一个"新"字。该书纵论新的人类文明、新的人格和新人间的诞生，尤其对当今人类文明将由"适者生存"型向"美者优存"型提升，作了深刻的论述，充满着创新意识，这是很可贵的。

近一个时期以来，随着经济全球化趋势的加速发展，中国和整个世界都已经和正在发生急剧的变化。我们的美学研究一定要跟上历史潮流，适应于21世纪新时代前进的步伐，在理论上有所突破和创新。如何推动美学研究从传统走向现代，建立符合时代要求的现代形态的美学，我以为，这是当前美学发展的一个关键问题。该著作在这方面作了很有意义的探索。

其次，美学理论上的创新，绝不意味着要抛弃传统或否定传统美学在现代的价值。相反，只有深深扎根于中国的土壤，同时面向世界充分尊重历史，总结历史经验，才能深刻认识现实和把握未来。该新著也正是这样做的，它从历史悠久、博大精深的中华文明中发掘出美学传统的精华，对中华美学的基本精神和理论核心作了精辟阐述，并以此作为今天创造新美学的基础和出发点。

作者还富有新意地指出，当今世界，国与国力量之间的评说，众口一词曰：看其综合国力。实则，更应看其综合“国人”。因为人乃国家与民族之魂，凡国人强者，其国家与民族必强。然惟高水准、大人格之人难“雕”。而中华传统美学在以大人格“自立立人”、以大人格“治国经世”、以大人格“自美美人”方面有着鲜活而丰富的思想。

最后，也是最重要的是，作者坚持在美学创新中以马克思主义理论为指导，并在书中以专门一章论述马克思对美学的贡献及其在当代的重大意义。强调要将唯物辩证法、唯物史观和马克思所说“美的规律”进行有机整合，深刻认识与把握美的规律在人类物质文明创造、精神文明创造和人的身心全面发展中所起的全局性、枢纽性作用，这应成为当今人类一个重要的理论觉醒与实践自觉。同时，要大力克服长期以来人们认为美学和审美只是作为“一种因素”、“一个方面”和在“一定范围”（如在艺术、娱乐等领域）内才起着某种可有可无的作用的片面观点，大力提高人们在各种社会实践和日常生活中遵循和运用“美的规律”的自觉性。

作者还在书中贯彻马克思主义关于理论密切联系实际的原则，在美学研究中不满足于抽象的理论探讨，而是紧密联系我国实际，从现实出发，探讨与人民群众日常生活实践密切相关的一些领域，如城乡学联姻的建议，这是很有见地的。美学也应关心民生的问题，美学理论与生活实际相结合，可能是我国新时期美学发展的路径之一。

（原载《中国新闻出版报》2008 年 9 月 5 日第 8 版）

《新中国美学六十年:全国美学大会（第七届）论文集》序

由中华美学学会和鲁迅美术学院主办的第七届全国美学大会暨“新中国美学六十周年”全国学术会议，于2009年8月在沈阳召开。这是我国美学界的一大盛事，也是近年来美学研究成果的一次集中的展示和交流。大会上发表的论文现已结集正式出版，对美学感兴趣的广大读者将能从中获取有关我国美学发展状况的最新信息，相信本书会受到公众的热情欢迎。

新中国建立以来，我国美学研究蓬勃发展，取得了令人瞩目的成就，在经过的六十年历程中虽然也有曲折起伏，但比较而言美学作为哲学社会科学的学科之一，在学科建设方面进展还算是顺利的，如今富有自己特色的当代中国美学理论正在茁壮生长并逐步走向成熟。可以说，目前是历史上我国美学发展最好的时期。特别是十七大作出了兴起社会主义文化建设新高潮，推动文化大发展、大繁荣的重大战略部署后，全国各地都在大力开展文化建设，人民群众的审美需求空前高涨，这就为美学的繁荣发展创造了十分有利的客观条件。美学研究和审美教育是文化建设的重要组成部分，对贯彻以人为本、提高人的素质和促进人的自由全面发展起着独特的不可替代的作用，理所当然地日益受到人们的重视。美学的春天已经来临，这次全国美学大会正是充分反映了现时代的这一发展趋势。

从这次大会上宣读的许多论文可以看出，我们美学工作者这些年来付出了辛勤的劳动，无论从美学研究的深度或广度来说都达到了新的水平。今天的中国美学在马克思主义思想指导下呈现出多样化发展的大好局面，内容丰富多彩，包罗万象，从理论到艺术实践、从历史到现实、从传统到现代、古今中外诸多美学问题都进入了研究的视野。尤其可喜的是，我们的一些美学研究者勇于解放思想，独立思考，面向新时代，放眼世界，广泛地吸收新知识，在研究工作中应用新概念和新方法，力求在理论上有所突破和创新。新中国美学的发展中始终贯彻着这种不断探索的精神，特别是在我国美学研究中占重要位置的有关美学的哲学基础的思考和论辩，从上个世纪五、六十年代围绕认识论问题展开的美学大讨论开始，到实践美学、后实践美学、本体论美学的相继提出，以至从后现代观点对传统美学观念发起的挑战，都是从不同的角度、不同的层面对美学基本问题的探索，开拓了人们新的视野。可以预期，这种探索和创新还将一直继续下去，为我国的美学研究不断增添新的活力。还有一点值得注意，有的研究者在总结和回顾新中国六十年美学的发展历程时，除了充分肯定取得的成就外，也进行了深刻的反思，思考我国美学研究还有哪些缺失和不足。这样的反思也很有必要，是中国美学逐步走向成熟的表现。

开展美学研究，重视在理论上创新，决不是意味着要抛弃以往的美学遗产或否定传统美学在现代的价值。相反，只有充分尊重历史，才能深刻认识现实和把握未来。因此，关于中外美学史的研究一直是美学学科建设中的重要环节,近年来这方面的研究成绩卓著,为美学理论的发展提供了有力的支持。无论中国或外国,历史上都有丰富的美学思想和悠久的美学传统,这些优秀的文化遗产是人类创造的共同精神财富。现代美学的发展不能离开传统的基础,中国美学必须扎根于中国传统的土壤。新中国美学的发展应是传统在新的历史条件下合乎规律的继续和进一步发展,而不是传统的断裂。当然,我们今天也是以创新的精神去研究中外美学史的,对美学遗产采取批判继承的态度,努力在传统和现代之间建立一种有机的联系。我们不能囿于传统,而是要从当代的视野出发,去发掘和弘扬传统美学思想中的精华,给以新的理解和诠释,并以此为基础融汇创新,使传统融入现代思想而获得新的生命力。

美学是一门与现实生活紧密相关的学问,美学的发展需要不断地从现实生活中汲取营养,需要研究现实生活中出现的新现象,回答现实生活中提出的新的美学问题。随着时代的前进,社会生活发生急剧的变化,产生了一系列与人民群众生活有密切关系的新的美学问题,如生态美学、日常生活审美化、大众传媒与网络文化、文化产业等等。我们的美学研究者贴近生活,及时地对现实中出现的这些新现象、新问题从美学上作了探讨,为美学研究充实了许多新的内容,从而大大超越了传统美学的研究范围。

上述的几个方面并不能概括这次美学大会的全部学术成果,但无论哪一方面的研究,其总的目的都是为了要创造我们今天所需要的体现新时代精神的有中国特色的美学理论。美学研究和创新需要有一个良好的学术环境和宽松的学术气氛。坚持和贯彻

“双百方针”,鼓励实事求是的科学研究和大胆探索,开展不同学术观点的自由讨论,是促进学术繁荣和美学发展的必要条件。学术繁荣了,才可能有理论上的创新。希望本书的出版能为推动美学问题的自由讨论做出些微的贡献,给这次全国美学大会打上一个圆满的句号。

(《新中国美学六十年:全国美学大会(第七届)论文集》,
文化艺术出版社,2010 年)

近代西方美学转型的启迪

在西方哲学史上,16世纪末至18世纪经验主义和理性主义两大派别的争论构成当时哲学思想发展的主要潮流,并成为古代和中世纪哲学向近代哲学演变的转折点。与此相应,以哲学为基础的西方美学思想的发展也经历了同样的过程,特别是美学作为一个严格意义上的独立的学科也正是诞生于这个时期,经验主义和理性主义的争论可以说是近代西方美学的助产士。这段历史在西方美学史上也是美学思想由古代和中世纪迈向近代的关键,其重要性是不言而喻的。但遗憾的是,过去在我国的西方美学史研究中对这一时期的美学发展及其重要代表人物仅停留于一般性介绍和评述,而缺乏全面、系统、认真、深入的研究和探讨。彭立勋同志的《趣味与理性:西方近代两大美学思潮》(中国社会科学出版社,2009年)填补了我国西方美学史研究中的一个重要空白。

17–18世纪的西方哲学普遍地把理论建立在反省思维的基础上,从而使认识论在哲学研究中占有主导的地位,这种由本体论转向认识论的重点转移,不仅在哲学发展中造成了重要的转折,使西方哲学推进到一个新阶段,而且也使西方美学赖以建立的哲学基础发生了重要变化,以前美学主要是以本体论为基础,现在则转向主要以认识论为基础了,其结果就是美学研究的主要对象由审美客体逐渐向审美主体转变,对人的审美经验或审美意识的研究开始上升到主要地位。无论是经验主义美学或者理性主义美学,它们研究的重点以及它们之间的分歧和争论,都是围绕着认识论问题而展开的。尽管这两个派别在一些重大问题上有不同的意见,甚至完全对立的看法,可是正如鲍桑葵所说,它们却有着共同的出发点,那就是"思想着、感受着和知觉着的主体"。两者都高扬审美主体的作用,只不过一方强调的是主体的感觉经验,而另一方则重视主体的理性思维。本书紧紧地抓住这两个近代西方美学派别的显著特征,把认识论转折影响下产生的美学研究向审美主体的转变,看做美学思想由古代和中世纪迈入近代的关键,高屋建瓴,统观全局,理清了这一时期西方美学发展的脉络。

可以说,经验主义和理性主义这两个美学学派对美学作为一个独立学科在近代西方的正式建立是立了大功的。如果没有它们的努力探索,也就没有后来的康德美学,当然也不会有席勒、谢林和黑格尔以及整个德国古典美学,那么西方美学的发展也完全可能呈现不同的面貌了。仅此一端,就足以说明本书对这一课题所做的研究,对帮助读者们理解全部西方美学史具有何等重要的意义。

为什么近代西方美学把重点转向审美主体?这是值得我们思考的问题。美学发展中的这一现象与哲学发展中的认识论转折一样,实际上是从文艺复兴到启蒙运动的整个西方社会思想发展进程的自然产物。不论是哲学上重视人作为认识主体的作用,或是美学上强调人作为审美主体的作用,其前提都是要确认人作为主体的独立自主的自觉,首先需要人在思想上解放。文艺复兴和启蒙运动的伟大历史贡献就在于把人从宗教的绝对统治下解放出来,恢复了人作为独立自主的主体的价值和尊严。布克哈特曾精辟地把意大利文艺复兴时期的文化概括为人的发现,实际上是把文艺复兴看做古希腊人文精神的复兴。康德则对“什么是启蒙运动?”给予了经典式的解答,认为启蒙运动就是人类脱离自己所加之于自己的不成熟状态,“要有勇气运用你自己的理智!这就是启蒙运动的口号”。在古希腊世界,人享有崇高的地位。索福克勒斯说,世上珍奇事物千千万万,唯有人最为伟大,而普罗泰戈拉则把人说成是万物的尺度。但是,希腊人却始终生活在命运的阴影下,摆脱不了这种超自然力量的支配,而化为俄狄浦斯那样的悲剧人物形象。换句话说,人还没有真正成为独立自主的主体。到了中世纪,人彻底异化了,完全屈服于自己创造出来的上帝的绝对权威之下,丧失了自主和自觉的能力,也就不成其为独立的主体而沦为异己力量的奴隶。经过文艺复兴和启蒙运动的洗礼,才使人重新站立起来,恢复理性的自由而成为独立自主的主体,亦即康德所说的使人脱离自己所加之于自己的不成熟状态,而勇敢地运用自己的理智。正是由于人成为这样的主体,人才能通过感觉器官真实地感受周围的世界,借助于理性思维去认识和理解这个世界,以丰富的情感去表现这个世界,并发展自己的审美能力去欣赏世界和人的艺术创造。近代西方哲学和美学为什么把研究目光转向主体,作为一门独立学科的美学为什么产生于近代,从这里可以求得基本的解答。

(原载《光明日报》2011 年 1 月 25 日第 11 版)

《当代中国美学研究（1949－2009）》序

新中国成立以来，我国的美学事业蓬勃发展，取得了令人瞩目的成就。回顾这六十年来，中国美学的整体发展历程，当然也有曲折起伏，但相比较而言，美学作为哲学社会科学的学科之一，它在学科建设方面的发展还算是相当顺利的。现如今，富有中国特色的当代中国美学理论正在茁壮成长并逐步走向成熟。应该说，目前是我国美学发展面临最佳的机遇时期，与此同时，恰恰也是需要对历史进行梳理的时期。对这六十年来中国美学的学术发展，进行系统化的总结与反思，无疑具有非常重要的理论价值和现实意义，这也是前人尚未做过的美学学术史的基础性的整理工作。

刘悦笛与李修建的这本《当代中国美学研究》恰恰致力于这方面的工作，该书不仅将中国美学六十年的整个发展历程的原貌呈现了出来，将往往被割裂的"前三十年"（1949－1978）与"后三十年"（1979年至今）美学史融贯起来，而且，对于这六十年中国美学发展的历史经验与教训，加以客观的陈述与解析，并试图由此为中国美学的未来发展奠定坚实的学术史基础。

对历史的重现与对经验的总结，在这本厚重的著作当中得到了有机的结合，著述者的主要创见就体现在这种结合之中，依据这

种基本撰写原则,《当代中国美学研究》对于当代中国美学学术史有了许多崭新的理解与阐释,主要就体现在如下几个方面:

首先,将当代中国美学关于"美本身"的研究,区分为"美的本质观"与"美学本体论"两个层面,并研究了两者之间的延续关联。众所周知,对美本质的追问,早已成为了20世纪五六十年代那场"美学大讨论"的焦点,该书则将这场论争具体区分出50年代的"主观与客观之辩"与60年代的"自然性与社会性之辩"两部分,后者是对前者的深入推进,发展到80年代的"实践派与生命论之辩"后,随着90年代的"本质主义与反本质主义之辩"的出现,对美本质问题的追问就转换为对美学本体论的探求。当代中国美学本体论,历史性地形成了三次本体论转换,首先出现的是80年代逐渐成为中国美学主导的"实践论"转向,90年代逐步出现了所谓的"生存论"转向,它内在地包括了"生命论"与"存在论"两种取向,到了新的世纪则是"生活论转向"的时代了,这种学术史的梳理既着眼于微观的思想呈现又具有宏阔的历史视野。

其次,在美学原理研究方面,该书在对建国以来的众多美学原理著作纵观博览、整体把握的基础上,以"唯物主义反映论美学"、"实践美学的初始形态"、"实践美学的成熟形态"、"实践美学的发展与革新"、"实践美学之后的理论探索"为发展线索,选取了十余本最具代表性的美学原理著作为研究对象,对每本书的理论基础与整体架构,以及它们对美的本质、审美活动、审美心理、艺术的相关论述进行了细致的剖析,并对其理论贡献与不足之处进行了较为客观的评价。该书最终提出,"中国传统美学"、"文化美学"与"生活美学"是未来美学原理研究的主体资源与致思方向。

再次，在“西方美学史”研究方面，本书对于“在中国”的西方美学史研究的整体图景进行了整体深描，西方美学史研究也是当代中国美学研究当中相对成熟的部分，非常值得“分门别类”地加以学术梳理，这个领域所取得的成就也是与所周知的。该书从西方美学史研究的“朱光潜模式”谈起，将西方美学史研究的区分为“大通史”（以蒋孔阳主编的七卷本《西方美学通史》与笔者主编的四卷本《西方美学史》为代表）与“小通史”两种研究传统。在具体历史研究方面，古希腊到近代的欧洲美学研究，以“马克思美学”为代表的经典马克思主义到西方马克思主义研究，以“现象学传统”为代表的现代大陆思辨美学传统研究，以“分析美学”传统为代表的英美经验论美学传统研究，都在该书当中得到了非常细致与深入的考察。

最后，该书在详尽占有资料的基础上，对新中国成立以来的中国美学研究进行了较为全面的展示与论述。该书将中国美学研究分成“通史研究”、“断代史研究”、“人物、作品及思想流派研究”、“审美范畴研究”四大类。对每一专题的研究，都以一种历史的视野，力图呈现中国美学史演进的轨迹，并选取最具代表性的理论成果，对其理论基础、书写思路、理论得失进行探究。如将通史类研究分为“思想史”、“范畴史”和“文化史”三种类型，其中，每一类型都选取了若干代表性的著作进行分析。可以说，该书对中国美学研究的整体图景进行了全面而清晰的描述。

总之，只要把握住了《当代中国美学研究》如上四个重点的方面，亦即美的本质观与美学本体论研究、美学原理研究、西方美学史研究、中国美学史研究，也就可以把握到该书的精华部分与精髓所在。

当然,当代中国美学历经几代学人勉力拓展,研究领域已甚为广泛,该书以容纳万有的胸怀,力图对其进行全面呈现。因此,除上述四大主体部分之外,该书对于"审美心理学"、"艺术哲学"、"文艺美学"、"门类美学"、"审美文化学"、"审美教育学"、"实用美学"等等各个领域都做了相对深入的研究,特别是对于新世纪以来中国美学的发展的热点,诸如"生态美学"、"环境美学"、"生活审美化"、"审美现代性"与"艺术终结"问题皆进行了详尽的考察。这些方面都是值得关注的,当代中国美学也正是由那些活跃在不同领域的学者们所共同成就的。

我们期待当代中国美学,在未来获得更大的发展,这也是所有当代中国美学工作者的共同愿望!

(《当代中国美学研究(1949 - 2009)》,
中国社会科学出版社,2011 年)

从科学发展观的高度看美育

近年来，美育问题经过一个时期的沉寂后又重新得到人们的重视，这是可喜的现象。在我国建设中国特色社会主义的进程中，物质文明建设和精神文明建设处于同样重要的地位，当广大人民总体上解决了温饱问题，满足了基本物质需求之后，理所当然地会更加注意满足人民的精神文化需求，致力于提高人的素质。因此，美育作为教育的一个方面也就提到重要的议事日程上来。1999年，《中共中央 国务院关于深化教育改革，全面推进素质教育的决定》首次将美育同德、智、体三育并列作为国家教育方针，明确指出："实施素质教育，必须把德育、智育、体育、美育等有机地统一在教育活动的各个环节中"，并且强调"要尽快改变学校美育工作薄弱的状况，将美育融入学校教育全过程"，目的在于培养德、智、体、美等方面全面发展的社会主义事业建设者和接班人。从此正式确立了美育在整个教育中的地位。

进入21世纪之后，我国跨入全面建设小康社会的新阶段，科学发展观开始形成，成为我们一切工作必须坚持的指导思想。当前，全国人民正在根据十八大精神，努力学习和贯彻落实科学发展观，我国教育也需要按科学发展观指引的方向进行改革和发展。就美育来说，我们应从科学发展观的高度加深对美育的认识，充分理解和进一步发挥美育在我国当今社会主义建设中的功能和作用。科学发展观的核心是以人为本,这也是教育事业必须遵循的基本原则,而美育则是以人为本原则的最充分的体现。以人为本的内涵十分丰富,但归根结底就是把人自身看做人的最高目的,把人的自由的全面发展作为努力追求的理想,美育的重大意义正在于它是促进人的自由的全面发展的重要途径。借助于美育,通过对美和艺术的鉴赏,培养高尚的审美意识和趣味,可以提高人的文化修养,大大提升人的精神境界,使情感得到陶冶,思想得以净化,品格得以完善,从而使人身心得到和谐发展,自身得以美化。这种独特的功能和作用是一般科学文化教育无法代替的,因此美育在教育事业中绝不是可有可无,它在我国社会主义精神文明建设中承担着重大使命。我认为,如果我们从科学发展观的高度去看美育的重要性,必将有力地推动我国美育理论的发展,把美育工作提升到新的更高的水平。

在开展美育的理论研究和美育的实践活动时,应注意充分利用这方面丰厚的思想理论资源和历史传统。"美育"一词作为审美教育(德语 Asthetische Erziehung)的中译是由蔡元培先生于20世纪初首先在我国使用的,而且此后他在国内一直大力倡导美育。但早在这之前,从古代起无论中国和外国都具有丰富多彩的美育思想和各种各样的美育实践,美育像整部美学史一样也有着悠久的历史传统。在我国,美育思想的产生可以追溯到先秦时期,孔子就说过"兴于诗,立于礼,成于乐"(《论语·泰伯》),十分重视诗乐的审美教育作用,后来在漫长的历史发展过程中,以儒道两家为代表的中国审美文化一直对教育起着巨大的影响。在西方,从古希腊柏拉图、亚里士多德的时代起，美育就在当时的学园教育中占重要地位，往后经历文艺复兴、启蒙运动到近代，经过不少著名哲学家、美学家的劳作，美育思想和理论更得到蓬勃的发展，随着西学东渐，其影响也扩及近代中国思想界和教育界。这些中外优秀美育理论和实践经验已成为全人类共同的精神财富，我们必须批判地继承这份珍贵的文化遗产，在当今新的历史条件下加以弘扬和发展。当然，我们既要尊重以往的美育传统，又不能囿于传统，而要从当代的视野出发，面向世界，以改革开放的精神去发掘和吸收一切优秀人类文明成果，并在此基础上进行美育理论的创新，在美育的实践上开辟新境界。

美育理论的创新要以马克思主义美学为指导，关键在于要学会以马克思主义的立场、观点和方法，去探讨和解决当前美育工作中出现的新情况和新问题，把中国特色社会主义理论体系最新成果运用于美育。首要的一条是必须坚持实事求是，从中国的实际出发去看待美育的任务。当前中国最大的实际就是中国正处于并将在一个相当长的时期内仍然处于社会主义初级阶段。脱离这个实际、离开我国的国情来抽象地谈所谓美育的无功利性，可能就会流于空谈。实际上，美育虽然看似高高地超越于社会关系之上，但在任何一个社会里美育都服务于一定的社会目的，并不是无利害关系的。中国古代的诗乐教育，目的是为了培养统治阶级的“君子”；近代蔡元培提倡美育，主张“以美育代宗教”，则是企图以此来改造国民性，救中国于危亡。西方美学史上鼓吹美育最力的德国诗人席勒，虽是康德的信徒，但他倡导美育的目的也是很明确的。席勒痛感近代资本主义社会中的一系列深刻矛盾及其对人的自由发展的严重危害，指出人剥削人的制度造成享受和劳动相分离，手段和目的相分离，努力和报酬相分离，人日益沦为专业化分工的奴隶，丧失了人性的和谐和全面发展的自由。因此，他幻想通过美育来重塑完整的人性，恢复已经失去的自由，声称："只有通过美，人们才能走到自由"。应该说，席勒的理想是崇高的，可是在资本主义社会这终究是不可能实现的空想。我们今天正在努力建设中国特色社会主义，情况完全不同了，开展美育的目的归根到底是为了培养和造就一代又一代社会主义社会建设者，能够承担起新的历史使命的新人。通过美育可以激发人们的灵感，有助于发挥充沛的想象力和创新精神，在自由创造中充分发扬人的一切潜能，使人得到自由的全面发展，成长为马克思所说的"完整的人"。对于现今社会中仍然存在的一些消极的丑恶现象，如沉溺于物欲满足的粗野的享乐主义、金钱崇拜、唯利是图的低级趣味以及腐朽的西方资产阶级文化影响等等，美育又是有效的解毒剂，可以抵御这些丑恶事物的诱惑和侵蚀，帮助人们树立正确的审美观和增强辨别美丑的能力，成为具有高度文化素养、心理健康和品格高尚的人。美育和德育、智育、体育一起为追求我国社会主义社会中真、善、美的统一而努力，为实现伟大的中国梦而作出自己的贡献。

（原载《高校理论战线》2013年第3期）

中国现代“人生艺术化”探究
——评《人生艺术化与当代生活》

《人生艺术化与当代生活》(商务印书馆,2013 年)是金雅继几年前出版《梁启超美学思想研究》一书后的又一力作。两部专著的主题都是关于 20 世纪近现代中国美学的产生与发展,只是后者是对梁启超美学思想的系统研究和评析,而前者的内容更宽广,视野更开阔。它以 20 世纪前半期中国美学的一个主要思潮即人生艺术化作为研究对象,对其理论和倡导的理论价值进行了深入分析探讨,涉及包括梁启超在内的一批为近现代中国美学作出贡献的著名学者,对这些学术前辈在美学研究上完成的光辉业绩作了充分而又恰当的评价。本书在探索中国美学思潮的思想渊源时,运用大量古今中外哲学和美学文献资料进行比较和辨析,可以说做到了持之有故、言之有理。

中国美学思想的渊源非常古老,可一直追溯到先秦时期。在先秦诸子留下的典籍中,就包含着许多关于审美和文艺的精彩论述,这一传统在以后延续的两千多年中从未中断,在世界历史上实属罕见。应该说,近代意义上的美学学科是 20 世纪初才在中国诞生的,它基本上是当时“西学东渐”的产物。美学在中国发端以后,发展相当迅速,至 20 世纪 40 年代末已大体上实现美学的中国化,形成了一系列有中国特色的美学理论，产生了不同的美学学派。新中国成立后，美学研究进入了新的大发展时期，几度出现“美学热”，学术界对美学问题也多次展开热烈讨论，出版了大量美学论文与专著，呈现出空前繁荣的景象。但是，考察和回顾一百多年来中国美学的发展历程，应该说20世纪前半期是启蒙、开拓和奠基时期，对以后美学的发展具有关键性意义。如果没有王国维、梁启超、蔡元培、宗白华、朱光潜等大师以筚路蓝缕的开创精神在美学园地上的辛勤耕耘，很难想象以后的中国美学研究会有如此蓬勃的发展和丰盛的收获。值得庆幸的是，20世纪前半期中国美学的重要意义和价值近年来越来越为人们所认识，引起学术界很大的兴趣和关注。本书正是这方面研究的最新成果，其对中国现代人生艺术理论与精神的界定、发掘、辨析、提炼，是对中国现代美学思潮研究的重要推进。

阅读本书可以获得一些有益的启示，对美学学科建设也颇有参考价值。首先，中国美学要发展必须从中国的实际出发，深深地扎根于中国的土壤，从中华民族优秀的历史文化传统和文学艺术实践中吸取丰富的营养，才能开花结果。本书探讨的“人生艺术化”美学思潮及其理论创造，便是一个很好的例证。当然，从社会存在决定社会意识的观点去看，它也必然受当时中国社会环境的制约而带有时代烙印，因此需要作马克思主义的具体分析。

其次，近现代中国美学的茁壮成长，也是由于它利用和借鉴了外国哲学和美学思想的积极成果。正如蔡元培所说，“综观历史，凡不同的文化互相接触，必能产生一种新文化。”20世纪前半期中国的审美文化，正是中西文化接触和融会而产生的新文化。特别是在当今全球化的时代，中国美学决不能闭关自守，必须面向世界，加强对外交流和对话，吸取人类文明中一切优秀美学思想成果为我所用，创造出有中国特色的美学理论，方能在世界美学中取得应有的一席之地。

最后，历史经验告诉我们，美学的繁荣和发展需要有良好的学术环境和氛围，使学术界勇于探索和创新的精神得以充分发扬。像对于人生与艺术、生活与美学这样一些重大问题，人们必然会有各种不同的理解和看法，过去是这样，现在仍然如此，近年来我国美学界关于“生活审美化”的热烈讨论即是证明。这是关系中国美学健康发展的好现象。只有坚决贯彻“百花齐放，百家争鸣”的方针，大力提倡学术民主，开展自由的学术讨论，才能把美学研究提高到新的更高的水平。

（原载《光明日报》2013 年 10 月 27 日第 5 版）

《中国当代美学口述史》序

我高兴地读了《中国当代美学口述史》，读后的第一个印象是：这是关于新中国美学成长过程的一部内容丰富的口述历史。由于接受访谈的学者大多是我熟识的美学界的前辈和多年的朋友，读他们的谈话感到特别亲切，就像过去当面聆听他们的高见一样。他们是这段历史的亲历者、见证人，感谢李世涛、戴阿宝两位的采访，给我们留下了一份关于中国当代美学成长发展的真实的记录。

《口述史》给了我们一些有益的启示，我以为这对开展我国美学研究和教学是有重要参考价值的。

第一，要重视美学的学科建设。中国历史上有悠久的美学传统和发达的审美文化，从叶朗教授主编的《中国历代美学文库》就可看到我国有多么丰富的美学思想资源。这是我们祖先创造的宝贵的文化遗产和精神财富。但是，毋庸讳言，美学作为一门独立的学科来说在我国产生较晚，而有关的学科建设则可以说基本上是在新中国建立后才着手进行的。《口述史》以翔实的材料描述了上个世纪 50 - 60 年代美学大讨论和由国家组织全国美学研究力量编写美学教科书的经过，并给予充分肯定的评价，认为是为美学这门学科“奠基”。这一看法是很恰当的。正是从那个时候起，对美学的一些基本问题开始进行较系统的研究，美学的某些分支学科逐步建立，美学的研究队伍逐渐形成，中外美学资料的收集和出版也为研究工作提供了方便，这种种“奠基”的工作确实为后来中国美学的发展作出了重大贡献。当然，美学学科建设的任务还没有完成，尚需继续努力。只有在理论上作了充分的探讨和准备，培养出一支强大的研究力量，积累了大量研究资料，建立起我们自己的有中国特色的美学理论体系，才能真正使中国当代美学发展壮大，成为社会主义精神文明建设必不可少的一门学科。

第二，《口述史》告诉我们，美学的发展需要有良好的学术环境和宽松的学术气氛。事实证明，在我国，一门学科的建立和发展不仅有赖于学者们的努力探索和辛勤耕耘，而且在很大程度上取决于在这一学术领域内是否坚持和贯彻实施“双百方针”。回顾历史，自从中央提出“双百方针”后，有力地促进了科学和文化艺术事业的进步，但在贯彻落实的过程中也遇到不少阻挠，出现一些问题。而到了“文化大革命”，“双百方针”被弃之如敝屣，科学文化艺术遭到了毁灭性的打击。这一沉痛的教训值得我们永远记取。比较而言，在美学这一学科领域内，“双百方针”贯彻得较好。在学术问题上开展充分的自由讨论，畅所欲言，允许进行多方面的大胆探索，鼓励实事求是的科学研究，在此基础上形成不同的学术观点和学派，一时出现了美学的繁荣。经过“文化大革命”的浩劫，美学研究恢复元气也是比较快的，而且得以大踏步前进，取得前所未有的成就，这首先应看作是十一届三中全会后实行改革开放政策、坚决贯彻“双百方针”的结果。

第三，从《口述史》可以看到，我国当代美学发展的一条基本经验就是坚持以马克思主义为指导，把马克思主义美学基本原理与中国实际紧密地相结合。这是中国当代美学的一大特点,也是一大优点。我国美学研究者虽然持有不同学术观点,但他们绝大多数都试图根据自己的理解运用马克思主义观点去解释美学问题,我想这是应该允许的。马克思主义为人们提供的不是对美学问题的现成的答案或教条,而是科学的研究方法,因此在美学领域内马克思主义并没有也不可能穷尽真理,而只是为探索和认识真理提供了科学的手段,开拓了通向真理的道路。要想真正建立一门马克思主义美学,光从经典著作中引章摘句是绝对完成不了任务的,需要付出大量辛勤的创造性劳动,开展深入的理论探讨,切实地认真研究历史与现实,这需要有严谨的治学精神,具备深厚的学术积累,决非一日之功。我们要牢记恩格斯的告诫:“即使只是在一个单独的历史实例上发展唯物主义的观点,也是一项要求多年冷静钻研的科学工作,因为很明显,在这里只说空话是无济于事的,只有靠大量的、批判地审查过的、充分地掌握了的历史资料,才能解决这样的任务。”建立马克思主义美学,任重而道远,这是《口述史》读后的一点感想,希能与同志们共勉。

（《中国当代美学口述史》,李世涛、戴阿宝主持,
中国社会科学出版社,2014年）

《美学何为》序

徐碧辉同志在美国进行一年学术访问，带着丰盛的收获归来，又逢她的新著《美学何为》即将问世，首先应该向她表示热烈祝贺。《美学何为》一书是2004年国家社会科学基金项目“中国马克思主义美学研究”的最终成果，碧辉同志为本书灌注了大量心血，付出了辛勤劳动，可谓“十年磨一剑”，现在终于出版与广大读者见面，也可以说是功德圆满了。

“美学何为”是一个大题目，也是一个人们不断探索而又最难回答的问题。像“哲学何为”、“文学何为”、“物理学何为”之类的问题一样，在不同的时代，不同的思想家依据不同的世界观和方法论总会提出不同的答案。从美学作为一门独立学科的历史发展来看，自鲍姆嘉通、康德、黑格尔、尼采到海德格尔、维特根斯坦、杜威以至当代西方美学的各个流派，对“美学何为”都有迥然相异的看法。如何以马克思主义的立场、观点和方法去回答这个问题，仍然是有待于我们去研究和探讨，恐怕一时很难在我国美学界达成共识。这也是很自然的。新中国成立以来，当代中国美学蓬勃发展，取得了令人瞩目的成就。回顾这些年来美学研究的整体发展过程，虽然也有曲折起伏，但相比较而言，美学作为哲学社会科学的学科之一，在学科建设方面的发展还算是较为顺利的。其重要原因之一，就是较好地贯彻了党的“双百方针”，开展了自由的学术讨论和争论，并在此基础上形成了不同的观点和学派。这对于当代中国美学的发展来说是一件好事。但正因为如此，从不同学派的观点去看，对21世纪“美学何为”的问题也必然会有不同的看法。仁者见仁，智者见智，恐在所难免。徐碧辉同志的新著对当代中国美学的几个学派的观点作了一番梳理并进行评价，然后结合当前社会实际状况，从她自己的观点回答了“美学何为”的问题，自成一家之言。她的这种探索精神和理论勇气是应予充分肯定的。读者们无论是否同意她的观点，这一著作都可以对我们的思考有所裨益。

是为序。

（《美学何为——现代中国马克思主义美学研究》，

徐碧辉著，中国社会科学出版社2014年5月第1版）

“人生论美学”与时俱进

近年来,关于人生论美学的探讨与研究日益引起我国美学界的兴趣与关注,由金雅教授发起组织,在杭州举行了多次学术研讨会,发表了不少值得重视的文章和著作。金雅、聂振斌共同主编的《人生论美学与中华美学传统》,即将由中国社会科学出版社出版,从中可以看到目前我国美学工作者关于人生论美学研究的深度和最新成果。

人生论美学的基本精神自觉始于20世纪初的旧中国,新中国成立后一度沉寂,它在21世纪重新崛起和发展,取得了令人瞩目的成就,这并非偶然,而是顺应了时代需要。当前,我国美学研究面临的最重大任务,是要大力构建有中国特色的美学理论体系和话语体系,这是有关我国社会主义精神文明建设和加强广大人民文化自信的一个重要环节,而人生论美学在这方面可以作出自己的贡献。我们能从人生论美学近年来的成长发展中,得到以下一些有益启示。

首先,构建中国特色美学理论体系和话语体系,必须从中国实际出发,深深扎根于中国文化沃土,紧密联系现实社会生活,从中华民族悠久的优秀历史文化传统和丰富的文学艺术实践中汲取丰富营养,才能茁壮成长,开花结果。人生论美学之所以具有强壮的生命力,就是因为它不仅与中国传统哲学精神密切关联,又与千百年来的中国文化精神和艺术精神深度交融,富有民族特质,可以为中国特色美学理论的构建添砖加瓦,增强发展动力。

其次,人生论美学努力弘扬中华传统美学精神,决不意味着主张"复旧",原封不动地照搬过去旧时代盛行的那一套理论和话语。历史告诉我们,人生论美学的产生在某种意义上也是"西学东渐"的结果,这一理论的首创者和开拓者从王国维、梁启超到朱光潜、宗白华、丰子恺等大师,无一不是既具有深厚的中国传统文化修养,又是我国最早接触和深入研究外国美学的学者。因此,他们能够吸收和借鉴国外美学研究的成果,与中国传统思想相结合,从而超越前人窠臼,创造出一系列新理论、新观点、新概念、新方法,使我国美学研究面貌为之一新。今天,我们需要以马克思主义为指导,批判地继承传统美学遗产,取其精华,去其糟粕,弘扬优秀的中华美学精神,同时要以世界视野批判地吸收和借鉴全人类美学研究的一切积极成果,以创建中国特色美学理论。在这一过程中,以往的人生论美学也将在新的条件下获得创造性转化和创新性发展。

最后,极其重要的是,与其他理论一样,人生论美学如要继续发展也必须与时俱进。近百年来,中国已经发生翻天覆地的变化,特别是当前中国社会历史发展到了全面建成小康社会的决胜阶段,中国特色社会主义进入了新时代。新时代有新气象、新作为,生活在这伟大新时代的中国人民是幸福的,他们过的是丰衣足食的小康生活,有新的理想、愿景和追求,有新的人生和价值,有新的审美需求、趣味和审美活动。要深刻理解和解决新时代出现的美学问题，就需要学习和运用习近平新时代中国特色社会主义思想。因此，怎样使人生论美学适应于新时代并得到进一步健康发展，真正成为一种中国化、时代化和大众化的美学理论，这是我们面临的一项新的重要研究课题。

（原载《中国社会科学报》2018 年 2 月 8 日第 7 版）